大学別 合否を分けるこの1問

医学部の化学

代々木ゼミナール講師 岡島 光洋 著

SAPIX YOZEMI GROUP

はじめに

理工系の入試であれば，いくつかの難問を捨ててしまっても，取るべき問題で確実に得点を積み重ね，合格圏内に入るということも可能でしょう。しかし，医学部受験となると，意図的に捨てることができる設問は，ほぼ存在しないものと覚悟せねばなりません。本書はそのような，受験生にとって極めてハイレベルな戦いとなる，医学部入試に対応できる学力をつけるために作成した問題集です。

難問を攻略するためには，無秩序にそれ相応の難問ばかりを演習し，その解法を片っ端から覚えればよいのでしょうか？　いえ，賢明な医学部志望者であれば，「枝葉」の部分ばかりにとらわれる勉強法が得策でないことはわかるでしょう。まず，広範に役立つ基礎＝「幹」の部分を確立させ，そこから枝を伸ばす＝応用事項を「体系的に学ぶ」ことが求められるのです。

一般的な化学の問題集では，受験生が取り組みやすいよう，できるだけ問題を細切れにして，１問１問が独立した形式で並んでいることが多いです。典型問題を解けるようにするためであればこれが早道ですし，最初はこのような問題集から始めることをお勧めします。これに対して本書では，基本の確認から応用まで単元ごとに，問題にストーリーを持たせてあります。前の問題から順番に取り組んでいくことによって，現象の仕組みを理解しながら，何をどう思考するべきなのかを体得できるような構成にすることを意識しました。どの単元から始めるかは自由ですが，たとえばある単元を学習すると決めたら，その最初の問題から順番に取り組んでいってください。何となく解けたところも解説にしっかり目を通し，人に説明できるレベルにまで理解を深めてから次の問題に挑戦するようにしましょう。

今後の入試問題では，思考力がいっそう厳しく問われるようになります。これまでの「解法パターンに当てはめて解く」方法だけで満足することなく，一見時間がかかるように思えても「題意に沿って思考し，解を導き出す」というやり方を十分に身につけることが，結果として医学部入試を突破するための近道になるでしょう。そのお役に立てれば幸いです。

岡島　光洋

本書の使い方

本書は，全国の主要な国公立大と私立大の医学部入試を中心に，「合否を分ける１問」にふさわしい問題を精選し，その解答・解説を書き下ろした問題集です。

◯ー◯ 合否を分けるこの１問

各大学の医学部入試を中心に選んだ計 50 問を，６つの分野に分けて収録しました。１つの大問の中に複数の分野がまたがっている場合は，その問題の最も重要なテーマとなる分野のページに掲載しています。難易度（★～★★★★★）と解答目安時間も付けているので，解答する際に参考にしてください。

ここで合否が分かれる！

冒頭で取り上げた問題について，どこが合否の分かれるポイントだったのかを解説しています。問題を解くカギ，最適なアプローチ法，注意すべき点などをまとめているので，まずはここを読まずに挑戦し，問題文を読んで手がつけられないと感じた場合は，ここをヒントにして解いてみるのもよいでしょう。医学部入試ならではの頻出する難問の特徴，各大学の出題傾向などについても触れているので，今後の学習に役立ててください。

解答

入試の模範解答となるように努めました。

考え方と解法のポイント

問題の捉え方，解答するのに必要な手法や法則などについて，グラフや図も多用しながらくわしく解説しています。じっくり読み込んで理解を深めましょう。問題によって別解も付けています。

類題

「合否を分けるこの１問」の各問題に対し，同じようなテーマや解法を扱っている類題を計 57 問，演習用として付けています。今後の入試で出題の可能性が高いと考えられる重要な題材のため，しっかり反復練習して自分のものにしておきましょう。

目次 CONTENTS

第1章 化学基礎

1 −1 金沢大

難易度 ★★☆☆☆ 解答目安時間 15分

ラボアジエとラプラスが考案した熱量計を用いると，0℃より高温の実験室の中で，発熱反応の反応熱を測定することができる。次の文章は，この装置の構造と，この装置を用いて行った実験について述べたものである。この文章を読み，**問1～問3**に答えなさい。

図は熱量計の構造を模式的に表している。この装置の最も外側は筒Aであり，Aの外側の壁と内側の壁は底の部分で接合されている。装置の中央には，底が閉じた反応容器Cが設置されている。AとCとの間は空洞Bになっている。Bの下部には網Dが設置されており，その下には小さな穴Eが設けてある。装置上部は断熱材Fで覆われている。

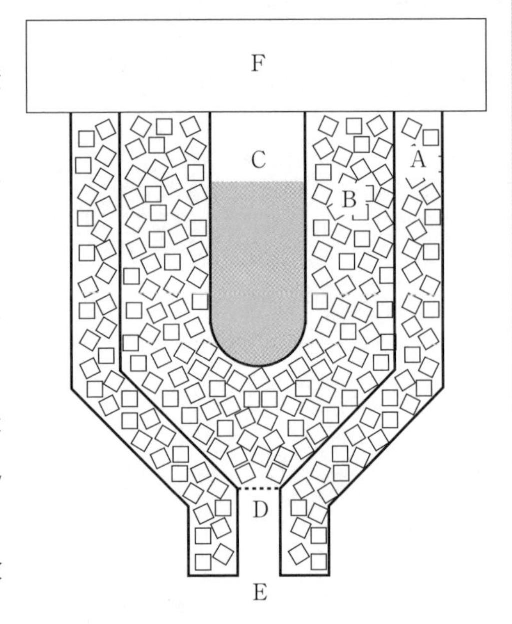

この装置を用い，100mL の 0.20mol/L 水酸化ナトリウム水溶液(溶液①)と 25mL の 1.0mol/L 塩酸(溶液②)を混合したときの反応熱を求めるために，以下の実験を行った。なお，この実験は室温が 3.0℃の実験室で行った。

操作1　−20℃の冷凍庫で作成した氷を，しばらく実験室内に放置した。

操作2　操作1の後，氷を適切な大きさに砕き，この氷でAとBを満たした。

操作3　実験室内で作成した溶液①をCに入れ，装置の上部をFで覆い，しばらく放置した。このとき，Eから水が流出し，しばらくすると水の流出が止まった。この間に流出した水は捨てた。

操作4　操作3と並行して，実験室内で作成した溶液②を容器ごと氷水に浸し，しばらく放置した。

操作5　操作3と操作4の後，Fをとり外して溶液②の全てをCに投入してかくはんし，再び装置上部をFで覆った。この操作はすばやく行った。

操作6　操作5で溶液②をCに投入した直後，Eから水が流出し始め，しばらくすると流出が止まった。この間に流出した水を集め，その質量を測定すると 3.5g であった。

問1～問3を解答するにあたって必要な場合には，以下の数値を用いなさい。氷の融点は 0.0℃，融解熱は 6.0kJ/mol，氷の比熱(比熱容量)は 2.1J/(g・K)，水の比熱(比熱容量)は 4.2J/(g・K)とする。0.0℃において，氷の密度は 0.92g/cm^3，水の密度は 1.0g/cm^3，原子量は H＝1.0，O＝16 とする。

なお，実験では以下の条件(a)～(e)が満たされていたとする。(a)操作2で，十分な量の氷がAとBに入っている。(b)操作5を行っている間，実験室内の空気とA，B，Cとの間で熱の移動はおこらない。(c)操作6のとき，Bには測定誤差を生ずるほどの水は残っていない。(d)氷はDを通過しない。(e)EやFを通じた熱の移動はおこらない。

問1　熱は温度の高い物質から温度の低い物質へ移動する。さらに，熱の出入りによって，物質の温度または状態のどちらかが変化する。これらにもとづいて，下の(1)〜(4)の［ア］〜［セ］に入る最も適切な文章を，それぞれ指定されたα，β，またはγの文章群から選び，記号で答えなさい。

(1)　操作1で冷凍庫から氷を取り出してすぐに実験室に置くと，はじめのうち，(a)氷と(b)実験室内の空気との間の熱の移動は［ア(α群)］。これによって，氷では［イ(β群)］。このため，氷の温度は［ウ(γ群)］。

(2)　操作2でAを氷で満たした後，(a)Aの中の氷と(b)実験室内の空気との間の熱の移動は［エ(α群)］。これによって，Aでは［オ(β群)］。このため，Aの温度は［カ(γ群)］。

(3)　操作3でCに溶液①を入れた後，はじめのうち，(a)Bの中の氷と(b)溶液①との間の熱の移動は［キ(α群)］。これによって，Bでは［ク(β群)］。このため，Bの温度は［ケ(γ群)］。また，溶液①では［コ(β群)］。このため，溶液①の温度は［サ(γ群)］。

(4)　操作5で中和反応を行ったとき，はじめのうち，(a)Bの中の氷と(b)反応液との間の熱の移動は［シ(α群)］。これによって，Bでは［ス(β群)］。このため，Bの温度は［セ(γ群)］。

文章群

α群

(あ)　おこらない

(い)　下線部(a)の物質から，下線部(b)の物質への向きにおこる

(う)　下線部(b)の物質から，下線部(a)の物質への向きにおこる

β群

(か)　状態の変化も，温度の変化もおこらない

(き)　状態の変化はおこらず，温度が上昇する

(く)　状態の変化はおこらず，温度が低下する

(け)　融解がおこり，温度は変化しない

(こ)　凝固がおこり，温度は変化しない

γ群

(さ)　しばらくすると，−20℃になる

(し)　しばらくすると，0.0℃になる

(す)　しばらくすると，3.0℃になる

(せ)　－20℃のままである

(そ)　0.0℃のままである

(た)　3.0℃のままである

問2　Aの中と同じ状態になっている。または同じ状態の変化がおこっているものを次の(あ)～(か)からすべて選び，記号で答えなさい。ただし，微量の不純物の影響は無視できるものとする。

(あ)　温度が－80℃に設定された冷凍庫の中に保存されている氷

(い)　温度が20℃の室内に置かれている「かき氷(シロップなし)」

(う)　沸騰している水

(え)　温度が－40℃の積乱雲の中で浮遊している氷の粒

(お)　気温が10℃の市街地に残っている雪

(か)　温度が20℃の室内に置かれているドライアイス

問3　実験で行った中和反応の反応熱を以下の手順で求め，熱化学方程式を完成させなさい。なお，数値は有効数字2桁で求めなさい。(4)と(5)は，計算過程も示しなさい。

(1)　溶液①に入っていたNaOHの物質量を求めなさい。

(2)　溶液②に入っていたHClの物質量を求めなさい。

(3)　中和反応によって生成したH_2Oの物質量を求めなさい。

(4)　中和反応によって発生した熱量を求めなさい。

(5)　1molのHClと1molのNaOHとが反応するときの反応熱を求め，下の熱化学方程式を完成させなさい。

HClaq＋NaOHaq＝

ここで合否が分かれる！

国立の比較的上位の大学では，初見の事象に高校化学を応用して思考させる問題がよく出題される。ここで取り上げた1問も，最初は見慣れない図に戸惑うかもしれないが，問題文をよく読み込めば，単に「反応による発熱量＝氷の融解による吸熱量」を使って中和熱を測定する内容だとわかる。

ポイントは，リード文の記述から，温度上昇や状態変化に伴う熱量の出入りが即座にイメージできたかどうか。これさえ理解できれば問2までは完答できるはずだ。問3は，比熱を使う必要はなく，設問に沿って反応生成量と熱量を把握すれば楽に解けるだろう。結局のところ，全問通して，受験生にとっては点数の稼ぎどころとなる基礎レベルの問題なのである。冒頭の図だけで捨て問だと判断してしまった人は，大きな痛手となっただろう。比熱や熱容量を扱った類題で，解法パターンをしっかりおさえておこう。

解答

問1 (1) ア：(う) イ：(き) ウ：(し)

(2) エ：(う) オ：(け) カ：(そ)

(3) キ：(う) ク：(け) ケ：(そ) コ：(く) サ：(し)

(4) シ：(う) ス：(け) セ：(そ)

問2 (い), (お)

問3 (1) **2.0×10^{-2}mol** (2) **2.5×10^{-2}mol**

(3) **2.0×10^{-2}mol** (4) **1.2kJ**

(5) (HClaq＋NaOHaq＝)**NaClaq＋H_2O(液)＋58kJ**

((4)と(5)の計算過程は次ページ参照)

考え方と解法のポイント

操作1～6の様子を図で表すと以下の通り。

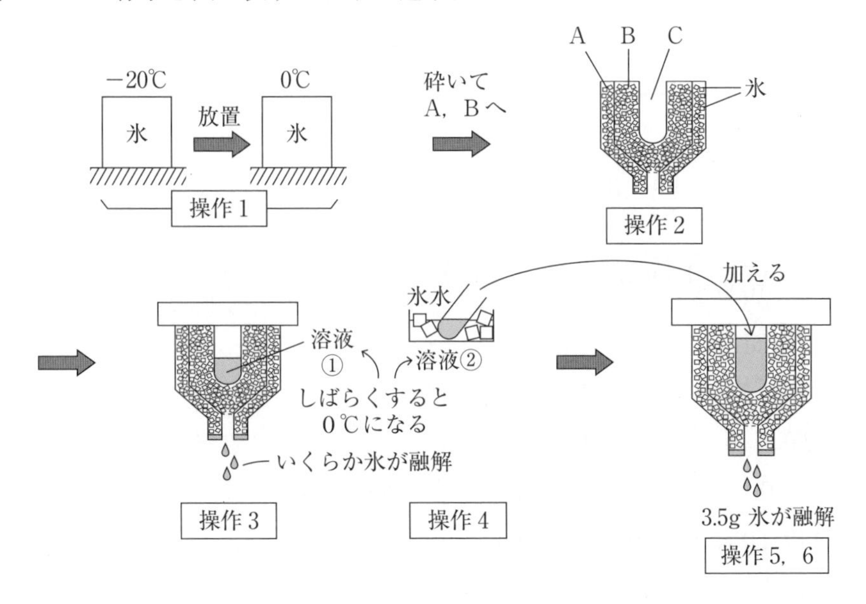

操作3，4で，すでに溶液①，②の温度は0℃になっている。したがって，操作6で起こった融解は，温度変化ではなく中和熱のみによって起こったことがわかる。

なお，Aに氷を満たすのは，実験室の空気からBに熱が移行するのを防ぐためである。断熱材と同じ働きをしている。このため，B中の氷は容器Cから移動する熱量のみを吸収する。氷が全部融解するまでは，A，B，Cとも0℃に保たれる。

問1

(1) 空気から氷に熱が移動するため，まず氷は−20℃から0℃まで温度上昇する。

(2) 空気からA内の氷に熱が移動する。氷は放置している間に0℃に達しているとみられるので，以降は融解が起こり，温度は0℃を保つ。液体の水もでき始めるが，氷が共存している間は0℃のまま一定である。

(3) 溶液①は室温と同じ3℃なので，Cに入れるとB中の氷に熱を移しながら0℃になる。このため，B中の氷の一部が液体に変わり下部から流れ出るが，この水は捨てている。

(4) 操作4によって，溶液②は0℃まで冷却されている。操作5で中和反応が起こるので，この中和熱のみがB中の氷に移り，氷3.5gが融解する。

問2 A中には，氷と融解して生じた水とが共存しており，温度は融点の0℃に保たれている。

(あ) 0℃よりも低い−80℃に氷を置くと，水は生じず，氷の温度もやがて−80℃になる。

(い) 0℃よりも高い20℃に氷を置くと，氷の温度が0℃まで上がったところで融解が起こり，水と共存するようになる。氷が全部なくなるまでの間，A中と同じ状態で0℃を保つ。

(う) 液体と気体の共存である。温度は100℃で一定である。

(え) (あ)と同様である。

(お) (い)と同様である。

(か) ドライアイスは昇華性なので，液体との共存にはならず，固体と気体の共存になる。

問3

(1) $0.20\,〔\mathrm{mol/L}〕\times\dfrac{100}{1000}\,〔\mathrm{L}〕=2.0\times10^{-2}\,〔\mathrm{mol}〕$

(2) $1.0\,〔\mathrm{mol/L}〕\times\dfrac{25}{1000}\,〔\mathrm{L}〕=2.5\times10^{-2}\,〔\mathrm{mol}〕$

(3)

	NaOH	+	HCl	⟶	NaCl	+	H_2O	
はじめ	2.0×10^{-2}		2.5×10^{-2}		0		多量	〔mol〕
増減	-2.0×10^{-2}		-2.0×10^{-2}		$+2.0\times10^{-2}$		$+2.0\times10^{-2}$	〔mol〕
反応後	0		0.5×10^{-2}		2.0×10^{-2}		多量	〔mol〕

よって，H_2Oは2.0×10^{-2}mol生成する。

(4) 3.5gの水は，中和熱のみによって生じたから，

$$6.0\,〔\mathrm{kJ/mol}〕\times\frac{3.5}{18}\,〔\mathrm{mol}〕=1.16\,〔\mathrm{kJ}〕$$

(5) H_2O 1mol生成するあたりの熱量に直すと，

$$1.16\,〔\mathrm{kJ}〕\times\frac{1}{2.0\times10^{-2}}\,〔/\mathrm{mol}〕=58\,〔\mathrm{kJ/mol}〕$$

よって，NaOHaq＋HClaq＝NaClaq＋H_2O(液)＋58kJ

類題 1

水溶液の温度変化を測って反応熱を求める実験を行った。実験では直径約 3cm の試験管に温度計と反応溶液を加えるガラス管を付けたコルク栓をはめて，発泡スチロールで包んだものを簡易型熱量計として用いた(図)。温度計は 1/100℃まで読めるデジタル温度計を用い，用いる溶液はあらかじめ作っておき，室温と同じ温度になるまで放置しておいた。　（順天堂大）

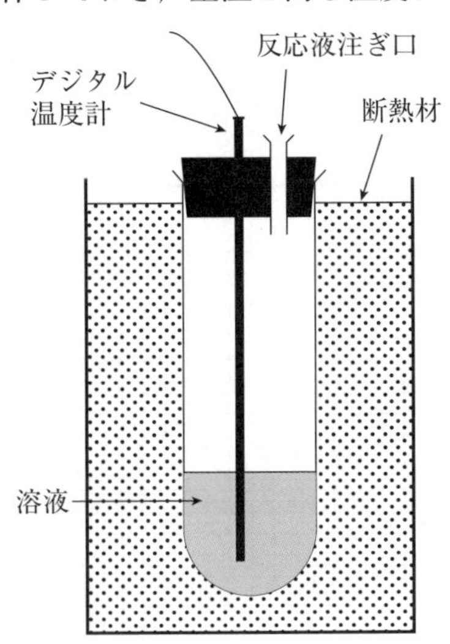

【実験A】　試験管に 0.10mol/L の塩酸 55mL をメスシリンダーで測り取り，栓をした。温度が安定したところで液温を測り，反応前(0 分)の温度とした。次に 1.0mol/L の水酸化ナトリウム水溶液 5.0mL をホールピペットで測り取り，ガラス管から直接注いだ。直ちに装置全体をよく揺すって溶液を混ぜてから温度を測定した。水酸化ナトリウム水溶液を加えるとすぐに温度が上昇して，その後徐々に温度が下がってくる。各時間での測定値は表のようになった。

時間(分)	0.0	0.5	1.0	2.0	3.0	4.0	5.0
温度(℃)	28.00	28.70	28.85	28.90	28.85	28.80	28.75

【実験B】　実験Aと同じ装置を用いて，硫酸と水酸化ナトリウム水溶液の中和熱を求めた。

0.050mol/L の硫酸 55mL を試験管に入れて，実験Aと同じようにして 0.10mol/L の水酸化ナトリウム水溶液 5.0mL を加えて溶液の温度変化を測定した。

【実験C】　実験Aと同じ装置を用いて，硫酸に固体の水酸化ナトリウムを加えたときに発生する熱量を求めた。

0.050mol/L の硫酸 55mL を試験管に入れて，さらに水 5.0mL を加えて良くかき混ぜ，室温とほぼ同じ温度になるまで放置しておいた。次に，水酸化ナトリウムの固体 0.20g を手早く秤量して試験管中に加え，直ちに混合して溶解，反応させて温度変化を測った。

水溶液の比熱(物質1gの温度を1K変化させるのに必要な熱量)はすべて4.2J/(g・K)とし，塩酸と水酸化ナトリウム水溶液の中和反応の反応熱を57kJ/molとして以下の**問1**～**問4**に答えよ。ただし，溶液の密度はすべて$1.0\,g/cm^3$とし，反応前後の体積変化は無視できるものとする。

問1　実験Aで，容器の外に熱が逃げなかった場合に到達すると考えられる温度(℃)は測定結果のグラフからどの様にして求められるか。解答は求めた温度ではなく，求め方を60字以内の文章で記述すること。ただし，理由を説明する必要はない。

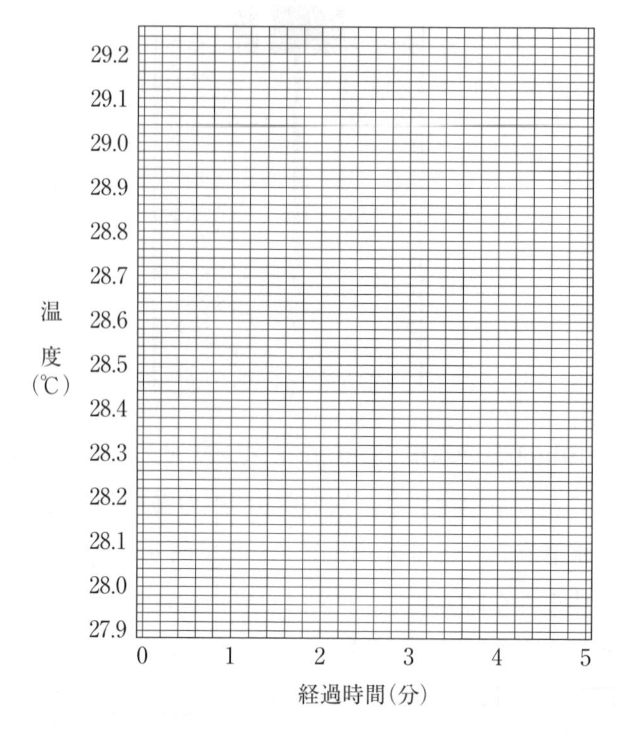

問2　この実験で用いた簡易型熱量計では，発生した熱は溶液と反応容器に吸収されて温度が変化する。反応容器の熱容量(反応容器の温度を1K変化させるのに必要な熱量)，H〔J/K〕を実験Aから求めなさい。答えは，反応前の温度(0分での温度)と**問1**で求められる温度の差をΔTとして表しなさい。

問3　実験Bで，容器の外に熱が逃げなかった場合の温度変化量を求めたところ1.1Kであった。この実験から，硫酸と水酸化ナトリウム水溶液との中和熱Q_1〔kJ/mol〕を求めなさい。答えは，反応容器の熱容量をH〔J/K〕として表しなさい。

問4　実験Cで，容器の外に熱が逃げなかった場合の温度変化量を求めたところ2.0Kであった。固体の水酸化ナトリウムの溶解熱Q_2〔kJ/mol〕を求めなさい。答えは，反応容器の熱容量をH〔J/K〕とし，必要なら硫酸と水酸化ナトリウム水溶液との中和熱はQ_1〔kJ/mol〕として表しなさい。

1 −2 聖マリアンナ医科大

難易度 ★★☆☆☆　解答目安時間 10分

呼吸により体内に取り込まれた酸素分子(O_2)は赤血球中に含まれるヘモグロビンと結合して，筋肉などの組織に運ばれる。ヘモグロビンは分子量64500の複合タンパク質で，0.346%の鉄原子(Fe)を含む。次の問いに答えなさい。

問1　ヘモグロビン1分子中に含まれているFeの原子数を求めなさい。ただし，Feの原子量を55.8とする。

問2　ヘモグロビン1gは310K(37℃)，1.013×10^5Pa(1atm)で1.57mLのO_2と結合し，飽和した状態になる。飽和状態のヘモグロビン1分子に結合しているO_2の分子数を求めなさい。ただし，標準状態(273K，1.013×10^5Pa)における1molの気体の体積は22.4Lである。

問3　問2の状態のヘモグロビンに結合したO_2の1/3が組織で解離する(組織にO_2を供給することになる)とき，15gのヘモグロビンが組織に供給できるO_2の分子数を求めなさい。ただし，アボガドロ定数は6.02×10^{23}/molである。

ここで合否が分かれる！

この問題は，ヘモグロビンという受験生が演習した経験のない物質を題材に，基本的なモル計算を問うている。問1～3すべて基礎レベルであり，医学部入試ではこの程度の問題を10分ほどで片付けられるかどうかが合否の分かれ目となるだろう。ここで予想外に時間をとられると，その他の応用問題に進む時間を確保できなくなり，一気に状況が厳しくなるからだ。

ポイントは，高分子化合物を扱いながら，物質量と分子数を同時に考える設定にすんなりついていけたかどうかだ。ここでは質量から物質量を算出し，「mol比＝分子数比」で考えれば難なく解くことができる。目新しい設定で迫られたときこそ，基本に忠実に考えられるようにしたい。類題は，単分子膜の実験からアボガドロ定数を求める問題である。

解答

問1　4　　問2　4　　問3　1.9×10^{20}

考え方と解法のポイント

問1　個数の比＝mol 比を利用し，ヘモグロビン 1 mol 中の Fe 原子 mol から求める。ヘモグロビン 1 mol＝64500 g の 0.346％の質量$\left(64500\times\frac{0.346}{100}\text{〔g〕}\right)$が Fe 原子の質量だから，

$$\text{ヘモグロビン：鉄}=\underbrace{1:\frac{64500\times\frac{0.346}{100}}{55.8}}_{\text{mol 比}}=\underbrace{1:x}_{\text{個数比}}$$

よって，$x\fallingdotseq4$

問2　質量と気体の体積を各々 mol に直し，分子数比に等しいとする。310 K，1 atm の気体のモル体積は，シャルルの法則より，

$$\frac{V}{T}=\frac{22.4}{273}=\frac{V_m}{310},\quad V_m=22.4\times\frac{310}{273}\text{〔L/mol〕}$$

なので，

$$\text{ヘモグロビン：}O_2=\frac{1}{64500}:\frac{1.57\times10^{-3}}{22.4\times\frac{310}{273}}=1:y$$

よって，$y\fallingdotseq4$

問3　ヘモグロビンの 4 倍モルの O_2 が結合し，そのうち $\frac{1}{3}$ が組織で解離するから，

$$\frac{15}{64500}\text{〔mol〕}\times4\times\frac{1}{3}\times6.02\times10^{23}\text{〔/mol〕}=1.86\times10^{20}$$

ヘモグロビン ← $\frac{15}{64500}$〔mol〕
O_2 最大結合量 ← $\times4$
O_2 解離量 ← $\times\frac{1}{3}$
解離 O_2 分子数 ← $\times6.02\times10^{23}$〔/mol〕

この問題では，ヘモグロビンという目新しい物質を題材として，質量，分子数，気体の体積と物質量との相互変換という基本事項を問うている。物質量との変換計算はすばやく行えるようにしておきたい。

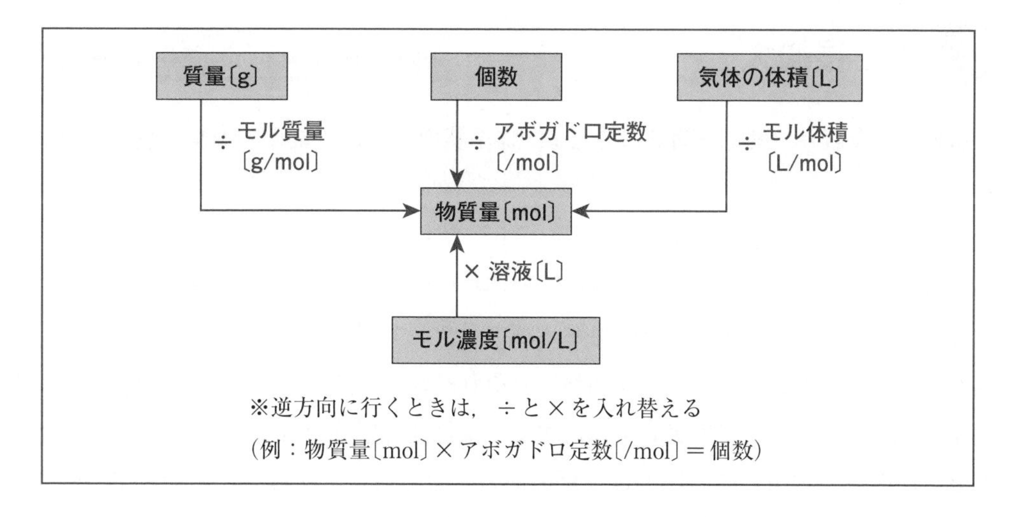

類題 2

（聖マリアンナ医科大）

アボガドロ定数を求めるために，次の実験を行った。

質量 0.042 g のオレイン酸 $C_{17}H_{33}COOH$（分子量 282）を 500 mL のペンタンに溶かした。次に，この溶液を 0.10 mL とり，これを水面に落とすと，右図のような 1 層のオレイン酸分子から成る単分子膜を形成し，この単分子膜の面積は 75 cm^2 であった。また，水面上のオレイン酸分子 1 個が占める面積は 4.6×10^{-15} cm^2 であった。次の問いに答えなさい。

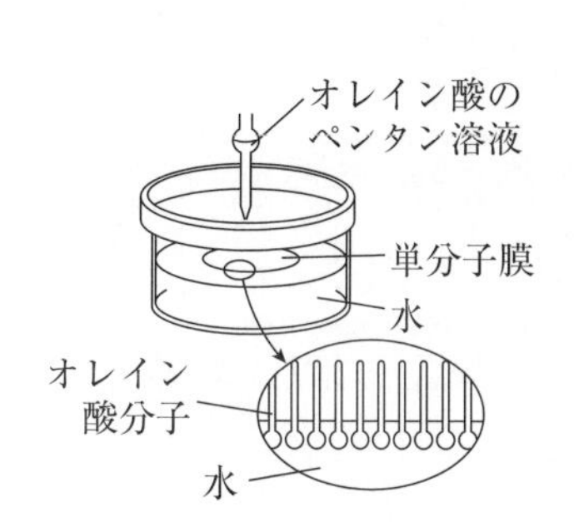

問 1　アボガドロ定数とは何か，2 行以内で説明しなさい。

問 2　上記の実験結果からアボガドロ定数を求めなさい。

1 −3 長崎大

難易度 ★★★☆☆ 解答目安時間 15分

次の文章を読み，**問１〜問５**に答えよ。標準状態における気体のモル体積は，22.4 L/mol とする。

標準状態で 11.2 L のエチレン（C_2H_4），5.6 L のアセチレン（C_2H_2）と 67.2 L の水素を容積 200 L の密閉容器に入れて，触媒の存在下でエチレンとアセチレンがなくなるまで水素の付加反応を行った。エチレン（気体）およびアセチレン（気体）に対する水素付加反応によりエタン（気体）が生成するときの反応熱は，それぞれ 135 kJ/mol および 314 kJ/mol である。

問１　エチレンおよびアセチレンに対する水素付加反応をそれぞれ熱化学方程式で示せ。

問２　反応後の密閉容器の圧力は，反応前の圧力の何倍になるか。有効数字 2 桁で示せ。なお，反応前後での温度の変化はないものとする。

問３　アセチレンに対する水素付加反応によってエチレンが生成するときの反応熱 Q〔kJ/mol〕を求めよ。

問４　次の図に，エチレンに対する水素付加反応における反応熱と原子間の結合エネルギーの関係を示している。図中の Q_1 および Q_2〔kJ/mol〕は，それぞれ生成物および反応物の結合エネルギーの和である。Q_1 を求めよ。ただし，C−C および C−H の結合エネルギーをそれぞれ 348 kJ/mol および 413 kJ/mol とする。

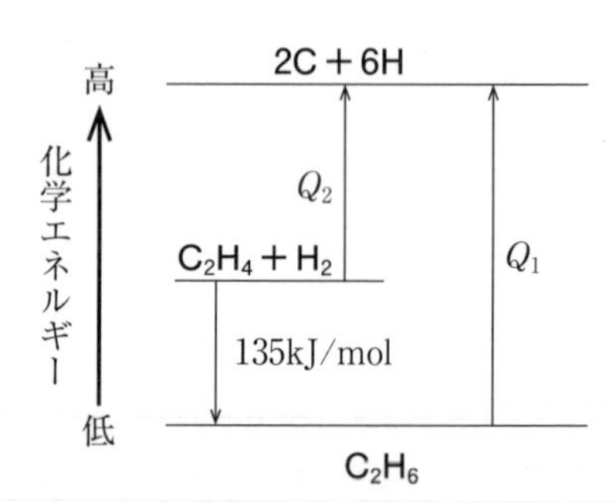

問５　反応熱と Q_1 の値を用いて C=C の結合エネルギーを求めよ。解答欄には計算の過程を含めて記入すること。ただし，H−H の結合エネルギーを 436 kJ/mol とする。

ここで合否が分かれる！

熱化学の解法をテーマとした典型問題で，問1～3は基礎，結合エネルギーを用いる問4と，途中の過程を記述する問5は標準のレベルである。ここでは，問5の途中過程の記述がしっかりこなせたかどうかが合否の分かれ目となっただろう。国立大で全学部共通の問題が出題される場合，医学部は各大問の最後の設問が取れたかどうかで合否が決まってくる傾向にある。

問3～5では反応熱の算出が求められているが，この解法には3種類ある。どの解法をとればすばやく解けるかを判断して適切に選びたい。最も応用が利くのはエネルギー図を書く方法である。この方法で物質の持つ化学エネルギー(潜在エネルギー)の大小関係がイメージできるようになれば，究極の早業であるエネルギー値代入法も理解できるようになる。日頃から自分で正確なエネルギー図を作れるように演習しておこう。

解答

問1　エチレン：C_2H_4(気) ＋ H_2(気) ＝ C_2H_6(気) ＋ 135 kJ

アセチレン：C_2H_2(気) ＋ 2H_2(気) ＝ C_2H_6(気) ＋ 314 kJ

問2　0.73 倍　　　**問3**　179 kJ/mol

問4　－2826 kJ/mol

問5

2C ＋ 6H

－(413×4＋Q'＋436) kJ/mol

C_2H_4 ＋ H_2

135kJ/mol　　－2826kJ/mol

C_2H_6

$$413 \times 4 + Q' + 436 + 135 = 2826$$

$$Q' = 603$$

よって，603 kJ/mol

考え方と解法のポイント

問2　反応前の物質量は，$C_2H_4 \cdots \dfrac{11.2}{22.4} = 0.50$〔mol〕，

$C_2H_2 \cdots \dfrac{5.6}{22.4} = 0.25$〔mol〕，

$H_2 \cdots \dfrac{67.2}{22.4} = 3.0$〔mol〕

反応前後の量関係を聞かれたときは，反応式の下に物質量〔mol〕またはそれに比例する量を整理する。複数の反応が同時に進行する場合は，反応式は1つにせずに，分けて整理する。

	C_2H_4	+	H_2	$\longrightarrow$	C_2H_6
はじめ	0.50		3.0		0 〔mol〕
反応後	0		2.5		0.50〔mol〕

	C_2H_2	+	$2H_2$	$\longrightarrow$	C_2H_6
はじめ	0.25		2.5		0.50〔mol〕
反応後	0		2.0		0.75〔mol〕

温度(T)，体積(V)一定のもとでは，圧力比＝mol 比が成り立つから，

$$\frac{\text{反応後}}{\text{はじめ}}=\underbrace{\frac{2.0+0.75}{0.50+0.25+3.0}}_{\text{mol 比}}=\underbrace{\frac{xP}{P}}_{\text{圧力比}}$$

よって，$x=0.733$

問3　熱化学方程式の加減法で解いてみる。

手順1：与えられた反応熱を熱化学方程式に直す(問1で行っている)

C_2H_4(気)＋H_2(気)＝C_2H_6(気)＋135 kJ　…①

C_2H_2(気)＋$2H_2$(気)＝C_2H_6(気)＋314 kJ　…②

手順2：求める反応熱を熱化学方程式に直す

C_2H_2(気)＋H_2(気)＝C_2H_4(気)＋Q kJ　…③

手順3：**手順1**の式を加減し，**手順2**の式を立てる

②式－①式＝③式より，

$314-135=Q$

よって，$Q=179$〔kJ/mol〕

問4　反応熱の正体は，物質の持つ(潜在)エネルギーの増減である。ここではこの(潜在)エネルギーを化学エネルギーとしている。化学エネルギーが減少すると，その分，外部に熱エネルギー(運動エネルギー)が放出される。これが発熱反応である。

いったん放出された熱エネルギーが拡散してしまうと，元の化学エネルギーには戻らなくなる。したがって，発熱反応は，起こってしまうと元には戻りにくい傾向にある。これが，「発熱反応は進行しやすい」理由である。吸熱反応をあえて進行させるためには，周囲からわざわざ熱エネルギーを与えてやる必要がある。

ここでは，縦軸に化学エネルギーをとったエネルギー図を作成している。Q_1，Q_2 は，化学エネルギーが増大する吸熱反応の反応熱だから，負の値として答える。その絶対値を

表すのが結合エネルギーである。

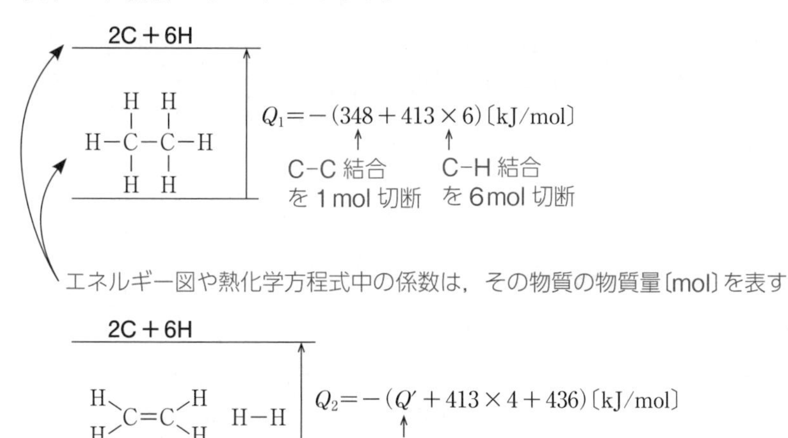

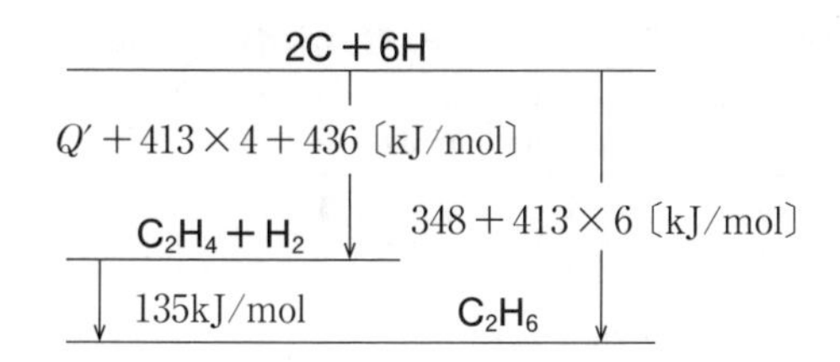

問5　反応の方向（矢印の向き）を逆にすると，符号が逆になる。

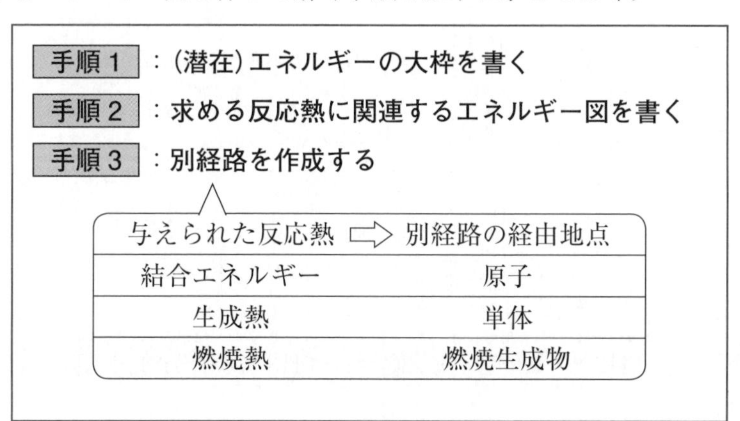

ヘスの法則より，経路に関わらず総熱量は一定なので，

$$Q' + 413 \times 4 + 436 + 135 = 348 + 413 \times 6$$

よって，$Q' = 603$〔kJ/mol〕

このようなエネルギー図を作って解く手順を以下に示しておく。

手順 1：（潜在）エネルギーの大枠を書く

手順 2：求める反応熱に関連するエネルギー図を書く

手順 3：別経路を作成する

与えられた反応熱	⇨ 別経路の経由地点
結合エネルギー	原子
生成熱	単体
燃焼熱	燃焼生成物

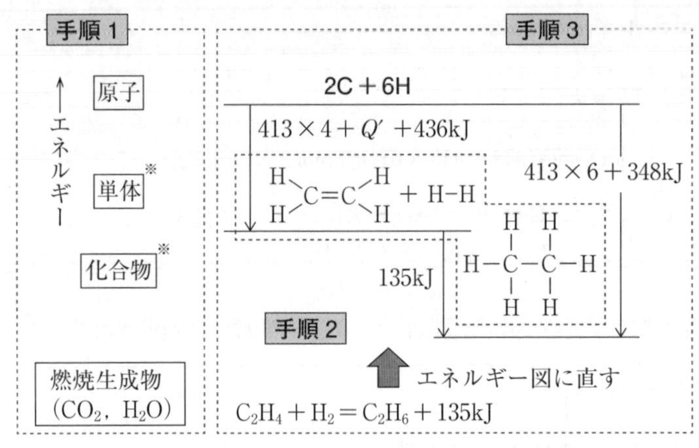

※単体と化合物の上下関係は，逆転する場合もある

【別解】エネルギー値代入法

上図の①原子，②単体，③燃焼生成物のうち，いずれかの(潜在)エネルギーを相対値で 0 とおき，他の物質の相対的エネルギー値を表して，熱化学方程式に代入する。

エネルギー＝0 の地点 ⇨	相対的エネルギー値
原子	−(結合エネルギーの合計)
単体	−(生成熱)
燃焼生成物と O_2	＋(燃焼熱)

上記のように原子のエネルギーを 0 とおいた場合，物質のエネルギーは，結合エネルギーの分だけ下がった位置にあるから，−(結合エネルギー)というエネルギーを持つことになる。

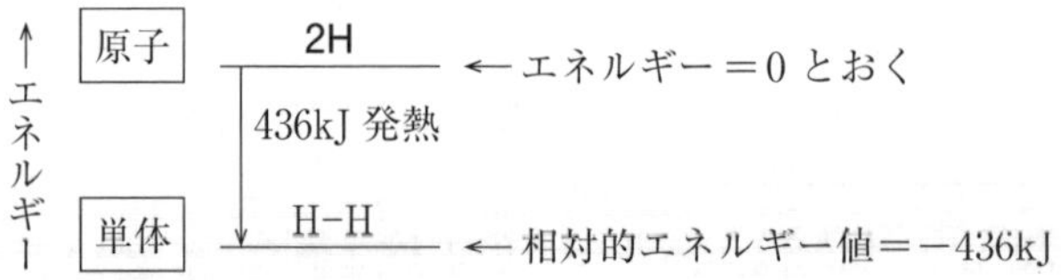

↑エネルギー
原子　2H　← エネルギー＝0 とおく
436kJ 発熱
単体　H−H　← 相対的エネルギー値＝−436kJ

問5について，原子のエネルギーを 0 とおくと，

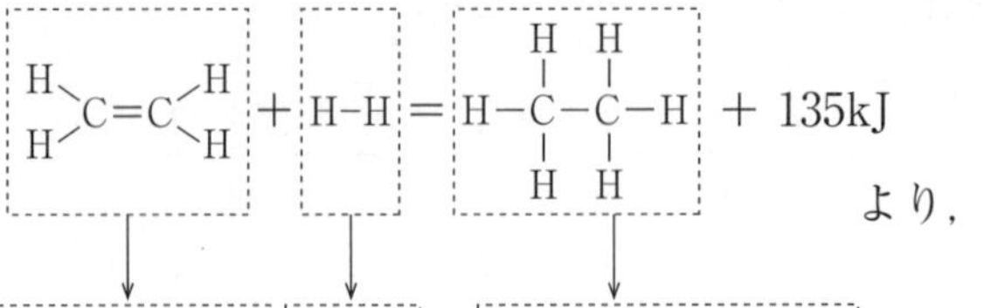

$$H_2C{=}CH_2 + H{-}H = H_3C{-}CH_3 + 135\,\mathrm{kJ}$$

より，

$$-(413\times4+Q') \quad -436 = -(413\times6+348) + 135$$

よって，$Q'=603$

類題 3

次の文を読み，以下の各問いに答えなさい。（東海大）

水素と一酸化炭素の混合気体を触媒を用いて高温高圧下で反応させると，式(1)に示すようにメタノールが生成する。

$2H_2 + CO \longrightarrow CH_3OH$ ……(1)

このとき，以下のア～エの条件が成り立つとする。

ア　水(液体)の生成熱は，286 kJ/mol である。

イ　一酸化炭素の燃焼熱は，283 kJ/mol である。

ウ　メタノールの燃焼に関する熱化学方程式は式(2)のように表される。

$$CH_3OH(液体) + \frac{3}{2}O_2(気体) = CO_2(気体) + 2H_2O(液体) + 726\,kJ \quad ……(2)$$

エ　1.00 g のメタノール(液体)がすべて蒸発するとき 1103 J の熱が吸収される。

解答に必要があれば，以下の値を用いなさい。原子量：H＝1.0，C＝12.0，N＝14.0，O＝16.0，Na＝23.0，S＝32.1，Cu＝63.5，Zn＝65.4，Ag＝108，Pb＝207，気体定数：$R = 8.31 \times 10^3\,L\cdot Pa/(mol\cdot K)$，ファラデー定数：$F = 9.65 \times 10^4\,C/mol$，水のイオン積：$K_w = 1.0 \times 10^{-14}\,(mol/L)^2$ (25℃)，$\log_{10}2 = 0.301$，$\log_{10}3 = 0.477$

問1　メタノール(液体)を式(1)の反応で合成するときの反応熱〔kJ/mol〕として最も適切な値をa～fの中から一つ選び，解答欄の記号にマークしなさい。

a　65　　b　108　　c　129　　d　195　　e　258　　f　412

問2　メタノール(気体)を式(1)の反応で合成するときの反応熱〔kJ/mol〕として最も適切な値をa～fの中から一つ選び，解答欄の記号にマークしなさい。

a　73　　b　94　　c　146　　d　164　　e　223　　f　291

問3　式(1)の反応が完全に進むものとして，1.00 kg のメタノール(液体)を得るために必要となる標準状態(0℃，1.01×10^5 Pa)における一酸化炭素の体積〔L〕として最も適切な値をa～fの中から一つ選び，解答欄の記号にマークしなさい。ただし，一酸化炭素は理想気体とする。

a　70　　b　140　　c　280　　d　350　　e　560　　f　700

1 −4 東京大

難易度 ★★★☆☆ 解答目安時間 10分

必要があれば，原子量として下の値を用いよ。

H：1.0　C：12.0　N：14.0　O：16.0　Na：23.0　S：32.1　Cl：35.5

有機物に含まれるタンパク質などの有機窒素化合物の量は，それを摂取する生物にとっての有用性，例えば栄養的価値，を示す指標の一つとして用いられている。試料に含まれる有機窒素化合物の窒素をアンモニアに変換して分析する実験について述べた以下の文を読み，**問1～問3**に答えよ。

試料0.20gに濃硫酸5mLと触媒を加えて加熱した。この加熱過程において，試料は分解され，含まれていた有機窒素化合物の窒素は硫酸水素アンモニウムとなる。あらかじめ蒸留水50mLを入れておいた丸底フラスコAに，加熱分解が終了した試料液の全量を移した。そして，図1に示す実験装置を組み立てた。コックBを開き①10mol・L^{-1}水酸化ナトリウム水溶液20mLを少量ずつ丸底フラスコAに加え，アンモニアを発生させた。続いて，コックBを閉じ，コックCを開いて水蒸気を丸底フラスコAの溶液中に送り込んだ。アンモニアを捕集するために，丸底フラスコAから水蒸気とともに送られてくるアンモニアを冷却管Eで冷却し，希塩酸10mLを入れた三角フラスコDに導入した。丸底フラスコAから発生するアンモニアを全て捕集した後，図1の実験装置から三角フラスコDを取り外した。この三角フラスコD内の溶液にメチルレッドを指示薬として加え，②$x$mol・L^{-1}水酸化ナトリウム水溶液を用いて中和滴定をおこなったところ，9.2mLを加えたところで溶液が赤色から黄色に変化したので，ここを中和の終点とした。試料を加えずに全く同様にすべての操作をおこなったところ，最後の中和に要した$x$mol・L^{-1}水酸化ナトリウム水溶液の量は21.2mLであった。

問1　下線部①において，丸底フラスコA内の溶液ではどのような化学反応が起こっているか，反応式で示せ。

問2　下線部②の$x$mol・L^{-1}水酸化ナトリウム水溶液の濃度を求めるために，次の操作をおこなった。まず，シュウ酸二水和物$(COOH)_2 \cdot 2H_2O$を3.15gとり，水に溶かして1000mLとした。このシュウ酸水溶液10.0mLにフェノールフタレインを指示薬として加え，上記$x$mol・L^{-1}水酸化ナトリウム水溶液で滴定したところ，中和に11.1mLを要した。xの値を有効数字2桁で求めよ。結果だけでなく求める過程も記せ。

問3　試料0.20gから生じたアンモニアの物質量を有効数字2桁で求めよ。結果だけでなく求める過程も記せ。

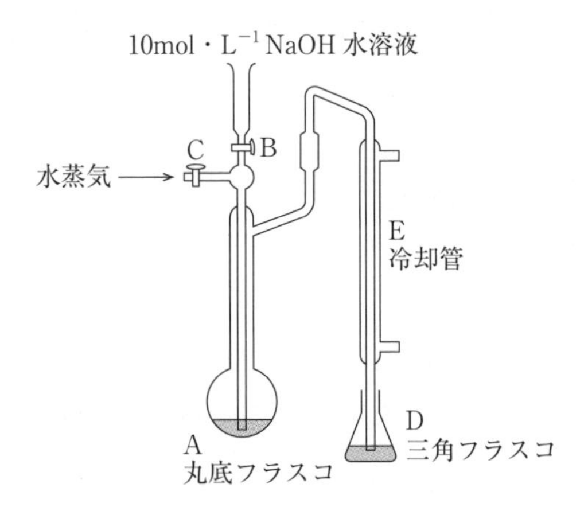

図1　丸底フラスコA内の試料液からアンモニアを発生させ捕集する装置

ここで合否が分かれる！

中和滴定を扱った1問。滴定の問題は反応が複数絡み合ったものが多いので，必要であれば反応式を書きながら設定を把握するようにしよう。計算にあたっては，棒グラフの要領で酸，塩基の量を整理するなどして，状況を正確に把握したい。問1は基礎，問2・3は途中の過程を記述させる標準レベルの設問である。したがって医学部受験生は，ここで無駄な時間を使わず，これらをスピーディーに完答できたかどうかが合否の分かれ目となる。

この問題では，タンパク質中の窒素をアンモニアに変換して希塩酸に吸収させ，残った塩酸を水酸化ナトリウム水溶液で滴定するのだが，アンモニアを加えずに滴定するブランクテストを行っているので，両者の差からアンモニア量が求まるのがポイント。基本が確認できたら，混合塩基の滴定を扱った類題も解いておこう。

解答＆考え方と解法のポイント

問1　$NH_4HSO_4 + 2NaOH \longrightarrow NH_3 + Na_2SO_4 + 2H_2O$

問2

$$\underbrace{\frac{3.15}{126} \times \frac{10.0}{1000} \times 2}_{H_2C_2O_4\text{が出す}H^+\text{〔mol〕}} = \underbrace{x \times \frac{11.1}{1000}}_{NaOH\text{が出す}OH^-\text{〔mol〕}}$$

$x = 4.50 \times 10^{-2}$

よって，**4.5×10^{-2}〔mol・L^{-1}〕**

問3 試料から発生する NH_3，これを吸収する HCl，残った HCl を滴定する NaOH の物質量を整理すると，

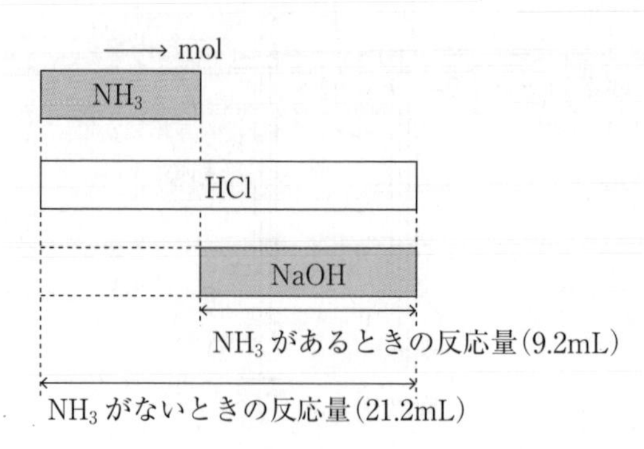

NH_3 の物質量は，NaOH 21.2－9.2 mL 分に等しいので，

$$4.50\times10^{-2}\,[\text{mol}\cdot\text{L}^{-1}]\times\frac{21.2-9.2}{1000}\,[\text{L}]=5.40\times10^{-4}\,[\text{mol}]$$

よって，**5.4×10^{-4} [mol]**

類題 4

次の文章を読み，設問に答えよ。 （静岡県立大）

(ア)二酸化炭素は水に溶け，弱酸性を示す。二酸化炭素の水溶液は炭酸水として清涼飲料水などに商用されている。また，雨水が通常弱酸性を示すのも，大気中に含まれる二酸化炭素の影響による。

ある炭酸水中の二酸化炭素濃度を求めるために，次の中和滴定実験を行った。

炭酸水を 10.0 mL とり，水酸化ナトリウム水溶液を加えて塩基性水溶液とした。この水溶液を 0.100 mol/L の塩酸を用いて滴定したところ，図1の中和滴定曲線が得られた。

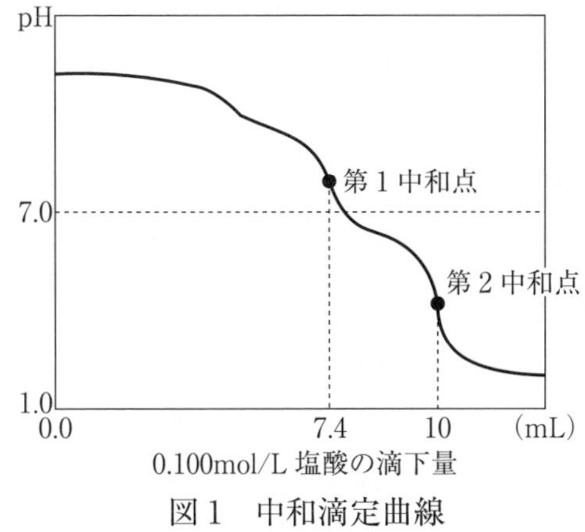

図1　中和滴定曲線

問1　下線部(ア)を説明するイオン反応式を記せ。

問2　この実験に用いた炭酸水中の二酸化炭素濃度は何 mol/L か，解法とともに有効数字 2 桁で答えよ。ただし，炭酸水中の二酸化炭素はすべて水酸化ナトリウムと反応したものとする。

問3　ある室内の空気を標準状態で 10.0L 採取し，1.00×10^{-3} mol/L の水酸化バリウム水溶液 500 mL に通じると水溶液は白く濁り，沈殿を生じた。この水溶液の上澄み液 25.0 mL を中和するのに，5.0×10^{-3} mol/L の塩酸 7.20 mL を要した。空気に含まれる二酸化炭素は完全に水酸化バリウム水溶液に吸収されたものとするとき，もとの空気中に含まれていた二酸化炭素の物質量(mol)を求め，解法とともに有効数字 2 桁で答えよ。

問4　問3の空気中に，二酸化炭素は体積比で何％含まれていたか，解法とともに有効数字 2 桁で答えよ。ただし，気体はすべて理想気体としてふるまうものとする。

1 −5 東京大

難易度 ★★★☆☆ 解答目安時間 15分

次の文章を読み，問ア～エに答えよ。原子量は O＝16.0 とする。

河川や湖沼などの水質の汚濁源の一つに，工場排水や家庭雑排水に含まれる有機化合物がある。この有機化合物の量は，化学的酸素消費量(Chemical Oxygen Demand：COD)を指標として表すことが多い。CODを求めるには，試料水に過マンガン酸カリウムなどの強い酸化剤を加え，一定条件の下で反応させて試料水中の有機化合物などを酸化させる。①そのときに消費された，試料水1Lあたりの酸化剤の量を，酸化剤としての酸素(O_2)の質量(mg)に換算して表す。たとえば，ヤマメやイワナが生息する渓流水のCODは $1\,mg\cdot L^{-1}$ 以下であり，有機化合物などをほとんど含まないきれいな水と言うことができる。ある河川から試料水を採取し，現在一般的に用いられている方法によりCODを求めた。以下にその操作を示す。

操作1 〔塩化物イオンの沈殿除去〕：

試料水100.0mLを三角フラスコにとり，十分な量の硫酸を加えて酸性にし，これに②硝酸銀水溶液($200\,g\cdot L^{-1}$)5mLを加えた。

操作2 〔過マンガン酸カリウムによる酸化〕：

これに $4.80\times10^{-3}\,mol\cdot L^{-1}$ の過マンガン酸カリウム水溶液10.0mLを加えて振り混ぜ，沸騰水浴中で30分間加熱した。加熱後，三角フラスコ中の溶液は薄い赤紫色を示していた。これより，試料水中の有機化合物などを酸化するのに十分な量の過マンガン酸カリウムが加えられ，未反応の過マンガン酸カリウムが残留していることがわかった。

操作3 〔シュウ酸による未反応の過マンガン酸カリウムの還元〕：

この三角フラスコを水浴から取り出し，約 $1.2\times10^{-2}\,mol\cdot L^{-1}$ のシュウ酸二ナトリウム($Na_2C_2O_4$)水溶液10.0mLを加えて振り混ぜ，よく反応させた。このとき，溶液の赤紫色が消えて無色となった。

操作4 〔過マンガン酸カリウムによる過剰のシュウ酸滴定〕：

三角フラスコ中の溶液を50～60℃に保ち，その中に存在している過剰のシュウ酸を $4.80\times10^{-3}\,mol\cdot L^{-1}$ の過マンガン酸カリウム水溶液でわずかに赤い色を示すまで滴定したところ，3.11mLを要した。

操作5 〔純粋な水による比較試験〕：

以上とは別に，試料水の代わりに100.0mLの純水な水を用いて操作1～4を行ったところ，操作4の滴定において $4.80\times10^{-3}\,mol\cdot L^{-1}$ の過マンガン酸カリウム水溶液0.51mLを要した。この操作を行うことで，過マンガン酸カリウムの一部が加熱により分解する場合や，シュウ酸二ナトリウム水溶液の濃度が不明確な場合でも，CODを正確に求めることができる。

ア　試料水に塩化物イオンが含まれている場合，下線部②の操作により塩化銀(AgCl)の沈殿が生じる。CODの値を正確に求めるためにはこの操作が必要である。もし，この操作を行わないと，得られるCODの値にどのような影響を及ぼすか，理由とともに50字程度で述べよ。

イ　操作3における，過マンガン酸カリウムとシュウ酸との酸化還元反応式を記せ。ただし，シュウ酸二ナトリウム($Na_2C_2O_4$)硫酸酸性条件でシュウ酸($H_2C_2O_4$)として存在し，これが酸化されて二酸化炭素と水になるものとする。

ウ　下線部①について，4.80×10^{-3} mol・L^{-1} の過マンガン酸カリウム水溶液1.00mLは酸素(O_2)の何mgに相当するか。有効数字2桁で答えよ。結果だけでなく，計算の過程も記せ。

エ　操作1～5の結果に基づいて，この試料水のCOD(mg・L^{-1})を求め，有効数字2桁で答えよ。結果だけでなく，計算の過程も記せ。

ここで合否が分かれる！

酸化還元滴定で，難問としてよく出題されるCODについての1問である。CODの問題では，まず滴定操作を正確に認識することが必要だが，最終的に「試料水1Lあたり」に反応する「酸素のミリグラム数」に換算しなければならないところが難しい。

アは標準レベルの典型論述，イも代表的な酸化還元反応式の組み立てが問われており，この2問は続けて完答したい。ウは，$KMnO_4$ が奪うのと同molの電子を奪う O_2 の量を聞かれていることがわかれば，単なる標準レベルの計算問題となる。したがって，カギとなるのはエで，操作を理解した上で上記の落とし穴を回避しなければならないやや難しめの設問のため，この問題の出来が合否を左右したと考えられる。類題には，CODよりもさらに操作が複雑なDO(溶存酸素濃度の定量)を扱った問題を取り上げたので，CODの考え方を応用して挑戦してみよう。

解答

ア　**塩化物イオンを酸化するために，過マンガン酸カリウムが余分に消費され，CODは正しい値よりも大きくなる。**(51字)

イ　$\mathbf{2KMnO_4 + 5H_2C_2O_4 + 3H_2SO_4 \longrightarrow K_2SO_4 + 2MnSO_4 + 10CO_2 + 8H_2O}$

ウ　O_2 は1molあたり e^- を4mol受け取り，$KMnO_4$ は1molあたり e^- を5mol受け取るので，

$$4.80 \times 10^{-3} \times \frac{1.00}{1000} \times \frac{5}{4} \times 32 \times 10^3 \fallingdotseq \mathbf{1.9 \times 10^{-1}}\ \text{〔mg〕}$$

エ　試料水を酸化するのに要する$KMnO_4$の量は，操作4と5の滴定値の差に相当するから，

$$1.92\times10^{-1}\times(3.11-0.51)\times\frac{1000}{100.0}\fallingdotseq \mathbf{5.0}\ \text{〔mg/L〕}$$

考え方と解法のポイント

ア　試料水中にCl^-が含まれていると，過マンガン酸カリウム水溶液による酸化反応が起こる。その結果，操作3で加えるシュウ酸二ナトリウムが実際より多く残ることになり，操作4での過マンガン酸カリウム水溶液の消費量が多くなる。そのため，CODの値が実際より大きい値を示すことになる。

ウ　酸素の半反応式は，

$$O_2+4H^++4e^-\longrightarrow 2H_2O$$

で，1mol あたり 4mol の電子を受け取る。過マンガン酸イオンは，1mol あたり 5mol の電子を受け取るので，求める酸素の質量は，

$$4.80\times10^{-3}\times\frac{1.00}{1000}\times\frac{5}{4}\times32.0\times10^3=1.92\times10^{-1}\ \text{〔mg〕}$$

エ　正確なCODを求めるには，純粋な水について操作1～4と同じ実験を同じ試薬を使って行う(ブランクテストという)。これを行うことによって，試薬水で生じる誤差と同じ誤差が純粋な水について起こるので，過マンガン酸カリウム水溶液の正確な滴定値は，試料水と純粋な水の差となる。

よって，試料水のCODは，

$$1.92\times10^{-1}\times(3.11-0.51)\times\frac{1000}{100.0}=4.99\ \text{〔mg/L〕}$$

類題 5

次の文を読んで，**問1～問7**に答えよ。　（滋賀県立大）

自然界では水中に酸素分子が溶け込んでおり，これを利用して生物が呼吸を行う。しかし水中の有機化合物が増え水質が悪化すると，湖底などでは酸素分子が大量に消費されて，更なる悪化を招く可能性がある。水中の酸素分子濃度を測定するために，酸化還元滴定法が用いられる。

琵琶湖の湖底近く(水温8℃)から，酸素分子濃度を測定するために湖水を採取し試料とした。これに硫酸マンガン(Ⅱ)水溶液と水酸化カルシウム水溶液を加えた。このときマンガン(Ⅱ)イオンは白色の水酸化物($Mn(OH)_2$)となり沈殿する(式1)。水中のすべての酸素分子はこの沈

殿と反応して褐色沈殿($MnO(OH)_2$)を生じる(式2)。

$Mn^{2+} + 2OH^- \longrightarrow Mn(OH)_2$ 式1

(+II) (ア) ……(マンガンの酸化数)

$2Mn(OH)_2 + O_2 \longrightarrow 2MnO(OH)_2$ 式2

(0) (イ) ……(酸素の酸化数)

褐色沈殿を生じた試料にヨウ化カリウムを加えておき，空気中の酸素が入らないよう密閉して実験室に持ち帰った。この試料に塩酸を加えて酸性にすると，式3の反応により褐色沈殿が溶解し，ヨウ素分子が生じて，溶液全体が茶色になった。生じたヨウ素分子を式4の反応によりチオ硫酸ナトリウム($Na_2S_2O_3$)水溶液で滴定し，水中の酸素分子濃度を求めた。

$MnO(OH)_2 + 2I^- +$ ウ a

$\longrightarrow Mn^{2+} + I_2 +$ エ b 式3

$I_2 +$ オ $S_2O_3^{2-} \longrightarrow$ カ $I^- +$ キ $S_4O_6^{2-}$ 式4

これらの式2～式4より，酸素分子1molと反応するマンガン(II)イオンの物質量は ク mol， ク molの褐色沈殿($MnO(OH)_2$)と反応して生じるヨウ素分子の物質量は ケ mol， ケ molのヨウ素分子と反応するチオ硫酸イオンの物質量は コ molである。

湖水100 cm^3 に対して上の操作を行い，生じたヨウ素分子を濃度 1.00×10^{-2} mol/Lのチオ硫酸ナトリウム水溶液で滴定したところ，ヨウ素分子の色が消えるまでに6.40 cm^3 を要した。このとき，湖水中に含まれていた酸素分子のモル濃度は サ mol/Lとなった。

次に水中の酸素飽和率(水中の酸素分子の濃度〔mol/L〕/ 酸素分子の溶解度〔mol/L〕× 100)を求めた。酸素分子の水に対する溶解度は，圧力 1.013×10^5 Pa(1.00 atm)，水温8℃のとき 2.00×10^{-3} mol/Lである。空気中に酸素は物質量として20%含まれ，酸素分子の溶解度はヘンリーの法則に従うとすると，圧力 1.013×10^5 Paの空気と平衡状態にある水温8℃の水への酸素分子の溶解度は シ mol/Lである。ここから酸素飽和率を求めた結果， ス %となった。

問1 ア ， イ に適切な酸化数を記せ。

問2 a ， b に入る分子式またはイオン式を記せ。

問3 ウ ～ コ に入る適当な数値を整数値で示せ。

問4 サ に入る数値を有効数字2桁で示せ。計算過程も記せ。

問5 シ に入る数値を有効数字2桁で示せ。計算過程も記せ。

問6 ス に入る数値を有効数字2桁で示せ。計算過程も記せ。

問7 次の気体をヘンリーの法則に従うものと従わないものに分け，化学式で記せ。

アルゴン，アンモニア，メタン，塩化水素，水素，窒素

Memo

第 2 章

物質の状態

2 −1 山口大

難易度 ★★☆☆☆ 解答目安時間 10分

次の文章を読んで，後の問いに答えなさい。必要があれば，以下の数値を用いよ。

原子量　Al＝27，アボガドロ定数　6.0×10^{23}/mol，$\sqrt{2}=1.41$，$\sqrt{3}=1.73$

金属結合によって同じ大きさの金属原子が規則正しく配列した結晶を金属結晶という。金属結晶は，多くの場合，以下の図(A)のような単位格子の各頂点と中心に原子が位置する［ア］，図(B)のような単位格子の各頂点および各面の中心に原子が位置する［イ］，図(C)のような，正六角柱の上面および底面の各角および中心と，正六角柱の内部で高さ$\frac{1}{2}$のところに原子が位置する［ウ］のいずれかの構造をとる。例えば，ナトリウム，カリウムなどは［ア］，銀，銅などは［イ］，マグネシウム，亜鉛などは［ウ］のような結晶構造を持つ。それぞれ結晶構造には，以下のような特徴がある。

・［ア］では，各金属原子は，［I］個の原子と接しており，単位格子に含まれる金属原子の数は，［II］個である。

・［イ］では，各金属原子は，［III］個の原子と接しており，単位格子に含まれる金属原子の数は，［IV］個である。

・［ウ］では，各金属原子は，［V］個の原子と接しており，単位格子に含まれる金属原子の数は，［VI］個である。

(A)

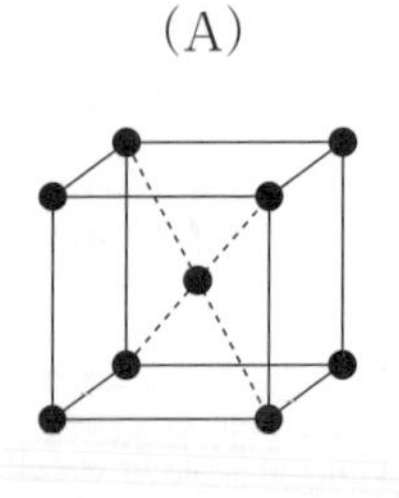

(B)

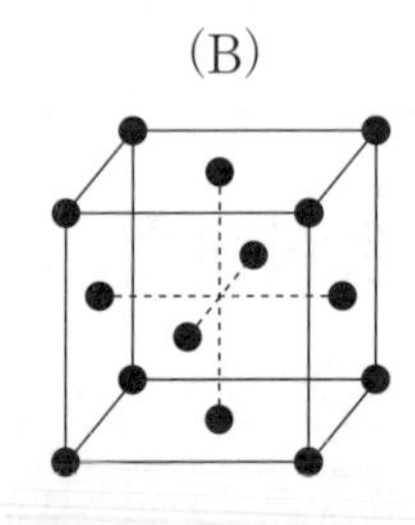

(C)

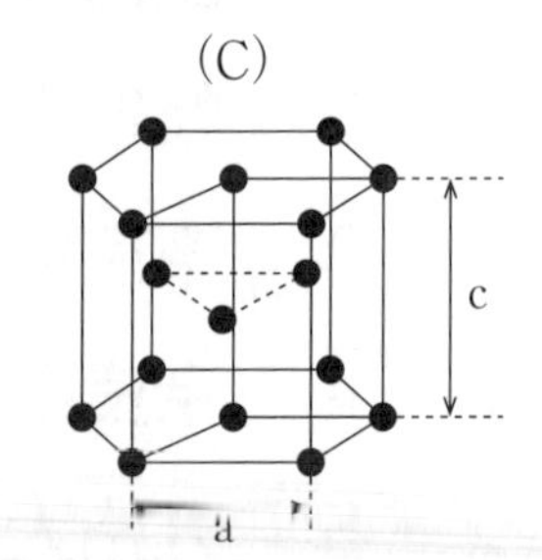

問1　文中の［ア］，［イ］，［ウ］に適当な語句を，［I］～［VI］には適当な数値を入れ，文章を完成させなさい。

問2　X線分析によりアルミニウムの結晶を調べたところ，［イ］の配列をとり，単位格子の1辺の長さは，4.0×10^{-8}cmであった。アルミニウムの原子を球とみなした場合，その半径は何cmか有効数字2桁で計算しなさい。計算過程も示しなさい。

問3　問2におけるアルミニウムの密度(g/cm³)を有効数字2桁で計算しなさい。計算過程も示しなさい。

問4　理想的な［ウ］では，単位格子の軸比(図中のc/a)は，約1.63となることが知られている。このことを計算で証明しなさい。計算過程も示しなさい。

ここで合否が分かれる！

結晶格子の基本問題を取り上げた。金属結晶の体心立方格子，面心立方格子は，基本的で重要な結晶格子である。結晶格子の出題は型にはまったものが多いが，この典型的な解法がしっかり説明できるようになれば，本問の問4のような，目新しい設問にも正しく対応できるだろう。

問1は基本的知識，問2もすぐに答えられるべき関係式を問うものであり，いずれもすばやく完答したい。問3は，結晶格子ではよく問われる密度の算出である。基本的な物質量の算出と，密度を使った体積一質量の換算を組み合わせて解く。唯一時間がかかりそうなのは，問4である。最近接12個の原子が全部接触した完全な六方最密構造の場合，隣り合う4個の原子は正四面体の頂点に位置するということがカギ。これに気付けたかどうかで差がついただろう。

類題には，原子の並び方に関する目新しい問題を取り上げたので，問4と同様，原子の位置関係をイメージしながら挑戦してみよう。

解答

問1　ア：**体心立方格子**　イ：**面心立方格子**　ウ：**六方最密構造**　Ⅰ：**8**　Ⅱ：**2**　Ⅲ：**12**　Ⅳ：**4**　Ⅴ：**12**　Ⅵ：**2**

問2　$\sqrt{2}\times 4.0\times 10^{-8}=4r$

$r=1.41\times 10^{-8}$〔cm〕

よって，**1.4×10^{-8}〔cm〕**

問3　$(4.0\times 10^{-8})^3\times d=\dfrac{4}{6.0\times 10^{23}}\times 27$

$d=2.81$

よって，**2.8〔g/cm^3〕**

問4　原子半径を r とおくと，$\mathrm{a}=2r$　…①

$(2r)^2=\left(\dfrac{1}{2}\mathrm{c}\right)^2+\left(2r\times\dfrac{\sqrt{3}}{2}\times\dfrac{2}{3}\right)^2$　…②

①，②式より，

$$\frac{\mathrm{c}}{\mathrm{a}}=\frac{\dfrac{4\times\sqrt{2}\times\sqrt{3}}{3}r}{2r}\fallingdotseq 1.63$$

考え方と解法のポイント

問1　立方体の単位格子の場合，頂点の原子は $\frac{1}{8}$ 個，面上の原子は $\frac{1}{2}$ 個だけ，立方体の内部に含まれている。六方最密構造の単位格子は，六角柱ではなく，それを 3 分割した，底面がひし形の角柱である。このひし形の鋭角な頂点は 60°，鈍角な頂点は 120° の角なので，それぞれの頂点上にある原子は，$\frac{1}{12}$ 個，$\frac{1}{6}$ 個ずつ角柱内に含まれる。中心にも 1 個あるので，

$$\frac{1}{12}\times 4+\frac{1}{6}\times 4+1=2\text{〔個〕(Ⅵ)}$$

面心立方格子と六方最密構造は，いずれも大きさのそろった球を最も密に詰めた最密充填であり，1 個の原子に対して他の原子は，同一平面に 6 個，上に 3 個，下に 3 個で合計 12 個接している。

問2　面心立方格子の場合，面上の原子と頂点上の原子が接しているため，単位格子（立方体）1 辺の長さ a と，原子半径 r の関係式は，

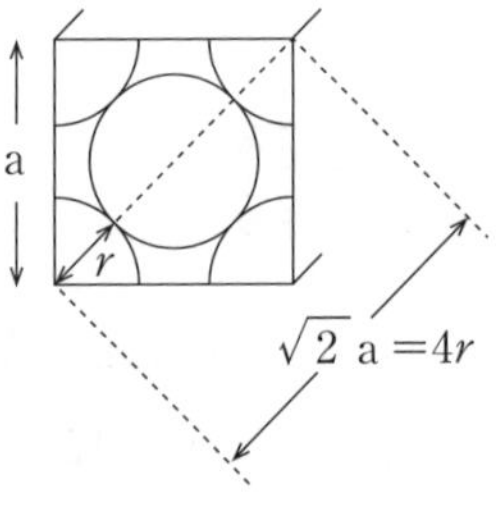

$$\sqrt{2}\,\mathrm{a}=4r$$

と表される。これに代入すればよい。

a
r
$\sqrt{2}\,\mathrm{a}=4r$

問3　単位格子は最小単位であり，この組成（個数比）や密度が結晶全体の組成式や密度に一致する。面心立方格子単位格子の体積は a^3，質量は原子 4 個の質量 $\frac{4}{6.0\times 10^{23}}\times 27$〔g〕なので，

体積〔cm^3〕× 密度〔$\mathrm{g/cm}^3$〕＝ 質量〔g〕

より，

$$(4.0\times 10^{-8})^3\times d=\frac{4}{6.0\times 10^{23}}\times 27$$

よって，$d=2.81$〔$\mathrm{g/cm}^3$〕

問4　面心立方格子も六方最密構造も，接し合う4個の原子は正四面体の頂点に位置している。たとえば，下図の◎4個は正四面体を形成している。

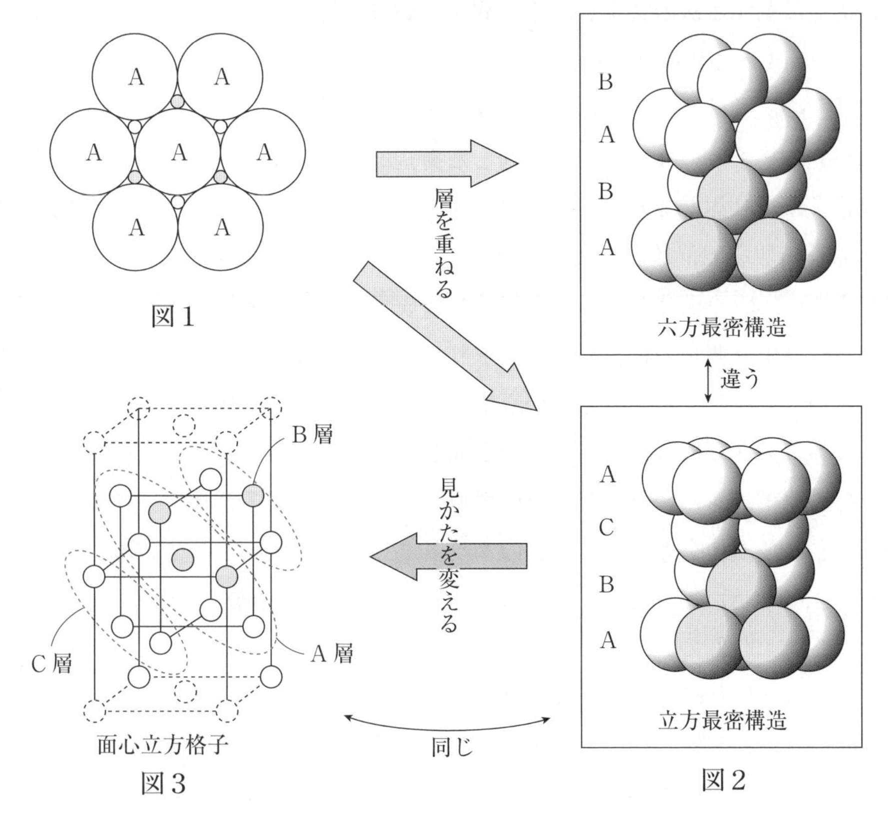

図1の○に球を乗せたものがB層，◎に球を乗せたものがC層である

問題文にある図(C)のaは，この正四面体の1辺を表しており，原子半径rの2倍に等しい。一方，cは下図で表される正四面体の高さ$\overline{\mathrm{AF}}$の2倍に等しい。

$\overline{\mathrm{AB}}=2r$，$\overline{\mathrm{AE}}=\dfrac{\sqrt{3}}{2}\times 2r$，$\overline{\mathrm{BF}}=\dfrac{2}{3}\times\dfrac{\sqrt{3}}{2}\times 2r$ なので，$\overline{\mathrm{AF}}=\dfrac{\mathrm{c}}{2}$ との関係式は，

$$(2r)^2=\left(\frac{\mathrm{c}}{2}\right)^2+\left(\frac{2}{3}\times\frac{\sqrt{3}}{2}\times 2r\right)^2$$

よって，$\dfrac{\mathrm{c}}{\mathrm{a}}\fallingdotseq 1.63$

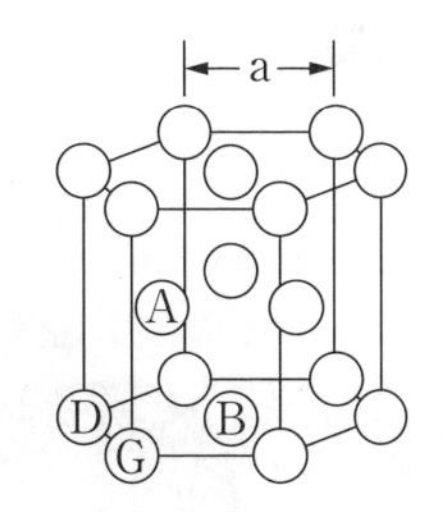

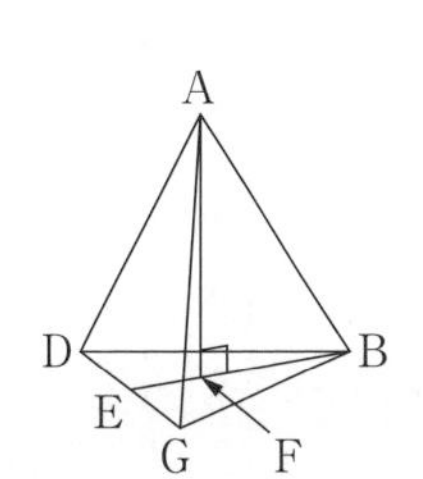

類題 6

結晶の構造に関する次の文章を読み，**問1～問6**に答えよ。 （大阪大）

アボガドロ定数を 6.02×10^{23}/mol とする。

金属結晶中の原子は，図1に示すような（　①　）格子，それに比べて充填率が高い（　②　）構造や面心立方格子という規則的に配列した構造をとる。また，図1には単位格子の右側に同様の単位格子が繰り返し並んでいることを示す立方体が描かれている。1つの原子に最も近接している原子の数を配位数と定義すると，（　①　）格子を構成する原子の配位数は8である。それに対して（　②　）構造と面心立方格子を構成する原子の配位数は（　③　）である。図1の球で示された原子9個を金属結晶中から取り出すと，図2のような原子9個からなる集合体ができる。このようないくつかの原子から構成される原子の集合体をクラスターと呼ぶ。この図2に示したクラスターには，金属結晶中と同じ配位数を持つ原子と，金属結晶中よりも少ない配位数を持つ原子がある。それぞれを内殻原子，露出表面原子と呼ぶ。この露出表面原子の中心を頂点とする多面体を考えると，このクラスターは六面体になっている。

金属原子 1.40×10^{-3}mol から，クラスターをある条件で合成したところ，すべて同じ原子数を持つ 6.48×10^{19} 個のクラスター(A)が得られた。このクラスター(A)に含まれる原子の配列は，面心立方格子の金属結晶中の原子の配列と同一であった。また，クラスター(A)の露出表面原子1原子に対して，ある分子(B)が1分子結合する。合成された 6.48×10^{19} 個のクラスター(A)に，7.78×10^{20} 個の分子(B)が結合した。

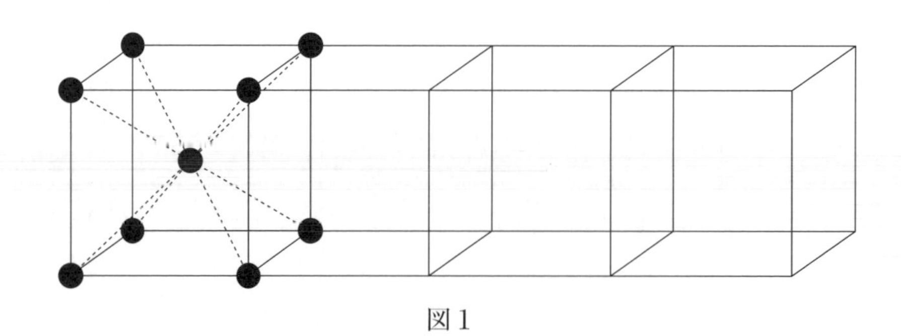

図1

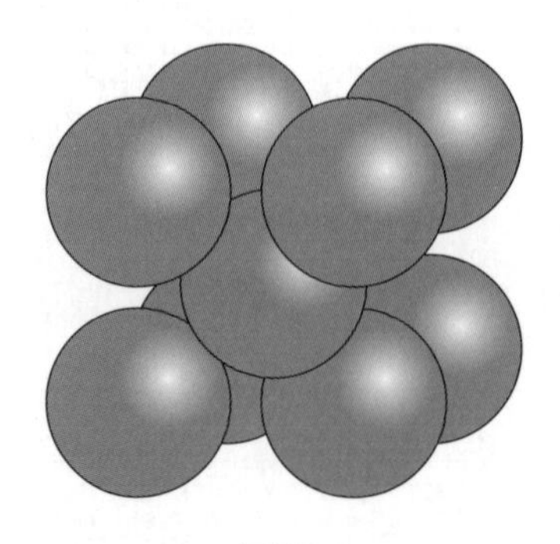

図2

問1　文中の空欄（　①　）～（　③　）に当てはまる語句を答えよ。

問2　クラスター(A) 1 個に含まれる原子の個数を答えよ。

問3　クラスター(A) 1 個に含まれる露出表面原子の個数を答えよ。

問4　金属原子の半径を r としたとき，クラスター(A)のある露出表面原子の中心から別の露出表面原子の中心を結んだ線分で最も短いものと最も長いものの長さを答えよ。

問5　クラスター(A)の露出表面原子の配位数を答えよ。

問6　クラスター(A)の露出表面原子の中心を頂点とする多面体を考えると，クラスター(A)は何面体であるかを答えよ。

2 −2 岐阜大

難易度 ★★★☆☆ 解答日安時間 20分

次の文を読み，以下の**問1**から**問7**に答えよ。

原子量は C＝12，アボガドロ定数は 6.0×10^{23}/mol，$\sqrt{2}=1.41$，$\sqrt{3}=1.73$ とする。

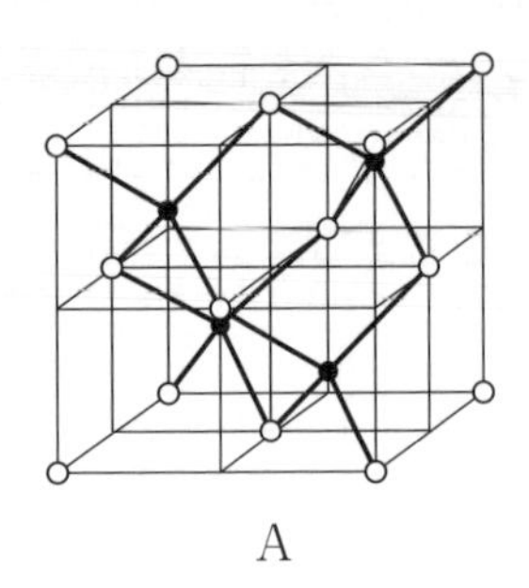

A

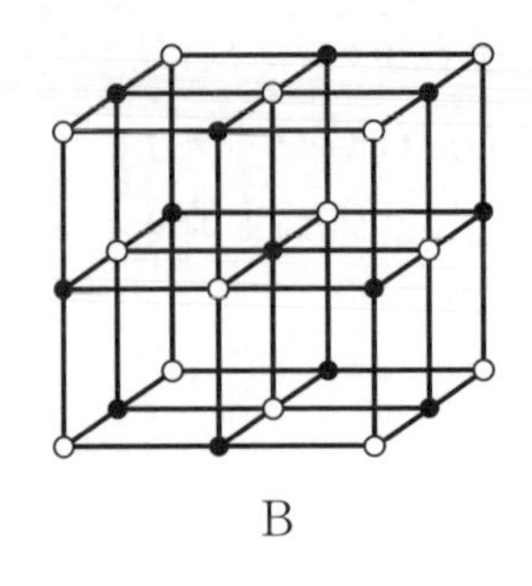

B

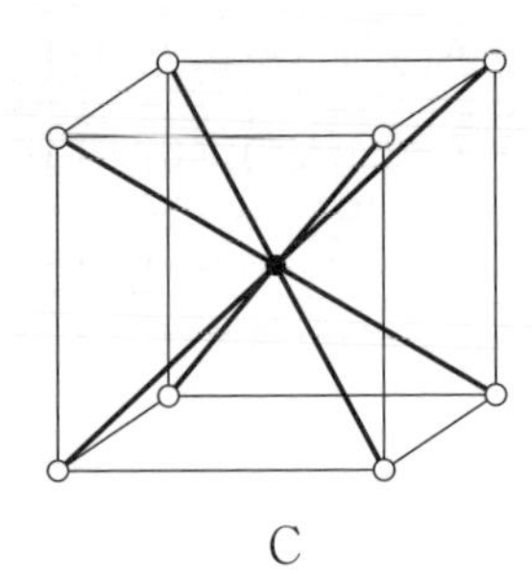

C

図A～Cはそれぞれ立方体の単位格子で，○および●は原子の位置を表しており，最近接の原子間は太線で結んである。図Aに示す構造は，様々な物質中で見られるものであり，それぞれの原子の周りに他の原子が正四面体型に配置している。また，○および●で示す原子それぞれは，最密構造である［ア］を形成している。別の見方をすると，○が形成する［ア］中で，単位格子を八分割した小さな立方体の内の隣り合わない4つの中心に●が位置している。単位格子中に○および●は，それぞれ，［イ］個，および［ウ］個存在している。

○と●の両方が炭素の場合はダイヤモンドとなる。ダイヤモンドでは，炭素原子間は［エ］結合でつながり，原子間結合距離は 0.15nm（$1\,\text{nm}=10^{-9}\,\text{m}$）である。炭素の単体には，黒鉛も知られている。黒鉛中では炭素は平面上に並んで，層状の構造をしており，最近接の炭素原子間距離は 0.14nm である。ダイヤモンドは硬く，電気を通さないが，黒鉛は柔らかく，電気を通す。

氷の構造中でも，図Aの○と●の位置を水分子の酸素原子が占めるものが知られている。水分子間は［オ］結合によりつながり，すき間の多い網目構造をとるため，液体よりも固体の密度が低くなる。通常の氷は，図Aに示す構造ではなく，もう1つの代表的な最密構造である［カ］を基とした構造をとる。

図Aの○に陰イオン，●に陽イオンを当てはめると，閃（せん）亜鉛鉱型構造のイオン結晶となる。この構造は，陽イオンと陰イオンが1：1の比になる構造の1つである。図B，Cは，同じく陽イオンと陰イオンの比が1：1の構造で，それぞれ塩化ナトリウム型，塩化セシウム型構造の単位格子を表している。ここで，それぞれのイオンは硬い球であると考える。閃（せん）亜鉛鉱型構造において，八分割した小さな立方体の1つに注目すると，より小さい陽イオン（小立方体の中心）とより大きな陰イオン（小立方体の頂点）が接しているとき，陰イオン，陽イオンそれぞれの半径，r^-，r^+と，単位格子の長さ a には，

［キ］$a=r^-+r^+$ ……①

が成り立つことがわかり，また，より大きな陰イオンも隣り合うものどうしで接しているときには，

［ク］ $a = 2r^-$ ……②

も成り立つ。これらの式より，(a)陰イオンどうしが接し，陽イオンと陰イオンも接しているときのイオン半径比 r^+/r^- を求めることができる。この条件でのイオン半径比 r^+/r^- は，塩化ナトリウム型では0.42，塩化セシウム型では0.73となる。イオン結晶は，イオンどうしが［ケ］力により引き合うことで安定化しているので，(b)陰イオンどうしが接触し，陽イオンと陰イオンが接触しないと不安定になる。また，より多くの相手イオンに接している方が安定となる。

問1 ［ア］～［カ］，［ケ］に適切な語句や数値を入れよ。

問2 ［キ］，［ク］に適切な数値等を入れて，①式および②式を完成させよ。平方根や分数になる場合はそのままの形でよい。

問3 以下の(a)～(e)の中から正しいものをすべて選び，記号で答えよ。

(a) ダイヤモンドは，炭素原子間の結合が黒鉛よりも強いため硬い。

(b) 黒鉛とダイヤモンドは炭素の同位体である。

(c) 炭素と同族のケイ素もダイヤモンドと似た構造をもつ。

(d) 黒鉛が電気をよく通すのは，金属結合をしているからである。

(e) 炭素の単体は，組成式Cで表される巨大分子のみが知られている。

問4 ダイヤモンドについて，単位格子1辺の長さ〔nm〕と密度〔g/cm^3〕を求めよ。

問5 水分子が液体状態でも［オ］結合していることは，どのようなことからわかるか。30字以内で説明せよ。

問6 下線部(a)のイオン半径比 r^+/r^- を求めよ。

問7 陽イオンと陰イオンの比が1：1となる構造は，図A～Cに示した3つの構造のいずれかであり，下線部(b)によりイオン結晶の構造が決まるとする。塩化ナトリウム型構造が最も安定となるイオン半径比 r^+/r^- の範囲を求めよ。

ここで合否が分かれる！

結晶格子の応用問題として，ダイヤモンド型の結晶構造と，塩化ナトリウム型および塩化セシウム型のイオン結晶の構造を取り上げる。これらは，面心立方格子に対する挿入や，体心立方格子の置き換えで説明できるようにしておこう。

問１は，前問２－１の考え方をイオン結晶に応用し，化学結合の知識を使えば難なく解けるはずだ。問３・５も，化学結合の標準的な知識を問うものであるため完答しておきたい。一方問４は，ダイヤモンドの１辺と原子半径の関係がわかっていなければならず，構造がイメージできない人には難しいだろう。問２・６・７も，イオン結晶に関する極限半径比の問題であり難易度は高い。極限半径比とは何かを理解していないと答えにくい内容のため，この辺りの出来が合否に響いたと考えられる。

類題には，イオン結晶と極限半径比，および格子エネルギーまでを結び付けた熱化学との融合問題を取り上げた。合わせて確認しておこう。

解答

問１　ア：**面心立方格子**　イ：**4**　ウ：**4**　エ：**共有**　オ：**水素**　カ：**六方最密構造**
　ケ：**静電気（クーロン）**

問２　キ：$\frac{\sqrt{3}}{4}$　ク：$\frac{\sqrt{2}}{2}$　　問３　(c)

問４　１辺の長さ：**0.35 nm**　密度：**3.9 g/cm^3**

問５　**同分子量の無極性分子よりも沸点が高いことからわかる。**（26字）

問６　**0.22**

問７　$0.41 < \frac{r^+}{r^-} \leqq 0.73$

考え方と解法のポイント

図中の●，○が同じ原子の場合と，陽イオン，陰イオンの場合，それぞれ以下のような結晶になる。

	A	B	C
●＝○ （同じ原子）	ダイヤモンド型 （例：ダイヤモンド）	単純立方格子※	体心立方格子 （例：Na，Fe）
●：陽イオン ○：陰イオン	閃亜鉛鉱型 （例：ZnS）	塩化ナトリウム型 （例：NaCl）	塩化セシウム型 （例：CsCl）

※Ｂの○のみに原子が存在すれば，面心立方格子
　イオン結晶については，●，○どちらを陽イオンとしても枠をずらせば同じ単位格子になる（例：Ｂの○を陽イオンとしたものを横に半分ずらすと，●を陽イオンとしたものと同じになる）

問1　Aは，各々面心立方格子の配置をとる陽イオンと陰イオンを，斜めにずらして組み合わせたものであり，各イオンは，4個の異符号イオンによって正四面体的に取り囲まれている。

氷は，面心立方格子の配置をとる H_2O 4分子（正四面体の頂点にある）の中心に，もう1個 H_2O 分子を挿入した構造をとる。この挿入によって，もとの4個の分子は離れ合い，すき間の多い構造となる。近接する4粒子が正四面体頂点に位置するものとしては，面心立方格子の他にもう1つ，六方最密構造もある。よって［カ］はこれであろうと推測できる。六方最密の配置をとる4個の H_2O 分子（正四面体の頂点に位置する）の中心に，もう1個 H_2O 分子を挿入した構造のことをいっている。

問2　Aを8分割した小立方体のうち，中心にイオンが入っているものに着目すると，下図のように単位格子1辺とイオン半径との関係がわかる。

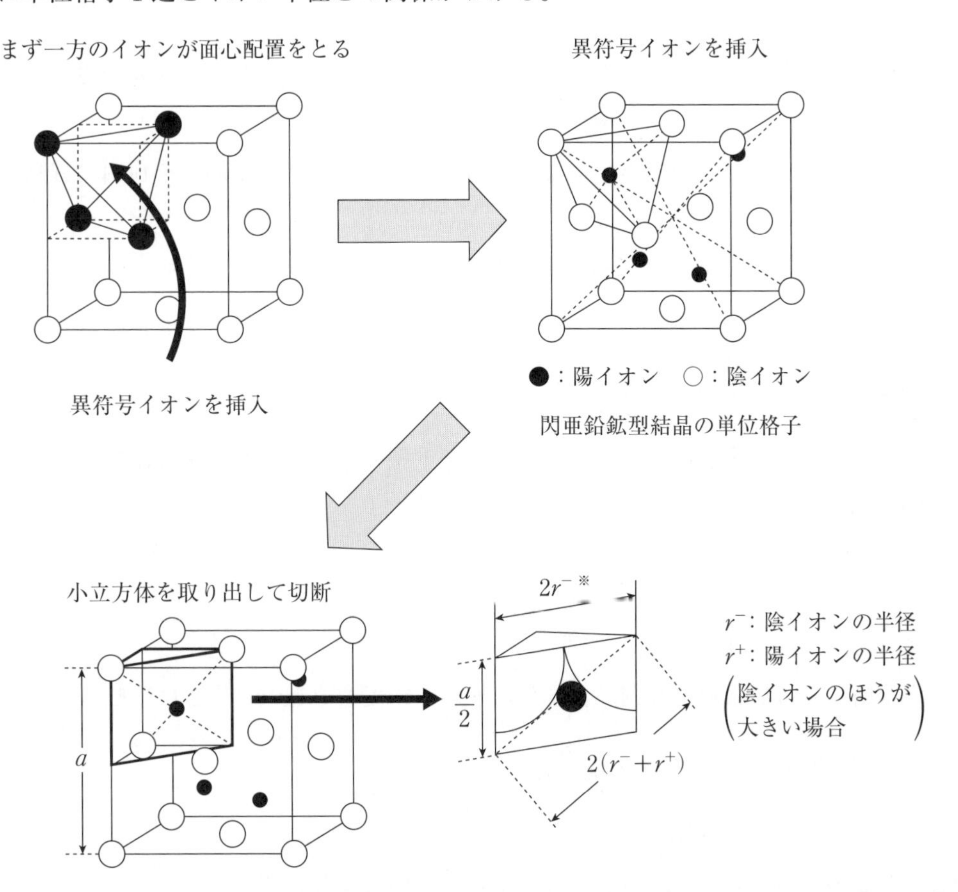

※同符号イオンどうしは，普通は離れている。極限状態（異符号イオンが接触し，かつ陰イオンどうしも接触）のときだけ $2r^-$ と表せる

上図の小立方体の1辺と体対角線の関係より，

$$\frac{a}{2} : 2(r^+ + r^-) = 1 : \sqrt{3}$$

よって，$\Longleftrightarrow \dfrac{\sqrt{3}}{4}a = r^- + r^+$

陰イオンどうしも接触しているとき(極限状態)は，さらに1辺と面対角線の関係より，

$$\frac{a}{2} : 2r^- = 1 : \sqrt{2}$$

よって，$\Longleftrightarrow \dfrac{\sqrt{2}}{2}a = 2r^-$

問3

(a) 結合距離の短い黒鉛中のC–C結合のほうが，ダイヤモンドよりも強い共有結合である。ダイヤモンドのC–Cは単結合，黒鉛中のC–Cはベンゼン環と同様の1.5重結合的な共有結合である。黒鉛が柔らかいのは，層と層との間の結び付きが弱いファンデルワールス力だからである。

(b) 「同素体」の誤り。

(c) ケイ素やゲルマニウムはダイヤモンド型構造をとる。これらの元素が黒鉛型構造をとることはない。

(d) あくまで共有結合である。炭素の価電子4個のうち1個が層内を自由に移動できるので導電性がある。

(e) C_{60}(フラーレン)などの分子結晶の単体もある。

問4 閃亜鉛鉱型の陽，陰イオンを両方とも，炭素原子に置き換えたものがダイヤモンドの結晶である。したがって，問2の キ の式 $\dfrac{\sqrt{3}}{4}a = r^- + r^+$ の，r^- と r^+ を両方とも炭素の原子半径 r に置き換えれば，ダイヤモンド型の1辺の長さ a を算出できる。結合距離は $2r$ に相当するので，

$$\frac{\sqrt{3}}{4}a = 2r = 0.15$$

よって，$a = 0.346$〔nm〕

単位格子には炭素原子8個が含まれるから，密度を d〔g/cm³〕とおくと，

$$(0.346 \times 10^{-7})^3 \times d = \frac{8}{6.0 \times 10^{23}} \times 12$$

よって，$d = 3.86$〔g/cm³〕

問6 問2の キ ， ク 2つの式から a を消去すればよい。

$$\frac{\sqrt{3}}{4}a = r^- + r^+ \quad \cdots ①$$

$$\frac{\sqrt{2}}{2}a = 2r^- \quad \cdots ②$$

①式÷②式より，

$$\frac{2\sqrt{3}}{4\sqrt{2}} = \frac{r^- + r^+}{2r^-}$$

$$\Longleftrightarrow \frac{r^+}{r^-}=\frac{\sqrt{3}-\sqrt{2}}{\sqrt{2}}=\frac{\sqrt{6}-2}{2}=0.219$$

問7 安定なイオン結晶とは，同符号イオンが接触せず，かつ，なるべく多くの異符号イオンが接触したものである。

最も異符号イオンが多く接触するのは，Cの塩化セシウム型(8個接触)である。この構造の極限半径比を求めると，

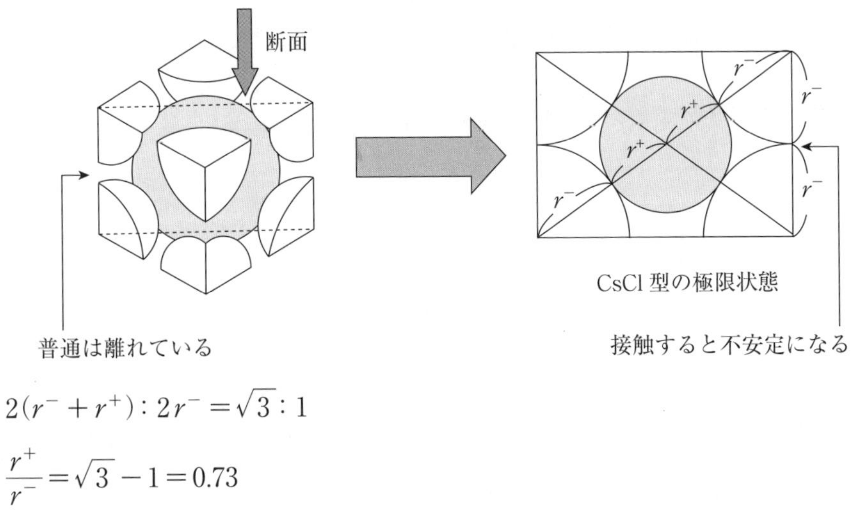

$$2(r^-+r^+):2r^-=\sqrt{3}:1$$

$$\frac{r^+}{r^-}=\sqrt{3}-1=0.73$$

陰イオンどうしが接触しない $\frac{r^+}{r^-}>0.73$ であれば，安定に塩化セシウム型をとる。

一方，最近接異符号イオン6個の塩化ナトリウム型について極限半径比を求めると，

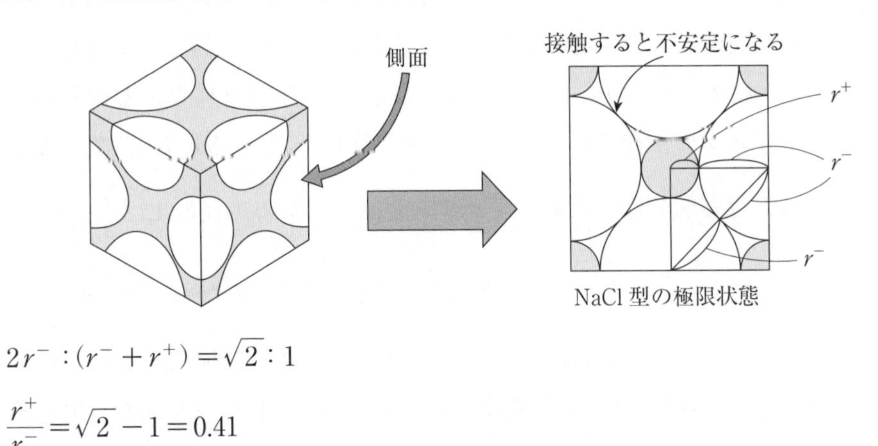

$$2r^-:(r^-+r^+)=\sqrt{2}:1$$

$$\frac{r^+}{r^-}=\sqrt{2}-1=0.41$$

$\frac{r^+}{r^-}>0.41$ であれば，安定に塩化ナトリウム型をとる。

閃亜鉛鉱型の極限半径比は問6で答えた0.22だから，陽イオンと陰イオンの個数比が1:1のイオン結晶は，半径比に応じて次ページのように結晶構造をとり分けることになる。

$\frac{r^+}{r^-}$ ※	0.73より大	0.73～0.41	0.41～0.22
結晶構造	塩化セシウム型	塩化ナトリウム型	閃亜鉛鉱型
最近接異符号イオン数	8	6	4

※陽イオン半径＜陰イオン半径の前提

イオン結晶は，同符号イオンが接触しない範囲内で，なるべく多くの異符号イオンと接触しようとするため，上記のように結晶構造が決まってくる。

よって，塩化ナトリウム型は，$0.73 \geqq \frac{r^+}{r^-} > 0.41$

類題 7

次の文を読み，下記の問い(**問1～問6**)に答えよ。 (東京慈恵会医科大)

$\sqrt{2}=1.41$，$\sqrt{3}=1.73$とする。

イオン結晶において，1つのイオンの周りにある最も近い異符号のイオンの数を配位数といい，配位数が多い結晶構造ほど安定に存在すると考えられている。陽イオンと陰イオンの数の比が1：1の結晶の場合，全ての結晶が配位数の最も多いCsCl型になるとは限らない。イオンを球と考え，陽イオンの半径をr^+，陰イオンの半径をr^-とするとCsCl型になるには，同符号のイオンどうしは接触しないため，陽イオンと陰イオンの半径の比は$\frac{r^+}{r^-}>$(　1　)でなければならないからである。また，同様の理由で，NaCl型になるためには$\frac{r^+}{r^-}>$(　2　)でなければならない。なお，下図は立方体の単位格子をもつ2つの結晶構造を示しており，白丸(陽イオン)と黒丸(陰イオン)はイオンの位置がわかりやすいように小さく描かれているが，実際には，最近接の黒丸と白丸はすべて接触している。

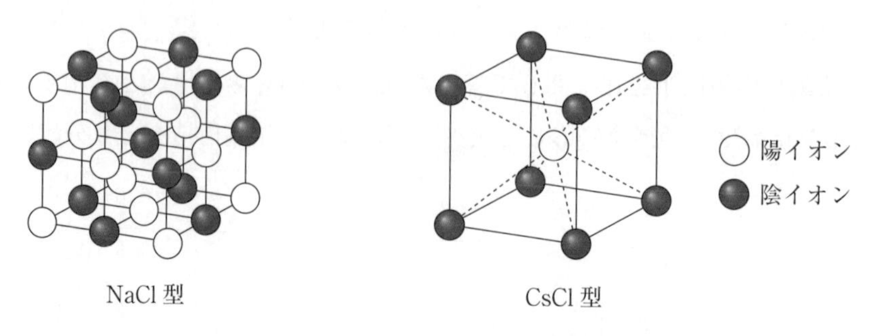

NaCl型　　CsCl型

問1 イオン結晶についての説明として誤りを含むものを，次のア〜オのうちからすべて選び，ア，イ…の記号で示せ。解答の記入順序は問わない。

ア NaCl 型の配位数は 6 である。

イ 一般にイオン結晶の性質は軟らかく，もろい。

ウ イオン結晶は組成式で表される。

エ NaCl 型で陽イオンのみに着目した場合，体心立方格子をもつ配列になっている。

オ イオン結晶をつくるイオン結合は方向性をもたない。

問2 文中の空欄（ 1 ）および（ 2 ）にあてはまる数値を小数第 2 位まで示せ。

問3 CsCl 型構造をもつ，あるイオン結晶 XY が，NaCl 型構造へ変化したとすると密度は何倍に変化するか。小数第 2 位まで示せ。なお，構造が変化するとき，イオン半径は変わらないものとする。

問4 (a)塩化ナトリウムと(b)塩化カリウムでは，どちらの融点が高いと考えられるか。(a)，(b)いずれかの記号で答え，理由を 30 字程度で述べよ。ただし，物質は化学式で表し，化学式 1 個を 1 文字として数えよ。

問5 イオン結晶の格子エネルギーは，イオン結晶 1 mol をその構成要素であるイオンに分けてバラバラの気体状態のイオンにするためのエネルギーに等しい。次の記号 A 〜 H (kJ/mol) のうちから必要なものを用いて，塩化ナトリウムのイオン結晶の格子エネルギーを求める式を記せ。ただし，(気)は気体，(固)は固体で物質の状態を示す。

A：Na(気)の第一イオン化エネルギー	B：Na(固)の融解熱
C：Na(固)の昇華熱	D：Na(気)の電子親和力
E：Cl(気)の第一イオン化エネルギー	F：Cl(気)の電子親和力
G：Cl_2(気)の結合エネルギー	H：NaCl(固)の生成熱

問6 イオンの間にはたらく静電気力による相互作用エネルギーは，イオン間の中心距離を r，電荷を e とすると，異符号間のイオンでは $-\frac{e^2}{r}$，同符号間のイオンでは $+\frac{e^2}{r}$ で表されるとする。塩化ナトリウムの結晶中の最近接の Na^+ と Cl^- の中心距離を R として，特定の一つの Na^+ にはたらく周囲の静電相互作用エネルギーの合計を，e と R を用いた文字式で表せ。ただし，周囲とは特定の Na^+ から 4 番目に近いイオンまでとする。また，文字式中の数値は小数第 2 位まで記せ。

2-3 東京慈恵会医科大

難易度 ★★★☆☆　解答目安時間 20分

次の文章を読み，問い(**問1**～**問3**)に答えよ。

問題を解くにあたって必要があれば次の数値を使用せよ。

原子量　H＝1.00　C＝12.0　N＝14.0　O＝16.0　S＝32.1

気体定数　$R = 8.3 \times 10^3$ Pa・L/(mol・K)

計算では，気体は理想気体とみなせ。計算値はすべて四捨五入し，指定された桁数で答えよ。

体積一定の真空にした密閉容器に水だけを入れておくと，水の一部が蒸発して水蒸気と液体の水とが平衡状態で共存する。このときの水蒸気の圧力は温度によって変化する。その温度と，水蒸気の圧力との関係を示したグラフが図1である。

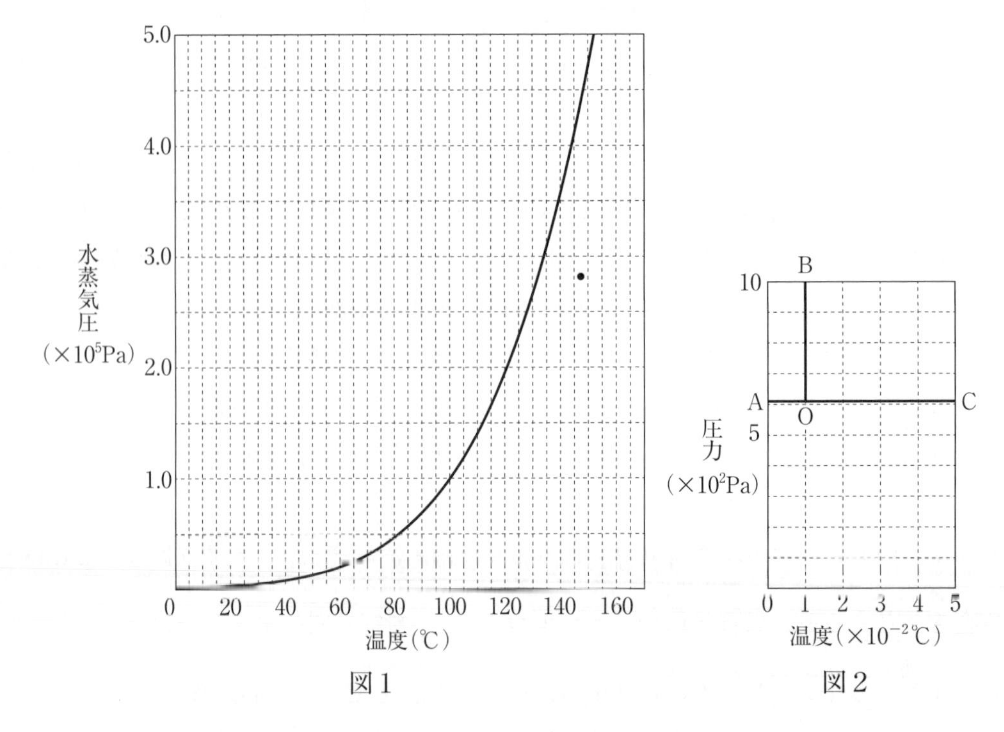

図1　　　　図2

氷(固体の水)と水(液体の水)，氷(固体の水)と水蒸気(気体の水)とが，それぞれ平衡状態で共存する温度と圧力との関係についても同様のグラフを描くことができる。図1の0℃付近のこの関係を拡大して示したグラフが図2である。図2は水の状態図(または相図)といわれる。拡大しているために，OA，OB，OCがすべて直線で表されているが，実際はわずかに曲線になっている(ただし，グラフの値を読む必要がある場合は，直線で示されている値を読んでよい)。図2の3つの曲線で，OAは氷と水蒸気が共存する状態，OBは氷と水が共存する状態を表し，OCは図1の曲線の一部である。これらの3曲線が1点に集まっている点Oを三重点といい，水では0.01℃，610Paである。

問1　温度が0～150℃，圧力が0～4.0×10^5Paの範囲内での水の状態に関して，次の記述ア～オのうちから正しいものを選び，記号で答えよ。

ア　どのような温度・圧力の範囲でも，液体の水が必ず存在する。

イ　氷，水，水蒸気が同時に共存する温度・圧力が存在する。

ウ　外圧が1.0×10^3Paでは，水は0℃で沸騰することはない。

エ　100℃を超えると液体の水は存在することがない。

オ　図2の曲線OBがグラフの縦軸と交わることはない。

問2　図2の曲線OCは何と呼ばれているか。

問3　内容積を自由に変えることができる耐圧容器の中を真空にして，1.00molの水を入れ，この容器にいろいろな操作を行った。次の(1)～(3)に答えよ。

(1)　容器内の温度を127℃にしたときに，水がすべて水蒸気になるようにするには，容器の容積を少なくとも何Lにしなければならないか。127℃における飽和水蒸気圧は2.4×10^5Paとして，答えは有効数字2桁で示せ。

(2)　容器内の温度を147℃にして，水蒸気の圧力が2.8×10^5Paになるように容積を調節した。その後容積を変化させずに温度を下げていくと，水蒸気の凝縮が始まる。次の①，②に答えよ。

①　水蒸気が理想気体で凝縮しないと仮定すれば，温度が27℃になったときに圧力は何Paになるか。答えは，有効数字2桁で示せ。

②　147℃から温度を下げていくとき，水蒸気の凝縮が始まる温度〔℃〕を，図1の曲線を利用して求め，グラフを読みとって整数値で答えよ(図1中の•印は147℃，2.8×10^5Paを示す)。

(3)　容器の容積を3000Lにして温度を0.05℃に保つと，水蒸気の圧力は何Paになるか。整数値で答えよ。

ここで合否が分かれる！

物質の三態と飽和蒸気圧の総合問題を取り上げた。物質が三態のうちどの状態をとるかは温度と圧力で決まり，その図を状態図という。状態図の気体と液体の区切り線は蒸気圧曲線である。このことが理解できていれば，比較的スムーズに解き進めることができるだろう。

問1・2は状態変化の知識を問うものであり，蒸気圧曲線と物質の状態変化の関係が理解できていれば難しくないので，すばやく片付けたい。時間をかけるべきは問3で，ここでは体積一定で冷却凝縮させたときの気体の数値が問われている。飽和蒸気圧の典型的な難問であるが，中でも(2)②と(3)のレベルが高いため，これらが完答できれば大きなアドバンテージとなっただろう。

類題では，頻出の状態変化と熱量に関する問題と，温度一定で圧縮凝縮させたときの状況を問う問題を取り上げた。状態変化，特に蒸気の凝縮をイメージしながら解いてみよう。

解答

問1　イ，ウ

問2　蒸気圧曲線

問3　(1)　14L　(2)①　2.0×10^5Pa　②　130℃　(3)　610Pa

考え方と解法のポイント

問1　物質が，固体，液体，気体(三態)のうちどの状態をとるかは，温度と圧力によって決まる。温度，圧力と状態との関係を示したグラフを状態図と呼ぶ。下図は水の状態図の概略図である。

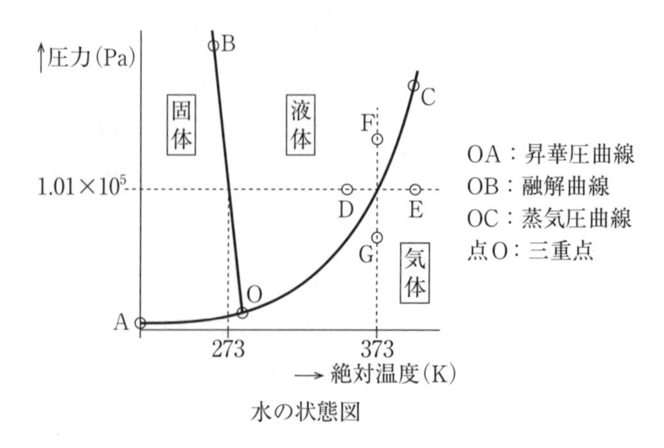

水の状態図

容器に水のみを入れてDやFの温度，圧力に保つと，水は全部液体の状態で存在する。EやGの温度，圧力に保つと，水は全部気体の状態で存在する。線OC上の温度，圧力においては，液体と気体が共存する。DからEの状態に移行する際は，OC上で沸騰が起こる。同様に，FからGの状態に移行する際にもOC上で沸騰が起こる。凝固，沸騰，昇華といった状態変化は，温度変化によっても起こるが，圧力変化によっても起こるのである。

ア　図1より 4.7×10^5Pa以上の圧力であれば，0～150℃のどの温度でもすべて液体で存在するが，圧力が飽和蒸気圧以下に下がれば全部気体となる。誤り。

イ　三重点(点O)では，固体，液体，気体の三者が共存する。正しい。

ウ　沸点とは飽和蒸気圧が外圧に一致する温度であり，それより低温では沸騰は起こらない。図2より，飽和蒸気圧が 1.0×10^3Paになる温度は，0℃よりも高い 1.0×10^{-2}℃と読める。正しい。

エ　100℃を超えても，圧力を飽和蒸気圧以上に上げれば全部液体になる。誤り。

オ　OBは負の傾きを持つので，1.01×10^5Pa以上の圧力では0℃以下の領域にある。誤り。

なお，融解曲線の傾きが負になるのは水などの限られた物質である。常圧で0℃をわずかに下回る氷に圧力をかけると，氷が融解して液体になるということである。水は固体より液体のほうが密度が大きい特殊性を持ち，ルシャトリエの原理より高圧では体積を小さくしようとして融解側に平衡移動するのである。

問３

(1) 飽和蒸気圧とは気体として存在できる上限の圧力である。これを超えるような条件にした場合，超えた分は凝縮する。

したがって，1 mol を気体にするための最小体積は，2.4×10^5 Pa における体積である。状態方程式より，

$$2.4 \times 10^5 \times V = 1.00 \times 8.3 \times 10^3 \times 400$$

よって，$V = 13.8$〔L〕

(2) 147℃での 2.8×10^5 Pa は飽和蒸気圧以下の圧力なので，水は全部気体で存在する。今は体積一定で冷却している。凝縮開始点までは V，n 一定だから，

$$\frac{P}{T} = \frac{nR}{V} = k(\text{一定})$$

で，圧力は絶対温度に比例して変化する。凝縮開始後は，圧力は飽和蒸気圧に制限される。

① まずは27℃まで凝縮しないと仮定して圧力を算出せよと求めている。上記の通りボイル・シャルルの法則が成り立つので，

$$\frac{P}{T} = \frac{2.8 \times 10^5}{420} = \frac{P}{300}$$

よって，$P = 2.0 \times 10^5$〔Pa〕

② 全部気体のまま凝縮しないと仮定したときの圧力の推移は，147℃，2.8×10^5 Pa と 27℃，2.0×10^5 Pa を結んだ直線になる（下図）。実際には，飽和蒸気圧に達したところで凝縮が始まり，以降は飽和蒸気圧で推移する。凝縮開始点は，2つのグラフの交点であり，130℃と読める。

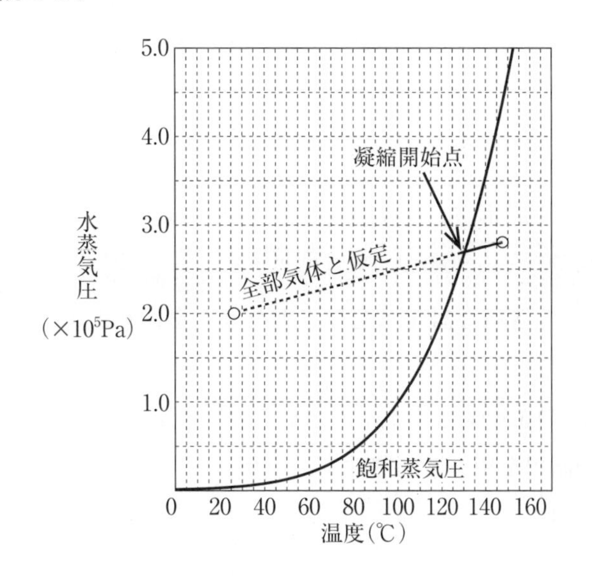

(3) 全部気体と仮定し圧力を算出すると，

$$P \times 3000 = 1.00 \times 8.3 \times 10^3 \times 273.05$$

$$P \fallingdotseq 755\,[\mathrm{Pa}]$$

これは，0.05℃の飽和蒸気圧 610 Pa（図 2 より，O点と同じ圧力とみなせる）を上回る。実際には上回った 145 Pa 分（19.2%）の水は凝縮し，気液平衡の飽和状態となる。

よって，圧力は 610 Pa である。

類題 8

次の文章を読み，**問 1 〜 6** に答えよ。 （滋賀医科大）

固体には，原子やイオンが規則正しく並んだ結晶と，並び方にあまり規則性のない［ ① ］がある。結晶は，結合の種類によって，塩化ナトリウムなどの［ ② ］結晶，ダイヤモンドなどの［ ③ ］結晶，銅などの［ ④ ］結晶，および，［ ⑤ ］結晶に分類される。

このうち，［ ⑤ ］結晶の固体である物質 X（1 mol）を，1013 hPa のもと，毎分 Q〔kJ〕の一定速度で熱したとき，物質 X は固体，液体，気体と状態変化した。図は，このときの加熱時間と物質 X の温度との関係を示したものである。

物質 X の液体状態が存在する区間は，加熱時間の［ ⑥ ］〜［ ⑦ ］の間である。物質 X の場合，t_1 〜 t_2 間の加熱時間よりも t_3 〜 t_4 間の加熱時間の方が長い。これは蒸発熱が［ ⑧ ］熱よりも大きいことを示しており，その蒸発熱は［ ⑧ ］熱の［ ⑨ ］倍である。また，物質 X の液体 1 mol の温度を 1 K 上げるのに必要なエネルギーは［ ⑩ ］〔kJ〕である。

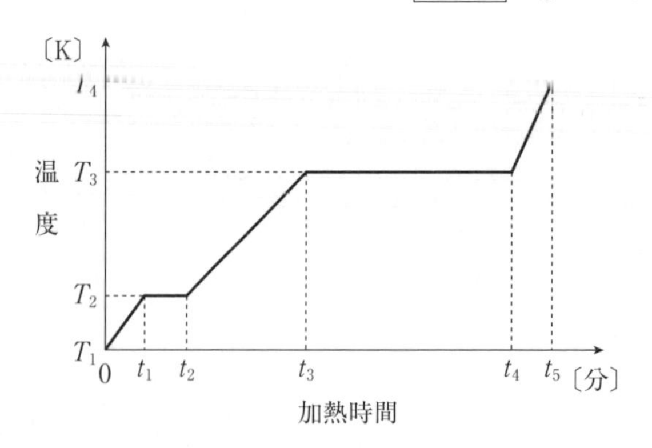

問 1 文中の［ ］に，適切な語句，記号，または式を入れよ。［ ⑨ ］と［ ⑩ ］は式で答えよ。

問 2 物質 X の温度 T_3 の値を大きくする方法を 2 つあげよ。

問 3 下線部を，次の語句を用いて説明せよ。

語句：粒子間の引力

問4　図に示した変化の過程を，物質Xがもつエネルギーを縦軸に，温度を横軸にとって，図示せよ。また，加熱時間 t_2 と t_3 に対応する座標を，例にならって図中に明示せよ。ただし，温度 T_1 のとき，物質Xがもつエネルギーを E とする。

例：$(T_1,\ E)$

問5　ア～エの文中の下線部に誤りがあれば書き改め，誤りがなければ解答欄に○を記せ。

ア　液体は沸点よりも低い温度でも蒸発する。

イ　飽和蒸気圧は，空間に他の気体が存在している場合と，存在していない場合を比べると，前者が低い。

ウ　液体は凝固点以下の温度で，凝固しないことがある。

エ　酸化カルシウムの融点は黄リンの融点よりも低い。

問6　一定温度 T に保った，なめらかに動くピストン付きの密閉容器内に理想気体が封入されている。このときの体積は V_1 で圧力は P_1 である。ピストンを動かして圧縮していくとき，体積と圧力の変化を，圧力を縦軸に，体積を横軸にとって，点線(……)で図示せよ。

また，理想気体のかわりに水蒸気を封入し(体積は V_1 で圧力は P_1)，ピストンを動かして体積を変えていくと，体積が V_2($V_1 > V_2$)になったとき圧力は飽和蒸気圧の P_2 であった。封入した水蒸気がすべて液体に変わったときの体積は V_3 であった。この体積と圧力の変化を実線(——)で書け。ただし，水蒸気は飽和蒸気圧以下では理想気体としてふるまうとする。

2 −4 奈良県立医科大

難易度 ★★★★☆ 解答目安時間 20分

次の文章を読み，後述する**問1〜問3**の設問に答えよ。ただし，円周率3.14，重力加速度10.0 m/s^2，25℃における水銀の密度13.5 g/cm^{3}とする。

気体分子は熱運動によって空間を飛び回り，互いに衝突して，常に向きや速さが変化する。個々の気体分子の速さはさまざまであるが，温度を(ア)(高く・低く)すれば，気体分子の平均速度は大きくなる。また，気体を容器に入れると，その容器内部の壁に気体分子が次々と衝突してはね返され，壁を外側に押す力がはたらく。単位面積あたりのこの力が気体の圧力である。地表を取り巻く大気の圧力を大気圧というが，この存在は，トリチェリによって確認された。トリチェリの実験方法を応用して，(イ)さまざまな気体の圧力を測定することができる。また，圧力，温度，体積，物質量のうち3つの値が決まれば，残る1つの値は(ウ)気体の状態方程式によって求めることができる。

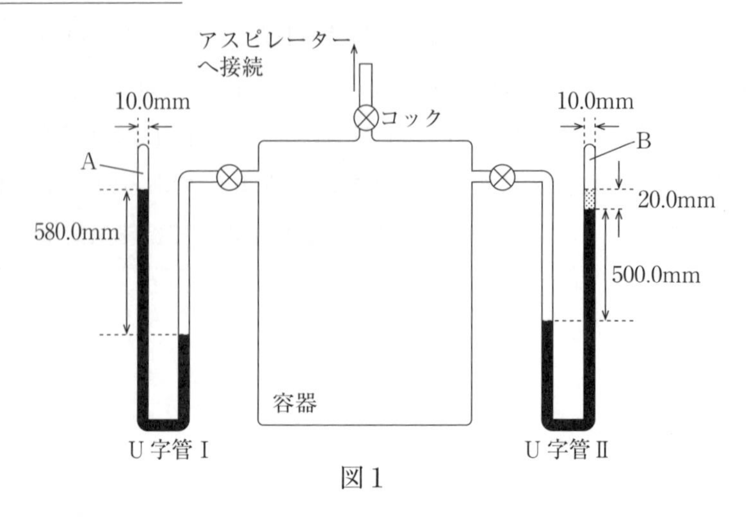

図1

問1 下線部(ア)について，適切な言葉を選べ。

問2 下線部(イ)のため，上に示した図1の装置を作り，水銀を用いた2つのU字管Ⅰ，Ⅱ(ともに内径10.0 mm)で圧力を測定した。大気圧下では，ともに閉端側が液体で完全に満たされていたが，U字管Ⅱの閉端側には，水銀に加えて揮発性のある透明な液体が誤って封入されていた。アスピレーターに接続したコックを開放して容器内の圧力を大気圧から減圧した。U字管Ⅰ，Ⅱのコックを開放したところ，25℃において，U字管Ⅰの水銀面の高低差は580.0 mm，U字管Ⅱの水銀面の高低差は500.0 mm，透明な液体の高さは20.0 mm でともに安定した。

(1) 25℃において，U字管Ⅰ内のAの部分の圧力は極めて低いが，厳密には真空ではない。その理由を簡潔に答えよ。

(2) U字管Ⅰから計算される容器内の圧力は何kPaか。Aの部分は真空とみなして計算し，小数第1位まで求めよ。

(3) 25℃における透明な液体の密度を $0.90\,g/cm^3$ とすると，U字管Ⅱの閉端側Bの圧力は何 kPa か。計算過程を示し，小数第1位まで求めよ。

(4) U字管Ⅱの透明な液体を取り出して調べたところ，主成分はベンゼンであったが，ある不揮発性，非電解質の物質Mがベンゼンに溶解しており，この液体の凝固点は4.78℃であった。取り出した液体のうち，1020.0 mg を加熱してベンゼンを蒸発させたところ，20.0 mg の物質Mが残った。これらの数値をもとに，物質Mの分子量を求めよ。なお，計算過程を示し，整数で答えること。ベンゼンの凝固点ならびにモル凝固点降下は5.53℃，5.10 K・kg/mol とし，水銀とベンゼンは互いに混じりあわないものとする。

(5) U字管Ⅱの閉端側Bの圧力は，封入された透明な液体が純粋なベンゼンであった場合と比較して，どうなると考えられるか。次の文章の空欄①，②を埋めよ。

「ベンゼンに物質Mが溶解したことによる（ ① ）により，物質Mが溶解したときのBの圧力は純粋なベンゼンの場合よりも（ ② ）なる。」

問3 下線部(ウ)について，実在気体では，理想気体の状態方程式（$pV=nRT$）が厳密には成り立たない。圧力，温度の条件をどのようにすれば，実在気体を理想気体にもっとも近づけることができるか，下記から選び記号で答えよ。また，温度，圧力それぞれについて，その理由を述べよ。

(a) 低温・低圧　(b) 低温・高圧　(c) 高温・低圧　(d) 高温・高圧

ここで合否が分かれる！

苦手意識を持つ人が多いと思われる，水銀柱に関する1問である。液面差によって生じる圧力は，①重力加速度，②水銀の液面差〔cm〕と圧力差〔Pa〕との関係，③溶液の液面差〔cm〕と圧力差〔Pa〕との関係の，いずれを与えられても算出できるようにしておこう。本問ではこの中の①が与えられている。

まず問1，問2の(1)(4)(5)は医学部受験生であれば難なく得点できるだろう。したがってここでは問3の記述と，問2の(2)(3)の計算が，時間内にどれだけ処理できたかが合否を分けたと考えられる。特に(3)は，圧力のつり合いを考えなければならないので難問である。複雑な図に圧倒されるかもしれないが，図の意味が把握できないと解けない設問は(2)(3)の2つだけなので，確実に合格点を狙うにはこれ以外の設問で完答しておきたい。

類題は，上記の②が与えられているタイプの問題である。こちらの解法もしっかり習得できるよう練習しておこう。

解答

問1　高く

問2(1)　水銀がわずかに蒸発して気体となるから。

(2)　78.3kPa

(3)　$P_B + 20 \times 10^{-3} \times 0.90 \times 10^3 \times 10 + 500 \times 10^{-3} \times 13.5 \times 10^3 \times 10 = 78.3 \times 10^3$

$P_B \fallingdotseq 10.6 \times 10^3$〔Pa〕　よって，**10.6kPa**

(4)　$5.53 - 4.78 = 5.10 \times \dfrac{20}{M}$　よって，$M = 136$

(5)　①：蒸気圧降下　②：小さく

問3　(c)

温度：高温では分子の熱運動が激しくなり，分子間力の影響が小さくなる。また，気体の占める体積が増し，分子自身の体積の影響も小さくなるから。

圧力：低圧では，気体の占める体積が増し，分子間距離が増すため分子間力が減少する。また，分子自身の体積の影響も小さくなるから。

考え方と解法のポイント

問2

(2)　Aは真空なので，圧力のつり合いは580mmの水銀柱の重力による圧力＝容器内の気体の圧力である。

一定断面積あたりの質量〔kg/m²〕×加速度〔m/s²〕＝圧力〔Pa〕より，

$$\underbrace{\underbrace{580 \times 10^{-3}\,[\mathrm{m}] \times 13.5 \times 10^3\,[\mathrm{kg/m^3}]}_{[\mathrm{kg/m^2}]} \times 10.0\,[\mathrm{m/s^2}]}_{[\mathrm{Pa}]} = 78.3 \times 10^3\,[\mathrm{Pa}]$$

よって，78.3kPa

(3) 下図の圧力のつり合いを考える。

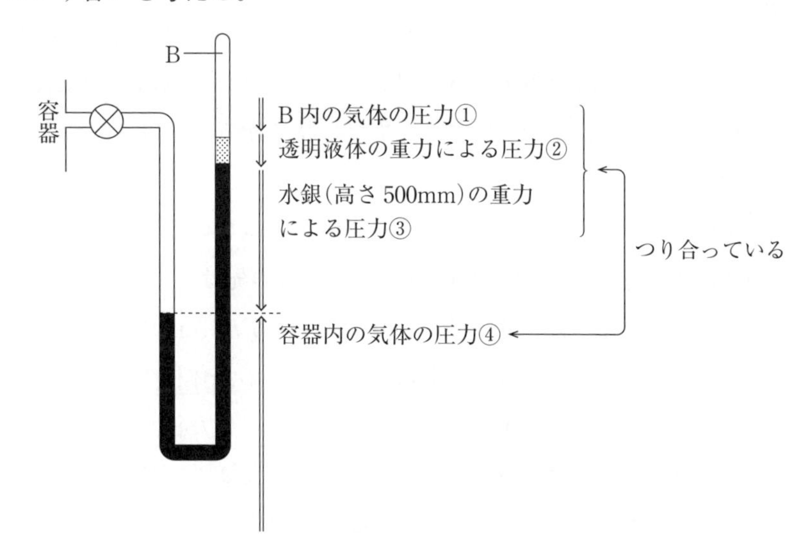

$$\underset{①}{P_B〔Pa〕} + \underbrace{20.0\times10^{-3}〔m〕\times0.900\times10^3〔kg/m^3〕\times10.0〔m/s^2〕}_{②} + \underbrace{500\times10^{-3}〔m〕\times13.5\times10^3〔kg/m^3〕\times10.0〔m/s^2〕}_{③}$$

$$= \underset{④}{78.3〔Pa〕\times10^3}$$

$$P_B = 10.62\times10^3〔Pa〕$$

よって，10.6kPa

(4) 凝固点降下の式 Δt_f〔K〕$=K_f$〔K・kg/mol〕・m〔mol/kg〕より，

溶媒 1000mg 中に溶質 20mg

⇒溶媒 1000g あたり溶質 20g なので，

$$5.53-4.78〔K〕=5.10〔K\cdot kg/mol〕\times\frac{20}{M}〔mol/kg〕$$

よって，$M=136$

問3 同圧で温度を上げると，体積増大によって分子間距離が増し，分子間力が減少するが，それ以上に分子の運動エネルギーが増して，分子間力の影響が小さくなることの方が大きな要因である。

2 物質の状態

類題 9

以下の文章(1)～(3)を読んで問1～6に答えよ。気体はいずれも理想気体とし，（奈良女子大）
気体定数は8.31 Pa・m^3/(mol・K)とする。また，特に断らない限り，温度は27.0℃とする。

(1) 図1に示すように，内径が一様で左上部が閉じられたU字型のガラス管に，蒸発の無視できる密度 ρ〔g/cm^3〕の液体が入っている。ガラス管の左上部の空間は真空になっており，右のガラス管の先は圧力が p_0〔Pa〕の大気に開かれている。左右の液体柱の高さの差は h_0〔cm〕であった。圧力は単位面積あたりにかかる力であるので，左側の液体柱の断面Sにかかる力は，その上にある液体柱の質量に比例する。また液体柱の断面Sにかかる圧力は，右側ガラス管のS′面にかかる大気圧に等しい。従って p_0 は(　ア　)に比例する値で表される。液体に密度13.6 g/cm^{3}の水銀を用いた場合，大気圧が 1.00×10^5 Paであるとすると h_0 は75 cmになることから，この場合の大気圧は(　イ　)mmHgとも表現される。

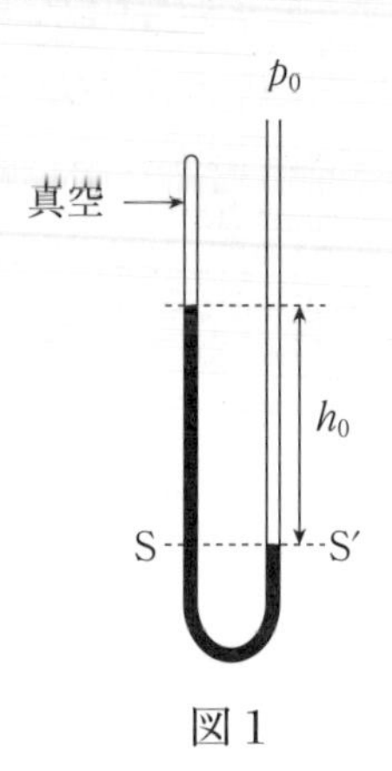

図1

(2) 水素を燃焼させる化学反応式は，(　ウ　)として表される。原子間の結合エネルギーを，水素―水素間が436 kJ/mol，酸素―酸素間が498 kJ/mol，水素―酸素間が463 kJ/molとすると，水素の燃焼熱は(　エ　)kJ/molとなる。この値はいずれの物質も気体の場合であるので，水の(　オ　)熱を44 kJ/molとして，室温では生じた水がすべて液体になったとすると，水素の燃焼熱は(　カ　)kJ/molとなる。なお，この熱量は室温での水の(　キ　)熱でもある。

(3) 図1と同じ液体を入れたU字型のガラス管を図2のようにコック付きの二個の容器A，Bに連結した。空間部分をいずれも真空にすると図2のように左右の液体柱の高さは等しくなる。続いて，コックa，bをいずれも閉じて，容器Aに(　ク　)molの水素ガスを，容器Bにその2.0倍の物質量の酸素ガスを閉じ込めた。接続のガラス管部分の体積は無視できるとして，容器A，Bの体積はいずれも0.50 Lとする。

まず，コックaを開くと図3に示すように，液体柱の左右の高さに差が生じ(図3では h として示されている)，その値は h_1〔cm〕となった。次に，コックbを開いて二種類の気体を混合した。理想混合気体について(　ケ　)の分圧の法則が成り立つことから，液体柱の高さの差は(　コ　)$\times h_1$〔cm〕となる。続いて，コックaを閉じ，水素の燃焼反応を十分行わせた(燃焼の装置部分を図では省略した)。反応後にコックaを開けると，反応後の液体柱の高さの差は(　サ　)$\times h_1$〔cm〕となった。ただし，生成した水の蒸気圧と体積，また気体の水への溶解は無視できるものとする。この燃焼の際に，図3のように容器Aの部分のみを27.0℃の水200 cm^{3}に浸したところ，容器Aの部分で発生した燃焼熱がすべて水の温度の上昇に使われ，水の温度はこの燃焼によって28.7℃まで上昇した。水の密度を1.0 g/cm^3，比熱を4.2 J/(g・℃)とする。

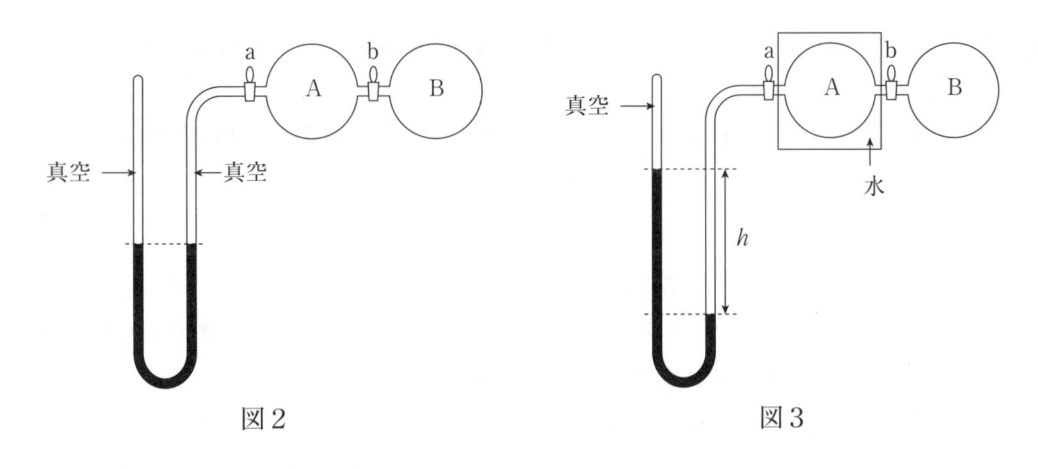

図 2　　図 3

問1　(　ア　)にあてはまる適当な数式を，ρ，h_0 を用いて示せ。

問2　(　イ　)，(　オ　)，(　キ　)，(　ケ　)にあてはまる適当な数値または語句を答えよ。

問3　(　ウ　)にあてはまる化学反応式を示せ。

問4　(　エ　)，(　カ　)にあてはまる数値を有効数字 3 桁で答えよ。

問5　(　ク　)，(　コ　)，(　サ　)にあてはまる数値を有効数字 2 桁で答えよ。(　ク　)については，計算過程も示せ。

問6　(3)の文章中の h_1 を測定したところ 150 cm であった。U 字型ガラス管内の液体の密度 ρ〔g/cm^3〕を有効数字 2 桁で求めよ。計算過程も示せ。

2 −5 九州大

難易度 ★★★☆☆ 解答目安時間 20分

次の文章を読み，問1～問4に答えよ。解答中の数値は有効数字2桁で記せ。原子量は，H＝1.0，C＝12，O＝16とする。

図に示すように，ピストンにより容積が変わるシリンダーAがコックのついた管で容器Bとつながった装置があり，装置全体の温度を一定に制御できる恒温槽に入っている。シリンダーAには質量 a [g]のメタン(気体)が，容器Bには質量 $5a$ [g]の酸素(気体)が入っている。ピストンが初期位置にあるときコックは閉じており，シリンダーAと容器Bの容積は共に V_0 [L]で等しく，温度も共に絶対温度で T_0 [K]である。この時のシリンダーA内の圧力を P_A [Pa]とする。気体はすべて理想気体とし，管の容積は無視できるとする。

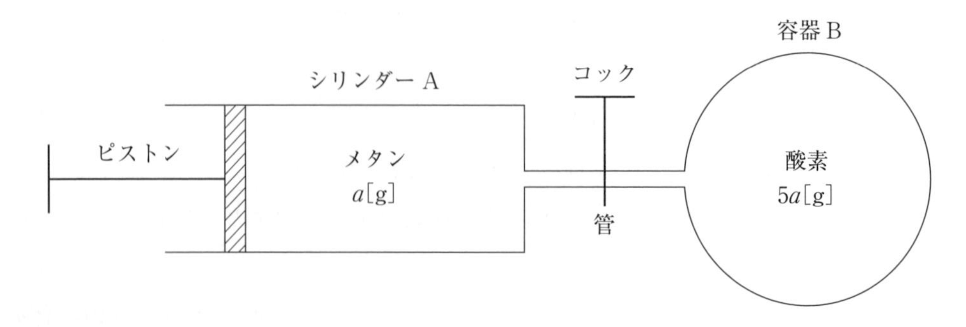

問1 ピストンが初期位置にあるとき，容器B内の圧力[Pa]をシリンダーA内の圧力 P_A を用いて表せ。

問2 ゆっくりとピストンを押し込みシリンダーAの容積を $\frac{1}{4}V_0$ とした後に，コックを開けてしばらく放置したところ，メタンと酸素は反応せず互いに速やかに混合し，その後装置内部の温度は T_0 で一様となった。この時の装置内の全圧[Pa]と，メタンの分圧[Pa]を，P_A を用いて表せ。

問3 問2の操作の後，ピストンを固定して適切な方法で装置内のメタンを完全に燃焼させた。この時の化学反応式を記せ。また，しばらく放置した後に装置内の温度が再び T_0 となったとき，生成した水はすべて水蒸気であった。この時の装置内の全圧[Pa]を P_A を用いて表せ。

問4 問3の操作の後，ピストンを固定したまま，温度を $T_1=\frac{5}{6}T_0$ まで下げると装置内の水蒸気が一部凝縮して水(液体)が生じた。この時の装置内の全圧[Pa]を P_A を用いて表せ。ただし，温度 T_1 での水の蒸気圧は $0.11P_A$ とする。また，水蒸気の凝縮を除いて装置内の気体は水(液体)へ溶解しないとし，温度変化によるシリンダーAと容器Bの容積変化，および水(液体)の体積は無視できるとする。

ここで合否が分かれる！

気体の分圧，反応量，蒸気圧に関する典型的な1問。気体の計算問題は，圧力P，体積V，物質量n，温度Tの各変数を整理しながら解く必要がある。この問題で一通り確認してみよう。

どの設問も標準レベルであるため，全問完答を狙っていきたい。ただ本問は問1から設問順に正しく答えていかないと，後の設問が解けなくなってしまう形式であるため，注意が必要だ。差がつくと思われるのは問4で，温度変化によって凝縮が起こる設定に対し，状況をちゃんと把握して解法を思いつけたかどうかが決め手となっただろう。

類題には，蒸気密度法による分子量測定の問題を取り上げた。冷却後に空気が完全に戻らない難しい設定になっているのがポイントである。

解答

問1　$2.5P_A$〔Pa〕

問2　全圧：$2.8P_A$〔Pa〕　メタンの分圧：$0.80P_A$〔Pa〕

問3　化学反応式：$CH_4 + 2O_2 \longrightarrow CO_2 + 2H_2O$　全圧：$2.8P_A$〔Pa〕

問4　$1.1P_A$〔Pa〕

考え方と解法のポイント

問1　はじめの状況を整理すると，以下の通り。

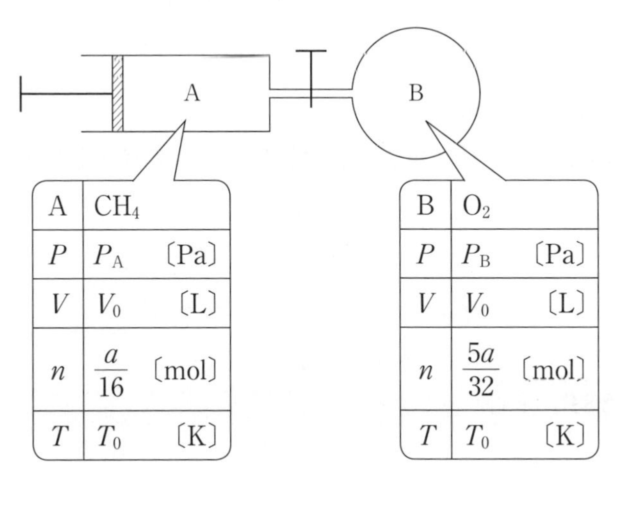

A	CH_4
P	P_A〔Pa〕
V	V_0〔L〕
n	$\frac{a}{16}$〔mol〕
T	T_0〔K〕

B	O_2
P	P_B〔Pa〕
V	V_0〔L〕
n	$\frac{5a}{32}$〔mol〕
T	T_0〔K〕

左表のP_Bを，P_Aを用いて表せばよい。AとBではV，T一定だから，圧力比＝mol比が成り立つ。

$$\frac{P}{n} = \frac{P_A}{\frac{a}{16}} = \frac{P_B}{\frac{5a}{32}}$$

よって，$P_B = 2.5P_A$〔Pa〕

問2　混合後の状況を整理すると，以下の通り。

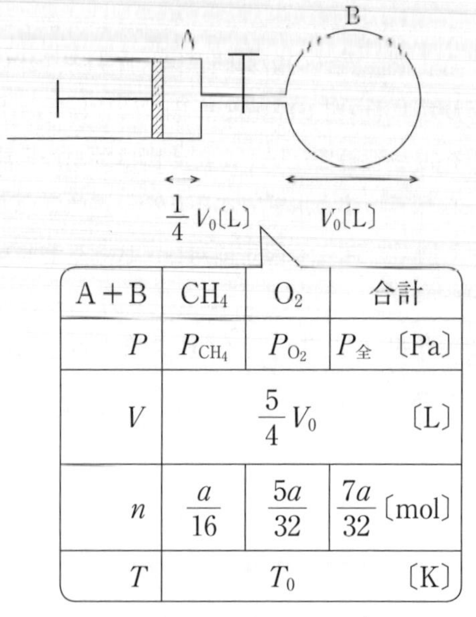

A＋B	CH_4	O_2	合計
P	P_{CH_4}	P_{O_2}	$P_{全}$〔Pa〕
V	$\frac{5}{4}V_0$		〔L〕
n	$\frac{a}{16}$	$\frac{5a}{32}$	$\frac{7a}{32}$〔mol〕
T	T_0		〔K〕

上表の P_{CH_4} と $P_{全}$ を，P_A を用いて表せばよい。

CH_4 について，問1のときと n，T 一定だから，ボイルの法則により，

$$PV = P_A \times V_0 = P_{CH_4} \times \frac{5}{4}V_0$$

よって，$P_{CH_4} = 0.80P_A$

混合後の CH_4 と全体とで圧力比＝mol 比より，

$$\frac{P}{n} = \frac{0.80P_A}{\frac{a}{16}} = \frac{P_{全}}{\frac{7a}{32}}$$

よって，$P_{全} = 2.8P_A$〔Pa〕

なお，O_2 の分圧も $P_{O_2} = 2.0P_A$〔Pa〕と求まる。

問3　反応前後で V，T 一定だから，圧力 P は物質量 n に比例し，反応式に整理できる。

	CH_4	＋ $2O_2$	$\longrightarrow$ CO_2	＋ $2H_2O$	合計
はじめ	$0.80P_A$	$2.0P_A$	0	0	$2.8P_A$〔Pa〕
反応後	0	$0.40P_A$	$0.80P_A$	$1.6P_A$	$2.8P_A$〔Pa〕

全部気体

よって，反応後の全圧は，$2.8P_A$〔Pa〕

問4 温度変化前後の気体の状況を整理すると，

冷却前	O_2+CO_2	H_2O	合計
P	$1.2P_A$	$1.6P_A$	$2.8P_A$〔Pa〕
V		$\frac{5}{4}V_0$	〔L〕
n	n_1	n_2	〔mol〕
T		T_0	〔K〕

冷却後	O_2+CO_2	H_2O	合計
P	P_1	$0.11P_A$	$P'_{全}$〔Pa〕
V		$\frac{5}{4}V_0$	〔L〕
n	n_1	一部凝縮	〔mol〕
T		$\frac{5}{6}T_0$	〔K〕

冷却後の全圧 $P'_{全}$ を求めるには，P_1 を求めればよい。

O_2+CO_2 について，冷却前後で V，n 一定だから，

$$\frac{P}{T}=\frac{1.2P_A}{T_0}=\frac{P_1}{\frac{5}{6}T_0},\quad P_1=1.00P_A$$

よって，全圧は，

$$P'_{全}=P_1+0.11P_A=1.00P_A+0.11P_A$$
$$\fallingdotseq 1.1P_A\text{〔Pa〕}$$

類題 10

揮発性の物質Xの分子量を求めるために，図のような内容積100mLの容器を用いて，次の手順で実験した。【　】内の値を用いて下記の問いに答えよ。ただし，気体はすべて理想気体とし，液体の体積は無視する。また，温度による容器の体積変化は無視でき，容器内の圧力は大気圧に保たれるものとする。（明治薬科大）

【27℃での物質Xの蒸気圧：1.50×10^4Pa，大気圧：1.00×10^5Pa，
気体定数：8.31×10^3Pa・L/(K・mol)，27℃での空気の密度：1.00×10^{-3}g/mL】

操作1　容器の質量を27℃で測定すると5.050gであった。

操作2　容器に物質Xを約1gを入れ，77℃で液体を完全に蒸発させた。

操作3　27℃まで冷却してから質量を測定すると5.500gであった。

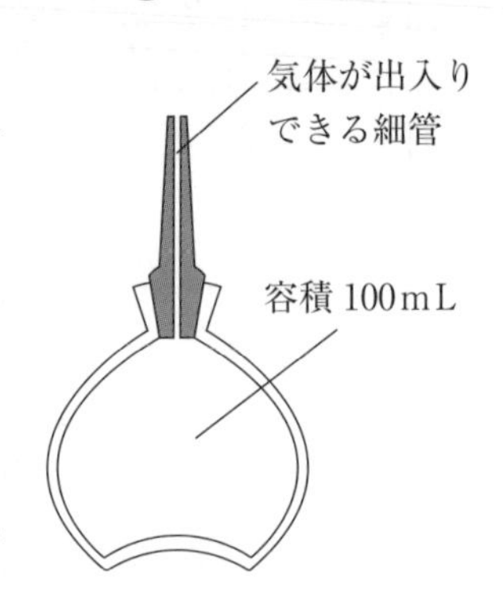

問1　操作1で容器内に入っていた空気の質量(mg)を求めよ。

問2　操作3で27℃まで冷却した後に容器内に存在している空気の分圧(Pa)と質量(mg)をそれぞれ有効数字2桁で求めよ。

問3　操作3で容器内に残っている物質Xの質量(mg)を有効数字3桁で求めよ。

問4　物質Xの分子量を有効数字3桁で求めよ。

2 －6 千葉大

難易度 ★★☆☆☆　解答目安時間 20分

以下の文章を読み，文章中の問い(**問1～6**)に答えなさい。気体定数は，8.3×10^3 Pa・L/(K・mol)とする。

ただし，気体は理想気体としてふるまい，液体への溶解はないものとする。また，液体の体積は気体の体積と比べて無視できるものとする。数値は，有効数字2桁で答えなさい。

図1はエタノールの蒸気圧曲線を示したものである。

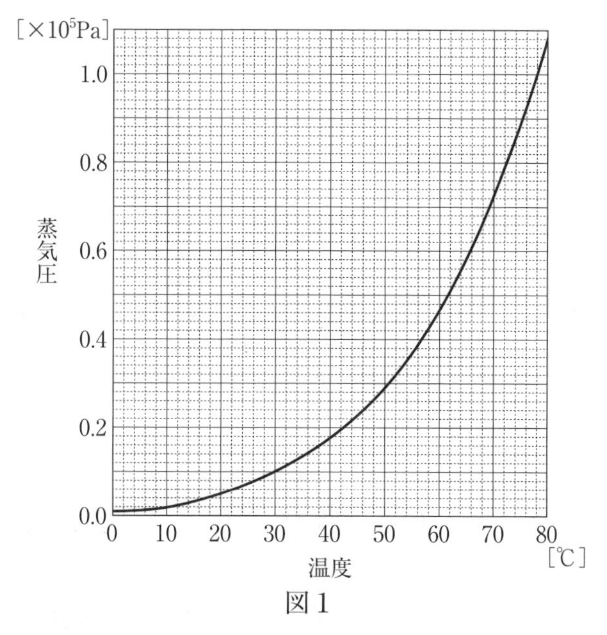

図1

問1　圧力 1.0×10^5Pa におけるエタノールの沸点を求めなさい。

体積を変えられる密閉容器に窒素とエタノールをそれぞれある物質量入れ，容器の体積を1.0Lに固定して，温度を80℃にした。次に，容器全体をゆっくり冷却し，容器内の圧力を測定したところ，図2のように変化した。

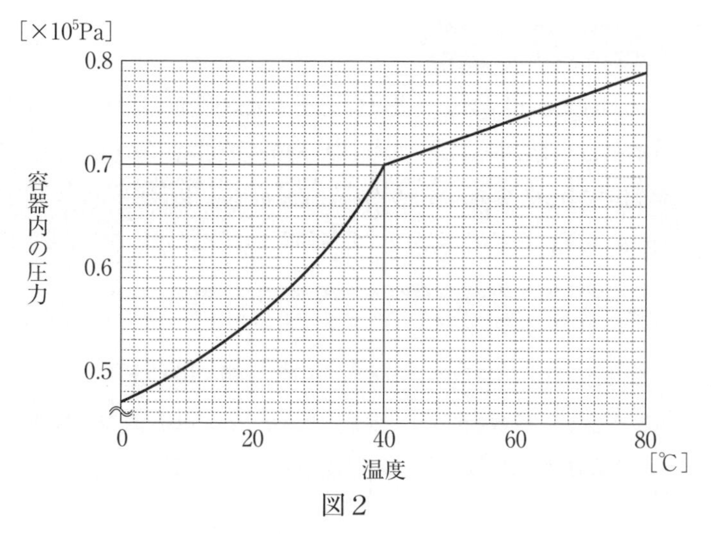

図2

問2　図2中の圧力の変化は，40℃以上で直線，40℃以下では曲線を示している。それぞれ直線および曲線になる理由を説明しなさい。

問3　容器内のエタノールと窒素について，40℃での分圧をそれぞれ求めなさい。

次に，この容器を真空にし，窒素 0.050mol とエタノール 0.050mol を封入した。その後，温度を 70℃に保ちながら，図3に示すように体積を 4.0L（図3のA点）から 1.0L（図3のC点）までゆっくり変化させ，容器内の圧力を測定したところ，圧力を示す曲線に屈曲点（図3のB点）が観測された。

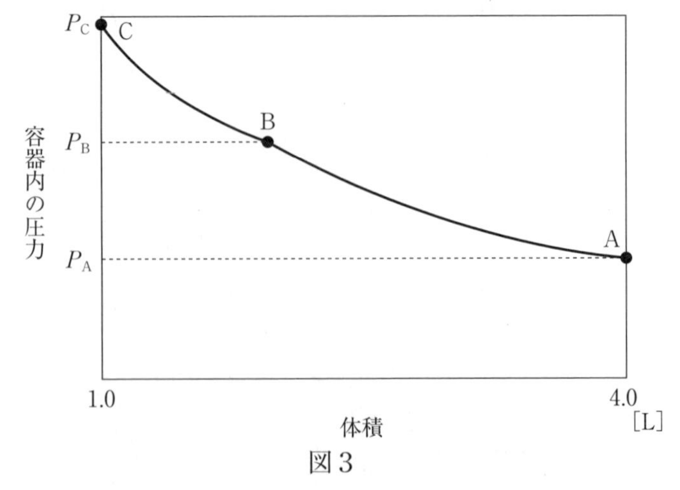

図3

問4　圧力を示す曲線に屈曲点（図3のB点）が観測された理由を 20 字以内で書きなさい。

問5　圧力を示す曲線の屈曲点（図3のB点）でのエタノールの分圧および容器内の全圧 P_B を求めなさい。

問6　体積 4.0L のときの容器内の全圧 P_A，および 1.0L のときの容器内の全圧 P_C をそれぞれ求めなさい。計算過程も示しなさい。

ここで合否が分かれる！

飽和蒸気圧とグラフに関する1問を取り上げた。千葉大は例年，無理のない難易度の問題を出題しているため，基本をおろそかにせず，しっかり高得点を狙っていきたい。本問についても，医学部受験生にとっては標準レベルといえる内容であるため，ケアレスミスに注意しながら確実に完答しておくことが必須だ。ここで差がつくのは解答時間だろう。特に，問2の論述をいかにすばやく処理できたか，また問6の解法をいかにすんなりと思いつけたかがカギになったと思われる。

類題には，ピストン付き容器の中で蒸気を扱う内容の2題を取り上げた。この手の問題に苦手意識を持つ人は多いだろうが，各状況における P，V，n，T の4変数の推移を整理しながら，スムーズな解法を発想できるよう心がけて解いてみよう。

解答

問１　78℃

問２　40℃以上ではエタノール，窒素ともにすべて気体であり，全体でボイル・シャルルの法則に従う。一方，40℃以下では，窒素はボイル・シャルルの法則に従うが，エタノールは気液平衡となり，飽和蒸気圧を示すようになるから。

問３　エタノール：1.8×10^4Pa

窒素：5.2×10^4Pa

問４　エタノールが凝縮し始めたから。(15字)

問５　エタノールの分圧：7.2×10^4Pa

容器内の全圧 P_B：1.4×10^5Pa

問６　4.0Lの全圧 P_A：7.1×10^4Pa

1.0Lの全圧 P_C：2.1×10^5Pa

(計算過程は「考え方と解法のポイント」参照)

考え方と解法のポイント

問１　飽和蒸気圧が外圧に等しくなるところが沸点なので，グラフより78℃と読める。

問２　窒素はこの温度範囲で凝縮せず，n一定である。Vも1.0Lで一定なので，

$$\frac{P}{T}=\frac{nR}{V}=k(\text{一定})$$

となり，TとPが比例する(ボイル・シャルルの法則)。

一方エタノールは，40℃以上では窒素同様TとPが比例するが，40℃以下では一部が凝縮し，気体は飽和蒸気圧となる。

2つの分圧を足せば全圧になる。

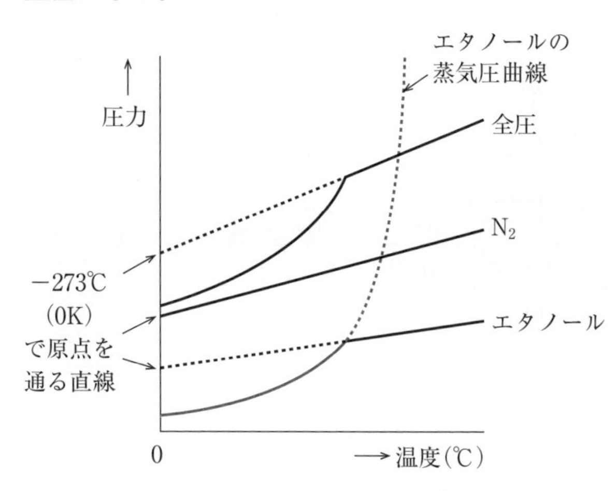

問3　40℃では，エタノールは飽和蒸気圧に達しているから，図1より，

　　エタノール分圧　0.18×10^5Pa

図2より，全圧は0.70×10^5Pa だから，

　　窒素分圧　$(0.70 - 0.18) \times 10^5$

　　　　　　$= 0.52 \times 10^5$〔Pa〕

問4　窒素は凝縮しないので，n，T 一定でボイルの法則に従う。

　　$PV = nRT = k$(一定)

エタノールは，B点以上の体積では全部気体でボイルの法則に従い，B点以下の体積では一部凝縮して飽和蒸気圧を示す。

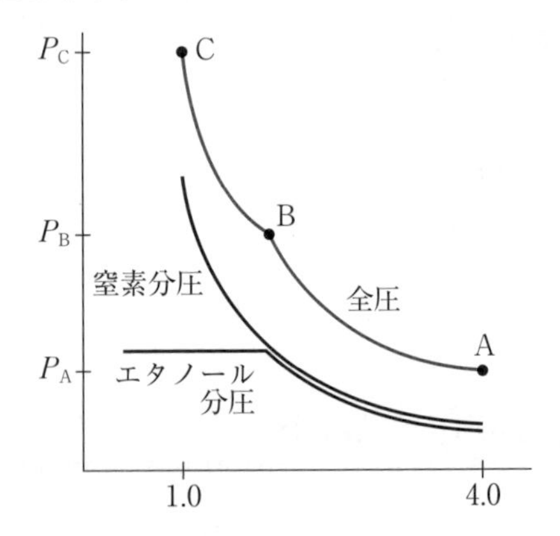

問5　B点ではエタノールは飽和蒸気圧を示すので，図1より，

　　エタノール分圧　0.72×10^5Pa

窒素はB点以上の体積でエタノール気体と同モルだから，

　　窒素分圧　0.72×10^5Pa

したがって全圧 P_B は，

　　$0.72 \times 2 \times 10^5 = 1.44 \times 10^5$〔Pa〕

問6　A，B，C点の状況を整理すると，

A点	(全気体) エタノール	窒素	合計	
P	$\frac{1}{2}P_A$	$\frac{1}{2}P_A$	P_A	〔Pa〕
V	4.0			〔L〕
n	0.050	0.050	0.10	〔mol〕
T	343			〔K〕

B点	(凝縮開始) エタノール	窒素	合計	
P	0.72×10^5	0.72×10^5	1.44×10^5	〔Pa〕
V		V_B		〔L〕
n	0.050	0.050	0.10	〔mol〕
T		343		〔K〕

C点	(一部凝縮) エタノール	窒素	合計	
P	0.72×10^5	P_{N_2}	P_C	〔Pa〕
V		1.0		〔L〕
n		0.050		〔mol〕
T		343		〔K〕

P_A について：V_B がわかっていないので，A点とB点をボイルの法則で結ぶだけでは P_A は算出できない。よって，状態方程式に代入する。

$$P_A \times 4.0 = 0.10 \times 8.3 \times 10^3 \times 343$$

$$P_A = 7.11 \times 10^4 \text{〔Pa〕}$$

P_C について：P_{N_2} をボイルの法則で求めると，

$$PV = \frac{1}{2} \times 7.11 \times 10^4 \text{〔Pa〕} \times 4.0 \text{〔L〕} = P_{N_2} \text{〔Pa〕} \times 1.0 \text{〔L〕}$$

$$P_{N_2} = 1.42 \times 10^5 \text{〔Pa〕}$$

よって，P_C は，

$$P_C = 0.72 \times 10^5 + 1.42 \times 10^5$$

$$= 2.14 \times 10^5 \text{〔Pa〕}$$

類題 11

図1のように容器A(容積3.32L)とピストン付きの容器BがコックCで連結された実験装置がある。この実験装置を用いた以下の実験(1)，(2)について，**問1～4**に答えよ。ただし，2つの容器A，Bの中には，実験で入れられたもの以外には何も入っておらず，また，これら2つの容器がコックCで連結された部分の容積は無視できるものとする。気体は理想気体とし，気体定数は$R=8.3\times10^3$〔Pa・L/(mol・K)〕とする。各実験において容器の中に液体成分が残る場合には，その体積やその液体への他の気体成分の溶解は無視できるものとする。また，解答には必要に応じて図2に示す水の蒸気圧曲線のデータを用いよ。なお，数値は有効数字2桁で答えよ。必要があれば次の原子量を用いよ。H＝1，C＝12，N＝14，O＝16 (奈良女子大)

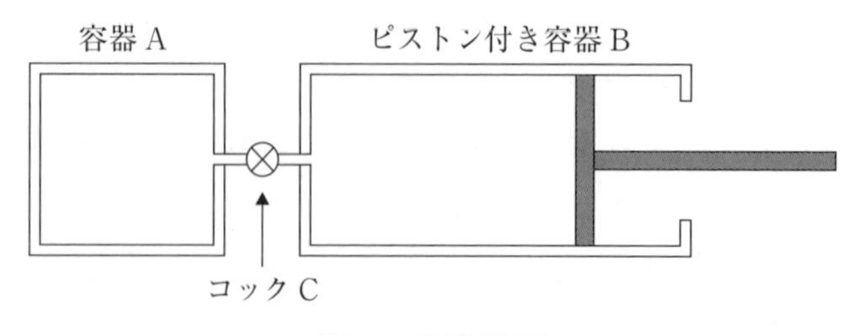

図1　実験装置

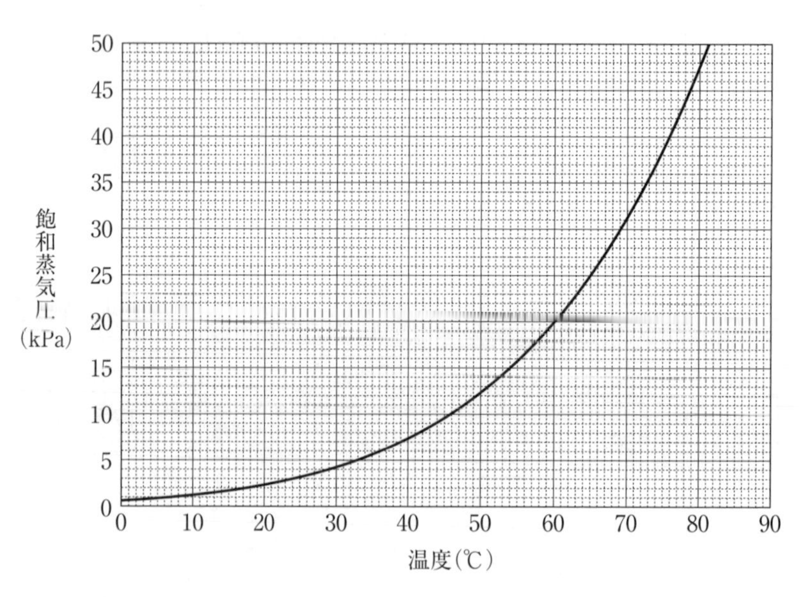

図2　水の蒸気圧曲線

(1)　実験装置は54℃に保たれている。容器Aにはエタノール(C_2H_5OH，分子量46)0.040molが入っており，コックCは閉じられている。一方，ピストン付き容器Bには水0.040molが入っている。

問1　ピストン付き容器Bの容積が1.66Lであるとき，容器B中の水の何%が気体として存在するか答えよ。

問2　容器Bの容積を1.66Lに保ち，コックCを開けて平衡状態に到達したときの容器中の圧力および水蒸気の分圧を求めよ。なお，54℃におけるエタノールの飽和蒸気圧は35kPaとする。

(2)　実験装置は70℃に保たれている。容器Aの中にはジエチルエーテル($C_2H_5OC_2H_5$，分子量74)0.060molと水0.040molが入っており，コックCは閉じられている。一方，ピストン付き容器Bには窒素0.10molが入っている。

問3　コックCを開けて気体を混合し，ピストンを移動させて容器内の圧力を1.0×10^5Paに保った。平衡状態に到達したときのピストン付き容器Bの容積を求めよ。なお，ジエチルエーテルの1.0×10^5Paにおける沸点は34℃とする。

問4　問3の実験に続けて，ピストンを移動させて圧力を1.0×10^5Paに保ったまま実験装置の温度を下げると水蒸気の凝縮が起こる。凝縮の起こり始める温度を求めよ。

類題 12

次の文を読んで，**問1〜問4**に答えよ。　(京都工芸繊維大)

気体定数は，8.3×10^3 Pa・L/(K・mol)とする。

図1のような，しきり板によって2室に分けられたピストン付きの圧縮実験装置がある。しきり板は，A室とB室の圧力の差に応じて抵抗なく動く。

A室とB室を窒素で満たし，装置の温度を300Kに保った。このとき，A室の容積 V_A およびB室の容積 V_B はともに10L，圧力 P はともに 1.0×10^5 Pa であった。これを状態1とする。

装置の温度を300Kに保持したままピストンが動かないように固定し，B室に注射器で0.20molのエタノール(液体)を注入してコックを閉めると，エタノールの一部が(ア)しはじめた。すると，しきり板が動いてB室の容積 V_B が(イ)するとともに，A室の容積 V_A が(ウ)した。しばらくして，しきり板の動きは停止し，B室のエタノールは(エ)平衡に達した。これを状態2とする。

次に，ピストンを固定した状態で，装置の温度を300Kからゆっくり上昇させたところ，しきり板は再び動き始めた。装置の温度が T となったとき，B室のエタノールは全て(ア)し，同時に，A室およびB室の容積は変化しなくなった。その後，装置の温度を345Kまで上昇させ，そのまま保った。これを状態3とする。

温度を345Kに保ちつつ，ピストンを押してB室をゆっくり加圧したところ，エタノールの分圧 p が(i)Paとなったところで，気体中のエタノールが(オ)しはじめた。これを状態4とする。

さらに加圧を続けたところ，B室ではエタノールの(オ)が進行し，気体中のエタノールのモル分率が0.20となったところでピストンを停止させた。これを状態5とする。

以上の実験において，エタノールの蒸気圧と温度との関係は図2に示すとおりである。また，B室に注入したエタノール(液体)の体積は，初期状態(状態1)のB室の容積(10L)と比べて無視できるほど小さい。さらに，状態1および状態3では，装置内の気体成分は気体の状態方程式に従うものとする。

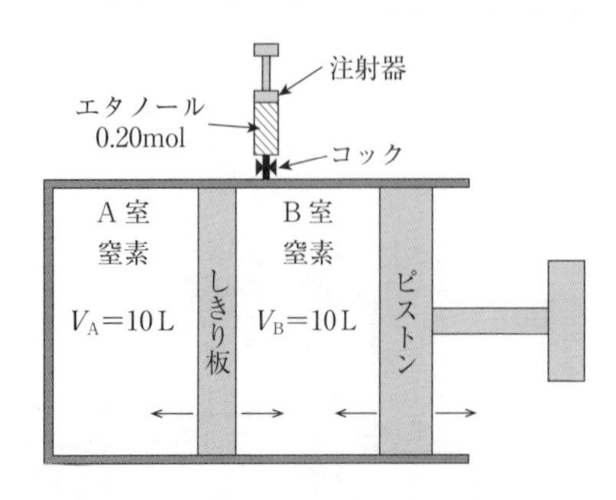

図1　初期状態(状態1)の圧縮実験装置

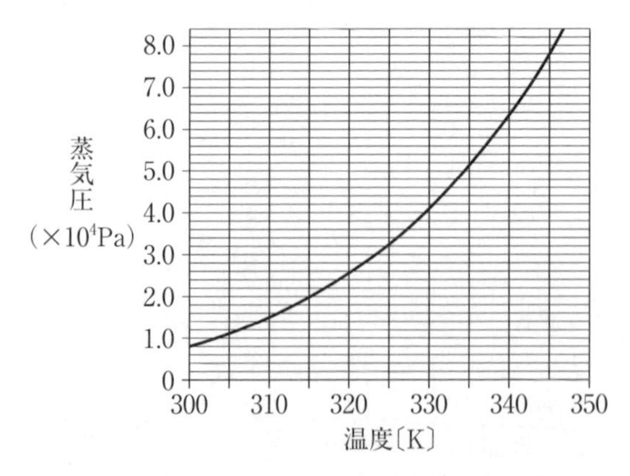

図2　エタノールの蒸気圧曲線

問1　(ア)～(オ)にあてはまる適切な語句を書け。ただし,(イ)および(ウ)については,「増加」,「減少」のいずれかを書け。また，(i)に入る適切な数字を有効数字２桁で答えよ。

問2　圧縮実験装置のＡ室について，以下の問(a)と(b)に答えよ。

(a)　装置の温度が一定の時，容積 V_A は圧力 P に反比例して変化する。この法則を何というか。

(b)　Ａ室に存在する窒素の物質量〔mol〕はいくらか。有効数字２桁で答えよ。計算過程も示せ。

問3　圧縮実験装置のＢ室について，以下の問(a)～(d)に答えよ。

(a)　状態２から状態３へと変化させるとき，温度 T 付近のエタノールの分圧 p(実線)は，どのように変化するか。正しいグラフを(あ)～(え)の中から選択せよ。また，その理由を「蒸気圧」という語句を用いて簡潔に述べよ。ただし，グラフ内の点線は，エタノールの蒸気圧曲線を示す。

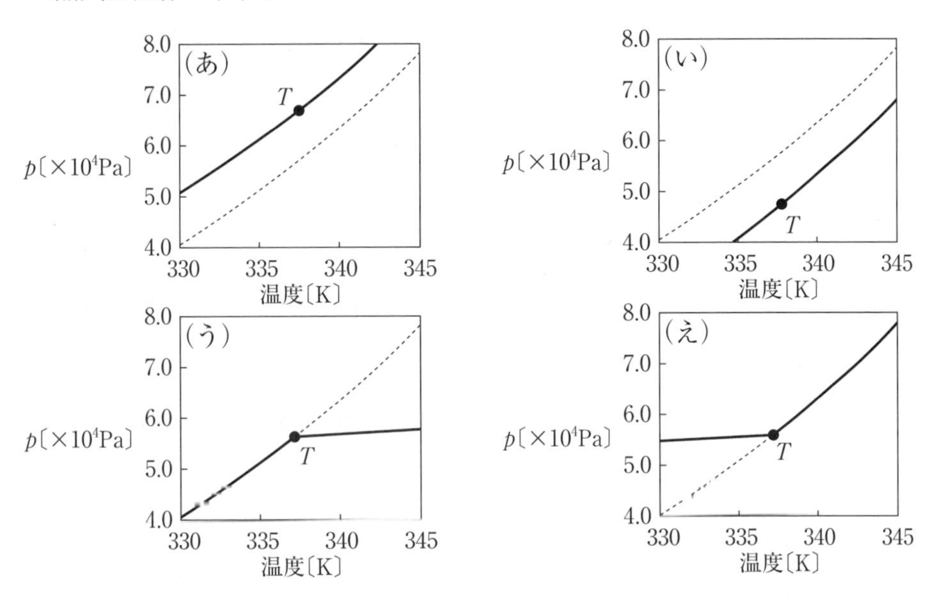

(b)　状態３におけるＢ室の容積 V_B〔L〕はいくらか。有効数字２桁で答えよ。計算過程も示せ。

(c)　状態４から状態５へと変化させるとき，項目①～③の値は，どのように変化するか。「増加する」,「減少する」,「変化しない」のいずれかを書け。

①　エタノールの分圧 p，②　気体中のエタノールのモル分率，

③　Ａ室とＢ室の容積比(V_A/V_B)

(d)　状態５において，Ｂ室の気体中のエタノールの物質量は，注入したエタノールの物質量の何％か。有効数字２桁で答えよ。計算過程も示せ。

問4　一般に，実在気体は，低温，高圧になるほど理想気体とのずれが大きくなり，気体の状態方程式が適用できなくなる。ずれの原因となる，理想気体には考慮されていない実在気体の特徴を２つ簡潔に答えよ。

2-7 筑波大

難易度 ★★★★☆ 解答目安時間 20分

次の文章を読み，問1～問8に答えよ。

物質量1molの理想気体に対して，圧力がP〔Pa〕，絶対温度がT〔K〕，体積がV〔L〕のとき，

$$PV=RT \qquad (1)$$

という状態方程式が成立する。Rは，気体の種類，圧力，体積，および温度に関係なく一定であり，気体定数と呼ばれている。また，(a)互いに反応しない2種類以上の気体を密閉容器に入れたとき，混合気体の圧力はドルトンの分圧の法則に基づいて計算できる。

しかし実在する気体は，分子自身が体積をもち，かつ分子間力が働くため，厳密には式(1)に従わない。この2つの原因を考慮して式(1)を変形し，1molの実在気体についてよくあてはまる状態方程式を導こう。

まず，分子自身が有限の大きさをもつために，実測体積V'は，気体分子が自由に動き回ることができる空間の体積Vよりも，分子の体積に比例する正の定数bだけ［ア］なると考えられる。よって，式(1)のVは$(V'-b)$で置き換えることができる。

次に，分子間力の影響のために，実測圧力P'は分子間に引力が働かない場合の圧力Pに比べて［イ］なると考えられる。その差は体積の2乗に反比例することが知られており，式(1)においてPは$\left(P'+\dfrac{a}{V'^2}\right)$で置き換えることができる。ここで，$a$は分子間力によって決まり，気体の種類により異なる正の定数である。

以上，2つの原因を考慮することによって，実在気体1molに対する以下の状態方程式が導かれる。

$$\left(P'+\frac{a}{V'^2}\right)(V'-b)=RT \qquad (2)$$

ここで，実在気体として，水素，メタン，二酸化炭素について考えよう。いま，$Z=\dfrac{P'V'}{RT}$と表すと，一定温度のもとで，各気体についてのZと圧力P'の関係は，圧力P'が低いところで，おおよそ図1のようになり，理想気体では$Z=1$となる。水素のように分子間力の影響が無視できる場合には，$a=0$としてよいので，式(2)は，

$$Z=1+\frac{［ウ］}{［エ］} \qquad (3)$$

と変形できる。したがって，水素のZは1より大きくなるものの，［オ］が低くなるほど，また［カ］が高くなるほど理想気体に近づくことがわかる。一方，メタンや二酸化炭素のように，Zが1より小さくなることは式(3)では説明できず，分子間力の効果を考える必要がある。(b)図1において，二酸化炭素のZがメタンのそれより常に小さいことも，分子

間力の効果を考えることで説明できる。

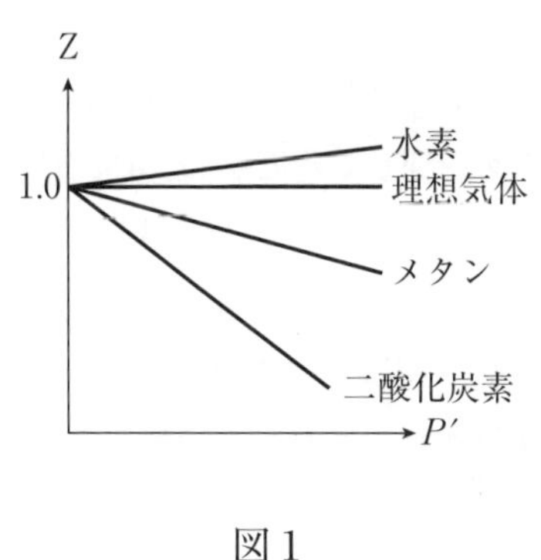

図 1

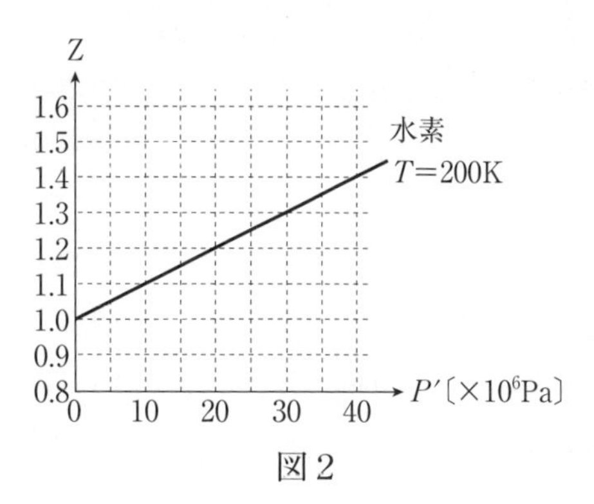

図 2

問 1　下線部(a)に関して，次の問いに答えよ。

一定温度で次の 3 種類の気体を 8.0L の密閉容器に入れた。

①　1.0kPa の酸素 2.0L

②　2.0kPa の窒素 3.0L

③　4.0kPa のヘリウム 3.0L

このとき，酸素の分圧，窒素の分圧，ヘリウムの分圧，および混合気体の全圧を有効数字 2 桁で求めよ。ただし，圧力の単位は〔kPa〕とせよ。

問 2　［ア］および［イ］にそれぞれあてはまる語句の組み合わせを下記から選び，記号で答えよ。

(a)　ア：大きく，イ：高く　　(b)　ア：大きく，イ：低く

(c)　ア：小さく，イ：高く　　(d)　ア：小さく，イ：低く

問 3　［ウ］～［カ］にあてはまる最も適切な語句，式を記せ。［ウ］と［エ］は，P'，T，R，b のうち必要な記号を用いて表せ。

問 4　図 1 に関して，次の問いに答えよ。

(i)　最も理想気体に近い実在気体を記せ。

(ii)　最も圧縮されやすい実在気体を記せ。

問 5　図 2 に，水素の場合の温度 $T=200\,\mathrm{K}$ における Z と圧力 P' の関係を示す。

これに基づき，$T=400\,\mathrm{K}$ での Z と圧力 P' の関係を図示せよ。

問 6　下線部(b)のように，二酸化炭素の方がメタンよりも理想気体からのずれが大きい。

この理由を 40 字以内で述べよ。

ここで合否が分かれる！

実在気体のファンデルワールス状態方程式を扱う1問を取り上げた。近年，教科書の参考・発展事項で取り上げられるようになり，入試でも出題されやすくなってきている。

問1は理想気体に関する基本問題である。問2は補正の概念がわかっていれば対処できる内容だが，類題を解いた経験がない人にとっては難しいだろう。問3も，指示通りに式を変形して考えるだけだが，普段から気体を「慣れ」で解いていて，理屈が理解できていなかった人は戸惑うかもしれない。問4・5は，グラフの縦軸の数値Zの意味がわかればたやすいが，これも初見だと時間がかかると思われる。問6は標準的な実在気体の論述である。したがって，全体を通して同じような問題の演習経験をいかに積んでいるか，中でも問1～3，問6をいかに短時間で処理できたかが合否の分かれ目となっただろう。

類題として，同様にファンデルワールス状態方程式を扱う千葉大の問題を取り上げたので，それも合わせて練習しておこう。

解答

問1　酸素の分圧：**0.25kPa**　窒素の分圧：**0.75kPa**　ヘリウムの分圧：**1.5kPa**

混合気体の全圧：**2.5kPa**

問2　(b)　　**問3**　ウ：$P'b$　エ：RT　オ：**圧力**　カ：**温度**

問4　(i)　**水素**　(ii)　**二酸化炭素**

問5

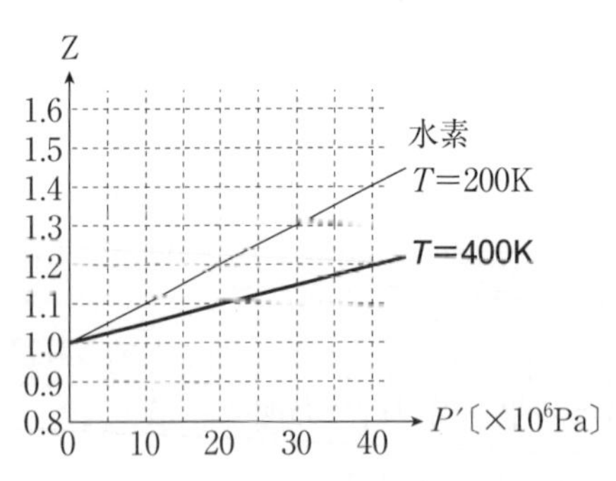

問6　**二酸化炭素の方がメタンよりも分子量が大きく，ファンデルワールス力が大きいから。**(39字)

考え方と解法のポイント

問1　ボイルの法則より，

酸素：$PV=1.0\times2.0=P_{O_2}\times8.0$　　$P_{O_2}=0.25$〔kPa〕

窒素：$PV=2.0\times3.0=P_{N_2}\times8.0$　　$P_{N_2}=0.75$〔kPa〕

ヘリウム：$PV=4.0\times3.0=P_{He}\times8.0$　　$P_{He}=1.5$〔kPa〕

全圧：$0.25+0.75+1.5=2.5$〔kPa〕

問2　実在気体には分子自身に体積がある。このため，同温同圧同物質量の理想気体よりも，気体の占める体積が大きくなる。

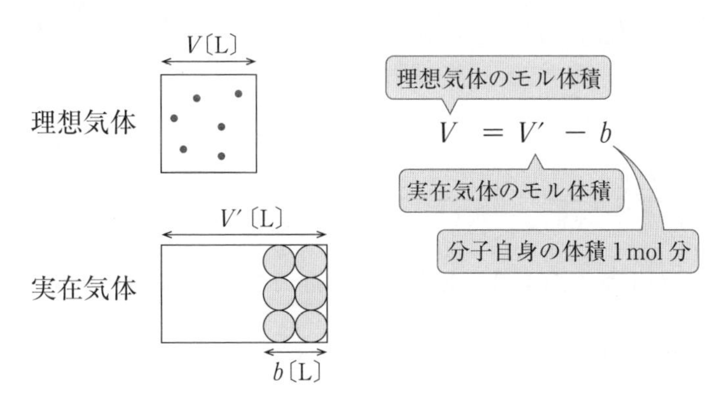

一方，実在気体には分子間力が働く。これにより，同温同物質量の気体と比べると，同圧ならば気体分子が集まり合って体積が小さくなるし，同体積ならば圧力が低くなる。

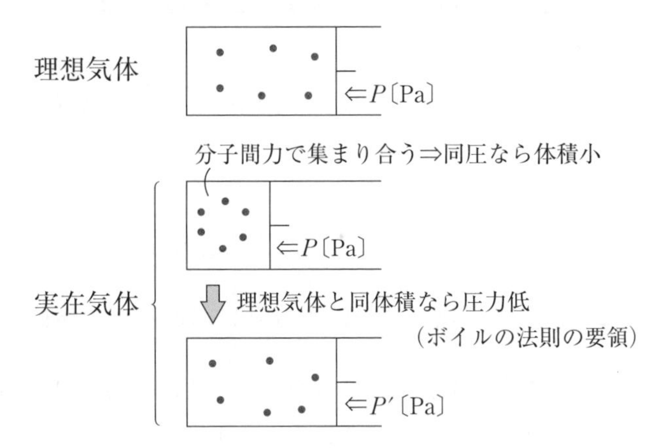

このときの圧力減少量は，気体のモル濃度の2乗 $\dfrac{n^2}{V^2}$〔mol^2/L^2〕に比例する。1mol のときは $\dfrac{1}{V^2}$ に比例することになるので，比例定数を a とおくと，

理想気体の圧力

$$P = P' + \frac{a}{V'^2}$$

実在気体の圧力

分子間力の大きさに依存する定数

以上の両方の要因を考え，理想気体 1mol の状態方程式 $PV=RT$ に実在気体の圧力 P'，体積 V' を代入すると，

$$\left(P' + \frac{a}{V'^2}\right)(V' - b) = RT$$

これが実在気体の値を代入できるファンデルワールスの式である。

問3　分子間力が無視できるときは，$P'+\dfrac{a}{V'^2}\fallingdotseq P'$ だから，

$$P'(V'-b)=RT$$

$$\Longleftrightarrow \frac{P'V'}{RT}=1+\frac{P'b}{RT}$$

よって，$Z=1+\dfrac{P'b}{RT}$

$\dfrac{P'b}{RT}$ 値(正の値)が小さくなるほどZ値は1に近づき，理想気体に近づく。よって，P' 小か，T 大なら理想気体に近づく。

問4

(i)　いちばん理想気体のグラフとのずれが少ないものを選ぶ。

(ii)　圧縮されやすい＝一定圧力で体積がより減少するという意味なので，一定圧力でZ値が最も小さいものを選べばよい。

問5　水素については式(3)が成り立つと考えてよいのだから，図2の水素グラフは，

$Z=\dfrac{b}{RT}\times P'+1$ の関数で表される。Z値を y，P' 値を x，$\dfrac{b}{RT}$ 値を傾き a，1を切片 b と考えればよい。絶対温度 T を2倍にすると，切片は変わらず，傾きが半分になる。

圧縮係数 $Z=\dfrac{PV}{RT}$ とは，一定温度 T，一定圧力 P におけるモル体積 V の大小を表す数値である。分子自身の体積が影響すると，モル体積が理想気体より増大するため，Z値が1より大きくなる。また，分子間力が影響すると，モル体積が減少し，Z値が1より小さくなる。

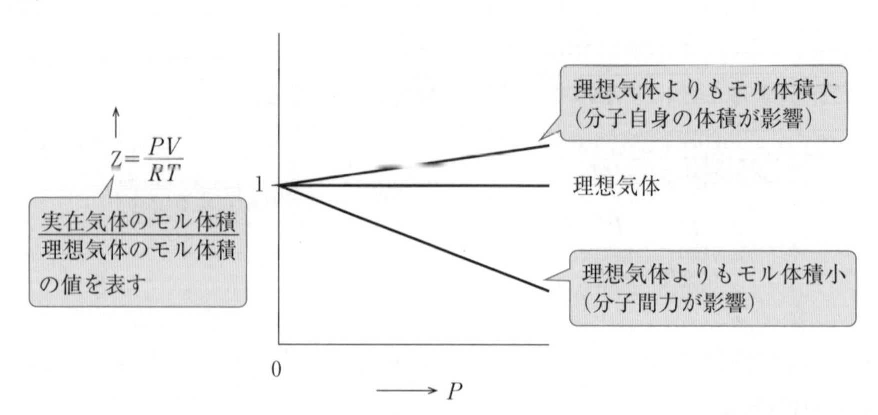

類題 13

実在気体の状態方程式として次のファンデルワールスの状態方程式が （千葉大）
よく使われている。温度(絶対温度)T, 1molあたりの体積V, 圧力Pの間に次の関係が成立する。Rは気体定数である。

$$\left(P+\frac{a}{V^2}\right)(V-b)=RT$$

aは分子間力によって決まる定数, bは分子の大きさを反映した定数でともに正である。理想気体からのずれを議論するための量Zを次のように定義する。

$$Z=\frac{PV}{RT}$$

理想気体では常に$Z=1$である。以下の問い(**問1～5**)に答えなさい。

問1 ファンデルワールスの状態方程式を用い, Zが次式で表されることを示しなさい。

$$Z=\frac{V}{V-b}-\frac{a}{VRT}$$

問2 同じ体積, 同じ温度でHeとArの2種類の気体を考える。分子間力を無視した場合, どちらの気体のZが1に近い値になるか。理由とともに答えなさい。

問3 温度Tを一定のもとで, 圧力Pを下げて体積Vを非常に大きくするとZは1に近づき理想気体とみなせる。そのことを説明しなさい。

問4 温度Tを一定のもとで, 理想気体とみなせる問3の場合より圧力Pをわずかに上げて体積Vを小さくする。このときHeやN_2のような極性のない原子・分子からなる気体ではZが1より大きい。その理由を説明しなさい。またNH_3のような極性のある分子からなる気体ではZが1より少し小さい。その理由を説明しなさい。

問5 問4でNH_3のような気体ではZが1より少し小さかった。体積V一定のもとでさらに温度を下げるとZの1からのずれは大きくなるか, それとも小さくなるか。理由とともに答えなさい。

2 −8 東京医科大

難易度 ★★★★★ 解答目安時間 30分

次の1)〜6)の文章を読み，問い(問1〜7)に答えよ。

原子量は，H＝1.0，C＝12，N＝14，O＝16，K＝39，Ca＝40とする。

1) 水200gに硝酸カルシウム4水和物を118g溶かした。

2) 水200gに無水炭酸カリウムを55.2g溶かした。

3) 1)の硝酸カルシウム水溶液100gに，2)の炭酸カリウム水溶液を徐々に加えると，白色沈殿が生成した。炭酸カリウム水溶液を［ア］g加えたところで，白色沈殿の生成量が最大となった。

4) ろ過により，沈殿とろ液とに分離した。

5) 4)のろ液を100gだけ取り出した。

6) 5)の溶液から，水を［イ］g蒸発させ，25℃としたところ，無色の結晶が6.2g析出した。

問1 2)の炭酸カリウム水溶液中のカリウムイオンの質量モル濃度は何mol/kgか。最も適切な数値を，次の①〜⑩のうちから選べ。

［1］mol/kg

① 1.25×10^{-1}　② 1.90×10^{-1}　③ 2.00×10^{-1}
④ 3.79×10^{-1}　⑤ 4.00×10^{-1}　⑥ 1.90
⑦ 2.00　⑧ 3.79　⑨ 4.00
⑩ 8.00

問2 3)の白色沈殿は何か。次の①〜⑩のうちから選べ。

［2］

① $CaCl_2$　② KCl　③ $Ca(NO_3)_2$　④ $CaCO_3$
⑤ CaC_2　⑥ K_2CO_3　⑦ $KHCO_3$　⑧ KNO_3
⑨ $CaSO_4$　⑩ $BaSO_4$

問3 3)で白色沈殿となった物質の水に対する溶解度を0とするとき，［ア］に当てはまる最も適切な数値を，次の①〜⑩のうちから選べ。

［3］g

① 50　② 67　③ 79　④ 100　⑤ 109
⑥ 113　⑦ 125　⑧ 133　⑨ 144　⑩ 200

問4 4)のろ液に含まれる陽イオンのうち，質量モル濃度が最も高いものを，次の①〜⑩のうちから選べ。

［4］

① H^+　② K^+　③ Cr^{3+}　④ NO_3^-　⑤ Na^+
⑥ Ca^{2+}　⑦ CO_3^{2-}　⑧ Cl^-　⑨ Cs^+　⑩ OH^-

問5　4)のろ液に含まれる陰イオンのうち，濃度が最も高いものの質量モル濃度は何 mol/kg か。最も適切な数値を，次の①～⑩のうちから選べ。

［ 5 ］ mol/kg

① 8.10×10^{-2}　② 1.00×10^{-1}　③ 1.16×10^{-1}
④ 1.36×10^{-1}　⑤ 1.50×10^{-1}　⑥ 1.61×10^{-1}
⑦ 3.23×10^{-1}　⑧ 1.61　⑨ 2.06
⑩ 3.23

問6　6)の［ イ ］に当てはまる最も適切な数値を，次の①～⑩のうちから選べ。ただし，析出する物質は，25℃において水 100 g に 37.9 g 溶けるものとする。なお，この溶液中には析出する物質以外の溶質は含まれないものとする。また，析出する結晶は，結晶水(水和水)を含まないものとする。

［ 6 ］ g

① 5.4　② 16.4　③ 53.8　④ 56.2　⑤ 60.0
⑥ 63.0　⑦ 75.5　⑧ 82.1　⑨ 85.1　⑩ 95.3

問7　6)で析出する物質の，25℃における飽和溶液 100 g から水を 30 g 蒸発させると，この物質は何 g 析出するか。最も適切な数値を，次の①～⑩のうちから選べ。

［ 7 ］ g

① 0.0　② 2.6　③ 4.0　④ 6.9　⑤ 11.4
⑥ 13.3　⑦ 19.0　⑧ 20.5　⑨ 37.9　⑩ 50.0

ここで合否が分かれる！

1)～6)の操作と複雑な状況を順に把握していかないと解けない，固体の溶解度に関するハイレベルな1問である。この手の問題は，とにかく問題文から題意をすばやくつかみ，手を付けるべき設問を見極めて要領よく解答していくのがポイント。医学部入試の難問を攻略するには欠かせないアプローチ法である。

まずは易しめの問1・2・4を完答することが第一。さらに残った時間で，他の問題においてどれだけ得点を上積みできたかが合否を決めただろう。中でも得点しやすいのは問3や，問6の問題文中の溶解度を使って解ける問7。問5・6は他に比べると煩雑で，ミスが後の設問に影響する問題のため，本番では深入りせず，捨て問と判断してもよいだろう。ただ，思考力を身につけるために，演習経験としてはぜひ挑戦しておいてほしい内容である。

類題には，水和物の溶解度について，複雑な溶解度曲線を理解して解く問題を取り上げた。題意把握の練習として効果的な1問である。

解答

問1　⑨　　問2　①　　問3　④　　問4　②

問5　⑨　　問6　③　　問7　⑤

考え方と解法のポイント

溶液の濃度と溶解度に関する問題である。濃度や溶解度は「比」の値であり，溶液量に関わらず一定なので，以下のような比例式を使う。

$$質量モル濃度〔mol/kg〕=\frac{溶質〔mol〕}{溶媒〔kg〕}=\frac{溶質〔g〕}{溶質モル質量〔g/mol〕}\times\frac{1}{溶媒〔kg〕}\quad\cdots\boxed{1}$$

飽和溶液のとき成り立つ式

$$\frac{溶質〔g〕}{溶媒〔g〕}=\frac{溶解度}{100}\quad\cdots\boxed{2}$$

$$\frac{溶質〔g〕}{溶液〔g〕}=\frac{溶解度}{100+溶解度}$$

$$\Longleftrightarrow 溶質〔g〕=溶液〔g〕\times\frac{溶解度}{100+溶解度}\quad\cdots\boxed{3}$$

$$\frac{無水物〔g〕}{水和物〔g〕}=\frac{無水物のモル質量〔g/mol〕}{水和物のモル質量〔g/mol〕}$$

$$\Longleftrightarrow 無水物〔g〕=水和物〔g〕\times\frac{無水物のモル質量}{水和物のモル質量}\quad\cdots\boxed{4}$$

（「溶質〔g〕」などの部分に実際の数値を代入する。
「水和物」とは $CuSO_4\cdot5H_2O$ などの結晶水を持つもの。
「無水物」とは $CuSO_4$ などの結晶水が取れたもの。）

これらは溶質(成分)の量を求めるために使うことが多いので，「溶質〔g〕＝」の式として使えると便利である。

特に③，④式は，「成分量＝全体量×比の値」の式になっている。このように，「比の値をかけて量を換算する」という計算は多用するので，自然に使えるようにしておこう。

この問題のように，溶液の構成が変わっていくときは，溶質，溶液の量を図に整理するなどして，状況を正確に把握していこう。また，化学反応が起こる場合は，反応式の係数比を使って量の推移を把握するので，質量〔g〕よりも物質量〔mol〕に目を付けたい。

①，③，④式を図に置き換えると次ページのようになる。

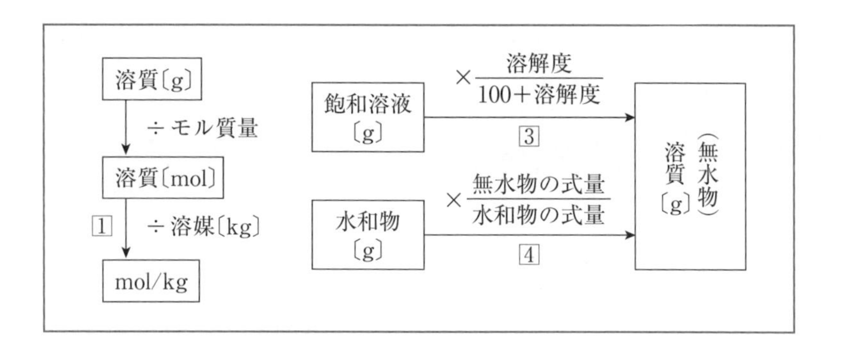

問1　1より，K_2CO_3 の K^+ の値であることに注意して，

$$\underbrace{\frac{55.2}{138}\times 2}_{K^+〔mol〕}\times\underbrace{\frac{1000}{200}}_{〔1/kg〕}=4.00〔mol/kg〕$$

問2　$Ca(NO_3)_2+K_2CO_3 \longrightarrow CaCO_3\downarrow+2KNO_3$ より，$CaCO_3$ が沈殿する。

問3　上式の反応が完結すると沈殿生成量が最大になるから，

$Ca(NO_3)_2 : K_2CO_3$

$$=\frac{118}{236}\times\frac{100}{200+118} : \frac{55.2}{138}\times\frac{x}{200+55.2}=1:1(係数比)$$

$\frac{118}{236}$：溶液1) 318g中 $Ca(NO_3)_2\cdot 4H_2O$〔mol〕＝ $Ca(NO_3)_2$〔mol〕

$\frac{118}{236}\times\frac{100}{200+118}$：溶液1) 100g中 $Ca(NO_3)_2$〔mol〕

$\frac{55.2}{138}$：溶液2) 255.2g中 K_2CO_3〔mol〕

$\frac{55.2}{138}\times\frac{x}{200+55.2}$：溶液2) x g中 K_2CO_3〔mol〕

〈比の値をかけて量を換算〉

$x=100.3$〔g〕

問4　問2の式より，溶解している陽イオンで最も濃度が高いのは，KNO_3 に由来する K^+ である。

問5　問2の反応式より，溶液に残るイオンは K^+ と NO_3^-。その物質量はいずれも，

$$\frac{118}{236}\times\frac{100}{200+118}\times 2=0.314〔mol〕$$

混合時の溶液の全質量は $100+100=200$ g である。ここから含まれていた溶質の質量を引いて，溶媒の質量を求めると，

$$200-(138+164)\times\underbrace{\frac{0.314}{2}}_{加えたCa(NO_3)_2またはK_2CO_3〔mol〕}=152\,g$$

よって，K^+ の質量モル濃度は，

$$\frac{0.314〔mol〕}{0.152〔kg〕}\fallingdotseq 2.06〔mol/kg〕$$

問6　4)のろ液は，2.06 mol/kgKNO_3水溶液である。溶液100 g中に溶けているKNO_3の質量 a〔g〕を③式より求めると，

$$\frac{溶質〔g〕}{溶液〔g〕}=\frac{2.06\times101}{1000+2.06\times101}=\frac{a}{100}$$

$$a=17.2〔g〕$$

操作6)の様子は以下の通り。

17.2 g　100−17.2〔g〕

はじめ　KNO_3　水

100 g

↓蒸発

17.2−6.2〔g〕　100−17.2−x〔g〕

25℃（飽和）　析出　KNO_3　水　蒸発

6.2 g　x〔g〕

	質量〔g〕
KNO_3	17.2
水	100 − 17.2
溶液	100

	質量〔g〕
KNO_3	17.2 − 6.2
水	100 − 17.2 − x
溶液	100 − 6.2 − x
析出物	6.2

蒸発後は飽和溶液になっているから，②式より，

$$\frac{溶質〔g〕}{溶媒〔g〕}=\frac{17.2-6.2}{100-17.2-x}=\frac{37.9}{100}$$

$$x\fallingdotseq53.8〔g〕$$

問7　問6の溶液とは違い，25℃のKNO_3飽和溶液100 gから水を蒸発させる。このときの様子は以下の通り。

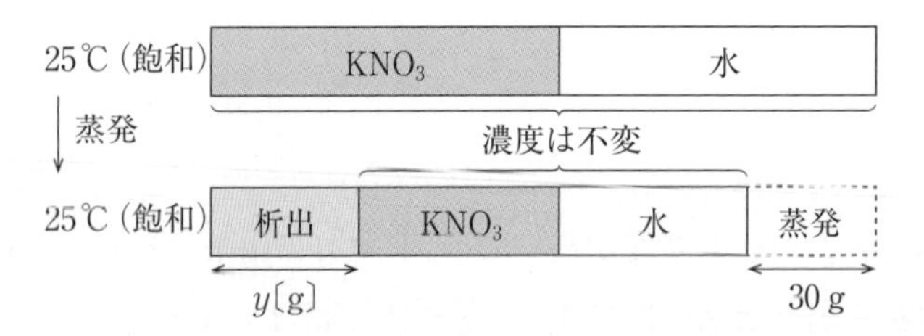

これは，飽和溶液から温度一定で溶媒を蒸発させるパターンである。溶液部分の濃度は変わらず，蒸発した水に飽和していたKNO_3が析出する。

②式の「溶媒〔g〕」を「蒸発した溶媒〔g〕」に，「溶質〔g〕」を「析出した溶質〔g〕」に置き換えればよい。

$$\frac{析出量〔g〕}{蒸発量〔g〕}=\frac{y}{30}=\frac{37.9}{100}$$

$$y\fallingdotseq11.4$$

固体の溶解度については，水和物の析出量を求める次ページのような問題もこなしておこう。

類題 14

次の文章を読み，下の**問1～5**に答えなさい。原子量は H＝1.0，O＝16，Na＝23，S＝32 とする。 （獨協医科大）

次の図1は硫酸ナトリウムの溶解度曲線，図2は図1の0℃付近を拡大したものである。溶解度は水 100g に溶ける無水物の質量で表される。図中の(a, b)は，温度(a℃)と溶解度(bg/100g 水)を表す。32.4℃未満では硫酸ナトリウム十水和物 $Na_2SO_4 \cdot 10H_2O$ が析出し，それ以上では無水硫酸ナトリウム Na_2SO_4 が析出する。図1および図2に共通する直線部分では，H_2O が析出する。

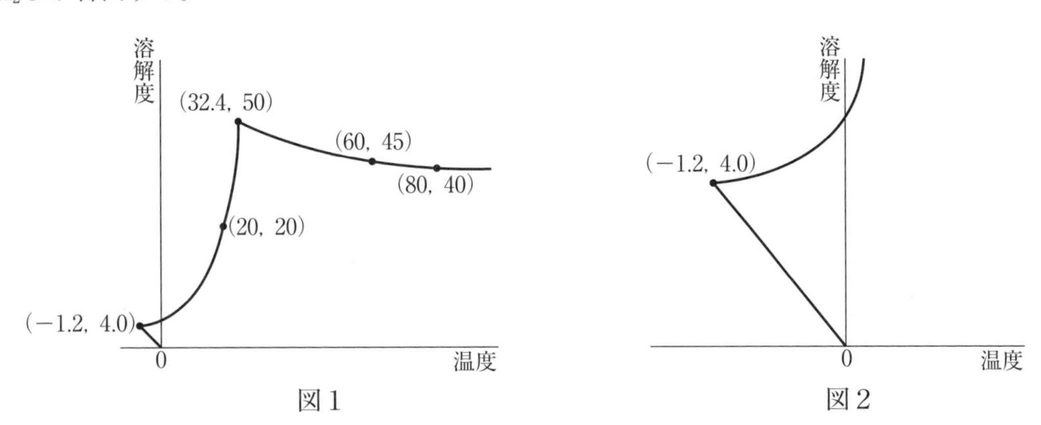

図1　　　　図2

問1　60℃の硫酸ナトリウム飽和水溶液 200g を 80℃に加熱したとき，析出した固体の質量として最も近い数値を，次の①～⑥のうちから一つ選びなさい。 [1] g

① 0　② 3.4　③ 5.0　④ 6.9　⑤ 8.1　⑥ 10

問2　80℃の硫酸ナトリウム飽和水溶液 210g を 20℃に冷却したとき，析出した固体の質量として最も近い数値を，次の①～⑥のうちから一つ選びなさい。 [2] g

① 0　② 43　③ 61　④ 74　⑤ 91　⑥ 120

問3　図1および図2から求められる，水のモル凝固点降下の値として最も近い数値を，次の①～⑥のうちから一つ選びなさい。ただし，硫酸ナトリウムは水溶液中では完全に電離するものとする。 [3] (K・kg)/mol

① 0.47　② 0.52　③ 0.71　④ 1.0　⑤ 1.4　⑥ 1.8

問4　200g の水に 2.84g の無水硫酸ナトリウムを溶かして −0.60℃まで冷却したとき，析出した固体の質量として最も近い数値を，次の①～⑥のうちから一つ選びなさい。 [4] g

① 2.0　② 4.0　③ 47　④ 58　⑤ 102　⑥ 153

問5　20℃の硫酸ナトリウム飽和水溶液 100g を −10℃に冷却したときの状態に関する次ページの①～⑥の記述のうち，最も適切なものを一つ選びなさい。なお，実験操作中に水は蒸発しないものとする。 [5]

① $Na_2SO_4 \cdot 10H_2O$ の固体のみの状態である。

② $Na_2SO_4 \cdot 10H_2O$ の固体と水溶液が共存した状態である。

③ H_2O の固体のみの状態である。

④ H_2O の固体と水溶液が共存した状態である。

⑤ $Na_2SO_4 \cdot 10H_2O$ の固体と，H_2O の固体が共存した状態である。

⑥ $Na_2SO_4 \cdot 10H_2O$ の固体と，H_2O の固体と水溶液が共存した状態である。

2 －9 杏林大　難易度 ★★★★☆ 解答目安時間 15分

シリンダーとスムーズに動く質量の無視できるピストンからなる装置を用いて，以下の操作を行った。ここで扱う気体は，理想気体としてふるまい，ヘンリーの法則に従うものとして，以下の問いに答えよ。

なお，絶対零度を－273℃，気体定数を 8.31×10^3 Pa・L/(mol・K)，0℃，1.01×10^5 Pa の1molの気体の体積を22.4Lとし，有効数字を3桁として解答せよ。原子量：C＝12, O＝16とする。

問1　装置を27℃，気圧 1.01×10^5 Pa の室内に置き，空気の入ったシリンダー内に，ドライアイスを入れた。ドライアイスが完全になくなるまで放置したところ，気相の体積は2.77Lになった(図1)。気体の組成を調べると，体積比で89.1%が二酸化炭素，10.9%がその他の気体であった。装置に入れたドライアイスの物質量を求めよ。

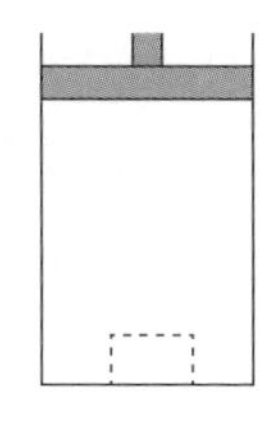

図1

問2　装置内の気体を完全に抜いてから，新たにドライアイス8.80gを入れ，装置を27℃，1.01×10^5 Pa の室内に置いた。ドライアイスが完全に昇華した後，気体の溶けていない水200mLをシリンダー内に入れた。十分に攪拌し，水に二酸化炭素を飽和させた(図2)。気相に残っている二酸化炭素の物質量を求めよ。なお，1.01×10^5 Pa，27℃での二酸化炭素の水1Lへの溶解度は，0℃の場合に換算した体積で，7.17×10^{-1} L である。

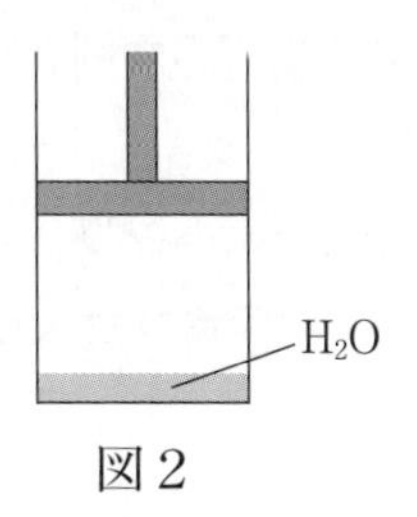

図2

問3　問2の操作の後，シリンダー内の気相の体積を1.80Lに保つようにピストンを固定し(図3)，1.01×10^5 Pa，27℃の室内に十分な時間放置した。シリンダー内の圧力はいくらか。

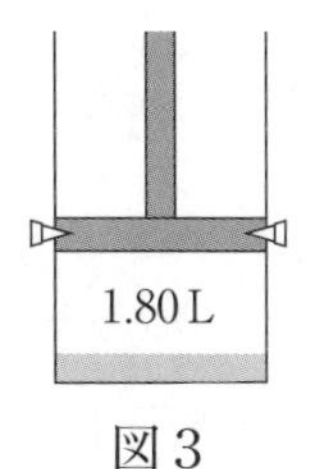

図3

問4　一定温度下における，気体の溶解度と圧力の関係をグラフにした。溶解している気体の体積，物質量はともにその圧力の下で測定した。正しいものを全て選び，該当する数字を全てマークせよ。

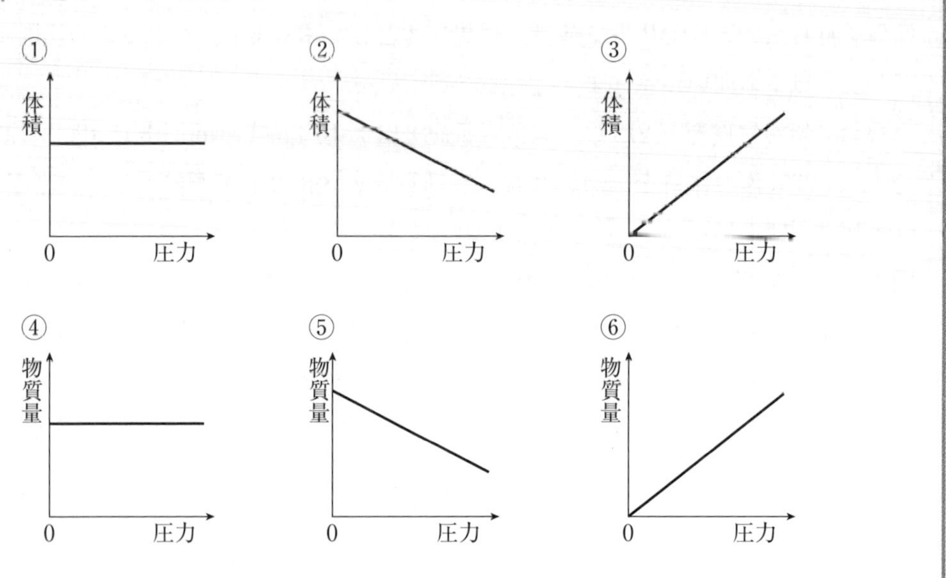

ここで合否が分かれる！

ヘンリーの法則に関する標準レベルの1問である。問1・4は基本問題なので，まず確実に完答しておこう。残りの問2・3は，ヘンリーの法則の典型的な難問である。気体と溶解分を合わせた全CO_2量が一定であることに着目して立式するが，計算が煩雑でかなり時間を取られるだろう。したがって，この2問を時間内に完答できたかどうかで得点差がついたと思われる。気体の溶解度は1.0×10^5 Paあたりの溶解量で与えられることが多いが，元々は1.01×10^5 Paあたりと定義されているので，医学部受験生はこの手の面倒な計算にも粘り強く対応できるぐらい，日頃から演習を積んでおきたい。

この問題で基本が確認できたら，蒸気圧とヘンリーの法則を融合させた難問である類題にもチャレンジし，状況を把握する力をしっかり定着させよう。

解答

問1　0.100 mol　　問2　0.194 mol

問3　2.55×10^5 Pa　　問4　①，⑥

考え方と解法のポイント

問1　気体の数値を整理すると以下の通り。

図1	CO_2	他の気体	合計
P	1.01×10^5Pa		
V	$2.77\times\dfrac{89.1}{100}$	$2.77\times\dfrac{10.9}{100}$	2.77L
n	n_{CO_2}	$n_{他}$	$n_{全}$
T	300		

0℃の体積に換算し，22.4L/mol を用いて物質量を算出すると，

$$2.77\times\frac{89.1}{100}\times\frac{273}{300}\times\frac{1}{22.4}=0.1002\text{〔mol〕}$$

0℃，1.01×10^5Pa での〔L〕

【別解】　状態方程式より，

$$1.01\times10^5\times2.77\times\frac{89.1}{100}=n_{CO_2}\times8.31\times10^3\times300$$

よって，$n_{CO_2}=0.09999$〔mol〕

問2　問1の気体を完全に抜いてから，$\dfrac{8.80}{44}=0.200$〔mol〕の CO_2 を加える。このうち n_s〔mol〕が水に溶けるとする。溶解平衡に達したときの様子は以下の通り。

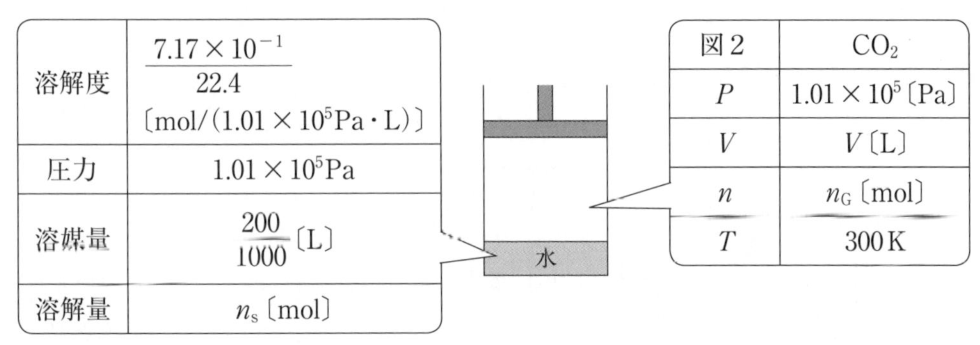

溶解度	$\dfrac{7.17\times10^{-1}}{22.4}$〔mol/($1.01\times10^5$Pa・L)〕
圧力	1.01×10^5Pa
溶媒量	$\dfrac{200}{1000}$〔L〕
溶解量	n_s〔mol〕

図2	CO_2
P	1.01×10^5〔Pa〕
V	V〔L〕
n	n_G〔mol〕
T	300K

$n_s+n_G=0.200$ より，

$$\frac{7.17\times10^{-1}}{22.4}\times\frac{1.01\times10^5}{1.01\times10^5}\times\frac{200}{1000}+n_G=0.200$$

$n_G=0.1935$〔mol〕

問3　溶解平衡に達したときの様子は以下の通り。

溶解度	$\dfrac{7.17\times10^{-1}}{22.4}$ 〔$mol/(1.01\times10^5 Pa\cdot L)$〕
圧力	P〔Pa〕
溶媒量	$\dfrac{200}{1000}$〔L〕
溶解量	n'_s〔mol〕

	CO_2
P	P〔Pa〕
V	1.80〔L〕
n	n'_G〔mol〕
T	300K

$n'_s + n'_G = 0.200$ より，

$$\frac{7.17\times10^{-1}}{22.4}\times\frac{P}{1.01\times10^5}\times\frac{200}{1000}+\frac{P\times1.80}{8.31\times10^3\times300}=0.200$$

よって，$P = 2.547\times10^5$〔Pa〕

問4　ヘンリーの法則に従うのであれば，T一定で一定体積の溶媒に溶ける気体の「物質量」は接している気体の圧力に比例する。これを表すグラフが⑥である。

また，このとき溶けた気体の体積Vを，「そのときの圧力における値」で表すと，圧力に無関係で一定となる。これを表すグラフが①である。下式に示すように，T一定のもとでPとnが等しい倍率で変化しているので，Vは一定になるのである。

$$\underset{x\text{倍}}{P}\quad\underset{\boxed{\text{一定}}}{V}=\underset{x\text{倍}}{n}\quad R\quad\underset{\text{一定}}{T}$$

図で表すと以下の通りである。

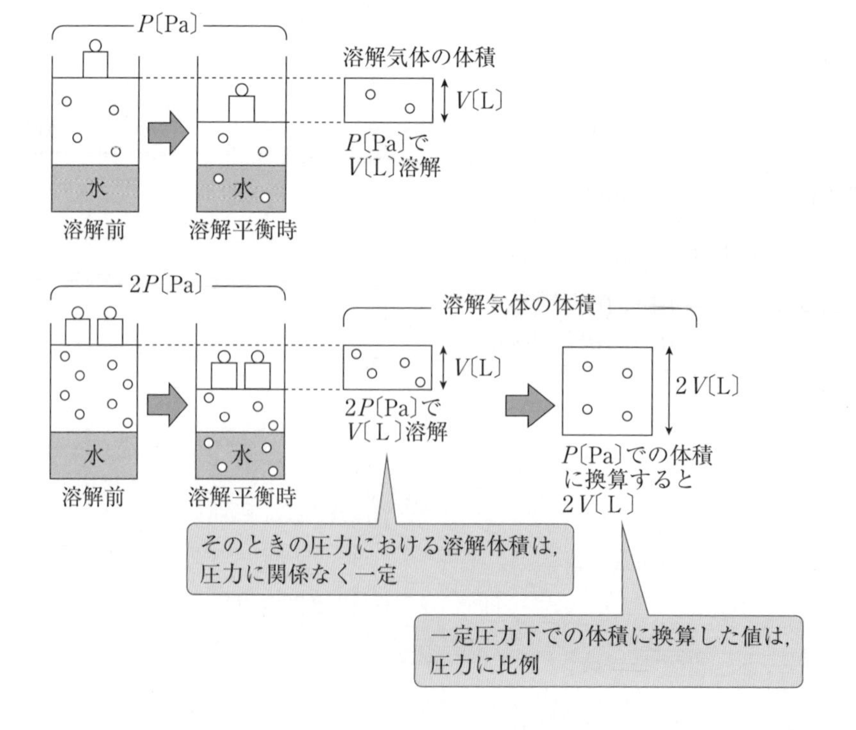

類題 15

次の文章(a)，(b)を読んで，**問１～問３**に答えよ。　京都大

数値は有効数字２桁で答えよ。ただし，問題文中のＬはリットルを表す。また，気体はすべて理想気体とみなし，標準状態における気体のモル体積は22.4L/mol，気体定数は8.3×10^{3} Pa・L/(K・mol)とする。原子量はH＝1.0，O＝16とする。

(a)　47℃における水の飽和蒸気圧は1.0×10^{4}Paである。47℃で5.0Lの容器内を飽和蒸気圧の水蒸気で満たすのに必要な水の質量は0.34gである。図１に示すように，それぞれの容積が5.0Lの容器Aと容器Bが，コック２を介して連結されている。容器Aと容器Bの内部をともに真空にしたのち，以下の操作１～操作５をこの順に行った。なお，操作１～操作４においては，容器Aと容器Bは47℃に保たれている。

操作１　コック２とコック３が閉じられた状態で，コック１を開いて容器Aに0.88gの水を入れて，コック１を閉じた。この状態で，十分に時間が経つと，容器A内の圧力は［ア］Paになった。

操作２　コック２を開き，十分に時間が経つと，容器A内の圧力は［イ］Paになった。

操作３　コック２を閉じてからコック３を開き，容器Bの内部を真空にして，コック３を閉じた。再びコック２を開いて，十分に時間が経つと，容器A内の圧力は［ウ］Paになった。

操作４　この状態で，操作３と同じ手順でコックを開閉し，十分に時間が経つと，容器A内の圧力は［エ］Paになった。

操作５　コック１を開き，容器Aに100gの水を入れて，コック１を閉じた。十分に時間が経ってから，容器Aと容器Bを断熱材で覆い，熱の出入りがないようにしたのち，コック３を開き，容器Aと容器Bの内部の気体を排気して，容器Aと容器Bの内部の圧力を下げると，水が沸騰した。

問１　［ア］～［エ］に適切な数値を記入せよ。なお，液体の水の体積および連結部の容積は無視できるものとする。

問２　文中の下線部において，排気を始めてから水が沸騰している間の，水の温度と時間の関係を表すグラフの概形として最も適切なものを次ページの図２のⓐ～ⓕから選べ。

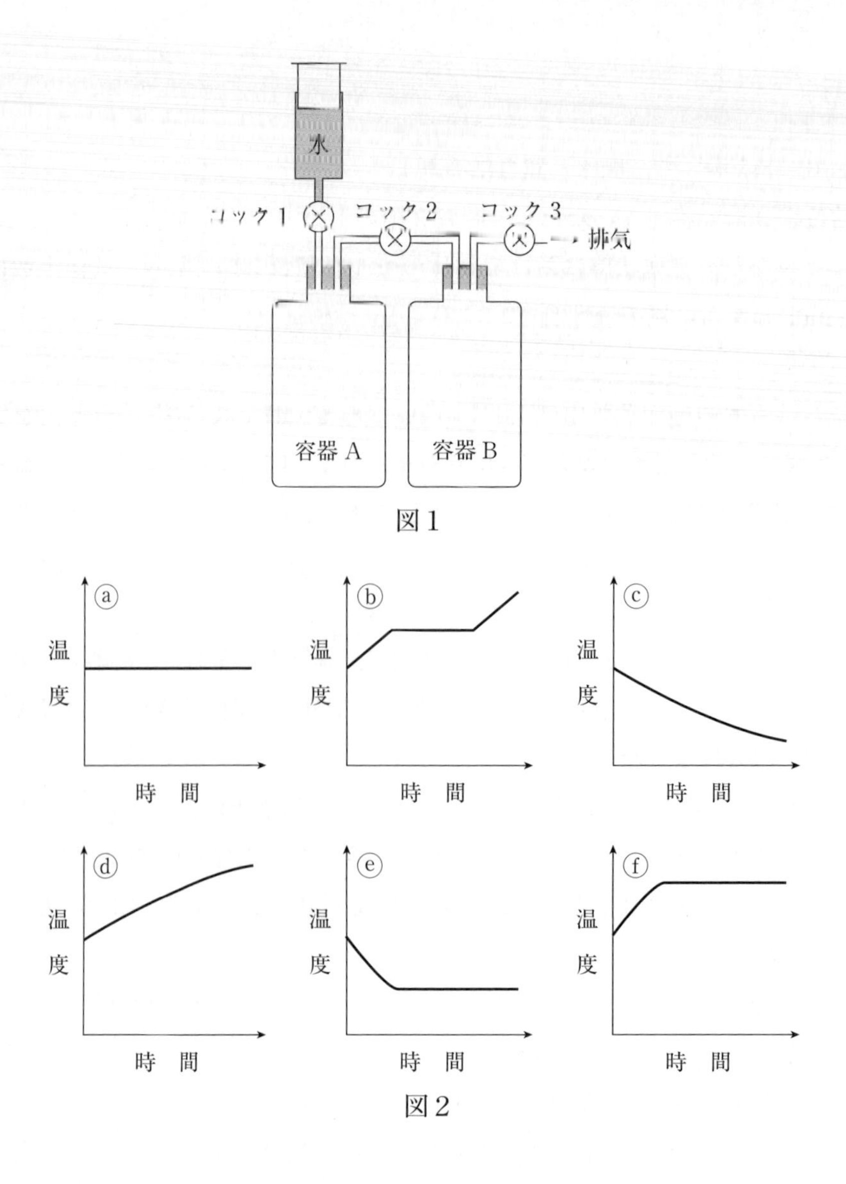

図1

図2

(b) 10℃で8.1×10^{-3}molの二酸化炭素を含む水500mLを容器Cに入れると，容器Cの上部に体積50mLの空間(以下，ヘッドスペースという)が残った(図3)。この部分をただちに10℃の窒素で大気圧(1.0×10^5Pa)にして，密封した。この容器Cを35℃に放置して平衡に達した状態を考える。

このとき，ヘッドスペース中の窒素の分圧は［ オ ］Paになる。なお，窒素は水に溶解せず，水の体積および容器Cの容積は10℃のときと同じとする。二酸化炭素の水への溶解にはヘンリーの法則が成立し，35℃における二酸化炭素の水への溶解度(圧力が1.0×10^5Paで水1Lに溶ける，標準状態に換算した気体の体積)は0.59Lである。ヘッドスペース中の二酸化炭素の分圧をp〔Pa〕として，ヘッドスペースと水中のそれぞれに存在する二酸化炭素の物質量n_1〔mol〕とn_2〔mol〕は，pを用いて表すと

$n_1=$［ カ ］$\times p$

$n_2=$［ キ ］$\times p$

である。これらのことから，ヘッドスペース中の二酸化炭素の分圧 p は［ ク ］Pa である。したがって，35℃における水の蒸気圧を無視すると，ヘッドスペース中の全圧は［ ケ ］Pa である。

問3 ［ オ ］〜［ ケ ］に適切な数値を記入せよ。

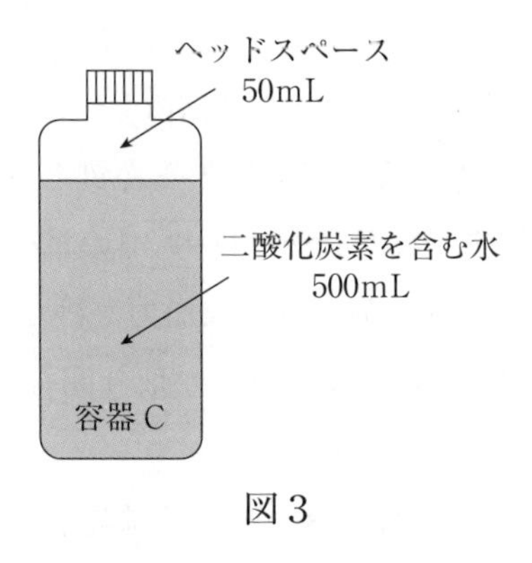

図3

2 −10 東北大

難易度 ★★★★☆ 解答目安時間 15分

不揮発性の塩の希薄水溶液に関する次の文章を読み，**問1**から**問3**に答えよ。ただし，解答に際して数値の有効数字は2桁とせよ。計算のために必要な場合には，以下の数値を使用せよ。原子量 H＝1.0 O＝16.0 Na＝23.0 Cl＝35.5 Ca＝40.0

塩化ナトリウム(NaCl)の結晶を水に溶解させる過程を考える。結晶を水に浸すと結晶中のイオン，Na^+とCl^-が結晶を離れ，水中を拡散し，やがて一様となる。塩化ナトリウムや水酸化カリウムのように水に溶けて電離する物質を［ア］という。水分子の中の酸素原子は［イ］の電荷を帯び，水素原子は［ウ］の電荷を帯びているので，［ア］の水溶液では，水分子とイオンの間に静電気的な引力がはたらく。例えば，負の電荷をもつイオンに対しては，水分子の中の［エ］原子が取り囲むことによって静電気的に安定化する。このような現象を［オ］という。

塩化ナトリウムを水に溶かすと，水溶液の蒸気圧は純水の蒸気圧よりも低くなる。a)これを蒸気圧降下という。また，純水は0℃で凝固して氷になるが，塩化ナトリウムの水溶液は0℃になっても凝固しない。このように溶液の凝固点は純粋な溶媒の凝固点よりも低くなる。b)これを凝固点降下という。

問1 ［ア］から［オ］に入る適切な語句を書け。

問2 下線部a)について，塩の水溶液の蒸気圧降下に関する次の文を読み，以下の問いに答えよ。ただし，塩は水溶液中で完全に電離するものとする。

塩が溶けている希薄水溶液の蒸気圧Pは，純水の蒸気圧をP_0，溶媒とイオンの物質量をそれぞれN，n〔mol〕とすると，

$$P=\frac{N}{N+n}P_0$$

の関係にあることが知られている。これをラウールの法則という。純水と水溶液の蒸気圧の差(蒸気圧降下)をΔPとすると，

$$\Delta P=P_0-P=\left(1-\frac{N}{N+n}\right)P_0=\frac{n}{N+n}P_0$$

と表せる。ここで，希薄水溶液では$n \ll N$なので，$N+n \fallingdotseq N$とすると，

$$\Delta P=\frac{n}{N}P_0$$

となる。

(1) 塩化ナトリウム0.585gを180gの純水に溶かした水溶液の蒸気圧降下を純水の蒸気圧P_0を用いて表せ。

(2) 18.0gの純水が入ったビーカーA，Bに，それぞれ塩化ナトリウムを0.0585g，0.0293g加え，水に溶解させた。これらを図1に示すように容器内に収めて密封した。しばらく放置すると，2つの水溶液の蒸気圧が等しくなり，2つのビーカーの水の量は変化しなくなった。このとき，ビーカーA，B内の水の質量〔g〕はいくらか，数値を書け。計算の過程も記せ。なお，各溶質は完全に電離し，容器内の液体の水はビーカーの中にのみ存在し，水蒸気として存在する水の物質量は液体の水の物質量と比べて無視できるものとする。

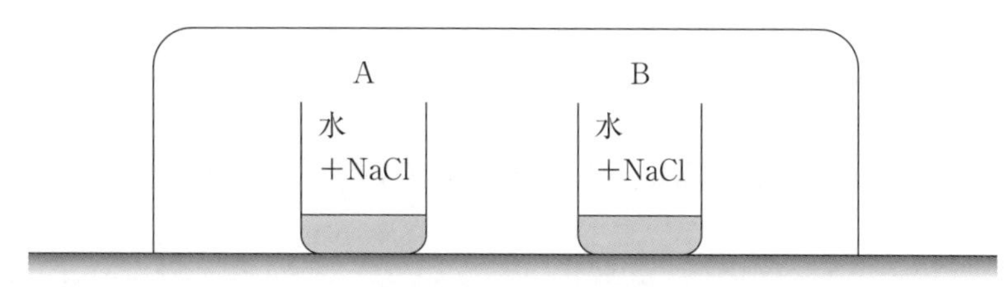

図1　密封容器

(3) (2)と同様に，18.0gの純水が入ったビーカーC，D，Eを用意し，ビーカーCおよびDに，それぞれ塩化ナトリウムを0.0585g，塩化カルシウムを0.111g加え，水に溶解させた。これらを図2に示すように容器内に収めて密封した。しばらく放置すると，それぞれのビーカーの水の量が変化しなくなった。このとき，ビーカーC，D，E内の水の質量〔g〕はいくらか，数値を書け。なお，容器内の液体の水はビーカーの中にのみ存在し，水蒸気として存在する水の物質量は液体の水の物質量と比べて無視できるものとする。

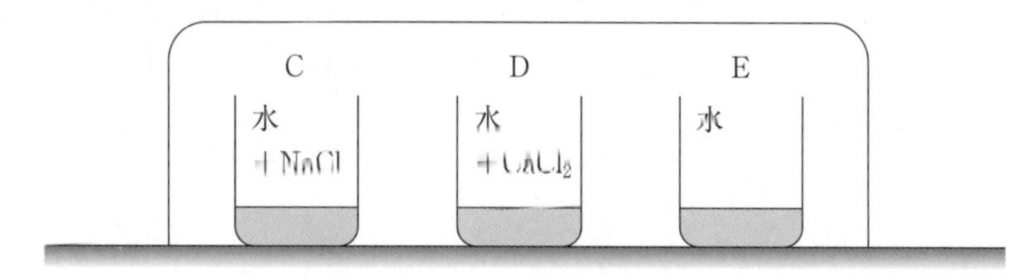

図2　密封容器

問3　下線部b)の塩化ナトリウム水溶液の凝固点降下に関する以下の問いに答えよ。

(1) 200gの純水に塩化ナトリウム0.585gを溶かした水溶液がある。図3は，その水溶液の冷却曲線である。水溶液の凝固点は図3のT_AからT_Dのうちどの温度か。ただし，塩化ナトリウムは水溶液中で完全に電離するものとする。

(2) 図3で凝固が始まる点は，αからδのうちどの点か。

(3) (1)の塩化ナトリウム水溶液が，液体から固体へ変化する過程では，水溶液中に固体と液体が共存する。この過程で固体の質量が100gになったとき，水溶液の質量モル濃度〔mol/kg〕はいくらか。その数値を書け。

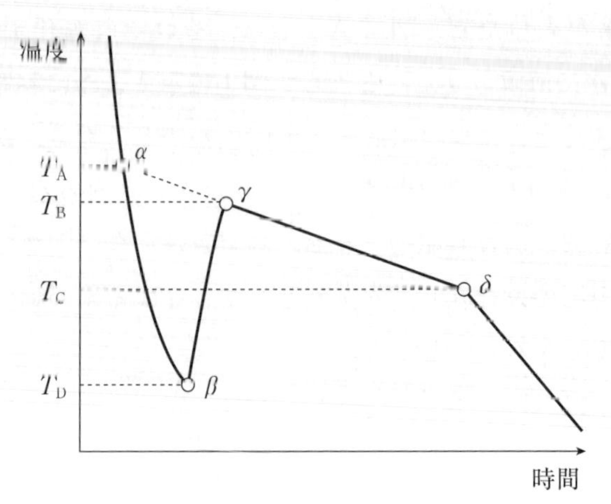

図３　塩化ナトリウム水溶液の冷却曲線

ここで合否が分かれる！

希薄溶液の蒸発や凝固を扱う１問。溶解，蒸気圧降下，凝固点降下という現象がどのようにして起こるのかが問われている。まず問１と問３の(1)(2)は基本的でひねりのない問題なので，すばやく完答したい。問３の(3)も，析出する固体が溶媒（水）のみであることがわかっていれば，その質量を未知数において立式できる標準的な内容である。一方，問２の蒸気圧降下という現象は，沸点上昇の仕組みをしっかり理解できていない人にとっては難しいだろう。同じタイプの問題を解いた経験がなければ，題意の読み取りに時間がかかり，記号の取り違えなど混乱を招いてしまいかねない。したがって合否の分かれ目は，この設問でどれだけ点数を稼げたかということになる。

類題は，蒸気圧降下と沸点上昇との関係についての問題である。希薄溶液の現象がなぜ起こるのかを理解するために練習しておこう。

解答

問１　ア：**電解質**　イ：**負**　ウ：**正**　エ：**水素**　オ：**水和**

問２　(1)　$\Delta P = 2.0 \times 10^{-3} P_0$

(2)　A内：**24g**　B内：**12g**（計算過程は「考え方と解法のポイント」参照）

(3)　C内：**22g**　D内：**32g**　E内：**0.0g**

問３　(1)　T_A　(2)　β　(3)　**0.10mol/kg**

考え方と解法のポイント

問2　揮発性液体Aに，不揮発性物質Bが溶けた溶液の飽和蒸気圧は，Aのモル分率に比例する。

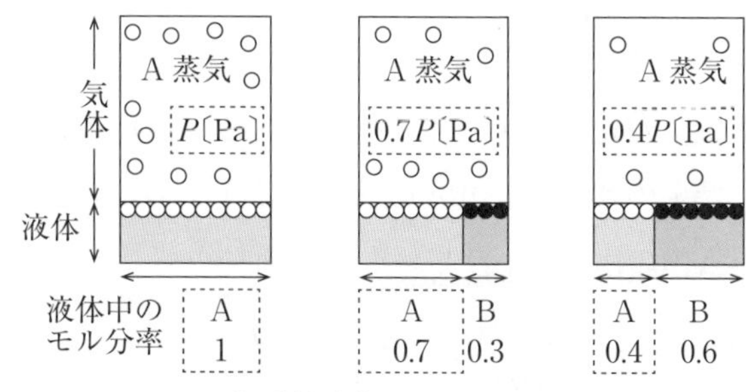

A：揮発性液体　　B：不揮発性物質

これは，Bが混じるにつれて，液面に占める液体Aの割合が低下し，Aの蒸発速度が低下するためである。AとBが混じり合って1つの液体となっている限り，蒸気Aの凝縮は液面全面で起こる。しかし，Aの蒸発は液体Aの表面でしか起こらない。したがって，液体中のAのモル分率が減ると，平衡がA凝縮の側に移動してしまう。これが蒸気圧降下という現象である。

溶液の飽和蒸気圧(P)＝純粋なAの飽和蒸気圧(P_0)×溶液中のAのモル分率$\left(\dfrac{N}{N+n}\right)$

N：A(溶媒)の物質量，n：B(溶質)の物質量

実は，この式が厳密に成り立つのは，Bのモル分率が小さな希薄溶液のときだけである。そのときは上式の $P \fallingdotseq P_0$ となってしまい，計算しがたい。

したがって，飽和蒸気圧の下がり幅 P_0-P を $\varDelta P$ とし，この $\varDelta P$ を式で表した方がよい。

$$\begin{aligned}\varDelta P &= P_0 - P \\ &= P_0 - P_0 \times \frac{N}{N+n} \\ &= P_0 \times \frac{n}{N+n}\end{aligned}$$

希薄溶液ならば $N \gg n$ だから，$N+n \fallingdotseq N$ と近似すると，

$$\varDelta P = P_0 \times \frac{n}{N}$$

$\varDelta P$：蒸気圧降下度，P_0：純粋なA(溶媒)の飽和蒸気圧
n：B(溶質)の物質量，N：A(溶媒)の物質量

これで問題文で与えられた式の意味が理解できただろう。この問題では，Aが水，Bがイオンである。

(1)　イオンの物質量 $n=\dfrac{0.585}{58.5}\times2=2.0\times10^{-2}$〔mol〕

溶媒の物質量 $N=\dfrac{180}{18}=10$〔mol〕なので，

$$\Delta P=\frac{n}{N}P_0=\frac{2.0\times10^{-2}}{10}P_0=2.0\times10^{-3}P_0$$

(2)　うすい溶液ほど蒸気圧が比較的大きく蒸発が起こる。濃い溶液ほど蒸気圧が小さく凝縮が起こる。最終的には水の移動によりどの溶液もイオンのモル濃度は同じになり，平衡状態となる。ビーカーA内の水を x〔g〕とおくと，

$$\frac{0.0585}{58.5}\times2\times\frac{1000}{x}=\frac{0.0293}{58.5}\times2\times\frac{1000}{18\times2-x}$$

Aイオン〔mol〕　〔1/kg〕　Bイオン〔mol〕　〔1/kg〕

よって，A内は，$x\fallingdotseq24$〔g〕，B内は，$18\times2-x\fallingdotseq12$〔g〕

【別解】

イオンの物質量がビーカーA：ビーカーB ≒ 2：1 なので，水の質量も 2：1 となり，24 g：12 g

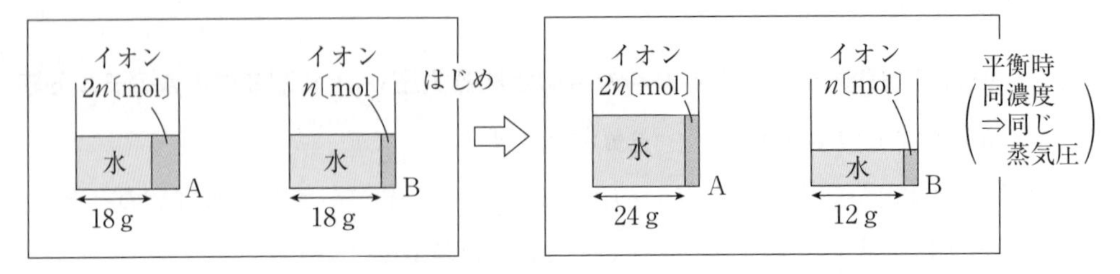

(3)　Eは溶質を入れていないので，最終的に水はなくなる。C中の水の質量を y〔g〕とおくと，

$$\underbrace{\frac{0.0585}{58.5}\times2\times\frac{1000}{y}}_{\text{ビーカーC内のイオン〔mol/kg〕}}=\underbrace{\frac{0.111}{111}\times3\times\frac{1000}{18\times3-y}}_{\text{ビーカーD内のイオン〔mol/kg〕}}$$

よって，C内は，$y=21.6$〔g〕

D内は，$18\times3-y=32.4$〔g〕

E内は，0〔g〕

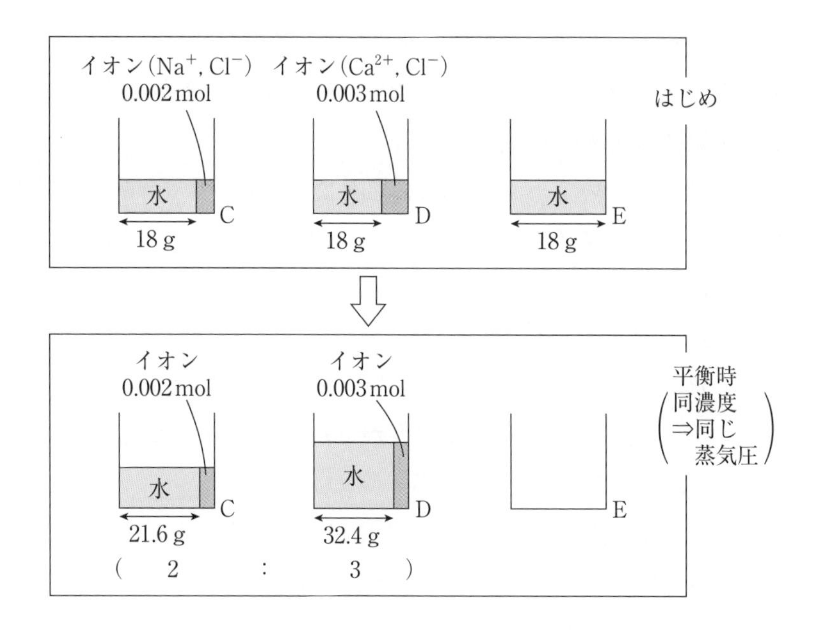

問3 問2で説明した通り，揮発性液体(溶媒)に，不揮発性物質を溶かすと，溶液の飽和蒸気圧は低下する。早く言えば，気体になりにくくなる。したがって沸点は上昇する(沸点上昇)。

同様に，溶媒に溶質を溶かすと，凝固点が低下する(凝固点降下)。希薄溶液が凝固するときは，溶媒のみが結晶を形成して析出する。結晶の中に異物は入れないので，溶質は凝固しない。すると，蒸気圧降下と同じ要領で，溶質を増やせば増やすほど凝固の速度が低下し，凝固しにくくなる(問2の図の気体部分を，氷などの溶媒の固体に置き換えるとわかる)。したがって凝固点が低下するのである。

沸点上昇度 Δt_b と，凝固点降下度 Δt_f は，それぞれ溶質粒子(電解質ならイオン)の質量モル濃度に比例する。

$$\Delta t_b = K_b \cdot m$$

$$\Delta t_f = K_f \cdot m$$

Δt_b：沸点上昇度〔K〕，Δt_f：凝固点降下度〔K〕

K_b：モル沸点上昇(定数)，K_f：モル凝固点降下(定数)

m：溶質粒子の質量モル濃度〔mol/kg〕

質量モル濃度は，問2で扱った $\dfrac{n}{N}$ に比例する。たとえば C mol/kg グルコース水溶液ならば，

$$\frac{n}{N} = \frac{C}{\dfrac{1000}{18}} \iff C = \frac{1000}{18} \times \frac{n}{N}$$

というような比例関係である。したがって，希薄溶液の蒸気圧降下 ΔP も，質量モル濃度

に比例する。「溶質粒子」とは，電解質の場合なら「イオン＋未電離の粒子」，会合性物質の場合なら「会合体＋未会合の分子」を指す。K_b，K_f は，溶媒の種類によって変わる定数で，溶質の種類には無関係で一定である。

(1)(2)　図３の冷却曲線について，本来溶液が凝固しはじめる点（＝溶液の凝固点）は α 点である。しかし，実際の実験では，温度がこの点を下回っても，しばらく固体が生じない状態が続く。これは非理想的な状態であり，過冷却状態といわれる。このため，凝固点よりも低温である β 点まで全部液体で存在する。

β 点からは急激に固体が析出し，融解熱（凝固熱）も急激に発生するのでいったん温度が上がる。本来の凝固点である γ 点まで温度が上がると，あとは熱を奪った分だけゆっくりと固体が析出し，δ 点で全部固体になる。

この間右下がりに凝固点が低下していく理由は，溶媒のみが凝固することにより，溶液が濃縮されていき，凝固点もより低下していくからである。

(3)　水 200 g のうち 100 g が凝固し，残り 100 g が液体の溶媒として残っている。塩化ナトリウム 0.585 g は，残った液体に全部溶けている。ここで，「イオンの濃度」と言わず，「水溶液の濃度」と言っているから，それは電離前の塩化ナトリウムの濃度を指す。

よって，$\underbrace{\dfrac{0.585}{58.5}}_{\text{NaCl〔mol〕}} \times \underbrace{\dfrac{1000}{200-100}}_{\text{水〔1/kg〕}} = 0.10$〔mol/kg〕

類題 16

希薄溶液の性質について次の文を読み，以下の**問1～5**に答えよ。（東邦大）

計算問題は答えに至る過程を簡潔に示すこと。水のモル沸点上昇 $K_b = 0.52\,K \cdot kg/mol$，原子量は Na＝23.0，Cl＝35.5 とする。また，電解質は水中で完全に電離するものとする。

水溶性の物質を水に溶かして得られた水溶液では，溶質が不揮発性の場合，水溶液の蒸気圧は純粋な水よりも低くなる。この現象を蒸気圧降下という。1887年，ラウールは，不揮発性物質を水に溶かした希薄溶液の蒸気圧が，溶媒(水)のモル分率に比例することを発見した。言い換えると，(A)蒸気圧降下度は溶質の種類に関係なく，溶質の質量モル濃度(m)に比例する。この水溶液と純粋な水の蒸気圧曲線は，100℃付近においてほぼ平行な直線と見なすことができる。またこの水溶液は 1.01×10^5 Pa のもとで純粋な水よりも高い沸点を示す。この現象を沸点上昇という。

問1 蒸気圧降下が起こる理由について「溶質分子」と「水表面」の語を用いて説明せよ。

問2 図1に質量モル濃度(m_1)の水溶液の蒸気圧曲線が描かれている。純粋な水の蒸気圧曲線を図中に実線(――)で描け。また，質量モル濃度を2倍($2m_1$)にした場合の蒸気圧曲線を破線(-----)で描け。

問3 沸点上昇が起こる理由について，質量モル濃度(m_1)の水溶液の蒸気圧曲線と水の蒸気圧曲線の関係を用いて説明せよ。

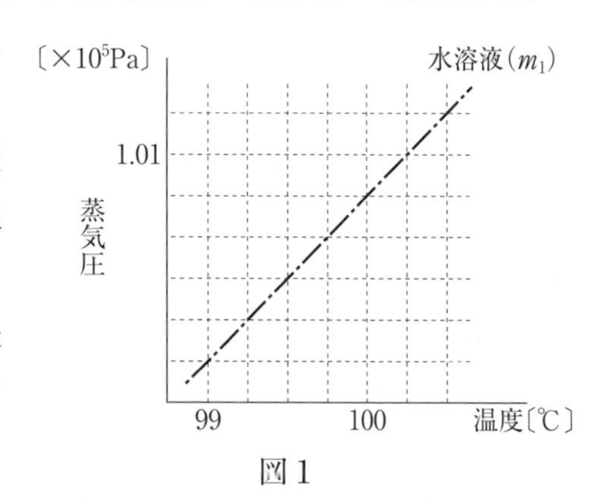

図1

問4 次の(1)および(2)に答えよ。

(1) ショ糖水溶液の沸点を測定したところ，1.01×10^5 Pa の下で100.26℃であった。このショ糖水溶液の質量モル濃度を有効数字2桁で求めよ。

(2) 11.7 g の NaCl を水 400 g に溶かした水溶液は 1.01×10^5 Pa の下で何℃で沸騰するか。小数第2位まで求めよ。

問5 下線部(A)で表される関係式における比例定数は 1.82×10^3 Pa・kg/mol である。次の(1)および(2)に答えよ。

(1) 蒸気圧降下度 Δp〔Pa〕は沸点上昇度 Δt〔K〕を用いてどのような式で表されるか。ただし，係数は有効数字2桁で答えよ。

(2) 100.10℃の沸点を示す水溶液の蒸気圧降下度〔Pa〕を有効数字2桁で求めよ。

類題 17

下の文章を読み，問いに答えよ。[解答欄 ノ ～ ホ]　（杏林大）

内径が等しく左右対称，管の断面積が $3.00\,cm^2$ のU字管の中央部を，水分子しか通さない半透膜で仕切った装置がある（図1）。これを用いて溶質の分子量や，電離度を求めることができる。

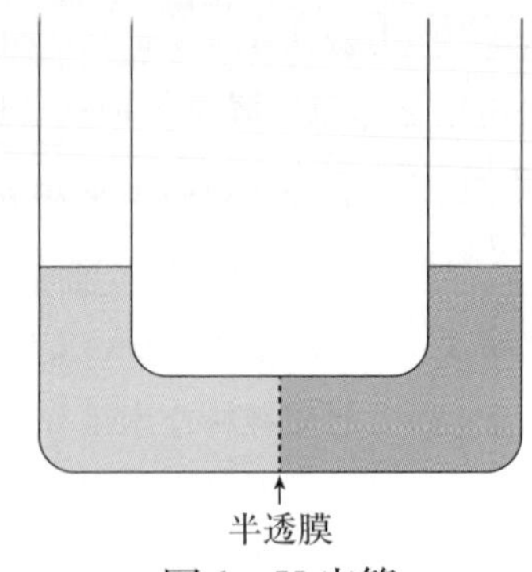

図1　U字管

大気圧は 1.00×10^5 Pa，下記に使用する各物質（無水 $CuSO_4$，グルコース，NaCl，$CaCl_2$，AB_2）の水溶液および純水の密度は $1.00\,g/cm^3$，水銀の密度は $13.6\,g/cm^3$，気体定数 R は $8.31\times10^3\,Pa\cdot L/(mol\cdot K)$，1気圧は 1.00×10^5 Pa とする。

なお，NaCl や水の蒸気圧，空気の水への溶解は無視するものとする。

問1　上記のU字管の一方に純水を 100 mL 入れ，もう一方に下記の水溶液 a ～ d のうち一つを純水と同じく 100 mL 入れ，27℃でしばらく放置した。

a　4.0×10^{-3} mol/L　$CuSO_4$（電離度　0.30）

b　2.0×10^{-3} mol/L　グルコース（電離度　0.0）

c　2.0×10^{-3} mol/L　NaCl（電離度　1.0）

d　2.0×10^{-3} mol/L　$CaCl_2$（電離度　1.0）

(1)　①純水　②水溶液 a　のうちどちらの液面が高くなるか。 ア

(2)　左右の液面の高さの差が大きい順に正しく並んでいるのは，次の選択肢①～⓪のうちどれか。 イ

① a＞b＞d＞c　② a＞c＞b＞d　③ a＞d＞c＞b

④ b＞a＞d＞c　⑤ b＞c＞d＞a　⑥ c＞d＞a＞b

⑦ c＞d＞b＞a　⑧ d＞a＞c＞b　⑨ d＞b＞a＞c

⓪ d＞c＞b＞a

問2　上記U字管の一方に生理食塩水（0.15 mol/L NaCl，電離度 1.0）を 100 mL 入れ，もう一方に物質 AB_2（分子量 100，電離度 α）2.0 g を純水に溶かして 100 mL としたものを入れた。27℃でしばらく放置したところ，水面の差は生じなかった。この AB_2 の電離度 α を，有効数字2桁で求めよ。ただし，AB_2 の一部は水溶液中で次式のように電離する。

$AB_2 \rightleftarrows A^{2+} + 2B^-$

$\alpha = 0.$ ウ エ

問3 図1のU字管の上部にコックを取り付けた。このU字管の一方にXgのNaCl(電離度1.0)を純水に溶かして150mLとしたものを入れ，もう一方に純水150mLを入れ(図2)，U字管上部の両側のコックを直ちに閉じた。この際の気相の体積は両側とも150mLであった。27℃でしばらく放置し，液面の移動が止まったとき，片側の液面が反対側の液面より20.0cm高くなっていた(図3)。

この結果から，この実験に用いたNaCl量を以下のようにして求めた。

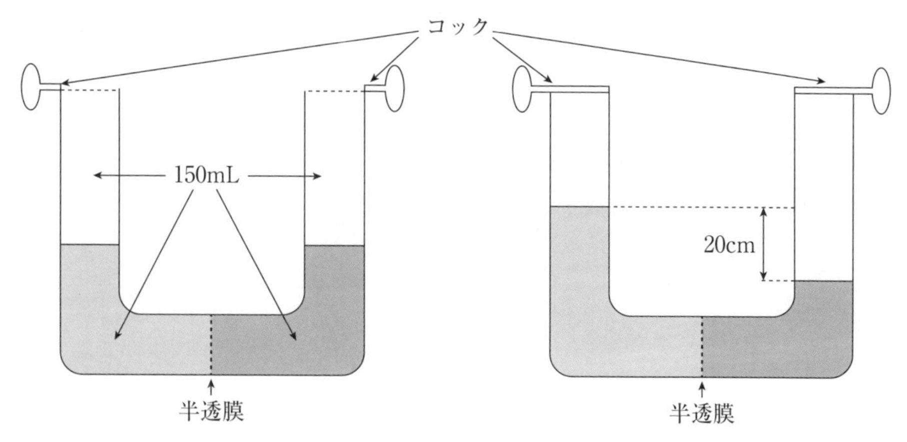

図2 純水と食塩水を入れた直後
このあとすぐにコックを閉めた

図3 放置後
水面の位置が一定になったとき

液面の移動が止まったとき，液面が下がった側の気相は，元々の体積150mLから増加していたので，圧力はAPaとなる。逆側は体積が減少したので，圧力はBPaとなる。

液面差の示す圧力を水銀柱の圧力から換算すると，水溶液もしくは水と水銀の密度の比は$\dfrac{1.00}{C}$，水銀柱76.0cmの圧力は1.00×10^5Paなので，液面差20.0cm分の圧力FPaは，

$$20.0 \times \frac{1.00}{C} \times \frac{D}{E} = F$$

したがって，浸透圧GPaは，

$$B + F - A = G$$

となる。一般的に浸透圧Πと体積Vの積は，溶質の全物質量nと絶対温度Tの積に比例し，気体定数をRとすると，

$$\Pi V = nRT$$

と表される。したがってNaClの電離度は1.00であるから，

$$G \times \frac{150 + 3 \times \frac{20}{2}}{1000} = 2 \times \frac{X}{58.5} \times 1.00 \times 8.31 \times 10^3 (273 + 27)$$

$X = 2.11 \times 10^{-6} \times \mathrm{G}$

となる。

(1) A，Bの値を有効数字３桁で求めよ。

A　[オ].[カ][キ] $\times 10^{[ク]}$

B　[ケ].[コ][サ] $\times 10^{[シ]}$

(2) C，D，Eに最も適した数値を次の①～⑥の中から一つずつ選べ。

C：[ス]　D：[セ]　E：[ソ]

① 8.31×10^3　② 13.6　③ 273＋27

④ 150　⑤ 76.0　⑥ 1.00×10^5

(3) Fに最も近い値を次の①～⑧の中から一つ選べ。[タ]

① 3.58×10^1　② 1.12×10^2　③ 1.60×10^2　④ 2.21×10^2

⑤ 2.41×10^2　⑥ 1.93×10^3　⑦ 1.47×10^4　⑧ 2.63×10^4

(4) G，Xの値をそれぞれ有効数字３桁で求めよ。

G　[チ].[ツ][テ] $\times 10^{[ト]}$

X　[ナ].[ニ][ヌ] $\times 10^{-[ネ]}$

2－11 日本医科大

難易度 ★★★★★　解答目安時間 30分

体積が一定の真空の容器に 0.100 mol のメタノールと 0.900 mol の水を入れて混合し，全体を 42.0℃で平衡になるまで放置した。容器の容積は溶液の体積より大きく，平衡時の容器内の全圧は 11.5 kPa であった。このとき，蒸気中のメタノールと水のモル比は，溶液中のメタノールと水のモル比と同じ値になるとは限らない。平衡時のメタノール蒸気の分圧を p_A，水蒸気の分圧を p_B とし，溶液内だけを考えた場合の，溶液中のメタノールと水のモル分率をそれぞれ x_A，x_B とすると，次の式が成立する。

$$p_A = K_A x_A \qquad (1)$$

$$p_B = K_B x_B \qquad (2)$$

ここで K_A と K_B は定数で，$K_A = 53.6\,\mathrm{kPa}$，$K_B = 7.33\,\mathrm{kPa}$ である。溶液の全物質量を n〔mol〕，蒸気の全物質量を n'〔mol〕，蒸気中だけを考えた場合のメタノール蒸気と水蒸気のモル分率をそれぞれ x'_A，x'_B，容器全体を考えた場合のメタノールと水のモル分率を X_A，X_B とし，容器内は平衡状態にあるとして問いに答えよ。なお，蒸気は理想気体であると仮定し，数値の答えは有効数字 2 桁で記せ。原子量は，H＝1.0，C＝12，O＝16，気体定数 $R = 8.3 \times 10^3\,\mathrm{Pa \cdot L/(K \cdot mol)}$ とする。

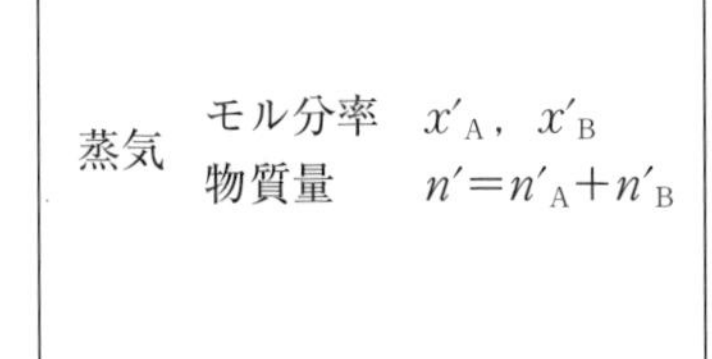

問1　(1)式はある法則を式で表したものである。この法則は，一定量の溶媒に溶解する気体の質量を w，気体の圧力を p，比例定数を k とすると $w = kp$ と書かれることもある。この法則の名称を答えよ。

問2　溶液中のメタノールの物質量を n_A〔mol〕として，n_A を x_A を用いて等式で示せ。

問3　容器内の全圧を P とすると $P = p_A + p_B$ であることを手がかりに，x_A の値を求めよ。

問4　x'_A の値を求めよ。

問5　メタノール蒸気の物質量〔mol〕を n'_A とすると，$X_A = \dfrac{n_A + n'_A}{n + n'}$ と表されることを手がかりに，容器内の全物質量に対する蒸気の物質量の比 $\dfrac{n'}{n + n'}$ の値を求めよ。

問6　溶液の体積は何 mL か。ただし，溶液の密度は 1.0 g/cm³ とせよ。

問7　蒸気の体積は何 L か。

ここで合否が分かれる！

揮発性物質どうしが混合した溶液の蒸気圧について扱う1問である。前問2－10では蒸発する成分が溶媒1種類のみだったが，この問題では溶媒，溶質ともに蒸発する。

問1は基本問題，問2も題意が読み取れればたやすい。問3は計算が煩雑だが，内容が難しいものではない。やっかいなのは，問4からである。問4・5は，数ある数値のうち何に着目するかを発想する必要があるため，難易度が高い。特に問5以降の設問は，気体のモル分率(＝圧力比)と液体のモル分率を区別しなければならず，混乱しやすいだろう。したがって，問4以降の設問でどれだけ得点できたかが勝敗を分けたと思われる。

本問のように，揮発性物質どうしが混じり合う場合は，各成分が蒸気圧降下を起こし合う。一方，混じり合わない揮発性物質どうしを混濁させた液体の場合は，蒸気圧降下が起こらず，蒸気の全圧は各成分の飽和蒸気圧の和になる。この内容については類題で演習しておこう。

解答

問1　ヘンリーの法則　　問2　$n_A = nx_A$

問3　0.090　　問4　0.42

問5　0.030　　問6　19 mL

問7　6.8 L

考え方と解法のポイント

問1　気相中の蒸気の分圧は，液相中のその物質の濃度(モル分率)に比例する。これはラウールの法則といって，蒸気圧降下のことである。しかし，これを逆に見れば，液相中の濃度(溶解質量)は，気相中のその物質の分圧に比例すると表現することもできる。これはヘンリーの法則のことである。したがって，ラウールの法則とヘンリーの法則は，本質的には同じである。

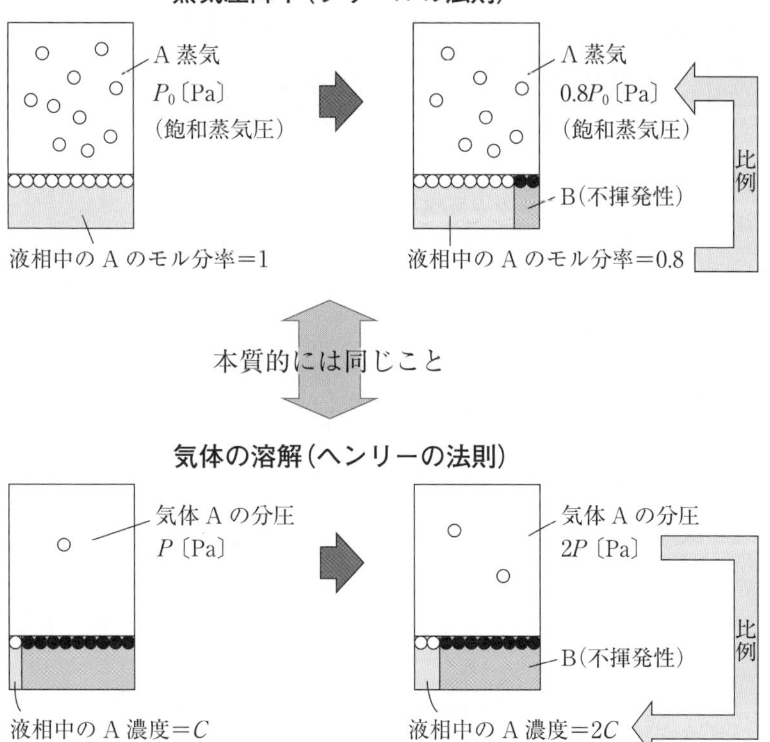

題意より，ここではヘンリーの法則のことを表している。

問2　ここでは，成分AとBの両方が揮発性である混合溶液を扱っている。この場合，A，Bともに蒸気圧降下を起こすことにより，蒸気圧は「平均化」される。

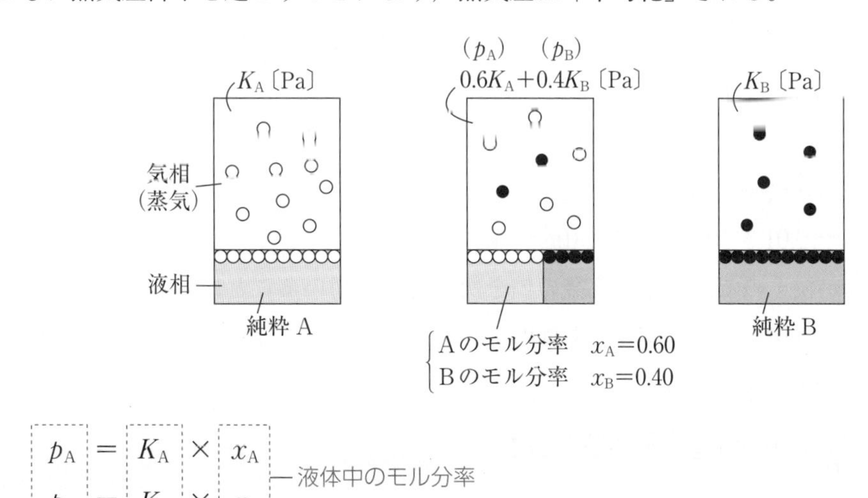

$$p_A = K_A \times x_A$$
$$p_B = K_B \times x_B$$

p_A，p_B：蒸気の分圧　K_A，K_B：純粋液体のときの飽和蒸気圧　x_A，x_B：液体中のモル分率

$$P = p_A + p_B$$

P：溶液の飽和蒸気圧（全圧）

蒸気(気体)の分圧を出すときに，液体のモル分率を使うところで混乱しないようにしたい。

問題を解く際は，記号が多くわかりにくいので整理しよう。

	全物質量	モル分率		物質量
気相	n'	メタノール	x'_A	n'_A
		水	x'_B	n'_B
液相	n	メタノール	x_A	n_A
		水	x_B	n_B

⇩ 合計すると

気相＋液相	$n+n'$	メタノール	X_A	$n_A+n'_A$
		水	X_B	$n_B+n'_B$

n_A を，x_A を用いて示すのなら，液相に着目して，

n	×	x_A	＝	n_A
液相 全 mol		液メタノール モル分率		液相 メタノール mol

よって，$n_A = nx_A$

問3　気相について，さらに圧力を整理すると，

	全圧	分圧	
気相	P	メタノール	$p_A = K_A x_A$
		水	$p_B = K_B x_B$

$$P = p_A + p_B = K_A x_A + K_B x_B$$

水とメタノールしか含んでいないから，$x_A + x_B = 1$ なので，

$$P = K_A x_A + K_B(1 - x_A)$$

ここに与えられた P，K_A，K_B 値を代入して，

$$11.5 = 53.6x_A + 7.33(1 - x_A)$$

よって，$x_A = 9.01 \times 10^{-2} \fallingdotseq 9.0 \times 10^{-2}$

煩雑な計算が続くので，四捨五入後の値を次の計算に用いることにする。

問4　気相のメタノールモル分率 x'_A を算出したいが，n' や n'_A はわからない。そこで，分圧比＝モル比を使って算出する。

$$x'_A = \frac{P_A}{P} = \frac{K_A x_A}{P} = \frac{53.6 \times 9.0 \times 10^{-2}}{11.5}$$

$$= 0.419 \fallingdotseq 0.42$$

問5　問3・4で，x_A と x'_A が算出されている。

$n \times x_A = n_A$ より，$n_A = 0.090n$，

$n' \times x'_A = n'_A$ より，$n'_A = 0.42n'$

メタノールと水の全量は 0.10，0.90 mol なので，

$X_A = \dfrac{n_A + n'_A}{n + n'}$ より，

$$\frac{0.10}{0.10 + 0.90} = \frac{0.090\,n + 0.42\,n'}{n + n'}$$

$$n = 32\,n'$$

よって，$\dfrac{n'}{n + n'} = \dfrac{n'}{32\,n' + n'} = 0.0303 \fallingdotseq 0.030$

問6　液相の n_A，n_B を算出できれば，質量経由で体積がわかる。問5の結果より，

$$\frac{n'}{n + n'} = \frac{n'}{0.10 + 0.90} = 0.0303$$

$n' = 0.030$〔mol〕

$n = 0.10 + 0.90 - 0.030 = 0.97$〔mol〕

$n_A = 0.090\,n = 0.090 \times 0.97$

$= 0.0873$〔mol〕

$n_B = n - n_A = 0.97 - 0.0873$

$= 0.882$〔mol〕

溶液の体積は，

$$(\underbrace{0.0873 \times 32\,[\mathrm{g}]}_{\text{メタノール}} + \underbrace{0.882 \times 18\,[\mathrm{g}]}_{\text{水}}) \times \frac{1}{1.0}\left[\frac{1}{\mathrm{g/cm^3}}\right] = 18.6\,[\mathrm{cm^3}]$$

よって，19 mL

問7　気体の全 mol は $n' = 0.030$〔mol〕だから，

$$11.5 \times 10^3 \times V = 0.030 \times 8.3 \times 10^3 \times 315$$

$$V \fallingdotseq 6.8\,[\mathrm{L}]$$

よって，6.8 L

類題 18

次の文章を読み，設問に答えよ。原子量は，H＝1.0，C＝12，N＝14，O＝16 とする。（奈良県立医科大）

濃硝酸と濃硫酸の混合物に少しずつベンゼンを加え，約 60℃で加熱すると化合物Aが得られる。(ア)化合物Aを分離してフラスコに入れ，スズと塩酸を加えて還元すると，化合物B（沸点 184℃）の塩酸塩が得られる。化合物Bを含む反応液に濃水酸化ナトリウム水溶液を加えてアルカリ性にした後，水蒸気蒸留(注)により化合物Bを水蒸気とともに留出させた。

（注）水蒸気蒸留：水に不溶で沸点の高い化合物を低い温度で留出させたいときに用いる蒸留方法であり，熱に不安定な天然有機化合物の精製などに広く用いられている。

水蒸気蒸留の原理は以下の通りである。

水と水に不溶な有機化合物とを混合した溶液の全蒸気圧 P は，有機化合物の蒸気圧 P_O と水の蒸気圧 P_w との和で表される。

$$P = P_O + P_w \qquad (1)$$

P が大気圧以上になればこの混合溶液は沸騰するため，100℃以下の温度でも有機化合物を蒸留することができる。

留出液中の有機化合物の物質量を n_O モル，水の物質量を n_w モルとすると，留出液中の有機化合物と水の物質量比は(2)式で表すことができる。

$$\frac{n_O}{n_w} = \boxed{} \qquad (2)$$

また，留出液中の有機化合物の質量を W_O，水の質量を W_w，有機化合物の分子量を M_O，水の分子量を M_w とすると，留出液中の有機化合物と水の質量比は(3)式で表すことができる。

$$\frac{W_O}{W_w} = \boxed{} \qquad (3)$$

問1　化合物Aの化合物名を書け。

問2　下線(ア)の反応の反応式を書け。

問3　(2)式の右辺を P と P_w とを用いて表せ。

問4　(3)式の右辺を P_O，P_w，M_O，M_w を用いて表せ。

問5　化合物Bを水蒸気蒸留すると 98℃で留出した。化合物Bの 98℃における蒸気圧は 7.0×10^3 Pa である。大気圧を 1.0×10^5 Pa とすると，3.0 g の化合物Bを水蒸気蒸留したときに，化合物Bと同時に留出する水の量は何 g か。計算過程を示し，有効数字 2 桁で答えよ。

問6　化合物Bはトルエン（沸点 110℃）と分子量がほぼ同じであるが，沸点が高い。その理由を簡潔に説明せよ。

第3章 物質の変化

3-1 東京医科歯科大

難易度 ★★★☆☆ 解答目安時間 15分

燃料電池の発電の原理はダニエル電池と本質的には変わらないが，反応物質(燃料)が外部から供給されて，反応生成物が外部に排出されるという点で異なる。負極に水素，正極に酸素を用いた燃料電池の模式図を図1に示す。

負極では $H_2 \longrightarrow 2H^+ + 2e^-$ (Pt 板上)

正極では $\frac{1}{2}O_2 + 2H^+ + 2e^- \longrightarrow H_2O$ (Pt 板上)

の電極反応が起こり，水が生成される。

負極側の燃料として水素の代わりにメタノール，エタノールを用いるものも開発されている。例えば，メタノールの場合，負極にメタノール水溶液を供給し，Pt−Ru 触媒上で直接メタノールを酸化して H^+ を発生させ，正極には酸素を供給する。さらに，無機触媒の代わりに生体触媒(酵素)を用いた燃料電池も開発途上にあり，生物電池(バイオ電池)と呼ばれる。生物電池の負極の燃料としてグルコースが用いられることが多い。

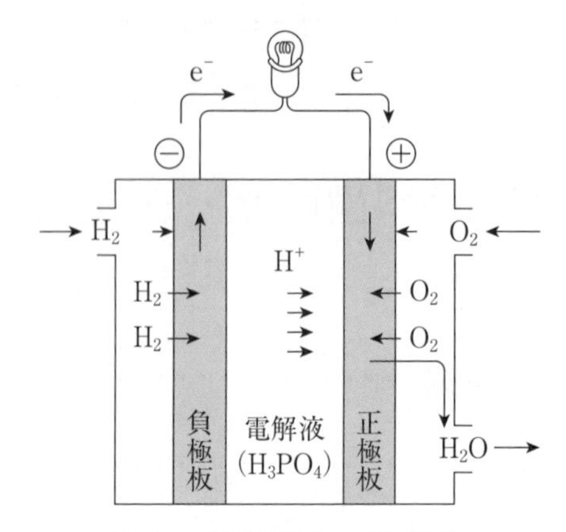

図1 燃料電池の模式図

以下の問いに答えよ。ただし，必要があれば以下の数値を用いよ。数値を計算して答える場合は，結果のみでなく途中の計算式も書き，計算式には必ず簡単な説明文または式と式をつなぐ文をつけよ。原子量：H＝1.0，C＝12，O＝16，標準状態における気体のモル体積：22.4L/mol，ファラデー定数 9.65×10^4C/mol

問1 ダニエル電池の電池式は(−)Zn|$ZnSO_4$ aq|$CuSO_4$ aq|Cu(＋)と表される。これにならって，図1の燃料電池の電池式を書け。

問2 図1の正極で1.00kgの水を得たとすると，負極で消費された水素は 1.013×10^5Pa，27℃で何Lになるか。有効数字3桁で答えよ。

問3　燃料としてメタノール水溶液を用いた場合，負極側の反応は

$CH_3OH + H_2O \longrightarrow CO_2 + 6H^+ + 6e^-$ である。

メタノールの代わりにエタノールおよびグルコースを用いた場合の負極の電極反応を書け。ただし，炭素は完全に酸化されるものとする。

問4　$\underset{ア}{C}H_3OH$，$\underset{イ}{C}O_2$，$\underset{ウ}{C}H_3\underset{エ}{C}H_2OH$ の炭素原子アからエの酸化数をそれぞれ求めよ。

問5　ダニエル電池の電池反応は $Zn + CuSO_4 \longrightarrow ZnSO_4 + Cu$ で表される。負極側の燃料にグルコース，正極側に酸素を用いた燃料電池の電池反応を示せ。

問6　負極にメタノール，エタノール，グルコースをそれぞれ用いた燃料電池から 9.65×10^4 C の電気量をとり出した。電池反応から100％の効率で電気がとり出せたものと仮定して，消費量(g)が最も少なくてすむのはどの燃料か。また，その選んだ燃料の消費量(g)を有効数字2桁で求めよ。

問7　生体内でグルコースは呼吸により二酸化炭素と水に酸化されるが，アルコール発酵ではエタノールと二酸化炭素になる。

アルコール発酵で1molのグルコースからエタノールと二酸化炭素ができるときの反応式を書け。また，この反応式の反応熱を求めよ。ただし，グルコース，エタノールの燃焼熱は25℃，1.013×10^5 Pa でそれぞれ2816kJ/mol，1368kJ/mol である。

ここで合否が分かれる！

燃料電池を題材に，酸化還元，電気量，エネルギーについて総合的に問われている1問である。問1の電池式から受験生の虚を突くような問題で，戸惑った人も多かっただろう。問3・5の反応式についても，例を見れば半反応式から全反応式を組み上げる過程を聞いていることがわかるが，即座に対応できるかといえばなかなか難しい。同様に，問6・7も内容自体は容易だが，一般的な問題演習では扱わない聞き方や題材を用いているため，すぐに手をつけられなかったかもしれない。

以上のように，全体を通してやや癖のある問い方で出題してきているが，ポイントは「燃焼反応の発熱を電気エネルギーの形で取り出す」ということ。このテーマをいかにすばやく見抜けたかが合否を左右しただろう。小手先の知識や解法では立ち向かえない1問である。

類題には，リチウムイオンバッテリーを扱う問題を取り上げた。発電の仕組みをしっかり理解して，入試本番ではスピーディーに対応できるよう準備しておこう。

解答

問1　$(-)\,\mathrm{Pt \cdot H_2}\,|\,\mathrm{H_3PO_4\,aq}\,|\,\mathrm{O_2 \cdot Pt}\,(+)$

問2　水と同モルの水素が消費されるので，

$$\frac{1.00\times10^3}{18}\times22.4\times\frac{300}{273}=1.367\times10^3$$

よって，**1.37×10^3L**

問3　エタノール：$C_2H_5OH + 3H_2O \longrightarrow 2CO_2 + 12H^+ + 12e^-$

グルコース：$C_6H_{12}O_6 + 6H_2O \longrightarrow 6CO_2 + 24H^+ + 24e^-$

問4　ア：**−2**　イ：**+4**　ウ：**−3**　エ：**−1**

問5　$C_6H_{12}O_6 + 6O_2 \longrightarrow 6CO_2 + 6H_2O$

問6　**エタノール**

流れた電子の $\frac{1}{12}$ 倍モルのエタノールが消費されるので，

$$\frac{9.65\times10^4}{9.65\times10^4}\times\frac{1}{12}\times46=3.83$$

よって，**3.8g**

問7　反応式：$C_6H_{12}O_6 \longrightarrow 2C_2H_5OH + 2CO_2$

反応熱：CO_2，H_2O(液)のエネルギーを 0 とおくと，

$C_6H_{12}O_6 = 2C_2H_5OH + 2CO_2 + Q\,\mathrm{kJ}$ より，

$$2816 = 2\times1368 + 0 + Q$$

$$Q = 80$$

よって，**80kJ**

考え方と解法のポイント

問1　電池式を書く要領は以下の通り。

(極)電極物質・電極活物質 | 電解液 | 電極活物質・電極物質(極)

燃料電池の場合，電極として使う導電性物質は Pt であり，H_2 や O_2 の反応を触媒する役割も兼ねているが，消費されるわけではない。放電によって消費されるのは H_2 と O_2 なので，これを「・」で区切って Pt の横に書く。「|」は極板と電解液の区切りを表す線である。

電極で反応する物質(活物質)が電解液に溶けているときは，たとえば「$CuSO_4$ aq | Cu(+)」のように，活物質を電解液側に書く。

ダニエル電池のように，隔膜やイオン交換膜(これを「液絡」という)で電解液を仕切っ

た場合は，この仕切りも「｜」で表す。

参考までに他の主な電池の電池式を記す。

・鉛蓄電池　$(-)Pb|H_2SO_4\,aq|PbO_2(+)$

・アルカリマンガン電池　$(-)Zn|KOH\,aq|MnO_2 \cdot C(+)$

問2

$$
\begin{array}{rl}
 & H_2 \longrightarrow 2H^+ + 2e^- \\
+) & \frac{1}{2}O_2 + 2H^+ + 2e^- \longrightarrow H_2O \\
\hline
 & H_2 + \frac{1}{2}O_2 \longrightarrow H_2O
\end{array}
$$

27℃，1.013×10^5Pa での気体のモル体積はシャルルの法則より，

$$22.4\times\frac{300}{273}\text{〔L/mol〕}$$

なので，消費される H_2 の体積を x〔L〕とおくと，上式の係数比より，

$$H_2 : H_2O = \underbrace{\frac{x}{22.4\times\frac{300}{273}} : \frac{1.00\times10^3}{18}}_{\text{mol比}} = \underset{\text{係数比}}{1:1}$$

よって，$x = 1.367\times10^3$〔L〕

実際にここまで解答欄に書くわけにはいかないので，解答に記したように答えればよい。

問3　酸化還元半反応式の作成ができるかどうかを問うている。以下の手順で作成する。

手順1　反応前後の化学式(1つずつ)を書く

手順2　①　右左辺のO原子数をH_2Oで合わせる

②　右左辺のH原子数をH^+で合わせる

③　右左辺の電荷をe^-で合わせる

C_2H_5OH について，

手順1　$C_2H_5OH \longrightarrow 2CO_2$

手順2　$C_2H_5OH + \underset{①}{3H_2O} \longrightarrow 2CO_2 + \underset{②}{12H^+} + \underset{③}{12e^-}$

$C_6H_{12}O_6$ について，

手順1　$C_6H_{12}O_6 \longrightarrow 6CO_2$

手順2　$C_6H_{12}O_6 + \underset{①}{6H_2O} \longrightarrow 6CO_2 + \underset{②}{24H^+} + \underset{③}{24e^-}$

手順1 の内容が与えられれば，覚えていなくても作成できる。

問4　酸化数を厳密に算出するのなら，次ページのように電子式を書き，共有電子対を，より電気陰性度の大きな原子の側に完全に渡したと仮定して，電荷を求める。

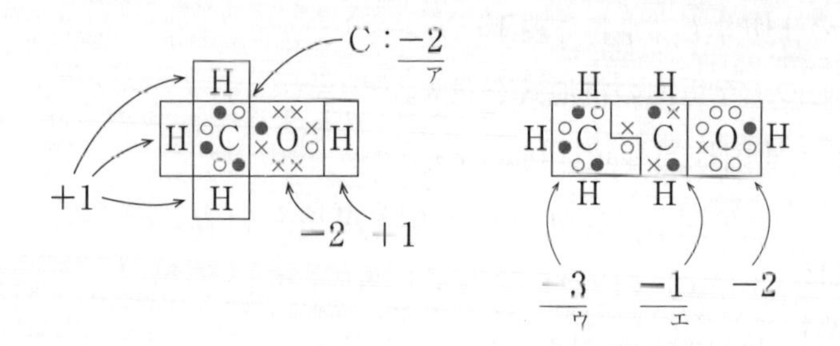

問5　酸化還元の全体の式をつくりたいのなら，前ページの **手順2** に続けて，

手順3　2つの半反応式を，e^-が消えるように足す

を行えばよい。

$$C_6H_{12}O_6 + 6H_2O \longrightarrow 6CO_2 + 24H^+ + 24e^-$$

$$+)\ (O_2 + 4H^+ + 4e^- \longrightarrow 2H_2O) \times 6$$

$$C_6H_{12}O_6 + 6O_2 \longrightarrow 6CO_2 + 6H_2O$$

結局，燃料電池の全体の反応式は，燃料が完全燃焼する式になる。

問6　上記の半反応式より，CH_3OHは6倍モル，C_2H_5OHは12倍モル，$C_6H_{12}O_6$は24倍モルの電子を放出するから，電子1mol流すあたりの質量は，

$CH_3OH : \dfrac{32}{6} = 5.33$〔g〕

$C_2H_5OH : \dfrac{46}{12} = 3.83$〔g〕

$C_6H_{12}O_6 : \dfrac{180}{24} = 7.50$〔g〕

C_2H_5OHが最も少なくてすむ。9.65×10^4Cは，ちょうどe^- 1molの流れなので，C_2H_5OH消費量は3.8g。

問7　燃焼熱が与えられているので，燃焼生成物を経由する別経路がつくれる。まず求める反応熱を熱化学方程式で表すと，

$$C_6H_{12}O_6 = 2C_2H_5OH + 2CO_2 + Q\,\mathrm{kJ}$$

エネルギー図に直すと，

$C_6H_{12}O_6$
↓ QkJ
$2C_2H_5OH + 2CO_2$

右辺，左辺をそれぞれ燃焼させるエネルギー図は，

$C_6H_{12}O_6 + 6O_2$
↓ 2816kJ
$6CO_2 + 6H_2O$(液)

$2C_2H_5OH(+2CO_2) + 6O_2$
↓ 2×1368kJ
$4CO_2 + 6H_2O(+2CO_2)$

これらを合成して全体のエネルギー図をつくると，

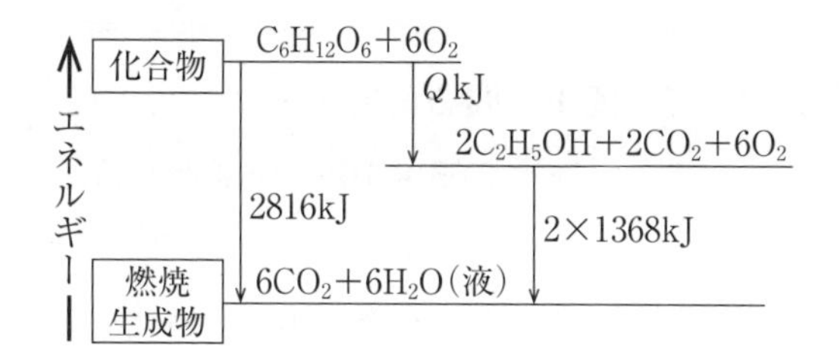

$$2816 = Q + 2 \times 1368$$

よって，$Q = 80$

【別解】

エネルギー値代入法で解いてみる。上図より，燃焼生成物(CO_2，H_2O(液))とO_2の(潜在)エネルギーを相対値で0とおくと，$C_6H_{12}O_6$は2816kJ，C_2H_5OH 2molは2×1368kJのエネルギーを持つとわかるから，これを熱化学方程式に代入すると，

$$C_6H_{12}O_6 = 2C_2H_5OH + 2CO_2 + Q\,\text{kJ}$$
$$2816 = 2 \times 1368 + 0 + Q$$

よって，$Q = 80$

燃焼熱を使う場合は，符号は逆にしなくてよい。

3 物質の変化

類題 19

リチウムイオン電池に関する次の文章を読んで，**問1～問3**に答えよ。 （名古屋大）

原子量は，Li＝6.9，O＝16，Co＝59，ファラデー定数は 9.65×10^4 C/mol とする。

リチウムイオン電池は，携帯電話やデジタルカメラなどに使われる二次電池で，正極材料には $LiCoO_2$，負極材料に黒鉛，電解質としてリチウム塩を含む溶液が用いられている。$LiCoO_2$ の結晶では，塩化ナトリウム型結晶構造の塩化物イオン Cl^- の位置に酸化物イオン O^{2-} が配置し，ナトリウムイオン Na^+ の位置に，リチウムイオン Li^+ あるいはコバルト(Ⅲ)イオン Co^{3+} が配置する。塩化ナトリウム結晶では，イオン間に働く［ア］力により Na^+ と Cl^- が引き合っている。単位格子中の一つの Na^+ に着目すると，最も近い距離にある Cl^- は［イ］個あり，また，着目した Na^+ に最も近い距離にある Na^+ は［ウ］個ある。

リチウムイオン電池の充電時には，正極材料 $LiCoO_2$ で以下の反応が起こる。

$$LiCoO_2 \longrightarrow Li_{1-x}CoO_2 + xLi^+ + xe^- \quad (\text{ただし } 0 < x < 1)$$

$LiCoO_2$ から Li^+ が引き抜かれるとともに，同量の Co^{3+} がコバルト(Ⅳ)イオン Co^{4+} に酸化される。このとき結晶格子が縮む一方，逆に放電時には伸びるため，この伸縮がリチウムイオン電池の劣化原因の一つとなる。

負極材料である黒鉛は，炭素原子が強い結合でつながった網目状の平面構造をつくり，この平面どうしが［エ］力で弱く結合した層状の構造をもつ。充電時には，［エ］力で弱く結合した層間に Li^+ が侵入し，以下の反応が起こる。

$$C + xLi^+ + xe^- \longrightarrow Li_xC$$

ただし，ここでCは黒鉛を表している。充放電にともない Li^+ が両極間を移動するため，リチウムイオン電池はシャトルコック型電池ともよばれる。

問1 文中の空欄［ア］～［エ］にあてはまる最も適切な語句または数値を記せ。

問2 $LiCoO_2$ 結晶において，Co^{3+} あるいは Li^+ の中心と，これに最も近い O^{2-} の中心との距離はどちらも d nm であるとして，$LiCoO_2$ の密度[g/cm³]を与える式を記せ。ただし，この結晶では Co^{3+} と Li^+ が均一に配置すると仮定せよ。また，アボガドロ定数を N_A とせよ。

問3 リチウムイオン電池を充電後に使用したところ，使用中に流れた電気量は 1.93×10^5 C であった。このとき負極の質量は何g変化したか。増加した場合は＋，減少した場合は－の符号を付け，有効数字2桁で答えよ。

3 －2 京都大

難易度 ★★☆☆☆ 解答目安時間 15分

次の文章を読んで，**問1～問8**に答えよ。解答はそれぞれ所定の解答欄に記入せよ。ただし，原子量は Ag＝108 とする。気体はすべて理想気体とみなす。

電気分解は金属の電解精錬などに用いられる重要な反応である。いくつかのタイプの電気分解を調べるため，3つの電解槽A～Cを用意した。電解槽Aには適量の塩化カリウム水溶液を入れ，電極として2枚の白金板を用いた。電解槽Bには硫酸酸性にした硫酸亜鉛水溶液を入れ，電極として黒鉛棒と銅板を用いた。また，電解槽Cには硝酸銀水溶液を入れ，電極として2枚の銀板を用いた。電解槽Aと電解槽Bは，気体を捕集しやすいU字型のものとした。これらの電解槽A～Cおよび直流電源を図1のように配線し，次の実験を行った。なお，文中の「左側」と「右側」の表記は図1での左右の位置を示す。

適当な電圧を直流電源に設定し，一定温度のもとで15分間の電気分解を行った。この電気分解中，電解槽Aの2枚の白金板ならびに①電解槽Bの黒鉛棒からは気体が発生した。このとき，電解槽Aの白金板(右側)で発生した気体の体積は，電解槽Bの黒鉛棒で発生した気体の体積の［ ア ］倍であった。

電解槽Aの白金板(左側)で発生した気体はうすい［ イ ］色を呈した。②この気体に，純水で湿らせたヨウ化カリウムデンプン試験紙を近づけたところ，試験紙が青紫色に呈色した。また，電気分解前後に，電解槽Aの白金板(右側)近くの溶液をスポイトで少量ずつ採取し，その液性を調べたところ，電気分解前に中性であった液性は，電気分解後には{ウ：1. 酸性に変化していた，2. 中性のままであった，3. 塩基性に変化していた}。

電解槽Bの銅板には亜鉛が析出した。③電気分解を終えると同時に電解槽Bから電極を取り出してただちに水洗，乾燥し，電気分解前後の電極の質量変化から析出した亜鉛の質量を求めた。その結果，④電気分解中に流れた電流がすべて亜鉛の析出に使われると仮定して求められる質量の約90%しか亜鉛が析出していないことがわかった。

電解槽Cの2枚の電極の一方では銀の析出，他方では電極の銀の溶解のみがそれぞれ起こった。銀の溶解が起こった電極について，電気分解前後の電極の質量差を測定したところ，その溶解量は0.540gであった。この値から，15分間の電気分解中に流れた電子の物質量 n は［ エ ］mol と計算される。したがって，ファラデー定数を F〔C/mol〕とすれば，電気分解中に流れていた電流の平均値は，n，F を用いて［ オ ］〔A〕と表される。

3 物質の変化

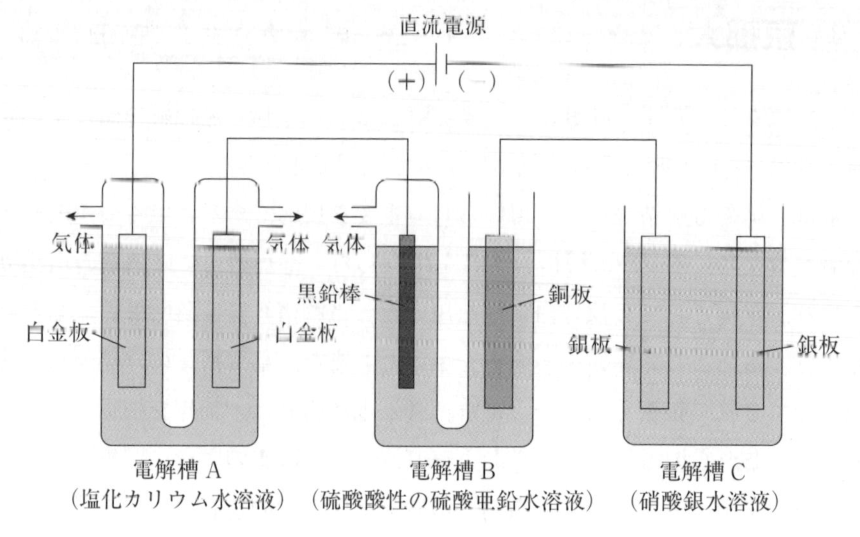

図 1

問 1　下線部①について，電解槽 B の黒鉛棒では主にどのような反応が起こるか。水溶液の液性をふまえ，イオン反応式(電子 e^- を含む)で答えよ。

問 2　[ア] にあてはまる数値を記入せよ。

問 3　[イ] にあてはまる適切な語句(色の名称)を記入せよ。

問 4　下線部②において，白金板(左側)で発生した気体はどのような化学反応を起こすか。化学反応式を示せ。

問 5　電解槽 B の銅板表面に析出した亜鉛の質量を正確に測定するには，下線部③のように，電気分解終了後ただちに電極を電解槽から取り出して洗浄する必要がある。もし，電極を電解槽に入れたままにしておくと，質量変化を正確に調べることができなくなる。その理由を 30 字以内で答えよ。

問 6　下線部④に関し，電気分解中に流れた電流のうち，亜鉛析出に使われなかった電流は，どのような反応に使われたか。イオン反応式(電子 e^- を含む)で答えよ。

問 7　{ウ}について，{　　}内の適切な語句を選び，その番号を記入せよ。

問 8　[エ] にあてはまる数値を有効数字 2 桁で記入せよ。また，[オ] にあてはまる適切な式を記入せよ。

ここで合否が分かれる！

電気分解を扱った1問である。この分野では比較的，難問は出題されにくいので，ケアレスミスに気を付けて，どれだけすばやく完答できるかが重要となる。

この問題では，イオン化傾向水素以上の金属が，水溶液の電解で還元されることを取り上げているところが目新しい。イオン化傾向亜鉛以下の金属イオンであれば，水素の発生を伴いながら，単体となって陰極に析出する。このため，問5・6では少し悩むかもしれないが，いかに題意が正確に読み取れたかどうかで勝負がついただろう。一般的に上位大学の出題は，一見すると複雑な設定に思えるが，リード文をしっかり読み込めさえすれば難なく解けるような内容が多い。見かけ倒しの問題で失点しないためにも，やはり日頃からの基礎学習を徹底しておきたい。

類題には，並列接続の電解槽を用いた電気分解の問題を取り上げたので，これも完答できるようにしておこう。

解答

問1　$2H_2O \longrightarrow O_2 + 4H^+ + 4e^-$

問2　2　　問3　黄緑

問4　$Cl_2 + 2KI \longrightarrow I_2 + 2KCl$

問5　析出した亜鉛が硫酸と反応し，水素を発しながら溶解するため。(29字)

問6　$2H^+ + 2e^- \longrightarrow H_2$　　問7　3

問8　エ：5.0×10^{-3}　オ：$\dfrac{nF}{9.0 \times 10^2}$

考え方と解法のポイント

各電解槽で起こる変化と反応式は以下の通り。

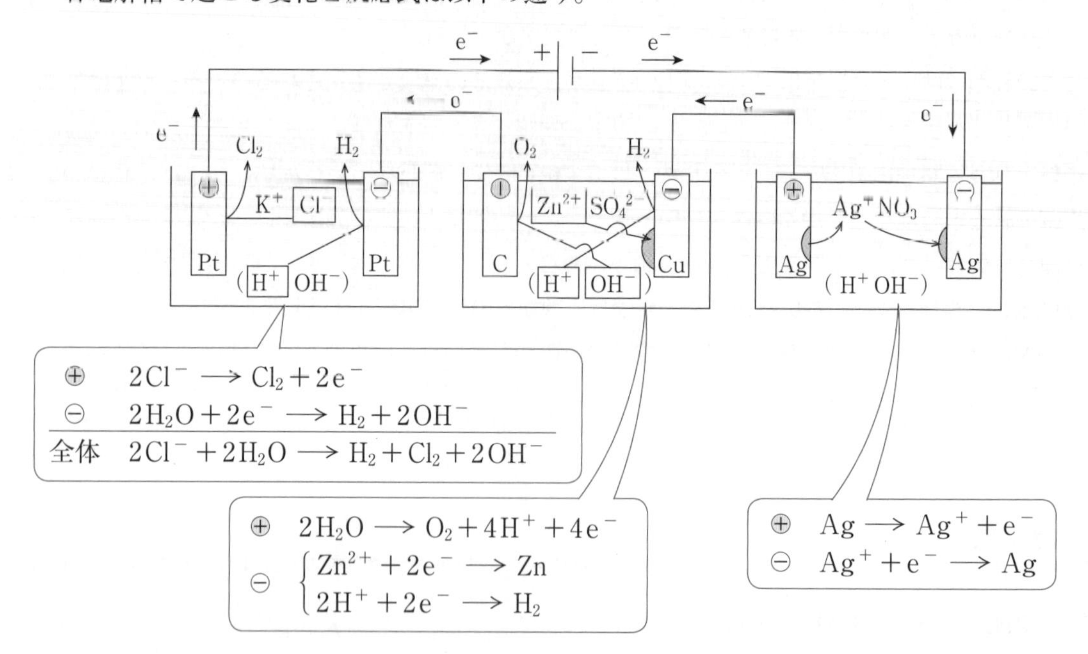

電池と電気分解では，同じ符号の極でも電子の流れは逆向きになる。

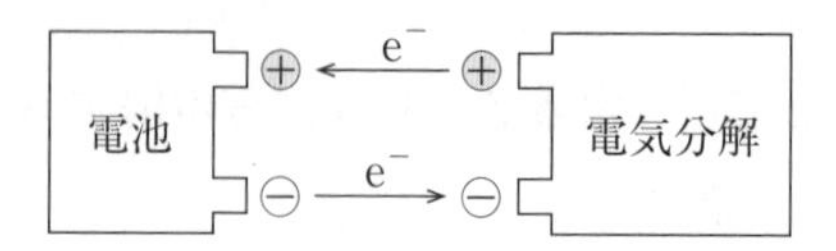

水溶液の電気分解において，陽極，陰極で起こる変化は以下の通り。

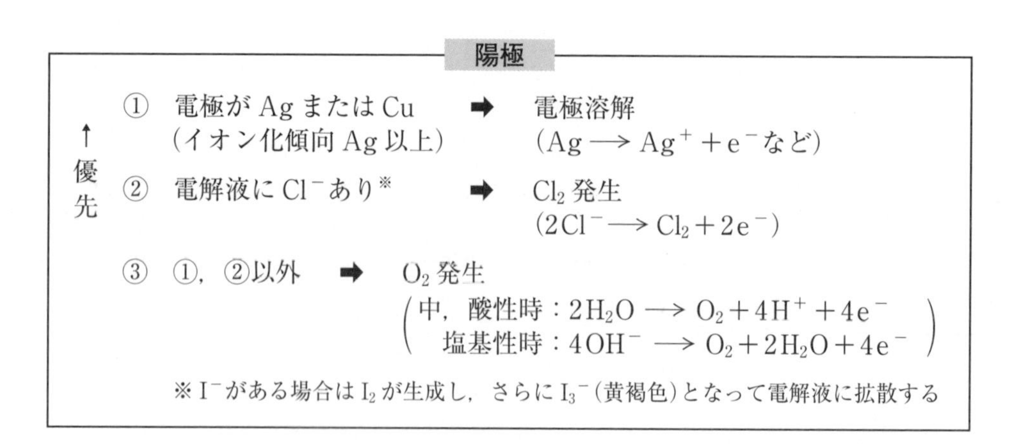

陰極

↑優先

① 電解液に Ag^+ または Cu^{2+} あり（イオン化傾向 H 以下） ➡ 金属析出（$Ag^+ + e^- \longrightarrow Ag$ など）

② ①以外※ ➡ H_2 発生
（酸性時：$2H^+ + 2e^- \longrightarrow H_2$
中，塩基性時：$2H_2O + 2e^- \longrightarrow H_2 + 2OH^-$）

※イオン化傾向 Zn 以上の金属イオンが電解液にあるときは，金属の析出も起こる

問1 反応液（電解液）の液性に応じて，反応式を使い分ける必要がある。

反応液（電解液）	用いる反応式
酸性	H^+ を含む反応式
中性	左辺には H^+ や OH^- を含まない反応式
塩基性	OH^- を含む反応式

相互変換したければ，$H_2O \rightleftarrows H^+ + OH^-$ の式を足し引きすればよい。

例）
$$2H_2O \longrightarrow O_2 + 4H^+ + 4e^-$$
$$+)\ 4H^+ + 4OH^- \longrightarrow 4H_2O$$
$$4OH^- \longrightarrow O_2 + 2H_2O + 4e^-$$

ここでは電解液が酸性なので，H^+ を用いた式を答える。

問2 上記反応式の係数より，e^- が 4 mol 流れたときは，Cl_2 は 2 mol，O_2 は 1 mol 発生する。よって，Cl_2 は O_2 の 2 倍の体積が発生する。

問6 上記陰極の※にあるように，Zn^{2+} が存在すれば Zn の析出は起こりうる。ここでは，Zn 析出と H_2 発生が同時に進行している。

問7 一番左の電解槽は，全体のイオン反応式を示した通り，電解によって OH^- が生じ塩基性になる。溶液が KCl から KOH の水溶液へと変化していくのである。U 字型の電解装置を用いて両極間を細くしているのは，陰極側で生じた OH^- が陽極側で発生した Cl_2 と出会って反応するのを抑制するためだろう。

問8 反応式より，溶解した Ag と同モルの e^- が流れるから，

$$n = \frac{0.540}{108} = 5.0 \times 10^{-3} \text{〔mol〕} \quad \text{（エ）}$$

$\dfrac{\text{電流〔A〕} \times \text{時間〔s〕}}{\text{ファラデー定数〔C/mol〕}}$ = 流れた電子の物質量〔mol〕より，電流を x〔A〕とおくと，

$$\frac{x \times 15 \times 60}{F} = n \iff x = \frac{nF}{9.0 \times 10^2} \text{〔A〕} \quad \text{（オ）}$$

類題 20

次の文章を読み，**問1**～**問6**に答えよ。必要があれば，以下の数値を用いよ。（九州大）

ファラデー定数：9.65×10^4C/mol，原子量：H＝1.0，O＝16，S＝32，Cu＝63.5，Pb＝207

電解槽Aに硫酸酸性の硫酸銅(Ⅱ)水溶液，電解槽Bに硝酸銀水溶液をそれぞれ500mL入れ，2つの電解槽を図のように並列に接続し，鉛蓄電池を電源として電気分解を行った。この電気分解を一定の電流で，ある時間行ったところ，鉛蓄電池の正極の質量が0.320g増加し，電解槽Aの陰極の質量が0.159g増加した。電流計で測定された電流は0.25Aであった。

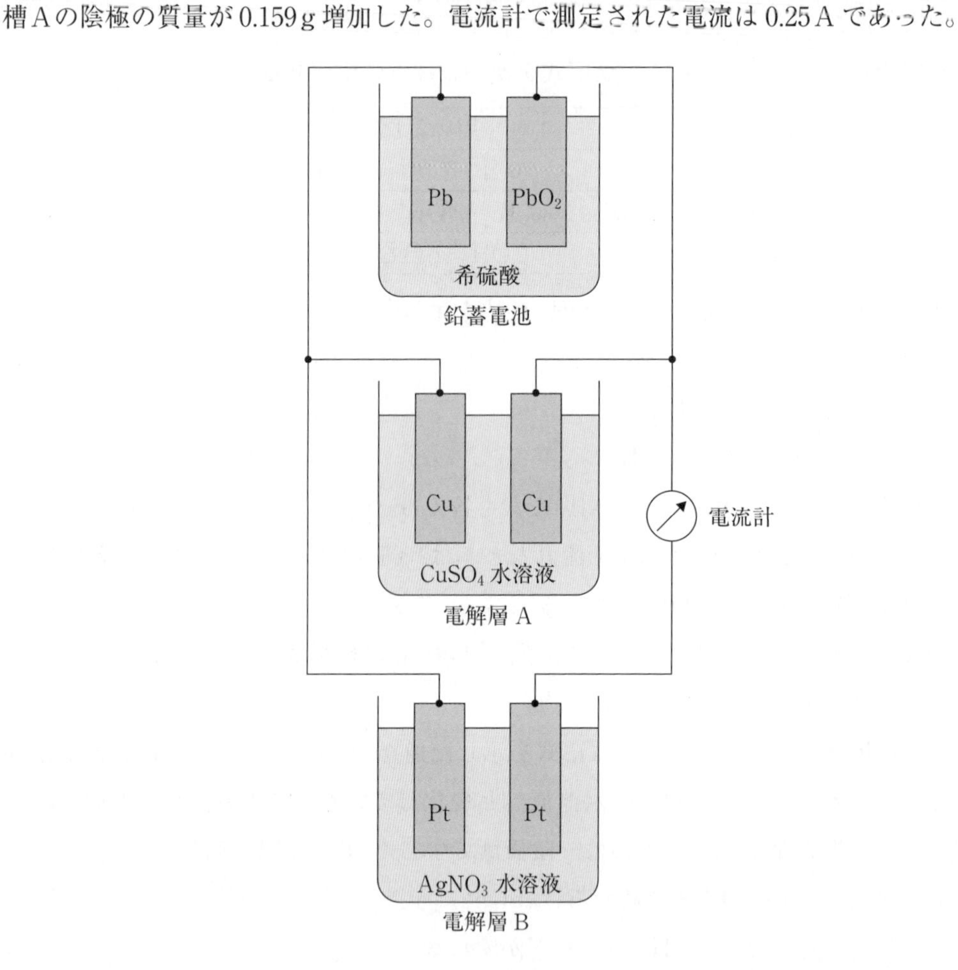

問1　次の文中の〔 (ア) 〕～〔 (キ) 〕に最も適した化学式またはイオン式を入れよ。

放電により鉛蓄電池の電極上では，それぞれ次のような反応が起こる。

(正極)　〔 (ア) 〕$+4H^+ +$〔 (イ) 〕$+2e^- \longrightarrow$〔 (ウ) 〕$+2$〔 (エ) 〕

(負極)　〔 (オ) 〕$+$〔 (イ) 〕$\longrightarrow$〔 (ウ) 〕$+2e^-$

電解槽Aの陰極で起こる反応をイオン反応式で表すと，

〔 (カ) 〕$+2e^- \longrightarrow$〔 (キ) 〕となる。

問2　鉛蓄電池の放電により消費された〔 (ア) 〕の物質量(mol)はいくらか。有効数字2桁で求めよ。

問3　電解槽Aの陽極から溶け出した〔　(カ)　〕の物質量(mol)はいくらか。有効数字2桁で求めよ。

問4　電解槽Bを流れた電気量は何クーロン(C)か。有効数字2桁で求めよ。

問5　電気分解を行った時間は何秒(s)か。有効数字2桁で求めよ。

問6　電気分解後，電解槽Bの水溶液のpHはいくらになるか。水溶液の初期pHを7.0として，有効数字2桁で求めよ。水溶液は500mLのまま変化しないものとする。

3 −3 筑波大

難易度 ★★★★☆　解答目安時間 25分

次の文章［1］と［2］を読み，**問1〜問7**に答えよ。

［1］ 化合物Xが分解する反応を考える。反応開始後 t〔s〕と $(t+\Delta t)$〔s〕$(\Delta t>0)$ におけるXの濃度をそれぞれ c〔mol/L〕と $(c-\Delta c)$〔mol/L〕$(\Delta c>0)$ とする。t〔s〕と $(t+\Delta t)$〔s〕の間における平均の反応速度は［ ア ］として表され，その間の平均の濃度は［ イ ］となる。実験的に平均の反応速度と平均の濃度を求めることにより，この分解反応の速度定数を決定することができる。

0.25 mol/L の過酸化水素水溶液 10 mL に触媒を加え，発生した酸素を水上置換によって捕集する実験を行った。反応温度を一定に保つようにし，捕集した酸素の体積を20秒毎に測定した。発生した酸素の物質量から，各時間における過酸化水素の濃度 $[H_2O_2]$〔mol/L〕を求めた結果を表1に示す。ただし，酸素の水への溶解と過酸化水素水溶液の体積変化は無視できるものとする。

表1

反応時間 t〔s〕	0	20	40	60	80
$[H_2O_2]$〔mol/L〕	0.250	0.150	0.090	0.0540	0.0324

時間範囲〔s〕	0 〜 20	20 〜 40	40 〜 60	60 〜 80
平均の分解速度〔mol/(L・s)〕	ウ	エ	オ	カ
$\dfrac{平均の分解速度}{平均の濃度}$〔s^{-1}〕	キ	ク	ケ	コ

問1 ［ ア ］および［ イ ］にあてはまる適切な式を t，Δt，c，Δc を使って表せ。

問2 過酸化水素の分解反応を化学反応式で表せ。

問3 反応開始40秒後までに反応した過酸化水素の物質量と発生した酸素の物質量を，それぞれ有効数字2桁で求めよ。

問4 ［ ウ ］〜［ コ ］にあてはまる数値を有効数字2桁で求めよ。

問5 反応開始後 t〔s〕における分解速度 v〔mol/(L・s)〕と過酸化水素濃度 $[H_2O_2]$〔mol/L〕の関係を，反応の速度定数 k を用いて数式で表せ。また，そのように表現できる理由を実験結果に基づいて50字以内で述べよ。

［2］ 反応の速度定数 k は，気体定数 R〔J/(K・mol)〕，絶対温度 T〔K〕および活性化エネルギー E〔J/mol〕を使って，以下の式(1)で表すことができる。

$$k=A\cdot e^{-\frac{E}{RT}} \qquad (1)$$

ただし，A は比例定数，e は自然対数の底である。この式は，E が［ サ ］ほど，また T が［ シ ］ほど，k が大きくなることを意味している。次に，式(1)の両辺の自然対数をとると，以下の式(2)が得られる。

$\log_e k =$ [ス] $+ \log_e A$　　(2)

したがって，横軸にT^{-1}，縦軸に$\log_e k$をとると直線関係が得られ，その傾きからEを求めることができる。また，$T=x$から$T=2x$に変化すると，速度定数は[セ]倍となる。

問6　[サ]および[シ]にそれぞれあてはまる語句の組み合わせを次の(a)〜(d)から選び，記号で答えよ。

(a)　サ：大きい，シ：大きい　　(b)　サ：小さい，シ：大きい

(c)　サ：大きい，シ：小さい　　(d)　サ：小さい，シ：小さい

問7　[ス]および[セ]にあてはまる適切な式を記せ。

ここで合否が分かれる！

反応速度のデータ処理と，速度式に関する1問である。ここでは問4の煩雑な計算をいかに短時間でこなせたか，また問7でアレニウスの式をしっかり使いこなせたかが勝負の分かれ目となっただろう。

反応速度や速度定数の算出は，機械的にこなせるよう日頃から練習を積んでおきたい。この問題では反応物質H_2O_2の濃度が与えられており，これを起点に問3と問4の計算を独立して行えるため，比較的容易である。これが難度の高い問題になると，与えられるのはO_2量で，いったんH_2O_2濃度を算出してから反応速度定数までを算出するため，より時間がかかるうえ，ドミノ式に間違えるリスクも高まる。したがってこの場合は後回しにする方が無難だろう。設問のレベルを見極め，解答順を工夫するのも合否を左右する大きなポイントとなる。

類題には，温度と速度，平衡との関係を扱った問題を取り上げたので，こちらも合わせて練習しておこう。

解答

[1]**問1**　ア：$\dfrac{\Delta c}{\Delta t}$　イ：$c-\dfrac{\Delta c}{2}$

問2　$2H_2O_2 \longrightarrow 2H_2O + O_2$

問3　過酸化水素：1.6×10^{-3}mol　酸素：8.0×10^{-4}mol

問4　ウ：5.0×10^{-3}　エ：3.0×10^{-3}　オ：1.8×10^{-3}　カ：1.1×10^{-3}

キ：2.5×10^{-2}　ク：2.5×10^{-2}　ケ：2.5×10^{-2}　コ：2.5×10^{-2}

問5　数式：$v = k\,[H_2O_2]$

理由：**平均の分解速度と平均の濃度との比が一定であり，両者が比例関係にあるとわかるから。**(40字)

［2］**問6**　(b)

問7　ス：$-\dfrac{E}{RT}$　セ：$e^{\frac{E}{2Rx}}$

考え方と解法のポイント

［1］**問1**　反応速度は，「単位時間あたりのモル濃度変化」と定義されている。横軸に時間，縦軸に反応物質のモル濃度をとってグラフを描くと，接線の傾きの絶対値が反応速度を表す(下図)。

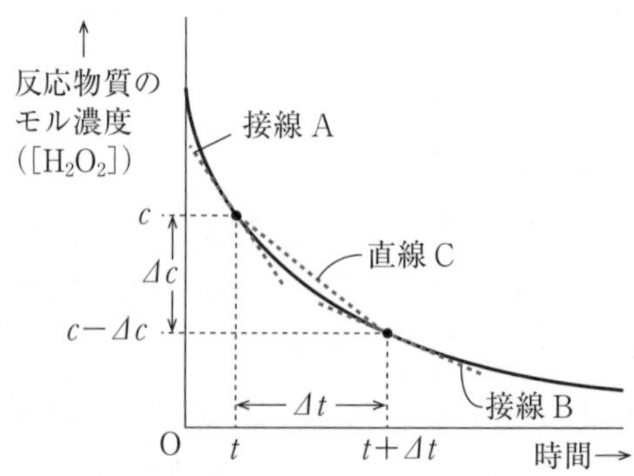

このように，反応速度は時間の経過とともに刻々と変化する。時間tのときの反応速度は接線Aの，時間$t+\Delta t$の反応速度は接線Bの傾きの絶対値である。

しかし，グラフが描けるほど頻繁な測定ができない場合は，2点間の測定値の差を用いて反応速度を算出する。時間tと$t+\Delta t$の測定値から求めた反応速度は，直線Cの傾きの絶対値である。

これは，時間tから$t+\Delta t$にかけての平均反応速度である。このときの反応物質の濃度は，平均して

$$\frac{c + c - \Delta c}{2} = c - \frac{\Delta c}{2}\,\text{〔mol/L〕}$$

であると近似する。2つの測定地点が十分に近ければ，グラフは直線Cに近似できると考えるのである。

問3　H_2O_2：$(0.250 - 0.090) \times \dfrac{10}{1000} = 1.6 \times 10^{-3}$〔mol〕

O_2：$2H_2O_2 \longrightarrow 2H_2O + O_2$ より，

$H_2O_2 : O_2 = 1.6 \times 10^{-3} : x = 2 : 1$

よって，$x = 8.0 \times 10^{-4}$〔mol〕

問4 「分解速度」なので，反応物質 H_2O_2 の減少速度をとればよい。すでに H_2O_2 濃度が求められているので，この濃度の差を時間の差で割り，正の値にするだけでよい。一般式は，

$$v = -\frac{\Delta[H_2O_2]}{\Delta t}$$

である。よって，

ウ：$v = -\frac{0.150 - 0.250}{20 - 0} = 5.0 \times 10^{-3}$〔mol/(L・s)〕

エ：$-\frac{0.090 - 0.150}{40 - 20} = 3.0 \times 10^{-3}$〔mol/(L・s)〕

オ：$-\frac{0.0540 - 0.090}{60 - 40} = 1.8 \times 10^{-3}$〔mol/(L・s)〕

カ：$-\frac{0.0324 - 0.0540}{80 - 60} = 1.08 \times 10^{-3}$〔mol/(L・s)〕

各時間範囲における平均濃度$\overline{[H_2O_2]}$を求めると，

0 ～ 20 s

$$\frac{0.250 + 0.150}{2} = 2.0 \times 10^{-1}\text{〔mol/L〕}$$

20 ～ 40 s

$$\frac{0.150 + 0.090}{2} = 1.2 \times 10^{-1}\text{〔mol/L〕}$$

40 ～ 60 s

$$\frac{0.090 + 0.0540}{2} = 7.2 \times 10^{-2}\text{〔mol/L〕}$$

60 ～ 80 s

$$\frac{0.0540 + 0.0324}{2} = 4.32 \times 10^{-2}\text{〔mol/L〕}$$

平均分解速度と平均濃度の比を求めると，

0 ～ 20 s

キ：$\frac{5.0 \times 10^{-3}\text{〔mol/(L・s)〕}}{2.0 \times 10^{-1}\text{〔mol/L〕}} = 2.5 \times 10^{-2}$〔/s〕

20 ～ 40 s

ク：$\frac{3.0 \times 10^{-3}}{1.2 \times 10^{-1}} = 2.5 \times 10^{-2}$〔/s〕

40 ～ 60 s

ケ：$\frac{1.8 \times 10^{-3}}{7.2 \times 10^{-2}} = 2.5 \times 10^{-2}$〔/s〕

60 ~ 80 s

コ：$\dfrac{1.08\times10^{-3}}{4.32\times10^{-2}}=2.5\times10^{-2}$〔/s〕

問５　分解速度 v と H_2O_2 濃度$[H_2O_2]$の比が一定なので，v と$[H_2O_2]$が比例するとわかる。

よって，$v=k\,[H_2O_2]$

［２］**問６**　一般に，反応速度は，反応物質の濃度に依存する。この関係を示したのが問５の式（反応速度式）である。

一方，反応速度は温度や触媒条件（活性化エネルギー）にも依存する。この関係を示したのが問題文に示された式(1)または式(2)である。

> 濃度と反応速度の関係式
>
> $v=k\,[H_2O_2]$
>
> 温度，触媒と反応速度の関係式
>
> $k=A\cdot e^{-\frac{E}{RT}}$　…(1)
>
> または
>
> $\log_e k=-\dfrac{E}{RT}+\log_e A$　…(2)
>
> v：反応速度（H_2O_2 分解速度）
>
> k：反応速度定数（温度，触媒によって変わる定数）
>
> E：活性化エネルギー〔J/mol〕
>
> R：気体定数〔J/(K・mol)〕
>
> T：絶対温度〔K〕
>
> A：定数（反応ごとに決まる定数）

式(1)または式(2)より，E が小さいほど，または T が大きいほど k が大きくなるとわかる。k が大きくなると，一定濃度における反応速度が大きくなる。

問７　式(2)は式(1)の自然対数をとったものである。$T=2x$ のときの速度定数を k'，$T=x$ のときのそれを k とおくと，

$$\log_e k'=-\frac{E}{R\times2x}+\log_e A$$

$$-)\quad \log_e k=-\frac{E}{Rx}+\log_e A$$

$$\log_e\frac{k'}{k}=\frac{2E-E}{2Rx}$$

よって，$\dfrac{k'}{k}=e^{\frac{E}{2Rx}}$

類題 21

下の図は，ある気体の反応(1)について，反応経路とエネルギーの関係を示したものである。　（日本医科大）

$$2X \underset{k_r}{\overset{k_f}{\rightleftarrows}} Y + Z \qquad (1)$$

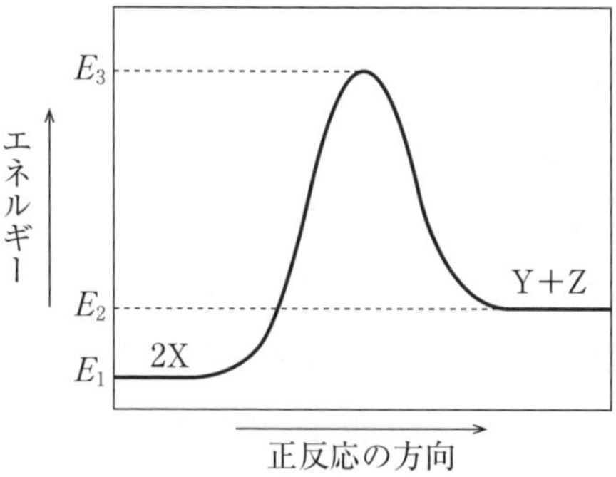

エネルギー
E_3
E_2
E_1
2X
Y+Z
正反応の方向

図の中の E_1 は反応(1)の反応物(2X)がもつエネルギー，E_2 は生成物(Y＋Z)がもつエネルギー，E_3 は活性化状態のエネルギーである。この反応の正反応と逆反応の速度定数を，それぞれ k_f および k_r とし，活性化エネルギーを E_{af} および E_{ar} とすると，

$$\log_{10} k_f = -\frac{E_{af}}{2.303RT} + \log_{10} A_f$$

$$\log_{10} k_r = -\frac{E_{ar}}{2.303RT} + \log_{10} A_r$$

の関係が成立する。ただし，T は絶対温度，R は気体定数，A_f と A_r は定数であり，E_{af}，E_{ar}，A_f，A_r は温度によって変化しないものとする。この反応について，図をもとにして問いに答えなさい。

問1　E_{af} を，E_1，E_2，E_3 のうち必要な記号を用いて式で書きなさい。

問2　E_{ar} を，E_1，E_2，E_3 のうち必要な記号を用いて式で書きなさい。

問3　反応熱を Q として，熱化学方程式を $X = \frac{1}{2}Y + \frac{1}{2}Z + Q$ と定義すると，Q はどのような式で表されますか。E_1，E_2，E_3 のうち必要な記号を用いて書きなさい。

問4　280K と 320K において，正反応の速度のみを測定したところ，この温度上昇によって反応速度は 10.0 倍に増加した。E_{af} は何 kJ/mol ですか。有効数字 3 桁で書きなさい。気体定数 R は，8.31 J/(mol・K) とする。

問5　反応(1)の濃度平衡定数 K_c は次の式で表すことができる。

$$K_c = \frac{k_f}{k_r}$$

この関係を用いて $\log_{10} K_c$ を T，R，A_f，A_r，および問3で定義された Q を含む式で書きなさい。

問6　次のうち，反応温度を上げたときの変化として正しいものの番号をすべて書きなさい。

1. 平衡は右に移動するが，K_c は変化しない。
2. 平衡は左に移動するが，K_c は変化しない。
3. K_c は増加する。
4. K_c は減少する。
5. k_f と k_r は変化しない。
6. k_f は増加するが，k_r は減少する。
7. k_f は減少するが，k_r は増加する。
8. k_f と k_r はともに増加するが，その増加の割合は k_f の方が大きい。
9. k_f と k_r はともに増加するが，その増加の割合は k_r の方が大きい。
10. k_f と k_r はともに減少するが，その減少の割合は k_f の方が大きい。
11. k_f と k_r はともに減少するが，その減少の割合は k_r の方が大きい。

3 －4 東京大

難易度 ★★★★☆ 解答目安時間 15分

次の文章を読み，以下の**問1**～**問4**に答えよ。

生体内で起こる多くの化学反応において，酵素と呼ばれるタンパク質が触媒として働いている。酵素(E)は，基質(S)と結合して酵素―基質複合体(E・S)となり，反応生成物(P)を生じる。また酵素―基質複合体から酵素と基質に戻る反応も起こる。これらの反応は次式(1)～(3)のように表すことができる。

$$E + S \longrightarrow E\cdot S \quad (1)$$

$$E\cdot S \longrightarrow E + P \quad (2)$$

$$E\cdot S \longrightarrow E + S \quad (3)$$

問1　以下の文の空欄(a)～(d)に入る適切な式を記せ。ただし，反応(1)，(2)，(3)の反応速度定数をそれぞれ k_1，k_2，k_3 とし，酵素，基質，酵素―基質複合体，反応生成物の濃度をそれぞれ[E]，[S]，[E・S]，[P]とする。

反応(1)によってE・Sが生成する速度は v_1＝(a)，反応(2)においてPが生成する速度は v_2＝(b)と表される。一方，E・Sが分解する反応は，反応(2)と反応(3)の2経路があり，それぞれの反応速度は，v_2＝(b)，v_3＝(c)と表される。したがってE・Sの分解する速度 v_4 は，v_4＝(d)となる。

問2　多くの酵素反応では酵素―基質複合体E・Sの生成と分解が釣り合い，E・Sの濃度は変化せず一定と考えることができる。この条件では，反応生成物Pの生成する速度 v_2 は，次式(4)となることを示せ。

$$v_2 = \frac{k_2 \times [E]_T \times [S]}{K + [S]} \quad (4)$$

ただし，$[E]_T$ は全酵素濃度，

$$[E]_T = [E] + [E\cdot S] \quad (5)$$

である。また，

$$K = \frac{k_2 + k_3}{k_1} \quad (6)$$

である。

問3　インベルターゼは加水分解酵素の一種であり，スクロースをグルコースとフルクトースに分解する。

$$\underset{\text{スクロース}}{C_{12}H_{22}O_{11}} + H_2O \longrightarrow \underset{\text{グルコース}}{C_6H_{12}O_6} + \underset{\text{フルクトース}}{C_6H_{12}O_6} \quad (7)$$

式(7)の反応速度はスクロースを基質(S)として式(4)にしたがい，$K = 1.5\times10^{-2}\,\mathrm{mol\cdot L^{-1}}$ とする。インベルターゼ濃度が一定の場合，スクロース濃度が 1×10^{-6} ～ $1\times10^{-5}\,\mathrm{mol\cdot L^{-1}}$

の範囲にあるとき，スクロース濃度と反応速度 v_2 との関係として最も適切なものを(A)～(D)から選べ。また，その理由を式(4)を用いて簡潔に説明せよ。

(A)　反応速度 v_2 はスクロース濃度にほぼ比例する。

(B)　反応速度 v_2 はスクロース濃度の2乗にほぼ比例する。

(C)　反応速度 v_2 はスクロース濃度にほぼ反比例する。

(D)　反応速度 v_2 はスクロース濃度によらずほぼ一定である。

問4　問3において，スクロース濃度が $1 \sim 2\,\mathrm{mol \cdot L^{-1}}$ の範囲にあるとき，スクロース濃度と反応速度 v_2 との関係として最も適切なものを，問3の(A)～(D)から選び，その理由を式(4)を用いて簡潔に説明せよ。

ここで合否が分かれる！

酵素反応を題材とした，教科書の発展事項に取り上げられている内容を深く考察する1問。この分野では「ミカエリス・メンテンの式」という専門的な知識で知られている。

3－3の問題と同様に，本問でも結果の式である式(4)が与えられており，ここから戻る形の問2と，先に進む形の問3・4に分かれている。問2の式変形は，初見だと相当時間がかかるだろう。しかし問2が解けなくても，問3・4は答えられる内容になっているので，この2問を確実に得点できたかどうかで差がついたと思われる。難関大入試ではこのような形式の問題はよく出題されるので，たとえ1つの設問につまずいたとしてもあきらめず，他に解答できるものを見つけて要領よく得点を稼いでいくトレーニングを日頃から行っておこう。

類題には，反応速度の複雑なデータ処理を要求する問題を取り上げたので，時間をかけてじっくり解いてみよう。

解答

問1　a：$k_1\,[\mathrm{E}][\mathrm{S}]$　b：$k_2\,[\mathrm{E \cdot S}]$　c：$k_3\,[\mathrm{E \cdot S}]$　d：$(k_2+k_3)\,[\mathrm{E \cdot S}]$ または v_2+v_3

問2　$v_1 = v_2 + v_3$ より，

$$k_1\,[\mathrm{E}][\mathrm{S}] = (k_2+k_3)\,[\mathrm{E \cdot S}]$$

さらに式(5)より，$[\mathrm{E}] = [\mathrm{E}]_\mathrm{T} - [\mathrm{E \cdot S}]$ なので，

$$k_1([\mathrm{E}]_\mathrm{T} - [\mathrm{E \cdot S}])[\mathrm{S}] = (k_2+k_3)[\mathrm{E \cdot S}]$$

$$\Longleftrightarrow [\mathrm{E \cdot S}] = \frac{k_1\,[\mathrm{E}]_\mathrm{T}\,[\mathrm{S}]}{k_2+k_3+k_1[\mathrm{S}]}$$

$v_2 = k_2\,[\mathrm{E \cdot S}]$ に代入して，

$$v_2 = \frac{k_1 k_2\,[\mathrm{E}]_\mathrm{T}\,[\mathrm{S}]}{k_2+k_3+k_1[\mathrm{S}]}$$

$$= \frac{k_2[\mathrm{E}]_\mathrm{T}[\mathrm{S}]}{\frac{k_2+k_3}{k_1}+[\mathrm{S}]}$$

$$= \frac{k_2[\mathrm{E}]_\mathrm{T}[\mathrm{S}]}{K+[\mathrm{S}]}$$

問3 (A)

理由：$K \gg [\mathrm{S}]$なので，

$$v_2 = \frac{k_2[\mathrm{E}]_\mathrm{T}[\mathrm{S}]}{K+[\mathrm{S}]} \fallingdotseq \frac{k_2[\mathrm{E}]_\mathrm{T}}{K} \times [\mathrm{S}]$$

よって，v_2 はスクロース濃度[S]にほぼ比例する。

問4 (D)

理由：$K \ll [\mathrm{S}]$なので，

$$v_2 = \frac{k_2[\mathrm{E}]_\mathrm{T}[\mathrm{S}]}{K+[\mathrm{S}]} \fallingdotseq \frac{k_2[\mathrm{E}]_\mathrm{T}[\mathrm{S}]}{[\mathrm{S}]} = k_2[\mathrm{E}]_\mathrm{T}$$

よって，v_2 はスクロース濃度[S]に関係なくほぼ一定である。

考え方と解法のポイント

問2 問1の式と式(5)，(6)から v_1，v_2，v_3，v_4，k_1，k_2，k_3，[E]，[E・S]を消去しなければならない。式(4)をつくるには，(b)で答えた $v_2 = k_2[\mathrm{E \cdot S}]$に，[E・S] = …という式を代入することになる。k_1，k_2，k_3 も，最後に式(6)で K に変えればよいだろう。

したがって，最初に $v_1 \sim v_4$，次に[E]を消去する方針で臨む。

題意より，$v_1 = v_4$ なので，

$v_1 = k_1[\mathrm{E}][\mathrm{S}]$

$v_2 = k_2[\mathrm{E \cdot S}]$

$v_3 = k_3[\mathrm{E \cdot S}]$

$v_4 = v_2 + v_3$　より，

$k_1[\mathrm{E}][\mathrm{S}] = k_2[\mathrm{E \cdot S}] + k_3[\mathrm{E \cdot S}]$

式(5)より，$[\mathrm{E}] = [\mathrm{E}]_\mathrm{T} - [\mathrm{E \cdot S}]$なので，

$k_1([\mathrm{E}]_\mathrm{T} - [\mathrm{E \cdot S}])[\mathrm{S}] = k_2[\mathrm{E \cdot S}] + k_3[\mathrm{E \cdot S}]$

$$\Longleftrightarrow \quad [\mathrm{E \cdot S}] = \frac{k_1[\mathrm{E}]_\mathrm{T}[\mathrm{S}]}{k_1[\mathrm{S}]+k_2+k_3}$$

$v_2 = k_2[\mathrm{E \cdot S}]$より，

$$v_2 = k_2 \cdot \frac{k_1[\mathrm{E}]_\mathrm{T}[\mathrm{S}]}{k_1[\mathrm{S}]+k_2+k_3}$$

$$K = \frac{k_2 + k_3}{k_1} \quad \cdots(6)より，$$

$$v_2 = \frac{k_2[\mathrm{E}]_\mathrm{T}[\mathrm{S}]}{[\mathrm{S}] + K}$$

問3　このように，分母に定数と変数の2つの項がある場合，どちらかの項が無視できる極端な条件を考察することがある。$K \gg [\mathrm{S}]$のときは，上式は

$$v_2 = \frac{k_2[\mathrm{E}]_\mathrm{T}[\mathrm{S}]}{[\mathrm{S}] + K} \fallingdotseq \frac{k_2[\mathrm{E}]_\mathrm{T}}{K} \times [\mathrm{S}]$$

と近似でき，生成物Pを生じる速度v_2は，インベルターゼ濃度$[\mathrm{E}]_\mathrm{T}$＝一定ならば，スクロース濃度[S]に比例することがわかる。

縦軸にv_2，横軸に[S]をとると，以下のようなグラフになる。

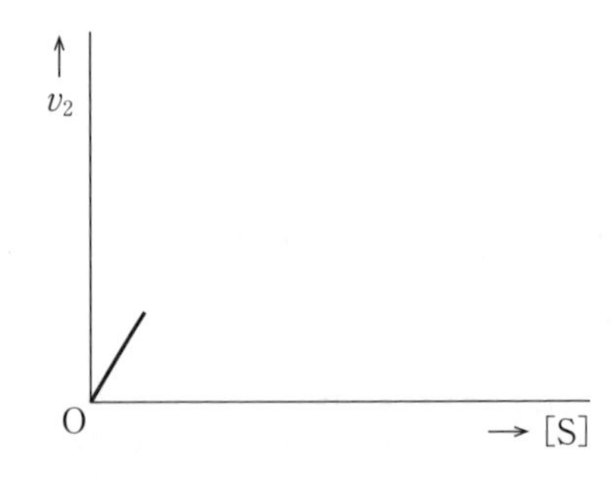

問4　逆に$[\mathrm{S}] \gg K$のときは，

$$v_2 = \frac{k_2[\mathrm{E}]_\mathrm{T}[\mathrm{S}]}{[\mathrm{S}] + K} \fallingdotseq \frac{k_2[\mathrm{E}]_\mathrm{T}[\mathrm{S}]}{[\mathrm{S}]} = k_2[\mathrm{E}]_\mathrm{T}$$

となり，インベルターゼ濃度$[\mathrm{E}]_\mathrm{T}$一定ならば，Pの生成速度v_2は一定になるとわかる。

グラフは以下の通り。

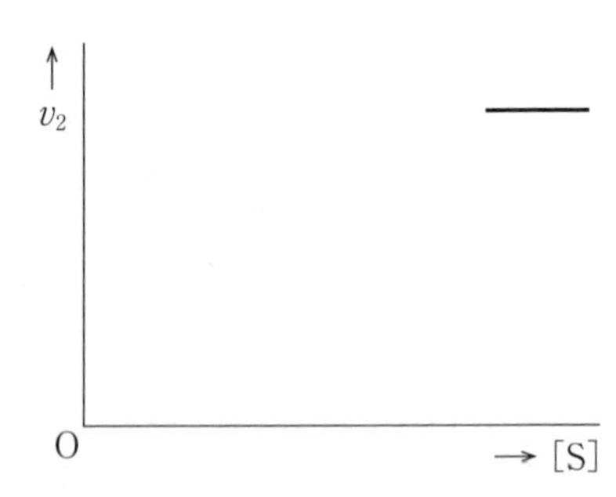

2つのグラフをなめらかに結ぶと以下のようになる。

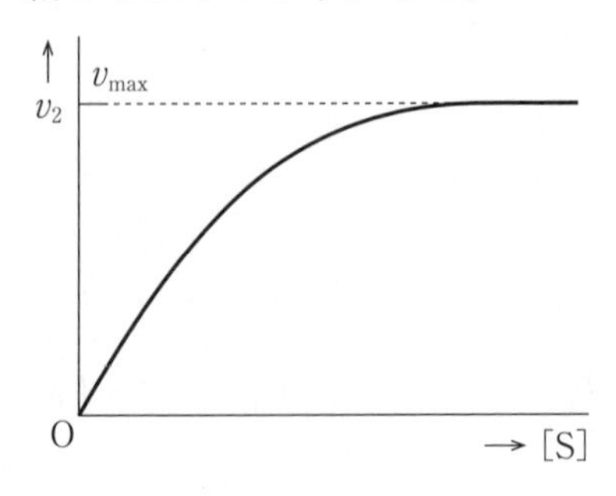

これより，酵素反応においては，基質濃度[S]を増加させていくと，はじめは生成物を生じる速度が増加するが，やがて頭打ちとなり，一定速度となることがわかる。この一定速度のことを，最大速度 v_{max} と呼ぶ。

v_{max} に達すると，すべての酵素が基質と結び付き，いわゆる手一杯の状態になる。したがって，それ以上基質を増やしても，酵素を増やさない限り，反応は速くならない。

類題 22

次の文を読み各問に答えよ。計算問題の答えは有効数字２桁で記せ。（防衛医科大）
なお，ここでの対数は常用対数である。

〔1〕 希塩酸を触媒として酢酸エチルの加水分解を行い，その反応速度を測定した。なお逆反応は無視できるものとする。

$$CH_3COOC_2H_5 + H_2O \xrightarrow{k_1} CH_3COOH + C_2H_5OH$$

0.50 mol/L 酢酸エチルの塩酸酸性水溶液 100 mL を 37℃に保ち，反応時間 0 ～ 60 分で一定時間ごとに反応液の 5.0 mL を取り出して 0.20 mol/L 水酸化ナトリウム水溶液で滴定した。反応時間 t における水酸化ナトリウム水溶液の滴下量および酢酸エチル濃度は次の表のようになった。

反応時間〔分〕	0	20	40	60
滴下量〔mL〕	10.0	11.7	13.3	14.5
酢酸エチル濃度〔mol/L〕	0.50	(あ)	(い)	(う)

反応速度 v は，酢酸エチル濃度を C，時間 Δt の間の酢酸エチル濃度の変化量を ΔC とすると，(1)式で表される（k_1 は速度定数）。

$$v = -\frac{\Delta C}{\Delta t} = k_1 C \qquad (1)$$

(1)式は Δt が 0 に限りなく近づくときは $\frac{dC}{dt} = -k_1 C$ で表され，初濃度を C_0，反応時間 t 後の濃度を C_t とすると積分した形では(2)式で表される。

$$2.3 \times \log C_t = -k_1 t + 2.3 \times \log C_0 \qquad (2)$$

問１ 反応液中の塩酸濃度(mol/L)と，表の（あ）～（う）の酢酸エチル濃度 C_t(mol/L)を計算せよ。

問２ 反応時間と $\log C_t$ の関係を下のグラフに図示せよ。必要なら表の値を使用せよ。

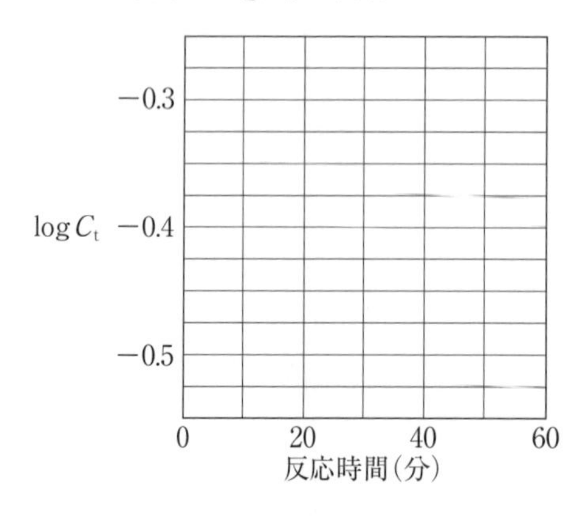

log5.0 = 0.70	log4.0 = 0.60
log4.9 = 0.69	log3.9 = 0.59
log4.8 = 0.68	log3.8 = 0.58
log4.7 = 0.67	log3.7 = 0.57
log4.6 = 0.66	log3.6 = 0.56
log4.5 = 0.65	log3.5 = 0.54
log4.4 = 0.64	log3.4 = 0.53
log4.3 = 0.63	log3.3 = 0.52
log4.2 = 0.62	log3.2 = 0.51
log4.1 = 0.61	log3.1 = 0.49

問3 図をもとに反応速度定数 k_1 を求めよ。単位も記すこと。

問4 反応が95%に達するときの時間を求めよ。単位も記すこと。

問5 反応速度式には H_2O 濃度が含まれていない。その理由を述べよ。

問6 加水分解の生成物である酢酸は触媒として働かない。その理由を述べよ。

〔Ⅱ〕 一酸化窒素と酸素から二酸化窒素が生成する反応がある。

$$2NO + O_2 \xrightarrow{k_2} 2NO_2$$

この反応で，NO と O_2 の初濃度を変えて NO_2 が生成する初期の反応速度 v を測定したところ次の結果を得た。

実験	NO の初濃度〔mol/L〕	O_2 の初濃度〔mol/L〕	反応速度 v〔mol/(L・秒)〕
1	0.010	0.010	0.014
2	0.030	0.010	0.126
3	0.010	0.030	0.042
4	0.030	0.030	0.378

問7 NO と O_2 の濃度をそれぞれ[NO]と[O_2]で表すと，反応速度は(3)式で表される（k_2 は速度定数）。

$$v = k_2 [NO]^m [O_2]^n \qquad (3)$$

表の結果をもとに m と n を計算し，反応速度式を答えよ。計算過程も記すこと。

問8 反応の速度定数 k_2 を求めよ。計算過程と単位も記すこと。

〔Ⅲ〕 化合物 X と Y が反応して Z が生成する反応があり，反応速度は$[X]^\alpha$と[Y]の積に比例し(4)式で表すことができる（k_3 は速度定数）。

$$v = k_3 [X]^\alpha [Y] \qquad (4)$$

[X]の指数 α を実験で求めるため，(a)Y の濃度を X の濃度より十分高くして反応速度の測定を行った。

問9 (1) 下線部(a)の条件で新たな速度定数を k_4 とおいて(4)式を書き換えると，どのような反応速度式になるか答えよ。この速度式を導く過程も記すこと。

(2) 上で求めた反応速度式を用いて指数 α を求めるには，測定をどのように行い，測定データをどのように扱えばよいか記せ。

3 物質の変化

3 −5 東京大

難易度 ★★★☆☆ 解答目安時間 15分

次の文章を読み，**問1～問6**に答えよ。

化学反応式が一見して単純であっても，複数の反応によって反応物が生成物へ変化する場合がある。例えば，気体の水素分子 H_2 と気体のヨウ素分子 I_2 から気体のヨウ化水素分子 HI が生成する次の反応を考えよう。

$$H_2 + I_2 \xrightarrow{k_1} 2HI \qquad (1)$$

ここで k_1 は反応速度定数である。この反応は 600 K 以上の高温において進行し，9 kJ・mol^{-1} の発熱反応である。反応(1)では逆反応は考慮しなくてよい。また，HI の生成速度 v_{HI} は次式で表されるように，H_2 のモル濃度$[H_2]$と I_2 のモル濃度$[I_2]$の積に比例することが実験事実として知られている。

$$v_{HI} = k_1 [H_2][I_2] \qquad (2)$$

(2)式が成り立つことから，一見すると H_2 と I_2 が衝突し，反応(1)が進行するように見える。しかし，次の二つの反応の組み合わせによって HI が生成する説が有力である。

$$I_2 \rightleftarrows 2I \qquad (3)$$

$$H_2 + 2I \xrightarrow{k_2} 2HI \qquad (4)$$

ここで k_2 は反応速度定数である。ヨウ素原子 I は気体として存在し，反応(3)では平衡が成立している。反応(4)では逆反応は考慮しなくてよい。また，H_2 はほとんど解離しないものとする。反応(3)の正反応は，150 kJ・mol^{-1} の［　　］反応であり，平衡定数は，

$$K = \frac{[I]^2}{[I_2]} \qquad (5)$$

で表される。[I]は I のモル濃度である。

反応(3)で生成した I は，H_2 と衝突し，①エネルギーの高い中間状態を経由して，反応(4)にしたがって HI が生成する。反応(4)による HI の生成速度 v_{HI} は，

$$v_{HI} = k_2 [H_2][I]^2 \qquad (6)$$

で表される。②反応(3)の正反応，逆反応の速度が反応(4)に比べて圧倒的に速く，常に平衡が成立しているとする。このとき，HI の生成速度 v_{HI} は，$[H_2]$と$[I_2]$の積に比例し，実験事実と合致する。

この例からわかるように，単純な化学反応式で記述される化学反応でも，実際に起きている過程は複雑な場合がある。

問1　空欄［　　］にあてはまる語句は吸熱か発熱か答えよ。その理由を 30 ～ 50 字程度で記せ。

問2　反応(3)において，圧力一定で温度を上昇させたとき，平衡はどちらに移動するか答えよ。その理由を 40 ～ 80 字程度で記せ。

問3 下線部①は何と呼ばれる状態か答えよ。

問4 反応(4)の反応熱は何 $kJ \cdot mol^{-1}$ か，有効数字3桁で答えよ。

問5 下線部②において，反応(4)の反応速度が$[H_2]$と$[I_2]$の積に比例することを示せ。また，k_1，k_2，K の間に成り立つ関係式を記せ。

問6 反応(3)の正反応・逆反応の速度よりも，反応(4)の反応速度の方が圧倒的に速いとしよう。このとき，HIの生成速度は「$[H_2]$と$[I_2]$に対してどのような依存性をもつか。例えば，$[H_2][I_2]^2$ に比例する，のように答えよ。

ここで合否が分かれる！

H_2 と I_2 から HI が生成する有名な反応について，本格的に考察する1問である。従来，素反応とされてきたこの反応は，実は多段階反応であることが明らかとなり，教科書の発展事項に記載されるようになった。

問4までは標準的なレベルであるが，問5と問6が通常の問題演習ではあまり目にしない出題形式となっているため，まさにこの2問が取れたかどうかが合否の決め手になったと思われる。問5は反応速度式に関する式変形の問題だが，初見だと方針がわからず考え込んでしまうだろう。問6は律速段階の概念を扱っているため，多段階反応についてしっかり理解できていないと手が出しづらい。いずれも類題経験の有無で差がついただろう。

類題には，圧平衡定数を扱う複雑な設定の問題を取り上げた。平衡は難問になりやすいので，時間内に正確に題意を読み取り，解答できる設問を見極められるよう練習を積んでおきたい。

解答

問1 **吸熱**

理由：**安定なヨウ素分子内の共有結合が切断され，不安定な原子が生じる反応だから。**(36字)

問2 **右へ移動する。**

理由：**ルシャトリエの原理より，上昇させられた温度を低めようとして吸熱側に平衡が移動するから。**(43字)

問3 **活性化状態**

問4 **$1.59 \times 10^2 kJ \cdot mol^{-1}$**

問5 反応(4)の反応速度式は，

$$v_{HI} = k_2 [H_2][I]^2$$

(5)式より，

$$[I]^2 = K [I_2]$$

両式より$[I]^2$を消去すると，

$v_{HI} = k_2K[H_2][I_2]$

これより，反応(4)の反応速度は$[H_2]$と$[I_2]$の積に比例するとわかる。

k_1，k_2，Kの間に成り立つ関係式：$K = \dfrac{k_1}{k_2}$

問6　$[I_2]$に比例する。

考え方と解法のポイント

問1　結合を切断する変化は，安定な粒子を不安定な粒子に分解することであり，吸熱である，という内容を言えばよい。

問2　ルシャトリエの原理により，上げられた温度を下げようとして平衡が移動すること。その方向は吸熱反応の側であることを言えばよい。

問4　反応(1)と(3)の反応熱から算出できる。

$$
\begin{array}{rl}
 & H_2 + I_2 = 2HI + 9\,kJ \\
-) & I_2 = 2I - 150\,kJ \\
\hline
 & H_2 + 2I = 2HI + 159\,kJ
\end{array}
$$

問5　k_1，k_2，Kの間に成り立つ式について，

$v_{HI} = k_1[H_2][I_2]$　…(2)

$v_{HI} = k_2K[H_2][I_2]$　…問5で導いている式

両式より，

$$k_1 = k_2K \iff K = \frac{k_1}{k_2}$$

問6　律速段階の概念を問うている。

多段階反応の全体の速度は，最も遅い反応段階（素反応）の速度で決まってしまう。このとき「ネック」となっている最も遅い反応段階のことを律速段階という。

問5までの題意では，律速段階は反応(4)であり，$[I]^2$が$[I_2]$に比例するためv_{HI}は，

$v_{HI} = k_1[H_2][I_2]$

で表された。

一方，この設問では，反応(3)が律速段階であるとしているので，全体の速度は(3)の右向きの速度に一致する。(3)の右向きの速度式は，

$I_2 \longrightarrow 2I$　…(3)

$v = k[I_2]$

のように書けるので，全体の速度も$[I_2]$のみに比例することになる。

類題 23

次の文を読んで，**問1～問5**に答えよ。 （京都大）

解答はそれぞれ所定の解答欄に記入せよ。すべての気体は理想気体の状態方程式にしたがうものとする。

四酸化二窒素(N_2O_4)は，通常，［ ア ］色の気体として存在するが，その一部分は解離して［ イ ］色の二酸化窒素(NO_2)になることが知られている。この化学反応は可逆的であり，次の反応式で表される。

$$N_2O_4 \rightleftarrows 2NO_2 \qquad (1)$$

この反応系を一定条件に保つとやがて平衡状態に到達する。この反応系では，温度が低いほどN_2O_4の割合が大きくなるので，N_2O_4がNO_2に解離する反応は［ ウ ］熱反応であると考えられる。

今，低温で液体状態にあるN_2O_4をn〔mol〕だけ注射器に採取し，速やかに注射器の先端部を閉じて密封した。この注射器を水平に保ちながら，外気の温度や圧力を変化させる実験を行った(なお，注射器内の温度および圧力は外気と等しくなるものとする)。まず，①外気の圧力をP〔Pa〕，温度をT〔K〕に保ちながら注射器を放置したところ，注射器内の物質はすべて気体となり，その体積はV_1〔L〕となった。②温度を一定に保ちながら，外気の圧力を$2P$〔Pa〕になるまで上昇させたところ，注射器内の物質は気体のままであったが，その体積はV_2〔L〕に変化した。さらに③外気の圧力がP_c〔Pa〕になったときにN_2O_4の凝縮が始まり，その状態における注射器内の体積はV_3〔L〕であった。

問1 ［ ア ］～［ ウ ］にあてはまる適切な語句を答えよ。

問2 N_2O_4の解離反応に関して，次の各問に答えよ。

(1) 平衡状態でのN_2O_4の解離度(解離前の物質量に対する解離した物質量の割合)をαとしたとき，N_2O_4の分圧はPとαを用いてどのように表されるか。

(2) N_2O_4の圧平衡定数K_pはPとαを用いてどのように表されるか。単位を含めて答えよ。ただし，N_2O_4，NO_2の分圧をそれぞれP_1，P_2とするとき，圧平衡定数K_pは次の式で定義できるものとする。

$$K_p = \frac{{P_2}^2}{P_1} \qquad (2)$$

問3 下線部①の状態におけるN_2O_4の解離度αはいくらか。n，P，T，V_1，および気体定数R〔L・Pa/(mol・K)〕を用いて答えよ。

問4 下線部②の実験に関して，次の各問に答えよ。

(1) このときの解離度はいくらか。下線部①での解離度αを用いて答えよ。

(2) V_2はV_1の何倍と考えられるか。αを用いて答えよ。

問5 不活性気体をあらかじめ注射器内に入れた状態で，物質量が n〔mol〕の N_2O_4 を注射器に採取し，注射器の中に N_2O_4，NO_2 および不活性気体の3成分が存在する条件下で，外気の圧力を変化させる実験を行った。この実験に関して次の各問に答えよ。

(1) 外気の圧力，温度が同じであるとき，N_2O_4 と NO_2 の2成分だけからなる場合に比べると，NO_2 の物質量は多くなるか，少なくなるか，あるいは変化しないか。いずれかを選び，その理由を平衡移動の原理に基づいて説明せよ。

(2) 注射器内の不活性気体の物質量が $\dfrac{n}{2}$〔mol〕であり，外気の温度を下線部③と同じ T〔K〕に保ったとき，N_2O_4 の凝縮が起こる際の外気の圧力〔Pa〕はいくらか。n，P_c，T，V_3，および R を用いて答えよ。

3 −6 京都大

難易度 ★★★★★　解答目安時間 25分

次の文章(a)，(b)を読んで，**問１～問６**に答えよ。ただし，問題文中のＬはリットルを表す。また，分子Ｘについての表記[X]はmol/Lを単位としたＸのモル濃度である。Ｘの生成あるいは分解の速度は[X]の変化速度として規定でき，mol/(L・s)を単位とする。ここでｓは秒を表す。窒素酸化物，酸素，アルゴンはすべて気体状態にあり，理想気体とみなせる。(a)および(b)それぞれにおいて，書かれている反応以外は起こらないものとする。

(a)　二酸化窒素とその２分子が結合した四酸化二窒素の間には，式(1)の平衡反応が成り立つ。

$$2NO_2 \rightleftarrows N_2O_4 \qquad (1)$$

図１のように，円筒型の密閉真空容器があり，内部は気体が透過できない壁で部屋Ａおよび部屋Ｂに仕切られている。部屋Ａおよび部屋Ｂの容積はそれぞれ V_A〔L〕および V_B〔L〕であり，それらの和は一定で V〔L〕である。壁は左右になめらかに動き，任意の場所で固定することもできる。容器内の温度を常に一定に保ったまま，次の一連の実験１～実験４を行った。

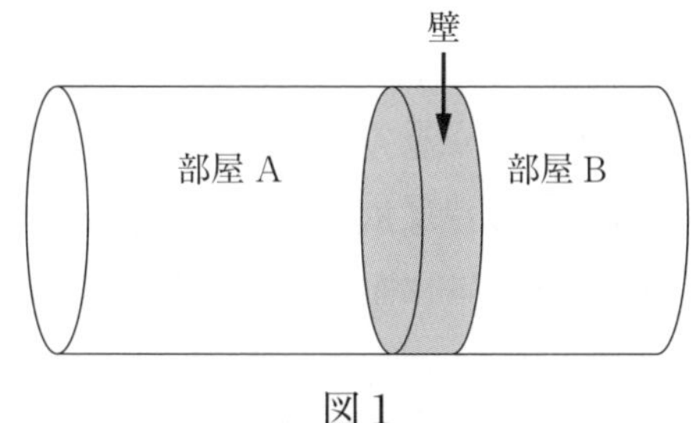

図１

実験１

壁を容器の中央で固定し，部屋Ａのみに NO_2 と N_2O_4 の混合気体を入れた。その後しばらくして平衡に到達し，部屋Ａの全圧は p〔Pa〕に，NO_2 と N_2O_4 のそれぞれの物質量は x〔mol〕および y〔mol〕になった。このとき，式(1)の反応の平衡定数 K は，x，y，V を用いて［　ア　］〔L/mol〕と表される。また，モル濃度の代わりに平衡状態のそれぞれの気体の分圧を用いて平衡定数を表すことができ，これを圧平衡定数 K_P と呼ぶ。K_P は，x，y，p を用いて［　イ　］〔1/Pa〕と表される。

実験２

続いて，実験１で最初に部屋Ａに入れたのと同じ組成を有する混合気体を，全物質量で［　ウ　］倍だけ部屋Ｂに入れた。そして，壁の固定を外したところ，容積の比が $V_A : V_B = 5 : 2$ となって新しい化学平衡に到達した。

実験３

さらに，実験２の平衡状態にあった壁を少し右側に移動させてから再び固定したところ，部屋Ａの混合気体の式(1)で表される平衡は{エ：1. 右，2. 左}側に移動した。

実験4

最後に，実験3の平衡状態において壁を固定したままで，アルゴンを部屋Aに加えて部屋Aの全圧を増加させ，放置した。このときアルゴンを加える前の状態と比べて，部屋Aの N_2O_4 の分圧は{オ：1. 大きくなり，2. 変わらず，3. 小さくなり}，その物質量は{カ：1. 増加した，2. 変わらなかった，3. 減少した}。

問1 [ア]，[イ] にあてはまる適切な式を記せ。

問2 [ウ] にあてはまる数値を答えよ。

問3 {エ}～{カ}について，{　　}内の適切な語句を選び，その番号を記入せよ。

(b) 二酸化窒素を生成する反応の一つに，式(2)に記す一酸化窒素の酸化反応がある。

$$2NO + O_2 \longrightarrow 2NO_2 \qquad (2)$$

①化学反応の速度は温度上昇とともに増大するのが通常である。しかし，それとは逆に，気相における式(2)の反応では，ある温度範囲においては温度上昇とともに反応速度が低下する。この反応速度 v は NO_2 の生成速度であり，反応物の濃度を用いて，

$$v = k\,[NO]^2\,[O_2] \qquad (3)$$

のように表されることが実験的にわかっている。ここで，k は反応速度定数である。

以下では，上記の v の一見異常な温度依存性を説明する機構の一つについて考察する。それは，式(2)の反応が次の式(4)と式(5)に記した二段階の素反応によって進む機構である。

$$NO + NO \rightleftarrows N_2O_2 \qquad (4)$$

$$N_2O_2 + O_2 \longrightarrow 2NO_2 \qquad (5)$$

式(4)の正・逆反応における N_2O_2 の生成速度 v_1 と分解速度 v_2，および式(5)における NO_2 の生成速度 v_3 は，それぞれ

$$v_1 = k_1\,[NO]^2,\quad v_2 = k_2\,[N_2O_2],\quad v_3 = k_3\,[N_2O_2]\,[O_2] \qquad (6)$$

と表され，v_1 と v_2 は v_3 よりも充分に大きいものとする。すなわち，式(5)の反応によって N_2O_2 が消費されても，式(4)の平衡が速やかに達成されるものとする。このとき，式(4)の反応の平衡定数 K および式(2)の反応の速度定数 k を，k_1，k_2，k_3 を用いて表すと，$K=$ [キ]，$k=$ [ク] となる。これらの単位は，K については L/mol，k については $L^2/(mol^2 \cdot s)$ である。

次に温度依存性について考える。素反応の速度定数 k_1，k_2，k_3 は，下線部①にしたがうような通常の温度依存性を示すものと考えてよい。このとき，式(4)の正反応が [ケ] 反応であるとすれば，②圧力一定のもとで温度上昇とともに式(4)の平衡は左側に移動するので，③ある条件のもとで，全反応としての式(2)の反応速度 v が温度上昇とともに低下することを説明できる。

ここで，下線部③が成り立つ条件において，K と k_3 の温度依存性を比較するグラフ

として適切なものを図2のⓐ〜ⓔの中から選ぶ問題を考えてみよう。グラフの横軸は絶対温度 T の逆数を表し，縦軸は $\log_{10}(K/K_0)$ または $\log_{10}(k_3/k_0)$ を同一目盛りで表している。K_0，k_0 は，ある温度 T_0 における K と k_3 の値とする。まず，グラフ［　コ　］は下線部②に適さないので除外され，残りのグラフのうち，下線部③に適するものはグラフ［　サ　］である。

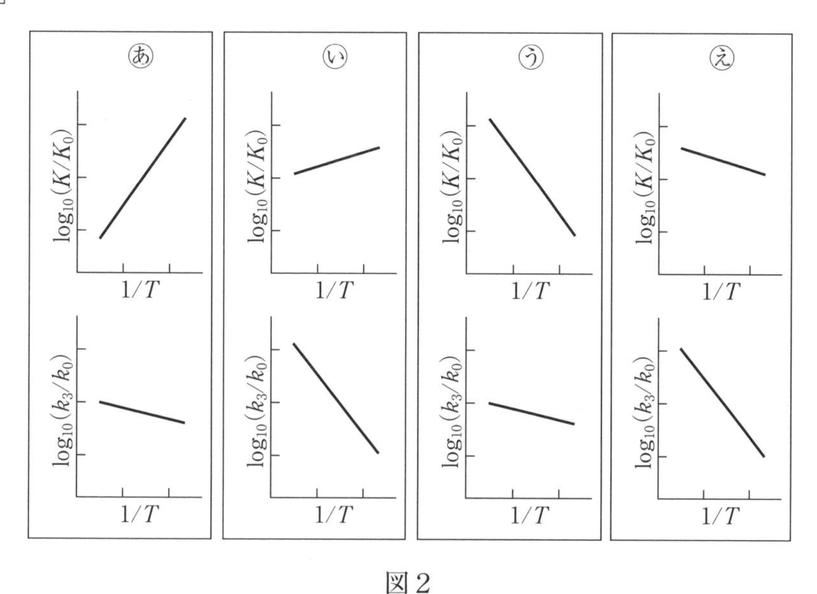

図2

問4　［　キ　］，［　ク　］の空欄を埋めて式を完成させよ。

問5　［　ケ　］にあてはまる適切な語句を答えよ。

問6　［　コ　］，［　サ　］にあてはまる適切なグラフを選び，その記号ⓐ〜ⓔを解答欄に記せ。ただし，各欄とも答えは一つとは限らない。

ここで合/否が分かれる！

入試でよく扱われる N_2O_4 の解離平衡を題材とした1問。まず(a)については，圧平衡定数を用いる典型的な解法で解けるので，確実に完答しておきたい。一方(b)は，高温で反応速度が低下するという一見異常な反応を考察させる難問である。速度と温度の関係よりも，平衡と温度の関係の方が主要因になるという仕組みを読み取ることができたか，またそれを再び速度式，質量作用則の式に落とし込むことができたかが問われている。したがって，この問4〜6の出来が合否の分かれ目となっただろう。特に問6は数値の意味するところを理解していないと手が出せないと思われる。単なる式変形ではなく，化学現象の根本的理解が必要な内容であるので，これが解ければさらに他の受験生に差をつけられたはずだ。

類題に取り上げたのは，分配平衡を扱う問題である。分配係数は平衡定数の一種であり，操作をしっかり理解できていないと解けない難問なので，じっくり取り組んでみよう。

解答

問1　ア：$K=\dfrac{yV}{2x^2}$　イ：$K_P=\dfrac{(x+y)y}{x^2p}$

問2　0.40

問3　{エ}：2　{オ}：2　{カ}：2

問4　キ：$\dfrac{k_1}{k_2}$　ク：$\dfrac{k_1k_3}{k_2}$

問5　発熱

問6　コ：㋒，㋓　サ：㋐

考え方と解法のポイント

問1　$\dfrac{V}{2}$〔L〕中で平衡に達し，以下の量関係になっている。

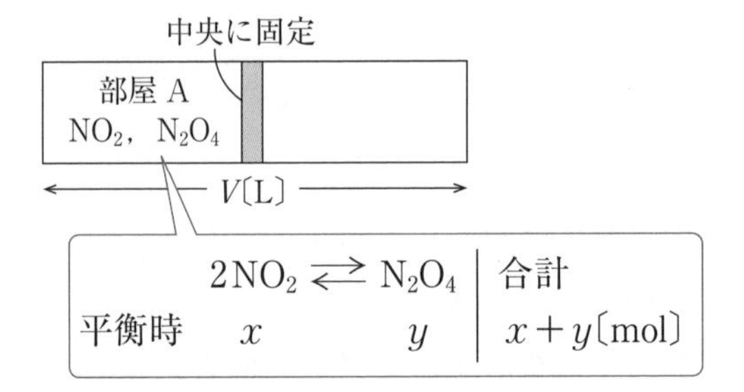

平衡時の各濃度は，

$$[NO_2]=\frac{x\text{〔mol〕}}{V/2\text{〔L〕}}=\frac{2x}{V}\text{〔mol/L〕}$$

$$[N_2O_4]=\frac{y}{V/2}=\frac{2y}{V}\text{〔mol/L〕}$$ だから，

$$K=\frac{[N_2O_4]}{[NO_2]^2}=\frac{\dfrac{2y}{V}}{\left(\dfrac{2x}{V}\right)^2}=\frac{yV}{2x^2}\quad\text{（ア）}$$

平衡時の各分圧は，

$$P_{NO_2}=p\times\frac{x}{x+y}\text{〔Pa〕}$$

$$P_{N_2O_4}=p\times\frac{y}{x+y}\text{〔Pa〕}$$ だから，

$$K_P=\frac{P_{N_2O_4}}{(P_{NO_2})^2}=\frac{p\times\dfrac{y}{x+y}}{\left(p\times\dfrac{x}{x+y}\right)^2}=\frac{(x+y)y}{px^2}\quad\text{（イ）}$$

問2 壁の固定を外しているので左右 T, P 一定である。NO_2，N_2O_4 以外の気体はどちらにも入っていないので，左右の平衡時の組成も同じになる。これは，以下のように証明できる。

	$2NO_2$	$\rightleftarrows$	N_2O_4	合計	
はじめ	0		n	n	〔mol〕
平衡時	$2n\alpha$		$n(1-\alpha)$	$n(1+\alpha)$	〔mol〕

NO_2 と N_2O_4 の分圧の和を P とおくと，

$$K_P=\frac{P_{N_2O_4}}{(P_{NO_2})^2}=\frac{P\times\dfrac{n(1-\alpha)}{n(1+\alpha)}}{\left\{P\times\dfrac{2n\alpha}{n(1+\alpha)}\right\}^2}=\frac{1-\alpha^2}{4P\alpha^2}$$

上式より，温度一定ならば K_P＝一定だから，P も一定であれば，α も一定となることがわかる。

よって，平衡時B室には，A室と同じ組成の気体が $\frac{2}{5}$ 倍モル(∵ T, P 一定なので V 比＝n 比)存在する。はじめに詰めた気体の組成も左右で同じなのだから，その量もB室はA室の $\frac{2}{5}$ 倍＝0.40 倍である。

問3 {エ}：A室は体積増加により減圧されたので，ルシャトリエの原理より，圧力を戻そうとして気体分子増加側の左側に平衡移動する。

{オ}，{カ}：壁を固定しているので，同体積でアルゴン(無関係な気体)を加えている。全圧は上昇するが，NO_2，N_2O_4 分圧は不変なので，$K_P=\frac{P_{N_2O_4}}{(P_{NO_2})^2}$ の等式は成り立っている。したがって平衡は移動しない。また，NO_2，N_2O_4 の物質量も変化しない。

問4 $2NO \underset{v_2}{\overset{v_1}{\rightleftarrows}} N_2O_2$ …(4)

$N_2O_2+O_2 \xrightarrow{v_3} 2NO_2$ …(5)

$v_1=k_1[NO]^2$

$v_2=k_2[N_2O_2]$

$v_3=k_3[N_2O_2][O_2]$

$K=\frac{[N_2O_2]}{[NO]^2}$

キ：式(4)が平衡状態にあるとき $v_1=v_2$ だから，

$k_1[NO]^2=k_2[N_2O_2]$

$$\Longleftrightarrow \frac{[N_2O_2]}{[NO]^2}=\frac{k_1}{k_2}=K$$

ク：式(3)で定義される v は，NO_2 の生成速度と定義されているから v_3 に等しい。

$$v = k\,[\mathrm{NO}]^2\,[\mathrm{O_2}] \quad \cdots(3)$$

$$v_3 = k_3\,[\mathrm{N_2O_2}][\mathrm{O_2}]$$

$K=\dfrac{[\mathrm{N_2O_2}]}{[\mathrm{NO}]^2}=\dfrac{k_1}{k_2}$ より，$[\mathrm{N_2O_2}]=\dfrac{k_1}{k_2}[\mathrm{NO}]^2$ なので，

$$v_3 = \frac{k_1k_3}{k_2}[\mathrm{NO}]^2\,[\mathrm{O_2}]$$

式(3)と比較すると，$k=\dfrac{k_1k_3}{k_2}$

問5　高温で平衡が左に移動とあるが，高温では吸熱側に平衡移動するので，左向きが吸熱，右向きは発熱とわかる。

問6　素反応の反応速度は高温で必ず増大する。活性化エネルギー以上の運動エネルギーを持つ分子の割合が増すからである。したがって，k_3 は高温で大きくなる。

一方，式(4)の平衡は高温で左側に移動するため，その平衡定数は高温で小さくなる。

コ：平衡定数が高温で大きくなっているグラフは除外されるので，$\dfrac{1}{T}$ の減少とともに

$\log_{10}\dfrac{K}{K_0}=\log_{10}K-\log_{10}K_0$（定数）の値が増加する㋒と㋓は除外できる。

サ：$v=\dfrac{k_1k_3}{k_2}[\mathrm{NO}]^2\,[\mathrm{O_2}]$

$\quad = K\cdot k_3\,[\mathrm{NO}]^2\,[\mathrm{O_2}]$

より，温度が上昇$\left(\dfrac{1}{T}\text{が低下}\right)$したとき，$k_3$ の増加率よりも K の減少率のほうが大きければ，Kk_3 が減少して v が減少する。

したがって，$\log_{10}(K/K_0)$ を縦軸にとったグラフの傾きのほうが，$\log_{10}(k_3/k_0)$ をとったグラフの傾きの絶対値よりも大きければ，高温で v が減少することになる。よって，正しいグラフは㋐。

類題 24

(慶應義塾大)

互いに混じり合わない溶媒への溶解度の違いを利用して，水溶液に溶解した化合物を有機溶媒相へ抽出することができる。この操作について，以下の問いに答えなさい。

化合物Xは水にも有機溶媒にも溶解し，これらが十分に攪拌されて平衡に達した際，その溶解度の比は，分配係数P＝(有機溶媒相の濃度)／(水相の濃度)で表すことができる。化合物Xが1.00×10^{-3}mol/Lの濃度で溶解した水溶液Aが100mLある。この水溶液Aから化合物Xを有機溶媒相に抽出する実験を行う。

問1　このような水溶液からの物質の抽出操作に用いる有機溶媒として不適当と考えられるものはどれか。記号で答えなさい。

(ア)クロロホルム　(イ)ヘキサン　(ウ)ベンゼン　(エ)エタノール
(オ)ジエチルエーテル

問2　100mLの水溶液Aに有機溶媒を100mL加え，よく攪拌した後静置し，有機溶媒相と水相を分離させた。有機溶媒相に含まれる化合物Xの物質量を，分配係数Pを用いて答えなさい。

問3　問2の操作の代わりに100mLの水溶液Aに有機溶媒を50.0mL加えて1回目の抽出を行い，有機溶媒相を分取した後，残った水相に新たに有機溶媒50.0mLを加えて2回目の抽出を行った。これら1回目，2回目の抽出操作によって有機溶媒相に回収される化合物Xの物質量を，分配係数Pを用いて答えなさい。

問4　分配係数Pが2.00であった場合，問3の2段階の抽出作業を行うことによって，問2の1段階の抽出作業のみの場合に比して，化合物Xの抽出量は何%増加するか答えなさい。

問5　実際の抽出操作では，水相の混入を防ぐために，水相，有機溶媒相共に，各操作において全量は回収しなかった。分配係数2.00の化合物Xは，問3の50.0mLの2回の抽出操作を行った場合，回収率が何%以上あれば，問2の100mLの1回の抽出操作による収量を超えることができるか，導出過程も併せて答えなさい。ただし，各操作において，水相および有機溶媒相の回収率は同じであるものとする。

3 物質の変化

3 -7 東京大

難易度 ★★☆☆☆　解答目安時間 10分

次の文章を読み，**問1〜問5**に答えよ。必要があれば以下の値を用いよ。

$\log_{10}2 = 0.30$，$\log_{10}2.7 = 0.43$，$\log_{10}3 = 0.48$

弱酸とその塩，または弱塩基とその塩を含む溶液は，少量の強酸や強塩基を加えても pH がごくわずかしか変化しない。このような作用を緩衝作用と言い，私たちの血液や細胞内の pH を一定に保つという重要な役割を果たしている。ここでは，酢酸水溶液に水酸化ナトリウム水溶液を加えたときの pH を求めることにより，緩衝作用を検証しよう。ただし，すべての実験は25℃で行い，溶液の混合による体積変化は無視できるものとする。

酢酸は水溶液中でその一部だけが電離しており，電離していない分子と電離によって生じたイオンの間に，以下に示す電離平衡が成り立っている。

$$CH_3COOH \rightleftarrows CH_3COO^- + H^+$$

酢酸の電離定数を K_a とする。また，酢酸水溶液のモル濃度を c，電離度を α とすると，c と α を用いて，$K_a =$ [a] と表される。酢酸の電離度は1に比べて十分小さいので，$1-\alpha \fallingdotseq 1$ と近似すると，c と K_a を用いて，H^+ のモル濃度は $[H^+] =$ [b] と表される。

まず，①溶液A（$0.10\,mol \cdot L^{-1}$ の酢酸水溶液）をビーカーにとり，pH を測定した。次に，1000 mL の溶液Aに，500 mL の溶液B（$0.10\,mol \cdot L^{-1}$ の水酸化ナトリウム水溶液）を加えた。②この混合溶液をCとし，pH を測定した。このとき，酢酸ナトリウムは，以下のように，ほぼ完全に電離している。

$$CH_3COONa \longrightarrow CH_3COO^- + Na^+$$

次に，③1500 mL の溶液Cに，10 mL の溶液D（$1.0\,mol \cdot L^{-1}$ の水酸化ナトリウム水溶液）を加え，pH を測定した。その結果，pH に大きな変動はなく，緩衝作用が確認された。

一方，④1000 mL の溶液Aに，1000 mL の溶液Bを加えて中和反応を行った。このとき，溶液は中性にはならず，塩基性を示した。これは，以下に示すように，酢酸イオンの一部と水が反応して OH^- が生じるためである。

$$CH_3COO^- + H_2O \rightleftarrows CH_3COOH + OH^-$$

問1　空欄 [a]，[b] に入る適切な式を記せ。

問2　下線部①に関して，溶液Aの pH を有効数字2桁で答えよ。答えに至る過程も記せ。ただし，25℃における酢酸の電離定数を $K_a = 2.7 \times 10^{-5}\,mol \cdot L^{-1}$ とする。

問3　下線部②に関して，溶液Cの pH を有効数字2桁で答えよ。答えに至る過程も記せ。

問4　下線部③に関して，このときの pH を有効数字2桁で答えよ。答えに至る過程も記せ。

問5 下線部④に関して，このときのpHを有効数字2桁で答えよ。答えに至る過程も記せ。ただし，水と反応して生成する酢酸の量は，酢酸イオンの量と比べて，きわめて少ないものとする。また，水のイオン積を $K_w=1.0\times10^{-14}\text{mol}^2\cdot\text{L}^{-2}$ とする。

ここで合否が分かれる！

酢酸の電離平衡を扱い，弱酸の水溶液，緩衝溶液，塩の加水分解という典型的考察を順に問う，ひねりのない1問を取り上げた。この問題で電離平衡の基礎を確認しておこう。

全5問を通して，医学部受験生であれば難なく解ける標準レベルの内容であるため，大問ごと確実に完答しておくべき得点源である。ただし，試験中に本問にかけられる時間は，せいぜい10分程度だろう。その中で，これだけの量のリード文を読み，さらに途中式と考え方を記さねばならないとなると，考え込んだり下書きしたりしている暇はない。思わず焦って，問5の塩の濃度を0.10mol/Lとしてしまった人もいたのではないか。最後まで油断することなく，正確な答案をいかにすばやく作り上げられたかが合否の決め手となっただろう。

類題には，弱塩基のアンモニアを扱う問題を取り上げた。こちらは主として知識や途中式の変形を問う内容である。問5は計算過程をしっかり示して挑戦してみよう。

解答

問1 a：$\dfrac{c\alpha^2}{1-\alpha}$　b：$\sqrt{cK_a}$

問2 $[\text{H}^+]=\sqrt{0.10\times2.7\times10^{-5}}=\sqrt{2.7}\times10^{-3}$

$\text{pH}=-\log_{10}(\sqrt{2.7}\times10^{-3})=2.78$

よって，**2.8**

問3 $\dfrac{[\text{CH}_3\text{COO}^-]}{[\text{CH}_3\text{COOH}]}=1.0$ となっているので，

$K_a=\dfrac{[\text{CH}_3\text{COO}^-][\text{H}^+]}{[\text{CH}_3\text{COOH}]}$ より，

$2.7\times10^{-5}=1.0\times[\text{H}^+]$

$\text{pH}=-\log_{10}(2.7\times10^{-5})=4.57$

よって，**4.6**

問4 水酸化ナトリウム水溶液添加後の溶液では，

$\dfrac{[\text{CH}_3\text{COO}^-]}{[\text{CH}_3\text{COOH}]}=\dfrac{0.060}{0.040}$ となっているので，

$$K_a = \frac{[CH_3COO^-][H^+]}{[CH_3COOH]} \text{ より,}$$

$$2.7 \times 10^{-5} = \frac{0.060}{0.040} \times [H^+],\ [H^+] = 1.8 \times 10^{-5}\ (\text{mol/L})$$

$$pH = -\log_{10}(2 \times 3^2 \times 10^{-6}) = 4.74$$

よって，**4.7**($\log_{10}2.7$ を使うと $4.75 \fallingdotseq 4.8$)

問5　$[CH_3COO^-] = 0.050$ [mol/L],

$[CH_3COOH] = [OH^-] = \dfrac{K_w}{[H^+]}$ なので,

$$K_a = \frac{[CH_3COO^-][H^+]}{[CH_3COOH]} \text{ より,}$$

$$2.7 \times 10^{-5} = \frac{0.050 \times [H^+]}{\dfrac{1.0 \times 10^{-14}}{[H^+]}}$$

$$[H^+] = \sqrt{5.4 \times 10^{-18}}$$

$$pH = -\log\left(\sqrt{2.7} \times \sqrt{2} \times 10^{-9}\right) = 8.63$$

よって，**8.6**

考え方と解法のポイント

問1　水に酢酸(のみ)を加えているので，CH_3COO^- と H^+ が同量生じる。電離度を α とおいて反応生成量を整理すると，

	CH_3COOH	$\rightleftarrows$	CH_3COO^-	+	H^+	
はじめ	c		0		0※	〔mol/L〕※水の電離を無視している
平衡時	$c(1-\alpha)$		$c\alpha$		$c\alpha$	〔mol/L〕

$$K_a = \frac{[CH_3COO^-][H^+]}{[CH_3COOH]} \text{ より,}$$

$$K_a = \frac{c\alpha \times c\alpha}{c(1-\alpha)} = \frac{c\alpha^2}{(1-\alpha)} \quad \text{(a)}$$

弱酸なので一般に $\alpha \ll 1$ だから，$1-\alpha \fallingdotseq 1$ と近似すると，

$$K_a \fallingdotseq c\alpha^2 \iff \alpha \fallingdotseq \sqrt{\frac{K_a}{c}}$$

一方，$[H^+] = c\alpha$ なので，

$$[H^+] \fallingdotseq c \times \sqrt{\frac{K_a}{c}} = \sqrt{cK_a} \quad \text{(b)}$$

問2　上式より，$c=0.10$，$K_a=2.7\times10^{-5}$ なので，

$$[H^+]=\sqrt{0.10\times2.7\times10^{-5}}=\sqrt{2.7}\times10^{-3}$$

よって，

$$\begin{aligned}pH&=-\log_{10}[H^+]\\&=-\frac{1}{2}\log_{10}2.7+3\\&=2.78\end{aligned}$$

問3　CH_3COOH の一部を NaOH で中和しているから，酢酸と酢酸ナトリウムの混合溶液になっている。

	$\boxed{CH_3COOH}$	＋ NaOH	⟶ $\boxed{CH_3COONa}$	＋H_2O
はじめ	$0.10\times1.0=0.10$	$0.10\times0.50=0.050$	0	〔mol〕
反応後	$\boxed{0.050}$	0	$\boxed{0.050}$	〔mol〕

酢酸ナトリウム CH_3COONa はイオン結晶なので，水に溶けたら完全に電離する。

$$CH_3COONa \longrightarrow CH_3COO^- + Na^+$$

このため溶液には，0.050 mol の CH_3COO^- が生じている。さらに酢酸 CH_3COOH がわずかに電離する。

	CH_3COOH	⇄ CH_3COO^-	＋ H^+	
はじめ	0.050	0.050	0	〔mol〕
平衡時	$0.050-x$	$0.050+x$	x	〔mol〕

はじめから CH_3COO^- が多量にあるので，CH_3COOH の電離は大幅に抑えられ(理由は後述)，$0.050\gg x$ である。よって，CH_3COOH，CH_3COO^- ともに，平衡時の物質量は 0.050 mol と近似できる。

溶液の体積を V〔L〕とおくと，平衡時の濃度は，

$$[CH_3COOH]\fallingdotseq\frac{0.050}{V}〔mol/L〕$$

$$[CH_3COO^-]\fallingdotseq\frac{0.050}{V}〔mol/L〕$$

$K_a=\dfrac{[CH_3COO^-][H^+]}{[CH_3COOH]}$ より，

$$2.7\times10^{-5}=\frac{\frac{0.050}{V}}{\frac{0.050}{V}}\times[H^+]$$

$$[H^+]=2.7\times10^{-5}〔mol/L〕$$

よって，

$$\begin{aligned}pH&=-\log_{10}(2.7\times10^{-5})\\&=5-\log_{10}2.7=4.57\end{aligned}$$

このように，弱酸とその塩の両方が多量に存在するときは，問1，2で用いた$[CH_3COO^-]=[H^+]$は成り立たない。その代わり，CH_3COOHの電離，CH_3COO^-の加水分解が，それぞれ大幅に起こりにくくなるため，

平衡時の$[CH_3COOH]$＝電離前の酢酸〔mol/L〕

平衡時の$[CH_3COO^-]$＝電離前の酢酸ナトリウム〔mol/L〕

と考えることができ，

$$K_a=\frac{[CH_3COO^-][H^+]}{[CH_3COOH]}$$

$$=\frac{\text{酢酸ナトリウム〔mol/L〕}}{\text{酢酸〔mol/L〕}}\times[H^+]$$

の一次式で水素イオン濃度$[H^+]$を算出できる。

なおCH_3COOHの電離が大幅に抑えられるのは，溶液中にCH_3COO^-が多量に存在するため，ルシャトリエの原理より，酢酸水溶液のときよりもさらに下記の平衡が左に片寄るからである。

$$CH_3COOH \rightleftarrows CH_3COO^- + H^+$$

また，CH_3COO^-の加水分解が大幅に抑えられるのは，溶液中にCH_3COOHが多量に存在するため，ルシャトリエの原理より，酢酸ナトリウム水溶液のときよりもさらに下記の平衡が左に片寄るからである。

$$CH_3COO^- + H_2O \rightleftarrows CH_3COOH + OH^-$$

問4　中和後の酢酸と酢酸ナトリウムの物質量を求めると，

	CH_3COOH	＋ $NaOH$	$\longrightarrow$ CH_3COONa	＋ H_2O
反応前	0.050	$1.0\times0.010=0.010$	0.050	〔mol〕
反応後	0.040	0	0.060	〔mol〕

イオン結晶のCH_3COONaは完全電離する。さらにCH_3COOHがy〔mol〕だけ電離するとすると，

	CH_3COOH	$\rightleftarrows$ CH_3COO^-	＋ H^+	
はじめ	0.040	0.060	0	〔mol〕
平衡時	$0.040-y$	$0.060+y$	y	〔mol〕

yの値は問3のxの値とは違う。しかし小さい値であることに変わりはなく，相変わらず$0.040\gg y$，$0.040-y\fallingdotseq0.040$

$0.060+y\fallingdotseq0.060$

と近似できるから，溶液の体積をV'〔L〕とおくと，

$K_a=\dfrac{[CH_3COO^-][H^+]}{[CH_3COOH]}$より，

$$2.7\times10^{-5}=\frac{\frac{0.060}{V'}}{\frac{0.040}{V'}}\times[\mathrm{H^+}]$$

$$[\mathrm{H^+}]=1.8\times10^{-5}\,[\mathrm{mol/L}]$$

よって，$\mathrm{pH}=-\log_{10}(2\times3^2\times10^{-6})=4.74$

水素イオン濃度(1.8×10^{-5}mol/L)は，NaOHを加える前の$\frac{2}{3}$倍に変化している。つまり，加えた強塩基を完全に中和するわけではなく，わずかだけ溶液の塩基性は強まっている。しかし，その度合いは極めて軽微で，相変わらず上記の近似が可能であることが確認できる。

なお，水1.5Lに上記と同量のNaOHを加えた場合は，$[\mathrm{OH^-}]=\frac{2}{3}\times10^{-2}$〔mol/L〕，$[\mathrm{H^+}]=\frac{3}{2}\times10^{-12}$〔mol/L〕となり，水素イオン濃度が添加前($1\times10^{-7}$mol/L)の約7万分の1まで大きく低下してしまう。上記溶液がいかにpH変化しにくいかが確認できる。

このように，弱酸とその塩の混合溶液は，外部から強酸や強塩基を加えてもpH変化が小さく，緩衝溶液と呼ばれる。同様に，弱塩基とその塩の混合溶液や，NaH_2PO_4とNa_2HPO_4の混合溶液なども緩衝溶液である。

問5　今度は酢酸ナトリウム(のみ)の水溶液となっている。弱酸に由来するイオンは加水分解反応を起こして弱塩基性を示す。

$$\mathrm{CH_3COO^-}+\mathrm{H_2O}\rightleftarrows\mathrm{CH_3COOH}+\mathrm{OH^-}$$

すなわち，弱酸由来のイオンは，ブレンステッドの塩基として働くのである。ただし，H_2OはCH_3COOH以上にH^+を放出しにくい物質なので，CH_3COO^-がH_2OからH^+をもらい受ける確率は非常に低い。ここで反応生成量を整理すると，

	CH_3COO^-	+ H_2O	⇄ CH_3COOH	+ OH^-	
はじめ	0.050※	多量	0	0	〔mol/L〕
平衡時	$0.050-z$	多量	z	z	〔mol/L〕

※用いたCH_3COOHとNaOHは各々0.10molだが，混合後の溶液の体積が計2Lとなっているので，その濃度は0.10mol/Lではなく，$\frac{0.10}{2}=0.050$〔mol/L〕である。

上述通り$0.050\gg z$なので，平衡時の$[\mathrm{CH_3COO^-}]=0.050-z\fallingdotseq0.050$〔mol/L〕と近似できる。また$[\mathrm{CH_3COOH}]=[\mathrm{OH^-}]$とみなせる。水のイオン積$K_w=[\mathrm{H^+}][\mathrm{OH^-}]$より，

$[\mathrm{OH^-}]=\frac{K_w}{[\mathrm{H^+}]}$だから，$[\mathrm{CH_3COOH}]=\frac{K_w}{[\mathrm{H^+}]}$とみなせることになる。

$$K_a=\frac{[\mathrm{CH_3COO^-}][\mathrm{H^+}]}{[\mathrm{CH_3COOH}]}=\frac{\text{酢酸ナトリウム〔mol/L〕}\times[\mathrm{H^+}]}{\frac{K_w}{[\mathrm{H^+}]}}$$ より，

3 物質の変化

$$2.7\times10^{-5}=\frac{0.050\times[H^+]}{\dfrac{1.0\times10^{-14}}{[H^+]}}$$

$$[H^+]=\sqrt{2.7\times2}\times10^{-9}$$

よって，$pH=9-\frac{1}{2}(\log_{10}2.7+\log_{10}2)$

$=8.63$

$[OH^-]$はおおよそ5×10^{-6}〔mol/L〕なので，加水分解が起こる割合は約$\frac{5\times10^{-6}}{0.050}=1\times10^{-4}$，1万分の1にすぎないことがわかるから，上記の近似は正しいと確認できる。

以上のように，弱酸のみの水溶液(問1・2)，弱酸とその塩の混合溶液(問3・4)，強酸と強塩基から生じた塩のみを含む水溶液(問5)で，解法は異なる。$[CH_3COOH]$や$[CH_3COO^-]$が何の濃度にほぼ等しいのかを覚えて解法を使い分けられるようにしよう。

類題 25

次の文章を読み，**問1～問5**に答えなさい。 (金沢大)

アンモニアを水に溶かすと，次のように電離して平衡状態に達する。

$NH_3+H_2O \rightleftarrows NH_4^++OH^-$　　　　<1>

平衡状態での各成分のモル濃度を$[NH_3]$，$[H_2O]$，$[NH_4^+]$，$[OH^-]$と表すと，この電離平衡の平衡定数は

$K=\frac{[NH_4^+][OH^-]}{[NH_3][H_2O]}$　　　　<2>

と表される。また，アンモニアの電離定数K_bは(　ア　)となる。ここで，アンモニアの初濃度をc〔mol/L〕，電離度をαとして，K_bを表すと(　イ　)となる。アンモニアは弱塩基なので，αの値が1に比べて非常に小さい。このとき，K_bはcとαを用いて(　ウ　)と表される。(　ウ　)より，式<1>の平衡状態における水酸化物イオンの濃度$[OH^-]$は，cとK_bを用いて(　エ　)と表される。また，水のイオン積K_wを用いると，式<1>の平衡状態における水素イオン濃度$[H^+]$は(　オ　)と表される。

一方，塩化水素とアンモニアの中和で生じる塩化アンモニウムを水に溶かすと，次のように電離して平衡状態に達する。

$NH_4Cl \rightleftarrows NH_4^++Cl^-$　　　　<3>

電離したNH_4^+の一部は水と反応して，次のような平衡状態に達し，その結果，水溶液は［ A ］を示す。

$NH_4^+ + H_2O \rightleftarrows$ (カ) + (キ) <4>

式<4>の平衡において，$K_h = \frac{[(カ)][(キ)]}{[NH_4^+]}$ を加水分解定数という。

[(キ)]の代わりに$[H^+]$で表すと，(a)K_hはK_bとK_wを用いて表すことができる。(b)アンモニアと塩化アンモニウムの混合水溶液は，緩衝液として用いられる。

問1 (ア)～(キ)に入る適切な式または化学式を記入しなさい。

問2 ［ A ］に入る適切な語句を次のカッコの中から一つ選び記入しなさい。

[強酸性，弱酸性，中性，弱塩基姓，強塩基性]

問3 アンモニアは水溶液中では，式<1>の電離平衡が成り立っている。この水溶液に水酸化ナトリウム水溶液を加えたとき，平衡は左右どちらに移動するか，または移動しないかを，理由とともに45字以内で答えなさい。

問4 下線部(a)に関して，K_hをK_bとK_wを用いて記入しなさい。

問5 下線部(b)に関して，0.20 mol/Lのアンモニア水100 mLと0.20 mol/Lの塩化アンモニウム水溶液300 mLを混合した。この混合水溶液のpHを有効数字2桁で求めなさい。計算過程も示しなさい。ただし，アンモニアの電離定数は$K_b = 1.8 \times 10^{-5}$ mol/L，水のイオン積は$K_w = 1.0 \times 10^{-14}$ (mol/L)^2，$\log_{10} 2 = 0.30$，$\log_{10} 3 = 0.48$とする。

3 −8 日本医科大

難易度 ★★★☆☆ 解答目安時間 15分

下の文章の[ア]〜[コ]に，それぞれ示された指示にしたがって適切な式，数値，または記号を入れて文章を完成させなさい。ただし，変数 a と b は体積〔mL〕を表し，K は酢酸の電離定数を表すものとする。また，[ア]，[イ]，[カ]，[ク]，[コ]の式の中では，単位を省略し，a，b，K と水のイオン積 K_w 以外の変数，定数は用いないこと。なお，塩酸と水酸化ナトリウムは水溶液中で完全解離すると考えなさい。

0.100 mol/L 塩酸 50.0 mL に a だけ水を加えると，a があまり大きくなければ，溶液中の水素イオンのモル濃度$[H^+]$〔mol/L〕は，$[H^+]=$[ア(式)]で計算することができる。また，0.100 mol/L 塩酸 50.0 mL に 0.200 mol/L 水酸化ナトリウム水溶液を b だけ加える場合，中和点の直前まで，溶液の水素イオン濃度は $[H^+]=$[イ(式)]の式で計算できる。

一方，酢酸水溶液に水酸化ナトリウム水溶液を加える場合は次のように考えることができる。いま，0.100 mol/L の酢酸水溶液 50.0 mL に 0.200 mol/L 水酸化ナトリウム水溶液を b だけ加えるとする。酢酸の解離に着目すると，b があまり小さくなければ，中和点の近くまでは[ウ(化学式)]の濃度はナトリウムイオン濃度に等しいと近似でき，また[エ(化学式)]の濃度は，中和されていない酢酸の濃度に等しいと近似できる。したがって，混合溶液中の酢酸の濃度を C_A，水酸化ナトリウムの濃度を C_B とすれば $K=$[オ(記号を選択欄から選択)]と書くことができる。さらに，C_A と C_B をそれぞれ b を用いた式で表し，[オ]の式に代入して整理すれば $[H^+]=$[カ(式)]が得られる。この溶液は $b=$[キ(数値)] mL のとき最も強い緩衝作用を示すが，そのときの pH は[ク(式)]である。この pH は 0.100 mol/L 酢酸水溶液 50.0 mL に，[ケ(数値)] mol/L 酢酸ナトリウム水溶液 50.0 mL を加えた溶液の pH と等しい。

0.100 mol/L の酢酸水溶液 50.0 mL に，中和点より過剰に 0.200 mol/L 水酸化ナトリウム水溶液を加える場合は，加える水酸化ナトリウム水溶液の全量を b とすれば，溶液中の水素イオン濃度は $[H^+]=$[コ(式)]と表すことができる。

選択欄

(あ)	$\dfrac{[H^+]C_B}{C_B-C_A}$	(い)	$\dfrac{[H^+]C_B}{C_A-C_B}$	(う)	$\dfrac{[H^+]C_A}{C_B-C_A}$
(え)	$\dfrac{[H^+]C_A}{C_A-C_B}$	(お)	$\dfrac{[H^+]C_B}{C_A}$	(か)	$\dfrac{[H^+]C_A}{C_B}$

ここで合否が分かれる！

中和滴定になぞらえて，種々の溶液の pH を算出させる 1 問である。ここでは各状況の変化を認識し，それぞれ即座に解法を選んで計算しなければならない。かけられる時間は 15 分程度。まずは題意の読み取りに時間を要すると考えられる。空欄ウやエは，何を答えるべきか迷うかもしれないが，質量作用則にどう代入するかを示すという目的から判断したい。

計算では，特に反応量と溶液の体積変化の両方に気を遣う空欄イ・カ・コの難易度が高く，この辺りの出来が合否を左右したと思われる。日本医科大の入試では，設問ごとに有効数字が指定されるときとそうでないときがあるが，この問題では指定がないので，割り切れる数値については「$5-0.2b$」などという表現でも十分だろう。

類題には，酢酸と少量の指示薬 AH とが共存する緩衝溶液の問題を取り上げた。難しめの内容だが，ぜひチャレンジして自分のものにしておこう。

解答

ア：$\dfrac{5.00}{50.0+a}$　　イ：$\dfrac{5.00-0.200b}{50.0+b}$

ウ：CH_3COO^-　　エ：CH_3COOH

オ：(い)　　カ：$\dfrac{5.00-0.200b}{0.200b}\times K$

キ：12.5　　ク：$-\log_{10}K$

ケ：0.100　　コ：$\dfrac{50.0+b}{0.200b-5.00}\times K_w$

考え方と解法のポイント

ア：水で希釈しても溶質の mol は一定だから，mol/L は体積に反比例する。塩酸のモル濃度＝[H$^+$] と考えてよいので，

$$[H^+]=0.100\times\frac{50.0}{50.0+a}=\frac{5.00}{50.0+a}\text{〔mol/L〕}$$

イ：HCl〔mol〕＞NaOH〔mol〕の前提なので，量関係を整理すると，

	HCl	＋	NaOH	⟶	NaCl	＋	H_2O	
はじめ	$0.1\times\dfrac{50}{1000}$		$0.2\times\dfrac{b}{1000}$		0			〔mol〕
反応後	$\dfrac{5-0.2b}{1000}$		0		$\dfrac{0.2b}{1000}$			〔mol〕

よって，$[H^+]$ = 塩酸〔mol/L〕$= \dfrac{5-0.2b}{1000} \times \dfrac{1000}{50+b}$

$= \dfrac{5.00-0.200b}{50.0+b}$〔mol/L〕

オ：選択肢から察するに，ここでの酢酸，水酸化ナトリウムの濃度とは，混合した後中和反応が起こる前の濃度と解せる。量関係を整理すると，

	CH_3COOH +	$NaOH$ $\longrightarrow$	CH_3COONa +	H_2O
はじめ	C_A	C_B	0	〔mol/L〕
反応後	$C_A - C_B$	0	C_B	〔mol/L〕

ここからさらにCH_3COOHが一部電離するものの，その量は$C_A - C_B$やC_Bに対しては無視できる。したがって，平衡時の各濃度は，

$[CH_3COOH] = C_A - C_B$

$[CH_3COO^-] = C_B$

とみなせるので，

$$K = \frac{[CH_3COO^-][H^+]}{[CH_3COOH]} = \frac{C_B \times [H^+]}{C_A - C_B}$$

カ：$C_A = 0.100 \times \dfrac{50}{50+b}$〔mol/L〕

$C_B = 0.200 \times \dfrac{b}{50+b}$〔mol/L〕なので，

$$K = \frac{C_B \times [H^+]}{C_A - C_B} = \frac{\dfrac{2b}{50+b} \times [H^+]}{\dfrac{50}{50+b} - \dfrac{2b}{50+b}}$$

よって，$[H^+] = \dfrac{5.00-0.200b}{0.200b} \times K$

キ：CH_3COOHとCH_3COONaの量が等しいところが，最も緩衝作用が強くなるところである。一定量の強酸や強塩基を加えたときのpH変化が，ともに小さくなるところだからである。ということは，はじめの酢酸の半分を中和すればよいから，

$$\underbrace{0.100 \times \frac{50.0}{1000}}_{\text{はじめ酢酸〔mol〕}} \times \frac{1}{2} = 0.200 \times \frac{b}{1000}$$

よって，$b = 12.5$〔mL〕

ク：$[CH_3COOH] = [CH_3COO^-]$となっているから，

$$K = \frac{[CH_3COO^-][H^+]}{[CH_3COOH]} = [H^+]$$

よって，$pH = -\log_{10}[H^+] = -\log_{10}K$

ケ：水に CH_3COOH と CH_3COONa を同量ずつ加えても，$[CH_3COOH]=[CH_3COO^-]$ となって $pH=-\log_{10}K$ になるから，同体積を混合するなら同モル濃度であればよい。

コ：CH_3COOH〔mol〕＜ NaOH〔mol〕なので，量関係を整理すると，

	CH_3COOH	＋	$NaOH$	⟶	CH_3COONa	＋ H_2O
はじめ	$0.1\times\frac{50}{1000}$		$0.2\times\frac{b}{1000}$		0	〔mol〕
反応後	0		$\frac{0.2b}{1000}-0.1\times\frac{50}{1000}$		$0.1\times\frac{50}{1000}$	〔mol〕

$$[OH^-]=NaOH\,〔mol/L〕=\left(\frac{0.2b}{1000}-0.1\times\frac{50}{1000}\right)〔mol〕\times\frac{1000}{50+b}〔1/L〕$$
$$=\frac{0.2b-5}{50+b}〔mol/L〕$$

よって，$[H^+]=\dfrac{K_w}{[OH^-]}=\dfrac{50.0+b}{0.200b-5.00}\times K_w$〔mol/L〕

類題 26

次の文を読んで，**問１～問６**に答えよ。解答はそれぞれ所定の解答欄に記入せよ。（京都大）
問２～問４は有効数字２桁で答えよ。

ある化合物 AH は，水に溶かすと，A^- と水素イオン H^+ に電離して，

$$AH \rightleftarrows A^- + H^+ \qquad (1)$$

で表される平衡にゆっくりと達する。一般に，左右どちらの方向にも進みうる反応を［　ア　］反応と呼ぶ。この式(1)の反応において，正反応の速度は $k_1[AH]$，逆反応の速度は $k_2[A^-][H^+]$ と表される。ここで，k_1，k_2 は反応速度定数である。式(1)の平衡定数は $K=3.4\times10^{-5}$ mol/L であった。AH は無色だが，A^- は赤色であり，$[A^-]$ が 5.0×10^{-5} mol/L 以上になると溶液が赤く見える。

酢酸と酢酸ナトリウムを含む水溶液中で，AH の変化についての実験を行った。酢酸の電離平衡定数は $K_a=\dfrac{[H^+][CH_3COO^-]}{[CH_3COOH]}=1.7\times10^{-5}$ mol/L である。①0.10 mol/L の酢酸水溶液 100 mL に CH_3COONa を 0.010 mol 加えた。このような水溶液では，少量の H^+ や OH^- を加えても pH はほとんど変化しないことが知られており，これを［　イ　］溶液と呼ぶ。この性質は化学平衡に関する［　ウ　］の原理による。②この水溶液に 1.5×10^{-5} mol の AH を加え，素早くかき混ぜた後の[AH]および$[A^-]$の時間変化を観測した。ただし，実験中温度は一定とし，体積変化は無視できるものとする。

問1 [ア]～[ウ]に適切な語句を入れよ。

問2 0.10 mol/L の酢酸水溶液 100 mL に 1.5×10^{-5} mol の AH を溶かした。この溶液が赤く見えるためには，何 mol 以上の CH_3COONa を加える必要があるか。ただし，AH を加えたことによる pH 変化は無視できるものとする。

問3 下線部①のように調製した水溶液の水素イオン濃度 $[H^+]$ を mol/L で求めよ。

問4 下線部②において，AH を加えた直後の[AH]の減少する速度が，6.0×10^{-6} mol/(L・s)であった。逆反応の速度定数 k_2 $(s\cdot mol/L)^{-1}$ を求めよ。

問5 問4において，[AH]および$[A^-]$の時間変化を観測するとどのような曲線になるか。図1の曲線のうちからもっとも適切なものを選び，[AH]の変化，$[A^-]$の変化をそれぞれ記号で答えよ。

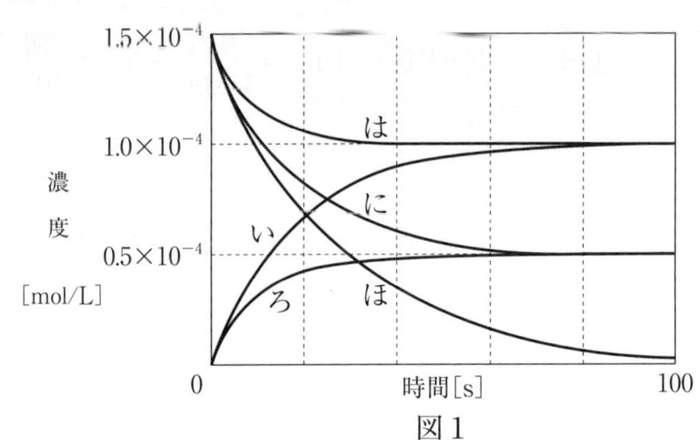

図1

問6 問5において，式(1)の正反応と逆反応の反応速度は，それぞれどのようになるか。図2の曲線のうちからもっとも適切なものを選び，正反応，逆反応をそれぞれ記号で答えよ。

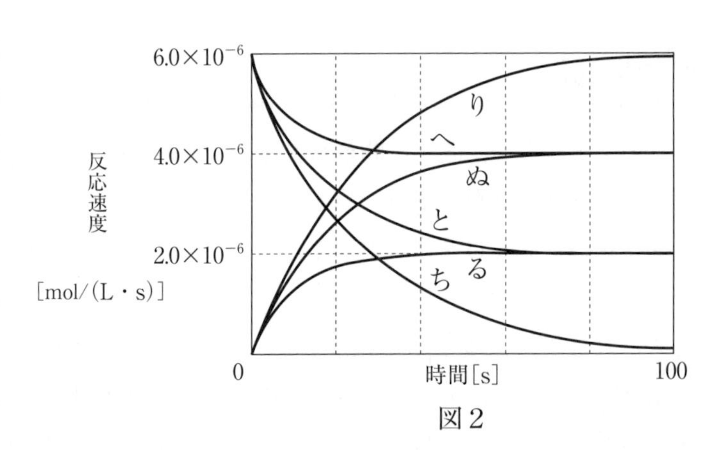

図2

3－9 浜松医科大

難易度 ★★☆☆☆　解答目安時間 10分

次の文章を読み，下の**問1**～**問3**に答えなさい。$\log_{10}2=0.30$ とする。

二酸化炭素は水に分子のまま溶解し，そのごく一部は水分子と反応して次に示す化学平衡が成立する。

$CO_2 + H_2O \rightleftarrows H_2CO_3$　　(1)

ここで，水に溶けた CO_2 はすべて H_2CO_3 になると仮定する。生成した H_2CO_3 は次のように電離する。

$H_2CO_3 \rightleftarrows H^+ + HCO_3^-$　　(2)

(2)式の電離定数 K_a は，$[H_2CO_3]$，$[H^+]$，$[HCO_3^-]$ を用いて次のように表すことができる。

$K_a =$ [1]　　(3)

さらに，HCO_3^- の一部は次のように電離するが，その電離定数は K_a に比べてきわめて小さい。

$HCO_3^- \rightleftarrows H^+ + CO_3^{2-}$　　(4)

(3)式の対数をとり，$-\log[H^+]=pH$，$-\log K_a = pK_a$ と置くと，次のように表される。

$pH =$ [2]　　(5)

大気中にある二酸化炭素が水に溶解する場合，(1)式の平衡に達する速度はきわめて遅いが，血液中の赤血球内には炭酸脱水酵素が存在し，この反応を速めている。血液の緩衝作用のすべてが(2)式で表される炭酸の電離平衡によるものと仮定すれば，37℃における pK_a は6.10であり，正常な血液では $[H_2CO_3]=1.2\times10^{-3}$ mol/L，$[HCO_3^-]=2.4\times10^{-2}$ mol/L なので，血液の pH は [3] となる。

問1　[1] と [2] にあてはまる文字や式を記せ。

問2　[3] にあてはまる数値を記せ。

問3　塩化水素を血液1Lあたり 1.1×10^{-3} mol となるように血液に加えた。このとき，血液の pH はいくらになるか。ただし，血液の緩衝作用のすべてが(2)式で表される炭酸の電離平衡によるものと仮定し，塩化水素の電離度は1.0とする。

ここで合否が分かれる！

二価の弱酸である炭酸の電離平衡について，基本的な内容を問う1問を取り上げた。問1と問2はやや易しめ，問3は標準レベル。ここでは元の問題の一部を扱っているので，制限時間から逆算すると3問を7分程度で解くのがベストである。

この問題では炭酸の第一段階の電離平衡のみを考えているので，内容が比較的平易であるのだが，弱酸のみの水溶液の解法と緩衝溶液の解法を混同すると，答えにたどり着けないというリスクがある。特に問3の，緩衝溶液に強酸を加えたときのpH算出にしっかり対応できたかどうかで，得点差がついただろう。

多価の酸の電離平衡で難しいところは，何段目の電離定数を用いて計算すればよいか，どの化学種の濃度を無視して計算すればよいかを判断するところである。リン酸の電離平衡でこれを扱った1問を類題で取り上げたので，合わせて練習しておこう。

解答

問1　1：$\frac{[H^+][HCO_3^-]}{[H_2CO_3]}$

2：$pK_a+\log\frac{[HCO_3^-]}{[H_2CO_3]}$

問2　7.4　　　**問3**　7.1

考え方と解法のポイント

問1　2：$K_a=\frac{[H^+][HCO_3^-]}{[H_2CO_3]}$ の両辺対数をとり，

$$-\log K_a=-\log[H^+]-\log\frac{[HCO_3^-]}{[H_2CO_3]}$$

$$pK_a=pH-\log\frac{[HCO_3^-]}{[H_2CO_3]}$$

よって，$pH=pK_a+\log\frac{[HCO_3^-]}{[H_2CO_3]}$

なお，$[H^+]\fallingdotseq[HCO_3^-]$ が成り立つのは，水に CO_2 のみが溶けているときだけである。他の酸，塩基，炭酸塩，炭酸水素塩が混合するときは，H^+ か HCO_3^- が増減して $[H^+]\neq[HCO_3^-]$ となる。今回は血液を話題にしているから，この事態も考えて万能な式を答える。

問2　pK_a＝6.10，$[H_2CO_3]$＝1.2×10^{-3}〔mol/L〕，$[HCO_3^-]$＝2.4×10^{-2}〔mol/L〕であると与えられたので，これを(5)式に代入する。

よって，$pH=6.10+\log\dfrac{2.4\times10^{-2}}{1.2\times10^{-3}}$

$=6.10+1+\log2$

$=7.40$

血液は$[H_2CO_3]:[HCO_3^-]\fallingdotseq1:20$の緩衝溶液。ここでも緩衝溶液の解法を使っているのである。

問3　緩衝溶液に強酸を加えるパターンである。加えたH^+〔mol〕＝HCl〔mol〕＝1.1×10^{-3}mol，溶液は1Lだから，反応しなかったとすれば，

$[H^+]=10^{-7.4}+1.1\times10^{-3}$

$\fallingdotseq1.1\times10^{-3}$〔mol/L〕

となる。ここから緩衝作用による平衡移動が起こる。

	H_2CO_3	$\rightleftarrows$	H^+	＋	HCO_3^-
はじめ	1.2×10^{-3}		1.1×10^{-3}		2.4×10^{-2}
平衡時	$2.3\times10^{-3}-x$		x		$2.29\times10^{-2}+x$

xは$10^{-7.4}$とは違うが，相変わらず小さな値であることは確かであり，

$[H_2CO_3]=2.3\times10^{-3}-x\fallingdotseq2.3\times10^{-3}$

$[HCO_3^-]=2.29\times10^{-2}+x\fallingdotseq2.29\times10^{-2}$

である。よって，(5)式より，

$pH=6.10+\log\dfrac{2.29\times10^{-2}}{2.3\times10^{-3}}\fallingdotseq6.10+\log10$

$=7.10$

3 物質の変化

類題 27

次の文章を読み，下の問1～問5に答えなさい。 （獨協医科大）

原子量：H＝1.0，O＝16，Na＝23，水のイオン積：$K_w = [H^+][OH^-] = 1.0 \times 10^{-14}$ (mol^2/L^2)，$\log_{10}2 = 0.30$，$\log_{10}3 = 0.48$ とする。

生命活動において pH の調節は大変重要で，生体内における水素イオン濃度は極めて狭い範囲に保たれなければならない。例えば，正常なヒトの血液の pH は 7.35～7.45 の間での変動しか許されない。血液のような細胞外液においては，炭酸水素塩による緩衝作用が重要であるが，細胞内液においてはリン酸塩が緩衝作用を担っている。ここではリン酸塩の平衡について考える。なお，pH を $pH = -\log_{10}[H^+]$ と定義したように，平衡定数 K に対し，$-\log_{10}K$ を pK と定義する。

リン酸（オルトリン酸）は3段階で電離し，25℃におけるそれぞれの電離定数を次の値とする。

$H_3PO_4 \rightleftarrows H^+ + H_2PO_4^-$ ……(1)　　$K_1 = 7.6 \times 10^{-3}$ mol/L

$H_2PO_4^- \rightleftarrows H^+ + HPO_4^{2-}$ ……(2)　　$K_2 = 6.3 \times 10^{-8}$ mol/L

$HPO_4^{2-} \rightleftarrows H^+ + PO_4^{3-}$ ……(3)　　$K_3 = 4.5 \times 10^{-13}$ mol/L

まず，0.10 mol/L の NaH_2PO_4 水溶液の液性について考える。この塩は水中で完全電離し，生じた $H_2PO_4^-$ は加水分解して次のような平衡が生じる。

$H_2PO_4^- + H_2O \rightleftarrows H_3PO_4 + OH^-$ ……(4)

水の濃度は一定であるものとして，(4)の平衡定数の値を求めると次のようになる。

$$K_4 = \frac{[H_3PO_4][OH^-]}{[H_2PO_4^-]} = \boxed{\quad 1 \quad} \text{ mol/L}$$

また，同時に $H_2PO_4^-$ は(2)の反応も起こす。しかし，K_2 と K_4 の値を比較すると，NaH_2PO_4 水溶液の液性は［ ア ］であることがわかる。

次に，0.10 mol/L の Na_2HPO_4 水溶液の液性について考える。同様にこの塩も水中で完全電離し，生じた HPO_4^{2-} は加水分解して次のような平衡が生じる。

$HPO_4^{2-} + H_2O \rightleftarrows H_2PO_4^- + OH^-$ ……(5)

先と同様に考えると，Na_2HPO_4 水溶液の液性は［ イ ］となる。

NaH_2PO_4 水溶液と Na_2HPO_4 水溶液を混合すると，pH＝7.0 付近の緩衝液を調製することができる。ここでは，近似的に(2)の平衡の寄与のみを考えればよい。このとき，緩衝液の pH と pK の関係は，次のような式で表される。

pH＝［ ウ ］

この式を，Henderson-Hasselbalch の式という。

問1　文中の［ 1 ］に入る数値として最も適切なものを，次の①～⓪のうちから一つ選びなさい。

①　1.3×10^{-12}　②　5.9×10^{-11}　③　1.6×10^{-7}　④　7.1×10^{-6}
⑤　8.3×10^{-6}　⑥　2.2×10^{-2}　⑦　1.2×10^{5}　⑧　6.3×10^{6}
⑨　1.7×10^{10}　⓪　7.6×10^{11}

問2　文中の［ ア ］～［ ウ ］に入る語句・数値の組合せとして最も適切なものを，次の①～⓪のうちから一つ選びなさい。［ 2 ］

	ア	イ	ウ
①	酸性	酸性	$\mathrm{p}K_2+\log_{10}\dfrac{[\mathrm{HPO_4}^{2-}]}{[\mathrm{H_2PO_4}^{-}]}$
②	酸性	酸性	$\mathrm{p}K_2+\log_{10}\dfrac{[\mathrm{H_2PO_4}^{-}]}{[\mathrm{HPO_4}^{2-}]}$
③	酸性	塩基性	$\mathrm{p}K_2+\log_{10}\dfrac{[\mathrm{HPO_4}^{2-}]}{[\mathrm{H_2PO_4}^{-}]}$
④	酸性	塩基性	$\mathrm{p}K_2+\log_{10}\dfrac{[\mathrm{H_2PO_4}^{-}]}{[\mathrm{HPO_4}^{2-}]}$
⑤	酸性	塩基性	$-\mathrm{p}K_2-\log_{10}\dfrac{[\mathrm{HPO_4}^{2-}]}{[\mathrm{H_2PO_4}^{-}]}$
⑥	塩基性	酸性	$\mathrm{p}K_2+\log_{10}\dfrac{[\mathrm{HPO_4}^{2-}]}{[\mathrm{H_2PO_4}^{-}]}$
⑦	塩基性	酸性	$\mathrm{p}K_2+\log_{10}\dfrac{[\mathrm{H_2PO_4}^{-}]}{[\mathrm{HPO_4}^{2-}]}$
⑧	塩基性	酸性	$-\mathrm{p}K_2-\log_{10}\dfrac{[\mathrm{HPO_4}^{2-}]}{[\mathrm{H_2PO_4}^{-}]}$
⑨	塩基性	塩基性	$\mathrm{p}K_2+\log_{10}\dfrac{[\mathrm{H_2PO_4}^{-}]}{[\mathrm{HPO_4}^{2-}]}$
⓪	塩基性	塩基性	$-\mathrm{p}K_2-\log_{10}\dfrac{[\mathrm{HPO_4}^{2-}]}{[\mathrm{H_2PO_4}^{-}]}$

3　物質の変化

問3　リン酸の水溶液に水酸化ナトリウムを少量ずつ加えていったとき，pHと全リン酸(H_3PO_4，$H_2PO_4^-$，HPO_4^{2-}，PO_4^{3-}のすべての物質量)に対するHPO_4^{2-}のモル分率の関係を表したグラフとして最も適切なものを，次の①～⓪のうちから一つ選びなさい。 [3]

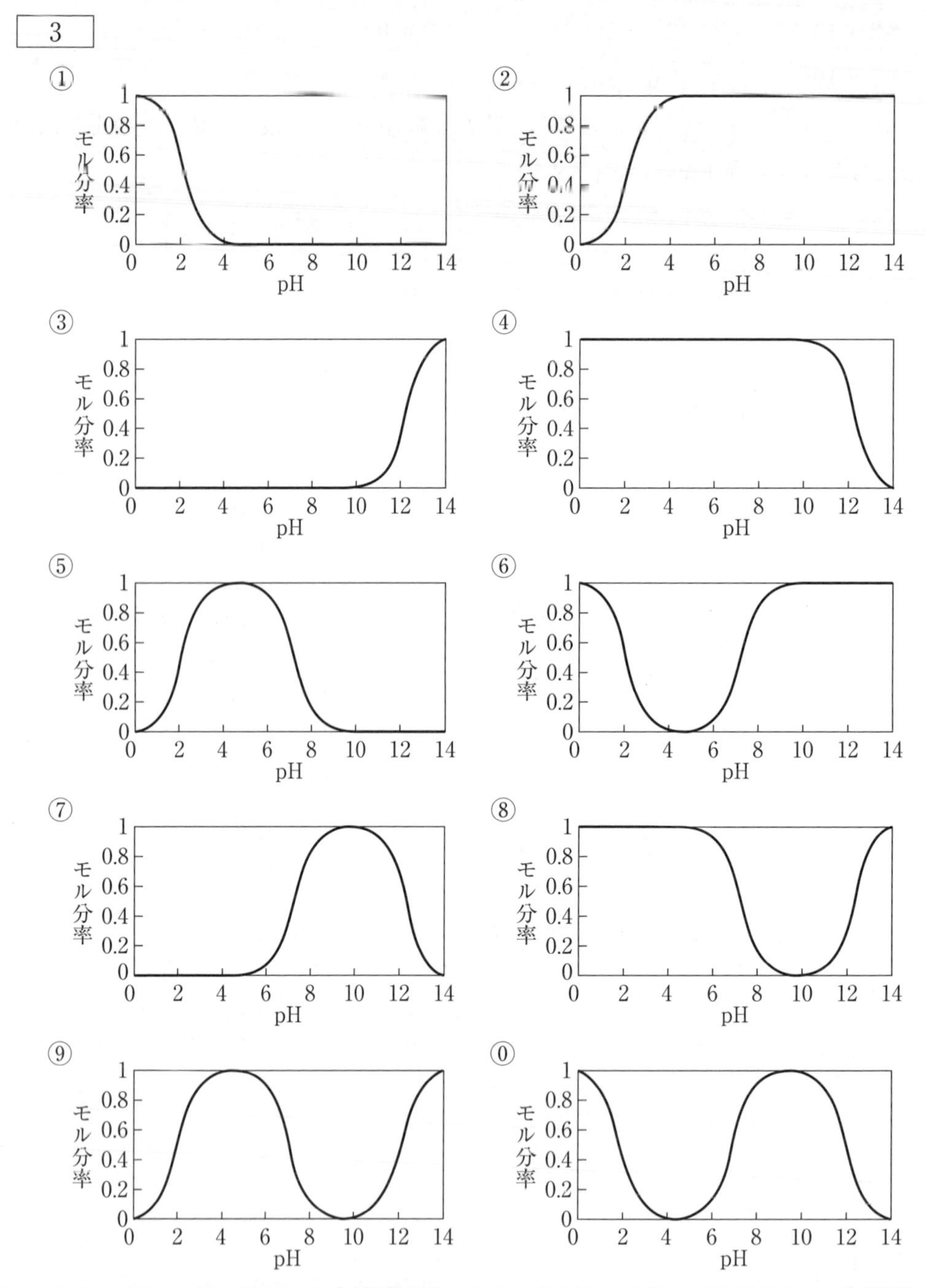

問4　0.300 mol/L の Na_2HPO_4 の水溶液 200 mL に，0.600 mol/L の NaH_2PO_4 の水溶液 100 mL を加え，緩衝液を調製した。この緩衝液の25℃におけるpHの値として最も近い数値を，次の①～⑦のうちから一つ選びなさい。 [4]

① 1.3　② 2.1　③ 6.3　④ 7.2　⑤ 7.8　⑥ 8.3　⑦ 12.3

問5　問4の緩衝液500mLに水酸化ナトリウムの固体を800mg加える前後のpH変化と，水500mLに水酸化ナトリウムの固体を800mg加える前後のpH変化を比較するとき，それぞれのpH変化量の差の値として最も近い数値を，次の①～⑨のうちから一つ選びなさい。ただし，それぞれのpHの値は25℃におけるものとし，水酸化ナトリウムを加えることによる溶液の体積変化は無視できるものとする。［5］

①　0.00　②　0.18　③　0.30　④　0.78　⑤　5.30　⑥　5.42　⑦　5.60
⑧　6.60　⑨　7.00

3 −10 京都大

難易度 ★★★★☆ 解答目安時間 30分

次の文を読んで，□には適した式を，□には適した数値をそれぞれ答えよ。数値は有効数字2桁で答えよ。$x/y \geqq 1000$ の場合には，$\sqrt{x+y} \fallingdotseq \sqrt{x}$ と考えてよい。また，必要があれば $\log_{10}2=0.30$，$\log_{10}3=0.48$ の値を用いよ。さらに，問に答えよ。

弱酸AHの水溶液中での電離平衡は(1)式のように書くことができる。

$$AH \rightleftarrows A^- + H^+ \qquad (1)$$

平衡状態で溶液中に存在する，電離していない状態の弱酸AHの濃度を$[AH]_{aq}$〔mol/L〕，電離状態にあるA^-の濃度を$[A^-]_{aq}$〔mol/L〕，H^+の濃度を$[H^+]_{aq}$〔mol/L〕とすると，酸の電離定数K_aは(2)式で表される。

$$K_a = \frac{[A^-]_{aq}[H^+]_{aq}}{[AH]_{aq}} \qquad (2)$$

25℃で$K_a = 4.5 \times 10^{-5}$mol/Lであるとき，2.0×10^{-1}mol/Lの弱酸水溶液のpHは［I］である。

この水溶液0.20Lが入った容器に，水とまったく混じり合わない有機溶媒XをV〔L〕加え密閉した。この容器内の液体をよく混ぜ合わせ，25℃に保ったまま静置したところ，図1のように有機溶媒Xと水溶液に分離した。弱酸AHは，

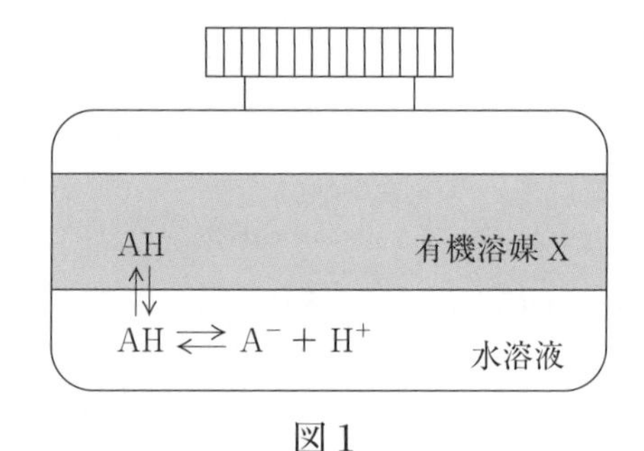

図1

図1に示すように電離していない状態でのみ有機溶媒Xに溶解し，X中では電離しないとする。電離していない弱酸AHのX中での濃度$[AH]_x$〔mol/L〕と水中での濃度$[AH]_{aq}$〔mol/L〕の比は一定になり(3)式が成立するものとする。

$$\frac{[AH]_x}{[AH]_{aq}} = 8.0 \qquad (3)$$

有機溶媒Xを加える前のAを含む化合物（AHとA^-）の物質量をn_0〔mol〕とする。有機溶媒Xを加えた後の，X中と水中でのAを含む化合物の物質量をそれぞれn_1〔mol〕，n_2〔mol〕とすると，それらは$[AH]_x$，$[AH]_{aq}$，$[A^-]_{aq}$，Vを用いて

$$n_1 = \boxed{ア} \qquad (4)$$

$$n_2 = \boxed{イ} \qquad (5)$$

$$n_0 = n_1 + n_2 \qquad (6)$$

と表される。ここで，$V=0.20\,\mathrm{L}$ のとき，水溶液の pH は Ⅱ となった。さらに $1.0\times10^{-1}\,\mathrm{mol/L}$ の NaOH 水溶液 0.20 L を加え，再びよく混合し静置したところ，水溶液の体積は 0.40 L となり，その pH は Ⅲ となった。ここで，加えられた NaOH と等量の AH が電離するとしてよい。

このように，水溶液の pH を変化させたとき，

$$P=\frac{[\mathrm{AH}]_x}{[\mathrm{AH}]_{\mathrm{aq}}+[\mathrm{A^-}]_{\mathrm{aq}}} \qquad (7)$$

で定義される P がどのように変化するかを考えよう。ここで，P は，K_a と $[\mathrm{H^+}]_{\mathrm{aq}}$ を用いて

$$P=\boxed{\text{ウ}} \qquad (8)$$

と表される。水溶液の pH を様々な値で一定に保つためには，pH の緩衝作用を持つ水溶液を用いればよい。ただし，緩衝液中の物質が弱酸の水中での電離と有機溶媒 X への溶解に影響を及ぼさないとする。そこで，(8)式において K_a が $[\mathrm{H^+}]_{\mathrm{aq}}$ に比べて十分小さい条件では，$P=8.0$ となる。一方，$[\mathrm{H^+}]_{\mathrm{aq}}$ が K_a に比べて十分小さい条件では，(8)式の両辺の対数をとると pH と $\log_{10}K_\mathrm{a}$ を用いて

$$\log_{10}P=\boxed{\text{エ}}+\log_{10}8.0 \qquad (9)$$

と表される。

問　水溶液の pH と $\log_{10}P$ の関係を示すグラフは図2の(あ)〜(か)のうちどれが最も適切か。その記号を答えよ。

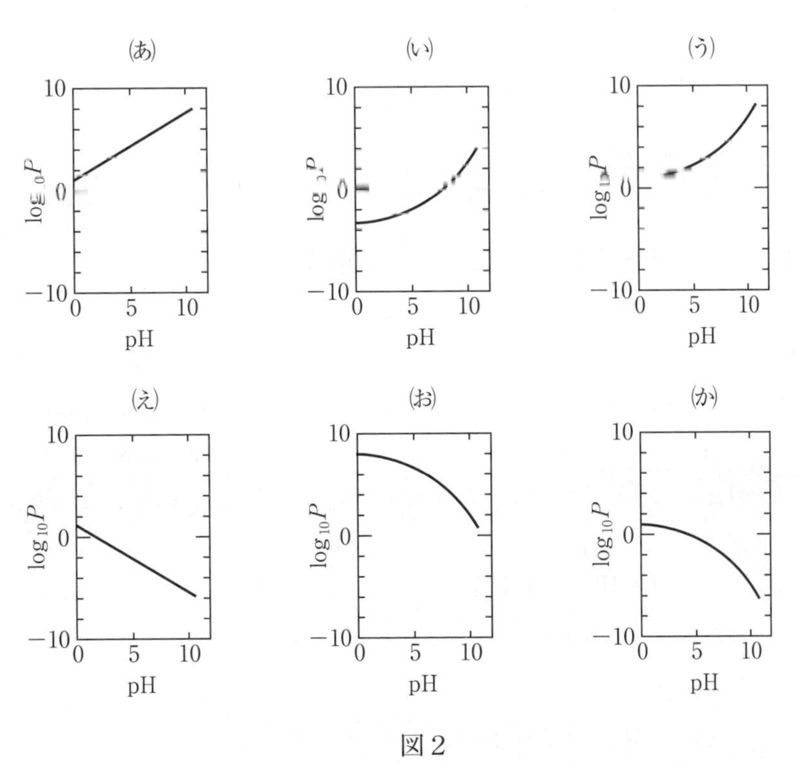

図2

ここで合否が分かれる！

京都大の難問を取り上げた。電離平衡と分配平衡を掛け合わせた1問であり，電離平衡については緩衝溶液が扱われ，全体を質量保存則で解く内容となっている。解答目安時間内の完答は厳しいと思われるが，平衡が複合したタイプのハイレベルな問題は難関大でよく出題されるので，少しでも高い得点が稼げるよう準備しておきたい。

空欄Ⅰは標準レベル，空欄ア・イも誘導に乗ることができれば問題ないが，それ以降は質量保存則と質量作用則の違いに気を付けながら，与式をうまく使いこなして解いていかなければならない。特に空欄Ⅱ・Ⅲまで食い下がれたかどうかが合否の分かれ目となっただろう。一方，空欄ウ・エ，最後の問については，後回しにした方が無難だったと思われる。

この手の難問に初見で対処できるようにするには，題意条件を速やかに把握する練習が必須である。類題には浸透圧と電離平衡を掛け合わせた問題を用意したので，図や反応式を利用してそれぞれ数値を整理しながら挑戦してみよう。

解答

Ⅰ：2.5　Ⅱ：3.0　Ⅲ：5.0

ア：$[\mathrm{AH}]_x V$　イ：$([\mathrm{AH}]_{\mathrm{aq}}+[\mathrm{A}^-]_{\mathrm{aq}})\times 0.20$

ウ：$\dfrac{8.0\,[\mathrm{H}^+]_{\mathrm{aq}}}{[\mathrm{H}^+]_{\mathrm{aq}}+K_{\mathrm{a}}}$　エ：$-\mathrm{pH}-\log_{10}K_{\mathrm{a}}$

問　(か)

考え方と解法のポイント

Ⅰ　水にAHのみを加えた水溶液なので，平衡時の$[\mathrm{A}^-]$と$[\mathrm{H}^+]$は等しい。

	AH	⇄	A^-	＋	H^+	
はじめ	2×10^{-1}		0		0	〔mol/L〕
平衡時	$2\times10^{-1}-[\mathrm{H}^+]$		$[\mathrm{H}^+]$		$[\mathrm{H}^+]$	〔mol/L〕

$K_{\mathrm{a}}=\dfrac{[\mathrm{A}^-]_{\mathrm{aq}}[\mathrm{H}^+]_{\mathrm{aq}}}{[\mathrm{AH}]_{\mathrm{aq}}}$ より，

$$4.5\times10^{-5}=\frac{[\mathrm{H}^+]^2}{2.0\times10^{-1}-[\mathrm{H}^+]}$$

$$\Longleftrightarrow\quad [\mathrm{H}^+]^2+4.5\times10^{-5}[\mathrm{H}^+]-9.0\times10^{-6}=0$$

解の公式より，

$$[\mathrm{H}^+]=\frac{-4.5\times10^{-5}\pm\sqrt{2.02\times10^{-9}+3.6\times10^{-5}}}{2}$$

$\frac{x}{y} \geqq 1000$ の場合に $\sqrt{x+y} \fallingdotseq \sqrt{x}$ と考えてよいから，

$$[H^+] \fallingdotseq \frac{-4.5\times10^{-5} \pm 6.0\times10^{-3}}{2}$$

$[H^+] > 0$ なので，

$$[H^+] \fallingdotseq 3.0\times10^{-3}\ \text{〔mol/L〕}$$

$$\begin{aligned} pH &= -\log_{10}(3\times10^{-3}) \\ &= 3-\log_{10}3 \\ &= 2.52 \end{aligned}$$

【別解】

K_a の値が小さいことから，2.0×10^{-1}mol/L での電離度は非常に小さいと考えられる。また，pH を答えるのだから，最終的には $\log_{10}2$ と $\log_{10}3$ を用いた近似計算をすることになる。$[H^+]$ の値に 5% 程度のずれがあっても，十分に下 1 桁目まで pH が求められるはずだから，

$$2.0\times10^{-1} - [H^+] \fallingdotseq 2.0\times10^{-1}$$

と近似すると，

$$4.5\times10^{-5} = \frac{[H^+]^2}{2.0\times10^{-1} - [H^+]} \fallingdotseq \frac{[H^+]^2}{2.0\times10^{-1}}$$

$$[H^+] \fallingdotseq 3.0\times10^{-3}$$

$$pH = 2.52$$

問題文冒頭に近似法が記されているので，この通りにしなければと思ってしまうが，正確さを追い求め過ぎると，逆にミスしたり時間を取られてしまうこともある。pH を小数点以下 1 桁目まで求めればよいのであれば，一般に 5% 程度までは $[H^+]$ の値がずれていても影響ない。なお，pH が完全に 0.1 だけ変化するのは，$\log_{10}1.26 = 0.100$ より，$[H^+]$ が 1.26 倍または 0.79 倍になるときである。

ア イ

次の条件は，以下のように電離平衡と分配平衡がいずれも成り立っている状態である。

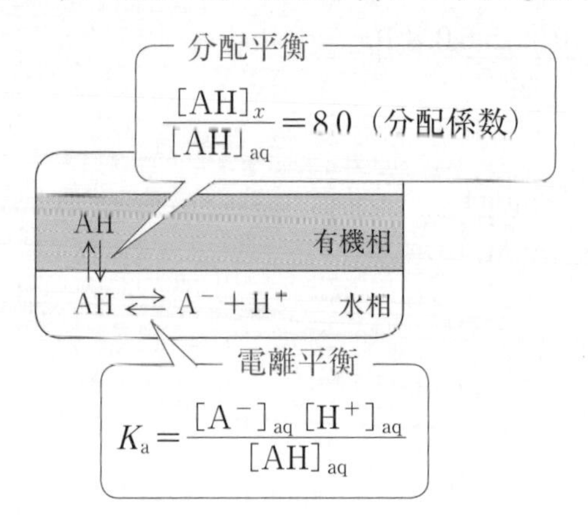

はじめに加えたAHは，有機相AH（$[AH]_x$），水相AH（$[AH]_{aq}$），水相A^-（$[A^-]_{aq}$）のいずれかの状態で存在する。質量保存則の式を立てるのであれば，水相と有機相の体積が違う場合，mol/Lではなくmolの和が一定との式にする必要がある。ア と イ は，この過程を問うているのである。

有機相AH〔mol〕

$=n_1=[AH]_x$〔mol/L〕・V〔L〕（ア）

水相AH＋A^-〔mol〕

$=n_2=([AH]_{aq}+[A^-]_{aq})$〔mol/L〕×0.20〔L〕（イ）

n_0（はじめのAH〔mol〕）

$=n_1+n_2=2.0\times10^{-1}$〔mol/L〕×0.20〔L〕

Ⅱ はじめのAHの一部は有機相に移り，水相のAH濃度は低下している。このため水相AHの電離度は Ⅰ のときよりも増しているが，Ⅰ の別解の手法で解いてから，最後に近似の妥当性を確認することにしよう。

誘導に従って，ア，イ で答えた質量保存則の式を使う。

$$n_1=[AH]_x\cdot V=8.0\times[AH]_{aq}\times0.20$$

$\frac{[AH]_x}{[AH]_{aq}}=8.0$ より

n_1+n_2

$=(8[AH]_{aq}+[AH]_{aq}+[A^-]_{aq})\times0.20$

$=2.0\times10^{-1}\times0.20$

$9[AH]_{aq}+[A^-]_{aq}=2.0\times10^{-1}$

$9[AH]_{aq} \gg [A^-]_{aq}$ とみなし，

$$9[AH]_{aq} \fallingdotseq 2.0\times10^{-1}$$

$$[AH]_{aq} = \frac{2}{9}\times10^{-1}\,[mol/L]$$

$K_a = \dfrac{[A^-]_{aq}[H^+]_{aq}}{[AH]_{aq}}$ より，

$$4.5\times10^{-5} = \frac{[H^+]_{aq}{}^2}{\frac{2}{9}\times10^{-1}}$$

$$[H^+] = 1.0\times10^{-3}\,[mol/L]$$

$[A^-]$ も 1.0×10^{-3} なので，上記の近似は妥当。

よって，pH＝3.0

Ⅲ　Ⅱ の水相中の AH を一部中和し ANa としている。弱酸 AH とその塩 ANa を両方含むから緩衝溶液である。

NaOH を加えたときの量関係を整理すると，

	AH(水中，X 中合計)	＋ NaOH	→ NaA ＋ H_2O
	2.0×10^{-1}〔mol/L〕×0.20〔L〕	1.0×10^{-1}〔mol/L〕×0.20〔L〕	
反応前	＝0.04〔mol〕	＝0.02〔mol〕	0
反応後	0.02 mol	0	0.02 mol

反応後の水層は 0.40 L に増えていることに注意し（X は 0.20 L のまま），$n_0 = n_1 + n_2$ に代入する。

$$[A^-]_{aq} = \text{NaA}\,[mol/L] = \frac{0.02\,[mol]}{0.4\,[L]} = 0.050\,[mol/L]$$

とみなせるので，

$$\underbrace{2.0\times10^{-1}\times0.20}_{n_0} = \underbrace{8.0[AH]_{aq}\times0.20}_{n_1} + \underbrace{([AH]_{aq}+0.050)\times0.20}_{n_2}$$

$$[AH]_{aq} = 0.010\,[mol/L]$$

$[A^-]_{aq}$ と $[AH]_{aq}$ の値がわかったので，緩衝溶液の解法（∵弱酸を一部中和し，弱酸＋その塩の水溶液にしている）より，

$$K_a = \frac{[A^-]_{aq}[H^+]_{aq}}{[AH^-]_{aq}},\quad 4.5\times10^{-5} = \frac{0.050}{0.010}\times[H^+]_{aq}$$

$$[H^+]_{aq} = 9.0\times10^{-6},\quad pH = 6 - 2\log_{10}3 \fallingdotseq 5.0$$

ウ　エ

$$\frac{[\mathrm{AH}]_x}{[\mathrm{AH}]_{\mathrm{aq}}}=8.0 \iff [\mathrm{AH}]_x=8.0\,[\mathrm{AH}]_{\mathrm{aq}}$$

$$P=\frac{[\mathrm{AH}]_x}{[\mathrm{AH}]_{\mathrm{aq}}+[\mathrm{A}^-]_{\mathrm{aq}}}$$

$$K_{\mathrm{a}}=\frac{[\mathrm{A}^-]_{\mathrm{aq}}[\mathrm{H}^+]_{\mathrm{aq}}}{[\mathrm{AH}]_{\mathrm{aq}}} \iff [\mathrm{A}^-]_{\mathrm{aq}}=\frac{K_{\mathrm{a}}[\mathrm{AH}]_{\mathrm{aq}}}{[\mathrm{H}^+]_{\mathrm{aq}}}$$

$$\iff P=\frac{8.0\,[\mathrm{AH}]_{\mathrm{aq}}}{[\mathrm{AH}]_{\mathrm{aq}}+\dfrac{K_{\mathrm{a}}[\mathrm{AH}]_{\mathrm{aq}}}{[\mathrm{H}^+]_{\mathrm{aq}}}}=\frac{8.0\,[\mathrm{H}^+]_{\mathrm{aq}}}{[\mathrm{H}^+]_{\mathrm{aq}}+K_{\mathrm{a}}}$$ （ウ）

近似パターンその１　$[\mathrm{H}^+]_{\mathrm{aq}} \gg K_{\mathrm{a}}$ のとき

$$P=\frac{8.0\,[\mathrm{H}^+]_{\mathrm{aq}}}{[\mathrm{H}^+]_{\mathrm{aq}}+K_{\mathrm{a}}} \fallingdotseq \frac{8.0\,[\mathrm{H}^+]_{\mathrm{aq}}}{[\mathrm{H}^+]_{\mathrm{aq}}}=8.0$$

両辺の対数をとると，$\log_{10}P=\log_{10}8.0$　…①

近似パターンその２　$[\mathrm{H}^+]_{\mathrm{aq}} \ll K_{\mathrm{a}}$ のとき

$$P=\frac{8.0\,[\mathrm{H}^+]_{\mathrm{aq}}}{[\mathrm{H}^+]_{\mathrm{aq}}+K_{\mathrm{a}}} \fallingdotseq \frac{8.0\,[\mathrm{H}^+]_{\mathrm{aq}}}{K_{\mathrm{a}}}$$

両辺の対数をとると，

$$\log_{10}P=\log_{10}[\mathrm{H}^+]_{\mathrm{aq}}-\log_{10}K_{\mathrm{a}}+\log_{10}8.0$$
$$=\boxed{-\mathrm{pH}-\log_{10}K_{\mathrm{a}}}+\log_{10}8.0 \quad \cdots②$$

（エ）

（縦軸に $\log_{10}P$，横軸に pH をとると，傾き -1 のグラフになる）

問　①，②の関数を満たすグラフは，(カ)である。

類題 28

次の文を読み，次ページの**問1～問7**に答えよ。　　東京慈恵会医科大

数値の解答は指示がなければ有効数字２桁とせよ。水のイオン積は $1.0 \times 10^{-14}\,\mathrm{mol^2/L^2}$，気体定数は $8.3 \times 10^3\,\mathrm{Pa \cdot L/(K \cdot mol)}$ とする。

水道の浄水器に用いられている「逆浸透膜」と呼ばれる膜材料は，水やアンモニアのような非イオン性の小分子を透過させ，イオン性の粒子を透過させない半透膜としての性質をもつ。図１のようなＵ字管の中央に逆浸透膜を張り，Ｕ字管のAB両室に水を加えた後，どちらかの液室に水溶性の溶質を加えて時間をおくと，透過できるものは熱運動によりAB両室に［　ア　］するのでAB両室の濃度は等しくなるが，透過できないものは加えられた液室内に留まる。このとき，透過できない粒子を多く含む液室は他方から浸透圧を受ける。透過できない粒子の濃度を c(mol/L)，湿度を T(K)，気体定数を R とすると，浸透圧 Π(pa)は，ファントホッフによれば，

$$\Pi = cRT \qquad (1)$$

である。

図１のようなＵ字管の中央に逆浸透膜を張り，Ｕ字管のAB両室に水1.00Lずつを温度27℃で加えた後，以下の連続する操作(1)～(4)を行った。

(1)　Ｕ字管のＡ室に，硫酸銅(Ⅱ)2.00 mmol($1\,\mathrm{mmol} = 1 \times 10^{-3}\,\mathrm{mol}$)を溶解させるとＡ室の液面とＢ室の液面に高低差ができるのでＡ室の液面に①<u>圧力 $\mathrm{P_1}$(kPa)</u>を加えるとAB両室の液面は一致した。

(2)　次に，上のＡ室の淡青色水溶液に②<u>水酸化ナトリウム x(mmol)を溶解させる</u>と，Ａ室内に沈殿(2.00 mmol)が生成した。AB両室の液面の高低差は操作(1)のときより大きくなり，Ａ室に圧力 $\mathrm{P_1}$ の２倍の圧力($2 \times \mathrm{P_1}$(kPa))を加えると液面が一致した。

(3)　今度は，Ａ室の水溶液や沈殿はそのままに，Ｂ室にアンモニア155 mmolを加えると，Ａ室の沈殿は溶解して，錯イオンである［　イ　］イオンが生成し，AB両室の液面の高低差は操作(2)のときよりさらに大きくなり，Ａ室に③<u>圧力 $\mathrm{P_2}$(kPa)を加えると</u>液面が一致した。

(4)　最後に，Ｂ室の水溶液に④<u>0.100 mol/L 塩酸 y(mL)</u>を加えるとAB両室の液面は圧力を加えなくても一致した。

アンモニアの電離定数 K_b は式(2)で表され，$K_\mathrm{b} = 10^{-5}\,\mathrm{mol/L}$ とすると，操作(4)で塩酸を加える前のＢ室でのアンモニアの電離度は 1.0×10^{-2} である。一方，Ａ室はこのときすでに塩基性であり，アンモニアはＡ室ではほとんど電離しないとする。

$$K_\mathrm{b} = \frac{[\mathrm{NH_4}^+][\mathrm{OH}^-]}{[\mathrm{NH_3}]} = 10^{-5}\,\mathrm{mol/L} \qquad (2)$$

近似的に，溶質を加えても水溶液の体積は変化せず，沈殿が生成してもその体積は $0.0\,\mathrm{cm^3}$ であると考えよ。アンモニアの錯イオン形成の平衡定数は $10^{12}\,(\mathrm{mol/L})^{-4}$ で非常に大きい。

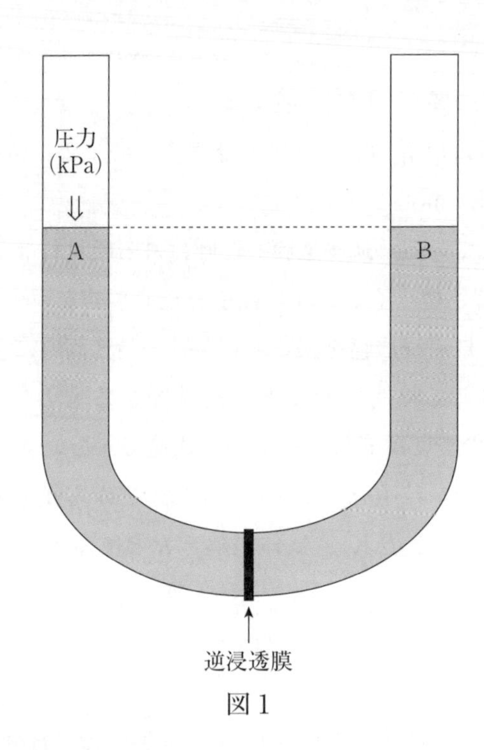

図 1

問1　空欄 ア に適する語句を答えよ。

問2　下線部①の圧力 P_1(kPa)を求めよ。

問3　下線部②で溶解させた水酸化ナトリウムの物質量 x(mmol)を答えよ。

問4　空欄 イ に入るイオン式を答えよ。

問5　下線部③の圧力 P_2(kPa)を求めよ。

問6　下線部④で加えた塩酸の体積 y(mL)を求めよ。

問7　式(2)をもとに最終的なB室での pH を整数値で答えよ。

3 －11 岐阜大

難易度 ★★★★☆ 解答目安時間 20分

次の文を読み，以下の**問1**～**問7**に答えよ。$\sqrt{2}=1.41$，$\sqrt{5}=2.23$とする。計算結果は，特に指定のない限り有効数字2桁で示せ。

0.20 mol/L の $AgNO_3$，$Cu(NO_3)_2$，$Zn(NO_3)_2$ の3種類の水溶液を用意した。これらの水溶液をそれぞれ1.0 mL ずつ別々の試験管にとり，それらに0.20 mol/L の塩酸1.0 mL を加え，よく振り混ぜたところ，$AgNO_3$ の入った試験管にのみ沈殿が見られた。このとき，沈殿した固体の AgCl と水に溶けて電離した Ag^+ と Cl^- との間に，①式のような溶解平衡が成り立っている。

$AgCl(固) \rightleftarrows Ag^+ + Cl^-$ ………①

電離した Ag^+ と Cl^- のモル濃度をそれぞれ $[Ag^+]$ と $[Cl^-]$ で表すと，その平衡定数 K_{AgCl} は②式で表され，この K_{AgCl} のような定数を［ ア ］という。

$K_{AgCl}=[Ag^+][Cl^-]$ ………②

この(a)K_{AgCl} の値は温度が一定であれば常に一定に保たれているので，(b)この AgCl の沈殿が入った試験管に過剰量の塩酸を加えると，①式の平衡は左辺へ移動してさらに AgCl が沈殿し，$[Ag^+]$ は著しく小さくなる。このことを［ イ ］と言い，過剰量の Cl^- を含む水溶液中では Ag^+ はほぼ完全に AgCl として沈殿している。

次に，上記の(c)0.20 mol/L の塩酸1.0 mL を加えた $Cu(NO_3)_2$ と $Zn(NO_3)_2$ の入った試験管に硫化水素 H_2S を十分に通じると，$Cu(NO_3)_2$ の入った試験管には［ ウ ］色の CuS の沈殿を生じた。この場合も，CuS(固)と電離した Cu^{2+} と S^{2-} との間に②式と同様な電離平衡が成り立ち，その平衡定数 K_{CuS} は③式で表される。

$K_{CuS}=[Cu^{2+}][S^{2-}]$ ………③

また，H_2S については水溶液中で④式のような電離平衡が成り立ち，その平衡定数は⑤式で表される。

$H_2S \rightleftarrows 2H^+ + S^{2-}$ ………④

$K_{H_2S}=\dfrac{[H^+]^2[S^{2-}]}{[H_2S]}$ ………⑤

酸性の溶液では $[S^{2-}]$ は小さいので，硫化物の［ ア ］が小さい Cu^{2+} しか沈殿せず，［ ア ］の大きい(d)Zn^{2+} はもっと $[S^{2-}]$ が大きい条件でしか沈殿しない。

次に，新しく0.20 mol/L の $Zn(NO_3)_2$ の水溶液1.0 mL を試験管にとり，ここに少量のアンモニア水を加えると沈殿を生じた。さらに過剰のアンモニア水を加えると，［ エ ］とよばれる錯イオンをつくって沈殿は溶解した。この沈殿が溶解した試験管に H_2S を通じると，［ オ ］色の沈殿を生じた。

問1 ［ ア ］～［ オ ］にあてはまる適切な語句や錯イオンの名称を記せ。

問2　下線部(a)について，0.20 mol/L の $AgNO_3$ 水溶液 1.0 mL に 0.20 mol/L の塩酸 1.0 mL を加え，よく振り混ぜたとき，沈殿せずに電離している Ag^+ のモル濃度を計算せよ。ただし，$K_{AgCl} = 2.0 \times 10^{-10} mol^2/L^2$ とし，AgCl の溶解度は十分小さいものとする。

問3　下線部(b)に関連して，0.20 mol/L の $AgNO_3$ 水溶液 1.0 mL に 0.40 mol/L の塩酸 1.0 mL を加え，よく振り混ぜたとき，沈殿せずに電離している Ag^+ のモル濃度を計算せよ。

問4　下線部(b)の AgCl の沈殿が入った試験管に過剰量のアンモニア水を加えると沈殿は溶解する。この反応を化学反応式で示せ。

問5　下線部(c)について，2.0×10^{-4} mol/L の Cu^{2+} を含む水溶液 1.0 mL に 0.20 mol/L の塩酸 1.0 mL を加えた溶液に，H_2S を十分に通じたとき，沈殿せずに電離している Cu^{2+} と S^{2-} のモル濃度を計算せよ。ただし，$K_{CuS} = 6.5 \times 10^{-30} mol^2/L^2$，$K_{H_2S} = 1.0 \times 10^{-21} mol^2/L^2$，$H_2S$ の飽和濃度$[H_2S]$を 0.10 mol/L とする。また，H_2S を十分に通じても溶液の pH や体積に変化はないものとする。

問6　下線部(d)について，0.10 mol/L の Zn^{2+} を含む水溶液に H_2S を十分に通じたとき，溶液中に ZnS の沈殿を生じ始めるのに必要な S^{2-} のモル濃度と，そのときの H^+ のモル濃度を求めよ。ただし，$K_{ZnS} = 2.0 \times 10^{-18} mol^2/L^2$ とし，H_2S の電離によって生じた H^+ のモル濃度は無視できるものとする。

問7　0.10 mol/L の Zn^{2+} を含む水溶液に H_2S を十分に通じたとき，最初に存在していた Zn^{2+} のちょうど 80% が ZnS として沈殿した。そのときの H^+ のモル濃度を求めよ。

ここで合否が分かれる！

塩化銀と硫化物の溶解度積を扱った1問である。問1と問4は基本，問2は標準，問3は共通イオン効果の理解と近似の発想を要するので，やや難しめといったレベル。問5以降の硫化物の溶解度積は，硫化水素の電離平衡と複合しているため，さらに難度が上がる。この手の問題を多くこなしていなかった受験生は，大幅に時間をとられただろう。したがってここでは，問5～7の出来が合否を分けたと思われる。

全体を通して，反応量や溶液中の濃度をよく整理して解く必要があり，ある程度の時間を要する内容である。岐阜大は例年，大問4問で試験時間は60分だが，うち20分ぐらいを目安として，理論化学の難問にどこまで手を出せるかが勝負どころ。同時に，他の標準的な大問で失点しないでおくことも重要だ。

類題には，炭酸の電離と炭酸カルシウムの溶解度積を複合させた問題を取り上げた。複数の平衡が絡む内容だが，無理のないレベルなのでしっかり完答できるようにしておこう。

解答

問1　ア：溶解度積　イ：共通イオン効果　ウ：黒　エ：テトラアンミン亜鉛(Ⅱ)イオン
　　オ：白

問2　1.4×10^{-5}mol/L

問3　2.0×10^{-9}mol/L

問4　$AgCl + 2NH_3 \longrightarrow [Ag(NH_3)_2]^+ + Cl^-$

問5　Cu^{2+}：6.5×10^{-10}mol/L
　　S^{2-}：1.0×10^{-20}mol/L

問6　S^{2-}：2.0×10^{-17}mol/L
　　H^+：2.2×10^{-3}mol/L

問7　1.0×10^{-3}mol/L

考え方と解法のポイント

問1　イ：異なる物質から共通するイオンが生じて平衡が移動することを共通イオン効果という。AgCl(固)の溶解平衡は，HClの添加(＝Cl^-の追加)により析出側(下式の左)に移動する。

$$AgCl(固) \rightleftarrows Ag^+ + Cl^-$$

問2　反応生成量を整理する。混合後の濃度は，体積が各々2倍に増すので，はじめの半分になる。

	$AgNO_3$	+ HCl	$\longrightarrow$ $AgCl$	+ HNO_3	
はじめ	$0.20\times\frac{1}{2}$	$0.20\times\frac{1}{2}$	0	0	〔mol/L〕
反応後	0	0	(0.10)※	0.10	〔mol/L〕

	$AgCl(固)$	$\rightleftarrows$ Ag^+	+ Cl^-	
はじめ	(0.10)※	0	0	〔mol/L〕
平衡時	$(0.10-x)$※	x	x	〔mol/L〕

※AgClは，実際には沈殿している

$K_{AgCl}=[Ag^+][Cl^-]$より，

$$2.0\times10^{-10}=x^2$$

よって，$x=1.41\times10^{-5}$〔mol/L〕

問3　HCl 過剰なので Cl^- が大量に溶存する。反応生成量を整理すると，

	$Ag^+NO_3^-$	+ H^+ $\boxed{Cl^-}$	$\longrightarrow$ AgCl	+ HNO_3	
はじめ	$0.20\times\frac{1}{2}$	$0.40\times\frac{1}{2}$	0	0	〔mol/L〕
反応後	0	0.10	$(0.10)^{※}$	0.10	〔mol/L〕

Cl^- 0.10 mol/L

	AgCl(固)	$\rightleftarrows$ Ag^+	+ $\boxed{Cl^-}$	
はじめ	$(0.10)^{※}$	0	0.10	〔mol/L〕
平衡時	$(0.10-y)^{※}$	y	$0.10+y$	〔mol/L〕

※沈殿している

K_{AgCl} の値が小さいことから，$0.10\gg y$ とわかるので $0.10+y\fallingdotseq 0.10$ と近似すると，

$K_{AgCl}=[Ag^+][Cl^-]$ より，

$$2.0\times10^{-10}=y\times(0.10+y)$$
$$\fallingdotseq y\times0.10$$

よって，$y\fallingdotseq 2.0\times10^{-9}$〔mol/L〕（近似は妥当と確認できる）

問5　混合後の溶液の組成は，

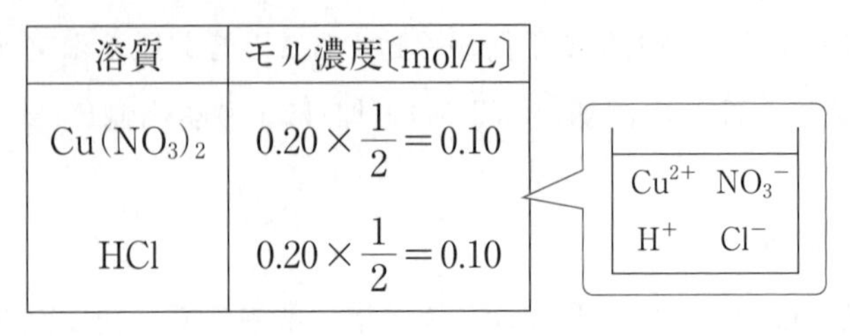

溶質	モル濃度〔mol/L〕
$Cu(NO_3)_2$	$0.20\times\frac{1}{2}=0.10$
HCl	$0.20\times\frac{1}{2}=0.10$

ここに H_2S を吹き込むと，

	$Cu(NO_3)_2$	+ H_2S	$\longrightarrow$ CuS	+ $2HNO_3$	
はじめ	0.10	気体から溶解	0	0	〔mol/L〕
反応後	0	0.10	(0.10)	0.20	〔mol/L〕

H_2S は，反応で消費されても気体からの溶解によって補充され，常に 0.10 mol/L を保つ。

H_2S 吹き込み後の溶液の組成は，

溶質	モル濃度〔mol/L〕	
HCl	0.10	⇨ $[H^+]=0.30$〔mol/L〕
HNO_3	0.20	
H_2S	0.10	⇨ ほぼ未電離

沈殿	モル濃度〔mol/L〕
CuS	(0.10) 実際は沈殿

ここで起こる平衡反応は水の電離平衡と以下の２つ。
混合後の溶液の組成は，

$$Cu^{2+}\quad 2.0\times10^{-4}\times\frac{1}{2}=1.0\times10^{-4}\text{〔mol/L〕}$$

$$HCl\quad 0.20\times\frac{1}{2}=0.10\text{〔mol/L〕}$$

関連する平衡は，

$$H_2S \rightleftarrows 2H^+ + S^{2-}\ \cdots\ K_{H_2S}=\frac{[H^+]^2[S^{2-}]}{[H_2S]}\quad\cdots①$$

$$CuS(固) \rightleftarrows Cu^{2+} + S^{2-}\ \cdots\ K_{CuS}=[Cu^{2+}][S^{2-}]\quad\cdots②$$

まず$[S^{2-}]$を求める。問題文に，「H_2Sを通じてもpHは変化しない」とあるが，これはCuS沈殿生成 $Cu^{2+}+H_2S \longrightarrow CuS+2H^+$で生じる$H^+$と，$H_2S$の電離で生じる$H^+$のいずれもが，HClの完全電離で生じる$H^+$の量に対して無視できるという意味である。
$[H^+]$＝HCl〔mol/L〕＝0.10〔mol/L〕，$[H_2S]$＝0.10〔mol/L〕だから，①式より，

$$1.0\times10^{-21}=\frac{(0.10)^2\times[S^{2-}]}{0.10}$$

よって，$[S^{2-}]=1.0\times10^{-20}$〔mol/L〕

次に$[Cu^{2+}]$を求める。全部溶けたままだと

$K_{sp}<[Cu^{2+}][S^{2-}]$

$(6.5\times10^{-30}<1.0\times10^{-4}\times1.0\times10^{-20})$

となるから，これを等式とすべく②式の平衡が左に移動しCuSの沈殿が生じる。このため$[Cu^{2+}]$は減少する。S^{2-}は消費されるものの，H_2Sの電離で補充されるため$[S^{2-}]$は一定に保たれる。なお，H_2Sも通じている気体から溶解して補充されるため，$[H_2S]$も0.10 mol/Lで一定に保たれる。
②式より，

$$6.5\times10^{-30}=[Cu^{2+}]\times1.0\times10^{-20}$$

よって，$[Cu^{2+}]=6.5\times10^{-10}$〔mol/L〕

溶液は，最終的には以下のようになっている。

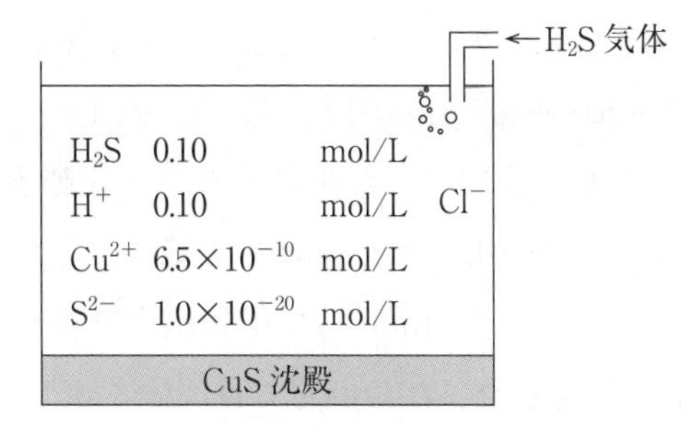

Cu^{2+}は，はじめの$\frac{1}{10^5}$以下の濃度まで減るから，ほぼ完全に沈殿するといえる。

問6　今度は塩酸を混ぜておらず$[H^+]$が不明である。沈殿開始時は全部溶けた状態で
$K_{ZnS}=[Zn^{2+}][S^{2-}]$ の等式が成り立つから，

$$2.0\times10^{-18}=0.10\times[S^{2-}]$$

よって，$[S^{2-}]=2.0\times10^{-17}$〔mol/L〕

$[H_2S]$はpHにかかわらず0.10mol/Lだから，①式より，

$$1.0\times10^{-21}=\frac{[H^+]^2\times2.0\times10^{-17}}{0.10}$$

よって，$[H^+]=\sqrt{5}\times10^{-3}=2.23\times10^{-3}$〔mol/L〕

問7　Zn^{2+}の20%はまだ溶けているのだから，

$$[Zn^{2+}]=0.10\times\frac{20}{100}=0.020\text{〔mol/L〕}$$

溶解度積より，

$$2.0\times10^{-18}=0.020\times[S^{2-}]$$

①式より，

$$1.0\times10^{-21}=\frac{[H^+]^2\times[S^{2-}]}{0.10}$$

両式より，$[H^+]=1.0\times10^{-3}$〔mol/L〕

類題 29

次の文を読んで，**問1〜問7**に答えよ。必要であれば，原子量として　（滋賀県立大）
H＝1.0，C＝12.0，O＝16.0，Ca＝40.0を，対数の値として$\log_{10}2=0.30$，$\log_{10}3=0.48$，$\log_{10}5=0.70$を用いよ。特に指定がない限り，解答の数値は有効数字2桁で示せ。

滋賀県東北部を流れる川の中には，炭酸カルシウムを主成分とする石灰石を多く含む山地を流れてくるものがある。そのうちのある川の上流で簡易水質測定を行ったところ，カルシウムイオンの濃度は20〜40mg/L程度，pHは8.0であった。水中のカルシウムイオンの濃度の上限は，炭酸イオン(CO_3^{2-})の濃度との溶解度積(K_{sp})によって決まる。水のpHも，炭酸イオンの濃度に影響を与えるため，カルシウムイオンの濃度にも影響する。

$$K_{sp}=[Ca^{2+}][CO_3^{2-}]=5.0\times10^{-9}\,\text{mol}^2/\text{L}^2\qquad\text{式1}$$

このことを確かめるため，水に溶けていた炭酸イオンと炭酸水素イオン(HCO_3^-)の濃度の合計値を求める実験を行った。この川の水を採取して試料とした。試料を正確に100mL量り取り，ただちに希硫酸(濃度5.00×10^{-2}mol/L)で中和滴定を行うと，1.60mL加えたところで(a)指示薬の色が変わり，終点に達した。この滴定では，陰イオンとして炭酸水素イオンと炭酸イオンのみを考えればよいとすると，

（ ア ［HCO_3^-］＋ イ ［CO_3^{2-}］）×試料の体積

＝ ウ ［H_2SO_4］×滴定に要した硫酸の体積　　　式2

と見なすことができる。

炭酸の電離定数は，以下の式で示される。

$$K_1=\frac{[HCO_3^-][H^+]}{[H_2CO_3]}=5.0\times10^{-7}\text{mol/L}$$　　　式3

$$K_2=\frac{[CO_3^{2-}][H^+]}{[HCO_3^-]}=5.0\times10^{-11}\text{mol/L}$$　　　式4

川の水に含まれた両イオンの濃度比 $\frac{[CO_3^{2-}]}{[HCO_3^-]}$ を，式4と水のpHから求めると，かなり小さい値となった。そのため，式2における炭酸イオンの影響を無視し，滴定に要した硫酸の体積から炭酸水素イオンの濃度を求めると， エ mol/Lであった。この値を式4に代入して炭酸イオンの濃度を求めた。式1から飽和時のカルシウムイオンの濃度を求めると，測定値に近い値が得られた。

問1　下線部(a)の指示薬として，メチルレッド（pH4.4～6.2で変色）を用いるのが適当である。中和点のpHが7よりも小さい理由を説明せよ。

問2　 ア ～ ウ に入る適切な値を整数で答えよ。

問3　この川の水における濃度比 $\frac{[CO_3^{2-}]}{[HCO_3^-]}$ を求めよ。計算過程も記せ。

問4　 エ に入る数値を求めよ。計算過程も記せ。

問5　試料に溶けている炭酸イオンの濃度を単位mol/Lで求めよ。計算過程も記せ。

問6　この試料がカルシウムイオンについて飽和していたとき，その濃度を単位mol/Lおよびmg/Lの両方で求めよ。計算過程も記せ。

問7　川の水のpHは気候や水温によっても影響を受けて変化する。別の日に同じ川から試料を採取して測定したところ，滴定に要した硫酸の体積は同じであったが，pHは7.7であった。このとき，カルシウムイオンについて飽和していたとして，その濃度を単位mol/Lで求めよ。計算過程も記せ。

3 −12 東京医科歯科大

難易度 ★★★★☆ 解答目安時間 10分

亜鉛に関して以下の**問1**～**問3**に答えよ。

必要のある場合には次の数値を用いよ。

原子量：H＝1.0　C＝12　N＝14　O＝16.0　Na＝23
S＝32　Cl＝35.5　Mn＝55　Zn＝65　I＝127

$\sqrt{2}=1.41$　$\sqrt{3}=1.73$　$\sqrt{5}=2.24$　$\sqrt[3]{2}=1.26$　$\sqrt[3]{3}=1.44$　$\sqrt[3]{12}=2.29$

数値を計算して答える場合は，結果のみではなく途中の計算式も書き，計算式には必ず簡単な説明文または式と式をつなぐ文をつけよ。

水酸化亜鉛は水に溶けにくく，25℃で溶解度積は，$K_{sp}=1.2\times10^{-17}(\text{mol/L})^3$ である。また，水酸化亜鉛はアンモニア水に溶けやすい。その理由は，亜鉛イオンがアンモニアと錯イオンを形成するためと考えられる。

$$Zn^{2+}+4NH_3 \rightleftarrows [Zn(NH_3)_4]^{2+} \quad \cdots\cdots(1)$$

式(1)に質量作用の法則もしくは化学平衡の法則をあてはめると，

$$\frac{[Zn(NH_3)_4{}^{2+}]}{[Zn^{2+}][NH_3]^4}=K_f=2.9\times10^9(\text{mol/L})^{-4}\quad(25℃)\quad \cdots\cdots(2)$$

になる。K_f はこの平衡式の平衡定数である。ここでは錯体はアンモニア4分子のものだけができるものと考えてよい。

問1　水酸化亜鉛の飽和水溶液の濃度(mol/L)を有効数字2桁で求めよ。

問2　$[Zn(NH_3)_4]^{2+}$ の(ア)名称，(イ)水溶液の色を記せ。

問3　水酸化亜鉛0.099gを1.0mol/Lアンモニア水溶液10mLに溶解したとき，溶液中の(ア)$[Zn(NH_3)_4{}^{2+}]$と(イ)$[Zn^{2+}]$を有効数字1桁でそれぞれ求めよ。アンモニアの揮発による減少はないものとする。アンモニアは

$$NH_3+H_2O \rightleftarrows NH_4{}^+ +OH^-$$

により一部 $NH_4{}^+$ が生じるが，ここではその影響は無視してよい。

ここで合否が分かれる！

錯体安定度定数と溶解度積の複合問題を取り上げた。錯体の生成平衡は頻出分野ではないが，演習経験がないと，いざ出題されたときにアプローチ法がわからないだろう。沈殿側に反応していくか，錯体生成，溶解側に反応していくかは，この2つの平衡定数の大小関係によって決まる。

まず問1と問2は基本レベル。問3では，水和イオンZn^{2+}の濃度を錯イオン濃度に対して無視するという近似の発想を要する。一見，錯イオンの生成に消費されるNH_3の量を引き忘れるというミスをしそうな問題なのだが，ここでは加えたZn^{2+}の量が少ないため，このNH_3消費量を無視して計算する。この手の問題を解いた経験がなければ手が止まってしまうところであり，まさに得点差が開く1問となっただろう。

類題には，CrO_4^{2-}を指示薬に，Cl^-をAg^+で滴定するモール法に関する1問を取り上げた。溶解度積の応用だが，よく出題される内容なので必ず練習しておこう。

解答

問1　$Zn(OH)_2$固体がa〔mol/L〕溶けるとすると，

$$1.2\times10^{-17}=a\times(2a)^2$$

$$a\fallingdotseq1.4\times10^{-6}$$

よって，**1.4×10^{-6}mol/L**

問2　(ア)：**テトラアンミン亜鉛(Ⅱ)イオン**　(イ)：**無色**

問3　$Zn(OH)_2$固体が残っており，また，錯イオン生成で消費されるNH_3の量が無視できるものと仮定する。

$[Zn(NH_3)_4^{2+}]=x$，$[Zn^{2+}]=y$とすると，$x\gg y$とみなしてK_{sp}値より，

$$1.2\times10^{-17}=y\times(2x)^2\quad\cdots①$$

さらにK_f値より，

$$2.9\times10^9=\frac{x}{y\times(1.0)^4}\quad\cdots②$$

①，②より，$x\fallingdotseq2\times10^{-3}$，$y\fallingdotseq7\times10^{-13}$

よって，(ア)：**2×10^{-3}mol/L**　(イ)：**7×10^{-13}mol/L**

考え方と解法のポイント

対象となっている平衡反応式と質量作用則を書き出すと,

$Zn(OH)_2$(固) $\rightleftarrows Zn^{2+} + 2OH^-$ $\cdots K_{sp} = [Zn^{2+}][OH^-]^2$

$Zn^{2+} + 4NH_3 \rightleftarrows [Zn(NH_3)_4]^{2+}$ $\cdots K_f = \dfrac{[Zn(NH_3)_4{}^{2+}]}{[Zn^{2+}][NH_3]^4}$

(注)錯イオン濃度の表記$[[Zn(NH_3)_4]^{2+}]$は,内側の大カッコをとって$[Zn(NH_3)_4{}^{2+}]$と表記されることが多い。

問1 飽和溶液だから,溶解度積K_{sp}の等式は成り立っている。$Zn(OH)_2$固体がa〔mol/L〕まで溶けるとすると,

	$Zn(OH)_2$(固)	$\rightleftarrows$	Zn^{2+}	+	$2OH^-$	
はじめ	c(沈殿)		0		0	〔mol/L〕
平衡時	$c-a$(沈殿)		a		$2a$	〔mol/L〕

$K_{sp} = [Zn^{2+}][OH^-]^2$ より,

$1.2 \times 10^{-17} = a \times (2a)^2$

よって,$a = 1.44 \times 10^{-6}$〔mol/L〕

問3 水酸化亜鉛を$\dfrac{0.099}{99} \times \dfrac{1000}{10} = 0.10$〔mol/L〕分加えることになる。$Zn(OH)_2$固体が全部溶けるのか一部残るのかはわかっていない。まず全部溶けると仮定してみよう。

	$Zn(OH)_2$(固)	$\rightleftarrows$	Zn^{2+}	+	$2OH^-$	
はじめ	0.10(沈殿)		0		0	〔mol/L〕
溶解後	0		0.10		0.20	〔mol/L〕

	Zn^{2+}	+	$4NH_3$	$\rightleftarrows$	$[Zn(NH_3)_4]^{2+}$	
はじめ	0.10		1.0		0	〔mol/L〕
一旦	0		0.60		0.10	〔mol/L〕
平衡時	b		$0.60+4b$		$0.10-b$	〔mol/L〕

K_f値より,b値は非常に小さいと推定されるので,$0.60+4b \fallingdotseq 0.60$,$0.10-b \fallingdotseq 0.10$と近似すると,

$K_f = \dfrac{[Zn(NH_3)_4{}^{2+}]}{[Zn^{2+}][NH_3]^4}$ より,

$2.9 \times 10^9 = \dfrac{0.10}{b \times (0.60)^4}$,$b = 2.66 \times 10^{-10}$〔mol/L〕

この値を溶解度積と比較する。

$K_{sp} = [Zn^{2+}][OH^-]^2$

$1.2 \times 10^{-17} < 2.66 \times 10^{-10} \times (0.20)^2$

全部溶けているのであれば，$K_{sp} \geqq [Zn^{2+}][OH^-]^2$ になるはずだから，矛盾する。よって，$Zn(OH)_2$ 固体は一部だけが溶解し，飽和水溶液になっているとわかる。ここで改めて整理し直すと，

	$Zn(OH)_2$(固)	$\rightleftarrows$	Zn^2	+	$2OH^-$	
はじめ	0.10(沈殿)		0		0	〔mol/L〕
平衡時	$0.10-x$(沈殿)		x		$2x$	〔mol/L〕

	Zn^{2+}	+	$4NH_3$	$\rightleftarrows$	$[Zn(NH_3)_4]^{2+}$	
はじめ	x		1.0		0	〔mol/L〕
一旦	0		$1.0-4x$		x	〔mol/L〕
平衡時	y		$1.0-4x+4y$		$x-y$	〔mol/L〕

（$+4y$，$-y$ は無視）

$1.0-4x \gg 4y$，$x \gg y$ なので，平衡時の $[NH_3] \fallingdotseq 1.0-4x$，$[Zn(NH_3)_4{}^{2+}] \fallingdotseq x$ とみなせる。

$[Zn^{2+}]$ は最終的に y〔mol/L〕なので，

$K_{sp} = [Zn^{2+}][OH^-]^2$（∵飽和溶液）より，

$$1.2 \times 10^{-17} = y \times (2x)^2 \quad \cdots①$$

$K_f = \dfrac{[Zn(NH_3)_4{}^{2+}]}{[Zn^{2+}][NH_3]^4}$ より，

$$2.9 \times 10^9 = \frac{x}{y \times (1.0-4x)^4}$$

NH_3 濃度があまり高くないので，さらに $1.0 \gg x$ と考え，$1.0-4x \fallingdotseq 1.0$ と近似してみると，

$$2.9 \times 10^9 \fallingdotseq \frac{x}{y} \quad \cdots②$$

①，②より，$x^3 = 8.7 \times 10^{-9}$

よって，$x \fallingdotseq 2 \times 10^{-3}$〔mol/L〕

有効数字1桁で答えればよいので，10％以下の数値の足し引きを行っても答えに影響は出ない。

さらに②より y を算出すると，

$$y = \frac{2 \times 10^{-3}}{2.9 \times 10^9} \fallingdotseq 7 \times 10^{-13} \text{〔mol/L〕}$$

3　物質の変化

類題 30

必要ならば次の値を用い，有効数字に注意して答えよ。 （大阪医科薬科大）

$\sqrt{2} = 1.41$，$\sqrt{3} = 1.73$

試料溶液中の塩化物イオンの濃度を測定するために試料溶液を硝酸銀溶液で滴定すると，塩化物イオンは銀イオンと反応して塩化銀の白色の沈殿を生じる。①塩化物イオンと等しい物質量の硝酸銀を加えたところが滴定の終点であるが，白色沈殿の量の変化を観察しても終点はわかりにくい。そこで，モール法とよばれる方法では，試料溶液に少量のクロム酸カリウム(K_2CrO_4)を加え，銀イオン濃度が上昇すると銀イオンがクロム酸イオンと反応して赤褐色のクロム酸銀となり，②沈殿がわずかに色づくところを滴定の終点と考え，塩化物イオンの濃度を計算している。

溶解度積は次の通りである。

塩化銀：　$K_{sp} = [Ag^+][Cl^-] = 2.00 \times 10^{-10} (mol/L)^2$

クロム酸銀：$K_{sp} =$ ［ア］ $= 1.00 \times 10^{-12} (mol/L)^n$

以下の設問において，硝酸銀は完全に解離し，硝酸銀溶液を加えたことによる体積変化は無視できるものとして答えよ。なお，濃度はすべて単位とともに答えよ。

問1 ［ア］に式を入れ，また n の数値を答えよ。

問2 下線部①における銀イオンの濃度を求めよ。

問3 滴定を始める前のクロム酸イオンの濃度を 0.00250 mol/L とする。下線部①から下線部②までの間に銀イオンと塩化物イオンの濃度はそれぞれどれだけ変化したか。増加する場合は＋，減少する場合は－を付けて答えよ。

問4 問3の条件で下線部①から下線部②までの間に硝酸イオンの濃度はどれだけ変化したか。増加する場合は＋，減少する場合は－を付けて答えよ。

問5 問3の条件で下線部②を滴定の終点と考えて求めた試料溶液中の塩化物イオンの濃度から実際の塩化物イオンの濃度を引くとどのような値になるか。

問6 モール法を用いて塩化物イオンの濃度をなるべく正確に求めたい。どのようにすればよいか，その方法を述べよ。またそのとき問5の濃度の差はどうなるか。

第4章 無機物質

4 −1 東北大

難易度 ★★★☆☆ 解答目安時間 25分

硫黄に関する次の文章を読み，**問1**〜**問6**に答えよ。

16族の元素である硫黄は多様な酸化数を示し，有用な化合物を与える。単体硫黄は従来，硫黄鉱や硫化金属鉱から製造されてきたが，近年は石油精製工程で生成する硫化水素から次の反応((1)，(2)式)を用いて生産される。

$2H_2S + 3O_2 \longrightarrow 2SO_2 + 2H_2O$　　(1)

$2H_2S + SO_2 \longrightarrow 3S + 2H_2O$　　(2)

硫化水素は水に溶けて弱酸として働く。すなわち一部の硫化水素が(3)式および(4)式に示すように段階的に電離し，水素イオンを生じる。

$H_2S \rightleftarrows HS^- + H^+ : K_{a1} = 1.0 \times 10^{-7} mol/L$　　(3)

$HS^- \rightleftarrows S^{2-} + H^+ : K_{a2} = 1.0 \times 10^{-14} mol/L$　　(4)

硫化物イオンS^{2-}はある種の金属イオンと反応して沈殿を生成するので，金属イオンの定性分析に利用される。単体硫黄を燃焼させると二酸化硫黄が得られる((5)式)。

$S + O_2 \longrightarrow SO_2$　　(5)

硫酸は二酸化硫黄の酸化反応((6)式)を経て製造される。

$2SO_2 + O_2 \longrightarrow 2SO_3$　　(6)

この反応を工業的に行う場合には酸化バナジウムV_2O_5を触媒として用いる。(a)生成した三酸化硫黄は濃硫酸に吸収させ，濃度を調整したのちに製品として出荷される。硫酸は不揮発性の強酸であり，種々の工業分野で用いられている。

問1　以下に示す硫黄を含むイオン(i)から(iii)について，それぞれの硫黄の酸化数を答えよ。

(i) HS^-　(ii) HSO_3^-　(iii) HSO_4^-

問2　硫化水素を水に吹き込み，その溶解度cを求めたところ0.10mol/Lとなった。

(i) この水溶液中での硫化水素の電離度αはいくらか。計算過程を示し，有効数字2桁で答えよ。なおHS^-の電離((4)式)は考えなくてよい。

(ii) この水溶液のpH(水素イオン指数)を有効数字2桁で答えよ。

問3　複数の金属イオンBa^{2+}，Fe^{2+}，Pb^{2+}，Al^{3+}を含む酸性水溶液に硫化水素を吹き込んだところ，沈殿が生じた。沈殿を生成した金属イオンについて沈殿の生成反応式を書け。

問4　二酸化硫黄の酸化((6)式)が平衡にあるとき，生成物が多くなるように平衡を移動させるには圧力と温度をどの様に操作すればよいか。最も効果的な組み合わせを選択肢a〜fの中から選び，解答欄の記号を○で囲め。また，その理由を90字以内で述べよ。なお，(6)式に対応する熱化学方程式は(7)式で与えられる。

$2SO_2(気) + O_2(気) = 2SO_3(気) + 198 kJ$　　(7)

a　圧力を上げ，温度を上げる。　　d　圧力を変えず，温度を下げる。
b　圧力を上げ，温度を下げる。　　e　圧力を下げ，温度を上げる。
c　圧力を変えず，温度を上げる。　f　圧力を下げ，温度を下げる。

問5　下線部(a)について次の実験を行った。生成した(b)三酸化硫黄を 10 mL の濃硫酸（濃度 18 mol/L）に吸収させ，これを注意深く冷水に加えて希釈した。この水溶液を 2.0 mol/L の水酸化ナトリウム水溶液で中和したところ，200 mL 必要とした。下線部(b)に関して次の問いに答えよ。

(i)　三酸化硫黄を吸収させるために使用した濃硫酸に含まれる硫酸の物質量〔mol〕を計算し，有効数字 2 桁で答えよ。

(ii)　ここで起こる反応を式で書け。

(iii)　吸収された三酸化硫黄の物質量〔mol〕はいくらか。計算過程を示し，有効数字 1 桁で答えよ。

問6　硫酸の用途の一つに鉛蓄電池がある。これは約 30% の希硫酸に鉛 Pb と酸化鉛(Ⅳ) PbO_2 それぞれを電極として浸したもので，例えば自動車の電源として用いられている。放電すると両極の表面に硫酸鉛(Ⅱ) $PbSO_4$ を生じる。この希硫酸水溶液中で硫酸はすべて SO_4^{2-} と H^+ とに電離しているとして，次の問いに答えよ。

(i)　放電するときの負極上での反応を電子 e^- を含む反応式で書け。

(ii)　充電するときの鉛蓄電池全体の反応を一つの式で書け。

(iii)　鉛蓄電池を外部の直流電源に接続して時間 t〔秒〕のあいだ充電した。このとき I〔A〕の電流が流れ，鉛電極の表面に Pb が w_1〔g〕生成した。表 1 に示す記号の中から必要なものを用いて w_1 を表せ。

(iv)　このとき酸化鉛(Ⅳ)電極の質量の変化を Δw とすると，Δw は w_1 に比例する((8)式)。ここで k は比例定数である。表 1 に示す記号の中から必要なものを用いて k を表せ。

$$\Delta w = k \times w_1 \qquad (8)$$

表1　記号

記号	記号の意味
t	充電した時間〔秒〕
I	充電のときに鉛蓄電池に流れた電流〔A〕
V	充電のときに鉛蓄電池に加えた電圧〔V〕
F	ファラデー定数〔C/mol〕
e	電子 1 個の電気量〔C〕
M_1	Pb の原子量
M_2	PbO_2 の式量
M_3	$PbSO_4$ の式量

ここで合否が分かれる！

東北大が出題する無機化学の問題は，理論化学との融合問題になることが多い。設問１つ１つの難易度は決して高くないが，出題分野が多岐にわたっているため次々と頭を切り替えていかなければならず，時間配分に注意が必要である。例年，大問３題が出題され，１題あたりの解答時間は25分が目安だが，第３問で頻出する有機構造決定の問題に時間をとられることを考えると，本問はできれば20分程度で仕上げたい。

まず問１～５は標準レベルであるため，すばやく完答しておくこと。その中でも，問４の論述をどれだけ短時間で仕上げられるかがカギとなる。記号を用いて計算する最後の問６は，w_1 が正の値，Δw が負の値であることを認識した上で答えなければならず，難易度が上がる。したがって，この問題で得点できれば他の受験生に差がつけられただろう。

類題には，硫黄化合物などの気体の発生反応と性質に，ヘンリーの法則を融合させた１問を取り上げた。短時間で状況を認識する練習として，しっかりこなしておこう。

解答

問１　(i)　−2 または −Ⅱ　(ii)　+4 または +Ⅳ　(iii)　+6 または +Ⅵ

問２　(i)　1.0×10^{-3}（計算過程は「考え方と解法のポイント」参照）　(ii)　4.0

問３　$Pb^{2+} + H_2S \longrightarrow PbS + 2H^+$

問４　b

理由：ルシャトリエの原理より，高圧では圧力を減少させようとして気体分子数が減る生成物側に平衡が移動する。また，低温では温度を上昇させようとして発熱側である生成物側に平衡が移動するから。(89字)

問５　(i)　0.18 mol　(ii)　$SO_3 + H_2O \longrightarrow H_2SO_4$

(iii)　$(0.18+x)\times 2 = 2.0\times\dfrac{200}{1000}$

$x = 2.0\times10^{-2}$

よって，2×10^{-2} mol

問６　(i)　$Pb + SO_4^{2-} \longrightarrow PbSO_4 + 2e^-$

(ii)　$2PbSO_4 + 2H_2O \longrightarrow Pb + PbO_2 + 2H_2SO_4$

(iii)　$w_1 = \dfrac{tIM_1}{2F}$

(iv)　$k = \dfrac{M_2 - M_3}{M_1}$

考え方と解法のポイント

問1 酸化数は，ローマ数字表記(Ⅰ，Ⅱ，Ⅲ，Ⅳ，Ⅴ，Ⅵ，Ⅶ)が正式ではあるが，算用数字で表してもよい。＋符号は略してはならない。

なお，硫酸銅(Ⅱ)のように，化合物中で多種の酸化数をとる金属元素(Ag 以外の遷移元素と Pb，Sn と覚えておけばよい)には，化合物名に酸化数を表記するが，このときは必ずローマ数字を用いる。

問2 第1段の電離のみを考えればよいから，1価の弱酸と同じ計算で電離度 α と$[H^+]$を算出できる。H_2S 濃度を C〔mol/L〕とおくと，

	H_2S	$\rightleftarrows$	H^+	+	HS^-	
はじめ	C		0		0	〔mol/L〕
平衡時	$C(1-\alpha)$		$C\alpha$		$C\alpha$	〔mol/L〕

$$K_{a1}=\frac{[H^+][HS^-]}{[H_2S]}=\frac{(C\alpha)^2}{C(1-\alpha)}\fallingdotseq C\alpha^2$$

$$\alpha\fallingdotseq\sqrt{\frac{K_{a1}}{C}}$$

(i) 上式より，

$$\alpha=\sqrt{\frac{1.0\times10^{-7}}{0.10}}=1.0\times10^{-3}$$

(ii) $[H^+]=C\alpha=0.10\times1.0\times10^{-3}=1.0\times10^{-4}$〔mol/L〕

よって，pH＝4.0

問3 イオン化傾向 Sn 以下である Pb^{2+}のみが，酸性条件で硫化物の沈殿を生じる。

問5 (i) $18\times\frac{10}{1000}=0.18$〔mol〕

(iii) SO_3 は同 mol の H_2SO_4 に変わるから，SO_3 を x〔mol〕とおくと，吸収後の H_2SO_4 量は，

$0.18+x$〔mol〕

これが NaOH と中和反応するから，

$$\underbrace{(0.18+x)\times2}_{H_2SO_4\text{が出す}H^+\text{〔mol〕}}=\underbrace{2.0\times\frac{200}{1000}}_{NaOH\text{が出す}OH^-\text{〔mol〕}}$$

問6 (iii) $PbSO_4+2e^-\longrightarrow Pb+SO_4^{2-}$ より，充電時は流れた e^- の $\frac{1}{2}$ 倍モルだけ Pb が析出するから，

$$\underbrace{\frac{tI}{F}}_{\text{流れた}e^-\text{〔mol〕}}\times\frac{1}{2}=\underbrace{\frac{w_1}{M_1}}_{\text{生成Pb〔mol〕}}$$

$$\Longleftrightarrow w_1 = \frac{tIM_1}{2F}$$

(iv) 正極での充電反応は，

$$PbSO_4 + 2H_2O \longrightarrow PbO_2 + 4H^+ + 2e^- + SO_4^{2-}$$

であり，電極では流れた e^- の $\frac{1}{2}$ 倍モル＝負極で生成した Pb と同 mol の PbO_2 が生成し，同じく $PbSO_4$ が消費されているから，

$$\Delta w = \frac{w_1}{M_1} \times M_2 - \frac{w_1}{M_1} \times M_3$$

$$= \frac{M_2 - M_3}{M_1} \times w_1$$

$$k = \frac{M_2 - M_3}{M_1}$$

類題 31

次の文章を読み，**問1～問7**に答えよ。なお，気体はすべて理想気体として（兵庫医科大）ふるまい，ヘンリーの法則にしたがうものとする。ただし，水の蒸気圧は無視できるものとする。また，気体定数は $8.3 \times 10^3 Pa \cdot L/(K \cdot mol)$，原子量は H＝1.0，O＝16，F＝19，S＝32，Fe＝56 とする。

硫黄と鉄の粉末を 4：7 の質量比で混ぜ合わせ，窒素ガスを通じながら加熱すると，固形物が生成する。この固形物を取り出し，細かく砕いたものに塩酸を加えると気体 A が発生する。また，(a)細かく砕いた固形物を空気中で加熱すると気体Bが発生し，酸化鉄(Ⅲ)ができる。一方，(b)ホタル石(フッ化カルシウム)に濃硫酸を加えて加熱すると気体Cが発生する。捕集した気体 A，B，C について実験1～実験5を行った。

（実験1） ガラス板にロウを垂らし，固まってからロウを削り取り文字を書いた。その文字に気体［ア］を溶解させた水を流し込んだ。数時間後，ガラス板を水洗いしてロウを取り除くと，文字が刻印されていた。

（実験2） ［イ］の水溶液に気体 A を通じると黒色の沈殿が生じた。一方，［ウ］の水溶液に気体 A を通じても変化しなかったが，続いて(c)アンモニア水を加えていくと白色の沈殿が生じた。

（実験3） 図1のような圧力に応じて容積が変化する容器に気体A 10g と水 0.50L を入れて，1.0×10^5Pa，7.0℃に保ったところ，気体Aの体積は 5.5L になった。次に，同じ温度で容器の圧力を 2.0×10^5Pa に保ったところ，気体Aの体積は［エ］L になった。

（実験4） 気体Bを集めた集気ビンに水でぬらした赤い花びらを入れると，花びらが白くなった。

（実験５）容積が一定の容器を用いて気体Bと気体Cの27℃および87℃における圧力を測定したところ，表1の結果が得られた。

図1

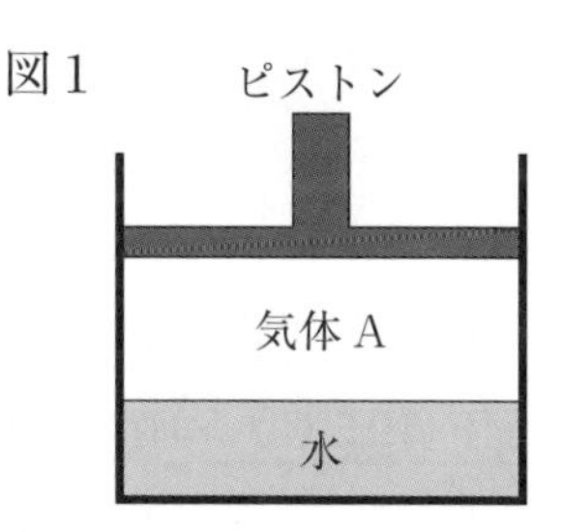

表1

気体	圧力の比 P_{87}/P_{27}
B	1.2
C	2.4

P_{27} は27℃における圧力を示す。

問1　A，B，Cのどの気体にもあてはまる記述をすべて選び，記号で答えよ。

a. 気体を通じた水溶液は酸性になる。

b. 毒性を持つ。

c. 大気圧下で氷冷しても液体にはならない。

d. 無色である。

e. 腐卵臭がする。

問2　下線部(a)と(b)の反応式を書け。

問3　［ア］にあてはまる気体をA～Cから選び記号で答えよ。また，実験1において［ア］と反応した物質の化学式を書け。

問4　［イ］，［ウ］にあてはまる化合物として最も適当なものを次の中から選び，化学式で答えよ。また，下線部(c)について，アンモニア水を加えることで沈殿が生じた理由を書け。

a. 硝酸カドミウム(Ⅱ)　b. 酢酸鉛(Ⅱ)　c. 塩化鉄(Ⅲ)

d. 塩化亜鉛(Ⅱ)　e. 塩化バリウム　f. 塩化カルシウム

問5　［エ］にあてはまる数字を有効数字2桁で答えよ。計算の過程も示すこと。

問6　実験4における気体Bの化学変化を電子 e^- を含むイオン反応式で表せ。

問7　気体Cは，分子量が空気の平均分子量より小さいにもかかわらず下方置換で捕集する。実験5の結果を参考にして，その理由を説明せよ。

4 −2 東京大

難易度 ★★★☆☆ 解答目安時間 15分

次の文章を読み，**問1**〜**問6**に答えよ。原子量は，H＝1.0，C＝12，O＝16，Br＝79.9とする。

ハロゲンの単体は①酸化力を有するため種々の金属と反応し，対応するハロゲン化物が生成する。また，ハロゲンの単体はH_2とも反応し，ハロゲン化水素(HF，HCl，HBr，HI)が生成する。②ハロゲン化水素の沸点の序列は，HF(19.5℃)＞HI(−35.1℃)＞HBr(−67.1℃)＞HCl(−85.1℃)である。

フッ素は，天然には蛍石や氷晶石など，フッ化物イオンとして存在する。③F_2は水と激しく反応する。

Cl_2は，工業的には塩化ナトリウムの電気分解などにより製造される。Cl_2が初めて作られたのは，④酸化マンガン(Ⅳ)と濃塩酸の反応による(図1)。

Br_2は，工業的には酸性溶液中でCl_2による臭化物イオンの酸化によって製造される。Br_2は種々の⑤有機化合物の臭素化剤として用いられるが，Br_2の取り扱いにくさが問題として挙げられる。そのため，適切な条件下でO_2が臭化物イオンをBr_2に酸化できることを利用して，反応中にBr_2を発生させる臭素化法が開発されている。

I_2もCl_2によるヨウ化物イオンの酸化によって製造される。I_2は，有機化合物中の特定の官能基の検出，様々な滴定，⑥水分の定量などに用いられる。我が国は，ヨウ素の生産量，輸出量ともに世界第二位である。

問1 下線部①に関して，O_2やSなどの単体も酸化力を有する。O_2，S，F_2，I_2を酸化力が強い順に並べよ。

問2 下線部②に関して，HFの沸点が他のハロゲン化水素の沸点に比べて高い理由を20字程度で説明せよ。

問3 下線部③の化学反応式を記せ。

問4 下線部④の化学反応式を記せ。また，図1のような装置で純粋なCl_2を得たいときに，どのような精製装置，捕集装置(捕集方法)を用いるのが適切かを簡潔に説明せよ。精製装置に関しては，何をどのように除去するかを明確に記すこと。

問5 下線部⑤に関して，臭素化反応は有機化合物の不飽和度の決定にも利用される。二重結合を含む炭素数20の直鎖の炭化水素が10.0gある。この炭化水素にBr_2を反応させると，質量が33.3gになった。すべての二重結合がBr_2と反応したとして，この炭化水素1分子に含まれる二重結合の数を整数で答えよ。答えに至る過程も記すこと。

問6 下線部⑥に関して，式(1)の反応が速やかに，かつ完全に進行することが知られている。[注)]

$I_2 + SO_2 + CH_3OH + H_2O \longrightarrow 2HI + HSO_4CH_3$　(1)

この反応を利用して，購入したエタノール中に含まれる水分の定量を以下のように行った。

ビーカーに，十分な量のヨウ化物イオン，SO_2 を含むメタノール 90.0mL および購入したエタノール 10.0mL を加えた。この溶液に陽極，陰極を浸し，100mA の電流を 120 秒間流したところで，溶液に I_2 特有の色が観測された。一方，購入したエタノールを加えずに実験を行ったところ，電流を流し始めた直後に I_2 の色が観測された。購入したエタノール中の含水率(質量パーセント)を有効数字 2 桁で答えよ。答えに至る過程も記すこと。ただし，陽極では，ヨウ化物イオンの酸化反応以外は起こらないものとする。陰極での反応は考えなくてよい。購入したエタノールの密度は $0.789\,g \cdot mL^{-1}$ とする。ファラデー定数は $F = 9.65 \times 10^4 C \cdot mol^{-1}$ とする。

注)反応を効率よく進行させるためには塩基が必要であるが，酸化・還元反応に直接関わらないので，塩基を式(1)から除いて簡略化してある。

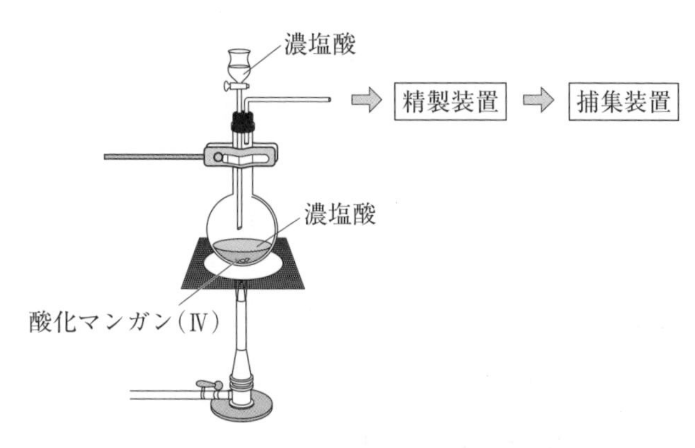

図 1　実験室での Cl_2 の製造装置

ここで合否が分かれる！

東京大が出題する問題は，難易度については無理のないレベルだが，レポート用紙のような答案用紙に解答を作成しなければならないため，意外に解答時間をとられる。本問は答案完成までに 20 分程度を要する内容だが，試験時間の配分から考えると 15 分以内で仕上げたいところだ。

問 1 は何に基づいて判断すればよいのか迷うような設問であるが，難しさはない。問 2 ～ 5 は完答が必須。問 6 は式(1)の反応が I_2 生成と同時に起こること，陽極で I_2 が生成し続けることをそれぞれ読み取った上で，H_2O を消費し終えた時点で余り出した I_2 の着色が起こり，指示薬として機能することを理解する必要がある。新奇な事象を高校化学の知識で読み解く力が必要となるが，逆に考えれば特殊な知識など持たなくとも解ける 1 問。いかにも同大らしいこの問題を，確実に攻略できたかどうかが合否の決め手となっただろう。

類題には，ダイヤモンドと黒鉛の結晶格子を扱った問題を取り上げた。特に黒鉛は普段の学習ではあまり目にしない題材だが，与えられた情報を読み解き粘り強く考えてみよう。

解答

問1　**F_2，O_2，I_2，S**

問2　**分子の極性が大きく，分子間で水素結合を行うため。**(24字)

問3　**$2F_2 + 2H_2O \longrightarrow 4HF + O_2$**

問4　**$MnO_2 + 4HCl \longrightarrow MnCl_2 + Cl_2 + 2H_2O$**

精製装置：**塩化水素を除くために水を通し，その後水蒸気を除くために濃硫酸を通す。**

捕集装置：**下方置換で捕集する。**

問5　二重結合の数を n とおくと，

$C_{20}H_{42-2n} + nBr_2 \longrightarrow C_{20}H_{42-2n}Br_{2n}$ より，

$$\frac{10.0}{282-2n} : \frac{33.3-10.0}{159.8} = 1 : n$$

$$n \fallingdotseq 4$$

よって，**4**

問6　含水率を a(%)とおくと，

$$\frac{100\times10^{-3}\times120}{9.65\times10^4}\times\frac{1}{2} : 10\times0.789\times\frac{a}{100}\times\frac{1}{18} = 1 : 1$$

$$a = 1.42\times10^{-2}$$

よって，**1.4×10^{-2}%**

考え方と解法のポイント

問1　知識問題ではなく洞察問題である。酸化力＝電子を奪う力なので，その強さは電気陰性度の大きさに相関するであろうと推測する。

また，現実に進行する反応から判断することもできる。以下の3つの反応を考える。

① $2F_2 + 2H_2O \longrightarrow 4HF + O_2$

② $O_2 + 4HI \longrightarrow 2H_2O + 2I_2$

③ $I_2 + H_2S \longrightarrow 2HI + S$

①が右向きに進行することにより，酸化力は $F_2 > O_2$ とわかる。同様に②より $O_2 > I_2$，③より $I_2 > S$ とわかる。単体のSは，Feなどの金属と加熱下に反応するときなどは酸化剤として働く。

問2　水素結合に言及していればよい。

問4　有名な塩素発生装置に関する設問である。水を先に通すのは，濃硫酸の後に通すと水蒸気が再び混入するからである。下方置換を行う理由も，一般にはよく聞かれる。これは水に溶けることと，空気より重い(密度が大きい)気体であることを述べればよい。

問5　付加反応について，炭化水素と臭素(または生成物)で係数比＝mol 比の計算を行えばよい。

問6　式(1)の I_2 と H_2O で係数比＝mol 比の計算を行えばよい。I_2 が陽極で生成する反応の反応式は，

$$2I^- \longrightarrow I_2 + 2e^-$$

なので，生成する I_2 の物質量は，

$$\underbrace{\frac{100 \times 10^{-3} \times 120}{9.65 \times 10^4}}_{\text{流れた } e^- \text{〔mol〕}} \times \frac{1}{2} \text{〔mol〕}$$

一方，用いたエタノール 10mL 中の水の物質量は，質量パーセントを a〔%〕とおくと，

$$\underbrace{\underbrace{10 \times 0.789}_{\text{エタノール〔g〕}} \times \frac{a}{100}}_{\text{水〔g〕}} \times \frac{1}{18} \text{〔mol〕}$$

I_2 と H_2O の係数比は 1：1 なので，「両者の変化量〔mol〕は等しいから」として，そのまま結んでもよい。

$$\frac{100 \times 10^{-3} \times 120}{9.65 \times 10^4} \times \frac{1}{2} = 10 \times 0.789 \times \frac{a}{100} \times \frac{1}{18}$$

よって，$a = 1.4 \times 10^{-2}$〔%〕

4
無機物質

類題 32

次の文章を読み，下の問いに答えよ。 （静岡大）

必要ならば，次の数値を用いること。

原子量：H　1.0，C　12，N　14，O　16，S　32，Cl　35.5，Cu　63.5，Zn　65.4

アボガドロ定数：6.0×10^{23}/mol　気体定数：8.3×10^{3}L・Pa/(mol・K)

ファラデー定数：9.65×10^{4}C/mol

同じ元素からできた［(ア)］で，性質が異なる物質を互いに同素体という。炭素の同素体には，ダイヤモンドと黒鉛のほか，カーボンナノチューブや［(イ)］などがある。［(イ)］の代表例として，サッカーボール状のC_{60}がよく知られている。ダイヤモンドと黒鉛の構造の模式図を図1に示す。黒鉛は平面のシートが積み重なった構造をしているが，この1枚のシートをグラフェンといい，大きな可能性を秘めた新規素材として期待されている。

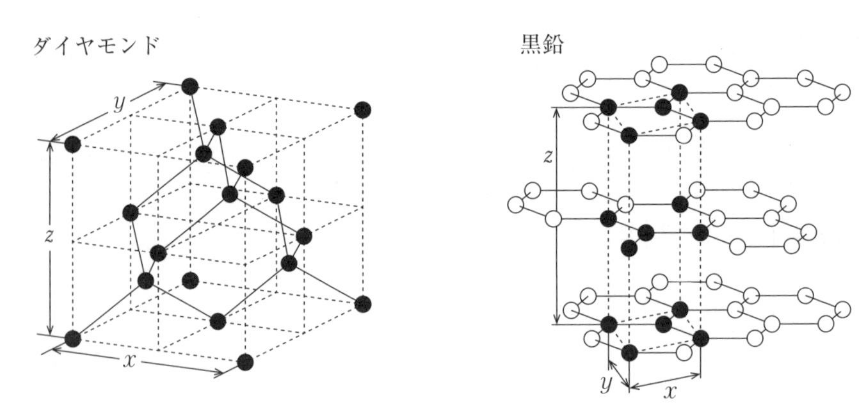

図1　ダイヤモンドと黒鉛の構造の模式図

破線(·······)で囲まれた部分は，ダイヤモンドと黒鉛の単位格子を示す

図1を参考にして，ダイヤモンドおよび黒鉛について，単位格子内の原子の数を数えたい。ダイヤモンドの単位格子は立方体で，すべての頂点およびすべての面の中心に炭素原子が配置される。炭素原子は完全な球とみなすと，これらの原子はそれぞれ一部だけが単位格子の内側にあるので，それらのうち単位格子内にある炭素原子は正味［(a)］個分である。さらに，単位格子の内部に完全に含まれる炭素原子が［(b)］個ある。そこで，［(a)］と［(b)］を合計すると，単位格子に含まれる炭素原子は正味［(c)］個である。一方，黒鉛の単位格子はひし形を底面とし，底面と側面が直交する四角柱であるが，ここでは，すべての頂点と上下二つの底面，および四つの辺に炭素原子が配置される。これらの原子は，それぞれ一部が単位格子の内側にあるので，それらのうち単位格子内にある炭素原子は正味［(d)］個である。さらに，単位格子の内部に完全に含まれる炭素原子が［(e)］個あるので，［(d)］と［(e)］を合計すると，単位格子に含まれる炭素原子は正味4個である。

問1 文章中の ［(ア)］ および ［(イ)］ に入る適切な語句を記せ。

問2 文章中の ［(a)］ 〜 ［(e)］ に入る適切な数字を記せ。

問3 グラフェンは，現在知られている物質の中で，室温での電気伝導度が最大である。グラフェンが電気伝導性を示す理由を，「価電子」という語を用いて，簡潔に記せ。

問4 図1のダイヤモンドおよび黒鉛について，次の(1)および(2)に答えよ。それぞれについて，計算過程を示し，有効数字2桁で記せ。必要ならば，$\sqrt{3}=1.73$ とせよ。

(1) ダイヤモンドにおける最も短い原子間距離〔cm〕を求めよ。ここで，原子間距離とは，原子の中心と原子の中心の間の距離である。ただし，$x=y=z=3.6\times10^{-8}$cm とする。

(2) 黒鉛の密度〔g/cm^3〕を求めよ。ただし，$x=y=2.5\times10^{-8}$cm，$z=6.7\times10^{-8}$cm とする。

問5 炭素と同族の元素であるケイ素には同位体 ^{28}Si，^{29}Si，および ^{30}Si が存在する。存在比(原子数百分率)は，^{28}Si が92%で，^{29}Si および ^{30}Si が残りを占める。ここでケイ素の原子量を M とし，各同位体の相対質量および存在比は表1のとおりとする。^{29}Si および ^{30}Si の存在比を，それぞれ a，b，c を含む式で表せ。また，計算過程も示せ。

表1　各同位体の相対質量および存在比

同位体	相対質量*	存在比〔%〕
^{28}Si	$M+a$	92
^{29}Si	$M+b$	x
^{30}Si	$M+c$	y

* ^{12}C の質量を12としたときの相対質量

問6 元素Aも炭素やケイ素と同族の元素である。1分子中に元素Aの原子1個と複数個の塩素原子だけを含むある化合物の分子量は215であった。炭素・ケイ素の化学的性質をもとに，元素Aの原子量を推測せよ。推測した理由と計算過程を示し，有効数字2桁で記せ。

4 −3 大阪大

難易度 ★★★★☆ 解答目安時間 20分

アルミニウムに関する次の【Ⅰ】と【Ⅱ】の２つの文章を読み，**問１**〜**問８**に答えよ。標準状態(0℃，1.013×10^5Pa)における気体のモル体積は 22.4L/mol とする。

【Ⅰ】

アルミニウムは，一般に①酸および強塩基のいずれとも反応するため，両性金属といわれる。また，アルミニウムイオン Al^{3+} を含む水溶液に少量の水酸化ナトリウム水溶液を加えると②白色のゲル状沈殿が生成するが，さらに水酸化ナトリウム水溶液を加えると③沈殿は溶解する。

問１ 下線部①について，(a)アルミニウムと塩酸，(b)アルミニウムと水酸化ナトリウム水溶液の反応の化学反応式をそれぞれ書け。

問２ 下線部②の化学反応式を書け。

問３ 下線部③の化学反応式を書け。

問４ アルミニウムは還元力が強く，この特性を利用して，鉄やクロム，コバルトなどの金属酸化物から金属単体を取り出すことができる。この方法の名称を書け。

【Ⅱ】

融解槽の中で融解した氷晶石と酸化アルミニウムを，炭素を電極として電気分解することにより，アルミニウムが得られる。この電気分解において，陽極ではＡおよびＢの２種類のガスが生成した。なお，Ａが完全に酸化されるとＢになる。

問５ 陽極および陰極で起こる反応を，電子 e^- を用いた化学反応式でそれぞれ表せ。

問６ 通電により，1.158×10^6C の電気量に相当する電気分解を行った。ファラデー定数は 9.65×10^4C/mol，アルミニウムの原子量は 27 とする。

(1) 得られるアルミニウムの質量は何 g か。

(2) 陽極で生成したＡとＢのモル比が１：１であったとき，Ａが生成する反応により得られたアルミニウムの質量は何 g か。

問７ **問６**の条件における，ＡおよびＢが生成する全化学反応式を書き，生成したＡおよびＢの標準状態(0℃，1.013×10^5Pa)での体積は何 L か求めよ。ただし，標準状態においてはＡおよびＢは生成した状態のままで存在するとせよ。

問８ **問６**で生成したＡとＢの混合ガスをすべて取り出した。標準状態において，この取り出したガス中の 0.50 mol のＡをＢに酸化したのち，混合ガス全体を 1.013×10^5Pa のもとで 796℃まで加熱した。この状態において，K_P を圧平衡定数とする下記の関係が成り立つものとして，生成する酸素の分圧を有効数字２桁で求めよ。

$$K_P = \frac{P_B}{P_A (P_{O_2})^{0.5}} = 2.0 \times 10^9 Pa^{-0.5}$$

ただし，P_A，P_B，P_{O_2} はそれぞれA，B，酸素の分圧とする。

ここで合否が分かれる！

Al は，金属元素の性質で最もよく取り上げられる元素といってよいだろう。性質や反応に関する知識の他に，テルミット反応の熱化学や，熔融塩電解の電気化学，単体や化合物の結晶格子などにまで内容を広げられるので，総合問題の題材としては格好の元素なのである。

まず問1～5は基本問題であるため，完答しておくことが必須。問7も標準的な反応量の計算問題であり，反応式さえ組み立てられれば難しいところはない。一方，問6は立式しにくかったのではないだろうか。電気化学の計算で迷ったら，流れた電子の物質量を仲立ちとして立式することをおさえておこう。最後の問8は近似の発想が出てこないと解けない難問であるため，時間内に解答することは厳しいだろう。したがって，問8は捨て問と判断したとしても，問6の出来は合否に響いてきたと考えられる。

類題には，Ca 化合物に関する難問を取り上げた。複雑な設定を読み解く練習として挑戦してみよう。

解答

【Ⅰ】問1 (a) $2Al + 6HCl \longrightarrow 2AlCl_3 + 3H_2$

(b) $2Al + 2NaOH + 6H_2O \longrightarrow 2Na[Al(OH)_4] + 3H_2$

問2 $Al^{3+} + 3OH^- \longrightarrow Al(OH)_3$

問3 $Al(OH)_3 + OH^- \longrightarrow [Al(OH)_4]^-$

問4 テルミット法

【Ⅱ】問5 陽極：$\begin{cases} C + O^{2-} \longrightarrow CO + 2e^- \\ C + 2O^{2-} \longrightarrow CO_2 + 4e^- \end{cases}$

陰極：$Al^{3+} + 3e^- \longrightarrow Al$

問6 (1) 108g (2) 36g

問7 反応式：$Al_2O_3 + 2C \longrightarrow 2Al + CO + CO_2$

体積：89.6L

問8 6.9×10^{-19}Pa

考え方と解法のポイント

問6 流れた電子の物質量を求めると，

$$\frac{1.158 \times 10^6}{9.65 \times 10^4} = 12 \text{〔mol〕}$$

(1) 生成するAlの質量をx〔g〕とおくと，

$$\underbrace{\frac{x}{27}}_{\text{Al〔mol〕}} \times \underbrace{3}_{\text{流れた } e^-\text{〔mol〕}} = 12,\ x = 108\text{〔g〕}$$

(2) A：COと，B：CO_2がy〔mol〕ずつ発生したとすると，

$$\underbrace{y \times 2}_{\text{CO発生により流れた } e^-\text{〔mol〕}} + \underbrace{y \times 4}_{CO_2\text{発生により流れた } e^-\text{〔mol〕}} = 12,\ y = 2\text{〔mol〕}$$

A：CO発生に際し得られたAlの質量をz〔g〕とおくと，

$$\underbrace{2 \times 2}_{\text{CO発生により陽極に流れた } e^-\text{〔mol〕}} = \underbrace{\frac{z}{27} \times 3}_{\text{その際のAl析出により陰極に流れた } e^-\text{〔mol〕}},\ z = 36\text{〔g〕}$$

問7 CO発生とCO_2発生は独立に起こる反応だから，一般にはそれぞれについて全体の反応式を組む。

$$\begin{array}{ll} & (C + O^{2-} \longrightarrow CO + 2e^-) \times 3 \\ +) & (Al^{3+} + 3e^- \longrightarrow Al) \times 2 \\ \hline & Al_2O_3 + 3C \longrightarrow 2Al + 3CO \quad \cdots ① \end{array}$$

$$\begin{array}{ll} & (C + 2O^{2-} \longrightarrow CO_2 + 4e^-) \times 3 \\ +) & (Al^{3+} + 3e^- \longrightarrow Al) \times 4 \\ \hline & 2Al_2O_3 + 3C \longrightarrow 4Al + 3CO_2 \quad \cdots ② \end{array}$$

しかし，ここでは，生成するCOとCO_2のモル比が1：1とわかっている。したがって，両者の係数比が1：1となるよう式を足してしまってもかまわない。

①＋②より，

$$3Al_2O_3 + 6C \longrightarrow 6Al + \overbrace{3CO + 3CO_2}^{\text{係数比 } 1:1}$$

⬇

$$Al_2O_3 + 2C \longrightarrow 2Al + CO + CO_2 \quad \cdots ③$$

「AおよびBが生成する全化学反応式」とは③式のことだろう。ただし，①式と②式を併記しても正解と思われる。

体積についても，「それぞれ求めよ」とは言われていないので，「AとBの合計体積」と解してよいだろう。③式より，結局Alと同molの気体が発生するので，気体の全体積をV〔L〕とおくと，

$$\frac{108}{27} = \frac{V}{22.4},\ V = 89.6\text{〔L〕}$$

問8 反応生成量を整理する。O_2 生成量を a〔mol〕とおくと，

	$2CO$	+	O_2	$\rightleftarrows$	$2CO_2$	
はじめ	2.0				2.0	
一部酸化後	1.5		0		2.5	4
平衡時	$1.5+2a$		a		$2.5-2a$	$4+a$
						〔mol〕

平衡時の CO，CO_2，O_2 分圧はそれぞれ，

$$P_{CO}=\frac{1.5+2a}{4+a}\times1.013\times10^5\,\text{〔Pa〕}$$

$$P_{CO_2}=\frac{2.5-2a}{4+a}\times1.013\times10^5\,\text{〔Pa〕}$$

$$P_{O_2}=\frac{a}{4+a}\times1.013\times10^5\,\text{〔Pa〕}$$

と表されることになる。しかし，これをそのまま

$$K_P=\frac{P_{CO_2}}{P_{CO}\cdot(P_{O_2})^{0.5}}$$

に代入しても，とうてい解けない。

こういう場合は近似の発想をしてみたい。この K_P 値は $2.0\times10^9\text{Pa}^{-0.5}$ と非常に大きい。つまり，分母は著しく小さくなければならないが，CO が 1.5mol 未満になることはできないから，O_2 生成量 a〔mol〕が極めて小さいものと読める。

そこで，

$$P_{CO}=\frac{1.5+2a}{4+a}\times1.013\times10^5\fallingdotseq\frac{1.5}{4}\times1.013\times10^5\,\text{〔Pa〕}$$

$$P_{CO_2}=\frac{2.5-2a}{4+a}\times1.013\times10^5\fallingdotseq\frac{2.5}{4}\times1.013\times10^5\,\text{〔Pa〕}$$

と近似し，O_2 分圧は P_{O_2}〔Pa〕として質量作用則に代入すると，

$$2.0\times10^9=\frac{\frac{2.5}{4}\times1.013\times10^5}{\frac{1.5}{4}\times1.013\times10^5\times(P_{O_2})^{0.5}}$$

$$P_{O_2}=\left(\frac{2.5}{1.5\times2.0\times10^9}\right)^2$$

$$=6.94\times10^{-19}\,\text{〔Pa〕}$$

なお，今回の条件では，反応式の下に直接分圧を整理してはならない。全圧を 1.013×10^5Pa 一定にして反応させているため，一般的にははじめと平衡時の全体積が違ってくることになり，はじめと平衡時の分圧比がモル比に一致しなくなるからである。分圧を反応式の下に直接整理できるのは，同温，同体積で反応させるときである。

4 無機物質

類題 33

化合物Aはガラスやセッケンなどの原料として古くから使われている。（奈良県立医科大）
18世紀までは天然の鉱物や，木灰から抽出したものが化合物Aを含む物質として利用されていた。しかしながら，産業革命にともなって化合物Aの需要が拡大すると，工業的に大量生産できる方法の開発にせまられた。現在も使われている合成方法が確立したのは1860年代のことである。この方法にならって化合物Aを実験室で合成する実験操作を以下に示す。以下の文章を読んで設問に答えよ。

実験操作

操作1　20 cm^3 の濃アンモニア水をビーカーに入れ，12 cm^3 の蒸留水を加えて混合する。この溶液に塩化ナトリウムを飽和するまで加え，アンモニア水の塩化ナトリウム飽和溶液を作成する。

操作2　操作1で作成したアンモニア水の塩化ナトリウム飽和溶液を，駒込ピペットを用いて約10 cm^3 はかりとり，試験管に入れる。

操作3　操作2の試験管を40℃の水が入ったビーカーにつけて保温する。

操作4　あらく砕いた大理石に希塩酸を加えて気体を発生させ，操作3で40℃に保温してある試験管に通じる。しばらく通じていると化合物Bが生成し，沈殿する。

操作5　操作4で生成した化合物Bをろ過して回収し，乾燥する。乾燥した化合物Bを乾いた試験管に入れ，ガスバーナーで加熱すると化合物Aが生成する。

問1　操作1から操作4はどのような場所で行うのが望ましいか。その理由も述べよ。

問2　操作4の装置の概略図をかけ。

問3　操作4で化合物Bが生成する反応の化学反応式を書き，化合物Bの名称を書け。

問4　操作5で化合物Aが生成する反応の化学反応式を書き，化合物Aの名称を書け。

問5　操作5で化合物Aが生成する反応が完結したことはどのようにすれば確かめられるかを説明せよ。

問6　ここにあげた実験操作で生成する化合物Aは無水物であるが，化合物Aをその水溶液から再結晶すると水和物の結晶が析出する。水溶液から再結晶して得られた化合物Aの結晶を空気中に放置するとどうなるか。化学式を示して，変化を説明せよ。

4 −4 東京医科歯科大

難易度 ★★★★★ 解答目安時間 20分

硫酸銅は硫酸銅(Ⅱ)五水和物 $CuSO_4 \cdot 5H_2O$，硫酸銅(Ⅱ)三水和物 $CuSO_4 \cdot 3H_2O$，硫酸銅(Ⅱ)一水和物 $CuSO_4 \cdot H_2O$ という3種類の水和物をつくる。これらの水和物や無水物の間には次の化学平衡が成り立つ。

$CuSO_4 \cdot 5H_2O$(固体) $\rightleftarrows$ $CuSO_4 \cdot 3H_2O$(固体) ＋ $2H_2O$(気体) ……(1)

$CuSO_4 \cdot 3H_2O$(固体) $\rightleftarrows$ $CuSO_4 \cdot H_2O$(固体) ＋ $2H_2O$(気体) ……(2)

$CuSO_4 \cdot H_2O$(固体) $\rightleftarrows$ $CuSO_4$(固体) ＋ H_2O(気体) ……(3)

固体と気体の化学平衡に質量作用の法則もしくは化学平衡の法則をあてはめるとき，固体濃度は無視して，気体成分の濃度だけを考えればよい。例えば，式(3)の平衡定数は

$K = [H_2O]$ ……(4)

になる。気体の場合は，分圧で表現した圧平衡定数 K_P を用いることが多いので，式(3)の圧平衡定数は，

$K_P = p_{H_2O}$ ……(5)

と表される。硫酸銅(Ⅱ)一水和物と無水硫酸銅(Ⅱ)が共存しているときに，これらの固体と接している気体の水蒸気の圧力を25℃で測ると，2.6 Pa であるので，式(3)の圧平衡定数は，$K_P = 2.6$ Pa である。

硫酸銅と水とからなる試料に関して，試料と平衡にある気相の水蒸気圧と硫酸銅の組成の関係を図1に示す。横軸は，試料中の $CuSO_4$ の質量パーセント濃度である。点Ⅰでは $CuSO_4$ の質量パーセント濃度が100％であることから，試料は無水硫酸銅(Ⅱ)だけである。点Hと点Ⅰの間は，硫酸銅(Ⅱ)一水和物と無水硫酸銅(Ⅱ)が共存している状態で，そのときの気体の水蒸気圧は2.6 Pa であることを示している。

硫酸銅(Ⅱ)五水和物をるつぼに入れて，純水に溶かして，硫酸銅飽和水溶液を10.0 g つくった。このるつぼを加熱，蒸発により硫酸銅(Ⅱ)五水和物を再結晶させたつもりだったが，結晶には結晶水以外の水分が残っていて湿っていた。そこで，図2のように真空デシケータにいれて，25℃に保った状態で，容器中の圧力をゆっくり下げると，まず2100 Pa で点Aに到達した。さらに脱気して最終的に150 Pa(点G)になった。このときの状態変化の過程は，図1の太線で示したように点A→B→C→D→E→F→Gに沿ったものと考えられる。一連の実験で，るつぼに入れた硫酸銅がるつぼからこぼれることはなかったものとする。

25℃における飽和水蒸気圧は 3.2×10^3 Pa として，次ページの各問に答えよ。

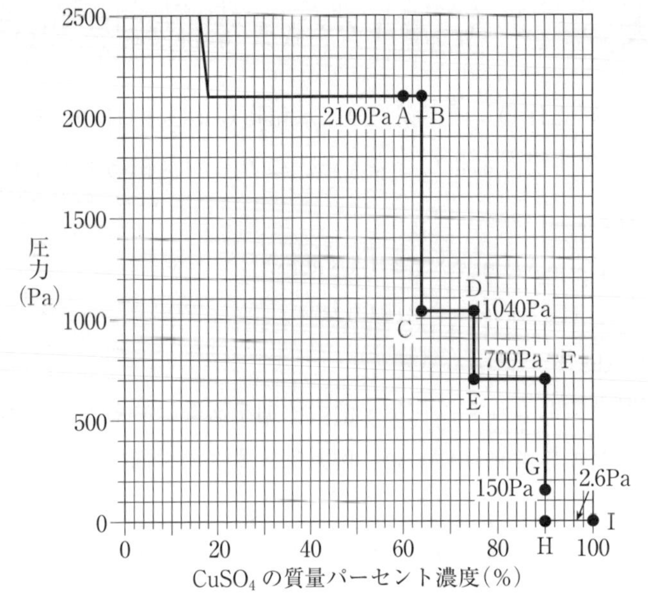

図１　試料と平衡にある水蒸気圧と硫酸銅の組成の関係

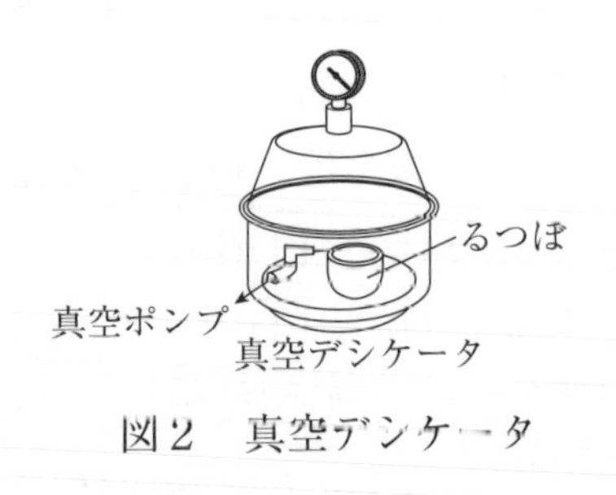

図２　真空デシケータ

必要のある場合には次の数値を用いよ。

原子量：H＝1.0　　O＝16　　S＝32　　Cu＝64

気体定数：$R = 8.31 \times 10^3 \dfrac{\text{Pa}\cdot\text{L}}{\text{K}\cdot\text{mol}}$

数値を計算して答える場合は，結果のみではなく途中の計算式も書き，計算式には必ず簡単な説明文または式と式をつなぐ文をつけよ。

問１　硫酸銅(Ⅱ)五水和物から無水硫酸銅(Ⅱ)になったとき，色はどのような変化をするか。

問２　式(4)の K を有効数字２桁で求めよ。答は数値だけでなく，単位も記せ。

問３　式(1)，式(2)の圧平衡定数 K_P を有効数字２桁でそれぞれ求めよ。答は数値だけでなく，単位も記せ。

問４　硫酸銅飽和水溶液 10.0 g を作るために，硫酸銅(Ⅱ)五水和物の結晶は何 g 必要か。小数点以下２桁まで答えよ。25℃における硫酸銅の溶解度は 22(g) である。

問５　点 A において，試料中の結晶水以外の水は何 g 含まれているか。小数点以下２桁まで答えよ。

問６　点 G において試料はどのような状態になっているか。

問７　25℃，標準大気圧下でるつぼに入れた硫酸銅(Ⅱ)五水和物が風解して，硫酸銅(Ⅱ)三水和物になるためには，湿度は何％以下でなければならないか。有効数字２桁で答えよ。湿度とは飽和水蒸気圧に対する相対値である。

ここで合否が分かれる！

Cuの問題として，$CuSO_4$水溶液を乾燥していったときの圧力と質量の変化を扱った難問を取り上げた。東京医科歯科大は，このような化学現象を本質的に理解し考察する問題を出題する傾向にある。単に典型問題の解法を覚えているだけでは太刀打ちできない内容のため，日々の学習において，現象の仕組みから化学を理解するということを心がけておこう。

問1～4までは基本～標準レベルのため，確実に完答しておきたい。同大らしい化学的考察力が問われるのは，問5～7。平衡時には圧平衡定数の式より圧力が一定値を示すことから，図1の水平部分が2成分共存の平衡状態にあるはずだ，という発想ができたかどうかがポイントとなる。勝負どころであるこの3問でしっかり得点を稼げれば，合格へ大きく近づいただろう。

類題には，錯体の分析とイオンの沈殿に関する1問を取り上げた。無機化学の総仕上げとして練習しておこう。

解答

問1　青色から白色に変化する。

問2　平衡時のH_2O分圧は2.6Paなので，

$$K = \frac{2.6}{8.31 \times 10^3 \times 298} \fallingdotseq 1.1 \times 10^{-6}$$

よって，**1.1×10^{-6} mol/L**（1.0×10^{-6} mol/Lも可）

問3　式(1)：図1より，平衡圧力p_{H_2O}は1040Paなので，

$$K_P = (p_{H_2O})^2 \fallingdotseq 1.1 \times 10^6 \text{ Pa}$$

式(2)：同様に，平衡圧力p_{H_2O}は700Paなので，

$$K_P = (p_{H_2O})^2 = 4.9 \times 10^5 \text{ Pa}$$

問4　必要な五水和物の質量をx〔g〕とおくと，

$$\frac{x \times \frac{160}{250}}{10.0} = \frac{22}{100+22}$$

$$x = 2.817$$

よって，**2.82g**

問5　結晶水以外の水の質量をa〔g〕，$CuSO_4 \cdot 5H_2O$の質量をb〔g〕とおくと，

$$a \times \frac{22}{100} + b \times \frac{160}{250} = 2.817 \times \frac{160}{250} \quad \cdots①$$

$$\left(a \times \frac{122}{100} + b\right) \times \frac{60}{100} = 2.817 \times \frac{160}{250} \quad \cdots②$$

①，②式より，$a \fallingdotseq 0.21$

よって，**0.21g**（0.22gも可）

4 無機物質

問6　**$CuSO_4 \cdot H_2O$ のみの状態になっている。**

問7　水蒸気圧が 1040 Pa 以下であればよいので，

$$\frac{1040}{3.2 \times 10^3} \times 100 = 32.5$$

よって，**33%**

考え方と解法のポイント

まず図1の各点の状態を示す。この実験の始点はA点であり，それよりも左側の領域は，今は関係がない。

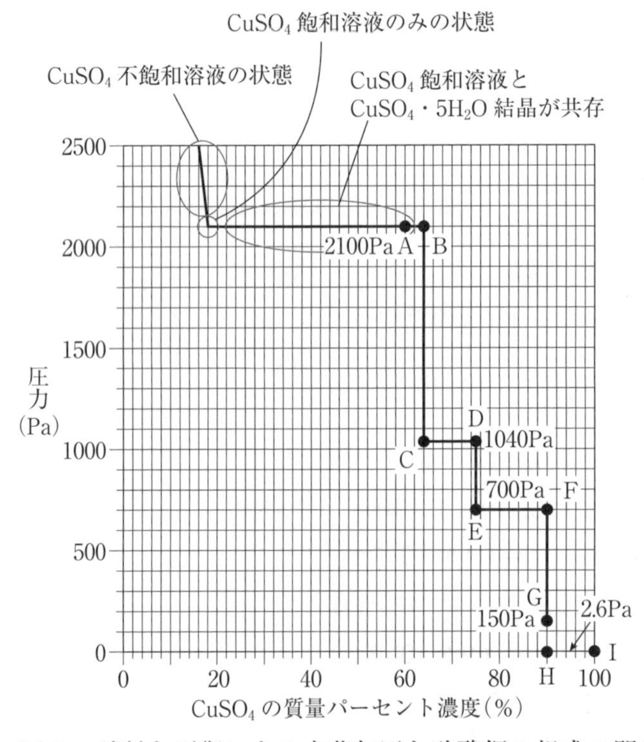

図1　試料と平衡にある水蒸気圧と硫酸銅の組成の関係

A–B 間：$CuSO_4$ 飽和水溶液と $CuSO_4 \cdot 5H_2O$ 結晶が共存(水溶液からの結晶の析出が進行)

B–C 間：固体は $CuSO_4 \cdot 5H_2O$ のみ(気相の H_2O のみが減っていく)

C–D 間：$CuSO_4 \cdot 5H_2O$ と $CuSO_4 \cdot 3H_2O$ が共存

D–E 間：固体は $CuSO_4 \cdot 3H_2O$ のみ

E–F 間：$CuSO_4 \cdot 3H_2O$ と $CuSO_4 \cdot H_2O$ が共存

F–G 間：$CuSO_4 \cdot H_2O$ のみ

こういった圧力または濃度と状態の関係を表すグラフを読むときは，「二者共存の平衡状態にあるときは，圧力や濃度が一定に保たれる」という原則を思い出してほしい。圧力一定となる水平線の領域が，式(1)～(3)の平衡が成り立つところなのである。

H-I 間で式(3)の平衡が成り立つことは示されているので，ここから逆にたどれば，E-F 間で式(2)，C-D 間で式(1)が平衡になっていることがわかる。

問2　分圧を mol/L に換算して答えなければならない。状態方程式を使う。

$$P〔\mathrm{Pa}〕=\frac{n〔\mathrm{mol}〕}{V〔\mathrm{L}〕}\times RT〔\mathrm{Pa\cdot L/mol}〕$$

$$\frac{n}{V}=\frac{2.6}{8.31\times10^3\times298}=1.05\times10^{-6}〔\mathrm{mol/L}〕$$

問3　図1から，平衡時の圧力＝H_2O 分圧を読み取ればよい。反応式中の H_2O の係数が2であり，他は固体なので，いずれも $K_p=(p_{H_2O})^2$ となる。

問4　実際の溶液の組成が，溶解度を使って表した組成に等しいという式を立てる。

$$\frac{溶質〔\mathrm{g}〕}{溶液〔\mathrm{g}〕}=\frac{x\times\frac{160}{250}}{10.0}=\frac{22}{100+22}$$

よって，$x=2.817$〔g〕

問5　蒸発するのは水だけなので，析出した分も合わせれば，$CuSO_4$ の質量は最初に加えた $2.817\times\frac{160}{250}$〔g〕のままである。A 点では，$CuSO_4\cdot5H_2O$ と $CuSO_4$ 飽和水溶液とが共存している。結晶水以外の水とは，飽和水溶液中の水を指す。この水の質量(溶液の質量ではない)を a〔g〕とおくと，残った飽和水溶液に溶けている $CuSO_4$ の質量は溶解度 22 より，$a\times\frac{22}{100}$〔g〕である。

析出している $CuSO_4\cdot5H_2O$ の質量を b〔g〕とおくと，その中の $CuSO_4$ の質量は $b\times\frac{160}{250}$〔g〕なので，$CuSO_4$ の全質量について以下の①式が成り立つ。

$$a\times\frac{22}{100}+b\times\frac{160}{250}=2.817\times\frac{160}{250}\quad\cdots①$$

一方，図1より，析出物と飽和溶液の合計質量の 60% が $CuSO_4$ である。飽和溶液の質量は $a\times\frac{122}{100}$〔g〕と表せるので，$CuSO_4\cdot5H_2O$ の質量を b〔g〕とおくと，$CuSO_4$ の全質量について以下の②式が成り立つ。

$$\left(a\times\frac{122}{100}+b\right)\times\frac{60}{100}=2.817\times\frac{160}{250}\quad\cdots②$$

①，②式より，$a\fallingdotseq0.214$〔g〕

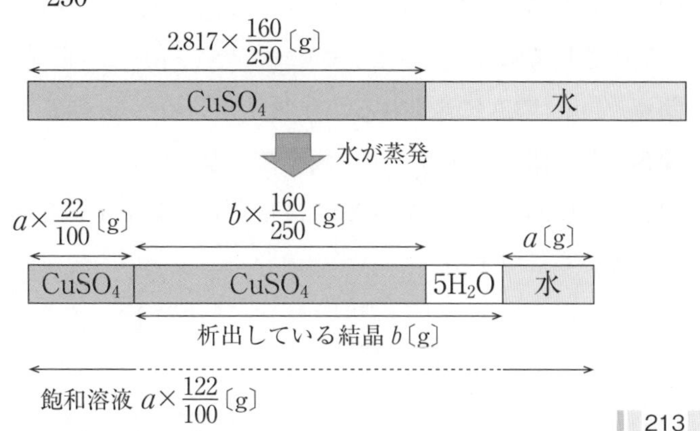

類題 34

遷移金属陽イオンM^{3+}がアンモニア分子や塩化物イオンと結合してできた錯イオンを構成要素に含む錯塩A，BおよびCがある。それらの組成式は下のように表される。A～Cに含まれるアンモニア分子は，そのすべてがM^{3+}と結合して錯イオンを形成している。また，A～Cを水に溶解したとき，それぞれの錯イオンのM^{3+}に結合しているアンモニア分子や塩化物イオンは，水分子や他のイオンと置き換わりにくく，硝酸銀とほとんど反応しない。(1)，(2)の文章を読んで問いに答えなさい。ただし，原子量を M＝60，Cl＝35，N＝14，H＝1.0，Ag＝108 とする。 （日本医科大）

錯塩A：$MCl_3 \cdot 5NH_3$

錯塩B：$MCl_3 \cdot xNH_3$

錯塩C：$MCl_3 \cdot yNH_3$　　　ただし，x，y は正の整数

(1) A，BおよびCのアンモニア含有量を分析した。それぞれの錯塩の採取量に対して，表①欄の結果が得られた。

(2) A，BおよびCのそれぞれについて，(1)と同じ量をとり，蒸留水に溶かして水溶液とした。これらの水溶液に過剰量の硝酸銀水溶液を加えると，いずれも白色沈殿を生じた。沈殿をろ別して十分に乾燥した後，沈殿の重量を測定して，表②欄の結果を得た。

表

錯塩		①	②
種類	採取量〔g〕	アンモニア含有量〔g〕	生じた白色沈殿の量〔g〕
A	1.00	0.34	1.16
B	1.07	0.41	1.72
C	0.93	0.27	0.60

問1　A～Cに含まれる錯イオンにおいて，アンモニア分子や塩化物イオンとM^{3+}との間の結合を何とよびますか。また，M^{3+}に結合している分子やイオンを総称して何とよびますか。

問2　(2)で生じた白色沈殿の化学式を書きなさい。

問3　BおよびCの組成式の x および y はそれぞれいくつですか。ただし，x，y はともに正の整数である。

問4　1 molのAに含まれる塩化物イオンのうち，錯イオンを形成しているものは何molですか。

問5　Bの錯イオンのイオン式を書きなさい。

問6　Cにおいて，1個のM^{3+}に結合して錯イオンを形成している分子およびイオンの合計数はいくつですか。

問7　Cの錯イオンには，M^{3+}に結合している原子やイオンの配置が異なる２種類の異性体が存在しうる。この錯イオンの構造として考えられるものをア～シの中から選んで記号で答えなさい。ただし，それぞれの図形や立体の中心(重心)にM^{3+}が位置し，各頂点には，M^{3+}に結合している原子またはイオンが位置するものとする。

ア　直線形　　イ　正三角形　　ウ　正方形　　エ　正五角形
オ　正六角形　　カ　正七角形　　キ　正八角形　　ク　正四面体
ケ　立方体　　コ　正八面体　　サ　三角両錐　　シ　三角柱

問8　エチレンジアミン($C_2H_8N_2$または$H_2N-CH_2-CH_2-NH_2$で示される)は，右図のように１分子中にある２個の窒素原子でM^{3+}と結合する。いま，Aに含まれるアンモニアが２分子あたりエチレンジアミン１分子で置き換わった錯塩Dを考える。Dが組成式$MCl_3 \cdot NH_3 \cdot 2C_2H_8N_2$で表され，Dに含まれる錯イオンがCの錯イオンと同じ構造をとるとき，Dの錯イオンには何種類の異性体が考えられますか。ただし，錯イオンの構造を問７のア～シの図形または立体で表したとき，同一のエチレンジアミン分子内の２個の窒素原子は必ず隣り合う頂点に位置するものとする。また，光学異性体があるときはそれぞれを１種類と数えなさい。

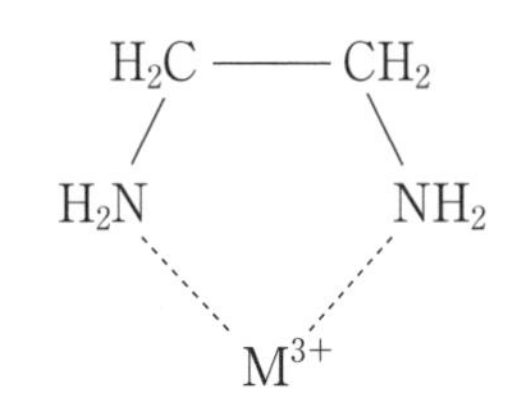

類題 35

次の文章を読み，下の**問１～問５**に答えなさい。　(獨協医科大)

それぞれ異なった塩のみを含む水溶液A～Eがある。各溶液の一部をとり，次の実験操作を行った。

操作１　塩酸を加えると，水溶液Aは(a)無色無臭の気体を発生し，水溶液Bは特有なにおいの(b)無色の気体を発生した。水溶液Cは気体を発生せず，(c)溶液の色が変化した。水溶液Dは気体を発生せず，白色沈殿が生成した。水溶液Eは変化が見られなかった。

操作２　塩化バリウム水溶液を加えると，水溶液A，D，Eは白色沈殿を生じ，水溶液Cは黄色沈殿を生じた。水溶液Bは変化が見られなかった。

操作３　溶液を白金線の先につけてガスバーナーの外炎に差し入れると，水溶液Aと水溶液Bは黄色の炎色反応を，水溶液Cは赤紫色の炎色反応を示した。水溶液Dと水溶液Eは変化が見られなかった。

操作４　チオシアン酸カリウム水溶液を加えると，水溶液Dのみ沈殿が生成し，水溶液Eのみ(d)溶液の色が変化した。

操作５　水溶液Cと水溶液Dを混合すると，赤褐色沈殿が生成した。

問1　文中の下線部(a)，(b)の気体の組合せとして最も適切なものを，右の①～⑥のうちから一つ選びなさい。

	(a)	(b)
①	CO_2	H_2S
②	CO_2	CO_2
③	CO_2	NO_2
④	SO_2	H_2S
⑤	SO_2	SO_2
⑥	SO_2	NO_2

問2　文中の下線部(c)，(d)における変化後の溶液の色の組合せとして最も適切なものを，右の①～⑥のうちから一つ選びなさい。

	(c)	(d)
①	黄色	濃青色
②	黄色	黄褐色
③	黄色	血赤色
④	赤橙色	濃青色
⑤	赤橙色	黄褐色
⑥	赤橙色	血赤色

問3　水溶液Ａに含まれる陽イオンをａ，水溶液Ｃに含まれる陽イオンをｃとする。ａとｃのイオン半径の大小，および海水中の含有量について最も適切な組合せを，右の①～⑥のうちから一つ選びなさい。

	イオン半径	海水中の含有量
①	ａ＜ｃ	ａ＜ｃ
②	ａ＜ｃ	ｃ＜ａ
③	ａ＜ｃ	ａ≒ｃ
④	ｃ＜ａ	ａ＜ｃ
⑤	ｃ＜ａ	ｃ＜ａ
⑥	ｃ＜ａ	ａ≒ｃ

問4　水溶液Ａ～Ｅにそれぞれ塩化鉛(Ⅱ)水溶液を加えたとき，有色沈殿(白色でない沈殿)が生成するものは何種類あるか。最も適切なものを，次の①～⑥のうちから一つ選びなさい。

①　0　　②　1　　③　2　　④　3　　⑤　4　　⑥　5

問5　水溶液Ｄと水溶液Ｅに含まれる塩を，等物質量含む水溶液がある。この溶液中の陽イオンを分離する操作に関する次の①～⑤の記述のうち，最も適切なものを一つ選びなさい。

①　水酸化ナトリウム水溶液を過剰に加え，生じた沈殿をろ過する。

②　アンモニア水を過剰に加え，生じた沈殿をろ過する。

③　シアン化カリウム水溶液を過剰に加え，生じた沈殿をろ過する。

④　塩基性条件下で硫化水素を十分通じて，生じた沈殿をろ過する。

⑤　二酸化炭素を十分通じて，生じた沈殿をろ過する。

第5章
有機化合物

5 −1 大阪大

難易度 ★★★★☆ 解答目安時間 15分

不斉炭素原子に関する次の【Ⅰ】,【Ⅱ】,【Ⅲ】の３つの文章を読み，**問１～問５**に答えよ。

【Ⅰ】

不斉炭素原子が１つ存在する化合物には，それに結合した(　ア　)種の異なる基(原子または原子団)の(　イ　)配置が異なる(　ウ　)対の異性体が存在する。これらの異性体は人間の右手と左手の関係にあって，重ね合わせることが(　エ　)。このような異性体は光学異性体とよばれる。光学異性体は，ほとんどの物理的性質や化学的性質は同じであるが，(　オ　)やある種の光学的性質が異なる。(　カ　)のα-炭素原子は不斉炭素原子なので，それらには光学異性体が存在する。

問１　上記の文章のア～カにあてはまる最も適切な語句を以下の語句群から選べ。

語句群：虚像，実像，1，2，3，4，必須アミノ酸，核酸，脂質，中心，反対，不斉，異性，力学的性質，生理作用，できる，できない，空間的，時間的

【Ⅱ】

不斉炭素原子をもつすべての化合物に，その光学異性体が存在するとは限らない。その１つの例として，ジブロモシクロプロパンがある。互いに鏡像の関係にない３つの異性体を下に示す。

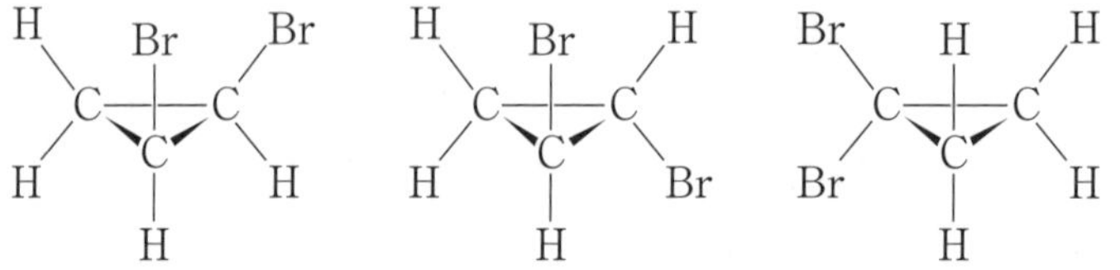

A　　B　　C

問２　光学異性体が存在する化合物をＡ～Ｃの中から選べ。

問３　不斉炭素原子をもつが，光学異性体が存在しない化合物をＡ～Ｃの中から選べ。

【Ⅲ】

環状のアルカン(シクロアルカン)では，環のサイズが大きくなるとすべての炭素原子が同じ面上に位置することができなくなる。六員環であるシクロヘキサンの安定な構造の１つに，下に示すような「いす形」構造がある。シクロヘキサンの水素原子の１つを臭素原子で置き換えたブロモシクロヘキサン($C_6H_{11}Br$)のいす形構造を図に示した。また，ブロモシクロヘキサンの11個の水素原子を$H_ア$～$H_サ$で示した。

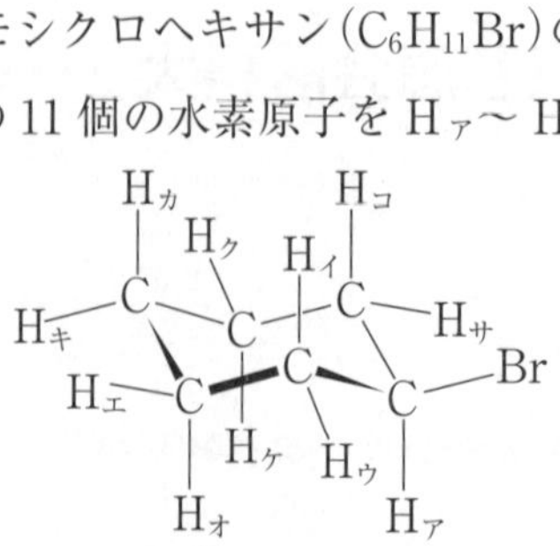

問4　ブロモシクロヘキサンの水素原子のうち，$H_ア$，$H_イ$，もしくは$H_ウ$を臭素原子で置換した3つの化合物($C_6H_{10}Br_2$)には，不斉炭素原子はそれぞれいくつあるか。ある場合にはその数を，ない場合には「なし」と記せ。

問5　ブロモシクロヘキサンの水素原子$H_ア$～$H_サ$の1つを塩素原子で置換した化合物($C_6H_{10}BrCl$)が光学異性体をもたないためには，どの水素原子を置換するとよいか。可能なすべての水素原子を記号で記せ。

ここで合否が分かれる！

大阪大は，有機化学，理論化学ともにハイレベルな出題で知られる。中でも理論化学の難問は時間がかかり，後回しにせざるを得ないので，立体構造や高分子などを出題する有機化学の問題は，レベルが高くとも確実に得点できるように心がけよう。

本問について，まず【Ⅰ】は基本問題であるので，消去法も用いて完答しておきたい。【Ⅱ】は，不斉炭素をもつが光学異性体をもたない「メソ体」に関する問題であり，一度解いたことがないとその概念がわかりにくいため，演習経験の有無が物を言うだろう。クライマックスの【Ⅲ】は「立体配座の違い」といって，単結合の結合手を回転してつくる別の立体構造(いす形と舟形)を扱っている。これらは異性体ではなく同一物であるのだが，この辺りで混乱しお手上げ状態となる受験生は多いはずだ。よってここでは【Ⅲ】で得点できれば，大きなアドバンテージとなるだろう。

類題は，二重結合に対するトランス付加と，それによって生じる立体異性体についての問題を取り上げた。分子の立体構造をイメージしやすくするために練習しておこう。

解答

問1　ア：4　イ：空間的　ウ：1　エ：できない　オ：生理作用　カ：必須アミノ酸

問2　B　　**問3**　A

問4　ア：なし　イ：2　ウ：2

問5　ア，カ，キ

考え方と解法のポイント

問1　必須アミノ酸にはグリシンは含まれない。

(※必須アミノ酸：フェニルアラニン，トリプトファン，リシン，ヒスチジン，メチオニン，バリン，イソロイシン，トレオニン，ロイシン，乳幼児の場合はアルギニンも)

問2・3　不斉炭素原子を1個だけもつ分子は光学異性体(鏡像体)をもつ。これは，面対称または点対称ではない分子構造になってしまうからである。

不斉炭素原子を複数もつ分子は，不斉炭素原子の数を n とおくと，一般に 2^n 個の立体異性体をもつ。しかし，不斉炭素原子をもっていても，分子全体で面対称または点対称の構造をもつ分子は光学異性体(鏡像体)をもたない。このような場合はその分，立体異性体の数が減ることになる。

ここで，A と A′ は同一物であり，異性体ではない。不斉炭素原子(C^*)を 2 個もつから，鏡に写すと異性体になるように思えるが，この分子は左右面対称の分子である。面対称の物体を鏡に写しても，別物にはならない。

一方，B と B′ は光学異性体である。面対称や点対称でない物体の鏡像は別物になる。

また A と B(または B′)の関係は，ジアステレオ異性体と言って，鏡像の関係にはない立体異性体である。

一方，B と C は，原子の結合順序が違うので構造異性体である。

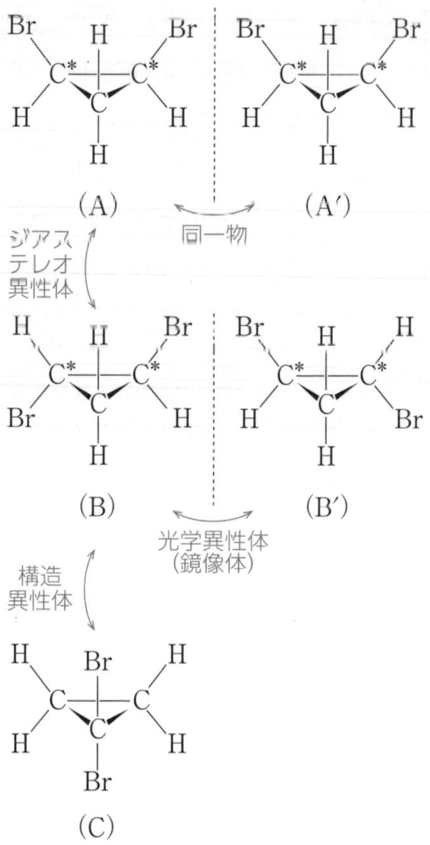

結局，分子式 $C_3H_4Br_2$ の環状化合物には，上記 A，B，B′，C の 4 つの異性体が存在する。

問4　シクロヘキサン環は，以下の 3 つの立体構造を繰り返しとっている。

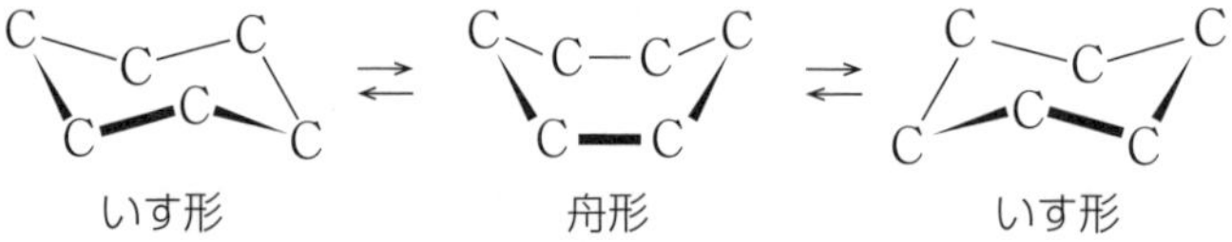

したがって，以下の 2 つの $C_6H_{11}Br$ は同一物である。

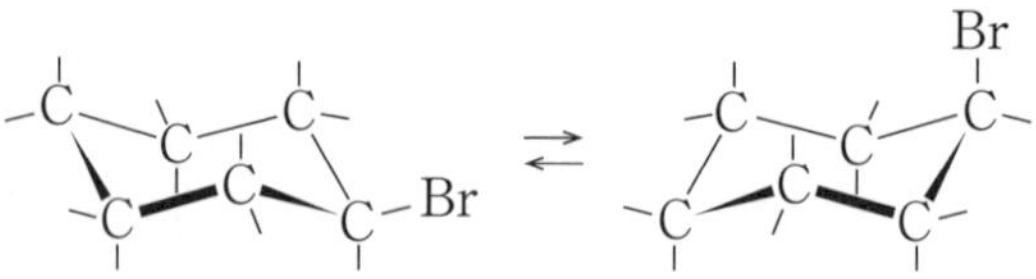

よって，環の C 原子が上に凸の部分か下に凸の部分かは区別しなくてよい。環に付いている原子(団)が，環の面の上に出るか下に出るかを区別すればよい。

環が紙面上にあるとして，
◀：紙面の手前に伸びる
┉┉：紙面の奥に伸びる

$H_ア$を置換：不斉炭素原子なし

$H_イ$を置換：不斉炭素原子は２個あり
（左右面対称の構造なので，光学異性体はなし）

$H_ウ$を置換：不斉炭素原子は２個あり
（左右面対称でも点対称でもないので，光学異性体が存在する）

問５　シクロヘキサンのＨを，Br １個と Cl １個で置換したものは，構造異性体で以下の４個である。

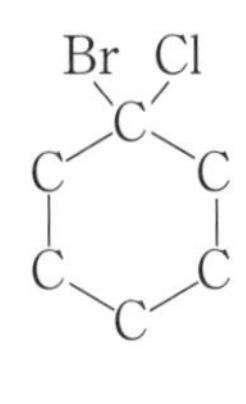

①　②　③　④

②と③は，面対称または点対称ではない分子なので，光学異性体が存在する。

一方，①は不斉炭素原子がなく，光学異性体が存在しない。また，④は左右対称の分子なので，光学異性体が存在しない。

参考までに，キを Br で置き換えた　は，面対称でもあり，点対称でもある。

類題 36

以下の文章を読んで，続く問いに答えよ。　（酪農学園大）

2−ブテンに臭素 Br_2 が付加すると，2，3−ジブロモブタンが生成するが，シス形とトランス形とでは，得られる生成物が異なる。このことを，アルケンの臭素化の反応機構から考えてみよう。

まず，シス形の場合を考えよう。反応の第１段階では，二重結合を形成する２組の電子対のうち１組が Br_2 を攻撃し，ブロモニウムイオンとよばれる三員環構造をもつ陽イオンと臭化物イオン Br^- が生じる。

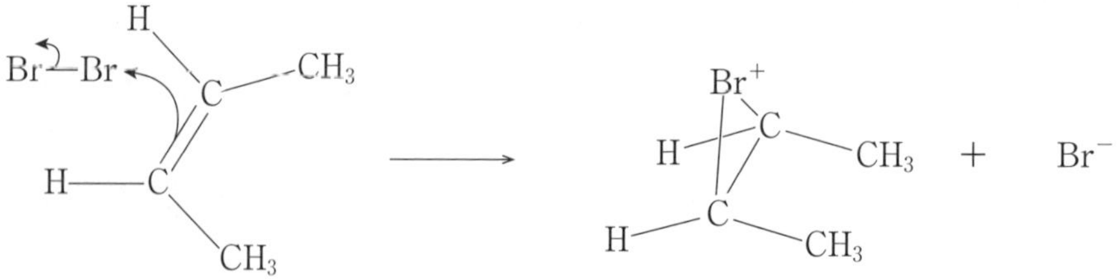

ここで，曲線の矢印は電子対の移動を表している。

第２段階で，環状ブロモニウムイオンの一部であり，上図で形式的に Br 原子上に置かれた正電荷の一部を担っている炭素原子を Br^- が攻撃する。この攻撃は，立体的に混み合っている三員環側ではなく，その逆側（いわば二重結合平面の下側）から行われる。

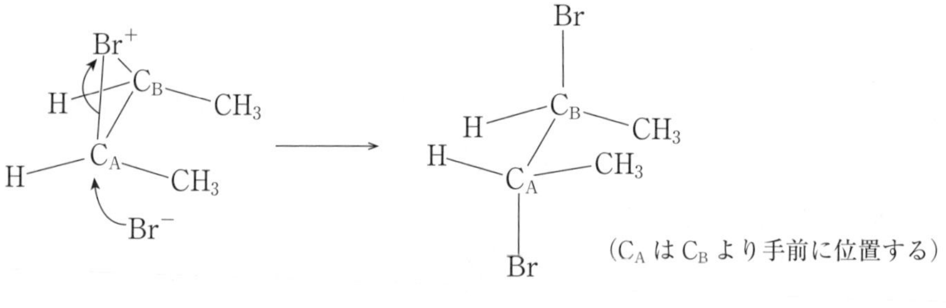

（C_A は C_B より手前に位置する）

I

この時，C_A 原子を Br^- が攻撃すると，Br^- と C_A 原子の間で，Br^- の非共有電子対の「共有化」が進む一方で，C_A 原子と Br^+ の間にある共有電子対が Br^+ の中に移動する「非共有化」が進む（陰性な Br 原子が正電荷を帯びているので電子対を収容するのに都合がよい）。このようにして，攻撃してきた Br^- との間に新たな C_A−Br 結合が生成すると同時に，それまでの C_A−Br^+ 結合が開裂して最終的な付加生成物 I が得られる。

同様にして，C_B 原子を Br^- が攻撃すると，付加生成物 II が得られる。I と II は互いに重なり合わない鏡像の関係にあり（　①　）である。C_A 原子と C_B 原子への Br^- の攻撃は，まったく同じ確率で起こるので，得られるのは I と II の等量混合物である。このようなものをラセミ体という。ラセミ体は光学活性（※）をもたない。

トランス-2-ブテンでも同様の2段階を経て，付加生成物ⅢとⅣを得るが，両者は同一の分子である。このように分子中に不斉中心があるにもかかわらず，(　①　)をもたない化合物をメソ化合物という。

ⅠおよびⅡの鏡像対とⅢ(あるいはⅣ)は立体異性体であるが，鏡像関係にはない。このように，互いに鏡像関係にはない立体異性体のことをジアステレオマーという。ジアステレオマーの化学的な性質は類似しているものの同一ではない。また，融点，沸点，密度などの物理的性質は，はっきりと異なる値を取る。

このように，2-ブテンの臭素付加では，シス形からは(　①　)のラセミ体が，トランス形からは光学活性をもたないメソ化合物が得られるのである。

※光学活性：平面偏光(振動が特定の面内のみに限られている光)の偏光面を回転させる物質を光学活性であるという。(　①　)は各々光学活性であり，偏光面を逆方向に同じ角度回転させる。ラセミ体は両者の等量混合物なので，偏光面の回転が打ち消される。

問1　空欄(　①　)にあてはまる最も適切な語を答えよ。

問2　右図の□にH，Br，CH_3のいずれかを記入し，付加生成物Ⅱの立体構造を完成させよ。

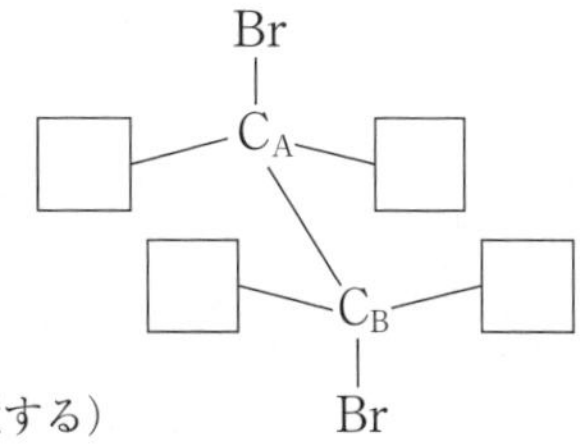

Br
□—C_A—□
□—C_B—□
Br

(C_AはC_Bより手前に位置する)

問3　右図の□にH，Br，CH_3のいずれかを記入し，付加生成物Ⅲ，Ⅳの立体構造を完成させよ。

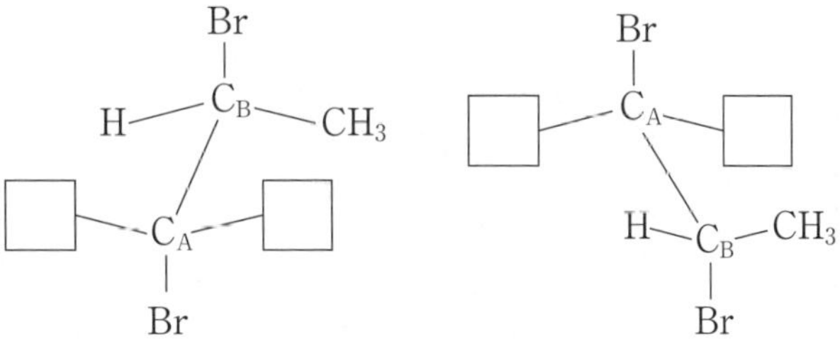

Br
H—C_B—CH_3
□—C_A—□
Br

Br
□—C_A—□
H—C_B—CH_3
Br

(C_AはC_Bより手前に位置する)

5 −2 近畿大

難易度 ★★☆☆☆　解答目安時間 10分

アルケンの反応に関する次の文章を読み，以下の**問1**～**問4**に答えよ。構造式は反応式(1)～(4)に示された構造式にならって示せ。

アルケンでは他の原子や原子団が結合する反応が起こり，その反応を付加反応という。反応式(1)と(2)に付加反応の例を示した。この場合，いずれの反応においても2種類の生成物が考えられるが，一般に，二重結合を形成している炭素原子のうち，より多くの水素と結合している方に水分子の水素原子が付加した化合物が主生成物となる。このような規則を，マルコフニコフ則という。

$(CH_3)_2C{=}CH{-}CH_3$ $\xrightarrow[\text{付加反応}]{+H_2O}$ A（主生成物）＋ B（副生成物）…(1)

$H_3C{-}CH_2{-}CH_2{-}CH{=}CH_2$ $\xrightarrow[\text{付加反応}]{+H_2O}$ C（主生成物）＋ D（副生成物）…(2)

脱離反応は，付加反応の逆の反応である。したがって，脱離反応は二重結合をもった化合物の合成法の一つとなる。反応式(3)と(4)に脱離反応の例を示した。脱離反応においても，2種類の化合物が生成する可能性があるが，一般に，二重結合を形成している炭素原子に，より多くの炭化水素基が結合したアルケンの方が生成しやすく，主生成物となる。このように，炭化水素基が多く結合した二重結合を生成しやすい傾向は，ザイツェフ則とよばれる。

$(CH_3)_2CH{-}CHBr{-}CH_3$ $\xrightarrow[\text{脱離反応}]{-HBr}$ E（主生成物）＋ F（副生成物）…(3)

$H_3C{-}CH_2{-}CH_2{-}CHBr{-}CH_3$ $\xrightarrow[\text{脱離反応}]{-HBr}$ G（主生成物）＋ H（副生成物）…(4)

問1　生成物A～Hの構造式を示せ。立体異性体は区別しなくてよい。

問2　生成物A～Dは，すべて分子式 $C_5H_{12}O$ で示されるアルコールの構造異性体である。A～D以外のアルコールの構造異性体は何個あるか。

問3　生成物A～Dおよび**問2**で答えたアルコールの構造異性体のうち，不斉炭素原子をもつ構造異性体の構造式をすべて示せ。

問4　生成物E～Hは，すべて分子式 C_5H_{10} で示されるアルケンである。このうち，幾何異性体の存在するアルケンはどれか。記号で答えよ。

ここで合否が分かれる！

教科書の発展事項に記載されている内容だが，もはや受験の常識となった「マルコフニコフ則」と「ザイツェフ則」を扱った1問。この法則を知らなくともリード文を理解すれば十分に解答できる内容だが，医学部受験生であれば前もっておさえておきたいルールである。ポイントは，付加，脱離いずれの場合も，「二重結合炭素に結合する水素原子の貧富の差が拡大する」傾向にあるということだ。

問1さえ解けてしまえば，問2～4は典型問題であるため全問完答したい。必ずC5の飽和アルコールとアルケンの異性体を自力ですべて列挙し，立体異性体の有無と，アルコールの級，ヨードホルム反応の可否，そして脱水反応によって生じるアルケンの構造までを，一通り確認しておくこと。

類題にはアルケンの酸化分解による構造決定を取り上げたので，列挙した異性体それぞれの酸化分解生成物の構造を導きながら解いてみよう。

解答

問1

A：$(H_3C)_2C(OH)-CH_2-CH_3$

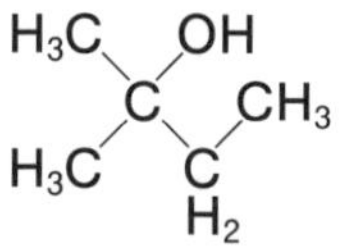

B：$H_3C-CH(CH_3)-CH(OH)-CH_3$

C：$H_3C-CH_2-CH_2-CH(OH)-CH_3$

D：$H_3C-CH_2-CH_2-CH_2-CH_2-OH$

E：$(H_3C)_2C=C(H)CH_3$

F：$CH_3-CH(CH_3)-CH=CH_2$

G：$H_3C-CH_2-CH=CH-CH_3$

H：$H_3C-CH_2-CH_2-CH=CH_2$

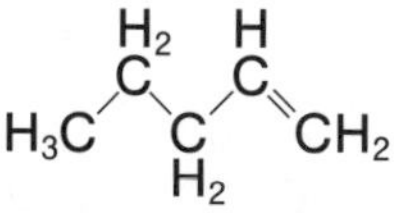

問2　4個

問3

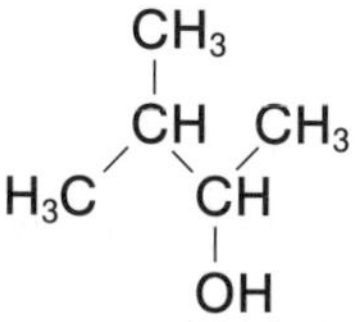

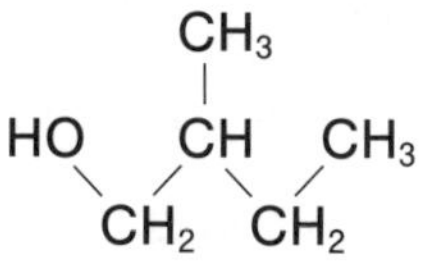

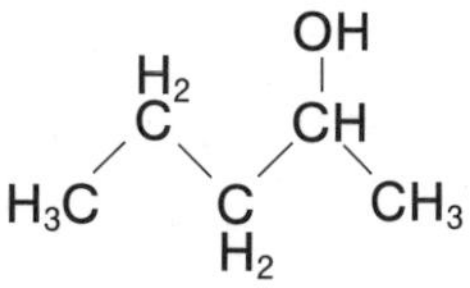

$H_3C-CH(CH_3)-CH(OH)-CH_3$

$HO-CH_2-CH(CH_3)-CH_2-CH_3$

$H_3C-CH_2-CH_2-CH(OH)-CH_3$

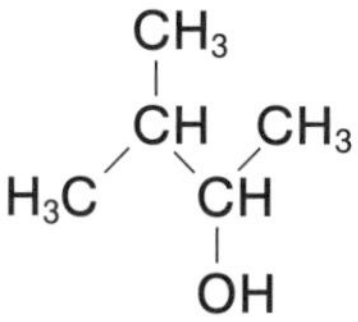

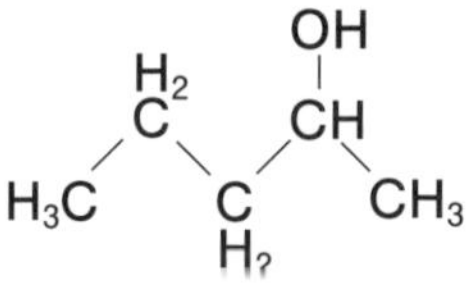

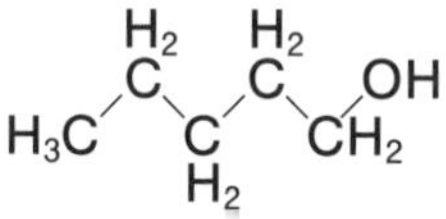

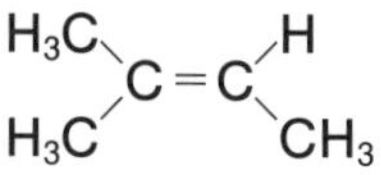

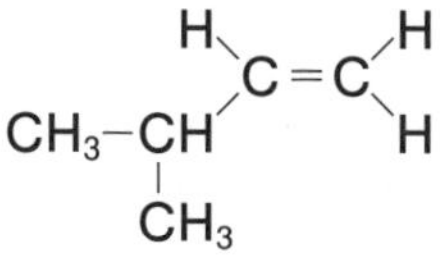

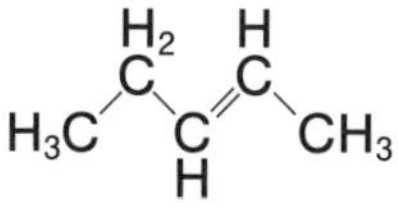

問4　G

5 有機化合物

考え方と解法のポイント

問2 $C_5H_{12}O$ のアルコールの構造異性体は以下の8個で，A～Dを除くと残りは4個。

```
① C−C−C−C−C−OH …[D]        ② C−C−C−C*−C …[C]
                                      |
                                      OH

③ C−C−C−C−C               ④ C−C−C*−C−OH
       |                            |
       OH                           C

       OH
       |
⑤ C−C−C−C …[A]             ⑥ C−C*──C−C …[B]
       |                        |    |
       C                        OH   C

                                    C
                                    |
⑦ HO−C−C−C−C               ⑧ C−C−C−OH
           |                        |
           C                        C
```

問3 A～Dの中では，上記の通りCとBが不斉炭素原子(C^*)をもつ。

問4 C_5H_{10} アルケンの構造異性体は以下の5個で，幾何異性体をもつのはG。

```
① C−C−C−C=C …[H]          ② C−C−C=C−C …[G]
                              ( C−C     C        C−C
                                   \   /            \
                                   C=C      と      C=C
                                  /   \            /   \
                                                          C )

③ C−C−C=C                  ④ C−C=C−C …[E]
       |                            |
       C                            C

⑤ C=C−C−C …[F]
       |
       C
```

類題 37

次の文章を読み，**問1～問5**の問いに答えよ。構造式は次の例にならって記せ。（大阪市立大）

```
          O
         //
  CH3−C        (ベンゼン環)
        \     /
         C=C
        /    \
       H      CH2−C−OH
                  ‖
                  O
```

アルケンを酸性の条件のもとで過マンガン酸カリウム水溶液で酸化すると，反応①～④に示すように炭素間の二重結合が切れ，ケトンやカルボン酸などを生じる。ただし，R，R′，R″はアルキル基を表す。幾何異性体はこの酸化反応により同じ生成物を生じる。

$$\begin{matrix}\mathrm{R}\\\mathrm{H}\end{matrix}\!\!>\!\mathrm{C{=}C}\!<\!\!\begin{matrix}\mathrm{H}\\\mathrm{H}\end{matrix}\ \xrightarrow{\text{酸化}}\ \begin{matrix}\mathrm{R}\\\mathrm{HO}\end{matrix}\!\!>\!\mathrm{C{=}O}\ +\ \mathrm{CO_2}\ +\ \mathrm{H_2O}\quad\cdots\cdots①$$

$$\begin{matrix}\mathrm{R}\\\mathrm{R'}\end{matrix}\!\!>\!\mathrm{C{=}C}\!<\!\!\begin{matrix}\mathrm{H}\\\mathrm{H}\end{matrix}\ \xrightarrow{\text{酸化}}\ \begin{matrix}\mathrm{R}\\\mathrm{R'}\end{matrix}\!\!>\!\mathrm{C{=}O}\ +\ \mathrm{CO_2}\ +\ \mathrm{H_2O}\quad\cdots\cdots②$$

$$\begin{matrix}\mathrm{R}\\\mathrm{H}\end{matrix}\!\!>\!\mathrm{C{=}C}\!<\!\!\begin{matrix}\mathrm{H}\\\mathrm{R''}\end{matrix}\ \xrightarrow{\text{酸化}}\ \begin{matrix}\mathrm{R}\\\mathrm{HO}\end{matrix}\!\!>\!\mathrm{C{=}O}\ +\ \mathrm{O{=}C}\!<\!\!\begin{matrix}\mathrm{OH}\\\mathrm{R''}\end{matrix}\quad\cdots\cdots③$$

$$\begin{matrix}\mathrm{R}\\\mathrm{R'}\end{matrix}\!\!>\!\mathrm{C{=}C}\!<\!\!\begin{matrix}\mathrm{H}\\\mathrm{R''}\end{matrix}\ \xrightarrow{\text{酸化}}\ \begin{matrix}\mathrm{R}\\\mathrm{R'}\end{matrix}\!\!>\!\mathrm{C{=}O}\ +\ \mathrm{O{=}C}\!<\!\!\begin{matrix}\mathrm{OH}\\\mathrm{R''}\end{matrix}\quad\cdots\cdots④$$

分子式C_5H_{10}で表されるアルケンA，B，Cを酸性の条件のもとで過マンガン酸カリウム水溶液で酸化した。アルケンAからは化合物Dとともに二酸化炭素と水が生じた。アルケンBからは化合物Eとともに二酸化炭素と水が生じた。アルケンCからは二酸化炭素は生成せず，化合物Fと化合物Gが得られた。ⓐ化合物Eあるいは化合物Gに水酸化ナトリウム水溶液とヨウ素を加えて温めると，いずれも特有の臭気をもつ黄色結晶が得られた。

アルケンA，B，Cに水素を付加させたところ，アルケンBとCからは同一の飽和炭化水素Hが得られ，アルケンAからはHとは異なる飽和炭化水素Ｉが得られた。化合物Fに十酸化四リン(P_4O_{10})を加え加熱することにより，有機化合物Ｊが得られる。ⓑ有機化合物Ｊはエチルアルコールと反応して，酢酸エチルと化合物Fを生じる。化合物Fあるいは酢酸エチルに水酸化ナトリウム水溶液とヨウ素を加えて温めたが，いずれも特有の臭気をもつ黄色結晶は得られなかった。

問1　下線部ⓐの反応の名称を答えよ。

問2　下線部ⓑの反応を表す化学反応式を記せ。

問3　飽和炭化水素HとＩの構造式を記せ。

問4　アルケンA，B，Cの構造式を記せ。ただし，立体異性体が考えられる場合にはいずれか一つを記せ。

問5　アルケンCに臭素を反応させて得られる化合物の構造式を記せ。

ただし，光学異性体は区別しなくてもよい。不斉炭素原子には下の例にならって＊印を付けよ。

（例）

$$-\overset{|}{\underset{|}{\mathrm{C}^*}}-$$

類題 38

次の文章ⅠおよびⅡを読み，以下の問い(**問1～5**)に答えなさい。　(千葉大)

原子量は H＝1.00，C＝12.0，標準状態における気体のモル体積は 22.4L/mol とする。

Ⅰ　適当な触媒の存在下でアセチレンを加熱すると，アセチレン3分子が付加反応を起こしてベンゼンになる(式1)。この反応でアセチレンの代わりに化合物Aを用いると［ア］が得られ(式2)，化合物Bを用いると［イ］と［ウ］の混合物が得られる(式3)。なお，［イ］と［ウ］は［エ］異性体の関係である。また，3つの三重結合をもつ［オ］を用いて付加反応を行うと化合物Cが得られる(式4)。

$$3\ \mathrm{H{-}C{\equiv}C{-}H} \xrightarrow{\text{触媒}} \text{ベンゼン} \qquad (1)$$

アセチレン　　　ベンゼン

$$3\ \mathrm{H_3C{-}C{\equiv}C{-}CH_3} \xrightarrow{\text{触媒}} [\text{ア}] \qquad (2)$$

化合物A

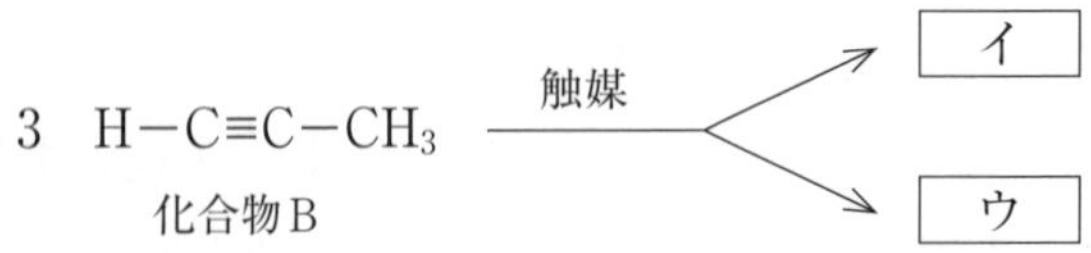

$$3\ \mathrm{H{-}C{\equiv}C{-}CH_3} \xrightarrow{\text{触媒}} [\text{イ}],\ [\text{ウ}] \qquad (3)$$

化合物B

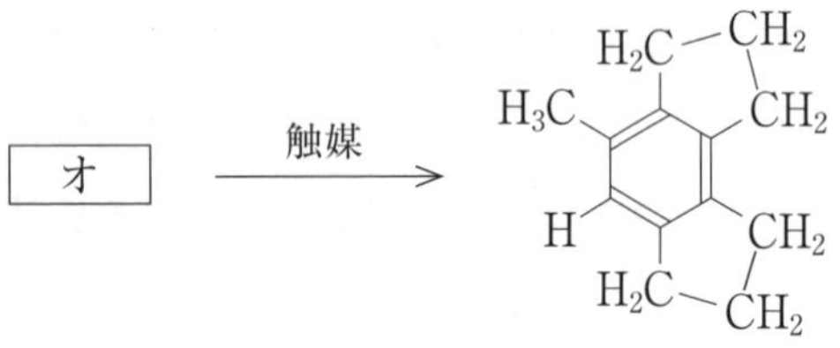

$$[\text{オ}] \xrightarrow{\text{触媒}} \text{化合物C} \qquad (4)$$

化合物C

問1　［ア］～［ウ］にあてはまる化合物の構造式をかきなさい。

問2　［エ］にあてはまる適切な語句をかきなさい。

問3　［オ］にあてはまる化合物の構造式をかきなさい。

Ⅱ　上記の付加反応に関連する以下の実験を行った。

標準状態で 5.00L のアセチレンと分子式が C_4H_2 の化合物Dを混合し，触媒存在下で付加反応を行ったところ，ベンゼンとともに 0.400g のビフェニルが得られた。なお，この反応ではアセチレンおよび化合物Dは付加反応で完全に消費され，ベンゼン，ビフェニル以外の生成物は得られなかった。

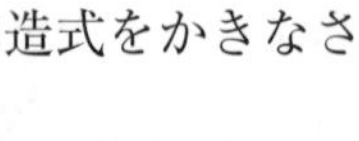

ビフェニル(分子量 154)

問4　化合物Dの構造式をかきなさい。

問5　Ⅱの実験でベンゼンは何g得られたか。計算過程も示し，有効数字3桁で答えなさい。

5 －3 東北大

難易度 ★★★★☆　解答目安時間 25分

幾何異性体も光学異性体も存在しないアルケンA，B，C，Dがある。アルケンCはアルケンAより炭素数が1つ多い。以下の文章と，実験1から実験8を読み，**問1から問9**に答えよ。構造式や不斉炭素原子の表示(＊)を求められた場合は，下記の例にならって書け。ただし，光学異性体は区別しない。原子量は，H＝1.0，C＝12，O＝16とする。

（例）

```
     (benzene ring)
          \        H
           \      /
            C＝C       OH   CH3
           /     \      |   /
  CH3－CH2        C－C*－CH
                 //     |   \
                O       H    CH3
```

アルケンに対して水素化ホウ素化合物(H−BR_2，Rは水素または炭化水素基)を付加させ，さらに水酸化ナトリウムと過酸化水素水を作用させて酸化することにより，アルケンの二重結合に水素原子とヒドロキシ基が付加した化合物が生成する。この見かけ上アルケンに水が付加した生成物を与える反応はヒドロホウ素化−酸化反応とよばれ，アルコールを合成する有用な手法である。ヒドロホウ素化−酸化反応では，炭素−炭素二重結合を構成する炭素原子のうち，水素原子がより多く結合している炭素原子にヒドロキシ基が主に結びつく。(1)式にプロピレンの例を示す。

$$CH_3-CH=CH_2 \xrightarrow[\text{ヒドロホウ素化}]{H-BR_2} CH_3-\underset{|}{\overset{H}{C}}H-\underset{|}{\overset{BR_2}{C}}H_2 \xrightarrow[\text{酸化}]{H_2O_2,\ NaOH} CH_3-\overset{H}{C}H-\overset{OH}{C}H_2 \quad (1)$$

Rは水素または炭化水素基

実験1　アルケンA，Bそれぞれに対して適切な触媒を用いて水素を付加させると，いずれからもアルカンEが得られた。

実験2　アルケンA，Bそれぞれに対してヒドロホウ素化−酸化反応を行ったところ，アルケンAからはアルコールFが主に得られ，アルケンBからはアルコールGが主に得られた。アルコールFは不斉炭素原子をもたないが，アルコールGは不斉炭素原子を1つもつことがわかった。

実験3　アルコールFに十分な量の安息香酸と少量の濃硫酸を加えて加熱したところ，分子量192.0の化合物Hが得られた。

実験4　アルコールGを適切な酸化剤を用いて穏やかに酸化したところ，化合物Iが得られた。

実験5　ガラス製の試験管に入れたアンモニア性硝酸銀溶液に化合物Iを加えて穏やかに加熱すると，試験管の内側が鏡のようになった。

5 有機化合物

実験６　アルケンＣ，Ｄそれぞれに対して適切な触媒を用いて水素を付加させると，化合物Ｃからはアルカン J が得られたが，化合物Ｄからはアルカン J の構造異性体Ｋが得られた。

実験７　アルケンＣ，Ｄそれぞれに対してヒドロホウ素化−酸化反応を行ったところ，アルケンＣからはアルコールＬが主に得られ，アルケンＤからはアルコールＭが主に得られた。アルコールＬ，Ｍはいずれも不斉炭素原子を１つもつことがわかった。

実験８　アルコールＬを二クロム酸カリウム $K_2Cr_2O_7$ の硫酸酸性溶液を用いて穏やかに酸化したところ，不斉炭素原子をもたない化合物Ｎが得られた。

問１　炭素数 n ($n \geqq 2$) のアルケンに水が付加しアルコールを与える反応は，(2)式で表される。

$$\boxed{\text{ア}} + H_2O \longrightarrow \boxed{\text{イ}} \qquad (2)$$

上記の空欄 ア と イ にあてはまる分子式を一般式でそれぞれ書け。

問２　アルコールＦの分子式を書け。

問３　アルコールＦと同じ炭素数をもつアルケンのうち，幾何異性体が存在しないアルケンは何種類あるか。その数を書け。

問４　化合物Ｅ，Ｆの構造式を書け。

問５　アルコールＦの構造異性体のうち，不斉炭素原子をもつ３種類のアルコールの構造式をすべて書き，不斉炭素原子に＊印をつけよ。また，アルコールＧの構造式を○で囲め。

問６　アルケンＡ，Ｂの構造式を書け。

問７　アルケンＡより炭素数が１つ多いアルケンについて，以下の問いに答えよ。

(1)　幾何異性体も光学異性体も存在しないアルケンは何種類あるか。その数を書け。

(2)　(1)に該当するアルケンのうち，ヒドロホウ素化−酸化反応により不斉炭素原子をもつアルコールを主に与えるアルケンは何種類あるか。その数を書け。

問８　化合物Ｎの構造式を書け。

問９　アルケンＣ，Ｄの構造式を書け。

ここで合否が分かれる！

東北大医学部の入試は，第３問で出題される有機化学の１問で勝負が決まることが多い。例年ここでは目新しい反応を扱うものの，設問の流れに従って順に処理を進めれば，効率的に解答できるような内容になっていた。その半面，このような問題形式では途中でミスをすると後の設問を全部間違えてしまうというリスクもあるからか，近年の東北大は問題５－５のように，いくつもの化合物を独立に構造決定する内容に変わりつつある。ただし，その際は自分で解法の流れを考えなければならないため，また違った難しさがあるだろう。

本問は，複雑な構造決定の解法を習得する目的で取り上げた。設問の流れに乗り，候補を挙げてから解答を絞り込んでいくのがポイント。たとえば，問３で列挙した構造から絞り込む問６，同じく問７で列挙した構造から絞り込む問８・９まで，手際よく進められたかどうかで合否が分かれたと思われる。

類題には，簡単なC4アルコールの構造決定と合成実験に関する問題を取り上げた。知識の確認のために練習しておこう。

解答

問１　ア：C_nH_{2n}　イ：$C_nH_{2n+2}O$

問２　$C_5H_{12}O$　　**問３**　4

問４　E：$CH_3-CH(CH_3)-CH_2-CH_3$　　F：$CH_3-CH(CH_3)-CH_2-CH_2-OH$

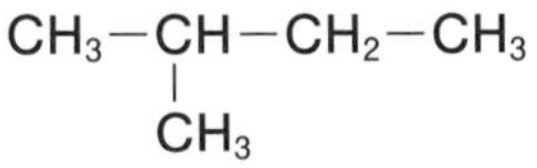

問５　$CH_3-CH_2-CH_2-\overset{*}{C}H(OH)-CH_3$　　$CH_3-\overset{*}{C}H(OH)-CH(CH_3)-CH_3$

$CH_3-CH_2-\overset{*}{C}H(CH_3)-CH_2-OH$（囲み）

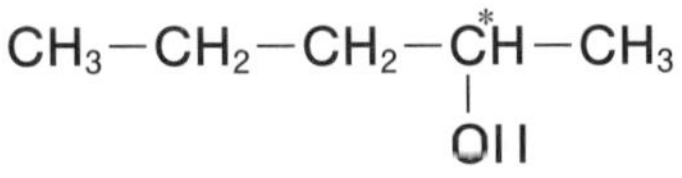

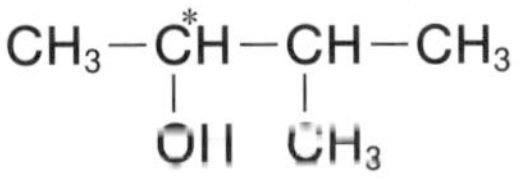

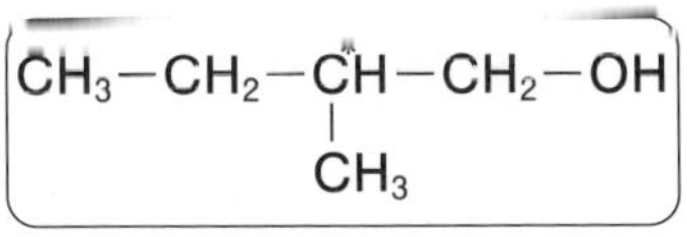

問６　A：$H_2C=CH-CH(CH_3)-CH_3$　　B：$H_2C=C(CH_3)-CH_2-CH_3$

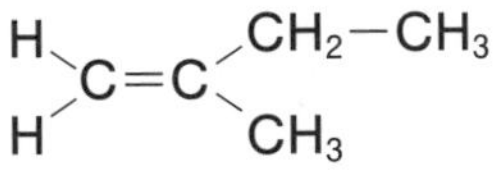

問７　(1)　8　(2)　3

問８　$CH_2-CH_2-C(=O)-CH(CH_3)-CH_3$

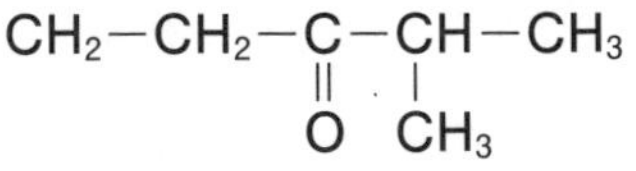

問９　C：$(CH_3)_2C=CH-CH_2-CH_3$　　D：$H_2C=C(CH_3)-CH(CH_3)-CH_3$

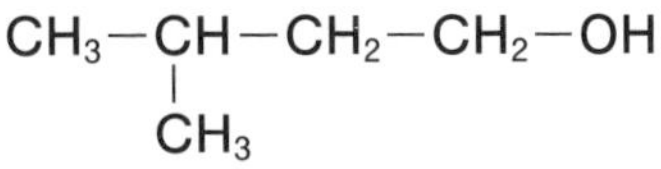

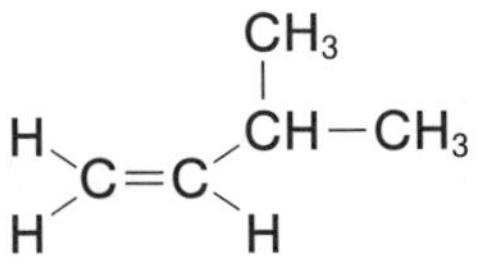

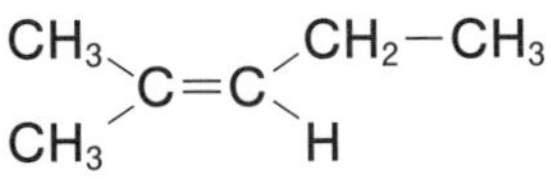

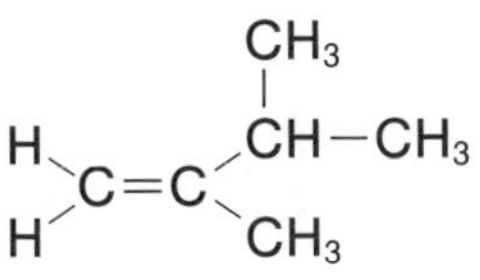

考え方と解法のポイント

問2　アルコールFは，アルケンAに対するH_2Oの付加で得られたから，分子式$C_nH_{2n+2}O$の1価アルコールである。示性式をR－OHとおくと，

$$R{-}OH + HO{-}\underset{\underset{O}{\|}}{C}{-}C_6H_5 \longrightarrow R{-}O{-}\underset{\underset{O}{\|}}{C}{-}C_6H_5 + H_2O$$

アルコールF	安息香酸	化合物H
分子量	122	192.0

Fの分子量M_Fを求めると，

$M_F + 122 = 192.0 + 18$，$M_F = 88$

よって，$C_nH_{2n+2}O$の$n=5$と求められる。

したがって，分子式は，$C_5H_{12}O$

問3　C_5のアルケン(C_5H_{10})の異性体は以下の通り。

① $CH_3{-}CH_2{-}CH_2{-}CH{=}CH_2$

② $CH_3{-}CH_2(H)C{=}C(CH_3)(H)$　（$CH_3{-}CH_2$とHが一方の炭素に，CH_3とHが他方の炭素に結合；$CH_3{-}CH_2$とCH_3が同じ側）

③ $CH_3{-}CH_2(H)C{=}C(H)(CH_3)$　（$CH_3{-}CH_2$とCH_3が反対側）

④ $CH_3{-}CH_2{-}C(CH_3){=}CH_2$　—H_2付加→

⑤ $CH_3{-}CH{=}C(CH_3){-}CH_3$　—H_2付加→　アルカンE　$CH_3{-}CH_2{-}CH(CH_3){-}CH_3$

⑥ $CH_2{=}CH{-}CH(CH_3){-}CH_3$　—H_2付加→

②と③は幾何異性体なので，それ以外の①，④，⑤，⑥の4種類が該当する。

問4　アルケンAとBは，H_2付加で同一のアルカンEになるのだから，同一の炭素骨格をもつ。A，Bは，上記の①，④，⑤，⑥のうち，同一骨格の④，⑤，⑥のいずれかである。よって，H_2付加後のアルカンEの構造は上記のように決まる。④，⑤，⑥について，ヒドロホウ素化，酸化の生成物の構造を次ページに書く。題意より，二重結合炭素のうち，H原子の多い方に－OHが付くものが主に得られるから，

④ 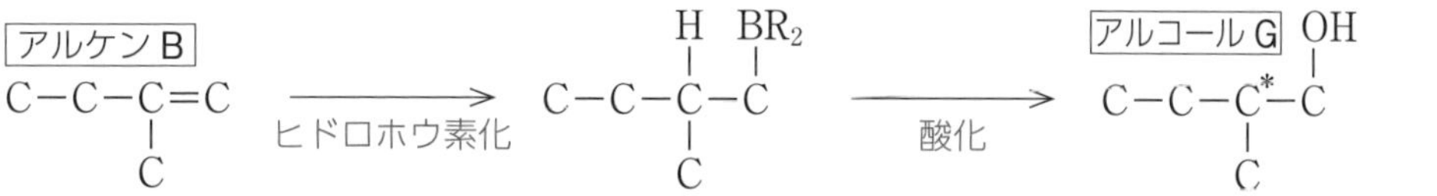 アルケンB C−C−C=C(−C) —ヒドロホウ素化→ C−C−C(H)(−C)−C(BR₂) —酸化→ アルコールG C−C−C*(−C)−C−OH

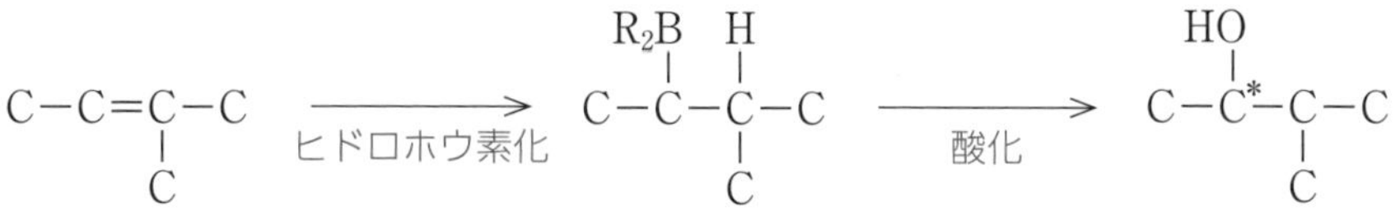

⑤ C−C=C(−C)−C —ヒドロホウ素化→ C−C(R₂B)−C(H)(−C)−C —酸化→ C−C*(HO)−C(−C)−C

⑥ アルケンA C=C−C(−C)−C —ヒドロホウ素化→ C(R₂B)−C(H)−C(−C)−C —酸化→ アルコールF HO−C−C−C(−C)−C

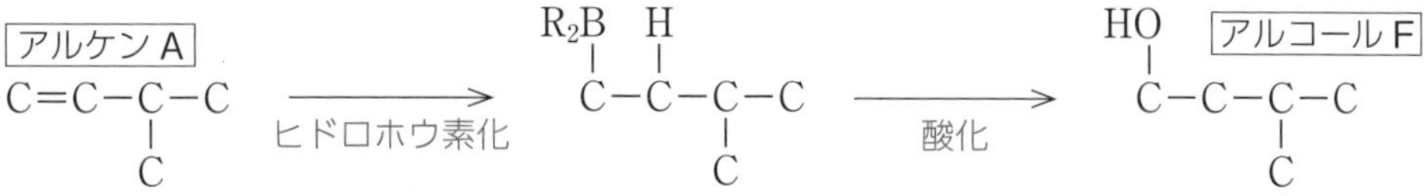

このうち，アルコールFは不斉炭素原子(C^*)をもたないから，⑥から生じたものと確定する。したがって，Aは⑥に決まる。

一方，アルコールGは不斉炭素原子をもち，酸化によって得られるIが銀鏡反応を行うから，第一級アルコールであるとわかる。よって，Gは④から生じたアルコールであり，Bは④に決まる。

問5 $C_5H_{12}O$ アルコールの構造異性体は，以下の8つ。

ⓐ C−C−C−C−C−OH

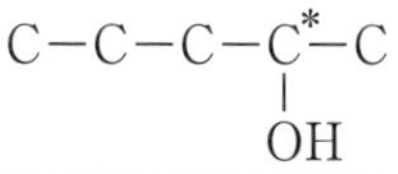

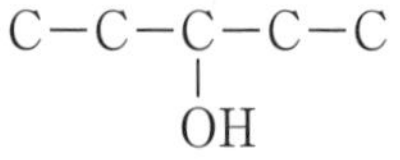

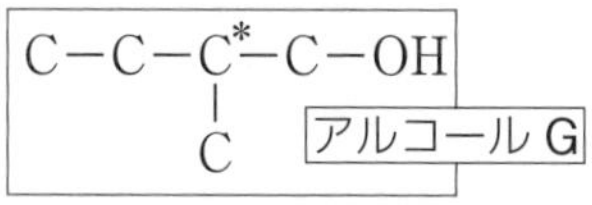

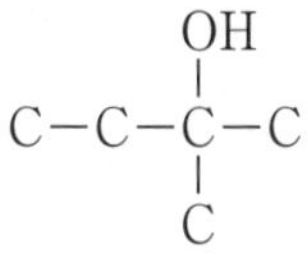

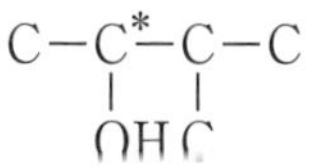

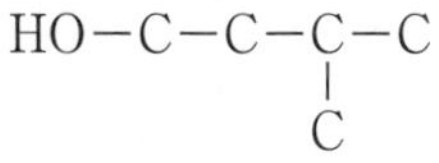

ⓑ C−C−C−C*(−OH)−C

ⓒ C−C−C(−OH)−C−C

ⓓ C−C−C*(−C)−C−OH　アルコールG

ⓔ C−C−C(−OH)(−C)−C

ⓕ C−C*(−OH)−C(−C)−C

ⓖ HO−C−C−C(−C)−C

ⓗ C−C(−C)(−C)−C−OH

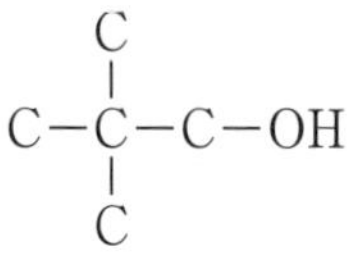

上記のうちⓑ，ⓓ，ⓕが該当する。

問6 問4で決定している。

問7 C_6H_{12} のアルケンについてである。構造異性体は，以下の13種類。

C−C−C−C−C=C

C−C−C−C=C−C 幾

C−C−C=C−C−C 幾

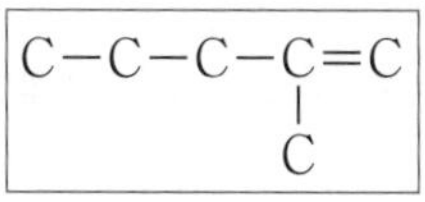

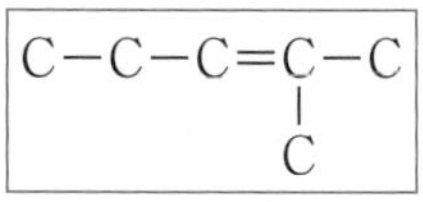

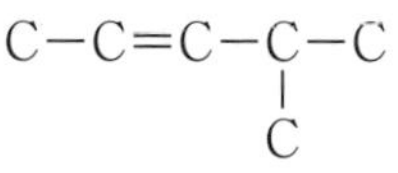

C−C−C−C(−C)=C

C−C−C=C(−C)−C

C−C=C−C(−C)−C 幾

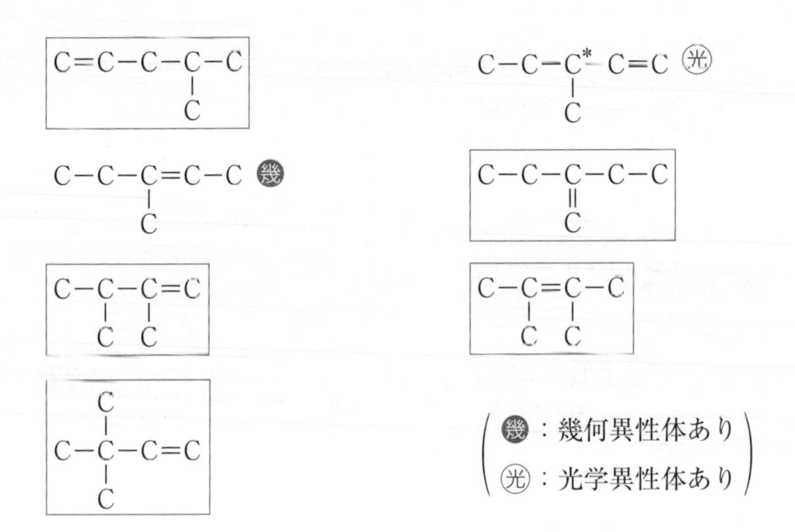

これらのうち，幾何異性体も光学異性体ももたないのは，上記の□で囲んだ８種類である。この８種類について，ヒドロホウ素化，酸化を行ったときの主生成物を書くと，

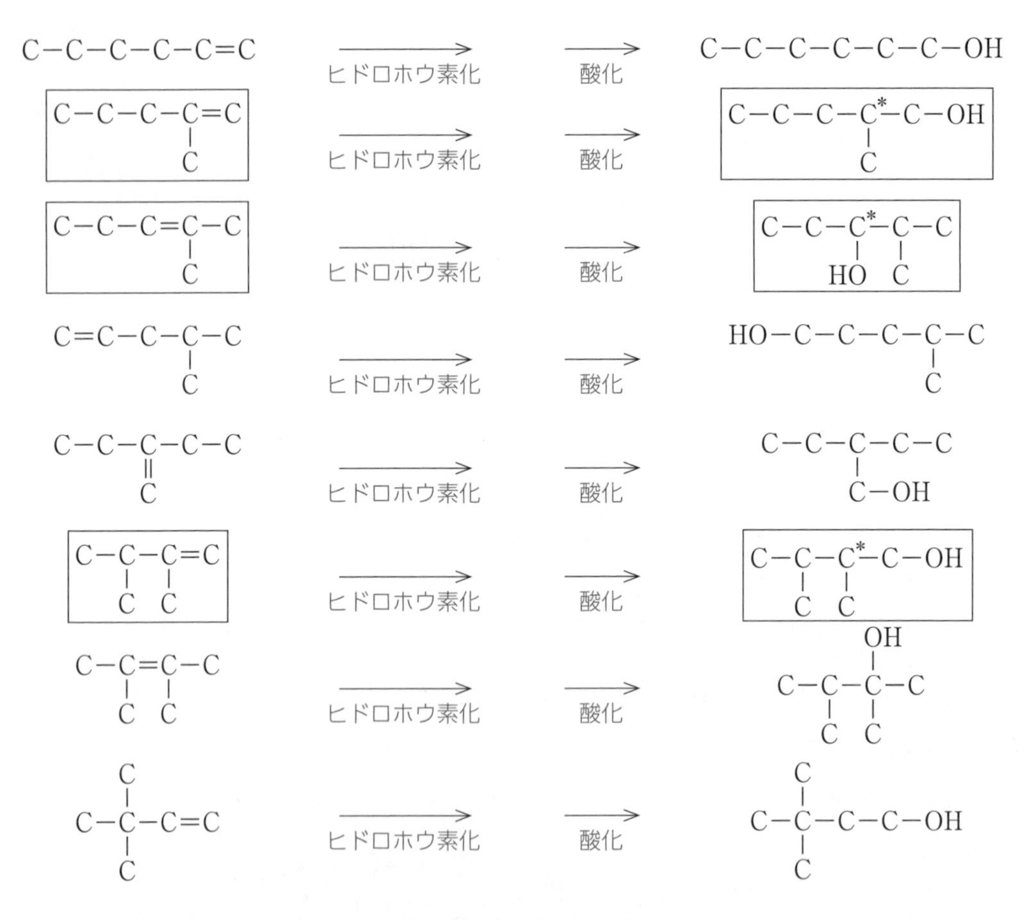

となり，不斉炭素原子をもつアルコールが生じるのは，上記のうち□で囲んだ３種類である。

問8 アルケンCは，Aより炭素が1つ多いのでC_6H_{12}であり，CとDはH_2付加により構造異性体の関係にあるアルカンを生じるから，アルケンDもまたC_6H_{12}である。C，Dから生じる不斉炭素原子をもつアルコールL，Mは，問7で導き出した3つのうちのどれかである。

```
[アルカンJ] <--H2-- [アルケンC] --ヒドロホウ素化--> --酸化--> [アルコールL](不斉炭素原子あり)
    ↑                  C6
 構造異性体
    ↓
[アルカンK] <--H2-- [アルケンD] --ヒドロホウ素化--> --酸化--> [アルコールM](不斉炭素原子あり)
```

Lは，酸化によって不斉炭素原子のないNに変わるので，以下の構造に決まる。

```
C−C−C*−C−C                     C−C−C−C−C
    |   |    [アルコールL] --酸化-->   ‖ |    [化合物N]
    HO  C                          O  C
```

問9 LよりCも決まる。また，DはH_2付加でCと同一にはならず，構造異性体になることから，以下の構造に決まる。

```
アルカン                アルケン                 アルコール
C−C−C−C−C      ⇐     C−C−C−C=C       ⇐     C−C−C−C*−C−OH
      |                     |                       |
      C                     C                       C
  ↑
  同一物
  ↓
[アルカンJ]            [アルケンC]              [アルコールL]
C−C−C−C−C      ⇐     C−C−C=C−C       ⇐     C−C−C*−C−C
      |                   |                     |   |
      C                   C                     HO  C
  ↑
  構造異性体
  ↓
[アルカンK]            [アルケンD]              [アルコールM]
C−C−C−C        ⇐     C−C−C=C         ⇐     C−C−C*−C−OH
  | |                   | |                    | |
  C C                   C C                    C C
```

類題 39

次の文章を読み，**問1～問7**に答えよ。原子量は，H＝1.0，C＝12，O＝16 とする。 （筑波大）

炭化水素には，分子中の炭素と炭素の結合がすべて単結合である飽和炭化水素や，エチレンやアセチレンのように分子内に二重結合または三重結合を有する(a)不飽和炭化水素などがある。また，環構造をもつベンゼンやナフタレンなどの芳香族炭化水素もある。ベンゼンも不飽和化合物ではあるが，エチレンやアセチレンとは異なる反応が起こる。たとえば(b)臭素との反応では，エチレンでは［ア］反応が起こるのに対し，ベンゼンでは［イ］反応が起こりやすい。

(c)エチレンやアセチレンは，様々な化学工業製品の原料として重要である。エチレンからはエタノール，アセトアルデヒド等が合成される。たとえば，(d)エチレンと酸素の反応を塩化パラジウム(Ⅱ)と塩化銅(Ⅱ)の触媒存在下で行うと，アセトアルデヒドが得られる。アセトアルデヒドを［ウ］すればエタノールが得られる。さらにエタノールを濃硫酸とともに130℃に加熱すると［エ］反応が起こり，分子式 $C_4H_{10}O$ の化合物 A が得られる。

化合物 A には(e)7種類の構造異性体(化合物 A ～ G)が存在する。表1にそれぞれの沸点を示す。化合物 A，B，G は直鎖構造である。比較的沸点が低い化合物 A，B，C は［オ］であり，沸点が高い化合物D，E，F，G は［カ］である。化合物 G を過マンガン酸カリウムによって酸化すると，分子式 $C_4H_8O_2$，沸点 164℃の化合物 H が得られる。

表1

化合物	沸点
A	35℃
B	40℃
C	51℃
D	85℃
E	97℃
F	105℃
G	118℃

化合物 H には多くの構造異性体が存在する。酢酸とエタノールの［エ］反応により得られる酢酸エチルもその一つである。酢酸エチルの沸点は化合物 H の沸点より［キ］。以下に(f)酢酸エチルを合成する実験を示す。

操作1　氷酢酸(0.4 mol)とエタノール(0.4 mol)を丸底フラスコに入れ，少量の濃硫酸をゆっくり加えた。

操作2　30分間，80℃の湯浴で加熱した(図1)。

操作3　湯浴を外し室温に戻ったことを確認してから，丸底フラスコの内容物を飽和炭酸水素ナトリウム水溶液の入ったビーカーに注いだ。

操作4　ビーカーの内容物をすべて分液漏斗に移し，かるく振り混ぜ静置した(図2)。

操作5　二層に分かれたうち，［ク］を分けとり，そこへ塩化カルシウムを加え未反応のエタノールを除去した。

操作6　ろ過して塩化カルシウムを取り除き，ろ液をすべて枝付き丸底フラスコに移した。

操作7　図3の装置を用いて酢酸エチルを得た。

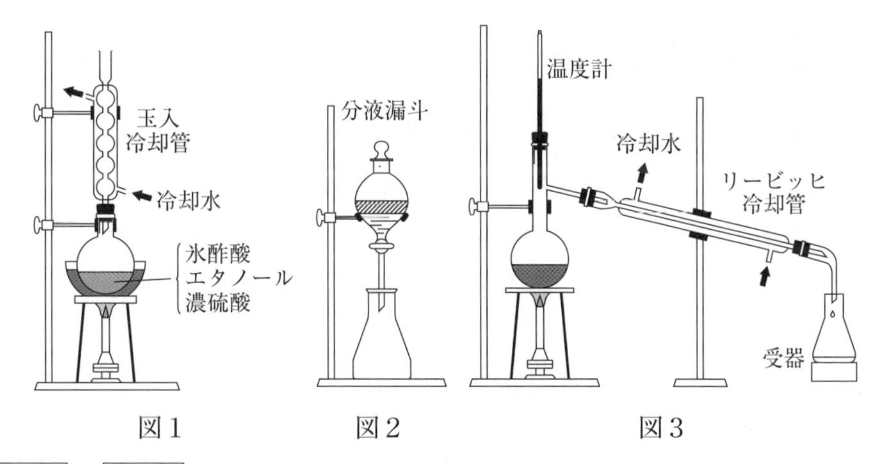

図1　　図2　　図3

問1 ［ア］～［カ］にあてはまる最も適切な化学反応または化合物群の名称を記せ。

問2 下線部(a)に関して，分子内に三重結合を一つもつ鎖式不飽和炭化水素を表す化合物群の名称と炭素数を n とした一般式を答えよ。

問3 下線部(b)に関して，スチレン(1 mol)と臭素(1 mol)の反応により得られる生成物の構造式を示せ。

問4 下線部(c)に関して，塩化アンモニウムと濃硫酸から発生する気体(1 mol)とアセチレン(1 mol)の混合気体を高温で塩化水銀(Ⅱ)に接触させた。このときの化学反応式を示せ。有機化合物は構造式で示せ。

問5 下線部(d)の反応を異なる触媒存在下で行うとアセトアルデヒドの異性体が得られ，これを高温で水と反応させるとポリエチレンテレフタラートの原料の一つが得られる。このアセトアルデヒドの異性体の構造式を示せ。

問6 下線部(e)に関して，分子式 $C_4H_{10}O$ をもつ構造異性体には，水酸化ナトリウム水溶液中でヨウ素とともに加熱すると黄色の沈殿を生じる異性体がある。この異性体の化合物名を記せ。

問7 下線部(f)の実験に関して，以下の問に答えよ。

(i) 酢酸とエタノールから酢酸エチルを合成する化学反応式を示せ。

(ii) 氷酢酸をすべて酢酸エチルに変換できたとすれば，酢酸エチルは何 g 得られるか。有効数字2桁で答えよ。

(iii) 一般に濃硫酸を触媒としたエステル化反応では，原料をすべてエステルに変換することは難しい。その理由を25字以内で述べよ。

(iv) ［キ］と［ク］にそれぞれあてはまる語句の組み合わせを下記から選び，番号で答えよ。

① 低い－上層　② 低い－下層　③ 高い－上層　④ 高い－下層

(v) 図2および図3に示した溶解性の違いを利用した分離操作，および沸点の差を利用した分離操作の一般名称を答えよ。

注）この問題では，なぜか有機化合物A～Hの構造を問うてないが，「Eがヨードホルム反応を行う」という条件さえ追加すれば，すべての構造がリード文の条件から決定できる。A～Hの構造も決定してみよう。

5 −4 日本医科大

難易度 ★★★★☆ 解答目安時間 15分

下の文章を読んで，問いに答えなさい。原子量は，H＝1.0，C＝12，O＝16とする。

カルボン酸，アミン，アルコールはそれぞれ特徴的な官能基をもつ化合物であり，生体内においてもさまざまな役割を担っている。これらの化合物どうしが縮合して水を失うと，縮合の組合せの表に示すようなア～エの総称でよばれる化合物が生成する。

表　縮合の組合せ

	カルボン酸	アルコール	アミン
カルボン酸	ア	イ	ウ
アルコール	イ	エ	
アミン	ウ		

炭素，水素，酸素，窒素のみからなる化合物Aがある。1molの化合物Aに十分な水を加えて加水分解したところ，2molの水を消費して化合物B，化合物C，化合物Dがそれぞれ1molずつ生成した。これらの化合物A，B，C，Dは(1)～(5)の条件を満たすことがわかった。

(1)　化合物Aには表のイに含まれる結合が存在する。

(2)　化合物Bをアジピン酸と縮合重合すると，ナイロン66(6，6−ナイロン)が得られた。

(3)　化合物Cは窒素を含まず，その分子量は116であった。この5.8mgを完全に燃焼させたところ，二酸化炭素が8.8mgと水が1.8mg生成した。

(4)　化合物Cを160℃に急熱したところ分子内で脱水し，表のアに分類される化合物に変化した。また，化合物Cにはシス−トランス異性体が存在した。

(5)　化合物Dはα−アミノ酸であり，ニンヒドリンと反応して，赤紫色の化合物，水，アルデヒド，二酸化炭素を生じた。さらに，この反応により生じたアルデヒドを還元するとエチレングリコールが生じた。なお，ニンヒドリンはα−アミノ酸と以下のように反応する。

2 ニンヒドリン ＋ $R-CH(NH_2)-COO^-$ （R：置換基）

触媒量のH^+

→ 赤紫色の化合物 ＋ $3H_2O$ ＋ $R-CHO$ ＋ CO_2

問1 表のア～エに入る適切な語句を書きなさい。

問2 化合物Bの名称を書きなさい。

問3 ナイロン66のメチレン基が連続した部分を1つのベンゼン環で置換すると，アラミド繊維とよばれる芳香族ポリアミドが得られる。アラミド繊維の繰り返し部分の構造式を例にならって書きなさい。

例：$\left[-O-C_6H_4-C(CH_3)_2-C_6H_4-CH_2-C(=O)- \right]_n$

問4 化合物Cの分子式を書きなさい。

問5 化合物Cの名称を書きなさい。

問6 化合物Dの名称を書きなさい。

問7 化合物Dの構造式を書きなさい。

問8 化合物B，C，D間の縮合によって生じた結合を「—」で表すとき，化合物Aの構造に適合しない並び方の番号をすべて書きなさい。

1. B—C—D
2. B—D—C
3. C—B—D
4. C—D—B
5. D—B—C
6. D—C—B

ここで合否が分かれる！

複雑な縮合物を分解反応によって断片化し，簡単になった分解生成物から構造決定していく形式の1問である。加水分解可能なエステル結合，アミド結合，酸化分解可能な炭素間不飽和結合をもつ物質は，このような複雑な構造決定の問題で取り上げられやすい。

本問では，エステル結合とアミド結合を有する物質を扱っている。3つの加水分解生成物のうち，化合物BとCは簡単に決定できるが，Dの決定が難しい。したがって，これに関連する問6・7の出来が勝負を決めたのではないかと思われる。ポイントは，与えられたニンヒドリン反応の生成物から，反応前の構造までをたどっていく必要があるということ。一般的に有機化合物の難問では，このように反応を逆方向にたどっていき，反応前の構造を推定するという形式のものが多い。医学部受験生であれば必ずおさえておきたい考え方である。

類題には，典型的なC5エステルの構造決定を取り上げた。設問の誘導に沿って挑戦してみよう。

解答

問1　ア：**酸無水物**(または**カルボン酸無水物**)　イ：**エステル**　ウ：**アミド**　エ：**エーテル**

問2　**ヘキサメチレンジアミン**

問3

$$\left[\begin{matrix} -N- \\ | \\ H \end{matrix} \!\!-\!\!\bigcirc\!\!-\!\! \begin{matrix} N- \\ | \\ H \end{matrix} \begin{matrix} C- \\ \| \\ O \end{matrix} \!\!-\!\!\bigcirc\!\!-\!\! \begin{matrix} C- \\ \| \\ O \end{matrix} \right]_n$$

問4　$C_4H_4O_4$　　**問5**　**マレイン酸**　　**問6**　**セリン**

問7

$$HO-CH_2-\underset{\displaystyle H}{\overset{\displaystyle NH_2}{\underset{|}{\overset{|}{C}}}}-COOH$$

問8　3，5

考え方と解法のポイント

この問題では，化合物Aの構造を決定する必要はない。その加水分解生成物についてが問われている。なお，表からわかる通り，アルコールとアミンの間や，アミンどうしでは縮合は起こらない。

問3　アラミド繊維とは，防弾チョッキ等に用いられる高強度の繊維のこと。アミド結合間に形成される水素結合と，平面構造が密に積み重なることによって強くなるファンデルワールス力とによって高分子どうしが強く結び付き，強度が高まる。

問4　化合物C(以下[C])はC，H，Oのみからなるので，分子式を$C_aH_bO_c$とおくと，

$$C_aH_bO_c \xrightarrow{O_2} aCO_2 + \frac{b}{2}H_2O$$

より，

$$[C] : CO_2 = \frac{5.8}{116} : \frac{8.8}{44} = 1 : a,\quad a = 4$$

$$[C] : H_2O = \frac{5.8}{116} : \frac{1.8}{18} = 1 : \frac{b}{2},\quad b = 4$$

分子量より，$c = 4$

よって分子式は，$C_4H_4O_4$

このように，最初から分子量がわかっている場合は，各元素の質量を算出しなくても一段で分子式を算出することができる。

問5　分子内脱水により酸無水物になることと，シス-トランス異性体が存在することから，マレイン酸と決まる。

問6・7 ①R部分は無反応，②R部分もアルデヒドで，最後に還元される，③R部分もニンヒドリン反応を行う，の3つに分けて考えると，

①

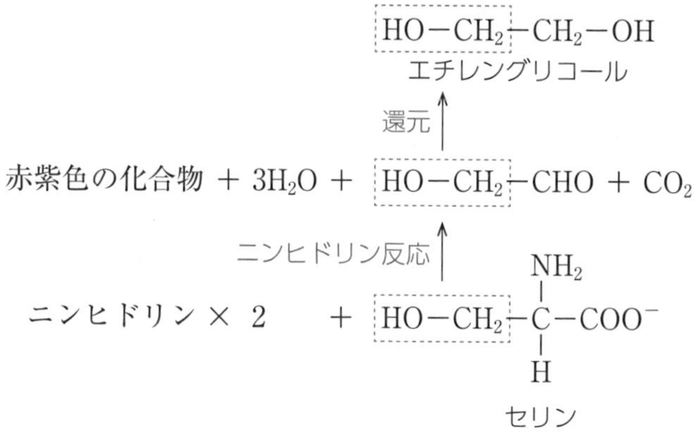

$$HO-CH_2-CH_2-OH$$

エチレングリコール

↑ 還元

$$\text{赤紫色の化合物} + 3H_2O + HO-CH_2-CHO + CO_2$$

↑ ニンヒドリン反応

$$\text{ニンヒドリン} \times 2 + HO-CH_2-CH(NH_2)-COO^-$$

セリン

②

$$HO-CH_2-CH_2-OH$$

↑ 還元

$$OHC-CHO$$

↑ ニンヒドリン反応

$$OHC-CH(NH_2)-COO^-$$

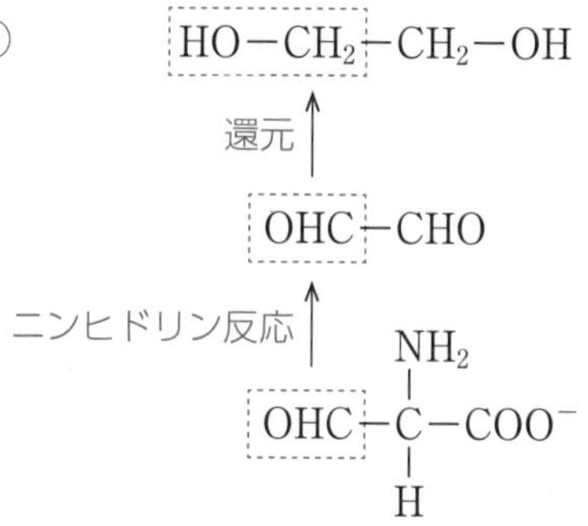

③

$$HO-CH_2-CH_2-OH$$

↑ 還元

$$OHC-CHO$$

↑ ニンヒドリン反応

$$^-OOC-CH(NH_2)-CH(NH_2)-COO^-$$

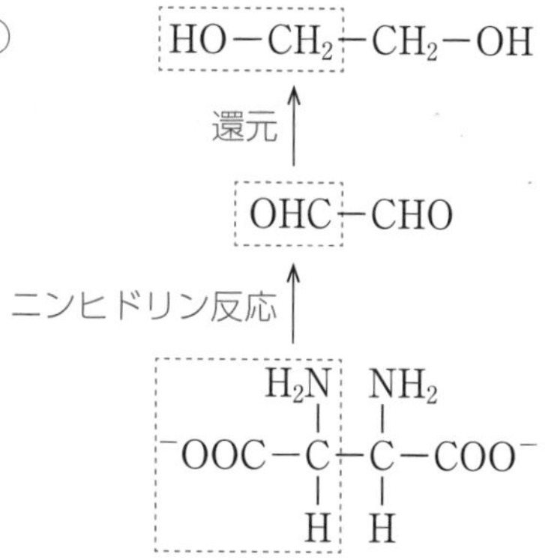

化合物Aにはアルコールとカルボン酸の縮合で生じるエステル結合が含まれるが，化合物B，Cはヒドロキシ基をもたないため，化合物Dがヒドロキシ基をもつとわかる。よって，化合物Dは①のセリンであると判断できる。

5 有機化合物

問8　(1)より，化合物Aにはエステル結合が含まれる。これは，化合物B，C，Dのうち，C(マレイン酸)とD(セリン)の間でのみ形成される。

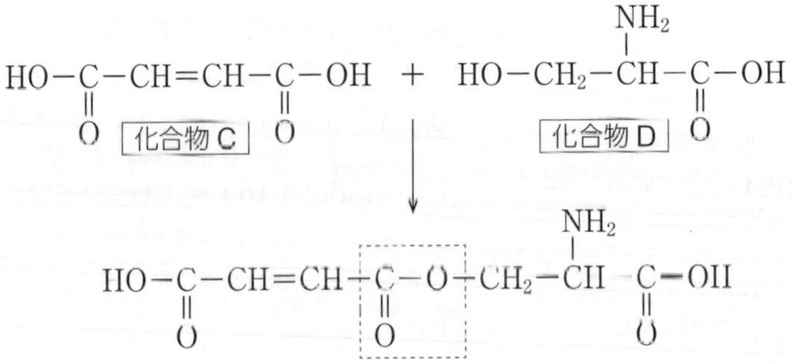

$$\underset{\text{化合物C}}{HO-\underset{\|}{\overset{}{C}}(=O)-CH=CH-C(=O)-OH} \quad + \quad \underset{\text{化合物D}}{HO-CH_2-CH(NH_2)-C(=O)-OH}$$

$$\downarrow$$

$$HO-C(=O)-CH=CH-\boxed{C(=O)-O}-CH_2-CH(NH_2)-C(=O)-OH$$

エステル結合

化合物C−D

ヘキサメチレンジアミンBは，CにもDにも縮合できる。

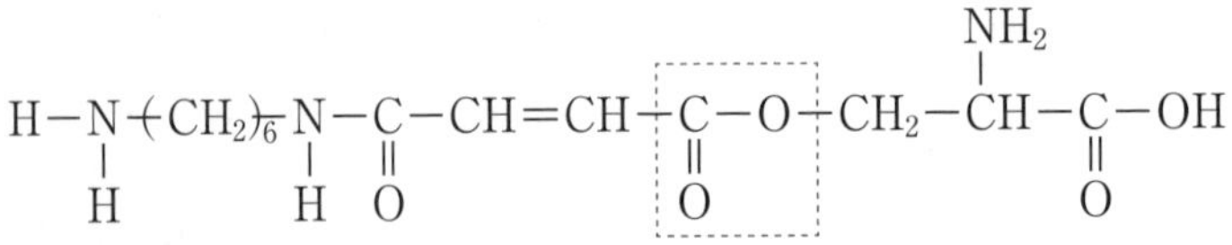

$$H-N(H)-(CH_2)_6-N(H)-C(=O)-CH=CH-\boxed{C(=O)-O}-CH_2-CH(NH_2)-C(=O)-OH$$

化合物B−C−D

$$HO-C(=O)-CH=CH-\boxed{C(=O)-O}-CH_2-CH(NH_2)-C(=O)-N(H)-(CH_2)_6-N(H)-H$$

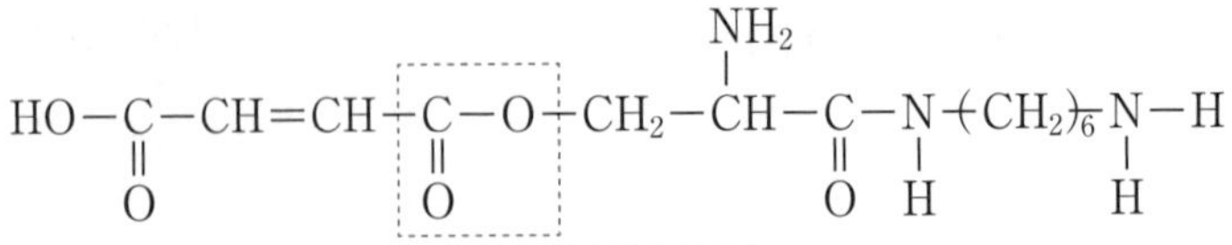

化合物C−D−B

唯一，B($H_2N-(CH_2)_6-NH_2$)が中央部に配置されたときは，CともDともアミド結合することになり題意を満たさない。

問題文にはD(セリン)の向きや縮合様式に指定がないので，1. B−C−D と 6. D−C−B は同じとみなせる。同様に，2. B−D−C と 4. C−D−B も同じである。中間にBがはさまった 3. C−B−D と 5. D−B−C のみがエステル結合不可能な縮合物である。

類題 40

次の文章を読み，**問１～問６**に答えなさい。原子量は，H＝1.0，C＝12，O＝16，標準状態における気体のモル体積は22.4L/molとする。 （慶應義塾大）

分子式$C_5H_{10}O_2$で表されるエステルには，立体異性体をそれぞれ別のものとして考えると［ a ］種類の異性体がある。これらのエステルのうちいくつかは，加水分解することにより同一のカルボン酸を与える。

あるエステルを加水分解すると，アルコールAと酢酸が生成した。このアルコールAを硫酸酸性の二クロム酸カリウム水溶液で酸化して得られる物質は，酸性を示さず，銀鏡反応も示さなかった。

別のエステルを加水分解すると，アルコールBとカルボン酸Cが生成した。このアルコールBを，水酸化ナトリウム水溶液中でヨウ素と作用させると特異臭のある黄色い沈殿が得られた。一方，得られたカルボン酸Cに濃硫酸を加えて熱すると，水と一酸化炭素を生じた。

さらに，別のエステルからは加水分解することによりアルコールDが生成した。このアルコールDに二クロム酸カリウム水溶液を作用させてもアルデヒドあるいはケトンや，カルボン酸への変化はみられなかった。

問１　［ a ］に入る数字を答えなさい。

問２　分子式$C_5H_{10}O_2$で表されるエステルを加水分解してできるカルボン酸の構造式をすべて書きなさい。

問３　問２のうち，元のエステルの異性体の数が最も多いカルボン酸の名称を答えなさい。

問４　アルコールA，BおよびDの構造式を書きなさい。なお，不斉炭素原子があるときはその原子を○で囲みなさい。

問５　分子式$C_5H_{10}O_2$のエステルを加水分解して得られるカルボン酸528mgを取り，0.1mol/Lの水酸化ナトリウム水溶液で中和したところ，60mLを必要とした。考えられる元のエステルの構造式をすべて書きなさい。

問６　分子式$C_5H_{10}O_2$のエステルを加水分解して得られるアルコール230mgを取り，乾燥したエーテル中で金属ナトリウムと反応させたところ，標準状態で56mLの水素が発生した。考えられる元のエステルの構造式をすべて書きなさい。

5 −5 東北大

難易度 ★★★★★ 解答目安時間 30分

化合物 A，B，C，D，E，F は，分子式 $C_7H_{12}O_2$ の構造異性体であり，炭素―炭素二重結合をもつ場合には，それにより生じる幾何異性体は存在しない。化合物 A，B，C，D，E，F および反応生成物が環状構造をもつ場合，6 個以上の原子からなる環を 1 つだけもつものとする。実験 1 から実験 5 に関する記述を読み，**問 1** から**問 8** に答えよ。不斉炭素原子により生じる立体異性体は区別せず，構造式は次の例にならって書け。原子量は，H＝1.0，C＝12.0，O＝16.0，Br＝79.9 とする。

（例）
H_2C-CH_2　　　O　　OH
H_2C　　$CH-O-C-CH-CH-$（ベンゼン環）
H_2C-CH　　　　CH_3
　　CH_2-CH_3　　　　　$C=C$（H，H，CH_3）

実験 1　不斉炭素原子を 2 つもつ化合物 A を加水分解すると，化合物 G と H が生成した。化合物 G を適切な酸化剤を用いて酸化すると気体が発生し，この気体を石灰水に通すと白色沈殿が生じた。化合物 H は不斉炭素原子を 2 つもち，臭素と反応して分子量が H より 159.8 増加した化合物 I が生成した。化合物 H を適切な酸化剤を用いて酸化すると，分子量が H より 2.0 減少して不斉炭素原子を 1 つもつ化合物 J が生成した。

実験 2　化合物 B は隣接した 2 つの不斉炭素原子をもち，化合物 C は隣接していない 2 つの不斉炭素原子をもっている。化合物 B と C は，どちらもヨードホルム反応を示す部分構造(ア)と銀鏡反応を示す部分構造(イ)を 1 つずつもつことがわかった。化合物 B を適切な酸化剤を用いて酸化すると，分子量が B より 14.0 増加して不斉炭素原子を 1 つもつ化合物 K が生成し，K に適切な触媒を用いて水素を付加させると，分子量が K より 2.0 増加して不斉炭素原子を 2 つもつ化合物 M が生成した。また，化合物 C を適切な酸化剤を用いて酸化すると，分子量が C より 14.0 増加して不斉炭素原子を 1 つもつ化合物 L が生成し，L に適切な触媒を用いて水素を付加させると，分子量が L より 2.0 増加した化合物 M が生成した。

B $\xrightarrow{\text{酸化}}$ K $\xrightarrow[\text{触媒}]{H_2}$ M

C $\xrightarrow{\text{酸化}}$ L $\xrightarrow[\text{触媒}]{H_2}$ M

実験 3　不斉炭素原子を 2 つもつ化合物 D に臭素を反応させると，分子量が D より 159.8 増加した化合物 N が生成した。化合物 D を適切な酸化剤を用いて酸化すると，分子量が D より 2.0 減少して不斉炭素原子を 1 つもつ化合物 O が生成した。化合物

Oに適切な触媒を用いて水素を付加させると，分子量がOより2.0増加して不斉炭素原子をもたない化合物Pが生成した。化合物Pはヨードホルム反応および銀鏡反応を示さなかった。

実験4 a)不斉炭素原子を1つもつ化合物Eに水酸化ナトリウム水溶液を加えて加熱すると，化合物Qのみが生成した。化合物Qの溶液に希塩酸を加えて酸性にすると，分子量がEより18.0増加した化合物Rが得られた。化合物Rはヨードホルム反応を示した。

実験5 不斉炭素原子をもたない化合物Fを加水分解すると，b)アセトンと弱酸性を示す化合物Sが生成した。化合物Fに適切な触媒を用いて水素を付加させると，分子量がFより2.0増加した化合物Tが得られた。化合物Tを加水分解すると，化合物SとUが生成した。化合物SとUは異なる官能基をもち，それらの官能基に同じ構造のアルキル基が結合していた。

問1 化合物Gの名称と化合物Jの構造式を書け。

問2 化合物KおよびLの生成から，化合物BおよびCがもつヨードホルム反応を示す部分構造(ア)と銀鏡反応を示す部分構造(イ)を推定することができる。部分構造(ア)と(イ)の構造式を書け。

問3 化合物K，Lの構造式を書け。

問4 化合物Oの構造式を書け。

問5 下線部a)で起こった反応の化学反応式を，化合物EとQの構造式を用いて書け。

問6 化合物S，Uがもつ官能基の名称を書け。

問7 化合物Fの構造式を書け。

問8 下線部b)のアセトンは，ベンゼンとプロペンを原料とする下式の反応によって化合物Xとともに生成する。化合物VとXの名称，および化合物Wの構造式を書け。

$$\text{ベンゼン} \xrightarrow[\text{触媒}]{\text{プロペン}} \text{V} \xrightarrow[\text{触媒}]{O_2} \text{W} \xrightarrow[\text{分解}]{\text{硫酸}} \text{X} + \text{アセトン}$$

ここで合否が分かれる！

いくつもの化合物を独立に構造決定する形式の1問。設問どうしが連動していないため，1つの設問で間違えても次の設問に響かないというのは利点だが，1問ずつ最初から構造を考え直す必要があるため，時間はとられる。また，複雑な構造を簡潔なヒントで次々決定していくので，発想力が試されるだろう。環状構造は，東北大の難問では頻出する題材なので，入試本番でも落ち着いて発想できるように日頃からよく練習しておこう。

問1のGの名称と問2は得点しやすいが，そこから先が長く，問1のJの構造式や問3はなかなか導き出せないと思われる。ここで力尽さ，それ以降の問題はお手上げ状態という受験生も多かったのではないだろうか。賢い解き方としては，化合物J，K，Lには見切りをつけ，問5以降で点を稼ぐという方法がある。これに気付けたかどうかが勝負の決め手となっただろう。

類題には，複雑な脂肪族化合物を構造決定する問題を取り上げた。これまでに培った解法と発想力を十分に出し切って挑戦してみよう。

解答

問1　Gの名称：**ギ酸**

Jの構造式：$CH_2{=}CH{-}CH(CH_3){-}C({=}O){-}CH_3$

問2　(ア)　$-CH(OH)-CH_3$　　(イ)　$-C(=O)-H$

問3　K：$CH_3-C(=O)-CH(CH_3)-C(=CH_2)-C(=O)-OH$　　L：$CH_3-C(=O)-C(=CH_2)-CH(CH_3)-C(=O)-OH$

問4

```
  HO   CH3
    \ /
     C
   /   \
 CH     CH2
 ||      |
 CH     CH2
   \   /
     C
     ||
     O
```

または

```
     O-CH3
     |
     CH
   /   \
 CH     CH2
 ||      |
 CH     CH2
   \   /
     C
     ||
     O
```

問5

```
     CH2-CH2                            CH2-CH2
    /       \                          /       \
 CH2         CH2   + NaOH  →        CH2         CH2
    \       /                        |           |
     C-O-CH                         C=O  HO-CH
     ||  |                           |           |
     O   CH3                        ONa         CH3
```

問6　S：カルボキシ基　U：ヒドロキシ基

問7

```
CH3−CH−C−O−C=CH2
    |  ‖    |
   CH3 O   CH3
```

問8　V：クメン　X：フェノール

```
          CH3
          |
W：(C6H5)−C−O−O−H
          |
          CH3
```

考え方と解法のポイント

化合物A～Fは分子式 $C_7H_{12}O_2$（不飽和度 2）で幾何異性体をもたず，環構造は，あるとすれば六員環以上の環が 1 個のみである。

問1　実験1

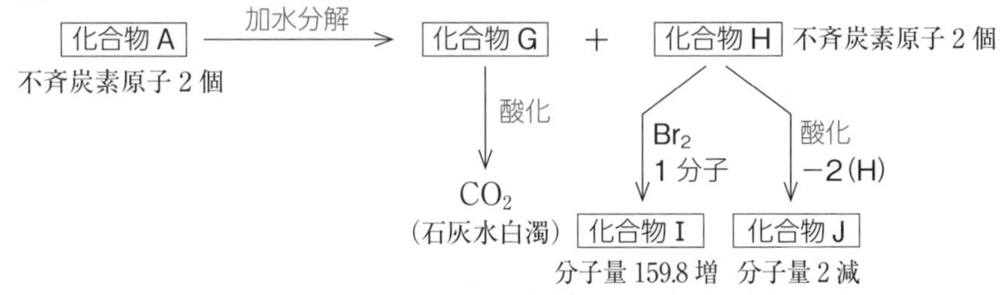

Hは酸化されたからアルコールと推定できる。Gも酸化されているが，CO_2 が生じたことから，ギ酸と考えることができる。すると，Aはギ酸エステルということになる。Aとギ酸の分子式より，Hの分子式は $C_6H_{12}O$ とわかる。H は Br_2 付加したので C=C をもつ。不飽和度＝1 なので，この上環構造をもつことは考えられない。また，加水分解で生じ，かつ酸化されたのでアルコールである。

まず，鎖状の C_6 骨格に −OH を付ける方法を考えてみると，−OH の位置は，

```
 ③ ② ①             ⑧ ⑦ ⑥ ⑤ ④          ⑪ ⑩ ⑨
 ↓  ↓  ↓             ↓  ↓  ↓  ↓  ↓          ↓  ↓  ↓
C−C−C−C−C−C        C−C−C−C−C          C−C−C−C−C
                              |                |
                              C                C←⑫

   ⑭ ⑬             ⑰ ⑯  C  ⑮
    ↓  ↓              ↓  ↓  |  ↓
C−C−C−C             C−C−C−C
  |  |                     |
  C  C                     C
```

と 17 通りもあるが，このうち不斉炭素原子（C^*）を 2 個もつものは⑩しかない。他のものは二重結合をつけたとしても不斉炭素原子は 2 個にはならない。

```
⑩ C−C−C*−C*−C
        |   |
        C   OH
```

⑩に，不斉炭素原子を減らすことなく二重結合をつける方法は，以下の1通りしかない。よってHの構造が決まる。

H：$CH_2{=}CH{-}\underset{\substack{|\\ CH_3}}{CH}{-}\underset{\substack{|\\ OH}}{CH}{-}CH_3$

なお，C 6個の鎖状不飽和カルボン酸で不斉炭素原子を2個もつ構造は考えられないため，やはりGはカルボン酸のギ酸と決まる。

したがって，A，G，H，I，Jの構造は，以下のように確定する。

A：$CH_2{=}CH{-}\underset{\substack{|\\ CH_3}}{CH}{-}\underset{\substack{|\\ O-\underset{\substack{\|\\ O}}{C}-H}}{CH}{-}CH_3$

G：$H{-}\underset{\substack{\|\\ O}}{C}{-}OH$　　H：$CH_2{=}CH{-}\underset{\substack{|\\ CH_3}}{CH}{-}\underset{\substack{|\\ OH}}{CH}{-}CH_3$

I：$Br{-}CH_2{-}\underset{\substack{|\\ Br}}{CH}{-}\underset{\substack{|\\ CH_3}}{CH}{-}\underset{\substack{|\\ OH}}{CH}{-}CH_3$

J：$CH_2{=}CH{-}\underset{\substack{|\\ CH_3}}{CH}{-}\underset{\substack{\|\\ O}}{C}{-}CH_3$

問2・3　実験2

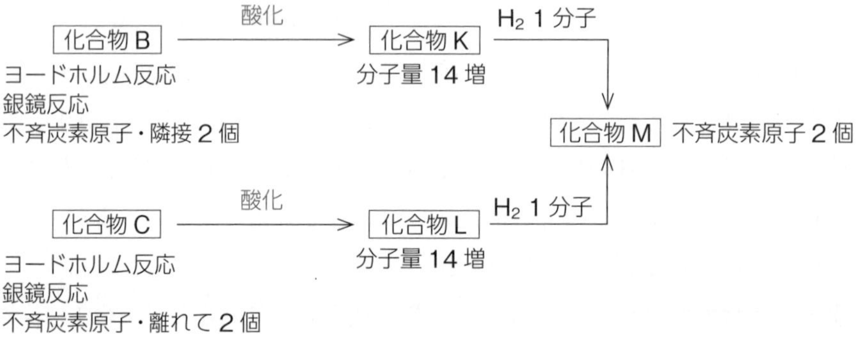

B，Cとも，銀鏡反応を行うので$-CHO$をもつ。酸化により分子量が14増加することから，$-CHO$が$-COOH$に変化する(16増)一方で，$-\underset{\substack{|\\ OH}}{CH}-$ が $-\underset{\substack{\|\\ O}}{C}-$ に変化しているとわかる。O原子はB，Cには2個しかないので，この酸化されたアルコール部分がヨードホルム反応を行う部分$CH_3{-}\underset{\substack{|\\ OH}}{CH}{-}$であるとわかる。

また，酸化生成物のK，LにH_2が1分子付加(分子量2増)していることから，B，C，K，LにはC=Cが1個含まれることがわかる。

これらの確定構造をB，Cの分子式から引くと，

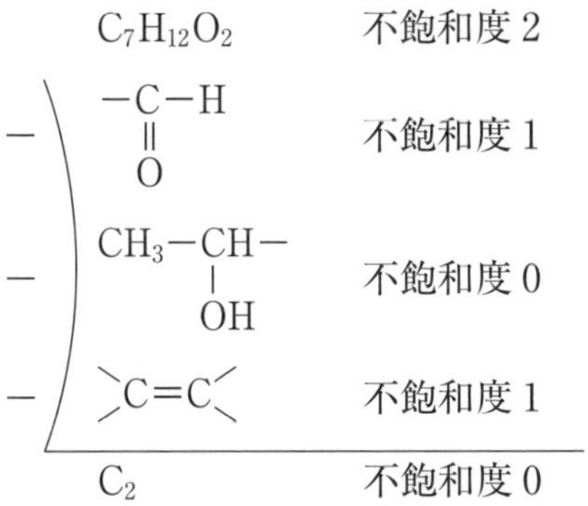

$C_7H_{12}O_2$　不飽和度 2

− $-C(=O)-H$　不飽和度 1

− $CH_3-CH(OH)-$　不飽和度 0

− $>C=C<$　不飽和度 1

C_2　不飽和度 0

$CH_3-CH(OH)-$ と $-C(=O)-H$ との間に，飽和 C 原子 2 個と C=C 1 つをはさみ込めばよいとわかる。

幾何異性体を生じてはいけないので，C=C の少なくとも一方の C 原子には，同じ原子，置換基が結合していなければならない。また，飽和 C 原子 2 個のうち，一方は不斉炭素原子でなければならない。したがって，具体的には $>C=CH_2$ と C^*，および $-CH_3$ などの不斉炭素原子にならない飽和 C 原子を各 1 つはさみ込めばよい。以下の 2 つが考えられる。

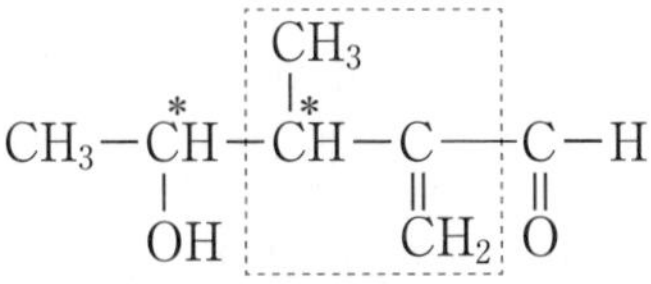

$CH_3-C^*H(OH)-C^*H(CH_3)-C(=CH_2)-C(=O)-H$　化合物 B

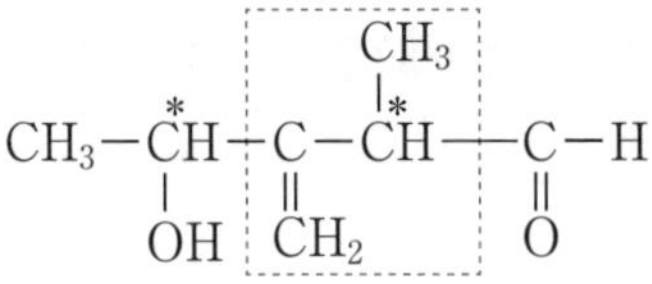

$CH_3-C^*H(OH)-C(=CH_2)-C^*H(CH_3)-C(=O)-H$　化合物 C

不斉炭素原子が隣接する上の構造が B，隣接しない下の構造が C とわかる。また，これらは同じ炭素骨格をもっており，酸化した後 H_2 を付加させると同じ構造(M)になるため題意に合う。

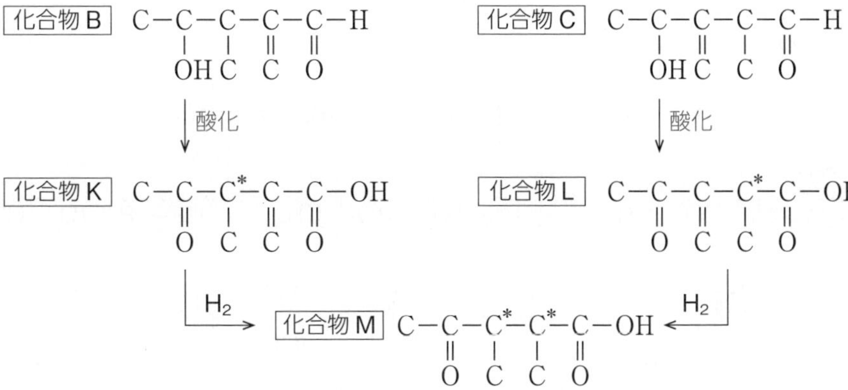

化合物 B　$C-C(OH)-C(C)-C(=C)-C(=O)-H$　→（酸化）→　化合物 K　$C-C(=O)-C^*(C)-C(=C)-C(=O)-OH$

化合物 C　$C-C(OH)-C(=C)-C(C)-C(=O)-H$　→（酸化）→　化合物 L　$C-C(=O)-C(=C)-C^*(C)-C(=O)-OH$

化合物 K →（H_2）→　化合物 M　$C-C(=O)-C^*(C)-C^*(C)-C(=O)-OH$　←（H_2）← 化合物 L

なお，アルデヒド，ケトン基の $>C=O$ にも H_2 付加は起こりうる。ただし，今は分子量が 2 しか増加しておらず，K と L から同一物ができている。$>C=O$ にだけ H_2 が付加したと考えると，同一物はできないから，C=C にだけ H_2 が付加する触媒を用いたものと推測される。

問4　実験3

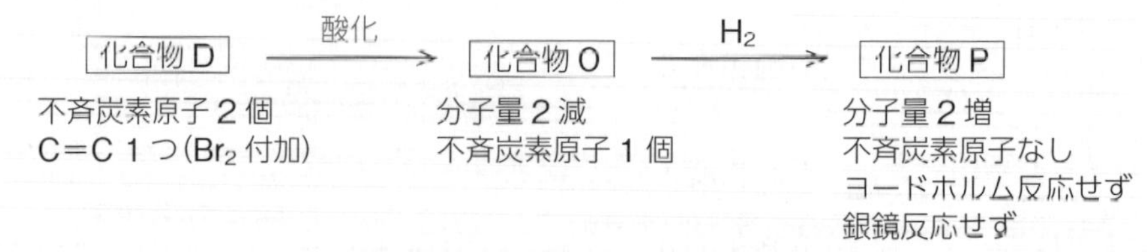

DとPは分子量は同じだが違う物質である。よって，Dの酸化はアルコールの酸化だが，OのH₂付加は $>C=O$ の還元ではなく，C=C への付加だとわかる。生成したPが銀鏡反応をしないので，PおよびOはケトン基を，Dは第二級アルコール部分をもつことになる。

またPがヨードホルム反応をしないことから，O，Pは $-\underset{\underset{O}{\|}}{C}-CH_3$ をもたず，Dは $-\underset{\underset{OH}{|}}{CH}-CH_3$ や $-\underset{\underset{O}{\|}}{C}-CH_3$ をもたないとわかる。

鎖状Dの構造を考えようとすると，最低でも $-\underset{\underset{OH}{|}}{CH}-C-C$，$-\underset{\underset{O}{\|}}{C}-C-C$ か，これよりも長い炭化水素基を末端にもたせねばならず，不斉炭素原子を2個もつ構造を考えることができない(酸化で分子量2減より，第二級アルコール部分は1ヵ所に限られる。酸化されていることから，第三級アルコールの構造は考えられない)。

よって環構造を考える。するとPは，六員環以上でケトン基をもち，不斉炭素原子，C=C，−CHO をもたない構造で，酸化可能なアルコール −OH もない分子式 $C_7H_{12}O_2$(Dと同じ，不飽和度2)の構造なので，

```
①  HO   CH3                                               ②     O−CH3
      \ /                                                           |
       C  <──┐                                     ┌──>            CH
     /   \   │                                     │              /  \
  CH2     CH2                                                  CH2    CH2
   |       |                                                    |      |
  CH2     CH2                                                  CH2    CH2
     \   /                                                        \  /
       C                                                           C
       ‖                                                           ‖
       O                                                           O
```

この炭素から環の部分を右回りしても左回りしても，同じ構造が同じ順番で現れるので不斉炭素原子ではない

の2つが考えられる。それぞれ対応するD，Oの構造を示すと，

①の場合

```
化合物D  HO   CH3               化合物O  HO   CH3               化合物P  HO   CH3
           \ * /                           \ * /                           \ /
             C                               C                               C
           /   \                           /   \                           /   \
        HC      CH2    酸化             HC      CH2     H2             CH2      CH2
        ‖        |    ───→             ‖        |     ───→            |        |
        HC      CH2                     HC      CH2                    CH2      CH2
           \  * /                          \   /                           \   /
             CH                              C                               C
             |                               ‖                               ‖
             OH                              O                               O
```

②の場合

```
化合物D  O−CH3              化合物O  O−CH3              化合物P  O−CH3
         |*                          |*                          |
         CH                          CH                          CH
      /      \                    /      \                    /      \
    HC        CH2     酸化      HC        CH2      H2       CH2       CH2
    ‖          |     ────→      ‖          |     ────→      |          |
    HC        CH2               HC        CH2               CH2       CH2
      \   *  /                    \      /                    \      /
         CH                          C                           C
         |                           ‖                           ‖
         OH                          O                           O
```

どちらも題意に合うので，Oの構造は上記の2つどちらを答えてもよい。

問5　実験4

```
         NaOH水溶液                           HCl
化合物E ──────────→ 化合物Q のみ ──────────→ 化合物R
           加熱                                    分子量Eより18増
```

分子量の増加分が水に相当することから，加水分解が起こっていることがわかる。Eがエステル，Qはけん化によって生じたカルボン酸のNa塩，Rは弱酸遊離で生じたカルボン酸である。環状エステルと考えれば，生成物が1種類のみで分子量が18増えることが説明できる。

O原子数より，Eにはエステル結合以外の官能基はない。よってRがヨードホルム反応を行ったのは，加水分解によって $-CH(OH)-CH_3$ が生じたからとわかる。すると，元のEは $-C(=O)-O-CH(CH_3)-$ の構造をもつ環状エステルとわかる。

```
化合物E
          C4
     /          \
    C−O−C*H
    ‖      |
    O      CH3

        ⇩

     CH2──CH2
    /          \
  CH2          CH2
    \           /
     C−O−C*H
     ‖     |
     O     CH3
```

Eには不斉炭素原子が1個しかないから，C_4の部分は不斉炭素原子がない構造である。よって，六員環以上という条件から，以下の構造に決まる。

よって，けん化反応の反応式は，

```
     CH2──CH2                                CH2──CH2
    /          \                            /          \
  CH2          CH2  ＋ NaOH ────→         CH2          CH2
    \           /                           |            |
     C−O−CH                              O＝C       HO−CH
     ‖      |                               |            |
     O      CH3                            ONa          CH3
```

問6・7　実験5

加水分解によって，ケトン類のアセトンと，弱酸性化合物(不飽和度や炭素数よりカルボン酸しか考えられない)を生じることから，以下のようなエノールエステルと考えられる。

$$\underset{\text{化合物F}}{R-\underset{\underset{O}{\|}}{C}-O-\underset{\underset{CH_3}{|}}{C}=CH_2} \xrightarrow[\text{加水分解}]{H_2O} \underset{\text{化合物S}}{R-\underset{\underset{O}{\|}}{C}-OH} + \underset{\text{不安定}}{\left(HO-\underset{\underset{CH_3}{|}}{C}=CH_2\right)}$$

$$\longrightarrow \underset{\text{化合物S}}{R-\underset{\underset{O}{\|}}{C}-OH} + \underset{\text{アセトン}}{O=\underset{\underset{CH_3}{|}}{C}-CH_3}$$

Rには，残りの飽和C3原子を配置すればよい。Fに水素付加してから加水分解した生成物は，「官能基に同じ構造のアルキル基が結合していた」ことから構造が決まる。

化合物F
$$CH_3-\underset{\underset{CH_3}{|}}{CH}-\underset{\underset{O}{\|}}{C}-O-\underset{\underset{CH_3}{|}}{C}=CH_2$$

$$\xrightarrow[\text{加水分解}]{H_2O} \underset{\text{化合物S}}{CH_3-\underset{\underset{CH_3}{|}}{CH}-\underset{\underset{O}{\|}}{C}-OH} + O=\underset{\underset{CH_3}{|}}{C}-CH_3$$

$$\xrightarrow[\text{付加}]{H_2}\xrightarrow[\text{加水分解}]{H_2O} \underset{\text{化合物S}}{CH_3-\underset{\underset{CH_3}{|}}{CH}-\underset{\underset{O}{\|}}{C}-OH} + \underset{\text{化合物U}}{HO-\underset{\underset{CH_3}{|}}{CH}-CH_3}$$

問8　クメン法のことである。V～Xは以下の通り。

$$\underset{\text{ベンゼン}}{C_6H_6} \xrightarrow[\text{触媒}]{\text{プロペン}} \underset{\substack{\text{クメン}\\(V)}}{C_6H_5-\underset{\underset{CH_3}{|}}{\overset{\overset{CH_3}{|}}{CH}}} \xrightarrow{O_2} \underset{\substack{\text{クメンヒドロペルオキシド}\\(W)}}{C_6H_5-\underset{\underset{CH_3}{|}}{\overset{\overset{CH_3}{|}}{C}}-O-O-H}$$

$$\xrightarrow[\text{分解}]{\text{硫酸}} \underset{\substack{\text{フェノール}\\(X)}}{C_6H_5-OH} + \underset{\text{アセトン}}{CH_3-\underset{\underset{O}{\|}}{C}-CH_3}$$

類題 41

次の文章を読んで，下の問い(**問1～3**)に答えよ。 (藤田医科大)

構造式は右の例にならって書け。

```
CH3－CH－C－O－C2H5
     |   ‖
     OH  O
```

分子式が$C_{20}H_{36}O_6$で，3個のエステル結合を有する可塑剤である化合物Aがある。化合物Aを水素化リチウムアルミニウム($LiAlH_4$)で還元したところ，化合物B，C，Dが1：2：1のmol比で得られた。化合物Bは示性式が$C_4H_7(OH)_3$であり，施光性を示した。化合物Cはエタノールであり，化合物Aの不斉炭素原子に存在していた2つのエステル結合が切断されて生成した。化合物Dは高級アルコールで，この化合物に濃硫酸を加え温浴で溶かした後，さらに水酸化ナトリウムを加えてかき混ぜて溶かすと，合成洗剤Eが得られた。その水溶液は中性であった。

なお，エステルを$LiAlH_4$で還元的に分解すると，次の式で示すように$R-CH_2-OH$と$R'-OH$の2種類のアルコールが生成する。RとR′はアルキル基を表す。

```
R－C－O－R′  ⟶  R－CH2－OH ＋ R′－OH
   ‖
   O
```

また，$LiAlH_4$によりアルデヒドやカルボン酸は第一級アルコールに，ケトン基は第二級アルコールに還元することができるが，アルケンやアルキンをアルカンに還元することはできない。

酸を触媒として化合物Aを加水分解すると，4つの化合物C，D，FおよびGが得られた。化合物Fは酢酸であった。また，化合物Gを加熱すると，1molあたり2molの水がとれて酸無水物である化合物Hが生じた。化合物Hに臭素水を加えると，臭素水の赤褐色が無色に変化した。

問1 化合物Bの構造式を書き，その構造式中の不斉炭素原子を○で囲め。また，この化合物の名称をIUPAC(国際純正および応用化学連合)名で書け。

問2 化合物A，GおよびHの構造式を書け。

問3 合成洗剤Eの名称を書け。

5 −6 日本医科大

難易度 ★★★☆☆ 解答目安時間 15分

文章を読んで，問いに答えよ。原子量は，H＝1.0，C＝12.0，O＝16.0，K＝39.0，I＝127とする。標準状態における気体のモル体積は22.4L/molである。

1分子の油脂は高級脂肪酸［ア］分子とグリセリン［イ］分子からなるエステルであり，［ウ］ともよばれる。油脂1gをけん化するのに必要な水酸化カリウムの質量(mg単位)をけん化価といい，この値が大きいほど油脂の分子量は［エ］くなる。また，油脂100gに付加するヨウ素の質量(g単位)をヨウ素価といい，この値が大きいほど不飽和度は［オ］くなる。

油脂をナトリウムメトキシドなどのアルカリ触媒を用いてアルコールと反応させると，エステルの交換反応が起こり，高級脂肪酸とアルコールからなるエステルとグリセリンに変換される。

エステル交換反応

油脂 ＋ アルコール $\xrightarrow{\text{触媒}}$ エステル ＋ グリセリン

いま，2種類の高級脂肪酸からなる油脂Aとメタノールとのエステル交換反応を行ったところ，いずれも炭素数がnのエステルBとCが生成した。このエステルBとCは異性体を含まず，エステルB 0.1molに標準状態で水素を2.24L付加したところ，エステルCになった。

問1 ［ア］～［オ］に適する語句または数値を(あ)～(こ)から選び，記号で答えよ。ただし，同じ記号を何度使ってもよい。

(あ) セッケン　(い) 硬化油　(う) トリグリセリド　(え) 大き　(お) 小さ
(か) 1　(き) 2　(く) 3　(け) 5　(こ) 10

問2 油脂Aのけん化価が189.2のとき，油脂Aの分子量を求めよ。ただし，答えは小数第1位を四捨五入すること。

問3 油脂Aのヨウ素価が28.6のとき，1分子の油脂Aに含まれる炭素原子間の二重結合の数を答えよ。

問4 エステルBの示性式をnを用いて表せ。

問5 nの値を求めよ。

問6 下線部の条件を考慮したとき，油脂Aにはいくつの異性体があるか。ただし，光学異性体の関係にある化合物も1つずつ区別して数えるものとする。

ここで合否が分かれる！

油脂についての標準問題を取り上げた。合格点を狙うにはこの手の問題は確実に完答しておきたいところだが，こういうときはど立式せずに早く解こうとして途中でケアレスミスをしたり，答え方を勘違いしたりする危険性もある。1問1問油断せず正確に解いていこう。

問1は選択肢が用意されているため問題ないだろう。エとオについては計算式を立てて確認したいところ。問2は問1からの流れで解くことができる。問4は，n の値を脂肪酸の炭素数，または炭化水素基の炭素数と勘違いしやすく，さらに脂肪酸とメチルエステルも混同しやすいため，ミスにつながりやすい。ここでしっかり得点できたかは重要だ。問5の異性体を数えるのは，油脂独特の典型問題である。グリセリン中央の炭素が不斉炭素になるかならないかで，光学異性体のあるなしが変わるのがポイント。時として，脂肪酸の炭素間二重結合に由来する幾何異性体の数を聞かれることもある。

類題には，トリグリセリドの構造決定を扱った東北大の難問を取り上げた。こちらは解くのに30分かかるような内容だが，思考力向上のためじっくり挑戦してみてほしい。

解答

問1　ア：く　イ：か　ウ：う　エ：お　オ：え

問2　888　　**問3**　1　　**問4**　$C_{n-2}H_{2n-5}COOCH_3$　　**問5**　19　　**問6**　3

考え方と解法のポイント

この問題ではエステル交換反応を扱っている。脂肪酸の炭化水素基をすべてRとおくと，油脂Aとメタノールとの反応式は以下の通りである。

$$\begin{array}{l} CH_2-O-CO-R \\ | \\ CH-O-CO-R \\ | \\ CH_2-O-CO-R \end{array} + 3CH_3OH \longrightarrow \begin{array}{l} CH_2-OH \\ | \\ CH-OH \\ | \\ CH_2-OH \end{array} + 3RCOOCH_3$$

エステル交換反応とは，このようにアルコール由来の部分が交換される反応である。通常の加水分解で R−COOH に変化するものが，R−$COOCH_3$ になるだけの話である。

問2　$\underset{\text{油脂A}}{C_3H_5(OCOR)_3} + 3KOH \xrightarrow{\text{けん化}} C_3H_5(OH)_3 + 3RCOOK$

の係数比より，油脂Aの分子量を M_A とおくと，

$$A : KOH = \frac{1}{M_A} : \frac{189.2 \times 10^{-3}}{56.0} = 1 : 3$$

$$M_A = 887.9$$

油脂の分子量算出は，このように加水分解反応の反応式を用いて「係数比＝mol 比」で解けばよい。アルカリが NaOH に変わろうが，ジグリセリド(グリセリンの２価エステル，アルカリと１：２で反応)が出題されようが，アルカリの代わりにグリセリンの生成量が与えられようが，この解法で統一的に解ける。

問３　油脂中の C=C の数を a 個とおくと，

$C_3H_5(OCOR)_3 + aI_2 \longrightarrow$ のように反応するので，

$$A : I_2 = \frac{100}{888} : \frac{28.6}{254} = 1 : a$$

$$a \fallingdotseq 1$$

問４　加水分解生成物 B に H_2 が等モル付加し，C に変化したことから，油脂 A に含まれていた１個の C=C は B の部分にあったとわかる。よって，B の示性式は $C_xH_{2x-1}COOCH_3$ となり，全 C 原子数＝n として表現すると，$C_{n-2}H_{2n-5}COOCH_3$ である。

問５　B は H_2 付加で C に変わるから，脂肪酸の C 骨格は等しい。そこで，油脂 A に H_2 を付加させた硬化油の示性式を $C_3H_5(OCOC_xH_{2x+1})_3$ とおくと，その分子量は 888＋2＝890 なので，$x = 17$ と求まる。よって，メチルエステル B，C の炭素数は $n = 19$ と決まる。

A を構成する脂肪酸の示性式は以下のように決まる。

$C_{17}H_{33}COOH$　　不飽和脂肪酸　１分子

$C_{17}H_{35}COOH$　　　飽和脂肪酸　２分子

このメチルエステルが B，C にあたる。

問６　A に C＝C が１個しかないから，$C_{17}H_{33}COOH$ が１分子，$C_{17}H_{35}COOH$ が２分子グリセリンに縮合したエステルを考えればよい。

```
CH2−OCO−C17H35
|
CH−OCO−C17H33   …1種類
|
CH2−OCO−C17H35

CH2−OCO−C17H33
|
C*H−OCO−C17H35   …光学異性体2種類
|
CH2−OCO−C17H35
```

下線部より，脂肪酸側の立体異性体は考えなくてもよいので，グリセリン側に由来する立体異性体だけを考えると３種類となる。

類題 42

グリセリンのすべてのヒドロキシ基に脂肪酸B，C，Dのいずれかがエステル結合した化合物の混合物Aがある。その一般式を図１に示した。混合物Aについて行った実験１から実験５に関する記述を読み，**問１**から**問６**に答えよ。構造式を求められた場合は，図２の例にならって書け。なお，不斉炭素原子により生じる立体異性体は区別しない。 (東北大)

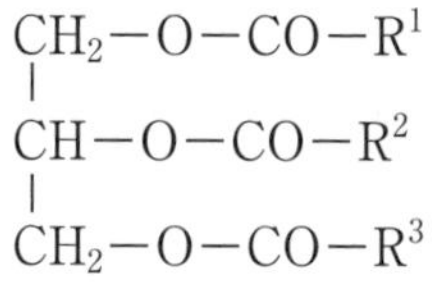

$$\begin{array}{l} CH_2-O-CO-R^1 \\ | \\ CH-O-CO-R^2 \\ | \\ CH_2-O-CO-R^3 \end{array}$$

R^1，R^2，R^3 は脂肪酸B，C，Dのいずれかの炭化水素基

図１

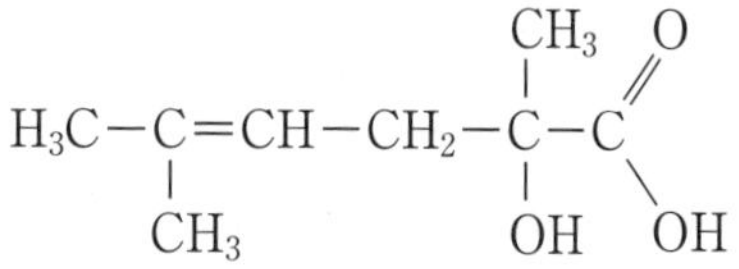

$$\begin{array}{ccccccccc} & & & & & & CH_3 & & O \\ & & & & & & | & & /\!/ \\ H_3C- & C & =CH- & CH_2 & - & & C & - & C \\ & | & & & & & | & & \backslash \\ & CH_3 & & & & & OH & & OH \end{array}$$

図２

なお，炭素―炭素二重結合をもつ化合物に対して，触媒(ア)を用いて水を付加させると次の①式のように２つの化合物ができる。

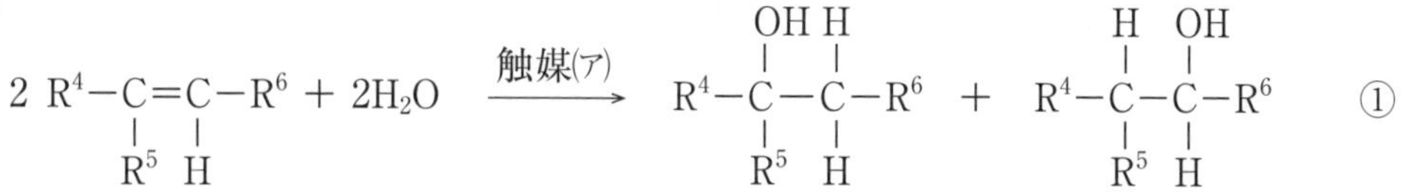

$$2\ R^4-\underset{\underset{R^5}{|}}{C}=\underset{\underset{H}{|}}{C}-R^6 + 2H_2O \xrightarrow{\text{触媒(ア)}} R^4-\underset{\underset{R^5}{|}}{\overset{\overset{OH}{|}}{C}}-\underset{\underset{H}{|}}{\overset{\overset{H}{|}}{C}}-R^6 + R^4-\underset{\underset{R^5}{|}}{\overset{\overset{H}{|}}{C}}-\underset{\underset{H}{|}}{\overset{\overset{OH}{|}}{C}}-R^6 \quad ①$$

R^4，R^5，R^6 は水素または炭化水素基

実験１　混合物A 0.957 g を 0.100 mol/L 水酸化カリウム水溶液で完全に加水分解した。このとき，必要な水酸化カリウム水溶液は，55.0 mL であった。得られた加水分解物を塩酸で弱酸性としたところ，脂肪酸B 0.130 g，脂肪酸C 0.245 g，脂肪酸D 0.497 g とグリセリンが得られた。脂肪酸B，Cは同じ分子式をもち，いずれも炭素―炭素二重結合を有していた。また，脂肪酸B，Cはいずれも不斉炭素原子も，幾何異性体ももたなかった。脂肪酸B 13.50 mg を完全に燃焼させると，二酸化炭素 29.70 mg，水 9.72 mg が得られた。脂肪酸Dは不斉炭素原子を１つもち，その分子式は $C_{18}H_{36}O_2$ であった。

実験２　触媒(ア)を用いて脂肪酸Bに水を付加させたところ，化合物Eと化合物Fが得られた。化合物Eは不斉炭素原子をもっていたが，化合物Fは不斉炭素原子をもっていなかった。

実験３　触媒(ア)を用いて脂肪酸Cに水を付加させたところ，化合物Gと化合物Hが得られた。化合物Gは不斉炭素原子をもっていたが，化合物Hは不斉炭素原子をもっていなかった。

実験４　化合物Eはヨードホルム反応を示した。一方，化合物F，G，Hはいずれもヨードホルム反応を示さなかった。

実験５　適切な酸化剤を用いて化合物Gを酸化したところ，分子量が化合物Gのものよりも 14.0 増加した化合物Ｉが得られた。さらに，化合物Ｉを加熱すると分子内で脱水反応が起こり，分子量が化合物Ｉのものよりも 18.0 減少した酸無水物Ｊが得られた。

問１　実験１の加水分解を何とよぶか。その名称を書け。

問２　混合物Ａの平均分子量を有効数字３桁で答えよ。

問３　脂肪酸Ｂの分子式について考える。

(1)　実験１の加水分解によって得られた脂肪酸Ｂ，Ｃ，Ｄの物質量の総和を，単位も含めて有効数字３桁で答えよ。

(2)　実験１の加水分解によって得られた脂肪酸Ｂと脂肪酸Ｃの物質量の和を，単位も含めて有効数字３桁で答えよ。

(3)　脂肪酸Ｂの分子量を有効数字３桁で答えよ。

(4)　脂肪酸Ｂの分子式を書け。

問４　化合物Ｅ，Ｆ，Ｇ，Ｈの構造式を書け。

問５　化合物Ｊの構造式を書け。

問６　以下の(1)から(3)の問いに答えよ。

(1)　混合物Ａに含まれると推定されるエステルのうち，構成する脂肪酸として脂肪酸Ｂ，脂肪酸Ｃを含み(脂肪酸Ｄを含まない)，不斉炭素原子を１つもつものの構造式をすべて書け。

(2)　混合物Ａに含まれると推定されるエステルのうち，不斉炭素原子を２つもつものは何種類あるか。その数を答えよ。

(3)　(2)に該当するエステルのうち，いずれか一つを選び，その構造式を表した図３の空欄 [ア]，[イ]，[ウ] に入る適切な炭化水素基を書け。ただし，脂肪酸Ｂ，Ｃ，Ｄの炭化水素基を，それぞれ R^B，R^C，R^D と表せ。

$CH_2-O-CO-$ [ア]
|
$CH-O-CO-$ [イ]
|
$CH_2-O-CO-$ [ウ]

図３

5 －7 奈良県立医科大

難易度 ★★★★☆　解答目安時間 25分

医薬品には，病気を治療する作用(主作用)がある一方で，副作用によって健康を損なう場合がある。副作用を抑えて効能を高めた医薬品を開発する手段の一つとして，医薬品の分子構造の一部を変化させる方法がある。分子構造が少しずつ異なる化合物D，H，Lを合成する方法を図1に示した。化合物A～Lの性質について書かれている以下の文章を読み，後述する**問1～問10**の設問に答えよ。原子量は，H＝1.0，C＝12，N＝14，O＝16とする。

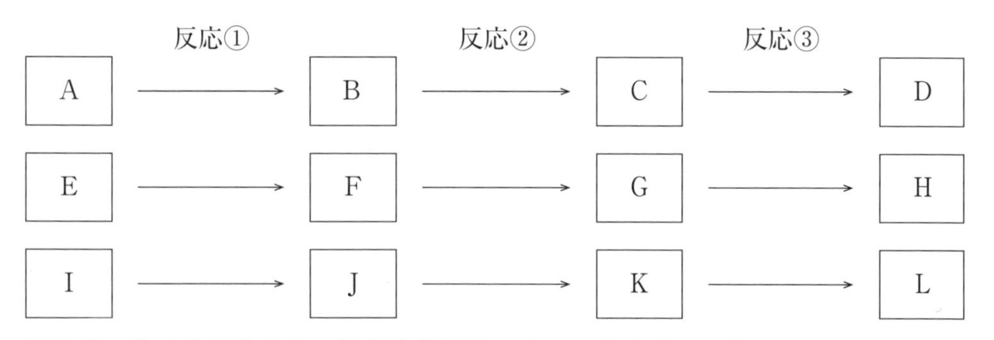

反応①　濃硝酸と濃硫酸の混合液(混酸)，または希硝酸と反応させる

反応②　濃塩酸中でスズと反応させたのち，炭酸水素ナトリウムで塩基性にする

反応③　無水酢酸と反応させる

図1

1　図1で示すように，化合物D，H，Lは，それぞれ異なる原料A，E，Iから，同様の3段階の反応によって合成できる。

2　化合物A～Lは，いずれも芳香族化合物であり，分子量は180よりも小さい。

3　化合物Cを希塩酸中，低温(4℃)に保ちながら亜硝酸ナトリウムと反応させたのち，加熱すると，窒素を発生しながら反応が進行し，化合物Eが得られる。

4　化合物Ⅰは炭素，水素，酸素のみで構成され，銀鏡反応を示さない。また，ベンゼン環の炭素と酸素原子とが直接，単結合で結合している。

5　化合物F，Jは，どちらもベンゼン環上に2つ置換基をもち，2つの置換基は互いにパラ位に存在する。

6　化合物Eから化合物Fを合成する反応では，①パラ異性体(化合物F)の他に，オルト異性体も生成する。

7　化合物C，G，Kはいずれも塩基性の官能基をもち，さらし粉と反応して呈色する。15.0gの化合物Cを中和するために要した塩酸の量は，3.00gの化合物Gを中和するために要した塩酸の量の5.86倍，5.00gの化合物Kを中和するために要した塩酸の量の4.42倍であった。

8　化合物D，H，Lは同一の置換基をもち，いずれも解熱鎮痛作用を示す。当初使われた化合物Dは，赤血球を溶解させるなどの副作用が強く，分子構造の一部を変化させた化合物H，Lが開発された。しかしその後，化合物Lに腎障害などの副作用が報告され，現在では化合物Hのみが一般に使用されている。

構造式と，構造式を含む反応式は下の例にならって書け。

（例）

構造式

CH_3-O-（ベンゼン環）$-O-\overset{\overset{\large O}{\|}}{C}-CH_2-COOH$
（ベンゼン環の残りの位置に NO_2）

反応式

（ベンゼン環）$-CH_3$ $\xrightarrow{\text{過マンガン酸カリウム}}$ （ベンゼン環）$-COOH$ $\xrightarrow{\text{メタノール，濃硫酸}}$ （ベンゼン環）$-\overset{\overset{\large O}{\|}}{C}-O-CH_3$

問1　(1)硝酸，(2)亜硝酸ナトリウム，(3)窒素分子に含まれる窒素原子の酸化数をそれぞれ記せ。

問2　化合物A～Lのうち，塩化鉄(Ⅲ)水溶液と反応して呈色する化合物をすべて記号で記せ。

問3　化合物Eは化合物Aを原料として合成することもできる。その方法を，上の例にならって，構造式を用いた反応式で書け。ただし，化合物Cを経由しない方法を書くこと。

問4　化合物Aから化合物Bを合成する反応では濃硝酸と濃硫酸の混合液(混酸)を使用するが，化合物Eから化合物Fを合成する反応では希硝酸を使用する。希硝酸を使用する理由は，化合物Eに混酸を反応させると化合物Fとは別の化合物が生成するからである。化合物Eに混酸を反応させたときに生成する化合物の名称と構造式を書け。

問5　下線部①について，パラ異性体(化合物F)に比べて，オルト異性体は沸点が低い。その理由を50字程度で説明せよ。

問6　化合物Kの分子量を，計算過程を示し求めよ。

問7　化合物Iの構造式を書け。また，化合物Iの異性体のうち，ベンゼン環をもち，ヒドロキシ基をもたない化合物をすべて構造式で書け。

問8　化合物Dの化合物名を書け。

問9　化合物Hの構造式を書け。

問10　化合物Lの構造式を書け。

ここで合否が分かれる！

芳香族の反応を，医薬合成に応用した1問。出発物質が不明というのがこの問題の難しさである。まず設問3の記述から，化合物Eは化合物Cのアミノ基をヒドロキシ基に置き換えたものだと気付き，さらに設問5の記述から化合物E・Cは一置換体だとわかれば，1，2段目の内容は決定できる。残った3段目の経路は，設問7の記述からKを決めてJ→Iと元をたどっていく発想ができれば問題ない。このように有機化学の難問は，後ろから前に戻って考えるという解法がとても重要である。

A～Iの構造さえ決まればすべての設問に手をつけることはできるが，問3は加える物質まで細かく覚えていたか，問4は硝酸の濃さが置換基の数に結びつくか，問5は水素結合の分子内，分子間の違いが発想できたかなど，いずれの問題も知識と思考力の両方が試される。このあたりでどれだけ得点できたかが合否の分かれ目となっただろう。

類題には，教科書の参考・発展事項の内容にあたる，ベンゼン環の求電子置換反応と配向性を扱った問題を取り上げた。すんなり誘導に乗って解き進められるよう練習してみよう。

解答

問1　(1)　＋5(＋Ⅴ)　(2)　＋3(＋Ⅲ)　(3)　0

問2　E，F，G，H

問3　以下の4つの経路のうち1つを答える。

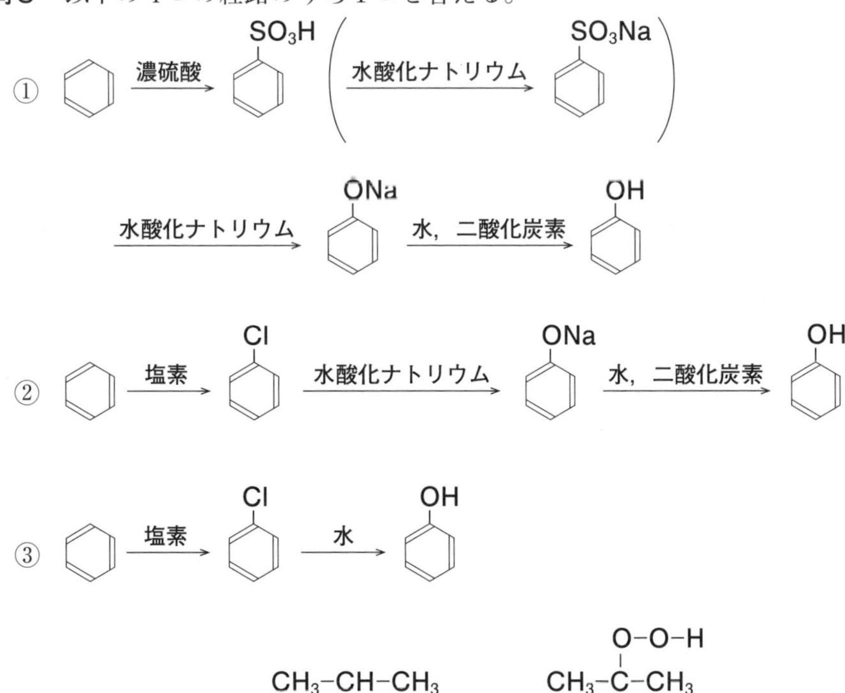

※①の最初の水酸化ナトリウムは中和，次の水酸化ナトリウムはアルカリ融解のためだが，（　）を省略して表してよい。②を改良したものが③であり，③の水は高温水蒸気のことである。

問4　名称：2，4，6-トリニトロフェノール

構造式：（OH，O_2N，NO_2，NO_2 を置換基とするベンゼン環）

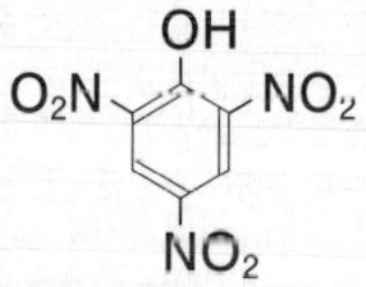

問5　パラ異性体が分子間で水素結合を行うのに対して，オルト異性体では分子内で水素結合を行うから。(45字)

問6　Kのアミノ基の個数を n とおくと，

$$\frac{15.0}{93}=\frac{5.00}{M_{\mathrm{K}}}\times n\times 4.42$$

分子量180以下より $n=1$，$M_{\mathrm{K}}=137.0$

よって，137

問7　Ⅰ：$C_6H_5-O-CH_2-CH_3$

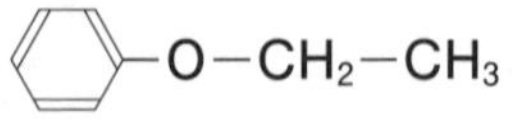

異性体：$CH_3-C_6H_4-O-CH_3$（パラ）　$C_6H_4(CH_3)-O-CH_3$（メタ）

$C_6H_4(CH_3)-O-CH_3$（オルト）　$C_6H_5-CH_2-O-CH_3$

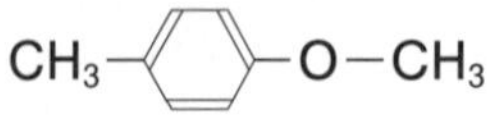

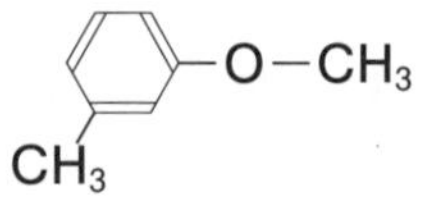

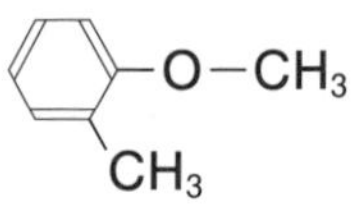

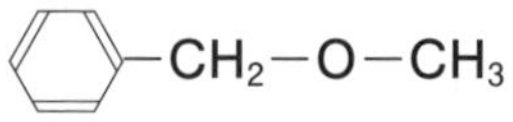

問8　アセトアニリド

問9　$HO-C_6H_4-N(H)-C(=O)-CH_3$

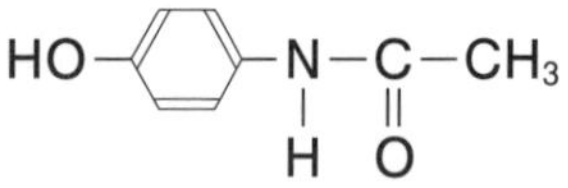

問10　$CH_3-CH_2-O-C_6H_4-N(H)-C(=O)-CH_3$

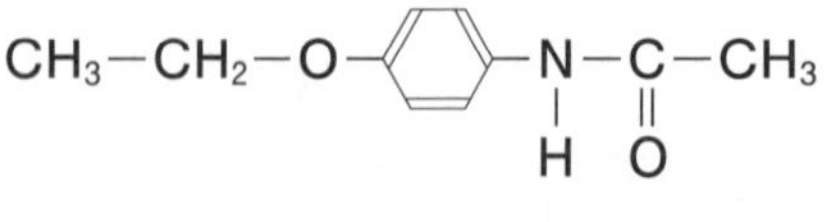

考え方と解法のポイント

化合物A～Lの構造は以下の通り。

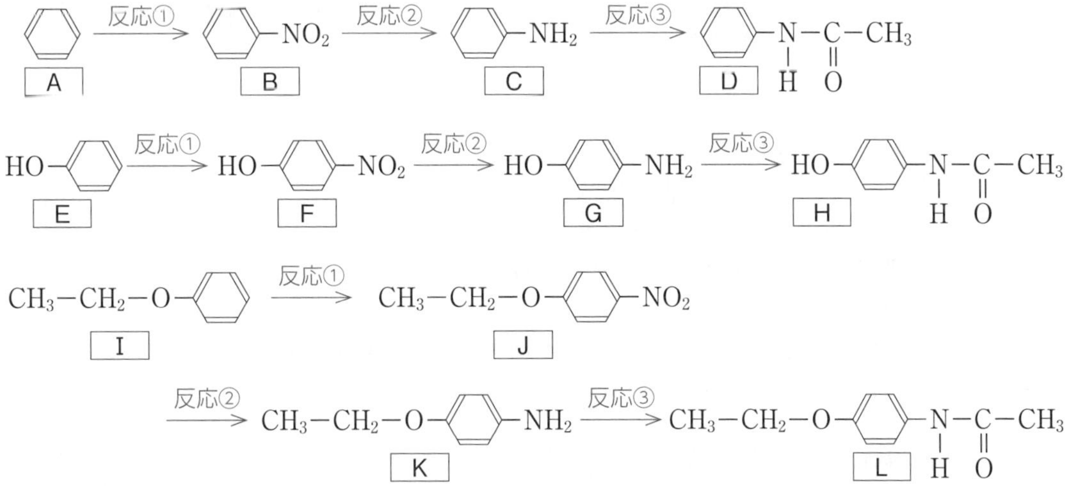

A —反応①→ B（$-NO_2$）—反応②→ C（$-NH_2$）—反応③→ D（$-N(H)-C(=O)-CH_3$）

E（$HO-$）—反応①→ F（$HO-$，$-NO_2$）—反応②→ G（$HO-$，$-NH_2$）—反応③→ H（$HO-$，$-N(H)-C(=O)-CH_3$）

I（CH_3-CH_2-O-）—反応①→ J（CH_3-CH_2-O-，$-NO_2$）

—反応②→ K（CH_3-CH_2-O-，$-NH_2$）—反応③→ L（CH_3-CH_2-O-，$-N(H)-C(=O)-CH_3$）

問2～4　条件3より，Cをジアゾ化，加水分解してできるEは，フェノール性 $-OH$ をもつとわかる。条件5より，これをニトロ化したFが二置換体なのだから，Eは一置換体のフェノール $-OH$ に決まる。これよりE，F，G，Hの構造が決まる。Hで$-NH_2$のみがアセチル化されていることは，条件2の分子量180以下，条件8のD，H，Lが同一の置換基をもつことから推定する。

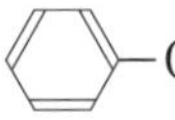

Eがフェノールとわかったので，それを誘導したCはアニリン $-NH_2$ とわかる。これよりA，B，C，Dの構造が確定する。

問5　下図のように，オルト異性体は分子内で水素結合するため，その沸点は分子量同程度の炭化水素と比べ，あまり変わらない。

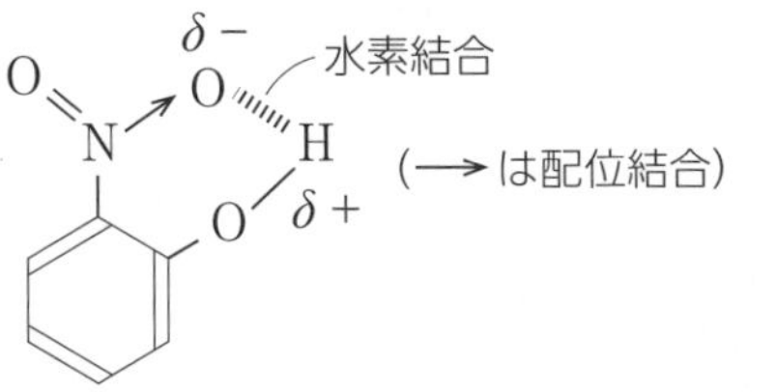

$\delta-$　水素結合

（⟶は配位結合）

$\delta+$

問6　上記より，Cは分子量93のアニリンである。その15.0gを中和するのに要するHClの物質量をx〔mol〕とおくと，

$$\frac{15.0}{93}=x \quad \cdots①$$

一方，Kがもつアミノ基の数をn，分子量をM_Kとおくと，

$$\frac{5.00}{M_K}\times n\times 4.42=x \quad \cdots②$$

①，②より，$M_K = 137.0n$

$n = 1$ のみが条件2を満たすから，Kの分子量は137と決まる。

問7　Kについて，$-O-C_6H_4-NH_2$ の部分構造は確定している。これを二本うでの形にして，その式量を分子量から引くと，

137	K
−) 107	$-O-C_6H_4-N(H)-$
30	C_2H_6

Kは，$H-CH_2-CH_2-H$ に $-O-C_6H_4-N(H)-$ を挿入して $-NH_2$ としたものだとわかる。

よってKの構造は，$CH_3-CH_2-O-C_6H_4-NH_2$

これより，Ｉ，Ｊ，Ｋ，Ｌの構造が確定する。

類題 43

分子の構造式と反応性に関する次のⅠとⅡの問いに答えよ。 (大阪市立大)
ただし，構造式は次の例にならって記せ。

（例） O_2N … NH_2 … $C(=O)-O-CH_3$

Ⅰ 次の文章を読み，**問１～問３**に答えよ。

エタンは炭素原子間が単結合の飽和炭化水素である。エタンと臭素を混合して光をあてると置換反応が起こりブロモエタンが生じる。一方，エチレンは炭素原子間に二重結合をもつ不飽和炭化水素である。エチレンと臭素を混合すると付加反応が起こり 1，2−ジブロモエタンが生じる。

ベンゼンの構造式は，単結合と二重結合を交互に書いて表すが，炭素—炭素結合はすべて等しく，単結合と二重結合の中間の状態とみなされる。したがって，ベンゼンではエチレンに比べて不飽和結合への付加反応が起こりにくい。

ベンゼンを硝酸と硫酸からなる混酸と反応させるとニトロベンゼンが生じる。この反応では，まず，式〈1〉のように，混酸中で正電荷を帯びたニトロニウムイオン(NO_2^+)が生じる。これが，式〈2〉のように，ベンゼン環の炭素原子の１個と共有結合で結びつき，正電荷を帯びた不安定なAをつくる。次に，式〈3〉のように，硫酸水素イオンがAからⒽで示した水素原子を水素イオンとして引き抜き，ニトロベンゼンが生じる。

$$HNO_3 + 2H_2SO_4 \longrightarrow NO_2^+ + 2HSO_4^- + H_3O^+ \quad \langle 1 \rangle$$

（ベンゼン） $+ NO_2^+ \longrightarrow$ （Ⓗ，NO_2，＋） 〈2〉
A

（Ⓗ，NO_2，＋） $+ HSO_4^- \longrightarrow$ （NO_2） $+ H_2SO_4$ 〈3〉
A

問１ エタン，エチレン，ベンゼンについて，炭素—炭素結合の長さが短いものから長いものへと順に化合物名を記せ。

問２ 下線部について，ベンゼンからニトロベンゼンが生じる反応の化学反応式を記せ。

問３ ベンゼンのニトロ化反応における濃硫酸の役割を簡潔に記せ。

Ⅱ 次の文章を読み，**問４～問６**の問いに答えよ。

ベンゼンの一置換体(C_6H_5X)の置換反応において，どの水素原子が置換されるかは置換基Xの種類によって異なる。

フェノールを混酸と反応させると，化合物B(分子式 $C_6H_3N_3O_7$)が生じる。フェノールでは，酸素のもつ非共有電子対がベンゼン環に影響するために，構造式aのほかに特定の原子が正電荷または負電荷をもつ構造式b，c，dを書くことができる(図1)。これらの構造式から，フェノールでは図2の番号[ア]の炭素原子がその他の炭素原子と比べてわずかに負電荷を帯びていると考えられる。したがって，正電荷を帯びたニトロニウムイオンは番号[ア]の炭素原子と結びつきやすい。

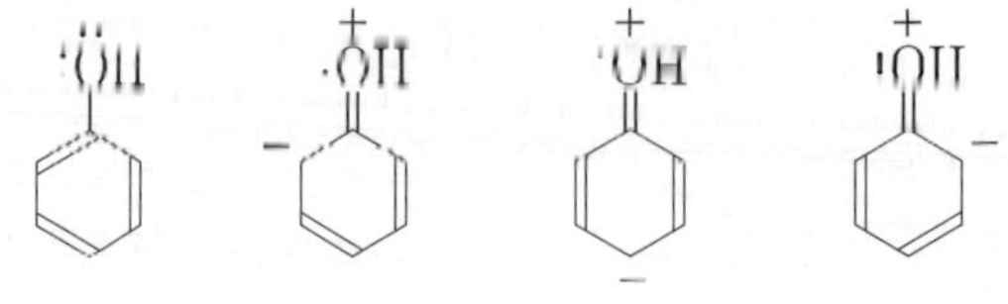

図1　　　図2

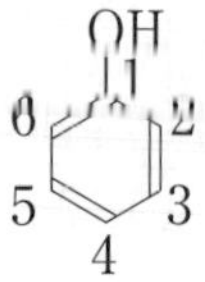

ニトロベンゼンを混酸と反応させると，化合物C(分子式 $C_6H_4N_2O_4$)が生じる。ニトロベンゼンでは，:Ö–N⁺=Ö: で表したニトロ基がベンゼン環に影響するために，特定の原子が正電荷または負電荷をもつ構造式e，f，g，hを書くことができる(図3)。これらの構造式から，ニトロベンゼンでは図4の番号[イ]の炭素原子がその他の炭素原子よりもわずかに正電荷を帯びていると考えられる。したがって，正電荷を帯びたニトロニウムイオンは番号[イ]の炭素原子とは結びつきにくい。

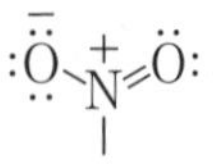

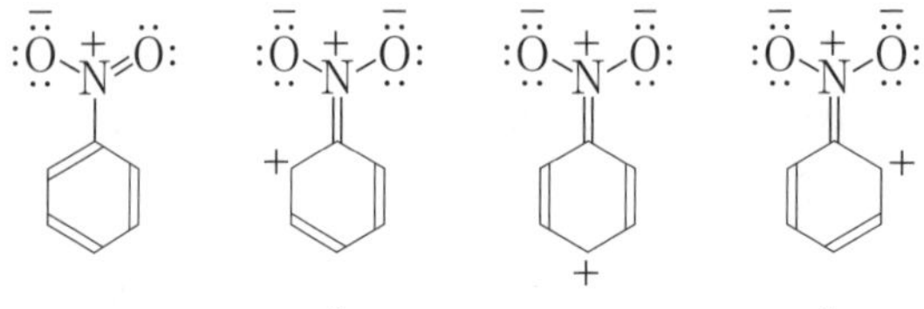

図3　　　図4

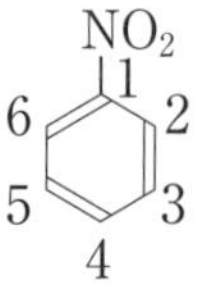

問4　化合物BとCの構造式を例にならって記せ。

問5　[ア]と[イ]にあてはまる最も適切なものを次の(a)～(d)の中から選び，記号で答えよ。ただし，同じ記号を選んでもよい。

(a)　1，2，3　　(b)　2，3，4　　(c)　2，4，6　　(d)　1，3，5

問6　ベンゼン，フェノール，ニトロベンゼンのニトロ化に関する以下の文章を読み，[ウ]～[オ]にあてはまる化合物名を記せ。

ベンゼン，フェノールおよびニトロベンゼンの構造式，さらにニトロニウムイオンが正電荷を帯びていることを考えると，ニトロ化反応は[ウ]，[エ]，[オ]の順で起こりやすいと予測できる。実際，[ウ]は室温で希硝酸と速やかに反応して，ニトロ化された化合物を生じる。これに対し，[エ]や[オ]のニトロ化反応は希硝酸ではほとんど起こらない。[エ]は，混酸中で60℃に加熱してはじめてニトロ化される。[オ]をニトロ化するにはさらに高温が必要である。

5 −8 静岡大

難易度 ★★★☆☆ 解答目安時間 15分

次の文章を読み，下の問いに答えよ。構造式は次の例にならって記せ。原子量は，$H=1.0$，$C=12$，$O=16$ とする。

（例）

$$C_6H_5-\underset{\displaystyle CH_3}{CH}-CH=CH-\overset{\displaystyle O}{\overset{\|}{C}}-O-H$$

分子式 C_8H_{10} で表される化合物には，互いに異性体である4種類の芳香族炭化水素がある。それぞれを過マンガン酸カリウム水溶液で酸化すると，(a)分子式 $C_7H_6O_2$ で表される化合物Aあるいは(b)分子式 $C_8H_6O_4$ で表される3種類の化合物B，C，Dのいずれかが得られる。

ベンゼンをスルホン化したのち水酸化ナトリウム水溶液で中和すると，ベンゼンスルホン酸ナトリウムが得られる。得られたベンゼンスルホン酸ナトリウムと水酸化ナトリウムを融解状態で反応させたのち，生成物に酸性水溶液を加えると化合物Eが得られる。(c)化合物Eはクメン法でも合成可能である。

また，ベンゼンに濃硝酸と濃硫酸の混合物を作用させると，化合物Fが得られる。(d)化合物Fをスズと濃塩酸で還元すると化合物Gが得られる。化合物Gを強塩基と反応させると，塩基性を示す化合物Hが得られる。化合物Hをさらし粉水溶液に加えると赤紫色を呈する。(e)化合物Hに氷酢酸（純度の高い酢酸）を加えて加熱すると化合物Iが得られる。

問1 下線部(a)の化合物Aは，ベンゼンなどの無極性溶媒中では水素結合により二量体を形成して溶解している。水素結合部分に点線を用いてこの二量体の構造を記せ。

問2 下線部(b)について，次の(1)〜(4)に答えよ。

(1) 0.33gの化合物Bを完全燃焼させた。分子式を用いて完全燃焼した際の化学反応式を示すとともに，発生した水（水蒸気）と二酸化炭素の質量を求めよ。計算過程を示し，有効数字2桁で答えよ。

(2) 化合物Cは加熱すると分子量148の化合物を与える。この化合物は，V_2O_5 などの触媒を用いて，置換基をもたない芳香族炭化水素Jを空気酸化することによって，工業的に製造されている。芳香族炭化水素Jの構造式と名称を記せ。

(3) 化合物Dとエチレングリコールの縮合重合により，飲料用容器に用いられる高分子化合物Kが得られる。構造式を用いてこの反応の化学反応式を記すとともに，新たに生成する官能基と高分子化合物Kの名称を記せ。ただし，高分子化合物Kの構造式は次の例にならって，繰り返し単位がわかるように記せ。

（例）

$$\left[CH_2-\underset{\displaystyle CH_3}{\underset{|}{CH}} \right]_n$$

(4) 高分子化合物Kの平均分子量が 3.8×10^5 である場合，この高分子化合物の平均の重合度(繰り返し単位の数)を求めよ。また，この高分子化合物1分子には設問(3)で答えた官能基が平均何個含まれるかを求めよ。それぞれの計算過程を示し，それぞれ有効数字2桁で答えよ。

問3 下線部(c)のクメン法では，触媒を用いたベンゼンとプロペンの反応により生成するクメンを経由して，化合物Eが合成される。クメンの異性体のうち，芳香族炭化水素であるものの構造式をクメンとともにすべて記せ。

問4 下線部(d)の化学反応式を，構造式を用いて記せ。

問5 下線部(e)の化学反応式を，構造式を用いて記せ。

ここで合否が分かれる！

芳香族炭化水素 C_8H_{10} の構造決定を取っ掛かりにして，芳香族の異性体やそれに関連する基礎知識，高分子の重合度計算まで，広範囲にわたって基本を問う1問である。構造決定に関しては，$KMnO_4$ によるベンゼン環側鎖の酸化を知っていれば問題ないだろう。問1ではカルボン酸の水素結合，問2ではナフタレンのベンゼン環酸化開裂反応など，それぞれ細かい知識を覚えていたか，また問4では酸化還元反応式がしっかり立てられたかがポイントになる。いずれもこの辺りはしっかり完答して得点を稼いでおきたい。

特に有機化学の酸化還元反応式は作成するのに時間を取られるため，本番では敬遠せざるを得ないことが多いが，高得点争いとなる医学部受験生は即座に組み立てられるよう，日頃から練習しておくことが必要だ。フェノールやアニリンの合成経路についても，反応物質や条件，反応名とともにしっかり確認しておこう。

類題には，標準的な芳香族の構造決定問題を2題取り上げた。まずは基本の確認として練習しておこう。

解答

問1 $C_6H_5-C(=O)-O-H$ の二量体（$C=O \cdots\cdots H-O$，$O-H \cdots\cdots O=C$ の水素結合）

問2 (1) $2C_8H_6O_4 + 15O_2 \longrightarrow 16CO_2 + 6H_2O$

水…$C_8H_6O_4 : H_2O = \dfrac{0.33}{166} : \dfrac{x}{18} = 2 : 6$

$x = 0.107 \fallingdotseq 0.11$　よって，**0.11g**

二酸化炭素…$C_8H_6O_4 : CO_2 = \dfrac{0.33}{166} : \dfrac{y}{44} = 2 : 16$

$y = 0.699 \fallingdotseq 0.70$　よって，**0.70g**

(2) 構造式：(ナフタレンの構造式) 名称：**ナフタレン**

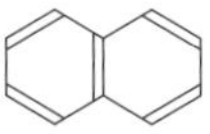

(3) $n\,HO-C(=O)-C_6H_4-C(=O)-OH + n\,HO-CH_2-CH_2-OH$

$\longrightarrow \left[C(=O)-C_6H_4-C(=O)-O-CH_2-CH_2-O \right]_n + 2nH_2O$

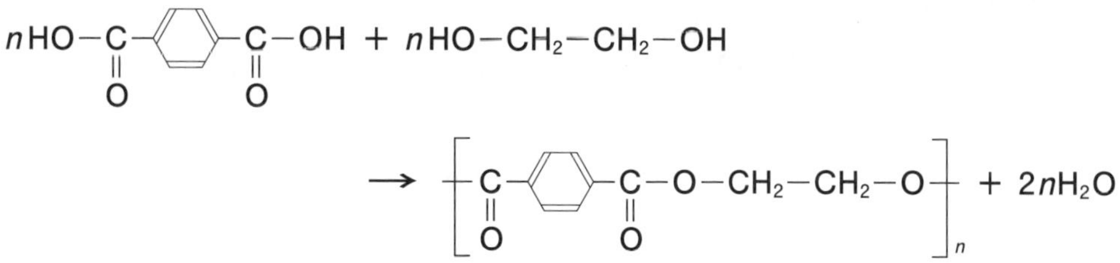

官能基：**エステル結合**

高分子化合物K：**ポリエチレンテレフタラート**

(4) 重合度：$\dfrac{3.8\times10^5}{192} \fallingdotseq 2.0\times10^3$

よって，**2.0×10^3**

官能基個数：$2.0\times10^3\times2=4.0\times10^3$

よって，**4.0×10^3**

問3 $C_6H_5-CH(CH_3)_2$　$C_6H_5-CH_2-CH_2-CH_3$　o-$CH_3-C_6H_4-CH_2-CH_3$

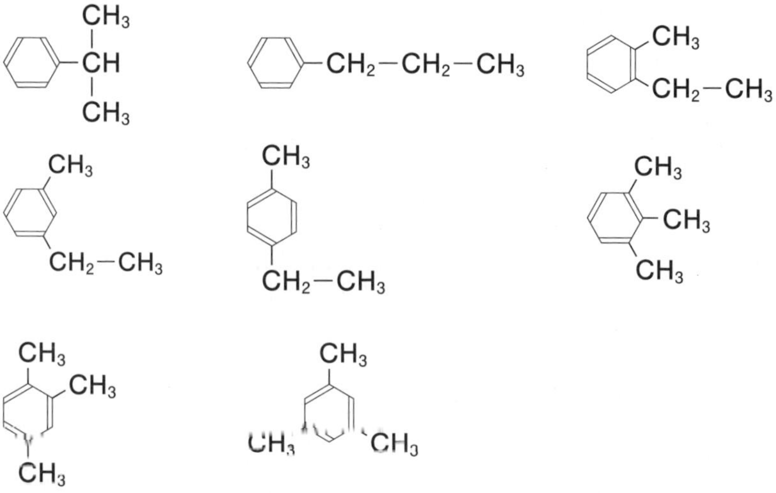

m-$CH_3-C_6H_4-CH_2-CH_3$　p-$CH_3-C_6H_4-CH_2-CH_3$　1,2,3-$C_6H_3(CH_3)_3$

1,2,4-$C_6H_3(CH_3)_3$　1,3,5-$C_6H_3(CH_3)_3$

問4 $2\,C_6H_5-NO_2 + 3Sn + 14HCl \longrightarrow 2\,C_6H_5-NH_3Cl + 3SnCl_4 + 4H_2O$

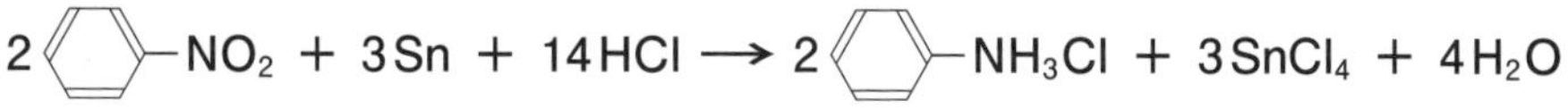

問5 $C_6H_5-NH_2 + CH_3-C(=O)-OH \longrightarrow C_6H_5-NH-C(=O)-CH_3 + H_2O$

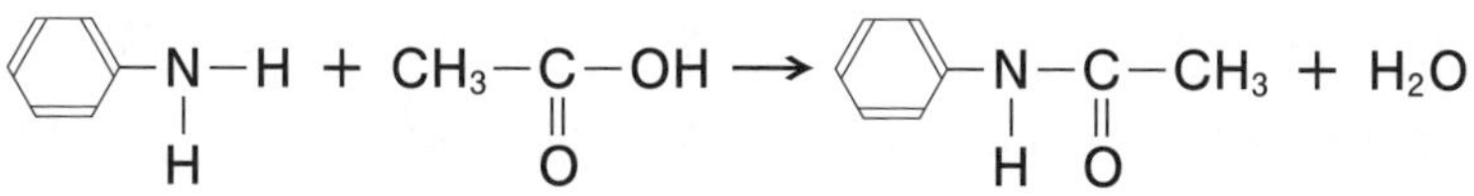

考え方と解法のポイント

C_8H_{10} の芳香族化合物について，異性体を列挙する。

C_8H_{10} の不飽和度 U＝4 だから，

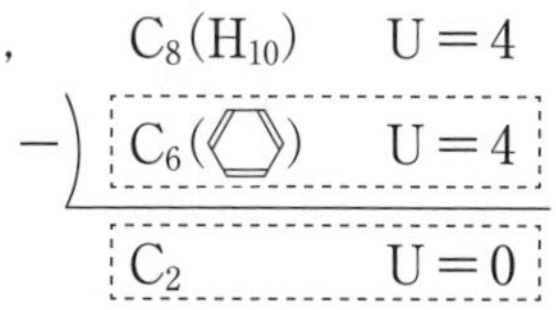

	$C_8(H_{10})$	U＝4
−	C_6(ベンゼン環)	U＝4
	C_2	U＝0

5 有機化合物

⬡に飽和C原子を2個付ければよいとわかる。よって，以下の①～④の異性体が考えられるので，$KMnO_4$ 酸化生成物とともに記す。

① ⬡$-CH_2-CH_3$ $\xrightarrow[\text{酸化}]{KMnO_4}$ ⬡$-C(=O)-OH$

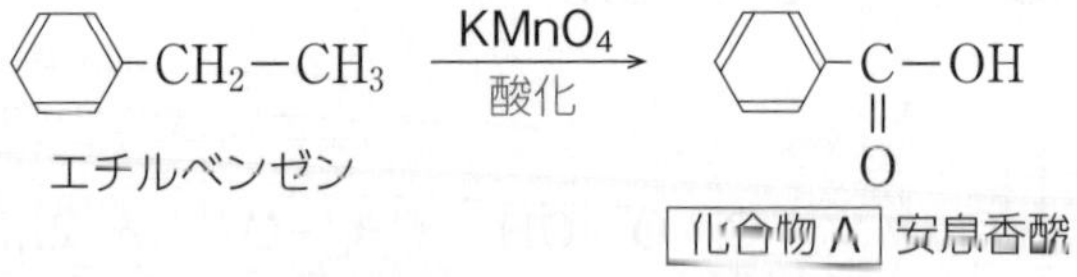

エチルベンゼン

化合物A 安息香酸

② ⬡(CH_3)(CH_3) $\xrightarrow[\text{酸化}]{KMnO_4}$ ⬡($C(=O)-OH$)($C(=O)-OH$) $\xrightarrow[\text{脱水}]{\text{加熱}}$ 無水フタル酸

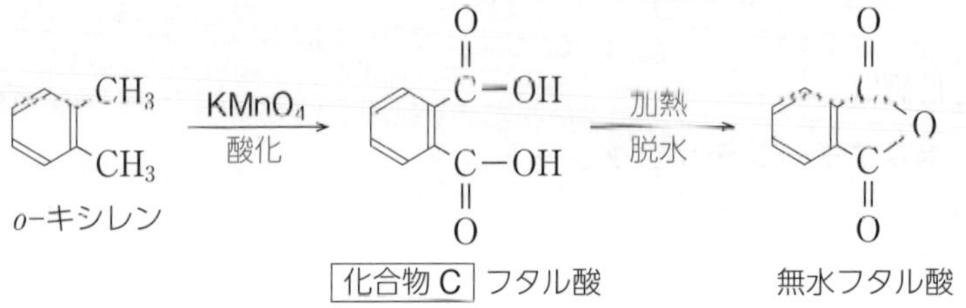

o-キシレン

化合物C フタル酸　　無水フタル酸

③ ⬡(CH_3)(CH_3) $\xrightarrow[\text{酸化}]{KMnO_4}$ ⬡($C(=O)-OH$)($C(=O)-OH$)　化合物B イソフタル酸

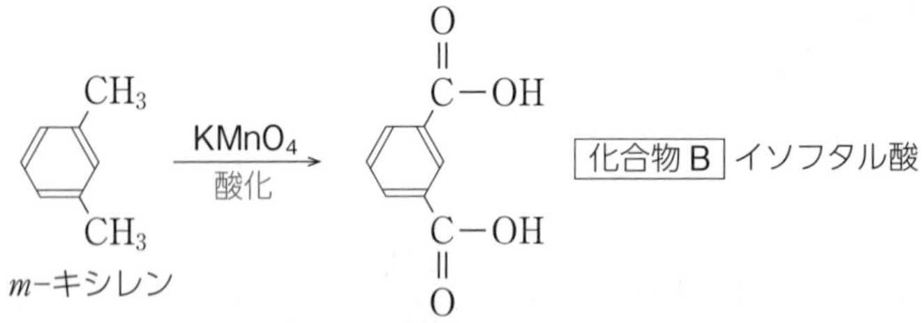

m-キシレン

④ CH_3-⬡$-CH_3$ $\xrightarrow[\text{酸化}]{KMnO_4}$ $HO-C(=O)-$⬡$-C(=O)-OH$　化合物D テレフタル酸

p-キシレン

↓ 縮合重合　$HO-CH_2-CH_2-OH$ エチレングリコール

$\left[-C(=O)-\text{⬡}-C(=O)-O-CH_2-CH_2-O-\right]_n$

化合物K ポリエチレンテレフタラート

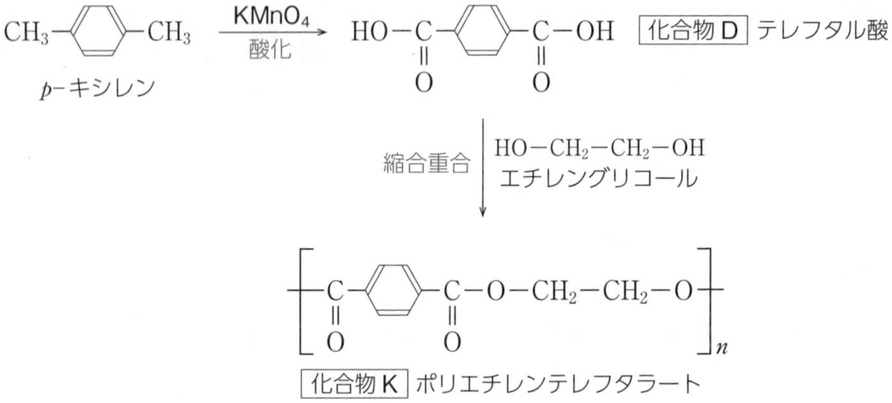

$KMnO_4$ 酸化で，唯一C原子が7個に減るAは，一置換体のエチルベンゼンの酸化で生成する安息香酸である。Cは加熱脱水されることからo-型のフタル酸。したがって酸化前はo-キシレンとわかる。Dはエチレングリコールとの縮合重合によって合成高分子をつくるので，p-型のテレフタル酸とわかる。したがって，酸化前はp-キシレン。消去法により，Bはm-型とわかる。

Eはフェノール ⌬−OH であり，文中の合成法は以下の通りである。

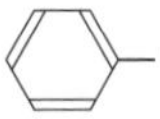

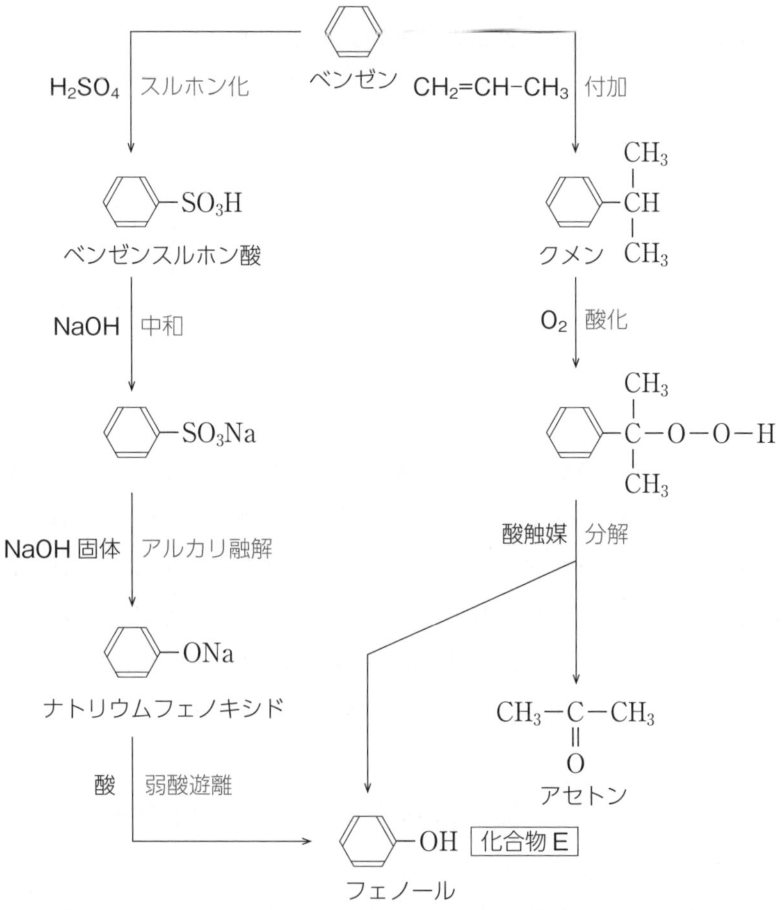

ベンゼン

H_2SO_4　スルホン化

⌬−SO_3H
ベンゼンスルホン酸

NaOH　中和

⌬−SO_3Na

NaOH 固体　アルカリ融解

⌬−ONa
ナトリウムフェノキシド

酸　弱酸遊離

$CH_2{=}CH{-}CH_3$　付加

⌬−$CH(CH_3)_2$
クメン

O_2　酸化

⌬−$C(CH_3)_2{-}O{-}O{-}H$

酸触媒　分解

$CH_3{-}C({=}O){-}CH_3$
アセトン

⌬−OH　化合物E
フェノール

一方，F～Hの反応は以下に示す通り。

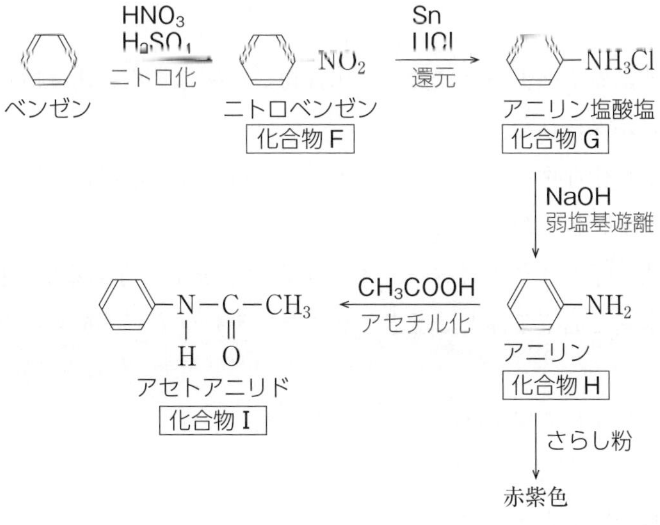

ベンゼン

HNO_3, H_2SO_4　ニトロ化

⌬−NO_2
ニトロベンゼン
化合物F

Sn, HCl　還元

⌬−NH_3Cl
アニリン塩酸塩
化合物G

NaOH　弱塩基遊離

⌬−NH_2
アニリン
化合物H

CH_3COOH　アセチル化

⌬−$N(H){-}C({=}O){-}CH_3$
アセトアニリド
化合物I

さらし粉

赤紫色

問3　クメンと同様に，⌬ に飽和C原子を3個付けたものを探せばよい。

類題 44

次の文章を読んで，**問１～問３**に答えよ。構造式を記入するときは，　（京都大）
記入例にならって記せ。ただし，不斉炭素原子の立体化学は考慮しなくてよい。原子量は H＝1.00，C＝12.0，O＝16.0，Na＝23.0とする。

構造式の記入例：

```
                                            H       CH3
             O                            H  C═C   H
             ‖                              ／    ＼ ／
HO−CH2−⟨ベンゼン環⟩−C−O−CH−CH2−C          C−C≡C−H
                          |            ＼    ／
                          CH3          C−C
                                     H  |  |  H
                                        H  H
```

炭素，水素，酸素から構成され，炭素原子数が７で，酸素原子数が１～３の５種類の有機化合物Ａ～Ｅがある。化合物Ａ～Ｅはいずれも，炭素原子６個からなる環状構造を有している。化合物Ａ～Ｅに対して行った分析または反応操作とその結果を，次の(あ)～(く)に示す。

(あ)　化合物ＡとＤについて元素分析を行ったところ，化合物Ａは酸素原子を３つ含み，化合物Ｄの炭素および水素の質量百分率が，それぞれ78％および7.4％であることがわかった。

(い)　化合物Ａ～Ｅのそれぞれに塩化鉄(Ⅲ)水溶液を加えたところ，化合物ＡとＣだけ青～赤紫色の呈色が見られた。

(う)　化合物Ａ～Ｅのそれぞれに無水酢酸を作用させたところ，化合物Ａ，Ｃ，Ｄはエステルに変換された。

(え)　化合物Ａ～Ｅのそれぞれに炭酸水素ナトリウム水溶液とエーテルを加え，よく振ったのち水層とエーテル層を分離すると，化合物Ａ，Ｂは水層に，化合物Ｃ，Ｄ，Ｅはエーテル層に溶解していた。

(お)　化合物Ｃは，酸素原子を１つだけ含む。化合物Ｃを酸化すると化合物Ａが，化合物Ｄを酸化すると化合物Ｂが得られた。

(か)　混酸の作用により化合物Ｃの水素原子が１つだけ置換される反応では，可能な２種類の生成物のうち一方が主として得られた。

(き)　化合物Ｅは酸素原子を１つだけ含み，不斉炭素原子を１つ有するが，白金触媒を用いて，等しい物質量の水素と加圧条件下で反応させると，不斉炭素原子をもたない化合物に変換された。

(く)　化合物Ａ～Ｅはいずれも銀鏡反応を示さなかった。

問１　化合物Ａ～Ｄの構造式を記せ。

問２　化合物Ｅとして考えられる構造は２つある。これらの構造式を記せ。

問3 化合物ＡとＢの混合物からＡだけを取り出したい。次の(ア)〜(オ)の実験操作をどのような順番で行ったらよいか，解答欄に左から順に記せ。

(ア) 希塩酸を加え，よくかき混ぜたのちに，エーテルを加え，よく振り混ぜてから，静置する。

(イ) 水酸化ナトリウム水溶液を加え，よくかき混ぜたのちに，エーテルを加え，よく振り混ぜてから，静置する。

(ウ) 水層を取り出し，加熱する。

(エ) エーテル層を取り出し，エーテルを蒸留により取り除く。

(オ) メタノールと少量の濃硫酸を加えて，加熱する。

類題 45

次の文章を読み，設問に答えよ。構造式は例にならって記せ。（静岡県立大）

原子量は，H＝1.0，C＝12，O＝16 とする。

例

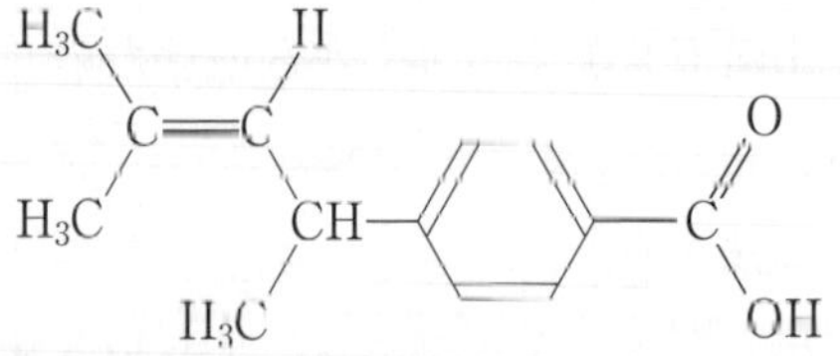

H_3C　H
C＝C　　　O
H_3C　CH―(ベンゼン環)―C
H_3C　　　　　　OH

ベンゼン環をもち，分子式が $C_8H_{10}O$ の化合物A，B，C，Dがある。これらの化合物それぞれを用いていくつかの実験を行ったところ，表1に示す結果となった。なお，斜線の欄は対応する実験を行っていないことを示す。

続いて，化合物AとEの脱水縮合により化合物Fを合成した。なお，化合物Eは一価カルボン酸（モノカルボン酸）であり，その分子量は 150 より小さい。次に，化合物Fの元素分析を行ったところ，元素の質量百分率は炭素 72.0%，水素 6.67%，酸素 21.3%であった。

化合物Fの構造異性体で，ベンゼン環と不斉炭素原子をもつ化合物Gがある。化合物Gをエーテルに溶解し，その溶液を炭酸水素ナトリウム水溶液とよく振り混ぜたのち，エーテル層と水層に分けた。エーテル層を取り除いたのちに，水層に希塩酸を加えて酸性にしたところ化合物Gが遊離した。

表1　行った実験とその結果

行った実験	化合物A	化合物B	化合物C	化合物D
単体のナトリウムとの反応を調べた。	水素が発生した。	水素が発生した。	水素が発生した。	反応しなかった。
水酸化ナトリウム水溶液との反応を調べた。	反応しなかった。	反応しなかった。	塩を形成した。	反応しなかった。
ヨウ素および水酸化ナトリウム水溶液を加えて加熱した。	黄色沈殿が生成した。			
過マンガン酸カリウムを加えて酸化させた。		フタル酸が生成した。		

問1　化合物A，Bの構造式を記せ。

問2　化合物Cとして考えられる異性体のうち，エチル基をもつものをすべて挙げ，構造式を記せ。

問3　化合物Dとして考えられる異性体をすべて挙げ，構造式を記せ。

問4　化合物Eの構造式を解法とともに記せ。

問5　化合物Gの構造式を記せ。

5 －9 慶應義塾大

難易度 ★★★☆☆ 解答目安時間 15分

次の文を読み，問いに答えよ。原子量は，H＝1.00，C＝12.0，N＝14.0，O＝16.0とする。

炭素，水素，酸素からなるエステルAがある。11.9mgのエステルAを完全燃焼させたところ，二酸化炭素30.8mg，水6.3mgを生じた。エステルAはベンゼン環を有する化合物で，その蒸気の密度は，同温，同圧の空気のそれの5倍以下であった。エステルAを酸で加水分解したところ，化合物Bと化合物Cが得られた。なお，化合物Bは酸であった。

問1 エステルAの組成式を求めよ。

問2 エステルAの分子式を求めよ。また，そのように考えた理由も簡潔に記せ。

問3 エステルAの可能な構造式をすべて描け。

問4 化合物Bは還元性を示し，化合物Cは塩化鉄(Ⅲ)水溶液で呈色しなかった。また，化合物Cを十分酸化すると化合物Dが得られた。以下の問いに答えよ。

(1) **問3**の構造式の中で，該当するエステルAの構造式を○で囲め。

(2) 化合物Dの示性式と化合物名を記せ。

(3) ベンゼンのモル凝固点降下は5.12K・kg/molである。ベンゼン100gに化合物Dを0.735g溶かした。この溶液を十分放置した後，凝固点を測ると5.32℃であった。以下の問いに答えよ。ただし，ベンゼンの凝固点は5.53℃とする。

(i) この凝固点から化合物Dの分子量を求めよ。導出過程も記せ。また，凝固点から計算される分子量が，構造式から求まる分子量と異なる理由を簡潔に述べよ。

(ii) さらに，化合物Dを少量加えて十分放置した後の凝固点降下度から求まる分子量はどうなると考えられるか。以下の選択肢の中から選び，記号で答えよ。

(ア) 大きくなる　(イ) 小さくなる　(ウ) 変化しない

(エ) 場合により大きくも小さくもなる

ここで合否が分かれる！

$C_8H_8O_2$エステルの構造決定を題材にして，凝固点降下やカルボン酸の会合，そして質量作用則までを問う1問。全体としては標準レベルで，問4(2)までは順調に解答できるはずである。一方(3)に入ると，(i)の分子量が異なる理由では水素結合による会合の発想が，(ii)では質量作用則の式に基づいて考えるという観点がそれぞれ必要になる。この2問については誘導がないため，日頃からかなり演習を積んでいないと本番ですぐには思いつかないだろう。同大医学部は大部分が標準問題であることが多いので，まずはその辺りを短時間で完答できる処理能力が必須だが，その上で最後は，問4(3)のような難度の高い考察問題が解けたかどうかで合否が決まると思われる。

類題では，構造決定の難問を出すことで有名な横浜市立大の2問にまとめとして挑戦しよう。

解答

問１　C_4H_4O

問２　$C_8H_8O_2$

理由：エステルなので酸素原子を２個以上もつが，分子量が空気の５倍以下だから。

問３・４(1)　$C_6H_5-C(=O)-O-CH_3$　　$CH_3-C(=O)-O-C_6H_5$

$H-C(=O)-O-CH_2-C_6H_5$（囲み）　　$H-C(=O)-O-C_6H_4-CH_3$（オルト位に CH_3）　　$H-C(=O)-C_6H_4-CH_3$（メタ位に CH_3）

$H-C(=O)-O-C_6H_4-CH_3$（パラ位に CH_3）

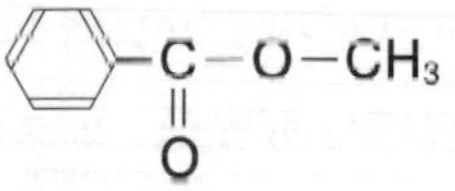

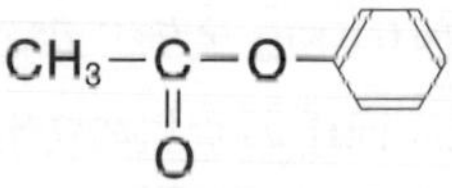

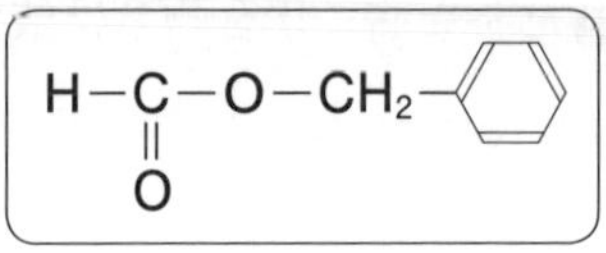

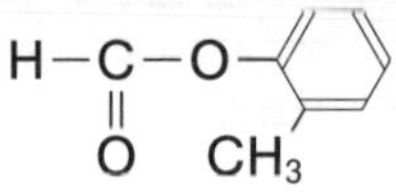

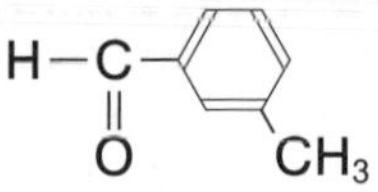

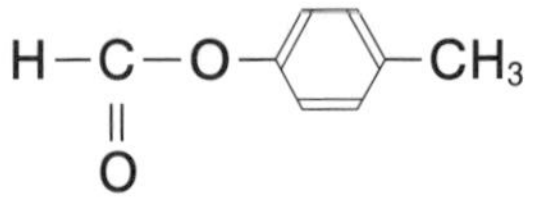

問４　(2)　示性式：C_6H_5COOH

化合物名：安息香酸

(3)(i)　分子量を M とおくと，

$$5.53-5.32=5.12\times\frac{0.735}{M}\times\frac{1000}{100}$$

$$M=179.2$$

異なる理由：カルボキシ基間の強い水素結合により，一部の分子が会合し二量体として存在しているから。

(ii)　ア

考え方と解法のポイント

問１　各元素の質量を求めると，

$$C：30.8\times\frac{12.0}{44.0}=8.40\,〔mg〕$$

$$H：6.3\times\frac{2.00}{18.0}=0.700\,〔mg〕$$

$$O：11.9-8.40-0.700=2.80\,〔mg〕$$

モル比に直すと，

$$C：H：O=\frac{8.40}{12.0}：\frac{0.700}{1.00}：\frac{2.80}{16.0}=4：4：1$$

よって，組成式は，C_4H_4O

問3 Aについて，ベンゼン環を含むエステルだから，

	$C_8(H_8)O_2$	U＝5	…A
－	C_6	U＝4	…ベンゼン環
－	$-\underset{\underset{O}{\Vert}}{C}-O-$	U＝1	…エステル結合
	C_1	U＝0	

Aは，ベンゼン環とC_1とエステル結合$-\underset{\underset{O}{\Vert}}{C}-O-$からなるので，エステル結合のO原子側に最低でも1個のC原子が付くようにして炭化水素基を配分していくと，異性体を全部導き出せる。

① $C_6H_5-\underset{\underset{O}{\Vert}}{C}-O-C$　　② $C-\underset{\underset{O}{\Vert}}{C}-O-C_6H_5$

③ $H-\underset{\underset{O}{\Vert}}{C}-O-C-C_6H_5$　　④(×3) $H-\underset{\underset{O}{\Vert}}{C}-O-C_6H_4-C$

o-，m-，p-の3種

問4 加水分解生成物のうち，カルボン酸Bが還元性を示すから，Bはギ酸$\left(H-\underset{\underset{O}{\Vert}}{C}-OH\right)$と決まり，エステルは③と④に絞られる。さらに，Cが塩化鉄(Ⅲ)で呈色しないことから，Cはフェノール類ではないとわかり，よって，Aはアルコールエステルの③と決まる。

エステルA　　　　化合物B　　　化合物C

$$H-\underset{\underset{O}{\Vert}}{C}-O-C-C_6H_5 \xrightarrow[\text{加水分解}]{H_2O} H-\underset{\underset{O}{\Vert}}{C}-OH + HO-C-C_6H_5$$

Dは，Cを十分酸化して得られる安息香酸である。

化合物C　　　　化合物D

$$C_6H_5-C-OH \xrightarrow{\text{十分に酸化}} C_6H_5-\underset{\underset{O}{\Vert}}{C}-OH$$

安息香酸

(3)(ii) 会合平衡を表す反応式を書き，質量作用則で考えると，

$$2C_6H_5COOH \rightleftarrows (C_6H_5COOH)_2$$

$$K=\frac{[(C_6H_5COOH)_2]}{[C_6H_5COOH]^2}$$

加えた安息香酸の濃度が増すと，会合度一定では，上式の右辺がKより小さくなる。これをKに等しくするため，平衡は会合側(右側)に移動し，会合度が増大する。

類題 46

次の文章を読み，下記の問いに答えよ。ただし，原子量は，H＝1，C＝12，O＝16とする。 （横浜市立大）

化合物A（分子式 $C_{19}H_{20}O_5$）は，不斉炭素原子を１つもつエステルである。化合物Aにアルカリ水溶液を加えて完全に加水分解した。この反応溶液に，塩酸を加えて酸性にすると白色沈殿が生成した。この沈殿には，オルト二置換ベンゼンの化合物Bと，パラ二置換ベンゼンの化合物C（分子式 $C_8H_8O_2$）が等しい物質量で含まれていた。(A)この沈殿を除いた水溶液には，化合物Dが含まれていた。化合物Dは，分子式 $C_4H_{10}O_2$ の２価の第一級アルコールで不斉炭素原子をもたなかった。

(B)化合物B 10.0gをメタノールに溶かし，濃硫酸を加えて加熱した。この反応溶液を水に加えると，油滴が生成し下に沈んだ。この油滴は，少量の化合物Bを含む，独特の芳香をもつ化合物Eであった。また，化合物Bに無水酢酸と濃硫酸を加えて加熱した。この反応溶液を冷水に注ぐと，化合物Fが白色結晶として析出した。

化合物Cを過マンガン酸カリウム水溶液と反応させたのち，塩酸を加えて酸性にすると化合物Gが得られた。

問１　下線部(A)において，沈殿と水溶液を分離するためには，どのような操作が必要か簡単に説明せよ。用いる実験器具も図で示すこと。

問２　化合物A～Gの構造式を書け。化合物Aについては，その不斉炭素原子を＊印で示せ。

問３　下線部(B)において，反応が60％進行した場合，化合物Eは何g生成するか答えよ。計算過程も示せ。

問４　下線部(B)において，この油滴から化合物Bを取り除き純粋な化合物Eを得るためには，どのような操作を行えばよいか，その理由とともに簡単に説明せよ。

問５　化合物Eと化合物Fの用途をそれぞれ答えよ。

問６　化合物Gはエチレングリコール（1，2-エタンジオール）と縮合重合すると，高分子化合物が得られる。その構造式を例にならって書け。

（例）

$\left[-CH_2-CH- \right]_n$（CHにベンゼン環が結合）

類題 47

次の文章を読み，下記の問いに答えよ。ただし，原子量は，H＝1，C＝12，N＝14，O＝16とする。（横浜市立大）

化合物A（分子式 $C_{18}H_{18}N_2O_3$）は，不斉炭素原子を1つもつアミドであり，無水酢酸と反応しない。化合物Aを完全に加水分解したところ，化合物B，C，Dが等しい物質量で得られた。化合物Cは分子式 $C_9H_8O_3$ のパラ二置換ベンゼンである。化合物Dは，分子式 $C_3H_7NO_2$ で不斉炭素原子をもっている。

(A)化合物B 15gを無水酢酸と反応させると化合物Eが得られた。また，化合物Bを塩酸に溶かし，この溶液を氷浴につけ亜硝酸ナトリウム水溶液を加えると化合物Fを生じ，さらにナトリウムフェノキシドの水溶液を加えると赤橙色の化合物Gが生成した。

(B)化合物Cを水酸化ナトリウム水溶液に溶かし，ヨウ素を加えて加熱すると黄色沈殿の化合物Hが生じた。化合物Hをろ過して除いた溶液を酸性にすると，化合物Ｉが析出した。化合物Ｉはエチレングリコール（1，2−エタンジオール）と縮合重合すると，高分子化合物Ｊが得られる。

問1　化合物A～Ｊの構造式を書け。化合物Aおよび化合物Dについては，その不斉炭素原子を＊印で示せ。化合物Ｊについては，その構造式を例にならって書け。

（例）

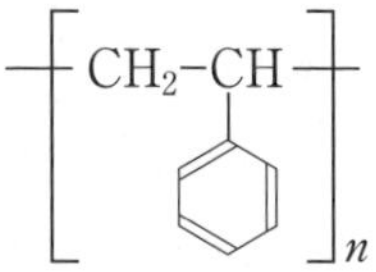

$$\left[\ CH_2-CH\ \right]_n$$

問2　化合物BとCを含むジエチルエーテル溶液があったとき，それぞれをジエチルエーテル溶液として分離するためには，どのような操作が必要か図を用いて簡単に説明せよ。ただしこの操作には以下の薬品から適切なものを選んで用いること。必要なら何度用いてもよい。

ジエチルエーテル，塩酸（1mol/L），水酸化ナトリウム水溶液（1mol/L）

問3　下線部(A)において，反応が75％進行した場合，化合物Eは何g生成するか答えよ。計算過程も示せ。

問4　化合物Eと化合物Gの用途をそれぞれ答えよ。

問5　下線部(B)について，その反応名を答えよ。

5 −10 東京慈恵会医科大

難易度 ★★★★★ 解答目安時間 20分

次の文を読み，下記の問い(**問1～問5**)に答えよ。原子量は，H＝1.0，C＝12，O＝16，Ag＝108とする。

ベンズアルデヒド(構造式1)は，アーモンドの香りのする常温で液体の物質である。空気中では酸化されやすく，湿気のある空気中で保存すると安息香酸を生成し，純度が低下しやすい。この酸化反応をイオン反応式で表すと式(1)のように表すことができる。

1832年，ドイツの化学者ウェーラーとリービッヒは，二分子のベンズアルデヒドからシアン化カリウムKCN触媒の作用で，アルデヒド炭素が結合したベンゾイン(構造式2)が生成することを発見した(式(2))。この反応は，ビタミンB_1(チアミン)の生化学的作用に関係があり，有機化学的にも重要な反応である。塩基性条件で触媒としてチアミンを用いると，その他のアルデヒドでも同様な反応が起こる。二分子のアルデヒドからこの反応で生成する化合物を一般にアシロインと呼び，この反応はベンゾイン縮合とよばれる(正確には付加反応に分類されるので「縮合」という名称は適切ではない)。

一般に，ベンゾイン縮合には選択性がないので，異なる二種類のアルデヒドを用いると生成物は複雑な混合物になってしまう。たとえば，[ア]と[イ]の1段階のベンゾイン縮合では，光学異性体を含めて炭素原子数2～4個の[ウ]種類のアシロイン化合物が生成する可能性がある。しかし，生体内で起こる酵素存在下の反応では，選択的に単一の生成物が得られる可能性がある。現在の植物が行う光合成反応はベンゾイン縮合ではないが，生命誕生以前の地球では[ア]の無生物的なベンゾイン縮合が糖物質の生産蓄積に関与していたのではないかと考えられている。たとえば，フルクトースのようなケトースではその過程は単純ではないが，リボースやグルコースのような[エ]は[ア]の選択的で連続的なベンゾイン縮合で生成することが期待される。また，ケトンもアルデヒドとベンゾイン縮合を起こすことができるが，生成物においてヒドロキシ基が結合している炭素原子がケトンのカルボニル基由来の炭素原子となる。最近，①チアミンと類似した化合物を触媒に用いて，化合物3の2段階のベンゾイン縮合(式(3))により，選択的に4のような生成物が得られることが報告された。

化学者ウェーラーの別の業績として，シアン酸カリウムとアンモニアという無機物から尿素という有機物を初めて人工的に合成したことが知られているが，二価の無機酸である[オ]がアンモニアと単純に脱水縮合した形の[カ]である尿素は有機物の定義に入らないのではないかという意見もある。また，化学者リービッヒは，ガラス製実験器具であるリービッヒ冷却器にその名を残している。リービッヒ冷却器は蒸留操作に用いられる(図1)。

1

$$C_6H_5CHO \ + \ \boxed{\text{キ}} \ \longrightarrow \ C_6H_5COOH \ + \ \boxed{\text{ク}} \ + \ 2e^- \qquad \cdots(1)$$

$$2\ \mathbf{1} \xrightarrow{KCN} \mathbf{2} \qquad \cdots(2)$$

1　　2

$$\mathbf{3} \longrightarrow A \longrightarrow \mathbf{4} \qquad \cdots(3)$$

3　　4

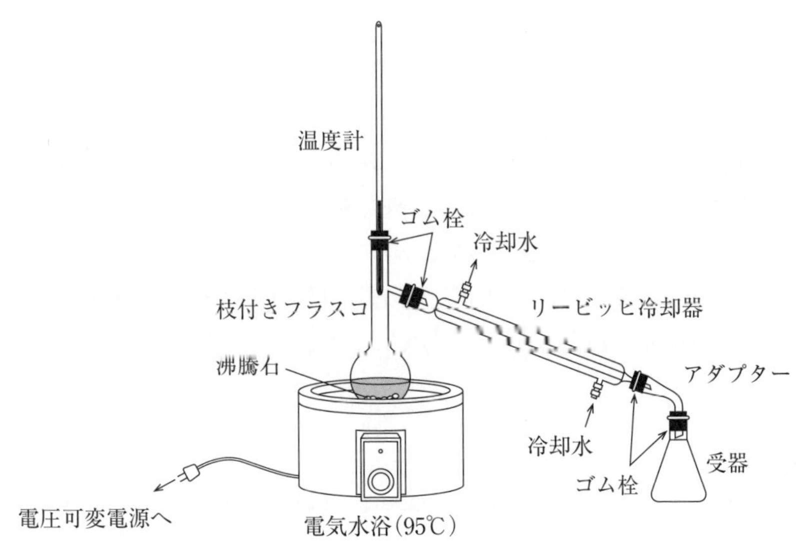

図1　エタノールの蒸留装置

問1　空欄 ア ～ カ に入る適切な物質名や分類名称あるいは数字を答えよ。

問2　式(1)の空欄 キ ・ ク に入る適切な化学式を答えよ。

問3　古くなって白色固体が析出したベンズアルデヒド0.400gを30.000gの清浄なガラス製フラスコに測りとり，エタノールに溶解した後，十分な量のアンモニア性硝酸銀水溶液を加えて加熱した。反応後の無色の溶液を捨て，フラスコ内をエタノールおよび純水で洗浄した後，乾燥したところ，フラスコの質量は30.648gであった。次の問い(1)(2)に答えよ。ただし，試料のベンズアルデヒドの純度は，購入時100%であったものとする。

(1)　乾燥したフラスコの内壁はどのように変化しているか。15文字以内で説明せよ。

(2)　この実験で用いたベンズアルデヒドの純度を質量%で答えよ。

問4　下線部①の反応における第1段階のベンゾイン縮合生成物Aの構造式を記せ。ただし，立体異性体を区別して考える必要はない。

問5　図1のような実験装置を用いるエタノール(沸点78℃)の蒸留は，図1の実験装置に大きな誤りがあるので，そのまま用いるのは非常に危険である。図1の実験装置の誤りを40文字以内で答えよ。

ここで合否が分かれる！

高校教科書では習わない反応の事柄を取り上げ，その説明を理解しながら解いていくという形式のハイレベルな1問。有機化学を暗記で済ませていた受験生にとっては手が出せなかったかもしれない。難関医学部入試では，このように教科書の範囲外のものを題材にすることが多いが，その出題目的は知識があるかどうかではなく，高校化学の基礎を本質的に理解し，あらゆる問題に応用できるかどうかを見ているのである。

まず問1のア～ウで，早速ベンゾイン縮合の説明を理解したかどうかが試される。エの答えであるアルドースという語句はめったに聞かないだろう。オ，カも，尿素の構造から発想する必要があり，単純知識では解けない。一方，問2・3・5は平易であるため完答は必須。残った問4はベンゾイン縮合を複雑な構造に応用しなければならず，非常に難度が高い。よってここでは，問1と問4の出来が合否に大きく影響したと思われる。

類題には，アルドール縮合というやはり教科書には載っていない反応を扱う問題を取り上げた。高校化学を応用する練習としてしっかり取り組んでおこう。

解答

問1　ア：**ホルムアルデヒド**　イ：**アセトアルデヒド**　ウ：**6**　エ：**アルドース**

オ：**炭酸**　カ：**アミド**

問2　キ：H_2O　ク：$2H^+$

問3(1)　**単体の銀が鏡状に付着している。**(15字)

(2)　**79.5%**

問4

```
        H H
OHC－C    CH3
        C  OH
O         |
  ＼C－   C－H
       C    H
         OH
       C－H
   C     H
  H H
```

問5　アダプターと受器の間はゴム栓で密閉するのではなく，空けておく必要がある。(36字)

考え方と解法のポイント

ベンゾイン縮合というものを扱っているが，これが理解できなくても解ける設問は多い。

問3(2)　残っているベンズアルデヒドのみが銀鏡反応する。1価アルデヒドは問題文の式(1)の通り2価の還元剤として働き，$[Ag(NH_3)_2]^+$は1価の酸化剤として働くから，純度をx〔%〕とおくと，

$$\underbrace{0.400 \times \frac{x}{100} \times \frac{1}{106} \times 2}_{\text{ベンズアルデヒドが出す } e^- \text{〔mol〕}} = \underbrace{\frac{0.648}{108}}_{[Ag(NH_3)_2]^+ \text{が奪う } e^- \text{〔mol〕}}$$

よって，$x = 79.5$〔%〕

問5　蒸留装置の留意点は以下の5つ。

①　沸騰石を入れる

②　液体の量は枝付きフラスコの半分以下

③　温度計の球部は枝の位置

④　冷却水は下から上に流す

⑤　アダプターと受器の間は密閉しない

①は突沸防止，②は吹きこぼれ防止，③は沸騰している液体ではなく留出物の温度を測定するため，④は冷却器全体に冷却水を満たすため，⑤は液体の蒸発によって内圧が上昇し，破裂するのを防ぐためである。

ベンゾイン縮合について説明すると，例示の通りの反応だが，「アルデヒド基にアルデヒド類が付加する」タイプの付加反応である。

```
    δ－                       OH
    O ←― H⁺                   |
    ‖      |                    
R－C  ←― C⁻－R ―――→ R－C－C－R
    |δ＋   ‖                |   ‖
    H      O                H   O
```

＞C＝O は，上式の通り C が $\delta+$，O が $\delta-$ に分極している。一方，C－H が切断されたときは，より電気陰性度の小さな H の方が＋帯電する。異符号どうしで結び付けると生成物になる。

問1　ア，イ：生成物のうち，C 2 原子の分子は前ページの式の R=H のものだから，元のアルデヒドはホルムアルデヒド。同様に，C 4 原子の生成物は $R=CH_3$ だから，元のアルデヒドはアセトアルデヒド。

ウ：生成物は構造異性体で以下の 4 種類が考えられる。

```
        O        H            OH
        ‖        |            |
①  H−C    +   C−H   ⟶  H−C−C−H
        |        ‖            |  ‖
        H        O            H  O

        O        H              OH
        ‖        |              |
②  H−C    +   C−CH3   ⟶  H−C−C−CH3
        |        ‖              |  ‖
        H        O              H  O

          O        H              OH
          ‖        |              |
③  CH3−C   +   C−H    ⟶  CH3−C*−C−H
          |        ‖              |   ‖
          H        O              H   O

          O        H                OH
          ‖        |                |
④  CH3−C   +   C−CH3  ⟶  CH3−C*−C−CH3
          |        ‖                |   ‖
          H        O                H   O
```

③と④の生成物にはそれぞれ不斉炭素原子(C^*)が 1 個あるので，鏡像異性体が 2 個ずつ存在する。よって，生成物は計 6 種類。

問4　仮に右端の−CHO とベンゼン環の−CHO が最初に反応したとすると，

```
               O        O
               ‖        ‖
             C−H  H−C−C
  (benzene)                |
             C−C−C−C−C−OH
                   ‖       |
                   O       C

          ↓                                ↓

   OH  O       OH                 O   OH      OH
   |   ‖       |                  ‖   |       |
   C−C−C−C−C                      C−C−C−C−C
(benzene)      |               (benzene)      |
   C−C−C−C                        C−C−C−C
         ‖                              ‖
         O                              O

          ↓ ×                             ↓ ×
```

ケトンどうしでは，$-\underset{\underset{O}{\|}}{C}-H$ の C−H がないためにベンゾイン縮合できない。

次に中央の $-\underset{\underset{O}{\|}}{C}-$ と右端の−CHO が最初に反応したとする。アルデヒドとケトンが反応した場合は，ケトン側が−OH に変わるとあるから，

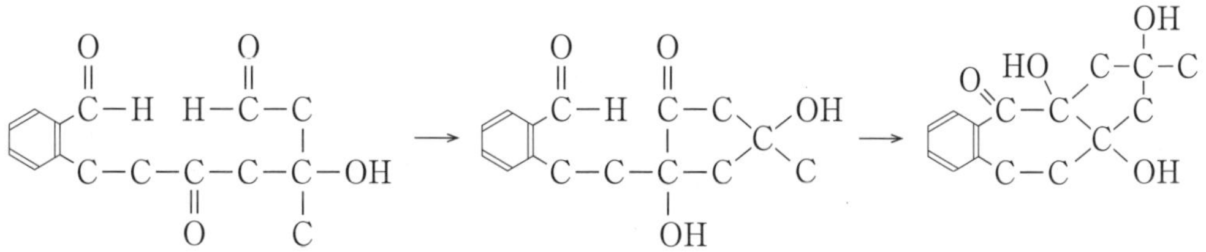

これでは4の構造は生成しない。そこで最後に，中央の$-\underset{\underset{\displaystyle O}{\|}}{C}-$とベンゼン環の$-CHO$から反応すると仮定すると，

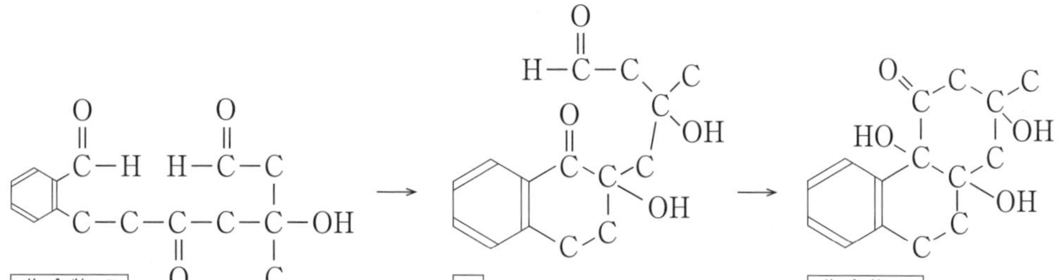

化合物3 → A → 化合物4

この順番で反応したときにのみ，化合物4が生成するとわかる。

類題 48

次の文を読み，次ページの**問1**から**問6**に答えよ。原子量は，H＝1.0，C＝12，O＝16とする。 （岐阜大）

プラスチックは石油から人工的につくられる合成高分子材料の一つで，熱を加えると変形し，冷やしても変形が残る［ア］性をもち，容器や機械部品などに広く用いられている。実際に使用されているプラスチックには，柔軟性や耐候性を加えるために高分子化合物に低分子化合物の添加剤を加えているものが多い。

代表的な添加剤としてフタル酸エステル類が知られており，その一種にフタル酸ビス(2−エチルヘキシル)がある(図1)。①フタル酸ビス(2−エチルヘキシル)は，無水フタル酸に2分子の2−エチルヘキサノールが反応し，［イ］分子の水が取れることにより生成する。原料の一つである無水フタル酸は，*o*−キシレンを酸化したのち，得られる化合物を加熱することで合成される。もう一方の原料である2−エチルヘキサノール(G)は，以下の経路により合成される(図2)。まず，②エタノール(A)が酸化により化合物Bに変換され，2分子のBが縮合することによりアルデヒドCが生成する。Cは［ウ］付加によりブタナール(D)に変換される。2分子のDが縮合することによりアルデヒドEが生成し，［ウ］付加によりEがFに変換された後，続いてFが［エ{酸化；還元}］されることによりGが生じる。

5 有機化合物

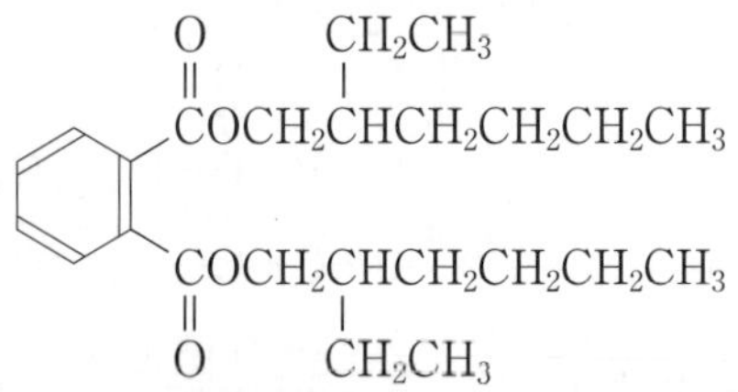

$$
\begin{array}{l}
\quad\;\; O \qquad\quad CH_2CH_3 \\
\quad\;\; \| \qquad\qquad | \\
\quad\;\; COCH_2CHCH_2CH_2CH_2CH_3 \\
\text{(ベンゼン環)} \\
\quad\;\; COCH_2CHCH_2CH_2CH_2CH_3 \\
\quad\;\; \| \qquad\qquad | \\
\quad\;\; O \qquad\quad CH_2CH_3
\end{array}
$$

図１　フタル酸ビス(2−エチルヘキシル)の構造式

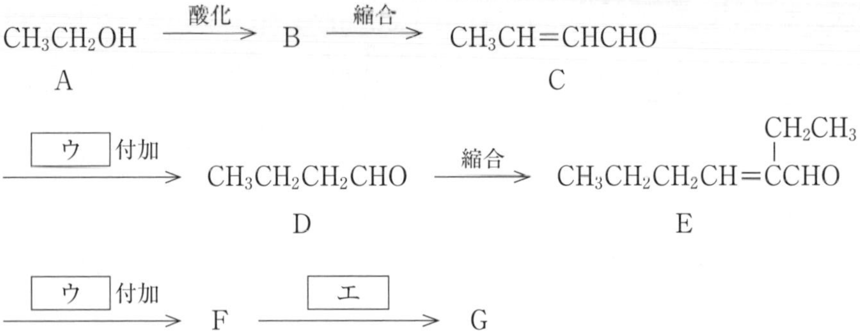

$$
\underset{A}{CH_3CH_2OH} \xrightarrow{\text{酸化}} B \xrightarrow{\text{縮合}} \underset{C}{CH_3CH{=}CHCHO}
$$

$$
\xrightarrow{\boxed{\text{ウ}}\text{付加}} \underset{D}{CH_3CH_2CH_2CHO} \xrightarrow{\text{縮合}} \underset{E}{CH_3CH_2CH_2CH{=}\overset{\overset{CH_2CH_3}{|}}{C}CHO}
$$

$$
\xrightarrow{\boxed{\text{ウ}}\text{付加}} F \xrightarrow{\boxed{\text{エ}}} G
$$

図２　2−エチルヘキサノール(G)の合成

問１　［ア］および［ウ］にはあてはまる適切な語句を，［イ］には数値を答えよ。［エ］は{　}内から適切な語句を選んで答えよ。

問２　下線部①について，反応が完全に進行する場合，100 g のフタル酸ビス(2−エチルヘキシル)の合成に必要な無水フタル酸の質量(g)を求めよ。

問３　*o*−キシレンには，いくつかの構造異性体が存在する。*o*−キシレン以外の，ベンゼン環をもつ構造異性体の構造式をすべて示せ。

問４　下線部②に関連して，以下の設問に答えよ。

(1)　エタノールに濃硫酸を加え，160 ～ 170℃に加熱したときの化学反応式を示せ。

(2)　化合物Ｂは，ヨードホルム反応に対して陽性である。Ｂの化合物名を答えよ。

(3)　化合物Ｂのヨードホルム反応の化学反応式を示せ。

(4)　化合物Ｂをアンモニア性硝酸銀溶液に加えて穏やかに加熱すると，銀が析出する。この反応の進行は化合物Ｂのどのような性質によるものか答えよ。

(5)　硫酸水銀(Ⅱ)を触媒にしてアセチレンに水を付加して生成する不安定化合物は，すぐに安定な異性体である化合物Ｂとなる。この不安定化合物の構造式を示せ。

問５　化合物Ｃについて，すべての立体異性体の構造式を示せ。

問６　化合物ＦおよびＧの構造式を示せ。なお，不斉炭素原子が存在する場合には，その炭素原子の右上に＊印を付して示せ。

第6章
高分子化合物

6 −1 東京慈恵会医科大

難易度 ★★★☆☆ 解答目安時間 15分

次の文を読み，下記の問い(**問1～問6**)に答えよ。

最も単純なカルボニル化合物である［ア］(構造式1)は，沸点−19℃の毒性の気体であるが，水によく溶け，その水溶液は［イ］とよばれる。しかし，カルボニル基の炭素−酸素二重結合と水との［ウ］反応が進行し，平衡式(1)に示すように水和物2との平衡にあり，その平衡は生成物2のほうに大きく傾いている。水和物2は化合物1と［ウ］重合により，さらに反応して，不溶性の高分子化合物に変化するので，①［イ］には安定剤としてメタノールが添加してある。水のほかにも，アルコールの−OH基，アミンの$-NH_2$基とも同様な［ウ］反応を起こす。さらに，この生成物の−OH基の切断を伴う置換反応により，$-OCH_2O-$，$-NHCH_2NH-$という分子構造にいたる。このような構造は中性条件では安定で，逆反応は起こりにくい。この性質を利用して，②種々の脱水縮合性合成高分子(樹脂)が合成されているが，これらの樹脂が建材に使われると，建材から微量漏れ出す化合物1の蒸気が「シックハウス症」の原因になることが知られており，その室内基準蒸気濃度が決められている。生物標本の作製にも［イ］が用いられるが，これはそれ自体の防腐効果のほかに，この反応により③標本が硬化する性質を利用している。

このカルボニル基への−OH基の可逆的な［ウ］反応は糖の環化や高分子化の原因にもなっている。マルトースを，塩基性条件で大過剰量の無水酢酸とやや高温で反応させると，酢酸エステル構造をもつ3種類の化合物A，B，Cを生成する。これらは，いずれも$C_{28}H_{38}O_{19}$の分子式をもつ。化合物A，Bはフェーリング液とは反応性を示さないが，化合物Cを含む溶液にフェーリング液を加えて加熱すると赤褐色に変化する。④立体異性を無視すれば，化合物AとBの構造式は等しく，構造式3は化合物A，B，Cに共通する部分構造式である。

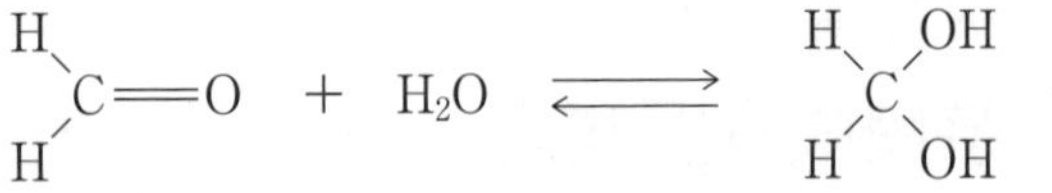

$$\underset{1}{H_2C{=}O} + H_2O \rightleftharpoons \underset{2}{H_2C(OH)_2} \quad \cdots(1)$$

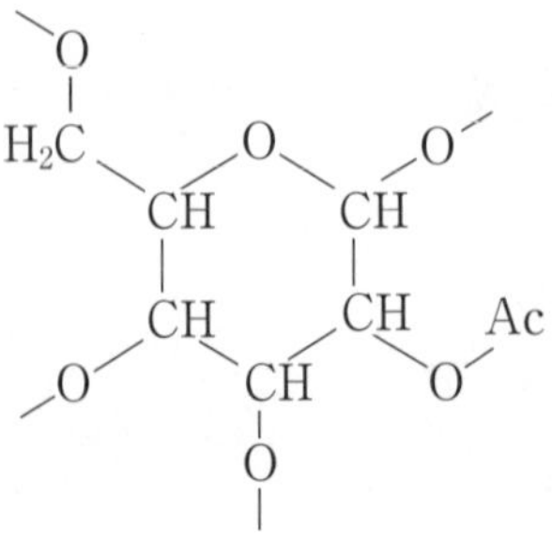

3

$-Ac = -C(=O)-CH_3$

問1　空欄 ア ～ ウ に入る適切な物質名あるいは適切な語句を記せ。

問2　下線部①の結果，1がメタノールとの反応で生成する化合物の構造式を記せ。

問3　下線部②のような合成高分子化合物の例を一つ，樹脂名であげよ。

問4　化合物1と水から化合物2が生成する反応は発熱反応であり，室内の温度や湿度がその平衡に関係している。密閉した室内の空気中の化合物1の蒸気濃度と室内温度の関係を簡単なグラフで表すとき，下図のグラフの線 a ～ d のうち，(i)湿度が高い場合および(ii)湿度が低い場合の関係に最も近い変化は，どれとどれか，記号で答えよ。

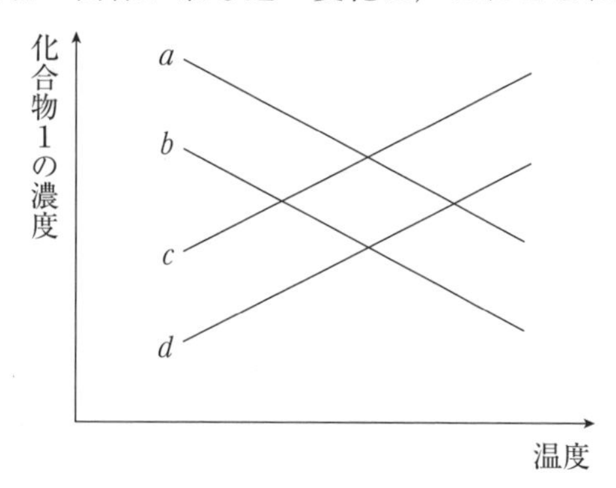

問5　下線部③の生物標本が硬化する理由を50字以内で説明せよ。

問6　立体異性を考えないで，下線部④の化合物Cの構造式を，構造式3をもとにして完成させよ。構造式3にならって，簡略化のためアセチル基(CH_3CO-)を Ac－(または－Ac)と記せ。

ここで合否が分かれる！

医学部の入試では，本問のようにカルボニル化合物の反応が取り上げられることが多い。実は，糖類の反応やフェノール樹脂，尿素樹脂の付加縮合，ビニロンのアセタール化などは，すべてカルボニル基の反応なのである。

まず問1は基礎知識，問2は問題文の式(1)の H–O–H を CH_3–O–H に置き換えられれば問題ない。問4も，ルシャトリエの原理を使って注意深く考えれば解けるだろう。一方，問3は尿素樹脂，メラミン樹脂の生成反応を本質的に理解しているかが問われ，さらに問5と問6は題意の把握能力と発想力が要求されているため，いずれも有機反応を暗記で済ませていた人にとっては太刀打ちできなかっただろう。したがって，ここではこの3問の出来で得点差が開いたと思われる。

類題には，単糖類の立体構造や反応を扱った問題を2題取り上げた。糖類は理解を深めにくいところなので，必ず納得できるまで解説を読み込み，さらに参考書なども使って丁寧に確認しておこう。

解答

問1　ア：ホルムアルデヒド　イ：ホルマリン　ウ：付加

問2
$$\begin{matrix} H & & O-CH_3 \\ & C & \\ H & & OH \end{matrix}$$

問3　尿素樹脂，メラミン樹脂など

問4　(I) d　(II) c

問5　ホルムアルデヒドが，タンパク質の$-OH$や$-NH_2$と反応し，タンパク質分子どうしを結び付けるから。(48字)

問6
$$\begin{matrix} Ac-O-CH_2 & & & & CH_2-O-Ac & & \\ CH-O & & & & CH-O-Ac & & \\ Ac-O-CH & & CH-O-CH & & & & O \\ CH-CH & & & & CH-CH-C-H & & \\ Ac-O & & O-Ac & Ac-O & & O-Ac & \end{matrix}$$

考え方と解法のポイント

アルデヒドやケトンの$C=O$(カルボニル基)には，H_2O，アルコール，アミンなどが付加できる。$C=O$は$\delta+$，$\delta-$に分極している。付加する分子は陽イオンと陰イオンに分かれながら，逆符号の部分に結び付く。

$$\underset{\text{アルデヒド}}{R_1-\overset{H}{\underset{O(\delta-)}{C}}(\delta+)} + \underset{\text{アルコール}}{\overset{\ominus}{O}-R_2 \atop \oplus H} \underset{\text{脱離}}{\overset{\text{付加}}{\rightleftarrows}} \underset{\text{ヘミアセタール(不安定)}}{R_1-\overset{H}{\underset{OH}{C}}-O-R_2} \quad \cdots(2)$$

ヘミアセタールや，問題文の式(1)のgem-ジオール$\left(\gt C\lt{OH \atop OH}\right)$は，通常は不安定であり，逆反応を起こして元の状態に戻りやすい。ヘミアセタールの$-OH$に，もう1分子のアルコールが「縮合」すると，安定したアセタールになる。

$$\underset{\text{ヘミアセタール}}{R_1-\overset{H}{\underset{OH}{C}}-O-R_2} + \underset{H}{O}-R_3 \underset{\text{加水分解}}{\overset{\text{縮合}}{\rightleftarrows}} \underset{\text{アセタール(安定)}}{R_1-\overset{H}{\underset{O-R_3}{C}}-O-R_2} + \boxed{H_2O} \quad \cdots(3)$$

(2)の反応は常温でどちら向きにも起こり，平衡状態になる。(3)の反応は，酸触媒存在下で加熱したときに起こり，そのときH_2Oが存在しなければ右に，多量に存在すれば左に平衡移動する。

問2 特に触媒を加えて加熱したという記述はないので，(2)の反応のみが起こったのだとわかる。

$$\overset{\delta+}{C}H_2{=}\overset{\delta-}{O} + \overset{\oplus}{H}{-}\overset{\ominus}{O}{-}CH_3 \longrightarrow H_2C(OH){-}O{-}CH_3$$

問3 $-OH$ どうしを HCHO でつなぐ高分子にはビニロンがあるが，これは繊維であり樹脂としては使われない。また，フェノール樹脂は，ベンゼン環の C－H どうしを HCHO でつなぐので，$-O-CH_2-O-$，$-NHCH_2NH-$ という分子構造にはいたらない。よって最も適当なのは，尿素樹脂またはメラミン樹脂である。尿素樹脂の生成反応を示しておく。

$$\underset{\text{ホルムアルデヒド}}{H{-}\overset{\delta+}{C}H{=}\overset{\delta-}{O}} + \underset{\text{尿素}}{\overset{\oplus}{H}{-}\overset{\ominus}{N}H{-}CO{-}NH_2} \xrightarrow{\text{付加}} HO{-}CH_2{-}NH{-}CO{-}NH_2$$

$$H_2N{-}CO{-}NH{-}H + HO{-}CH_2{-}NH{-}CO{-}NH_2 \xrightarrow{\text{縮合}} H_2N{-}CO{-}NH{-}CH_2{-}NH{-}CO{-}NH_2$$

（CH_2：ホルムアルデヒドに由来する構造）

$$\xrightarrow{\text{付加・縮合}} \cdots{-}CH_2{-}N(CH_2{-}\cdots){-}CO{-}N(CH_2{-}\cdots){-}CH_2{-}N(CH_2{-}\cdots){-}CO{-}N(CH_2{-}\cdots){-}CH_2{-}\cdots$$

尿素樹脂

付加と縮合を繰り返しながら高分子になるので，この重合様式を「付加縮合」という。

問4 ルシャトリエの原理を問うている。式(1)の右向きが発熱であることから，低温の方が平衡は右に移動し，左辺の化合物1の濃度は減少する。また，H_2O 蒸気の濃度が高まれば，これを消費しようとして平衡が右に移動し，化合物1の濃度は減少する。

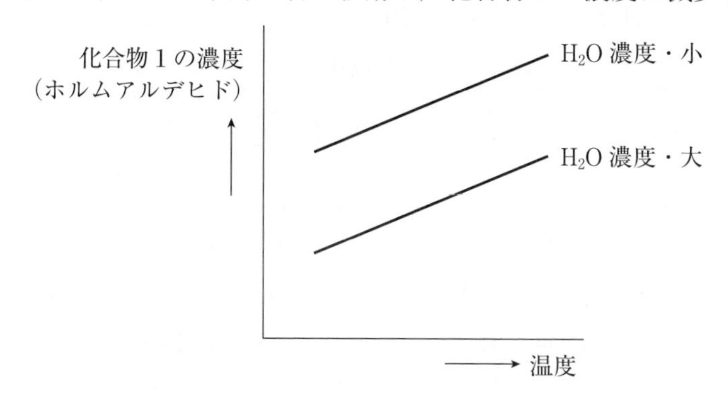

問5　下線部③の前の「この反応により」というのは，$-OH$ や $-NH_2$ との反応のことを指している。生体内に水の次に多く存在するタンパク質は，高分子であるとともに，両末端や側鎖の部分に $-NH_2$ や $-OH$ をもっているから，これをつないで巨大分子化するためだと推測できる。

問6　閉環したマルトースをアセチル化すると，ヘミアセタール構造$\left(\mathrm{{>}C{<}}^{O-R}_{OH}\right)$が失われるため，上記(2)の逆反応(開環)が起こらなくなり，アルデヒド基を生じないから還元性を示さない。したがって，A，Bはα−もしくはβ−型のマルトースから生じた物質とわかる。

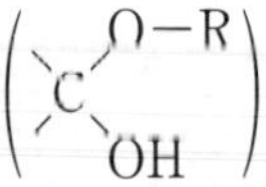

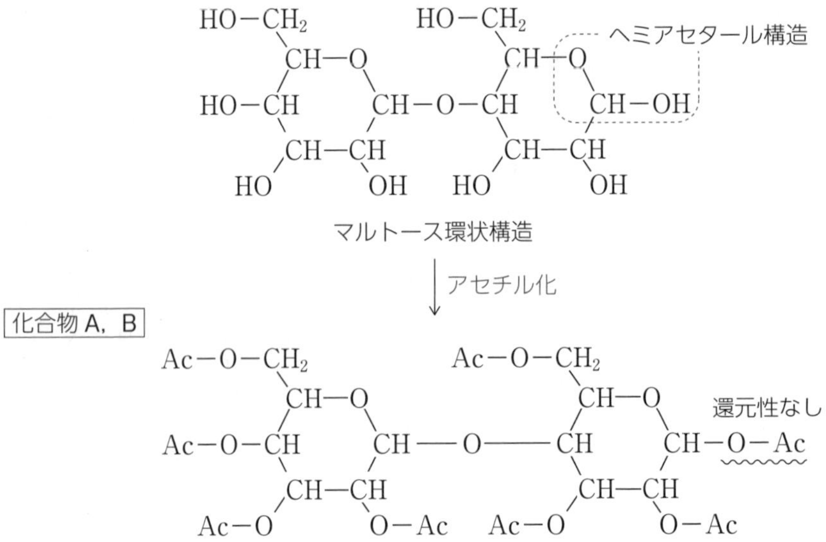

```
HO−CH2                HO−CH2
    \                     \
     CH−O                  CH−O     ヘミアセタール構造
    /    \                /    \
HO−CH     CH−O−CH              CH−OH
    \    /        \           /
     CH−CH         CH−CH
    /     \       /     \
  HO      OH    HO      OH
```

マルトース環状構造

↓ アセチル化

化合物A，B

```
Ac−O−CH2                  Ac−O−CH2
       \                         \
        CH−O                      CH−O        還元性なし
       /    \                    /    \
Ac−O−CH      CH ── O ──── CH          CH−O−Ac
       \    /                 \      /
        CH−CH                  CH−CH
       /     \                /     \
  Ac−O       O−Ac        Ac−O       O−Ac
```

Cは還元性を示すから，マルトースが鎖状構造に変わった上でアセチル化されたときの生成物であるとわかる。

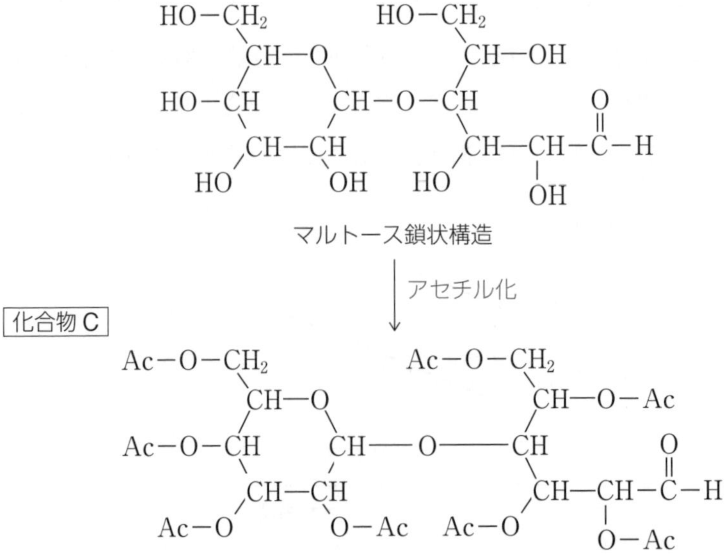

```
HO−CH2                HO−CH2
    \                     \
     CH−O                  CH−OH
    /    \                /
HO−CH     CH−O−CH                  O
    \    /        \                ‖
     CH−CH         CH−CH−C−H
    /     \       /     |
  HO      OH    HO      OH
```

マルトース鎖状構造

↓ アセチル化

化合物C

```
Ac−O−CH2                  Ac−O−CH2
       \                         \
        CH−O                      CH−O−Ac
       /    \                    /
Ac−O−CH      CH ── O ──── CH                O
       \    /                 \               ‖
        CH−CH                  CH−CH−C−H
       /     \                /     |
  Ac−O       O−Ac        Ac−O       O−Ac
```

類題 49

次の文章を読み，**問1～問6**に答えよ。原子量は，H＝1.0，C＝12，O＝16 とする。（大阪大）

グルコースは，ブドウ糖ともよばれる代表的な単糖類である。①純粋な α-グルコース(1)を水に溶解すると，異性体である β-グルコース(2)と約 36：64 の比率で平衡混合物となる。この水溶液には還元性があり，アンモニア性硝酸銀水溶液を加えて加熱すると，銀鏡が生じる。この際に生成するグルコン酸は，脱水して六員環の環状エステルである②グルコノデルタラクトンへ変化する。グルコノデルタラクトンは食品添加物として使用されており，水溶液中において加水分解によってグルコン酸と平衡状態で存在する。

フルクトースは，果糖ともよばれるグルコースの異性体である。水溶液中では六員環構造をもつ β-フルクトース(3)を含む複数の構造の平衡混合物として存在し，この水溶液にアンモニア性硝酸銀水溶液を加えた場合［ア］。フルクトースの水溶液は，低温において甘さの強い五員環構造をもつ β-フルクトースの割合が高くなるため，冷製飲料の甘味成分として高い効果を生む。③グルコースやフルクトースは，酵母菌がもつ酵素群チマーゼによってエタノールと二酸化炭素に分解される。この原理はエタノールや酒類の生産などに用いられる。

グルコースとフルクトースからなる二糖類であるスクロースは，天然に多く存在する。④グルコースとは異なりこのスクロースには還元性がなく，アンモニア性硝酸銀水溶液による銀鏡反応は起こらない。⑤スクロースを酵素インベルターゼを用いてグルコースとフルクトースの混合物に変換したものを転化糖という。これはスクロースよりも甘さが強く，菓子等の食品に広く用いられている。

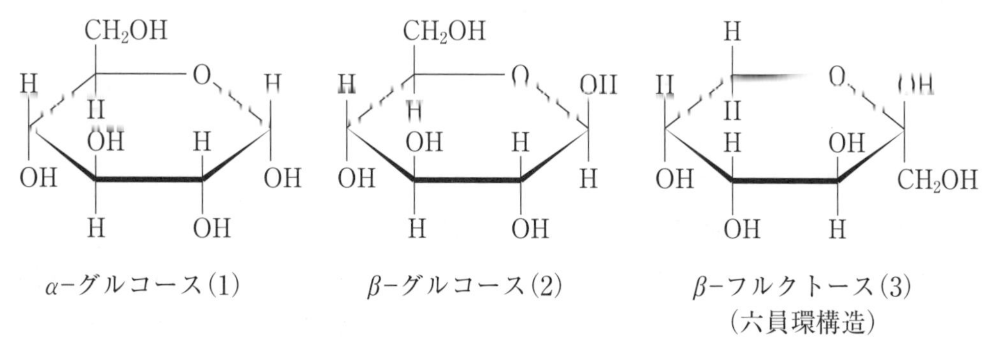

図1　化合物1，2，3のハースの構造式

問1　［ア］に予想される結果を書け。

問2　下線部①について，以下の設問に答えよ。

α-グルコース(1)を立体的に描いた構造式をAに示す。α-グルコースには，3つのヒドロキシ基と CH_2OH 部分が垂直方向を向いた構造Bも考えられるが，この構造は，分子の混み合いが大きいために水中では安定に存在しない。

構造式AおよびBにならって，β−グルコース(2)のうち，水中でより安定に存在するものを立体的に表現した構造式で書け。また，β−グルコースが水中でα−グルコースより高い比率で存在する理由を70字以内で記せ。

A　　　　B

問３　下線部②について，グルコノデルタラクトンの構造式を，図１のハースの構造式にならって書け。

問４　下線部③について，360 g のフルクトースのアルコール発酵が20％進行する場合，生成するエタノールは何 g か。有効数字２桁で答えよ。また，計算過程を示せ。ただし，消費されたフルクトースはすべてエタノールと二酸化炭素に変換されたものとする。

問５　下線部④について，この理由を60字以内で記せ。

問６　下線部⑤について，以下の設問に答えよ。

ここで，単位モル濃度あたりのスクロースの甘さを100とした際の，グルコースおよびフルクトースの甘さをそれぞれ40，90とする。いま，スクロース水溶液をインベルターゼによってグルコースとフルクトースに変換する過程で，混合物の甘さが元のスクロース水溶液より24％上昇した。このとき，変換されたスクロースは何％か。有効数字２桁で答えよ。ただし，混合物の甘さは，各成分の甘さの和として表されるものとする。

類題 50

次の文章を読み，**問１〜問７**に答えよ。原子量は，O＝16.0，Cu＝63.5とする。（九州大）

多くの高分子化合物は，小さな構成単位が繰り返し結合した構造をしている。この構成単位となる小さな分子を〔　ア　〕とよび，〔　ア　〕が次々に結合する反応を重合という。重合には，不飽和結合をもつ〔　ア　〕が次々に〔　イ　〕反応を起こす〔　イ　〕重合と，二つの官能基の間で簡単な分子が取れて新しい共有結合を形成する〔　ウ　〕重合がある。天然高分子化合物であるデンプンやセルロースは，多数のグルコースの間で〔　エ　〕が取れて(a)共有結合が形成されているので，〔　ウ　〕重合による高分子化合物である。デンプンやセルロースの性質を知るには，高分子化合物としての(b)構造の特徴とともに，それを構成している糖類の化学的な性質をよく理解していなければならない。ここでは，最も身近な二糖類であるスクロース(ショ糖)を例として，糖類の化学的な性質を考察する。

スクロースの水溶液は還元性を示さないが，加水分解するとグルコースと〔　オ　〕の等量混合物となり還元性を示すようになる。水溶液中で，〔　オ　〕は，図1に示すように六員環環状構造が鎖状構造Aを経て五員環環状構造と平衡状態にあり，Aは更にいくつかの鎖状構造間で平衡状態にある。鎖状構造Bが存在するため〔　オ　〕は，グルコースと同様に還元性を示す。

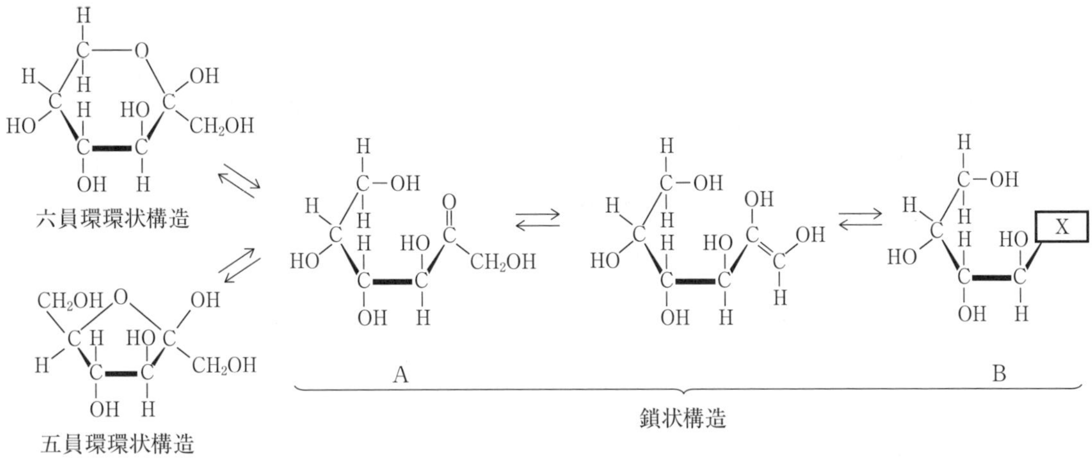

六員環環状構造

五員環環状構造

A

B

鎖状構造

図1

スクロースを使って以下のような加水分解の実験を行った。

【実験】スクロース水溶液(水40g，スクロース100g)を60℃に保ち，加水分解酵素であるインベルターゼ0.6gを加えて6時間かき混ぜた後，〔　カ　〕(＊注)と沸騰石を入れて穏やかに加熱した。生成した(c)赤色沈殿をろ過して集め，乾燥後，質量を測定したところ70.0gであった。

(＊注)：〔　カ　〕は，硫酸銅(Ⅱ)五水和物350gを水5Lに溶かしたものと酒石酸ナトリウムカリウム1730gと水酸化ナトリウム500gを水5Lに溶かしたものを使用直前に混合したもの。

問1　〔　ア　〕～〔　エ　〕に適切な語句を答えよ。

問2　下線部(a)の共有結合の名称を答えよ。

問3　下線部(b)を表すものの一つとして，「重合体1分子を構成する繰り返し単位の数」がある。この数を一般に何というか，名称を答えよ。

問4　〔　オ　〕にあてはまる単糖類の名称を答えよ。

問5　図1の鎖状構造Bで空白になっている部分Xの構造を図1にならって答えよ。

問6　試薬〔　カ　〕の名称と下線部(c)の組成式を答えよ。

問7　赤色沈殿の重量から加水分解されたスクロースの割合(%)を有効数字3桁で答えよ。ただし，グルコースと〔　オ　〕は，2電子を与える還元剤として働くと考え，スクロースの分子量は342として計算せよ。なお，すべてのグルコースと〔　オ　〕は，〔　カ　〕と反応して赤色沈殿を生成したものとする。

6 －2 防衛医科大

難易度 ★★★★★　解答目安時間 30分

〔Ⅰ〕 過ヨウ素酸を用いたグルコースとマルトースの酸化反応について，次の文章を読み以下の問いに答えよ。

過ヨウ素酸による酸化反応では，図1～3のような隣接炭素原子に－OHまたは＝O基が結合している化合物は，炭素－炭素結合が切れてアルデヒドまたはカルボン酸になる。なお，反応過程でエステル結合が生じた場合は続いて加水分解される。

```
     H   H                 H       H
     |   |                 |       |
R1－C－C－R2  ⟶  R1－C  ＋  C－R2
     |   |                 ‖       ‖
    OH  OH                 O       O
```

図1

```
     H                     H      OH
     |                     |       |
R3－C－C－R4  ⟶  R3－C  ＋  C－R4
     |   ‖                 ‖       ‖
    OH   O                 O       O
```

図2

```
                          OH      OH
                           |       |
R5－C－C－R6  ⟶  R5－C  ＋  C－R6
     ‖   ‖                 ‖       ‖
     O   O                 O       O
```

図3

問1 グルコースの酸化反応で，図4に示す1位の炭素(C1)と2位の炭素(C2)間の結合のみが切れたときの生成物の構造式を記せ。

```
       |
     －C6－
       |
       C5――O
     ／ |     ＼
  ＼C4         C1／
  ／  ＼ |   | ／ ＼
       C3――C2
       |    |
```

図4

問2 グルコースを十分に酸化するとギ酸とホルムアルデヒドが生じる。このとき，グルコース1mol からギ酸は何 mol 生じるか。また，ホルムアルデヒドになる炭素原子はC1～C6のどれか。該当するものすべてを記号で答えよ。

問3 マルトースを酸化したときに生じる生成物をア)～カ)からすべて選び記号で答えよ。

ア) HCHO　　　イ) HCOOH

ウ)
```
          CHO      CHO      CHO
           |        |        |
HOCH2－CH－O－CH－O－CH－CHO
```

エ)
```
      HOCH2      CHO      CH2OH
        |         |         |
OHC－CH－O－CH－O－CH－CHO
```

オ)
```
      HOCH2      CHO
        |         |
OHC－CH－O－CH－O－CH2－CH2OH
```

カ)
```
          CHO      CHO
           |        |
HOCH2－CH－O－CH－O－CH2－CHO
```

〔Ⅱ〕 次の文章を読み各問いに答えよ。

デキストランは多数のグルコースがα−1，6−グリコシド結合(以後α−1，6−結合と略す)した直鎖状の構造をもち，所々α−1，3−グリコシド結合(α−1，3−結合)で枝分かれしている。デキストラン鎖の末端にあるグルコース単位には，還元性をもつもの(還元末端とよぶことにする)と還元性をもたないもの(非還元末端とよぶことにする)がある。

デキストラナーゼはデキストラン鎖の非還元末端よりイソマルトース(グルコース2分子がα−1，6−結合した二糖)単位でα−1，6−結合を順次加水分解する酵素である。ただし，この酵素はα−1，3−結合に出会うと働きが止まりそれ以降は分解できない。

図5に，デキストラナーゼがデキストラン鎖と類似の構造をもつオリゴ糖を分解する例を示す。イソマルトース単位で分解を受ける位置を矢印(↓)で表し，右には分解後に残る糖鎖構造を表した。なお，図中の 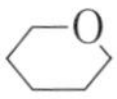 はグルコース単位の六員環を表す。

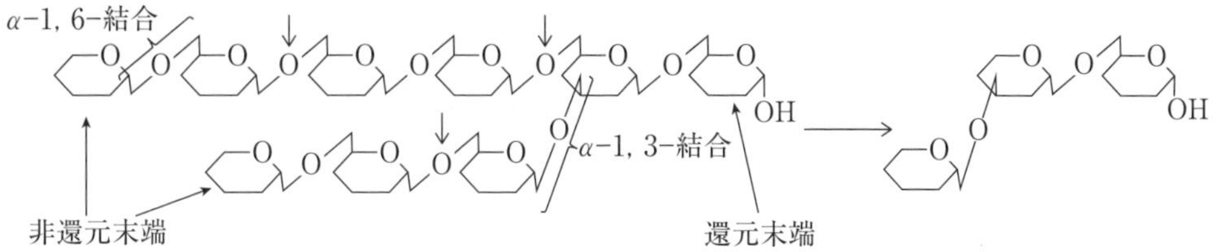

図5

デキストランを部分的に加水分解して得た七糖のオリゴ糖Aがあり，α−1，3−結合が1ヵ所存在することがわかっている。Aに下記の操作をⅠ⟶Ⅱ⟶Ⅲ⟶Ⅰの順で行ったところ4種類の化合物が1：1：2：3の比率で生じた。また，Aにデキストラナーゼを作用させたところイソマルトースと五糖に分解した。生じた五糖のオリゴ糖にも同じ一連の操作Ⅰ⟶Ⅱ⟶Ⅲ⟶Ⅰを行ったところ4種類の化合物が1：1：1：2の比率で生じた。

操作Ⅰ：糖のアルデヒド基を還元してヒドロキシ基にする。

この反応の生成物を一般に糖アルコールといい，図6に反応例としてガラクトースが還元されて糖アルコールになる過程を示す。

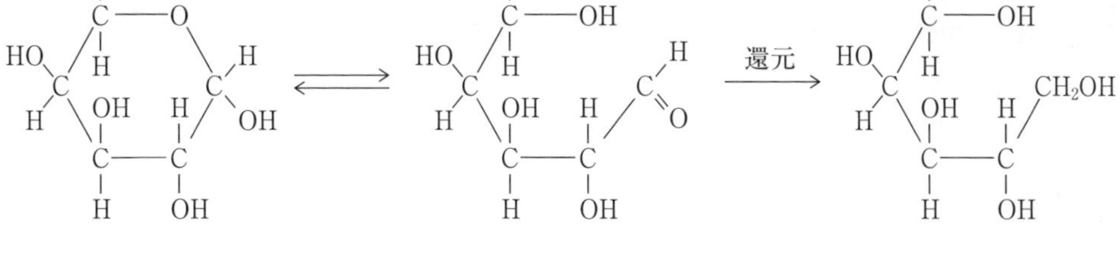

図6

操作Ⅱ：メチル化反応により $-OH$ 基の水素をメチル基に置換して $-OCH_3$ 基にする。

操作Ⅲ：希硫酸でオリゴ糖を完全に加水分解する。

問4　オリゴ糖Aに一連の操作Ⅰ⟶Ⅱ⟶Ⅲ⟶Ⅰを行って生じた化合物のうち，非還元末端および還元末端から生じた化合物の構造式を「糖アルコール」の構造式にならい記せ。

問5　オリゴ糖Aの構造は何通り考えられるか。

ここで合否が分かれる！

糖類に関するハイレベルな1問を取り上げた。〔Ⅰ〕は，近年の入試で散見されるようになってきた過ヨウ素酸酸化を扱った問題で，〔Ⅱ〕は，難問でよく出題されるメチル化，加水分解に，還元反応を絡めてより複雑な内容にしたものである。

まず〔Ⅰ〕については，題意通りに加水分解まで考慮して，1段ずつ構造式を書きながら完答したい。だがこの時点で，かなり時間をとられることが予想される。〔Ⅱ〕については，問4までが解ければ十分と考えよう。続く問5を解答時間内に処理するのは極めて厳しいからだ。つまりここでは，問5を潔く捨て問と判断し，問3と問4にしっかり時間をかけて答えられたかどうかが，合否の決め手だったと思われる。

糖類のメチル化，加水分解反応による縮合位置の決定は，今やどの大学入試でも出題される頻出問題である。同じテーマを扱った類題も合わせて練習しておこう。

解答

問1

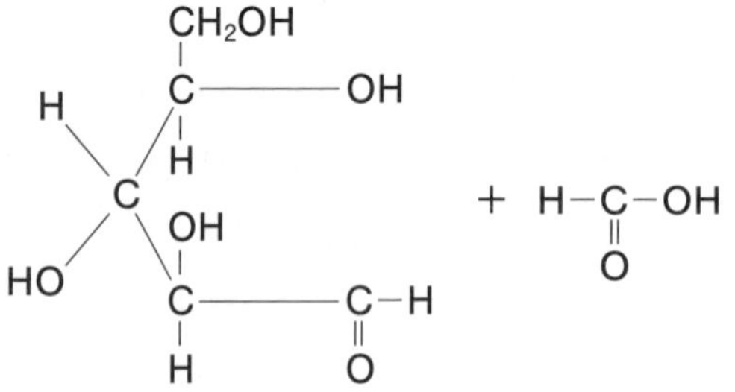

CH_2OH
H　C　OH
H
C
OH
HO　C　C－H
H　O

＋ H－C－OH
　　‖
　　O

問2　ギ酸：5mol，ホルムアルデヒドになる炭素原子：C6

問3　ア，イ，ウ

問4 非還元末端：

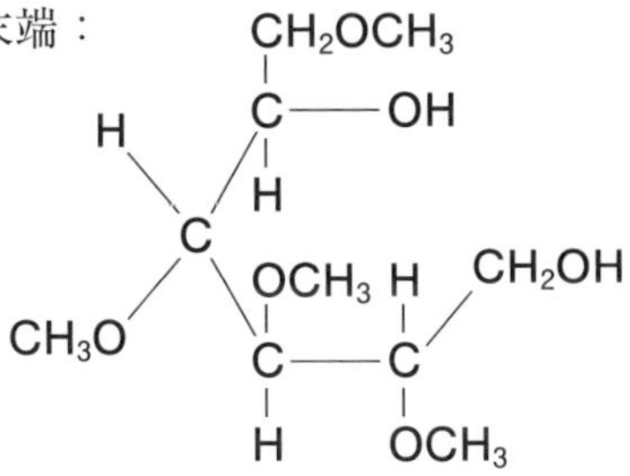

CH_2OCH_3
H　C—OH
　H
C
CH_3O　OCH_3 H　CH_2OH
C—C
H　OCH_3

還元末端：

CH_2OH
H　C—OCH_3
　H
C
CH_3O　OCH_3 H　CH_2OCH_3
C—C
H　OCH_3

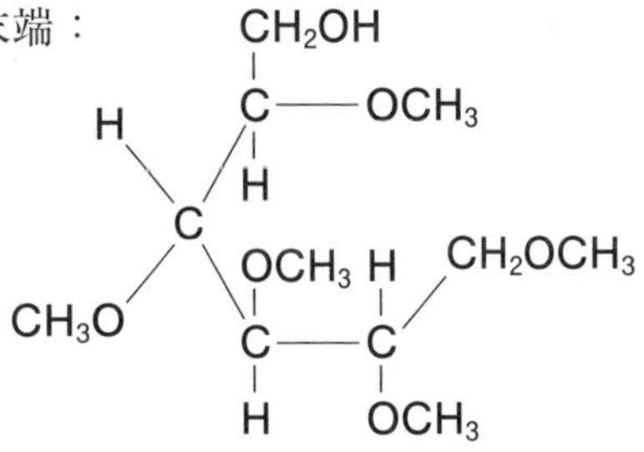

問5 6通り

考え方と解法のポイント

〔I〕

問1 題意通りに反応させると，

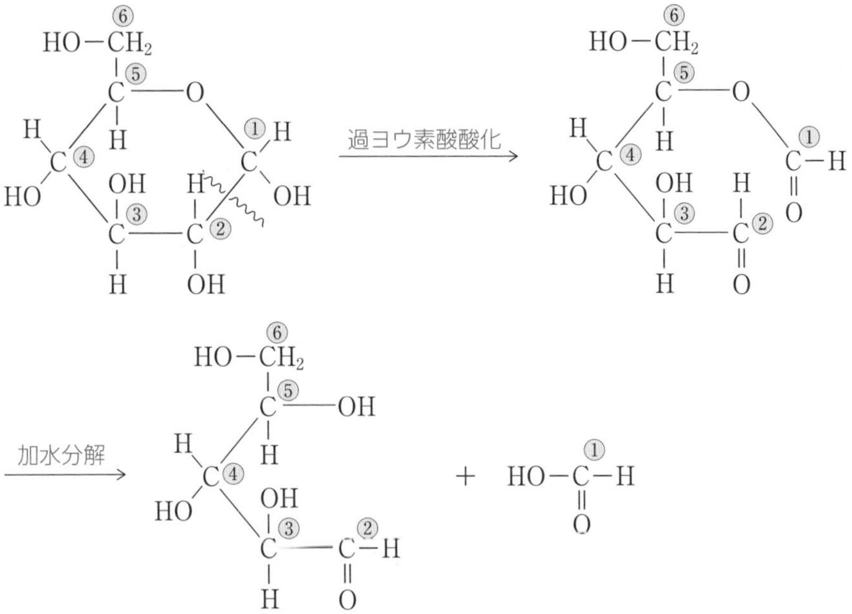

⑥ HO−CH_2
⑤ C—O
H　H　① H
C ④　OH　H　C
HO　　　OH
③ C—C ②
H　OH

過ヨウ素酸酸化 →

⑥ HO−CH_2
⑤ C—O
H　H　① C−H
C ④　OH　H　‖ O
HO
③ C—C ②
H　‖ O

加水分解 →

⑥ HO−CH_2
⑤ C—OH
H　H
C ④
HO　OH
③ C—C ② −H
H　‖ O

＋ HO−C①−H
‖ O

問2 問1の生成物を②−③間，③−④間，④−⑤間，⑤−⑥間の順にさらに酸化切断していくと，

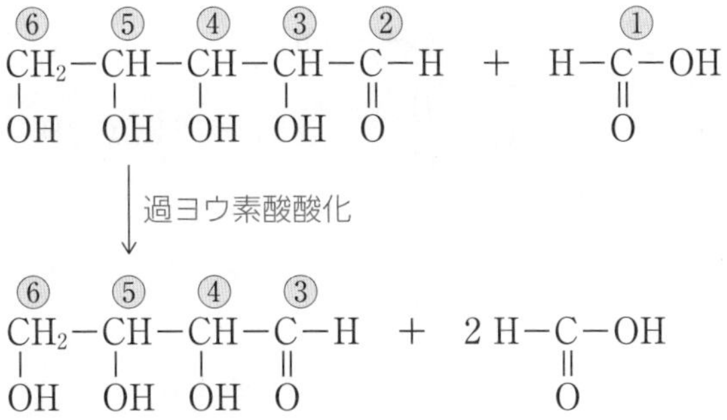

⑥ CH_2−⑤ CH−④ CH−③ CH−② C−H ＋ H−① C−OH
（⑥〜③にOH，②・①に＝O）
OH　OH　OH　OH　O　　O

↓ 過ヨウ素酸酸化

⑥ CH_2−⑤ CH−④ CH−③ C−H ＋ 2 H−C−OH
OH　OH　OH　O　　O

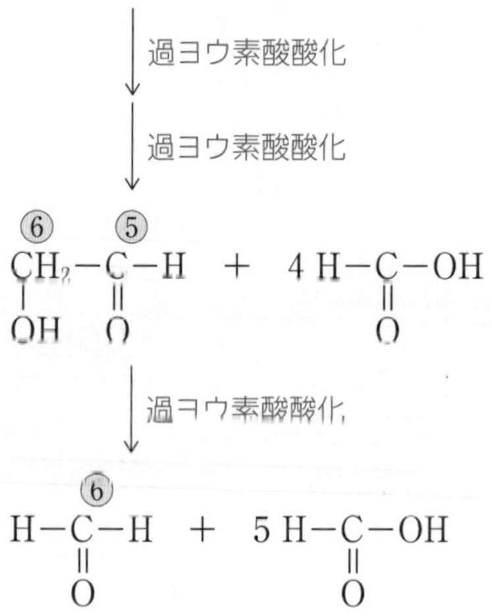

↓ 過ヨウ素酸酸化

↓ 過ヨウ素酸酸化

$$\underset{\text{OH}}{\overset{⑥}{CH_2}}-\overset{⑤}{C}(=O)-H + 4\,H-C(=O)-OH$$

↓ 過ヨウ素酸酸化

$$H-\overset{⑥}{C}(=O)-H + 5\,H-C(=O)-OH$$

問3　同様に反応させる。まず還元末端の側を酸化および加水分解すると，

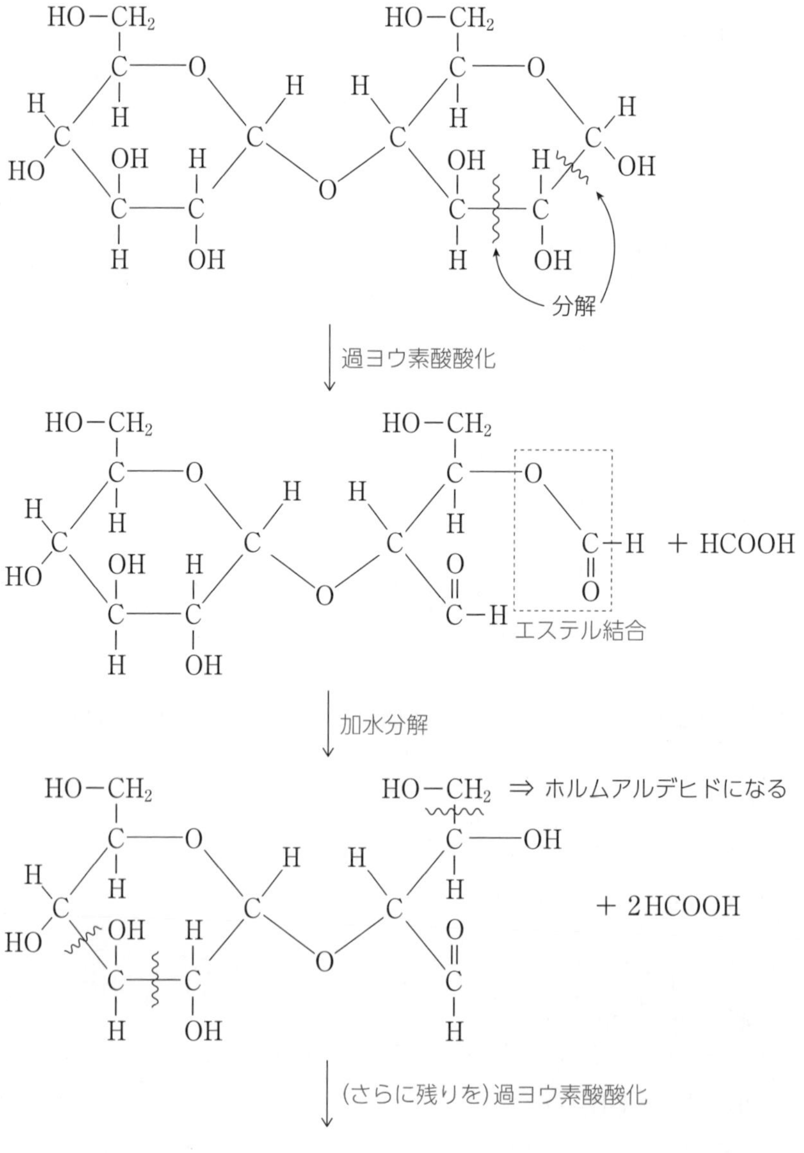

分解

↓ 過ヨウ素酸酸化

+ HCOOH

エステル結合

↓ 加水分解

$HO-CH_2$ ⇒ ホルムアルデヒドになる

+ 2HCOOH

↓ (さらに残りを)過ヨウ素酸酸化

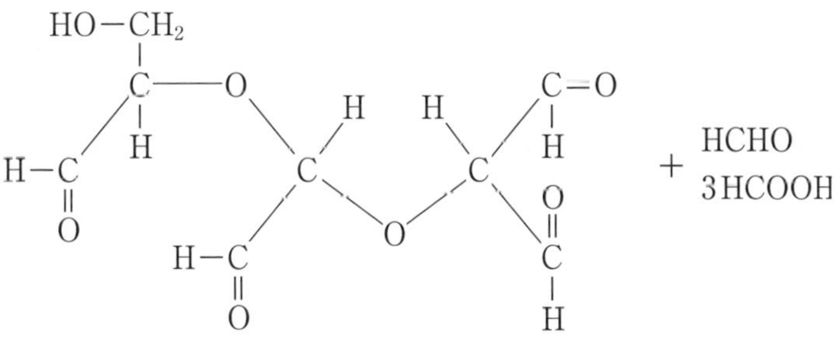

‖（同じ）

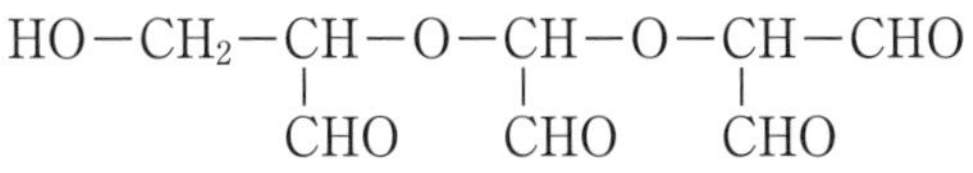

隣接するC原子が両方とも $\underset{\text{OH}}{\overset{|}{-\text{C}-}}$ または $\underset{\text{O}}{\overset{\|}{-\text{C}-}}$ になっていないと分解されないから，ここで反応は止まる。

〔Ⅱ〕

問4　デキストラナーゼによる分解生成物から，元の七糖を組み立ててみる。加水分解されたのは1，6−結合なので，生成物の五糖には1ヵ所だけ1，3−結合がなければならない。元の五糖として考えられる構造を列挙する。

1

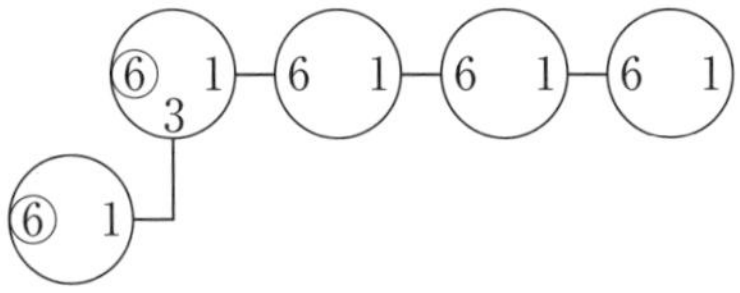

2

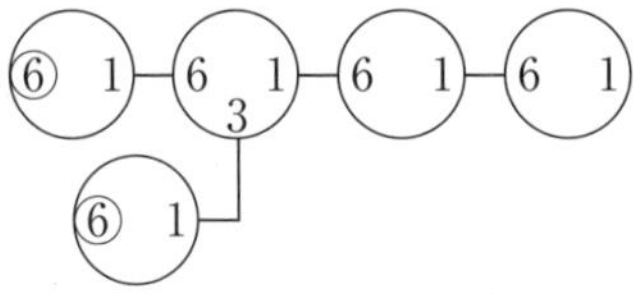

これ以上右に1，3−結合をずらすと，さらにデキストラナーゼで加水分解される構造になってしまうことから，生成物の構造として不適当になる

3

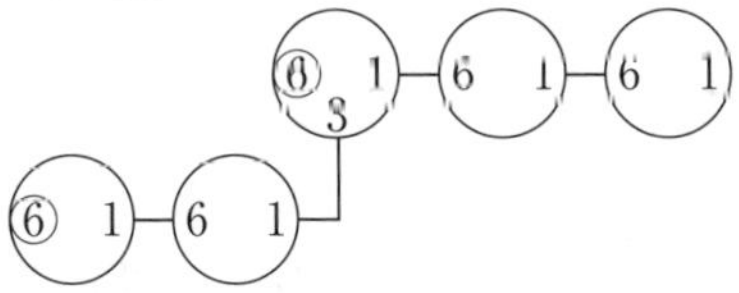

4

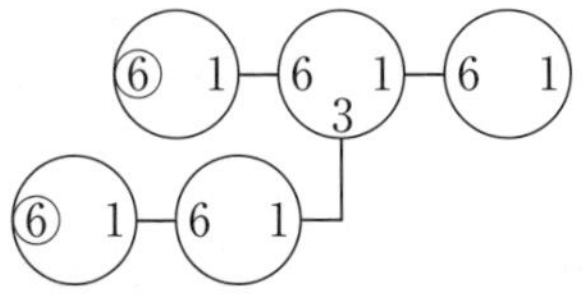

1～4の空いている6位（⑥と表示）に，マルトース 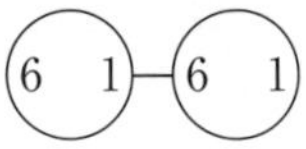 を縮合させれば，元の七糖の候補が導き出せる。

1−A

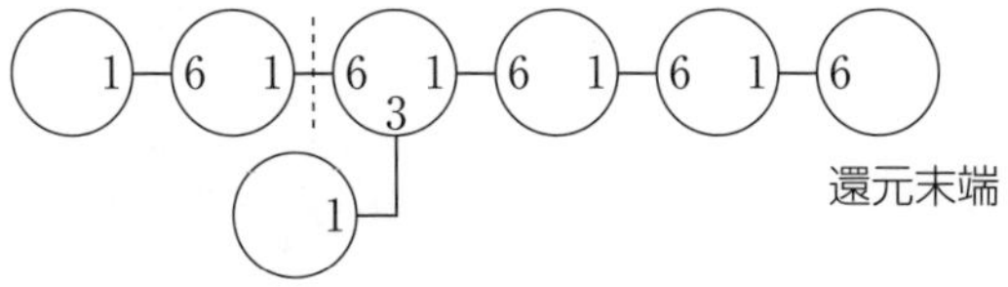

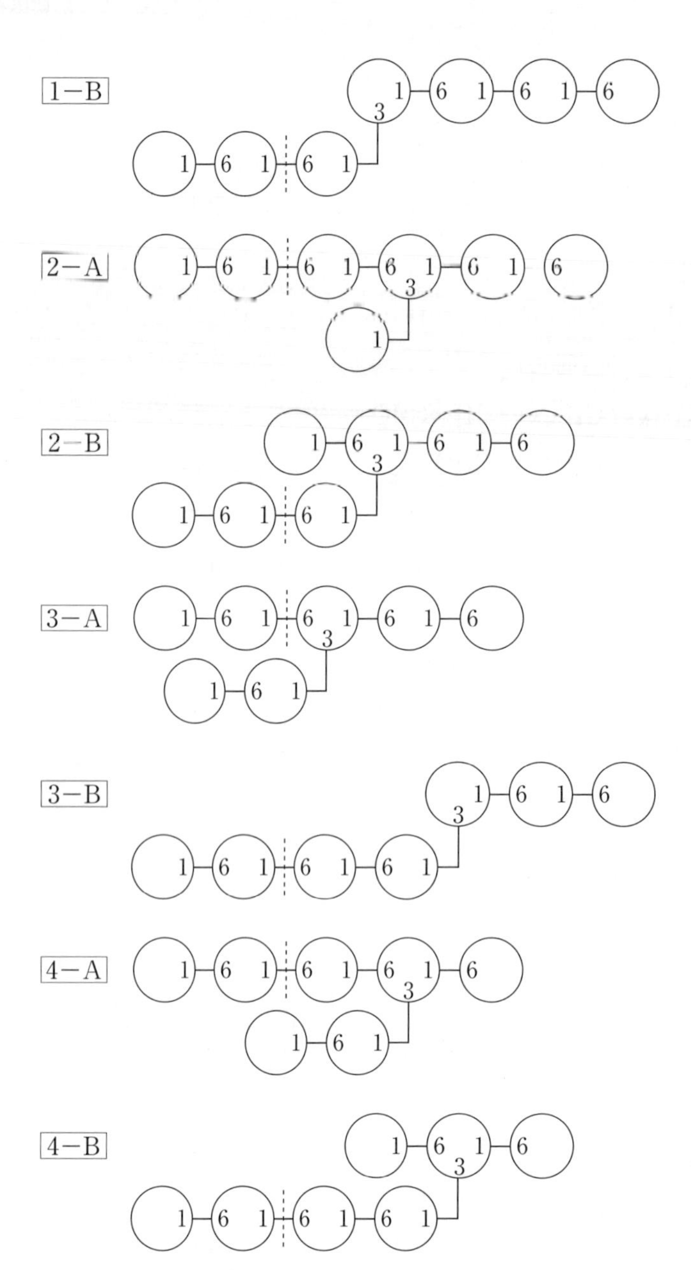

いずれの分子も左端の非還元末端は１位のみで他と縮合しており，右端の還元末端は６位のみで他と縮合している。それらをⅠ⟶Ⅱ⟶Ⅲ⟶Ⅰの順で処理したときの生成物は，

・非還元末端

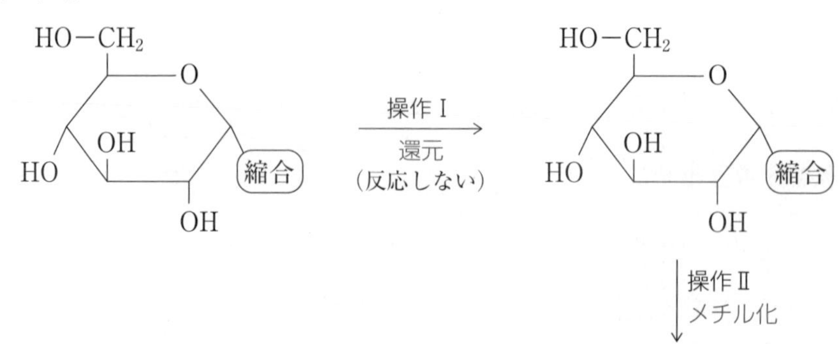

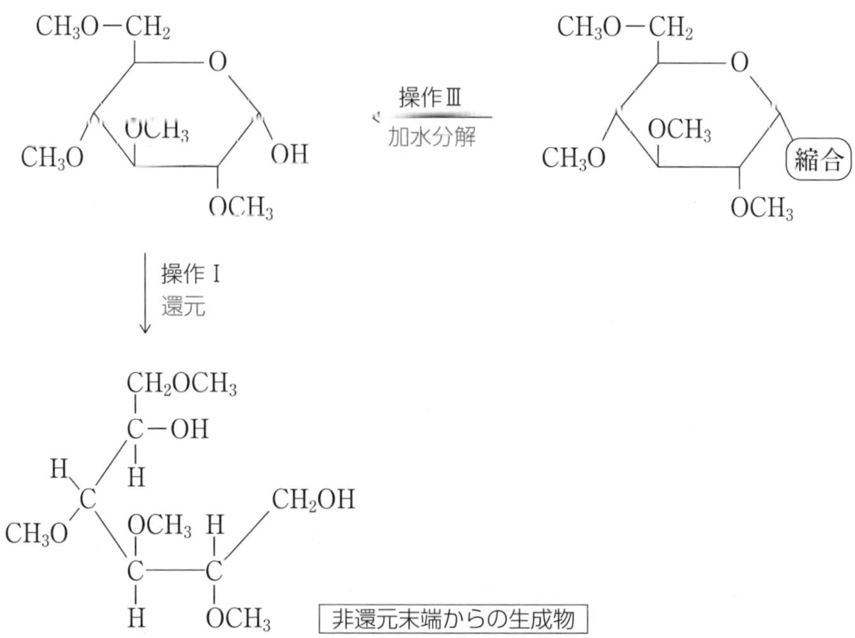

CH_3O-CH_2 O CH_3O OCH_3 OH OCH_3

← 操作Ⅲ 加水分解

CH_3O-CH_2 O CH_3O OCH_3 縮合 OCH_3

↓ 操作Ⅰ 還元

CH_2OCH_3 C−OH H H C CH_3O OCH_3 H CH_2OH C C H OCH_3

非還元末端からの生成物

・還元末端

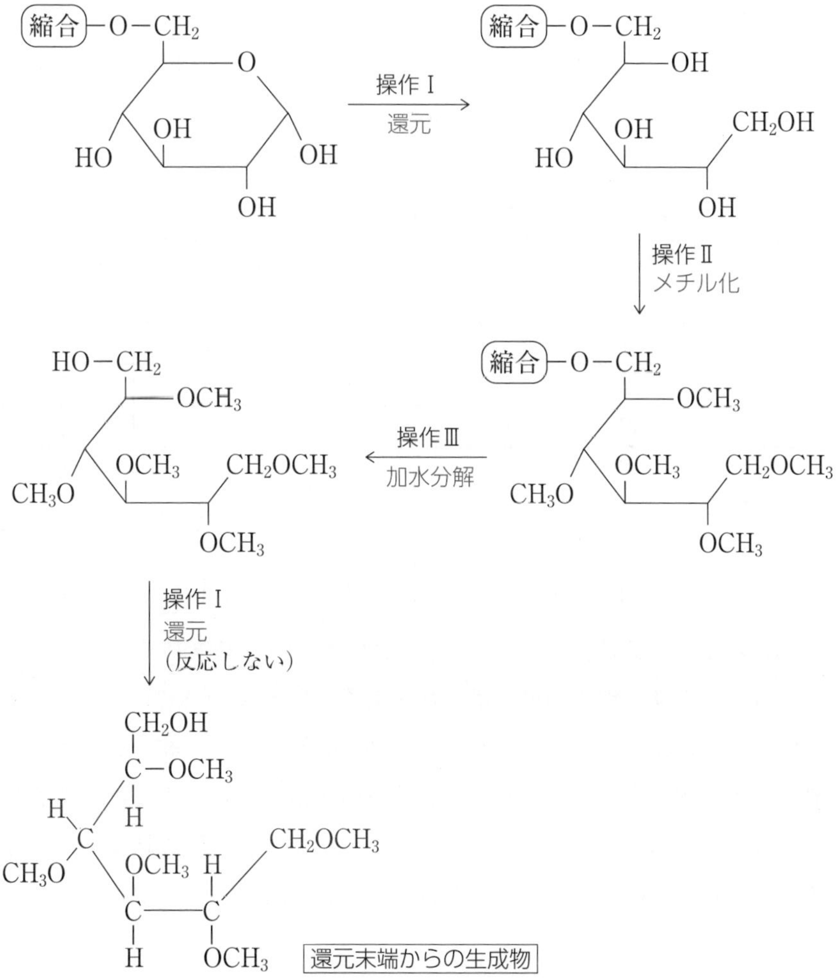

縮合−O−CH_2 O HO OH OH OH

→ 操作Ⅰ 還元

縮合−O−CH_2 OH HO OH CH_2OH OH

↓ 操作Ⅱ メチル化

縮合−O−CH_2 OCH_3 CH_3O OCH_3 CH_2OCH_3 OCH_3

← 操作Ⅲ 加水分解

HO−CH_2 OCH_3 CH_3O OCH_3 CH_2OCH_3 OCH_3

↓ 操作Ⅰ 還元（反応しない）

CH_2OH C−OCH_3 H H C CH_3O OCH_3 H CH_2OCH_3 C C H OCH_3

還元末端からの生成物

6 高分子化合物

なお，例の構造式はガラクトースで記されているが，実際に反応させたのは α-グルコースの縮合体デキストランなので，4位の立体構造に注意したい。

問5　条件としては次の2つ。七糖に操作Ⅰ⟶Ⅱ⟶Ⅲ⟶Ⅰを行って4種類の化合物が1：1：2：3の比で生じることと，五糖を同様に処理して4種類の化合物が1：1：1：2の比で生じること。まず，簡単な構造の五糖についてこの処理を考えてみる。

上記より，還元末端だけは1，5位もメチル化された化合物になるが，それ以外の部分から生じるものについて，1，5位はメチル化されないことがわかる。また，縮合していた部分もメチル化されない。

ということは，生成物の種類とは，縮合位置の種類を指すのだとわかる。上記[1]～[4]の還元末端以外について，縮合位置を整理すると，

五糖について，縮合位置別にみたグルコース分子数

縮合位置	1位のみ	1，6位	1，3位	1，3，6位	還元末端
[1]	1	2	1		1
[2]	2	1		1	1
[3]	1	2	1		1
[4]	2	1		1	1
	⇓	⇓	⇓	⇓	
	2，3，4，6	2，3，4	2，4，6	2，4位がメチル化される	

[1]～[4]すべて1：1：1：2のモル比で4種類の生成物を生じ，条件を満たしてしまう。

次に，七糖である[1−A]～[4−B]について同様に整理すると，

七糖について，縮合位置別にみたグルコース分子数

縮合位置	1位のみ	1，6位	1，3位	1，3，6位	還元末端
[1−A]	2	3	0	1	1
[1−B]	1	4	1	0	1
[2−A]	2	3	0	1	1
[2−B]	2	3	0	1	1
[3−A]	2	3	0	1	1
[3−B]	1	4	1	0	1
[4−A]	2	3	0	1	1
[4−B]	2	3	0	1	1

[1−B]と[3−B]の2つは条件の1：1：2：3を満たさないので棄却できる。他はこの条件を満たす。よって，オリゴ糖Aの候補は6種類ある。

このように，オリゴ糖や多糖をメチル化して加水分解すると，縮合を行う位置の違いによって，異なる生成物を生じる。また，縮合位置の数が違うと，生成物のメチル基の数が異なり，分子量も異なってくる。したがって，縮合位置と生成物を結び付けて考えられるようにすると，この手の問題はすばやく解けるようになる。

類題 51

次の文章を読み，**問１～問５**に答えよ。原子量は，H＝1.0，C＝12，O＝16 とする。（筑波大）

化合物Ａは，α−グルコース中に含まれる５つのヒドロキシ基のうち，２つのヒドロキシ基の水素原子が置換された構造をもち，エステル結合を含む。化合物Ａの置換基の位置や種類を決定するため，次の実験１～３を行った。α−グルコースの構造式を図１に，実験１～３の概要を図２に示す。また，化合物Ａおよび実験２，３で得られる化合物Ｃ～Ｇの分子式と分子量を表に示す。

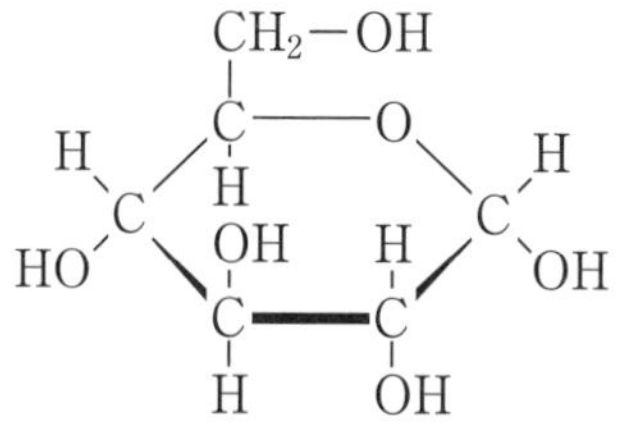

α−グルコース

図１

表

化合物	分子式	分子量
A	$C_{20}H_{22}O_8$	390
C	$C_{17}H_{26}O_7$	342
D	$C_8H_{10}O_2$	138
E～G	$C_9H_{18}O_6$	222

実験１　(a)化合物Ａを酸化銀存在下においてヨウ化メチルと反応させ，化合物Ａに含まれるすべてのヒドロキシ基を $-OCH_3$ 基に変換したところ，化合物Ｂが得られた。なお，これらの $-OCH_3$ 基は，後の実験２，３における塩基性または酸性条件下のいずれにおいても変化しなかった。

実験２　化合物Ｂに塩基性水溶液を加えて温めたところ，エステルの加水分解反応が進行した。その結果，化合物Ｃと(b)安息香酸が物質量比１：１で得られた。化合物Ｃの水溶液にフェーリング液を加えて温めたが，変化が見られなかった。

実験３　化合物Ｃに希塩酸を加えたところ，加水分解反応が進行した。その結果，化合物Ｄとともに，図３に示した(c)化合物Ｅ～Ｇからなる平衡混合物を与えた。(d)この平衡混合物にフェーリング液を加えて温めたところ，赤色沈殿が生じた。また，化合物Ｄに塩化鉄(Ⅲ)水溶液を作用させると，青紫色を呈した。

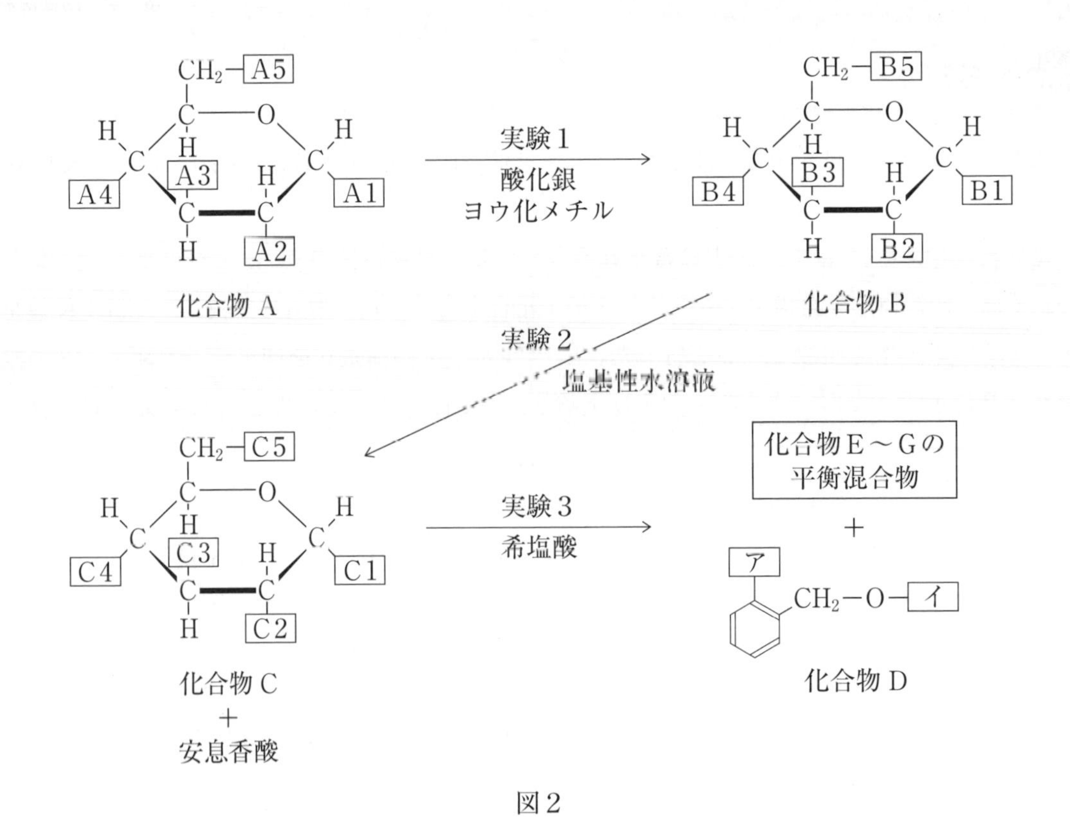

図2

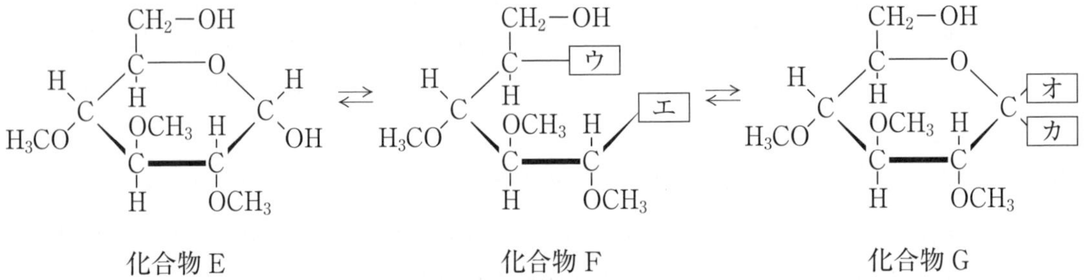

CH₂－OH H C O H H₃CO OCH₃ OH OCH₃ ウ エ オ カ

化合物E　化合物F　化合物G

図3

問1　下線部(a)の反応は完全に進行し，780 mg の化合物Aから 892 mg の化合物Bが得られた。化合物Aがもつヒドロキシ基の数を求めよ。

問2　下線部(b)について，次の問いに答えよ。

(1)　安息香酸とジエチルアミン $HN(CH_2CH_3)_2$ の混合物を加熱して得られるアミドの構造式を示せ。

(2)　安息香酸の水素原子のうち2つをメチル基に置換した構造をもつ一連の異性体がある。それらのなかで，炭酸水素ナトリウム水溶液を作用させても二酸化炭素が発生しないすべての異性体を構造式で示せ。

問3　実験3に関連して，次の問いに答えよ。

(1)　化合物Dの［ア］および［イ］にあてはまる置換基の構造をそれぞれ示せ。

(2)　下線部(c)に示した平衡混合物について，図3の［ウ］～［カ］にあてはまる置換基の構造をそれぞれ示せ。

(3)　下線部(d)に示した赤色沈殿の化学式を記せ。

(4)　化合物Cの構造について，図2の［C1］～［C5］にあてはまる置換基の構造をそれぞれ示せ。

問4　実験1，2の結果に基づき，化合物A，Bの構造について，図2の［A1］～［A5］および［B1］～［B5］にあてはまる置換基の構造をそれぞれ示せ。

問5　化合物Aに含まれるすべてのヒドロキシ基を，実験1のように $-OCH_3$ 基に変換するのではなく，$-OCOCH_3$ 基(アセトキシ基)に変換して化合物Hを得た。
次に，実験2と同様に，化合物Hを塩基性水溶液中で加水分解したところ，化合物Cの代わりに化合物Iが得られた。次の問いに答えよ。

(1)　加水分解反応で得られる化合物Iの構造について，図4の［I1］～［I5］にあてはまる置換基の構造をそれぞれ示せ。

(2)　この実験では，化合物Aに含まれていたエステル結合の位置が特定できなかった。その理由を化合物Hの構造を踏まえて60字以内で述べよ。

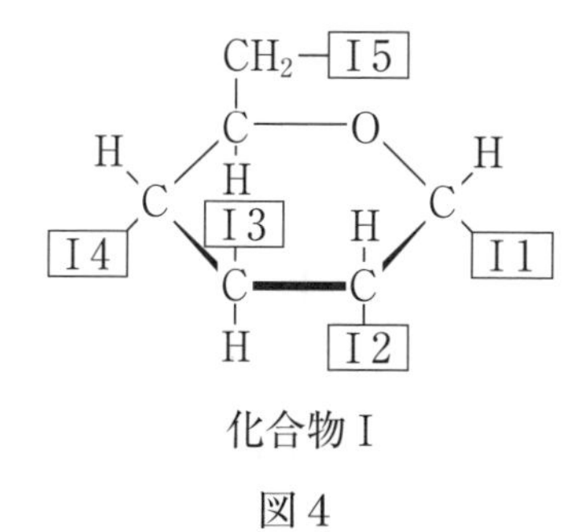

化合物I

図4

6 −3 日本大

難易度 ★★★☆☆ 解答目安時間 20分

糖の溶液である溶液1と溶液2について実験を行い，次のような結果を得た。図を参照して**問1**〜**問6**に答えなさい。ただし，溶液1，2，および溶液A，B，C，Dの溶質はいずれも単一成分である。原子量は，H=1.0，C=12，O=16とする。

［実験Ⅰ］溶液1に溶液Aを加えた試験管を90℃で15分加熱したものを溶液11とした。あらかじめ90℃で15分加熱した溶液Aを溶液1に加えて，90℃で15分加熱したものを溶液12とした。また，溶液1に溶液Bを入れ40℃で60分保温したものを溶液13とし，あらかじめ90℃で15分加熱した溶液Bを溶液1に加えて，40℃で60分保温したものを溶液14とした。溶液1と溶液14にヨウ素液(ヨウ素ヨウ化カリウム水溶液)を添加すると濃青色になったが，溶液11，溶液12，溶液13では薄い褐色になった。溶液11と溶液12に生じた単糖を分析したところ，ともに同じ単糖［ア］のみが検出された。

［実験Ⅱ］溶液2に溶液Aを加えて90℃で15分加熱したものを溶液21とし，溶液2に溶液Cを加えて40℃で60分保温したものを溶液22とした。溶液2はヨウ素溶液との反応を示さず，フェーリング液を還元しなかったが，溶液21と溶液22はフェーリング液を還元した。溶液21と溶液22に生じた単糖を分析すると，どちらも［ア］と［イ］が検出された。

実験Ⅰ

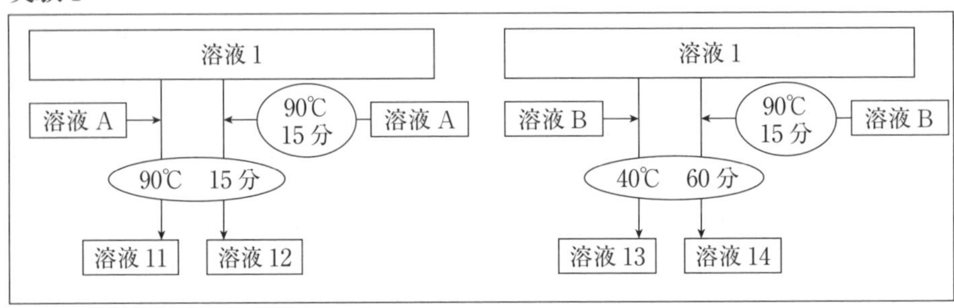

実験Ⅱ

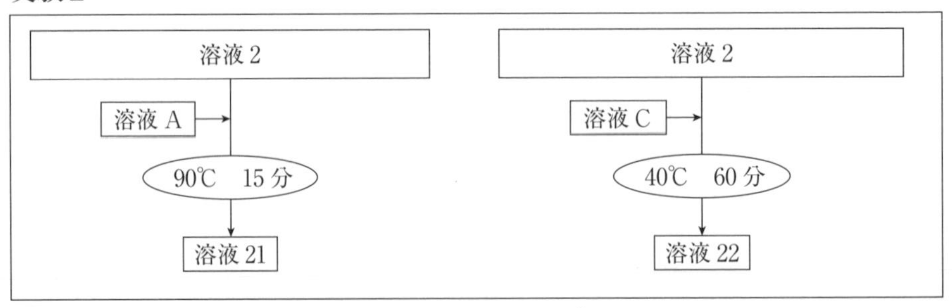

問1 溶液1と溶液2に含まれている糖はそれぞれ，[1]と[2]である。

問2 単糖[ア]と単糖[イ]はそれぞれ，[3]と[4]である。

<[1]～[4]の解答群>

① ラクトース　② ガラクトース　③ セロビオース　④ セルロース
⑤ グルコース　⑥ スクロース　⑦ マルトース　⑧ フルクトース
⑨ アミロース　⓪ グリコーゲン

[実験Ⅲ]溶液Bに溶液Dを入れて40℃で60分保温した溶液を，溶液1に加え，さらに40℃で60分保温した溶液15にヨウ素液を加えると，液は濃青色になった。90℃で15分加熱した溶液Dを溶液Bに加えて40℃で60分保温したのち，溶液1を加えてさらに40℃で60分保温した溶液16にヨウ素液を加えると，液は薄い褐色になった。

[実験Ⅳ]溶液Aと溶液Cを混ぜて40℃で60分反応させたのち，中性にしてから溶液2と混合してさらに40℃で60分保温した溶液23はフェーリング液を還元しなかった。

実験Ⅲ

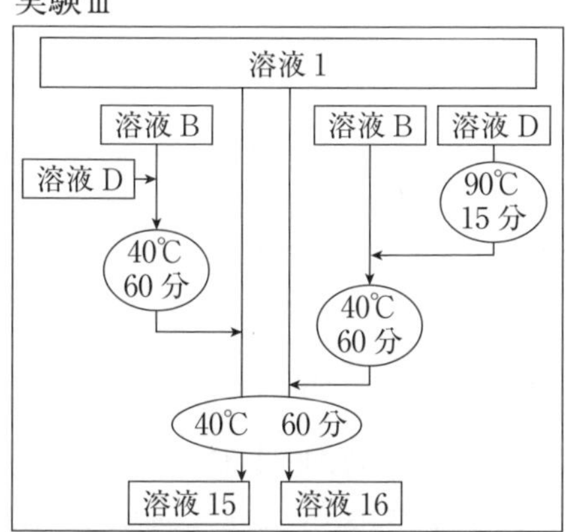

実験Ⅳ

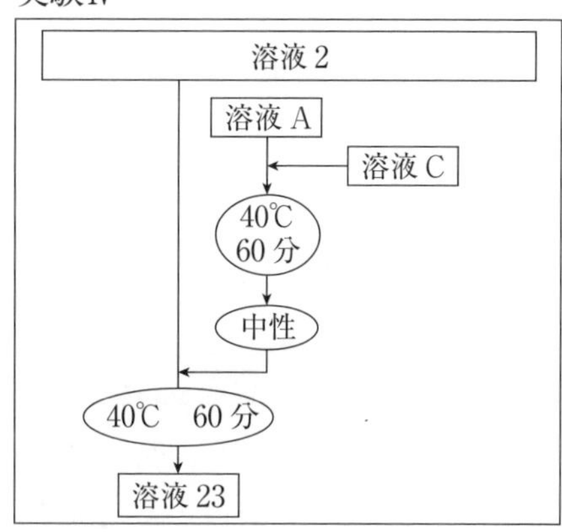

問3 溶液Aと溶液Bにはそれぞれ，[5]と[6]が含まれる。

問4 溶液Cと溶液Dにはそれぞれ，[7]と[8]が含まれる。

<[5]～[8]の解答群>

① アミラーゼ　② プロテアーゼ　③ マルターゼ
④ セルラーゼ　⑤ 希硫酸　⑥ ラクターゼ
⑦ インベルターゼ　⑧ 水酸化ナトリウム　⑨ リパーゼ

問5 溶液Dの溶質について正しいのは，[9]と[10]である。ただし，解答の順序は問わない。

① ヨウ素液で濃青色になる。
② フェーリング液を還元して赤色沈殿を生じる。
③ ヒトの消化液には含まれていない。

④　銀鏡反応を示す。

⑤　室温で鉄やマグネシウムと反応して水素を発生する。

⑥　$(C_6H_{10}O_5)n$ という構造をもつ高分子化合物中のグリコシド結合を加水分解する酵素である。

⑦　ビウレット反応で赤紫色になる。

⑧　ほぼ中性条件でグリコシド結合を加水分解して，フルクトースを含む溶液を生じさせる酵素である。

⑨　ほぼ中性条件でグリコシド結合を加水分解して，ガラクトースを含む溶液を生じさせる酵素である。

⓪　ニンヒドリンを加えて温めると青紫色になる。

問6　溶液1の溶質の分子量が 6.48×10^5 ならば，この分子はおよそ，[11].[12][13] $\times10^{[14]}$ 分子の単糖[ア]が脱水縮合してできたものである。ただし，[11]は一の位を，[12]は小数第一位を，[13]は小数第二位を示すものとする。[11]には0以外の数をあてはめよ。

<[11]～[14]の解答群>

①　1　　②　2　　③　3　　④　4　　⑤　5

⑥　6　　⑦　7　　⑧　8　　⑨　9　　⓪　0

ここで合否が分かれる！

医学部入試では頻出となっている，生体関連物質を扱った実験の問題を取り上げた。特に日大医学部はこの手の実験考察問題をよく出題するので，志望者は日頃から演習経験を積んでおくとよいだろう。

まずは選択肢を活用し，主題は糖類を酵素反応で加水分解する実験であるということにすばやく気付きたい。その上で実験ごとに1つずつ，糖類の I_2 呈色や還元性に関する実験結果と照らし合わせ，溶液の正体を決めていく。考察力とともに，生体高分子に関して正確な知識を持っているかどうかも試されている1問である。その中で，問1と問2，そして問6は点の取りどころのため，完答は必須。さらに溶液の成分を決める問3～5で得点を上積みできれば，合格に大きく近づいたといえるだろう。

類題には，セルロースの応用である再生繊維，アセテートレーヨン，ニトロセルロースを扱う1問を取り上げた。こちらも頻出テーマのため必ず練習しておこう。

解答

問1　1：⑨　2：⑥　　**問2**　3：⑤　4：⑧　　**問3**　5：⑤　6：①

問4　7：⑦　8：②　　**問5**　9，10：⑦，⓪(順不同)

問6　11：④　12：⓪　13：⓪　14：③

考え方と解法のポイント

＜実験Ⅰについて＞

溶液1と14は，ヨウ素で濃青色に呈色したので，アミロースの水溶液だとわかる。なお，デンプン同様にらせん構造をとり，枝分かれの多いグリコーゲンはヨウ素で褐色に呈色する。らせん構造をとらないセルロースはヨウ素で呈色しない。また，溶液11，12，13が示した薄い褐色は，薄まったヨウ素溶液の色であり，呈色をしたわけではない。

溶液Aは，90℃で処理してもアミロースを加水分解し単糖[ア](グルコース)を生じたから，無機触媒の希硫酸である。

一方，溶液Bは，40℃ではアミロースを分解したのに，90℃で処理すると分解しなくなったため，加熱により失活する酵素アミラーゼである。

なお，通常のアミラーゼはデンプンをマルトースに変換するが，アミラーゼの中にはデンプンをグルコースにまで加水分解するものもある。

以上を図にまとめると以下の通り。

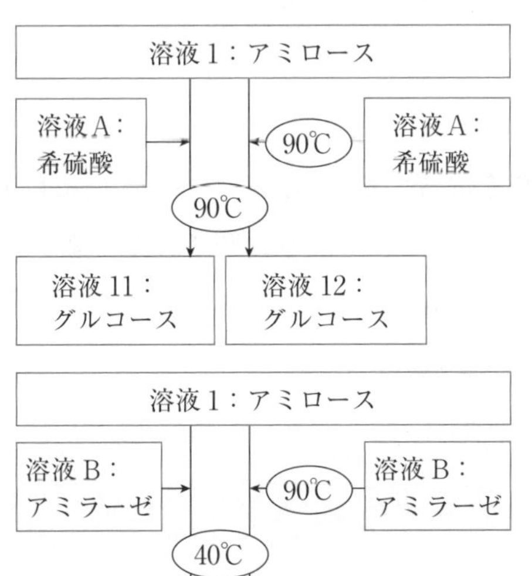

いずれの条件でも硫酸が触媒として働き，アミロースを加水分解する

アミラーゼを90℃で失活させてから加えた溶液14では，加水分解が起こらずアミロースがそのまま残った

＜実験Ⅱについて＞

溶液2は，ヨウ素による発色をせず，フェーリング液も還元しないことから，選択肢よりセルロースかスクロースに絞られる。さらに加水分解によって2種類の単糖を生成することから，

スクロースであるとわかる。したがって，溶液21，22はいずれもグルコースとフルクトースを含む。溶液Cは，温和な条件でスクロースを加水分解するインベルターゼである。

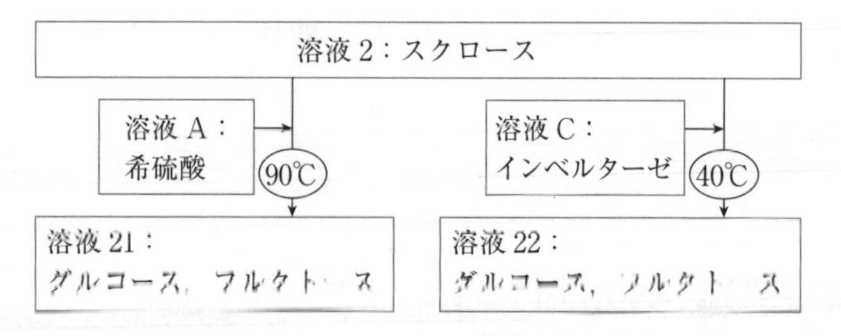

＜実験Ⅲについて＞

溶液1：アミロースに溶液B：アミラーゼを加えれば，加水分解が起こるはずだが，溶液Dを添加すると起こらなくなってしまう(溶液15)。しかし，溶液Dを90℃で処理してから加えると加水分解が起こり，ヨウ素の呈色をしなくなる(溶液16)。

したがって，溶液Dにはアミラーゼ(タンパク質)を加水分解するプロテアーゼが含まれているとわかる。

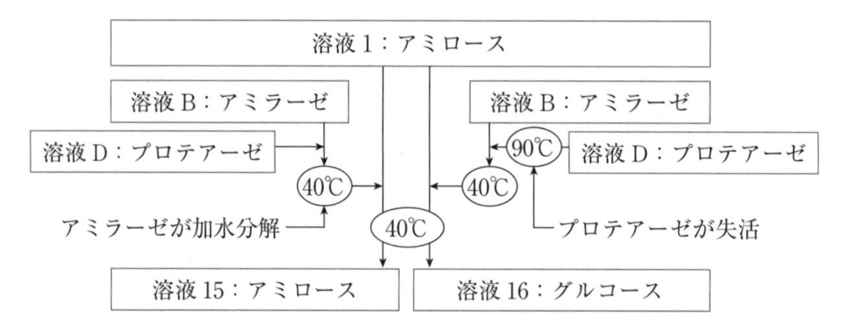

＜実験Ⅳについて＞

溶液C：インベルターゼと溶液A：希硫酸を混合するから，インベルターゼはpH変化により変性，失活してしまう。このため溶液2：スクロースは加水分解されなくなる。

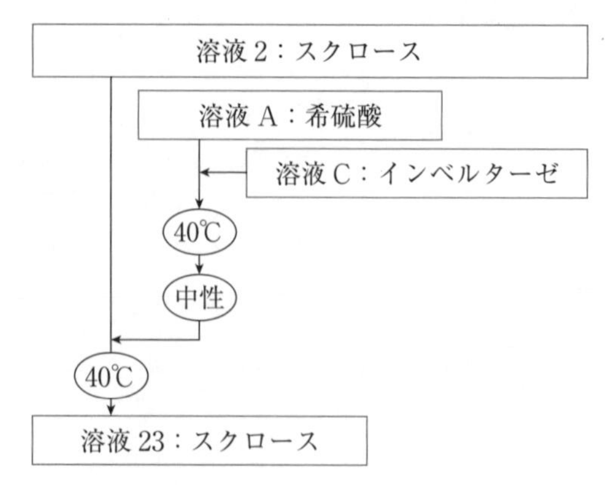

以上より，問1～問4の物質がわかる。

問5 溶液D：プロテアーゼは，タンパク質分解酵素の総称である。ポリペプチドなのでビウレット反応を行う。ニンヒドリン反応は鋭敏なアミノ基の検出反応であり，ポリペプチドの末端や側鎖に含まれるアミノ基と反応して呈色する。

問6 溶液1に含まれるアミロースは，分子式$(C_6H_{10}O_5)n$で表されるので，その分子量は$162n$である。重合度nが，アミロース1分子をつくったグルコースの数に相当するから，

$162n=6.48\times10^5$，$n=4.00\times10^3$

類題 52

次の文章を読み，**問1～問7**に答えよ。原子量は，H＝1.0，C＝12，O＝16とする。 （埼玉大）

セルロース$(C_6H_{10}O_5)_n$は，植物の細胞壁を構成する主成分である。その構造は，多数の［ア］型のグルコース分子が［イ］した高分子である。［ア］型のグルコース分子には，［ウ］個のヒドロキシ基が含まれ，そのうちの［エ］個のヒドロキシ基が［イ］に関与している。このように，単糖が［イ］により多数連なった物質を［オ］という。

①セルロースは，多数のヒドロキシ基を含んでいるが水に溶解しない。しかし，［カ］とよばれる濃アンモニア水に水酸化銅(Ⅱ)を溶解させた溶液には溶解し，深青色で粘性のある［キ］溶液となる。この溶液を希硫酸中で細孔から押し出すと［ク］とよばれる②再生繊維ができる。セルロースに無水酢酸を作用させ，ヒドロキシ基をすべてアセチル化すると③トリアセチルセルロースになる。セルロースに濃硫酸と［ケ］の混合物を作用させると，ヒドロキシ基が部分的に硝酸エステル化されたニトロセルロースができる。

問1 空欄［ア］～［ケ］にあてはまる最も適切な用語または数字を書け。

問2 下線部①の理由を簡潔に述べよ。

問3 下線部②の再生繊維について，作製法の特徴を簡潔に述べよ。

問4 下線部③を以下の例にならって書け。

セルロースの例$[C_6H_7O_2(OH)_3]_n$

問5 セルロース200gを加水分解して，すべてグルコースにした。グルコースは，何g得られるか，有効数字3桁で求めよ。また，計算過程も示せ。

問6 セルロース200gを完全にアセチル化した。反応に必要とされる無水酢酸は何gになるか，有効数字3桁で求めよ。また，計算過程も示せ。

問7 セルロース200gからニトロセルロース300gが得られた。セルロースに存在するヒドロキシ基のうち，何％がエステル化されたか，有効数字3桁で求めよ。また，計算過程も示せ。

6 −4 金沢大

難易度 ★★★☆☆ 解答目安時間 20分

次の文章を読み，**問1**～**問7**に答えなさい。原子量は，H=1.0，C=12，O=16，S=32とする。

我々の周りには，多くの高分子化合物が存在する。たとえば，松やにのように，樹木から出る樹液が固まったものを天然樹脂という。一方，石油などを原料に人工的につくり出される高分子化合物を［ア］という。［ア］の中には，(a)加熱，冷却により軟化と硬化が可逆的におこる［イ］と，加熱により不可逆的に硬化する［ウ］がある。［イ］は合成繊維のように長い［エ］構造をもち，［ウ］は立体的な［オ］構造をもつ。

ゴムの木の樹皮に傷をつけると，乳白色のねばりのある樹液が分泌される。これに少量の酢酸などを加えて凝固させたものを生ゴムという。生ゴムを(b)空気を遮断して加熱・分解すると［カ］が得られる。生ゴムの耐久性がよくないなどの欠点を補うために，数種類の単量体を［キ］させることにより，用途に応じた合成ゴムがつくられている。

さらに，生命活動の中心的な役割を担う高分子化合物も存在する。たとえば，タンパク質は，生物体内に存在する約20種のアミノ酸からなる。このうち，いくつかはヒトの体内で合成されず体外から摂取する必要があり，このようなアミノ酸を［ク］とよぶ。グリシンを除くα-アミノ酸には，［ケ］原子があるので，光学異性体が存在する。水溶液中のアミノ酸は［コ］イオンであることから，水に溶けやすい。(c)アミノ酸の全体としての電荷が0となるときのpHをそのアミノ酸の等電点という。

タンパク質はそれぞれ固有の高次構造をとって機能している。［サ］などにより安定化された［シ］やβ-シート構造などは［ス］構造とよばれ，ポリペプチド鎖の構造の安定化に関わっている。(d)タンパク質の高次構造の安定化には共有結合も関わっている。タンパク質の立体構造は，熱，酸，塩基，有機溶媒，重金属イオンなどによって，容易に不可逆的に変化する。これをタンパク質の［セ］という。

問1 ［ア］～［セ］に入る適切な語句または物質名を記入しなさい。

問2 下線部(a)の高分子化合物は一般に明確な融点を示さない。その理由を30字以内で説明しなさい。

問3 下線部(b)の操作を何というか，答えなさい。

問4 下線部(c)に関して，下のアミノ酸で等電点が酸性のものと塩基性のものを選び，それぞれアミノ酸の名称を記入しなさい。

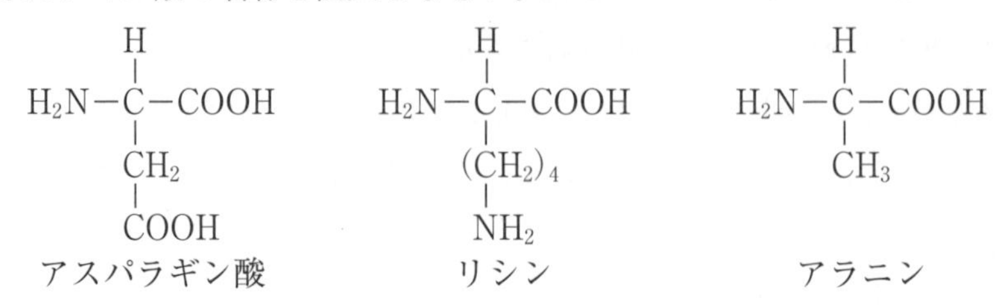

問5　ポリスチレンをスルホン化して，すべてのベンゼン環にスルホ基を1つずつ導入した陽イオン交換樹脂を合成した。この樹脂 10.0g は何 mol のナトリウムイオンと交換することができるか，有効数字2桁で求めなさい。

問6　アスパラギン酸，リシン，アラニンの混合溶液を pH2.5 に調整した後，陽イオン交換樹脂をつめたカラムの上から流して吸着させた。次にこのカラムに pH2.5 から pH11 まで段階的に pH を変えながら緩衝液を流したところ，すべてのアミノ酸が溶出された。溶出された順番にアミノ酸の名称を記入しなさい。

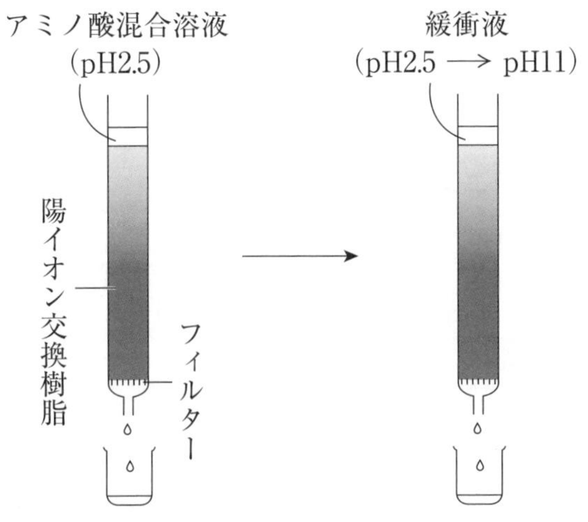

問7　下線部(d)で示される共有結合の名称を記入しなさい。

ここで合否が分かれる！

アミノ酸と陽イオン交換樹脂を主に扱った1問。アミノ酸は pH によって異なる電荷をもつが，酸性アミノ酸や塩基性アミノ酸は，等電点が通常の中性アミノ酸とは異なる。これを利用して，陽イオンだけを吸着する陽イオン交換樹脂によりアミノ酸を分ける手法は，入試でも頻出テーマとなっている。

問1～4と問7は知識問題だが，問2と問7については，高分子を単に暗記で済ませていた人にとっては盲点を突くような問題だったのではないか。一方，問6は受験の常識といえる頻出事項なので，スムーズに解答できた人が多かっただろう。問5については，問題文を読んで即座に正しいアプローチ法を発想できたかどうかがポイント。したがってここでは，問2・5・7の3問でどれだけ得点できたかが勝負を決めたと思われる。

類題には，アミノ酸の電離平衡に関する問題を取り上げた。理論化学の電離平衡の考え方を応用した内容だが，頻出テーマのため必ず練習して自分のものにしておこう。

解答

問1　ア：合成高分子化合物　イ：熱可塑性樹脂　ウ：熱硬化性樹脂　エ：直鎖　オ：網目
　カ：イソプレン　キ：共重合　ク：必須アミノ酸　ケ：不斉炭素　コ：双性
　サ：水素結合　シ：α ヘリックス構造　ス：二次　セ：変性

問2　分子量が分子ごとにまちまちで，一定ではないから。(24字)

問3　乾留

問4　酸性：アスパラギン酸
　　塩基性：リシン

問5　5.4×10^{-2}mol

問6　アスパラギン酸，アラニン，リシン

問7　ジスルフィド結合

考え方と解法のポイント

問2　融点に直接関係する分子量が一定ではないことに着目すればよい。特に合成高分子化合物は重合度にばらつきがあり，実際の高分子分子量や重合度は平均値を指している。

問3　空気(酸素)を断って加熱する方法を乾留という。熱分解のことである。石炭からコールタールを得たり，酢酸カルシウムからアセトンを得たりするときに行う。

問4　液性と帯電の状態は以下の通り。

・アスパラギン酸(酸性アミノ酸)

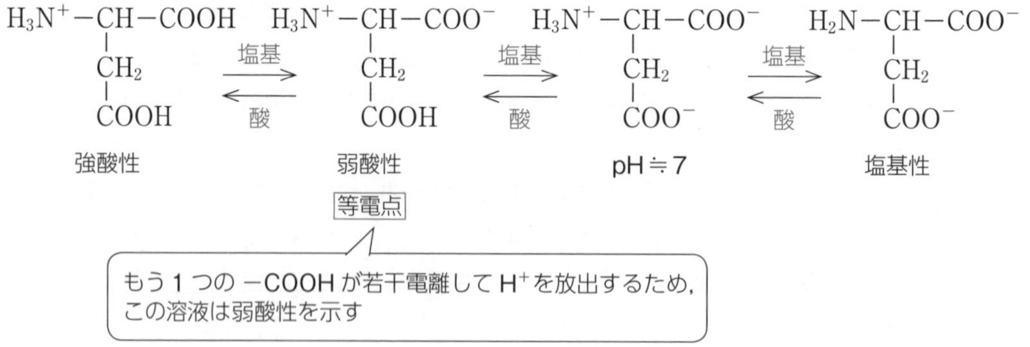

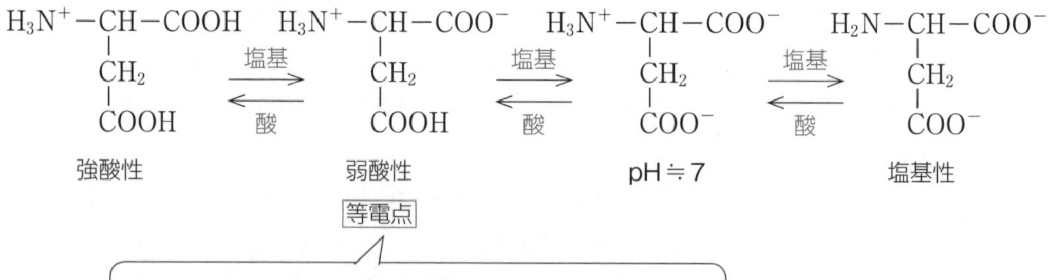

もう1つの −COOH が若干電離して H^+ を放出するため，この溶液は弱酸性を示す

・リシン(塩基性アミノ酸)

$$H_3N^+-CH(-(CH_2)_4-NH_3^+)-COOH \underset{酸}{\overset{塩基}{\rightleftarrows}} H_3N^+-CH(-(CH_2)_4-NH_3^+)-COO^- \underset{酸}{\overset{塩基}{\rightleftarrows}} H_2N-CH(-(CH_2)_4-NH_3^+)-COO^- \underset{酸}{\overset{塩基}{\rightleftarrows}} H_2N-CH(-(CH_2)_4-NH_2)-COO^-$$

酸性　pH≒7　弱塩基性（等電点）　強塩基性

pH≒7では，カルボキシ基とアミノ基がほぼすべてイオン化している

・アラニン

$$H_3N^+-CH(CH_3)-COOH \underset{酸}{\overset{塩基}{\rightleftarrows}} H_3N^+-CH(CH_3)-COO^- \underset{酸}{\overset{塩基}{\rightleftarrows}} H_2N-CH(CH_3)-COO^-$$

酸性　pH≒6（等電点）　塩基性

等電点よりも酸性側では陽イオン，塩基性側では陰イオンとして存在する

問5 $\text{-[}CH_2-CH(C_6H_5)\text{]}_n$ $\xrightarrow{スルホン化}$ $\text{-[}CH_2-CH(C_6H_4-SO_3H)\text{]}_n$

ポリスチレン　陽イオン交換樹脂

生成した$-SO_3H$が陽イオンと交換される。

$$R-SO_3H + Na^+ \rightleftarrows R-SO_3^-Na^+ + H^+$$

$-CH_2-CH(C_6H_4-SO_3H)-$ $=184$ なので，

$$\frac{10.0}{184} = 5.43\times10^{-2}\,\text{〔mol〕}$$

（$\frac{10.0}{184}$ ← $-SO_3H$〔mol〕＝交換 Na^+〔mol〕）

問6 陽イオンであるうちは，陽イオン交換樹脂に吸着されている。双性イオンになると，流している水溶液に溶けて，下部から流出してくる。

要するに，等電点と同じ緩衝液を流し込んだときに，そのアミノ酸が流出してくる。

類題 53

次の文章を読み，**問 1 ～問 4** に答えよ。原子量は，H=1.0，C=12，N=14，O=16 とする。 （大阪大）

天然に存在し，C，H，N，O の 4 元素から構成されるアミノ酸 A (分子量 75) を 151 mg，アミノ酸 B (分子量 133) を 397 mg，それぞれ燃焼分解した。得られた気体のうち窒素酸化物は銅により還元し N_2 ガスに変換した。アミノ酸 A からは H_2O が 89 mg，CO_2 が 178 mg，N_2 が 28 mg 生成した。また，アミノ酸 B からは H_2O が 183 mg，CO_2 が 528 mg，N_2 が 41 mg 生成した。A，B 両アミノ酸の水溶液 (2.00×10^{-2} mol/L) の pH を測ると，それぞれ 6.00，2.96 であった。

続いて，2.00×10^{-2} mol/L のアミノ酸 A の塩酸塩の水溶液 (10.0 mL)，アミノ酸 B の水溶液 (10.0 mL)，それぞれに 2.00×10^{-1} mol/L の水酸化ナトリウム水溶液を加えた場合，各水溶液の pH 変化を表す滴定曲線を下図に示す。①，②での水酸化ナトリウム水溶液の添加量は，それぞれ 1.00 mL および 2.00 mL である。

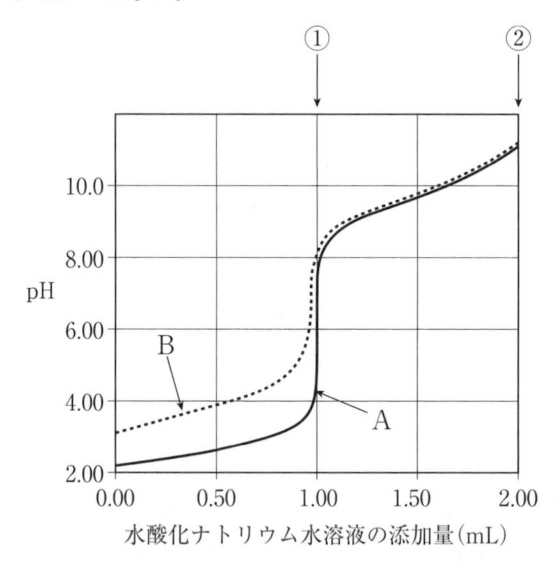

アミノ酸 A は，水中では 3 種類のイオン a，b，c として存在する。

$$K_{a1} = 10^{-2.34} \qquad K_{a2} = 10^{-9.60}$$

$$\mathrm{a} \underset{+H^+}{\overset{-H^+}{\rightleftharpoons}} \mathrm{b} \underset{+H^+}{\overset{-H^+}{\rightleftharpoons}} \mathrm{c}$$

アミノ酸 B は，水中では 4 種類のイオン d，e，f，g として存在する。

$$K_{a3} = 10^{-1.88} \qquad K_{a4} = 10^{-3.65} \qquad K_{a5} = 10^{-9.60}$$

$$\mathrm{d} \underset{+H^+}{\overset{-H^+}{\rightleftharpoons}} \mathrm{e} \underset{+H^+}{\overset{-H^+}{\rightleftharpoons}} \mathrm{f} \underset{+H^+}{\overset{-H^+}{\rightleftharpoons}} \mathrm{g}$$

K_{a1}，K_{a2}，K_{a3}，K_{a4}，K_{a5} は，それぞれの電離平衡における[mol/L]で表した電離定数を示す。

問1　アミノ酸A，アミノ酸Bの構造式を記せ。また，元素分析の結果を用いて構造式を導く過程も示せ。構造式中に不斉炭素がある場合は＊を付けよ。ただし，光学異性体は区別しなくてよい。

問2　①および②において，アミノ酸Aの水溶液では最も多く存在するイオンは，それぞれa，b，cのうちどれであるかを答え，その構造式を記せ。

問3　①および②において，アミノ酸Bの水溶液では最も多く存在するイオンは，それぞれd，e，f，gのうちどれであるかを答え，その構造式を記せ。

問4　2.00×10^{-2} mol/L のアミノ酸A塩酸塩水溶液 10.0 mL に，2.00×10^{-1} mol/L の水酸化ナトリウム水溶液を 7.40×10^{-1} mL 添加した場合，pH は 2.94 であった。この場合，a，b，cのうち2種類のみのイオンが存在すると仮定して，それらの濃度の比を求めよ。ただし，電離定数の値は，平衡式に記述された数値を用いよ。また，その比を導いた過程も示せ。必要があれば $\log_{10} 2 = 0.30$ の値を用いよ。

6 −5 日本医科大

難易度 ★★★☆☆ 解答目安時間 15分

下の文章を読んで，問いに答えなさい。原子量は，H=1.0，C=12，N=14，O=16とする。

生体内に広く存在するグルタチオンは，グルタミン酸，システイン，グリシンの3つのアミノ酸からなるペプチドであり，図のような構造をしている。

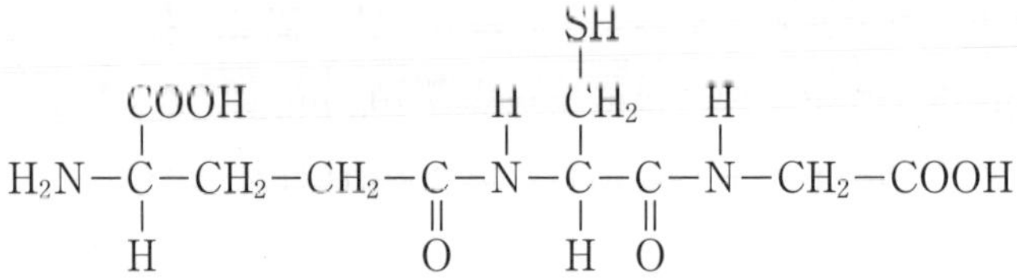

```
                                       SH
                                       |
        COOH                      H    CH2     H
         |                        |    |       |
  H2N－C－CH2－CH2－C－N－C－C－N－CH2－COOH
         |                 ‖          |   ‖
         H                 O          H   O
```

問1 グルタチオンが通常のペプチドと構造的に異なる点を50字以内で書きなさい。

問2 グルタチオンは抗酸化物質としてはたらき，細胞内では主に上図に示すような還元型として存在している。細胞内が酸化状態になるとグルタチオンは還元剤としてはたらき，自らは酸化型となる。還元型のグルタチオンが酸化型になったとき，新たに生成した結合の名称を書きなさい。

問3 グルタチオンの水溶液に以下の反応を行ったときの結果について，正しいものの番号をすべて書きなさい。

1．水酸化ナトリウムの固体を加えて煮沸し，出てきた気体に湿らせた赤色リトマス紙を近づけると青色に変わった。

2．濃硝酸を加えて熱すると黄色になり，さらにアンモニア水を加えて塩基性にすると橙黄色になった。

3．水酸化ナトリウムの固体を加えて熱し，酢酸で中和した後，酢酸鉛(Ⅱ)水溶液を加えると黒色沈殿が生じた。

4．フェーリング液を加えて熱すると，赤色沈殿が生成した。

5．塩化鉄(Ⅲ)水溶液を加えると青紫色に呈色した。

6．ヨウ素と水酸化ナトリウムを加えて温めると，黄色結晶が生じた。

問4 グルタミン酸，システイン，グリシンの等電点はそれぞれ3.22，5.07，5.97である。これら3つのアミノ酸について，pH2，4，7の水溶液でそれぞれ電気泳動を行ったとき，陰極に移動するものをすべて書きなさい。移動するものがひとつもない場合は「なし」と書きなさい。

問5 pH12の水溶液中でのグルタミン酸の電離状態はどうなっていますか。電荷がわかるように構造式を書きなさい。ただし，グルタミン酸の電離定数 K_a〔mol/L〕は，6.5×10^{-3}，5.6×10^{-5}，2.1×10^{-10} である。

問6 1.0gのグルタミン酸を100mLのエタノールに加え，少量の濃硫酸を加えて加熱した。反応が完全に進行したのを確認し，エタノールを蒸発させた後，塩基性水溶液で硫酸を除いて生成物を得た。この生成物の構造式を書きなさい。また，理論的に最大何gの生成物が得られますか。有効数字2桁で書きなさい。

ここで合否が分かれる！

ペプチドの構造に関する1問。グルタチオンというトリペプチドは，入試における格好の題材で，医学部でもよく出題されている。中でもアミノ酸の電荷とpH，および等電点の求め方は入試の常識といえる頻出事項であるため，すぐ対応できるように練習しておきたい。

問1は主に知識問題だが，構造式をよく理解していないと2つの違いはわからないだろう。問3も知識がないと完答するのは厳しかったかもしれない。問4はアミノ酸の電荷とpHの関係が理解できていれば問題ないが，問5は電離定数の数値が[AH]:[A^-]＝1：1のときの[H^+]濃度を指すという緩衝溶液の感覚がわかっていないと，難しく感じるはずだ。したがってここでは，問1・3・5の3問に対応できる知識と発想力があったかどうかがカギになったと思われる。

類題には，ペプチドのアミノ酸配列決定問題を取り上げた。難問の定番といえる1問なので，粘り強く挑戦してみよう。

解答

問1 α-アミノ酸の主鎖どうしのペプチド結合に加え，側鎖のカルボキシ基もペプチド結合を行っている。(46字)

問2 ジスルフィド結合

問3 1，3，4

問4 pH 2：グルタミン酸，システイン，グリシン

pH 4：システイン，グリシン

pH 7：なし

問5

```
         O
         ‖
   CH2－CH2－C－O⁻
   |
H2N－CH－C－O⁻
         ‖
         O
```

問6

```
                      O
                      ‖
          CH2－CH2－C－O－CH2－CH3
          |
構造式：H2N－CH－C－O－CH2－CH3          生成物：1.4g
                ‖
                O
```

考え方と解法のポイント

問1　グルタチオンは入試によく出題されるペプチドである。グルタミン酸の側鎖の$-COOH$にシステインが縮合し，さらにグリシンが縮合している。側鎖に縮合するところが特徴である。

```
         CH2-CH2-C-OH                CH2  SH
         |       ||                  |
    H-N-CH-C-OH  O             H-N-CH-C-OH      H-N-CH2-C-OH
      |    ||                    |    ||          |     ||
      H    O                     H    O           H     O
      グルタミン酸                 システイン          グリシン

                                   | 縮合
                                   ↓
                       O    CH2-SH
                       ||   |
             CH2-CH2-C-N-CH-C-N-CH2-C-OH
             |           |    || |     ||
             |           H    O  H     O
         H-N-CH-C-OH
           |    ||
           H    O
                          グルタチオン
```

問2　$R-SH + HS-R \rightleftarrows R-S-S-R + 2(H)$

のように，$-SH$は酸化されると二量体になり，還元すれば元に戻る。$-S-S-$は共有結合の一種で，ジスルフィド結合という。

問3　1．有機化合物中のN原子を検出する反応であり，アミノ基$-NH_2$やアミド結合$-NHCO-$をもつペプチドも行う。

2．キサントプロテイン反応のことである。ベンゼン環をもつα-アミノ酸(フェニルアラニン，チロシン，トリプトファン)や，それを含むペプチド，タンパク質が行う。

3．硫黄を含むα-アミノ酸(システイン，メチオニン)や，それを含むペプチド，タンパク質が行う反応である。

4．アルデヒド基検出反応だが，$-SH$もアルデヒドと同等の還元性をもつため，フェーリング液を還元する。

5．フェノール類の検出反応である。

6．ヨードホルム反応である。

問4　アミノ酸は，等電点より酸性のときは陽イオン，等電点では双性イオン，等電点より塩基性のときは陰イオンとして存在する。電気泳動を行うと，逆符号の極に向かって移動する。

問5

```
        CH2-CH2-COOH                   CH2-CH2-COOH
        |                              |
H3N+ -CH-COOH       をG+，   H3N+ -CH-COO-       をG±
```

$$\begin{array}{l} \quad CH_2-CH_2-COO^- \\ \quad | \\ H_3N^+-CH-COO^- \end{array}$$ を G^-，
$$\begin{array}{l} \quad CH_2-CH_2-COO^- \\ \quad | \\ H_2N-CH-COO^- \end{array}$$ を G^{2-}

とおくと，グルタミン酸の電離の反応式と電離平衡定数を表す式は以下のようになる。

$$G^+ \rightleftarrows G^{\pm} + H^+ \quad \cdots\cdots 6.5\times10^{-3}=\frac{[G^{\pm}][H^+]}{[G^+]}$$

$$G^{\pm} \rightleftarrows G^- + H^+ \quad \cdots\cdots 5.6\times10^{-5}=\frac{[G^-][H^+]}{[G^{\pm}]}$$

$$G^- \rightleftarrows G^{2-} + H^+ \quad \cdots\cdots 2.1\times10^{-10}=\frac{[G^{2-}][H^+]}{[G^-]}$$

緩衝溶液の考え方により，$[G^+]=[G^{\pm}]$となる$[H^+]$は6.5×10^{-3}mol/L(pH≒2.2)，$[G^{\pm}]=[G^-]$のときは$[H^+]=5.6\times10^{-5}$mol/L(pH≒4.3)，$[G^-]=[G^{2-}]$のときは$[H^+]=2.1\times10^{-10}$mol/L(pH≒9.7)となる。pH＝12では，さらにG^{2-}の割合が増え，ほぼすべてがG^{2-}になっている。

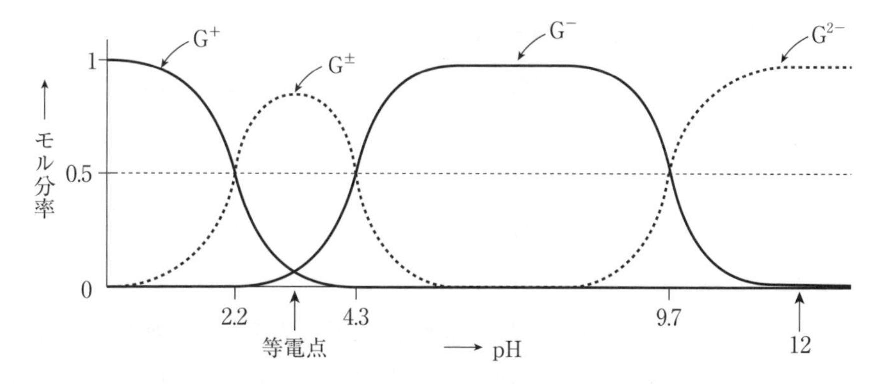

この問題は計算をする問題ではない。電離定数の値から，$[H^+]<2.1\times10^{-10}$の状態であれば，G^{2-}が主成分であることを確認するだけの問題である。

問6 アミノ酸は，$-NH_2$の反応も$-COOH$の反応も行う。

$$\begin{array}{l} H-N-CHR-C-OH \\ \quad\ | \qquad\qquad\ \ \| \\ \quad\ H \qquad\qquad\ \ O \end{array}$$

$\xrightarrow[\text{エステル化}]{C_2H_5OH,\ \text{濃硫酸触媒}}$ $H-N(H)-CHR-C(=O)-O-C_2H_5$

$\xrightarrow[\text{アセチル化}]{(CH_3CO)_2O}$ $CH_3-C(=O)-N(H)-CHR-C(=O)-OH$

グルタミン酸(分子量147)がエタノールと完全に反応すれば，ジエチルエステル(分子量203)となるから，

$$\underbrace{\frac{1.0}{147}:\frac{x}{203}}_{\text{mol比}} = \underbrace{1:1}_{\text{係数比}} \quad ,\ x=1.38〔g〕$$

類題 54

7個のα-アミノ酸からなる直鎖状のペプチドXについて，アミノ酸の配列順序を決定するために実験を行い，結果1から結果7までを得た。これらの結果に関する以下の問いに答えなさい。原子量は，H＝1.0，C＝12，N＝14，O＝16，S＝32とする。（佐賀大）

（結果1）　ペプチドXを構成するアミノ酸は，アラニン($C_3H_7NO_2$，A)，グリシン($C_2H_5NO_2$，G)，グルタミン酸($C_5H_9NO_4$，E)，システイン($C_3H_7NO_2S$，C)，チロシン($C_9H_{11}NO_3$，Y)，リシン($C_6H_{14}N_2O_2$，K)の6種類であった。なお，かっこの中には各アミノ酸の分子式とアミノ酸の種類を表す記号をそれぞれ示している。

（結果2）　ペプチドXのアミノ基末端のアミノ酸は(a)側鎖にカルボキシル基をもつアミノ酸であり，カルボキシル基末端のアミノ酸は(b)光学異性体が存在しないアミノ酸であった。

（結果3）　酵素Aは塩基性アミノ酸のカルボキシル基側のペプチド結合のみを加水分解する。この酵素AでペプチドXを処理すると，ペプチドP1とP2の2種類のペプチドが得られた。なお，ペプチドP1の分子量は438であった。

（結果4）　酵素Bはベンゼン環を有するアミノ酸のカルボキシル基側のペプチド結合のみを加水分解する。この酵素BでペプチドXを処理すると，ペプチドP3，P4，P5の3種類のペプチドが得られた。

（結果5）　ペプチドP1～P5の各水溶液において，ペプチドP1～P4の各水溶液がキサントプロテイン反応を示した。

（結果6）　ペプチドP1～P5の各水溶液に水酸化ナトリウムを加えて加熱した後，酢酸鉛(Ⅱ)水溶液を加えると，ペプチドP2とP5の各水溶液で黒色沈殿が生じた。

（結果7）　ペプチドP1～P5の各水溶液について，ビウレット反応を示すかどうかを調べた。すなわち，各ペプチドの水溶液に［ア］水溶液を加えた後，さらに，［イ］水溶液を加えると，ペプチドP1，P2，P4の各水溶液が赤紫色に呈色した。

問1　結果7の文章中の［ア］と［イ］にあてはまる最も適切な化合物名を書きなさい。

問2　下線部(a)について，ペプチドXを構成しているこのアミノ酸5.0gを完全に燃焼すると，何gの二酸化炭素が生成するか答えなさい。なお，解答の数値は有効数字2桁としなさい。

問3　下線部(b)に相当するこのアミノ酸が，中性付近の水溶液中ではどのような状態になっているのかを，構造式で示しなさい。

問4　ペプチドXのアミノ酸の配列順序を，アミノ酸の種類を表す記号を用いて，例にならいアミノ基末端を左側にして書きなさい。

例：A－C－E

6 －6 奈良県立医科大

難易度 ★★★★☆　解答目安時間 20分

次の文章を読み，下記の設問に答えよ。医学では血圧やガス分圧の単位として mmHg が多用される。圧力 760 mmHg は 1.013×10^5 Pa に相当する。気体定数は 8.31×10^3 Pa・L/(K・mol)とする。

血液には多種のタンパク質が含まれているが，その中で一番多く存在するのが血色素ヘモグロビンである。分子量は 64500 で，酸素を結合する場所(分子)を4つもつ。それはヘムとよばれ(図1)，環状の有機化合物(ポルフィリン誘導体)の中心に遷移金属(　a　)が二価の陽イオンとして存在している。ポルフィリン誘導体の4つの窒素原子は，この遷移金属イオンに対し(　b　)結合している。ヘム1個に対して酸素分子(O_2)が1個結合する。有害な無臭のガスとして知られる(　c　)も，ヘムに強く結合し，ヘモグロビンの酸素結合機能を阻害する。①ヘモグロビンはアミノ酸以外の成分も含むので，(　d　)タンパク質に分類される。水溶性タンパク質は電荷を帯びているが，これは，ポリペプチド鎖両末端のアミノ基，カルボキシル基由来の電荷だけでなく，ポリペプチド鎖中に存在する塩基性アミノ酸(例：　e　)と，酸性アミノ酸(例：　f　)に由来する。ヘモグロビンは正電荷と負電荷がほぼ同数存在しているので，等電点は7近くになる。

血液が肺の血管を通過するときヘモグロビンは酸素を結合し，血液の流れに乗って体組織に運ばれ，酸素を放出する。②ヒト血液中のヘモグロビン濃度は約 120 ～ 170 g/L である。図2はヘモグロビンの酸素飽和度が酸素分圧に応じてS字曲線のように変化することを示している。③体内の酸素分圧は大気の酸素分圧よりも低く，一般的に肺の血管内の酸素分圧は 100 mmHg，体組織に酸素を渡したあとの血液の酸素分圧は 40.0 mmHg になっている。④血液に含まれる酸素分子(O_2)の総量はおおよそ，ヘモグロビンに結合している酸素の量と，ヘンリーの法則にしたがって水に溶解している酸素の量の和として計算できる。例えば，ヘモグロビン濃度 129 g/L の血液 1.00 L が1回の流れで肺から体組織に運んで放出する酸素の体積は(　g　)L であり，これは水のみの場合と比較して実に(　h　)倍にも達する計算になる。

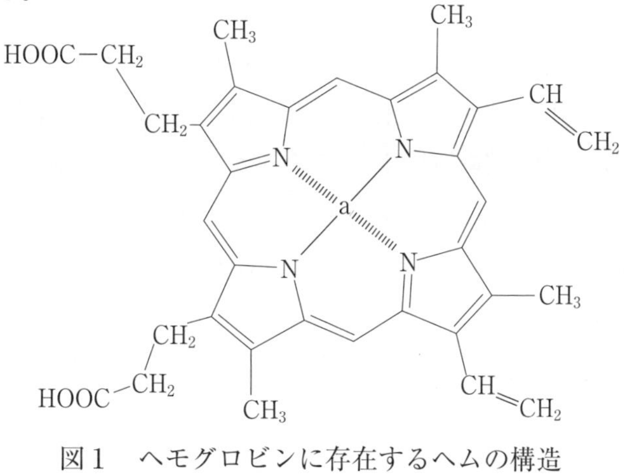

図1　ヘモグロビンに存在するヘムの構造

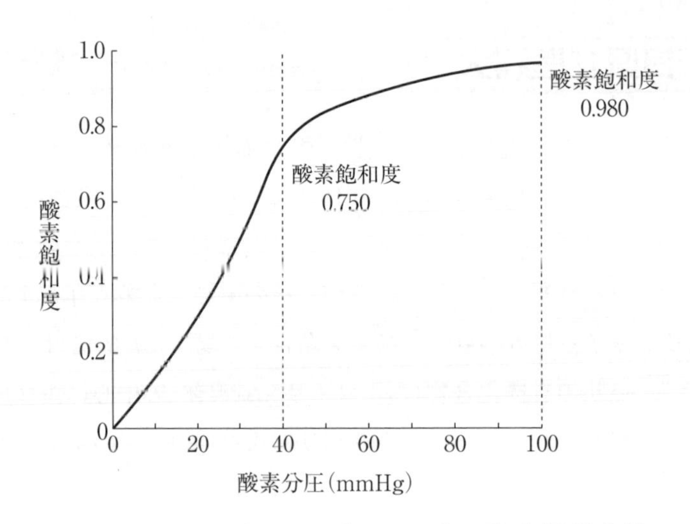

図2　ヘモグロビンの37℃における酸素解離曲線。酸素分圧(横軸)に応じてヘモグロビンの酸素飽和度(縦軸)が変化する。S字型の曲線をしている。酸素飽和度が1のとき，ヘモグロビンのヘムすべてに酸素が結合する。

問1　文章の空欄a，b，c，d，e，fを埋めよ。

問2　下線部①に関連して。一般的に水溶液中に溶解しているタンパク質の濃度を決定する方法として，ビウレット反応を原理とするビウレット法が簡便で臨床的にも広く用いられている。しかしヘモグロビン水溶液の場合は，ビウレット法は適切ではない。その理由を記せ。

問3　下線部②に関連して。ヘモグロビン濃度が129g/Lの血液に含まれる，酸素を結合する部位(ヘム)のモル濃度を求めよ。計算の過程を示して，有効数字3桁まで記せ。

問4　下線部③について。図2によれば，酸素分圧が100mmHg，40.0mmHgのときのヘモグロビンの酸素飽和度はそれぞれ0.980，0.750である。問3の結果をもとに，ヘモグロビン濃度129g/Lの血液の，各酸素分圧におけるヘモグロビンに結合している酸素のモル濃度を求めよ。計算の過程を示して，有効数字3桁まで記せ。

問5　下線部④に関連して。水1.00Lに対する酸素の溶解度は，酸素の圧力が760mmHgのとき，37.0℃で1.07×10^{-3}molである。問4の結果も用い，ヘモグロビン濃度129g/Lの血液1.00Lが肺から体組織に運んで放出する酸素の量(空欄g)を，37.0℃，760mmHgにおけるガス体積(L)として算出せよ。計算の過程を示し，有効数字3桁まで記せ。ただし，飽和水蒸気圧は考慮しないものとする。

問6　問4，問5の考えをもとに，文章の空欄hにあてはまる数値を記せ。ただし，小数点以下第1位を四捨五入して整数で答えよ。

ここで合否が分かれる！

ヘモグロビンを扱った1問を取り上げた。医学部専用の問題を出題する大学では，化学や生物の分野で頻出する題材だが，化学の場合は生物と違い，ヘンリーの法則や質量作用の法則を絡めた難しい計算問題に仕立てられるのが特徴である。中でも酸素解離曲線を用いた問題は必ず一度は解いておき，解法のポイントをしっかりおさえておきたい。

問1aの鉄や，問2の色については医学部志望者としての必須知識が問われるところ。問3と問4は，題意が読み取れていれば問題ないだろう。ただし問5は一転して難度が上がる。ヘンリーの法則までを絡めた多段階の計算すべてを正確に行わなければならず，しかもこれができないと問6も答えられない。したがってここでは，問5の出来が明暗を分けたと思われる。

類題は核酸を扱った問題である。水素結合を示して塩基対の構造を書く問2は頻出問題なので，塩基の構造を転記するところから練習しておいた方がよいだろう。

解答

問1　a：**鉄**または**Fe**　b：**配位**　c：**一酸化炭素**または**CO**

d：**複合**　e：**リシン**または**アルギニン**

f：**アスパラギン酸**または**グルタミン酸**

問2　**ヘモグロビンがもつ濃い赤色によって，ビウレット反応による変色が打ち消されてしまうから。**

問3　$\dfrac{129}{64500}\times 4 = 8.00\times 10^{-3}$

よって，**8.00×10^{-3}mol/L**

問4　100mmHg…$8.00\times 10^{-3}\times 0.980 = 7.840\times 10^{-3}$

よって，**7.84×10^{-3}mol/L**

40.0mmHg…$8.00\times 10^{-3}\times 0.750 = 6.000\times 10^{-3}$

よって，**6.00×10^{-3}mol/L**

問5　$\left\{1.07\times 10^{-3}\times \dfrac{100-40.0}{760} + (7.84-6.00)\times 10^{-3}\right\}\times 22.4\times \dfrac{310}{273} = 4.893\times 10^{-2}$

よって，**4.89×10^{-2}L**

問6　**23**

考え方と解法のポイント

問3　題意より，ヘモグロビンは酸素との結合部位を4ヵ所もっていることに注意する。

問5　ヘンリーの法則より，O_2 分圧 100mmHg のとき，水 1L に溶ける O_2 の量〔mol〕は，

$$1.07 \times 10^{-3}\,[\mathrm{mol}] \times \frac{100}{760} \times \frac{1}{1} = 1.407 \times 10^{-4}\,[\mathrm{mol}]$$

モル換算溶解度　760mmHg で水1Lに溶ける O_2　　圧力比　　水の量の比

同様に 40.0mmHg のときは，

$$1.07 \times 10^{-3} \times \frac{40.0}{760} \times \frac{1}{1} = 5.631 \times 10^{-5}\,[\mathrm{mol}]$$

水 1L に単純に溶解していた O_2 が，圧力減少によって気化する量は，

$$1.407 \times 10^{-4} - 5.631 \times 10^{-5} = 8.439 \times 10^{-5}\,[\mathrm{mol}]$$

一方，血液 1L 中のヘモグロビンが，圧力減少によって放出する O_2 の量は，

$$7.840 \times 10^{-3} - 6.000 \times 10^{-3} = 1.840 \times 10^{-3}\,[\mathrm{mol}]$$

したがって，血液 1L あたりの放出量は，

$$8.439 \times 10^{-5} + 1.840 \times 10^{-3} = 1.924 \times 10^{-3}\,[\mathrm{mol}]$$

これを 37℃，1.013×10^5Pa(大気圧)の体積に直すと，

$$1.924 \times 10^{-3} \times 22.4 \times \frac{310}{273} = 4.893 \times 10^{-2}\,[\mathrm{L}]$$

問6　問5の数値を用いて mol で比較すると，

$$\frac{1.924 \times 10^{-3}}{8.439 \times 10^{-5}} = 22.7$$

類題 55

次の文を読み，**問1**～**問5**に答えよ。原子量は，H=1.0，O=16 とする。 （信州大）

核酸は，多数のヌクレオチドが連結した天然高分子であり，遺伝情報の受け渡しやタンパク質合成への関与など，すべての生物にとって重要な役割を果たす。

ヌクレオチドは，核酸塩基とよばれる窒素を含む環状化合物と，炭素数〔 ア 〕個の糖と，リン酸とが結合した化合物であり，糖の部分が〔 イ 〕のものと〔 ウ 〕のものに大別される。糖の部分が〔 イ 〕で構成された核酸を DNA，〔 ウ 〕で構成された核酸を RNA とよぶ。

DNA は，生体内で遺伝情報を保存し受け渡す。①核酸塩基はアデニン，グアニン，シトシン，チミンの 4 種類であり，これらのうちの 2 つずつが〔 エ 〕結合によって塩基対をつくる。DNA は，2 本のポリヌクレオチド鎖が塩基対を内側に，リン酸基を外側にして全体としてねじれた構造をとる。この構造を〔 オ 〕構造とよぶ。

一方 RNA は，タンパク質の合成に関与する。DNA の塩基配列に基づき，②20 種類のアミノ酸が決められた順序で連結され，ポリ〔 カ 〕が合成される。その際，あるアミノ酸の〔 キ 〕基と別のアミノ酸の〔 ク 〕基との間で〔 カ 〕結合とよばれる結合を形成する。

合成されたポリ〔 カ 〕鎖は，〔 エ 〕結合や，電荷をもった側鎖間のイオン結合，システイン側鎖間の〔 ケ 〕結合等により③折りたたまれて安定な立体構造を取り，④タンパク質としての機能をもつようになる。このようにして生じる 1 本のポリ〔 カ 〕鎖の全体的な立体構造のことを，タンパク質の〔 コ 〕次構造とよぶ。

問1 空欄〔 ア 〕～〔 コ 〕にあてはまる適切な語句または数字を記入せよ。ただし〔 キ 〕と〔 ク 〕の順序はどちらでもよい。

問2 下線部①に関して，以下の問いに答えよ。

a） アデニン，グアニン，シトシン，チミンに糖が結合した構造はそれぞれ以下のとおりである。これらを適切に配置し，2 組の塩基対の構造を示せ。形成される結合を点線(…)で表すこと。

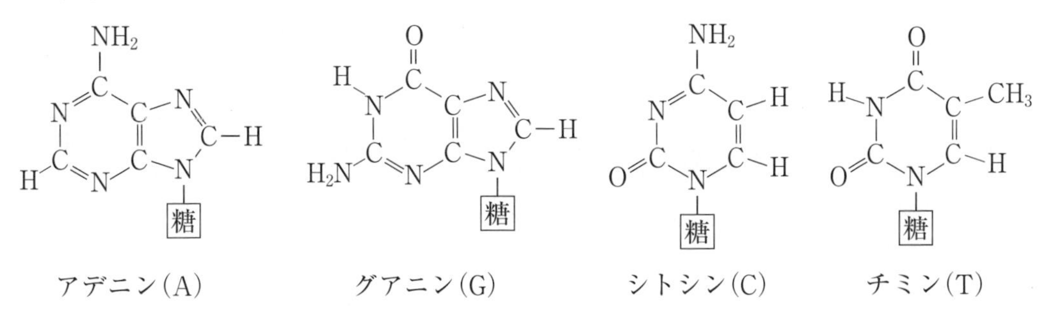

アデニン(A)　グアニン(G)　シトシン(C)　チミン(T)

b） ある核酸の核酸塩基を分析したところ，アデニンの物質量の割合が 19% であった。他の核酸塩基，すなわちグアニン，シトシン，チミンのそれぞれの割合を求めよ。

問3　下線部②に関して，分子量 3.0×10^5 のあるタンパク質を完全に加水分解したところ，下表の3種のアミノ酸が，同表に示す物質量の割合で得られた。このタンパク質を構成するアミノ酸単位の個数を求めよ。有効数字は2桁とし，計算過程も示せ。

表　分子量 3.0×10^5 のあるタンパク質を構成するアミノ酸

アミノ酸の種類	アミノ酸の分子量	物質量の割合(%)
グリシン	75	50
アラニン	89	33
セリン	105	17

問4　下線部③に関して，タンパク質の水溶液に硫酸ナトリウム，塩酸のいずれを加えても同様に沈殿が生じるが，一方ではタンパク質の立体構造が破壊されるのに対し，他方では維持される。この違いについて，以下の語句をすべて用いて説明せよ。

変性，pH，塩析，水和

問5　下線部④に関して，以下の問いに答えよ。

a）　生体内で触媒として機能するタンパク質を何というか。

b）　このようなタンパク質の例を3つ答えよ。

6 −7 信州大

難易度 ★★★☆☆ 解答目安時間 15分

次の文章を読み，**問1**～**問7**に答えよ。原子量は，H=1.0，C=12，O=16とする。

材料の進歩に伴ってスポーツや趣味の道具も劇的に変化しており，スポーツ記録の更新は，トレーニングによるだけではなく材料の進歩にも支えられている。魚釣りの歴史は古く，江戸時代には天蚕糸などの天然繊維が釣り糸に用いられていた。しかし，現在では，釣り糸の主流は合成繊維であり，①ポリアミド，ポリフッ化ビニリデン，ポリエチレン，ポリエステルなどを原料とする様々な種類の釣り糸がある。ポリアミドの中でも，②6−ナイロンよりも単量体1つ当たりのメチレン鎖が長い12−ナイロンは密度が水とほとんど変わらず，③ポリエチレンの密度は水よりも小さく，ポリフッ化ビニリデンの密度は水よりも大きい。すなわち，材料を選択すれば自在に釣り糸を水に漂わせたり，浮かせたり，沈ませたりできる。また，漁網には，耐水性，耐摩耗性の高い材料として④ビニロンなどが用いられている。

問1 下線部①のポリアミドには6，6−ナイロンがある。ヘキサメチレンジアミンを原料とする6，6−ナイロンの合成における反応式を示せ。ポリマーの重合度は n とせよ。また，この重合の名称を答えよ。

問2 ε−カプロラクタムを原料として，下線部②の6−ナイロンを合成する反応式を示せ。ポリマーの重合度は n とせよ。また，この重合の名称を答えよ。

問3 ポリアミド繊維の一種であるアラミド繊維の代表的なものに，ポリ(p−フェニレンテレフタルアミド)繊維がある。この繊維は，一般的なナイロン繊維よりも強度，弾力性，耐熱性に極めて優れている。この理由を40字以内で述べよ。

問4 下線部③のポリエチレンを合成する場合，その原料になる単量体と重合体の構造式を示せ。

問5 ポリエチレンには不透明で硬いポリエチレンと透明で軟らかいポリエチレンがあるが，それぞれの名称を答えよ。

問6 下線部③に関連して，あるポリエチレン製釣り糸の密度は0.95 g/cm^3 であるので，水に浮く特徴をもつ。このポリエチレンの結晶部分の密度を1.0 g/cm^3，非結晶部分の密度を0.80 g/cm^3 とした場合，この釣り糸1.0 cm^3 中の結晶部分の体積を求めよ。計算過程も記せ。

問7 下線部④のビニロンの合成について，ポリビニルアルコール8.8 kg中のヒドロキシ基のうち，40%のみをホルムアルデヒドと反応させてアセタール化した場合，ビニロンは何kg生成するか答えよ。計算過程も記せ。

ここで合否が分かれる！

合成高分子についての典型的な知識が問われる1問である。定番のポリエチレン，ナイロン，ポリエチレンテレフタラート，ビニロンの構造や性質をそれぞれおさえておくのはもちろん，アラミド樹脂がなぜ高強度，高耐熱性かなどについても知っておく必要がある。

問6は，高分子に結晶部分と非結晶部分があるという知識があれば，密度の式を使って問題なく立式できるだろう。問7はビニロンについての頻出問題でかつ難度が高いが，数値が簡単なので解きやすい。高分子の性質を本質的に理解していればスムーズに進められる内容のため，ここまでをしっかり完答できたかどうかで勝負が分かれただろう。自信を持って解けなかった人は，高分子の物性と構造の関係を考察し直してみてほしい。

類題には，天然ゴムや合成ゴムを扱う問題を取り上げた。問3の計算問題は，ビニロンと同様に頻出する難問なので，必ず解けるようにしておこう。

解答

問1 反応式：$n\,\mathrm{H{-}NH{-}(CH_2)_6{-}NH{-}H} + n\,\mathrm{HO{-}CO{-}(CH_2)_4{-}CO{-}OH}$

$\longrightarrow \mathrm{[{-}NH{-}(CH_2)_6{-}NH{-}CO{-}(CH_2)_4{-}CO{-}]_n} + 2n\,\mathrm{H_2O}$

名称：**縮合重合**

問2 反応式：$n\,$（$\mathrm{CH_2}$ 5個と $\mathrm{N(H){-}C(=O)}$ からなる環状構造）$\longrightarrow \mathrm{[{-}NH{-}(CH_2)_5{-}CO{-}]_n}$

名称：**開環重合**

問3 **平面構造のため分子が密に詰まり，またアミド結合間で水素結合を行うから。**(35字)

問4 単量体：$\mathrm{CH_2{=}CH_2}$　重合体：$\mathrm{[{-}CH_2{-}CH_2{-}]_n}$

問5 不透明で硬い：**高密度ポリエチレン**

透明で軟らかい：**低密度ポリエチレン**

問6 $1.0 \times x + 0.80 \times (1.0 - x) = 0.95 \times 1.0$

$x = 0.75$

よって，**$0.75\,\mathrm{cm^3}$**

問7 $\dfrac{8.8\times10^3}{44}=\dfrac{x\times10^3}{44\times(1.0-0.40)+50\times0.40}$

$x=9.28$

よって，**9.3kg** または **9.28kg**

考え方と解法のポイント

問3 アラミド繊維のポリ(p-フェニレンテレフタルアミド)繊維は，以下の構造をもつ。

この高分子は帯状の平面構造をもつため，密に積み重なって分子間距離が減少する。このためファンデルワールス力が増大する。

一方，アミド結合部分は分極しており，分子間で水素結合を行う。このため，高分子どうしが強く結び付いて高強度になる。これらの分子間力は，共有結合とは違い架け替えが可能なので，熱硬化性樹脂とは違い弾力性がある。ベンゼン環は安定なため熱分解しにくく，耐熱性が高い。

ここでは40字以内の論述なので，分子が密に詰まる(結晶化しやすい)ことと，水素結合することを述べればよい。

問6 結晶部分の体積を x〔cm^3〕とおくと，残りの $1.0-x$〔cm^3〕が非結晶部分なので，

$$\underbrace{1.0\,[g/cm^3]\times x\,[cm^3]}_{\text{結晶部分[g]}}+\underbrace{0.80\,[g/cm^3]\times(1.0-x)\,[cm^3]}_{\text{非結晶部分[g]}}=\underbrace{0.95\,[g/cm^3]\times1.0\,[cm^3]}_{\text{全体[g]}}$$

$x=0.75$〔cm^3〕

問7 ポリビニルアルコールをアセタール化してビニロンにする反応は以下の通り。

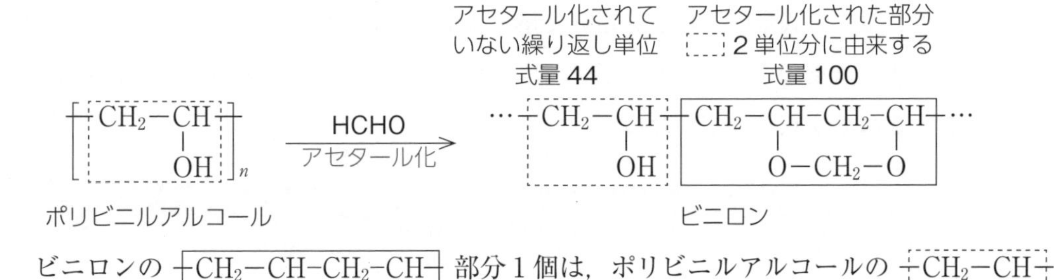

ビニロンの $-CH_2-CH(O-)-CH_2-CH(-O)-$（$O-CH_2-O$）部分1個は，ポリビニルアルコールの $-CH_2-CH(OH)-$ 単位2個(－OH 2個)から生じている。反応前後で繰り返し単位の数〔mol〕が一致するという式を立てるのであれば，$-CH_2-CH-CH_2-CH-$（$O-CH_2-O$）部分を繰り返し単位2単位分(元の

$-OH$ 2 個分)とみなすべきである。$-CH_2-\underset{|}{CH}-CH_2-\underset{|}{CH}-$ の式量が 100 だから，アセ
$O-CH_2-O$

タール化された繰り返し単位の式量は，$\frac{100}{2}=50$ ということになる。

したがって，アセタール化率 40％のビニロンの場合，繰り返し単位の式量の平均 $\overline{M}$ は，

$$\overline{M}=44\times\frac{100-40}{100}+50\times\frac{40}{100} \quad \cdots①$$

このように考えれば，アセタール化前後で繰り返し単位〔mol〕は同じなので，生じたビニロンの質量を x〔kg〕とおくと，

$$\frac{8.8\times10^3}{44}=\frac{x\times10^3}{\overline{M}} \quad \cdots②$$

ポリビニルアルコールの繰り返し単位〔mol〕　　ビニロンの繰り返し単位〔mol〕

$x=9.28$〔kg〕

【別解】

ポリビニルアルコール中の$-OH$〔mol〕は，繰り返し単位〔mol〕に等しく，$\frac{8.8\times10^3}{44}$〔mol〕。

このうち 40％の $\frac{8.8\times10^3}{44}\times\frac{40}{100}$〔mol〕が，HCHO と 2：1 の mol 比で反応する。HCHO が 1 mol 反応するごとに，高分子の質量は $30-18=12$〔g〕ずつ増加するので，生成したビニロンの質量は，

$$8.8+\frac{8.8\times10^3}{44}\times\frac{40}{100}\times\frac{1}{2}\times12\times10^{-3}$$
$$=9.28〔kg〕$$

繰り返し単位の式量の平均値を用いて解く前者の方法は，アセタール化された部分の単位のとり方が理解できれば速い。後者の質量を足し合わせる考え方は，抜ける H_2O 量さえ考慮できれば立式しやすいだろう。

類題 56

次の文章を読み，以下の**問1～問3**に答えよ。ただし，高分子化合物の末端については考慮する必要はない。必要であれば，原子量は下の値を用いよ。 （名古屋工業大）

H：1.0　C：12　O：16

高分子化合物は，原子が数千個以上つながった巨大な分子である。高分子化合物は原料となる［ア］を［イ］させて得られる。［イ］には，末端から１つ１つ［ア］が付加反応していく［ウ］と，水などの小さな分子がとれて結合していく［エ］などがある。［エ］によって，化合物Aと化合物Bとが反応して高分子化合物になる場合には，AにもBにも最低［オ］個の官能基がなければならない。飲料水のボトルなどに使用されるPETすなわちポリエチレンテレフタラートはこのタイプの反応によって製造される。合成高分子が，木材や金属に置き換わる新しい素材として，広く用いられるようになった理由の１つに成形の容易さがあげられる。合成樹脂は，熱を加えると軟化する［カ］樹脂と熱を加えると硬くなる［キ］樹脂に分類される。

力を加えると変形し，力を除くと元の形に戻る性質をもつ高分子化合物をゴムという。ゴムの木の樹液から得られた天然ゴムは，$(C_5H_8)_n$ の分子式で表される鎖状構造の高分子化合物であり，繰り返し単位から考えると，二重結合を２つ含む化合物(イソプレン)が［ア］になる。天然ゴムに数%の硫黄を加えて加熱すると顕著なゴム弾性を示すようになる。これは硫黄が鎖状の天然ゴム分子どうしを結合して［ク］構造をつくるためであり，このような操作を［ケ］という。

問1　文中の空欄［ア］から［ケ］に当てはまる適当な語または数を記せ。

問2　合成ゴムにはクロロプレンゴムのほかに下に示した合成ゴムXがある。この合成ゴムは，２種類の化合物C(分子量104)と化合物D(分子量54)を共［イ］させたもので，自動車のタイヤなどに用いられている。合成ゴムXの名称およびCとDの構造式を記せ。

合成ゴムX　$-CH_2-CH=CH-CH_2-CH_2-CH-$

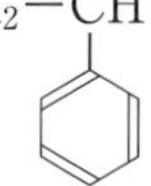

問3　触媒を用いて640gの合成ゴムXに十分な量の水素を反応させたところ16gの水素が反応した。共［イ］に使われたCとDの物質量の比を $1:x$ とする。x を求め，整数で記せ。解答に至る導出過程も記すこと。ただし，この反応ではベンゼン環は反応しなかったものとする。

6 高分子化合物

6 −8 浜松医科大

難易度 ★★★★☆ 解答目安時間 15分

次の文を読んで，以下の問いに答えよ。

ナイロン66とナイロン6は，化学実験室では以下の手順で合成できる。［ 1 ］の水酸化ナトリウム水溶液をビーカーにとる。ここに，［ 2 ］のヘキサン溶液をゆっくり加える。ビーカーの溶液は2層に分離し，その界面に白色のナイロン66が形成される。これをピンセットでつまんで引っ張ると，繊維状のナイロン66が得られる。ナイロン6は，［ 3 ］を試験管に入れて，加熱したのち冷却し，少量のナトリウムを加えて，さらに加熱すると得られる。ナイロン66は，［ 1 ］と［ 2 ］の縮合重合で得られるのに対し，ナイロン6は，［ 3 ］の［ 4 ］重合で得られる。ポリエチレンテレフタラートは，形成した化学結合からポリエステルとよばれるのに対して，ナイロン66やナイロン6は，［ 5 ］とよばれる。

問1 ［ 1 ］～［ 5 ］にあてはまる適当な語句を記せ。［ 1 ］，［ 2 ］，［ 3 ］については構造式も記すこと。

問2 ナイロン66とナイロン6の構造式を下の例にならって記せ。

(例) $\left[O-(CH_2)_2-O-\underset{\underset{O}{\|}}{C}-C_6H_4-\underset{\underset{O}{\|}}{C} \right]_n$

ポリエチレンテレフタラート

問3 合成高分子化合物は，さまざまな重合度をもつ分子の集合体である。そのため，分子量を表すには平均分子量を用いる。平均分子量には，分子量の算術平均である数平均分子量(Mn)と，分子量の加重平均である重量平均分子量(Mw)が用いられる。合成高分子化合物において，ある重合度をもつ分子の分子量をM_i，その分子の数をN_iとすると($i=1$, 2, …, m)，合成高分子化合物のMnは次式で表すことができる。

$$M\mathrm{n}=\frac{\sum_{i=1}^{m} M_i N_i}{\sum_{i=1}^{m} N_i}$$

ただし，M_mは集合体のうち最大の分子量であり，その分子の数はN_mである。また，Mw/Mnは高分子化合物の分散度とよばれ，この数が大きいほど広い範囲の重合度をもつ分子の集合体である。ある合成高分子化合物の$M\mathrm{w}=6.6\times10^3$，分散度は1.58であり，$M_1=1.0\times10^3$，$M_2=5.0\times10^3$，$M_3=1.0\times10^4$の3種類の集合体である。それぞれの分子の数を$N_1=10$，$N_2=10$であるとき$N_3$の値を求めよ。計算の過程も記すこと。

問4　合成高分子化合物では，立体異性体の存在しない単量体から合成しても，立体異性体を生じる場合がある。合成高分子化合物の中の立体異性体は，合成樹脂の性質に大きな影響を与えるため，これらを制御することはたいへん重要である。ポリプロピレンは立体異性体を生じる例であるが，どのような立体異性体が生じるか，構造式を用いて説明せよ。

ここで合否が分かれる！

高分子の合成実験と，物性に関する1問である。医学部受験生であれば，ナイロン66，ナイロン6の合成実験は予備知識として頭に入れておきたい。数平均重合度と重量平均重合度の違いは入試頻出ではないが，専門知識としては重要なのでポイントをおさえておくとよい。立体構造に関する問題は入試でも散見される。これらの内容を初見で解答時間内に処理するのは相当大変であるため，解説にあるような背景をあらかじめ知っておくことが望まれる。

問1の2に入るアジピン酸ジクロリドは，この実験に関する知識がないと解答できないだろう。問3の重合度計算は意味がわかれば代入するだけだが，落ち着いて処理することができたか，また問4は題意を正確に読み取れたかがそれぞれ重要だった。この3問でどこまで得点を伸ばせたか，まさに類題経験の有無で差がつく1問だったといえる。

類題には，フェノール樹脂などの合成樹脂に関する問題を取り上げた。問6の反応は，問題6－1で出題された尿素樹脂の付加縮合と同じ要領なので，それを応用して解いてみよう。

解答

問1　1：ヘキサメチレンジアミン／$H_2N(CH_2)_6NH_2$

2：アジピン酸ジクロリド／$Cl-\underset{\underset{O}{\|}}{C}-(CH_2)_4-\underset{\underset{O}{\|}}{C}-Cl$

3：ε-カプロラクタム／

```
        CH2
      /     \
   CH2       CH2
    |         |
   CH2       CH2
      \     /
       N — C
       |   ‖
       H   O
```

4：開環　5：ポリアミド

問2　ナイロン66：

$$\left[\begin{array}{c} N \\ | \\ H \end{array} \!-\!(CH_2)_6\!-\! \begin{array}{c} N \\ | \\ H \end{array} \!-\! \begin{array}{c} C \\ \| \\ O \end{array} \!-\!(CH_2)_4\!-\! \begin{array}{c} C \\ \| \\ O \end{array} \right]_n$$

ナイロン6：

$$\left[\begin{array}{c} N \\ | \\ H \end{array} \!-\!(CH_2)_5\!-\! \begin{array}{c} C \\ \| \\ O \end{array} \right]_n$$

問3　$1.58 = \dfrac{6.6 \times 10^3}{\dfrac{1.0 \times 10^3 \times 10 + 5.0 \times 10^3 \times 10 + 1.0 \times 10^4 \times N_3}{10 + 10 + N_3}}$

$N_3 = 4.0$

よって，4

問4

H　CH3　H　CH3　H　CH3　H　CH3
…—CH_2—C—CH_2—C—CH_2—C—CH_2—C—…

のように，メチル基の向きが一定であるものや，

H　CH3　CH3　H　H　CH3　CH3　H
…—CH_2—C—CH_2—C—CH_2—C—CH_2—C—…

のように，メチル基の向きが周期的に変化するもの，および，

H　CH3　H　CH3　CH3　H　H　CH3
…—CH_2—C—CH_2—C—CH_2—C—CH_2—C—…

のように，メチル基の向きがばらついているものなどがある。

考え方と解法のポイント

問1　室温でナイロン66を合成するには，アジピン酸よりも反応性が大きいアジピン酸ジクロリドを用いる必要がある。アジピン酸とヘキサメチレンジアミンを室温で混合しても，中和反応が起こるだけで，縮合は起こらないからである。

アジピン酸ジクロリドは水によって徐々に加水分解されるので，水には溶かさない。よって，水酸化ナトリウム水溶液に溶かすのはヘキサメチレンジアミンの方である。この水溶液に，アジピン酸ジクロリドのヘキサン溶液をゆっくり加えると，密度の小さなヘキサン溶液が上層，水溶液が下層となって二層分離した状態になる。その境界面で反応が起こるので，生じた固体の重合体をピンセットでつまみ上げる（次ページの図）。すると新たな境界でまた反応が起こり，これが次々に引き上げられるので繊維を取り出すことができる。

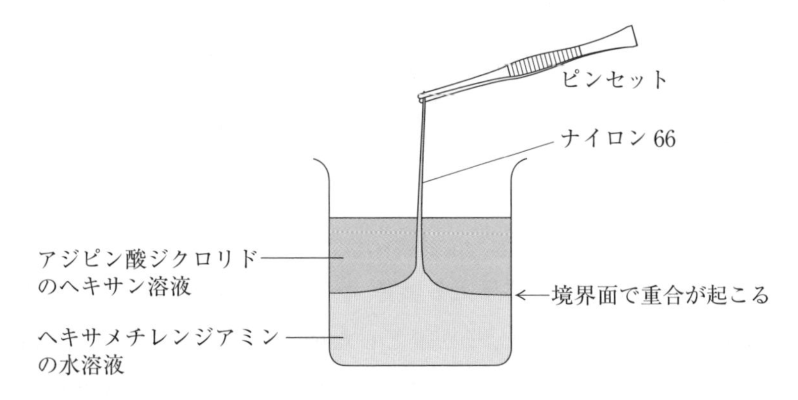

反応式は以下の通りである。

$$n\,\mathrm{H{-}\underset{\displaystyle H}{\underset{|}{N}}{-}\!\!(CH_2)_6\!\!{-}\underset{\displaystyle H}{\underset{|}{N}}{-}H} + n\,\mathrm{Cl{-}\underset{\displaystyle O}{\underset{\|}{C}}{-}\!\!(CH_2)_4\!\!{-}\underset{\displaystyle O}{\underset{\|}{C}}{-}Cl}$$

$$\longrightarrow \left[\mathrm{\underset{\displaystyle H}{\underset{|}{N}}{-}\!\!(CH_2)_6\!\!{-}\underset{\displaystyle H}{\underset{|}{N}}{-}\underset{\displaystyle O}{\underset{\|}{C}}{-}\!\!(CH_2)_4\!\!{-}\underset{\displaystyle O}{\underset{\|}{C}}}\right]_n + 2n\,\mathrm{HCl}$$

ここで生じたHClを，NaOHが中和する。

$$\mathrm{HCl + NaOH \longrightarrow NaCl + H_2O}$$

これにより，失われた生成物HClを補おうとして重合反応が進行しやすくなる。

問3　合成高分子の重合度や分子量は，分子ごとにまちまちでばらつきがある。よって，これらは平均値で表される。通常，化学で平均分子量と言ったら，数平均分子量のことである。しかし，高分子化合物では重量平均分子量を使うこともある。

数平均分子量＝(分子量×モル分率)の総和
(Mn)

重量平均分子量＝$\left\{\text{分子量}\times\dfrac{\text{質量百分率〔\%〕}}{100}\right\}$の総和
(Mw)

ここで両者の違いを確認しておこう。凝固点降下や浸透圧には，溶質粒子の分子量は関係なく，溶質粒子の物質量が関係した。高分子化合物の物質量は，質量を「数」平均分子量で割れば出る。したがって，凝固点降下法や浸透圧法で算出される分子量は「数」平均分子量である。

ところが，高分子化合物の粘度，固体ならば硬さ，融点といった物理的性質は，「重量」平均分子量で決まってくる。以下の極端な例を考えればわかる。分子量10^5の高分子に，分子量10^2の分子が同モル混じったところで，質量的には0.1％程度の不純物が混じったのと同じことであり，物理的性質にはほぼ影響しない。そして「重量」平均分子量も約10^5のままほぼ変わらない。

$$10^5\times\frac{99.9}{100}+10^2\times\frac{0.1}{100}\fallingdotseq 10^5$$　…「重量」平均分子量

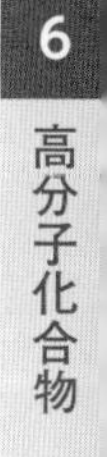

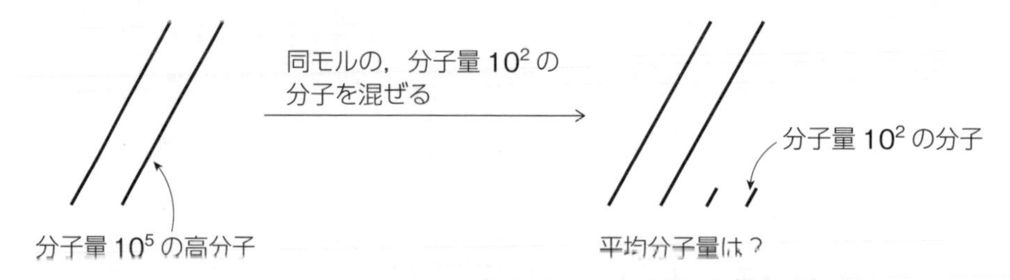

一方，凝固点降下や浸透圧に与える影響は，分子量 10^5 の分子だろうが 10^2 の分子だろうが同じなので，分子量 10^2 の分子が混じった後は，ほぼ同じ質量で2倍の凝固点降下度や浸透圧を示すことになる。したがって，これらの測定値から算出した分子量は，「数」平均分子量になるのである。

$$10^5 \times \frac{2}{4} + 10^2 \times \frac{2}{4} \fallingdotseq \frac{1}{2} \times 10^5 \quad \cdots \text{「数」平均分子量}$$

設問を解くには，特に数学的な考慮はいらない。定義通りに2通りの分子量を出し，その比が1.58であるとすればよいだけである。分子数の合計は $10+10+N_3$ なので，

$$\frac{\text{重量平均分子量}}{\text{数平均分子量}} = \frac{6.6 \times 10^3}{1.0 \times 10^3 \times \frac{10}{20+N_3} + 5.0 \times 10^3 \times \frac{10}{20+N_3} + 1.0 \times 10^4 \times \frac{N_3}{20+N_3}}$$

$$= 1.58$$

$$N_3 = 4.0$$

よって，4個

（N_3 は，平均ではなく実際の個数だから，整数値で答えればよい）

問4　解答1段目のすべての不斉炭素原子の立体配置が一定である高分子（アイソタクチックポリマーという）や，2段目の立体配置が周期的に変わる高分子（シンジオタクチックポリマーという）は，高分子どうしが密に積み重なるのでその距離が減少し，分子間力が増大する。したがって，強度の大きな固体（樹脂）をつくることができる。

しかし，3段目の立体配置が規則的でない高分子（アタクチックポリマーという）は，固体中での高分子どうしの距離が離れてしまうために強度の小さな固体しかつくれず，実用的でない。

ポリプロピレンは，重合後の立体配置が規則正しくなるよう設計された触媒を用いて，初めて有用な樹脂，繊維になるのである。

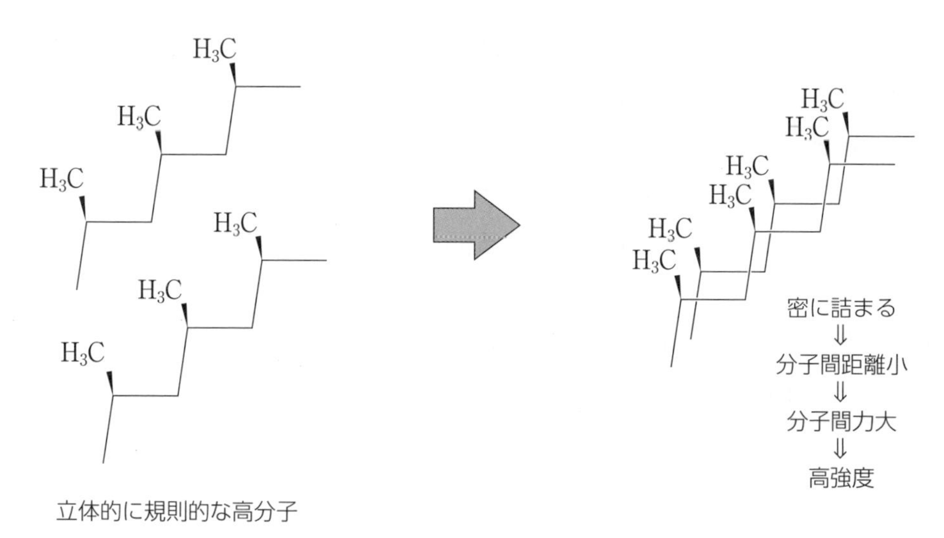

立体的に規則的な高分子

類題 57

次の文を読み，**問1～問7**に答えよ。原子量は，H＝1.0，C＝12，O＝16 とする。 （同志社大）

合成樹脂（プラスチック）には，ポリエチレン，フェノール樹脂，(A)ポリテトラフルオロエチレン，(B)尿素樹脂などがあり，各種容器や建材に，また金属の代替物としても利用される。加熱するとやわらかくなる樹脂を（　ア　），加熱により硬くなる樹脂を（　イ　）とよぶ。たとえば，ポリエチレンは（　ア　）に分類され，フェノール樹脂は（　イ　）に分類される。

ポリエチレンは，エチレンを重合させたときの反応条件によって，その枝分れの程度が異なる。(あ)枝分れの程度により固体中の結晶部分の割合が変化するため，ポリエチレンには，透明性が高くやわらかい低密度ポリエチレンと，不透明でかたい高密度ポリエチレンがあり，それぞれ用途にあわせて使い分けられている。

フェノール樹脂は，まず，フェノールとホルムアルデヒドから流動性のある中間生成物である（　ウ　）やレゾールを合成し，必要に応じて適当な物質を加えたのち，(い)それらを加熱することにより得られる。フェノール樹脂は，高温に加熱してもなかなか融解せず，溶媒にも溶けないので，家具や食器などに用いられる。

ポリテトラフルオロエチレンは，フライパンにこげがつかないための表面処理などに使われる。また，(C)ポリメタクリル酸メチルは強化ガラスや光ファイバーの材料として，(D)ポリ酢酸ビニルは接着剤として使用されるなど，合成樹脂はいろいろな用途に利用されている。

構造式の例

```
H       CH3
 \     /
  C＝C
 /     \
H       C－OCH3
        ‖
        O
```

メタクリル酸メチル

問1　文中の空欄(　ア　)～(　ウ　)に最も適する語句を記入せよ。

問2　下線部(A)および(B)の合成樹脂を合成するためのすべての単量体(原料)の構造式を，例にならって示せ。

問3　下線部(あ)について，次の問い(1)および(2)に答えよ。

(1)　枝分れが多いほどポリエチレン中の結晶化の程度はどうなっているか。「高い」もしくは「低い」で答えよ。

(2)　低密度ポリエチレンと高密度ポリエチレンで結晶部分の割合がより大きいのはどちらか。

問4　フェノール樹脂ができるとき，原料であるフェノールはどの位置で主に反応するか。次の図から2つ選んで，記号(a)～(e)で答えよ。ただし，同じ記号を2つを選んではいけない。

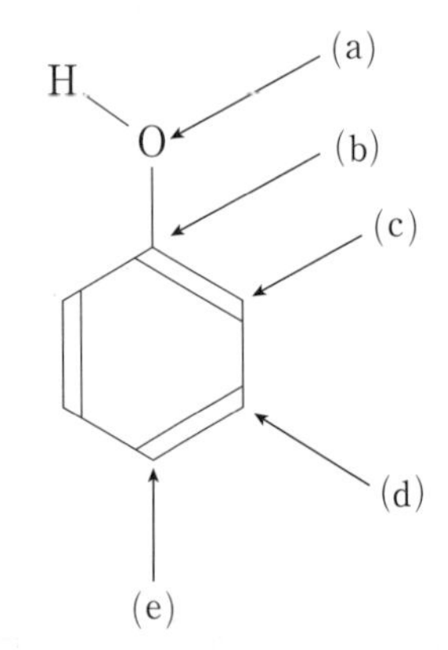

問5　下線部(い)では，反応が進行して，高分子中にある特徴的な構造が形成され，その結果，フェノール樹脂が(　イ　)の性質を示すようになる。特徴的な構造とはどのような構造か，簡潔に答えよ。

問6　フェノール樹脂の合成について，以下の問い(1)および(2)に答えよ。

(1)　2分子のフェノールと1分子のホルムアルデヒドが縮合するときにとれる分子は何か。化学式で答えよ。

(2)　フェノール100gとホルムアルデヒド45gすべてが縮合重合してできるフェノール樹脂は理論上何gか。整数で答えよ。ただし，他の物質は加えないものとする。

問7　下線部(B)～(D)の3種類の合成樹脂のうち，(　ア　)に分類されるものはどれか。該当するものをすべて選んで，記号(B)～(D)で答えよ。

＜著者紹介＞

岡島　光洋（おかじま・みつひろ）

大学，大学院で有機化学を専攻。技術者としての4年間を経て，1993年より代々木ゼミナールの化学科講師に転身。以来，長年にわたって受験指導に携わり，教材や問題集の執筆も多数手がけている。受験生向けの著書として，「[新版] 岡島のイメージでおぼえる入試化学」（代々木ライブラリー），「大学入試 全レベル問題集 化学3・4」「大学入学共通テスト 実戦対策問題集 化学・化学基礎」（いずれも旺文社）など，大学生向けの著書として，「理系なら知っておきたい化学の基本ノート 物理化学編・有機化学編・無機化学編」（KADOKAWA）がある。

＜DTP＞株式会社シーアンドシー

＜表紙デザイン＞中村　洋

大学別・合否を分けるこの1問

医学部の化学

2021年9月1日　初版発行

著　　者　岡島光洋
発 行 者　髙宮英郎
発 行 所　代々木ライブラリー
〒151-0053　東京都渋谷区代々木1-38-9-3階
印刷製本　三松堂印刷株式会社

●落丁・乱丁本については送料小社負担にてお取り替えいたします。
☎03-3370-7409（代々木ライブラリー営業部）

ISBN978-4-86346-809-2　Printed in Japan（）

大学別 合否を分けるこの1問

医学部の化学

〈別冊〉 類題解答

SAPIX YOZEMI GROUP

第１章　化学基礎

1

問１　**２～５分の間の直線部分を横軸０分のところまで外挿し，０分における縦軸の値を読むことによって求められる。**(51 字)

問２　$\frac{285}{\Delta T}-252$ J/K

問３　$50.4+0.22H$ kJ/mol

問４　$100.8+0.40H-Q_1$ kJ/mol

解説

問１　「直線部分を０分まで外挿し，その温度を読む」という内容が述べられていればよい。外挿とは補外ともいい，既知の数値を基に，そのデータの範囲外で予想される数値を求めることである。なお，グラフは以下のようになる。

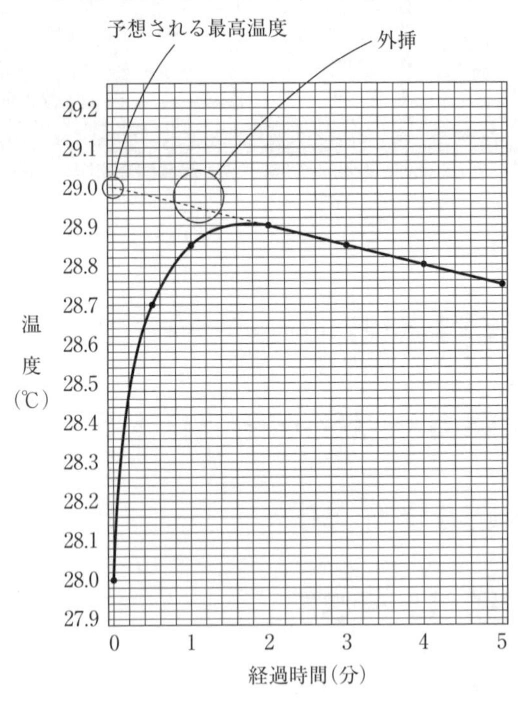

問２　HCl：$0.10\times\frac{55}{1000}=5.5\times10^{-3}$〔mol〕

NaOH：$1.0\times\frac{5.0}{1000}=5.0\times10^{-3}$〔mol〕

NaOH がすべて反応し，H_2O が 5.0×10^{-3}mol 生成するから，発生する中和熱は J 単位で，

57〔kJ/mol〕$\times5.0\times10^{-3}$〔mol〕$\times10^3$〔J/kJ〕$=285$〔J〕

この発熱量を，溶液と容器が吸収して温度上昇する。溶液の吸熱量は，

4.2〔J/(g・K)〕(比熱) $\times\,\Delta T$〔K〕(温度上昇) $\times\,1.0$〔g/cm³〕$\times\,(55+5)$〔mL〕(溶液〔g〕)

$=252\Delta T$〔J〕

容器の温度上昇は，

H〔J/K〕(熱容量) $\times\,\Delta T$〔K〕(温度上昇) $=H\Delta T$〔J〕

発熱量＝吸熱量の合計より，

$285=252\Delta T+H\Delta T$

$\Leftrightarrow\ H=\frac{285}{\Delta T}-252$〔J/K〕

問３　問２と同様に，NaOH の方が不足しており，5.0×10^{-3}mol すべて反応する。問２と同様の式を立てると，

$Q_1\times5.0$〔kJ/mol〕$\times10^{-3}$〔mol〕$\times10^3$〔J/kJ〕
$=4.2$〔J/(g・K)〕$\times1.1$〔K〕$\times60$〔g〕
$+H$〔J/K〕$\times1.1$〔K〕

よって，$Q_1=50.4+0.22H$〔kJ/mol〕

問４　NaOH(固)の溶解熱も，中和熱も，ともに

$\frac{0.20}{40}=5.0\times10^{-3}$〔mol〕分発生するから，

$(Q_1+Q_2)\times5.0\times10^{-3}\times10^3$
$=4.2\times2.0\times60+H\times2.0$

よって，$Q_2=100.8+0.40H-Q_1$〔kJ/mol〕

2

問１　**物質量１mol あたりの粒子の個数**

問２　5.5×10^{23}/mol

解説

問２　オレイン酸の質量から算出した単分子膜中のオレイン酸分子〔mol〕と，その面積から算出したオレイン酸分子〔mol〕が等しいという等式を立てる。化学の計算では，「主役」の物質の mol を２つの方法で算出し，等式でつなげる計算が多い。ここでの「主役」とは，単分子膜中のオレイン酸分子である。

アボガドロ定数を N_A〔/mol〕とおくと，

$$\frac{0.042}{282} \times \frac{0.10}{500} = \frac{75}{4.6\times10^{-15}} \times \frac{1}{N_A}$$

用意したオレイン酸〔mol〕

単分子膜中のオレイン酸の分子数

滴下したオレイン酸〔mol〕（500mL中0.10mLを滴下）

同〔mol〕

よって，$N_A = 5.47\times10^{23}$〔/mol〕

3

問1　c　　問2　b　　問3　f

解説

問1　H_2O(液)の生成熱は，H_2の燃焼熱でもある。H_2，CO，CH_3OH(液)の燃焼熱が与えられているから，燃焼生成物のエネルギーを0とおくと，

$2H_2 + CO = CH_3OH$(液)$+ Q$kJ より，

$2\times286 + 283 = 726 + Q$

係数と反応熱はそのまま残す

よって，$Q = 129$〔kJ/mol〕

問2　液体よりも気体の方が，蒸発熱の分だけエネルギーが大きいから，

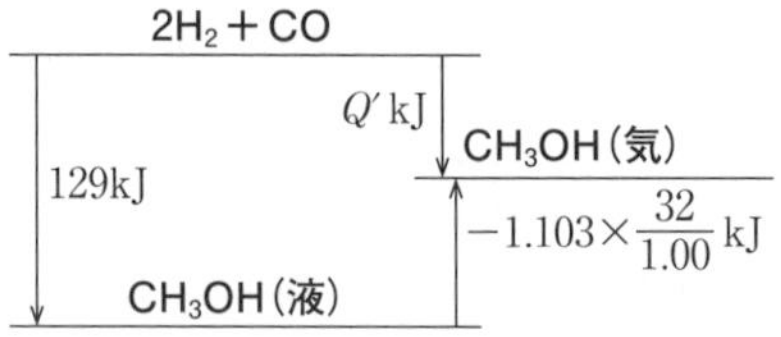

$2H_2 + CO$

Q'kJ

CH_3OH(気)

129kJ

$-1.103\times\frac{32}{1.00}$ kJ

CH_3OH(液)

よって，$Q' = 129 - 1.103\times\frac{32}{1.00} \fallingdotseq 94$〔kJ/mol〕

このように，エネルギーの上下関係がイメージできるようになると，反応熱算出の発想がしやすくなる。

問3　式(1)より，CH_3OHと同モルのCOが必要なので，

$$\frac{1.00\times10^3}{32}\times22.4 = 700〔L〕$$

4

問1　$CO_2 + H_2O \rightleftarrows H^+ + HCO_3^-$

問2　2.6×10^{-2}mol/L

問3　1.4×10^{-4}mol　問4　3.1×10^{-2}%

（解法は解説を参照）

解説

問2　CO_2と$NaOH$の反応は，

$$CO_2 + 2NaOH \longrightarrow Na_2CO_3 + H_2O$$

で，CO_2と等モルのNa_2CO_3が生じる。

過剰の$NaOH$とNa_2CO_3をHClで滴定している。

求めるCO_2の濃度をx〔mol/L〕とおくと，

$$x\times\frac{10.0}{1000} = 0.100\times\frac{10.0-7.4}{1000}$$

よって，$x = 0.0260$〔mol/L〕

問3　$BaCO_3$の沈殿で，CO_2と等モルの$Ba(OH)_2$が失われるので，求める物質量をx〔mol〕とおくと，

$$\left(1.0\times10^{-3}\times\frac{500}{1000} - x\right)\times\frac{25.0}{1000}\times2$$

$$= 5.0\times10^{-3}\times\frac{7.20}{1000}$$

よって，$x = 1.4\times10^{-4}$〔mol〕

問4　問3の結果より，求める%は，

$$\frac{1.4\times10^{-4}\times22.4}{10.0}\times100 = 0.0313〔\%〕$$

5

問1　ア：＋Ⅳ　イ：－Ⅱ

問2　a：H^+　b：H_2O

問3　ウ：4　エ：3　オ：2　カ：2

キ：1　ク：2　ケ：2　コ：4

問4　O_2分子が奪ったe^-〔mol〕＝$S_2O_3^{2-}$が出したe^-〔mol〕より，

$$x〔mol/L〕\times\frac{100}{1000}〔L〕\times4〔価〕$$

$$= 1\times10^{-2}〔mol/L〕\times\frac{6.4}{1000}〔L〕\times1〔価〕$$

$$x = 1.6\times10^{-4}〔mol/L〕$$

問5　2.0×10^{-3}〔mol/(atm・L)〕$\times\frac{20}{100}$〔atm〕$\times1$〔L〕

$= 4.0\times10^{-4}$〔mol/L〕

問6　$\frac{1.6\times10^{-4}}{4.0\times10^{-4}}\times100 = 40$〔%〕

問7　従うもの：Ar，CH_4，H_2，N_2

従わないもの：NH_3，HCl

解説

問1　式2は，以下のように合成される。

還元剤　$\{Mn(OH)_2 + H_2O \rightarrow MnO(OH)_2 + 2H^+ + 2e^-\} \times 2$

酸化剤　$O_2 + 4H^+ + 4e^- \longrightarrow 2H_2O$

全　体　$2Mn(OH)_2 + O_2 \longrightarrow 2MnO(OH)_2$

この反応で，Mn原子は酸化数＋2(＋Ⅱ)から＋4(＋Ⅳ)まで酸化され，O原子は酸化数0から－2(－Ⅱ)まで還元される。

問2，3　式3，4はそれぞれ以下のように合成される。

還元剤　$2I^- \longrightarrow I_2 + 2e^-$

酸化剤　$MnO(OH)_2 + 4H^+ + 2e^- \longrightarrow Mn^{2+} + 3H_2O$

全　体　$MnO(OH)_2 + 2I^- + 4H^+ \longrightarrow Mn^{2+} + I_2 + 3H_2O$

還元剤　$2S_2O_3^{2-} \longrightarrow S_4O_6^{2-} + 2e^-$

酸化剤　$I_2 + 2e^- \longrightarrow 2I^-$

全　体　$2S_2O_3^{2-} + I_2 \longrightarrow S_4O_6^{2-} + 2I^-$

これら3つの反応をまとめると，以下のようになる。

O_2 → $2MnO(OH)_2$ → $2I_2$ → $2S_4O_6^{2-}$
$2Mn(Ⅱ)$ ← $4I^-$ ← $4S_2O_3^{2-}$

結局，O_2 1mol が反応するごとに $S_2O_3^{2-}$ が4mol消費されることになる。

問4　上記より，「O_2〔mol〕：$S_2O_3^{2-}$〔mol〕＝1：4」となることを利用して計算する。または，MnやI原子が反応後に元に戻ることから，「O_2 が奪う e^-〔mol〕＝$S_2O_3^{2-}$ が出す e^-〔mol〕」という式を立てればよい。

問5　ヘンリーの法則：「液体に溶解する気体の物質量は，その気体の圧力(混合気体なら分圧)と，溶媒量とに比例する」

ここでは，水が1Lのままで，O_2 分圧が1気圧の0.2倍なのだから，溶ける O_2 のmolも溶解度の0.2倍となる。

問6　ヘンリーの法則で計算された溶解度は，気体を十分接触させ続けたときの溶解量である。川に生息する生物が増えると，その代謝による消費に溶解が追いつかなくなるため，実際の酸素濃度は，溶解度から算出されたそれよりも低くなる。

問7　ヘンリーの法則は，水によく溶ける気体や，水と反応する気体については当てはまらない。ちなみに二酸化炭素は，水への溶解度が中程度である(単に「溶ける」と表現される)ので，低圧ではヘンリーの法則に従うが，高圧では従わなくなってくる。これは，濃度増加によって溶けた気体分子どうしの相互作用が無視できなくなり，理想性からずれるためである。

第2章　物質の状態

6

問1　①：**体心立方**　②：**六方最密**　③：**12**

問2　**13**　　**問3**　**12**

問4　短い：$2r$　長い：$4r$

問5　**5**　　**問6**　**14 面体**

解説

問2　クラスター1個あたりの原子数を求めると，

$$\frac{1.40\times10^{-3}\times6.02\times10^{23}}{6.48\times10^{19}}=13.0$$

面心立方格子は，下記のように1個の原子●を12個の原子○が取り囲んだ構造なので，この合計13個の原子からなるクラスターであることがわかる。

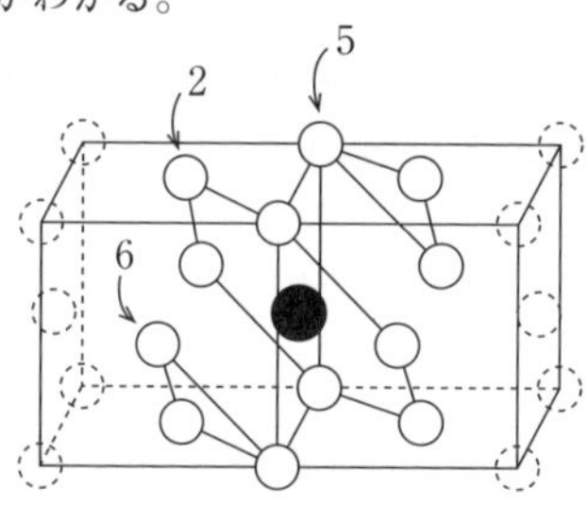

問3　上図○が露出表面原子である。また，○は●の最近接原子でもある。

問4　最も短い距離のものは，たとえば下記の①と②であり，互いに接している。したがって，その距離は$2r$である。最も長い距離のものは，たとえば下記の①と④であり，それぞれ中心の原子と正反対の方向から接し，距離は$4r$である。なお，これ以上離れると，もう中心の原子と接することはできない。

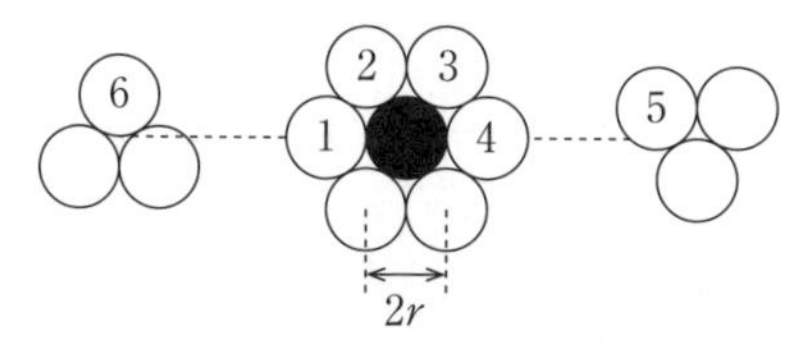

問5　上図の②に着目すると，直接接しているのは①，③，⑤，⑥，●の5原子である。他の表面原子も同じ環境にある。

問6　原子の中心を結んだ上図の六角形の下半分だけを考えると，右図のように7つの面があることがわかる。上半分にも同様に7つの面があるので，計14面体である。

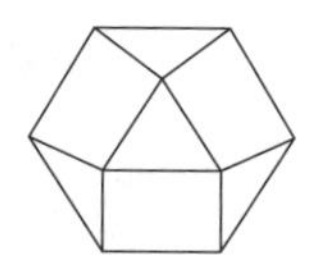

7

問1　**イ，エ**

問2　(1)：**0.73**　(2)：**0.41**

問3　**0.77 倍**

問4　(a)　理由：**NaCl のほうが，イオン間距離が短いから。**(21字)

問5　$Q=A-F+C+\frac{1}{2}G+H$

問6　$+0.85\frac{e^2}{R}$

解説

問1　イ　イオン結晶は，硬くもろい。

エ　Na^+またはCl^-のみに着目すれば，面心立方格子の配列になっている。

問2(1)　CsCl 型の極限半径比である。

$$\frac{\sqrt{3}a'}{a'}=\frac{2(r^-+r^+)}{2r^-}$$

$$\Longleftrightarrow\ \frac{r^+}{r^-}=\sqrt{3}-1$$

よって，

安定な条件：$\frac{r^+}{r^-}>\sqrt{3}-1$

(2)　NaCl 型の極限半径比である。

$$\frac{\frac{\sqrt{2}a}{2}}{\frac{a}{2}}=\frac{2r^-}{r^-+r^+}$$

$$\Longleftrightarrow\ \frac{r^+}{r^-}=\sqrt{2}-1$$

よって，安定な条件：$\frac{r^+}{r^-}>\sqrt{2}-1$

問3　NaCl 型の単位格子1辺の長さaは，

$a=2(r^-+r^+)$

NaCl 型の密度をd_{NaCl}〔g/cm³〕とし，rをcmとする。アボガドロ定数：N_A〔/mol〕，式量：Mとおくと，

$$\underbrace{\{2(r^-+r^+)\}^3\times d_{NaCl}}_{\text{cm}^3\times\text{g/cm}^3\text{で算出した単位格子のg}}=\underbrace{\frac{4}{N_A}\times M}_{\text{イオンの質量から算出した単位格子のg}}$$

同様に，CsCl 型の単位格子 1 辺の長さ a' は，

$$\sqrt{3}\,a' = 2(r^- + r^+)$$

密度を d_{CsCl}〔g/cm^3〕とすると，

$$\left\{\frac{2(r^- + r^+)}{\sqrt{3}}\right\}^3 \times d_{\mathrm{CsCl}} = \frac{1}{N_\mathrm{A}} \times M$$

したがって密度比は，

$$\frac{d_{\mathrm{NaCl}}}{d_{\mathrm{CsCl}}} = \frac{\frac{4}{N_\mathrm{A}} \times M}{\{2(r^- + r^+)\}^3} \times \frac{\left\{\frac{2(r^- + r^+)}{\sqrt{3}}\right\}^3}{\frac{1}{N_\mathrm{A}} \times M}$$

$$= \frac{4\sqrt{3}}{9} = 0.768\text{〔倍〕}$$

よって，最近接異符号イオンの多い CsCl 型のほうが，密に詰まっていることがわかる。

問5

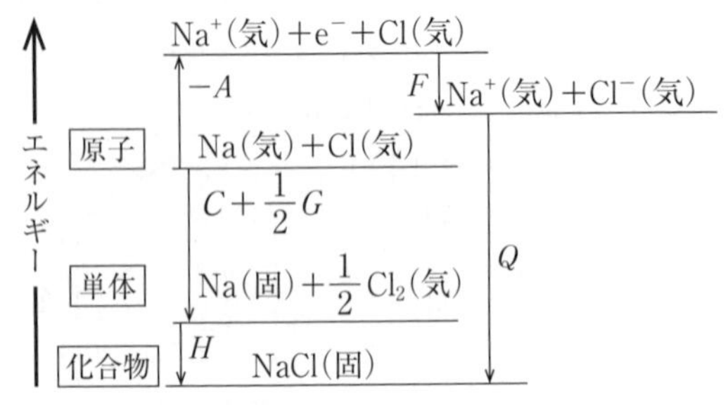

C：Na(固)昇華熱

A：Na 第一イオン化エネルギー

F：Cl 電子親和力，G：Cl–Cl 結合エネルギー

H：NaCl(固)生成熱，Q：NaCl 格子エネルギー

上図より，

$$C + \frac{1}{2}G + H = -A + F + Q$$

$$Q = C + A - F + \frac{1}{2}G + H$$

結び付きというのは，切断されれば吸熱，生じれば発熱する。Na(気)を Na^+(気)と e^- に切断する変化は吸熱であり，イオン化エネルギーはそのマイナス符号を取り去った値を指す。

一方，Cl(気)と e^- が結び付いて Cl^- になる変化は発熱なので，電子親和力は符号そのままで用いればよい。

他にも，Na(気)から金属結合した Na(固)ができれば昇華熱を発熱するし，Cl(気)から共有結合 $\frac{1}{2}$ mol 分ができて $\frac{1}{2}Cl_2$ になれば，Cl–Cl 結合エネルギーの $\frac{1}{2}$ を発熱する。イオンがイオン結合で結び付いてイオン結晶(固体)ができれば，格子エネルギーを発熱する。

結び付きの切断，形成を表す反応熱は，切断が吸熱，形成が発熱と決まっているので，わざわざ符号はつけない。したがって，使うときは符号を判断して使う必要がある。

問6　最近接の距離にあるのは異符号イオンであり，中心から見ると各面の中心に 6 個ある。引力により，(潜在)エネルギーは減少し安定化されるから，

$$\text{エネルギー} = -\frac{e^2}{\mathrm{R}} \times 6$$

2 番目の距離にあるのは同符号イオンであり，中心から見ると各稜の中点に計 12 個ある。距離は $\sqrt{2}\,\mathrm{R}$，反発によりエネルギーは増大するから，

$$\text{エネルギー} = +\frac{e^2}{\sqrt{2}\,\mathrm{R}} \times 12$$

3 番目の距離にあるのは異符号イオンであり，中心から見ると各頂点に 8 個ある。距離は $\sqrt{3}\,\mathrm{R}$ だから，

$$\text{エネルギー} = -\frac{e^2}{\sqrt{3}\,\mathrm{R}} \times 8$$

4 番目の距離にあるのは，面を共有して隣り合う単位格子の中心にある，同符号イオン計 6 個である。距離は 1 辺の長さに等しく 2R なので，

$$\text{エネルギー} = \frac{e^2}{2\mathrm{R}} \times 6$$

これらを合計すると，

$$-\frac{e^2}{\mathrm{R}} \times 6 + \frac{e^2}{\sqrt{2}\,\mathrm{R}} \times 12 - \frac{e^2}{\sqrt{3}\,\mathrm{R}} \times 8 + \frac{e^2}{2\mathrm{R}} \times 6$$

$$= +0.847\frac{e^2}{\mathrm{R}}$$

8

問1　①：**非晶質(アモルファス)**　②：**イオン**　③：**共有結合**　④：**金属**　⑤：**分子**　⑥：t_1　⑦：t_4　⑧：**融解**　⑨：$\dfrac{t_4 - t_3}{t_2 - t_1}$　⑩：$\dfrac{Q(t_3 - t_2)}{T_3 - T_2}$

問2　・**圧力を大きくする。**

　　　・**不揮発性物質を溶解させる。**

問3　**融解は，粒子間の引力の一部を切断するだけで起こるが，蒸発は，残りの引力すべてを切断しないと起こらないから。**

問4

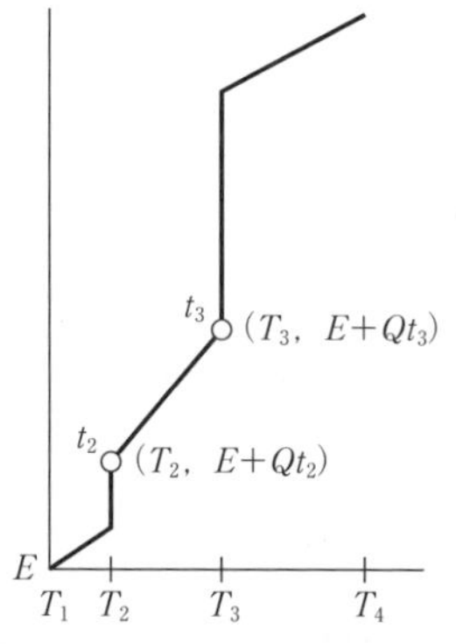

問5　ア　**他の気体が共存すれば蒸発する**

　　　イ　**変わらない**　　ウ　**○**

　　　エ　**高い**

問6

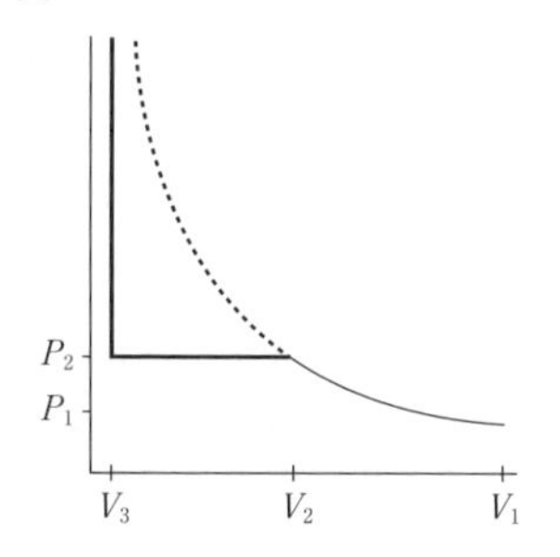

解説

問1

①　ほとんどの固体は結晶だが，一部の固体には非晶質(アモルファス)といって，構成粒子の配置が不規則なものもある。ガラスがこの例である。

⑨　この物質は毎分 Q kJ の熱量を吸収しているから，融解時($t_1 \sim t_2$)に吸収した熱量は $Q(t_2-t_1)$〔kJ〕，蒸発(沸騰)時($t_3 \sim t_4$)に吸収した熱量は $Q(t_4-t_3)$〔kJ〕である。したがってその比は，

$$\frac{Q(t_4-t_3)}{Q(t_2-t_1)}=\frac{t_4-t_3}{t_2-t_1}$$

⑩　この物質が全部液体状態で存在するのは $t_2 \sim t_3$ であり，そのとき $Q(t_3-t_2)$〔kJ〕の熱量を吸収しながら T_3-T_2〔K〕だけ温度上昇している。量は1mol だから，1K 上昇あたり吸収した熱量〔kJ〕は，

$$\frac{Q(t_3-t_2)}{T_3-T_2}\text{〔kJ〕}$$

問2　沸点とは飽和蒸気圧＝外圧になる温度なので，外圧を高めれば，より高い飽和蒸気圧をとる高温側に沸点がずれる。

　不揮発性物質を溶かせば，沸点上昇により沸点が高まる。

問4　物質Xがもつエネルギーは，加熱によって与えたエネルギーの分だけ増大する。与えたエネルギーは時間に比例するので，x 軸に温度，y 軸に時間をとったグラフと同じ形になる。結局与えられた図の横軸と縦軸を逆にしたグラフを描けという意味になる。

問5

ア　空気中の水のように，その液体と他の気体とが接触していれば，その気体の中に蒸気が混合していくことにより蒸発する。一方，液体のみをピストン付き容器に入れ，その圧力における沸点より低い温度にしたときは，全部液体で存在する。

イ　飽和蒸気圧は，混合気体においては飽和蒸気の分圧を意味し，他の気体の影響を受けない。

ウ　過冷却現象といって，凝固点より低い温度になっても固体が生じない特殊な状態がある。結晶の核をつくるためには，ある程度粒子間の引力を高める必要があり，結晶の核が生じるまではこの状態が続く。

エ　酸化カルシウム CaO は金属元素と非金属元素からなるイオン結晶だから高融点。一方，黄リン P_4 は非金属元素のみからなる分子結晶だから低融点。

問6　理想気体は，n，T 一定ならば，

$$PV=nRT=k(\text{一定})$$

が成り立ちボイルの法則に従う。一方，水蒸気は，飽和蒸気圧以下のときはボイルの法則に従うが，飽和蒸気圧以上にしようとしたときは，その超えた分が凝縮するために，実際の圧力が飽和蒸気圧で一定になってしまう。気体の n が減少していくため，もうボイルの法則は成り立たない。

9

問1　ρh_0

問2　イ：750　オ：蒸発　キ：生成

ケ：ドルトン

問3　$2H_2 + O_2 \longrightarrow 2H_2O$

問4　エ：241　カ：285

問5　ク：$4.2\times200\times1.7 = 285\times n\times10^3$

$n = 5.01\times10^{-3}$mol

よって，5.0×10^{-3}

コ：1.5　サ：0.75

問6　$\dfrac{1.0\times10^5}{13.6\times75} = \dfrac{P}{\rho\times150}$　…①

$P\times0.50$

$= 5.01\times10^{-3}\times8.31\times10^3\times300$　…②

①，②より，$\rho = 1.69$

よって，1.7 g/cm^3

解説

問1　断面Sでの圧力のつり合いに関して考える。下向きの圧力は，上部空間の圧力＋S面より上の液体の質量による圧力だが，現状は上部空間が真空なので，液体の質量のみを考慮すればよい。一方上向きの圧力は，断面S′に下向きにかかるp_0と同じになる。

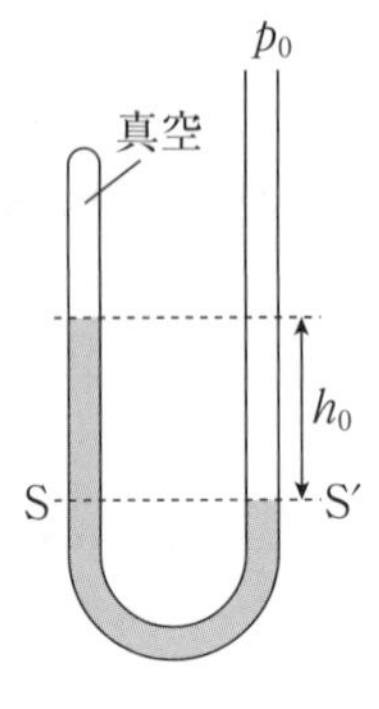

重力加速度をg〔m/s^2〕とおくと，断面積1〔m^2〕あたり$h_0\times10^{-2}$〔m^3〕の液体がS上にある。密度はρ〔g/cm^3〕$=\rho\times10^3$〔kg/m^3〕

$$\left(\begin{array}{l} 1\text{〔kg〕}=10^3\text{〔g〕},\ 1\text{〔m}^3\text{〕}=10^6\text{〔cm}^3\text{〕} \\ \rho\text{〔g/cm}^3\text{〕}\times\dfrac{1}{10^3}\text{〔kg/g〕}\times\dfrac{10^6}{1}\text{〔cm}^3\text{/m}^3\text{〕} \\ =\rho\times10^3\text{〔kg/m}^3\text{〕} \end{array}\right)$$

なので，

$$\underbrace{\rho\times10^3\text{〔kg/m}^3\text{〕}\times h_0\times10^{-2}\text{〔m}^3\text{〕}\times g\text{〔m/s}^2\text{〕}}_{\text{液体の質量による圧力〔Pa〕}} = p_0\text{〔Pa〕}$$

地表面でgは一定だから，p_0は$\rho\cdot h_0$に比例する。

問4

（エ）

原子　2H(気)＋O(気)

$436+\dfrac{1}{2}\times498$ kJ

単体　H-H(気)＋$\dfrac{1}{2}$O=O(気)

Q kJ　　　463×2 kJ

化合物　H-O-H(気)

（縦軸：エネルギー）

$$436+\frac{1}{2}\times498+Q=463\times2$$

よって，$Q=241$〔kJ〕　燃焼熱は，241〔kJ/mol〕

（カ）

単体　H_2(気)＋$\dfrac{1}{2}O_2$(気)

241 kJ

H_2O(気)　　　Q' kJ

44 kJ

H_2O(液)

よって，$Q'=285$〔kJ〕　燃焼熱は，285〔kJ/mol〕

問5

（コ）　コック開放前後の気体の数値を整理すると，ここでの液面差は内圧に比例するから，

コックaを開く	A中 H_2	B中 O_2	
P	h_1		〔cm〕
V	0.5	0.5	〔L〕
n	n	$2n$	〔mol〕
T	300	300	〔K〕

コックbも開く	A＋B中 H_2+O_2	
P	xh_1	〔cm〕
V	1	〔L〕
n	$3n$	〔mol〕
T	300	〔K〕

コックaを開くときのH_2と，コックbを開くときのH_2+O_2とでT一定だから，

$\dfrac{PV}{n}=\dfrac{P'V'}{n'}=RT$(一定)より，

$$\frac{h_1\times0.5}{n}=\frac{xh_1\times1}{3n}$$

よって，$x=1.5$

ここでは気体定数を使わないので，P や V は，単位をそろえさえすれば，どんな単位でも代入できる。液面差というのは接する気体の圧力の差によって生じるが，この問題では片方が真空なので，液面差がそのまま容器の圧力に比例する。つまり，圧力の数値として使える。

なお，このような装置で，U字管の液体を水銀として生じた液面差〔mm〕は，「mmHg」といって圧力の単位に使われる。たとえば血圧の「上が140」というのは，最大血圧が140mmHgであるという意味を表す。

（サ） 水素燃焼前後の量関係を整理すると，

	$2H_2$	+ O_2	$\longrightarrow$ $2H_2O$	
はじめ	n	$2n$	0	〔mol〕
反応後	0	$1.5n$	(n)	〔mol〕
			↓ 凝縮	

反応後の気体は O_2 のみである。

反応後	A＋B中 O_2	
P	yh_1	〔cm〕
V	1	〔L〕
n	$1.5n$	〔mol〕
T	300	〔K〕

反応前後で V, T 一定だから,「圧力比＝mol比」が成り立つ。

$$\frac{P}{n}=\frac{P'}{n'}=\frac{RT}{V}\text{(一定)より,}$$

$$\frac{1.5h_1}{3n}=\frac{yh_1}{1.5n}$$

よって，$y=0.75$

問6 問1より，圧力は ρh_0 に比例するから，液面差 h_1〔cm〕のときの圧力を P〔Pa〕とおくと，

$$\frac{\text{圧力〔Pa〕}}{\rho h_0\text{〔g/cm}^2\text{〕}}=\frac{1.0\times10^5}{13.6\times75}=\frac{P}{\rho\times150}\quad\cdots①$$

前記「コックaを開く」のときの $n=5.01\times10^{-3}$〔mol〕と求めていたから，H_2 の圧力を P〔Pa〕とおくと，

$$P\times0.5=5.01\times10^{-3}\times8.31\times10^3\times300\quad\cdots②$$

①，②より，$\rho=1.69$〔g/cm^3〕

10

問1 100mg

問2 空気の分圧：8.5×10^4Pa　質量：85mg

問3 465mg　**問4** 135

解説

問1 1.00×10^{-3}〔g/mL〕$\times100$〔mL〕$\times10^3$〔mg/g〕$=100$〔mg〕

問2 空気分圧＝全圧－X分圧

$$=1.00\times10^5-1.50\times10^4$$
$$=8.5\times10^4\text{〔Pa〕}$$

ボイルの法則により，1.00×10^5Paのもとでの体積は，

$$PV=8.5\times10^4\text{〔Pa〕}\times100\text{〔mL〕}$$
$$=1.00\times10^5\text{〔Pa〕}\times V\text{〔mL〕}$$
$$V=85\text{〔mL〕}$$

よって，その質量は，

1.00×10^{-3}〔g/mL〕$\times85$〔mL〕$\times10^3$〔mg/g〕$=85$〔mg〕

問3 容器自身の質量を a〔g〕，操作3で容器内に存在するXの質量を b〔g〕とおくと，

$$a+100\times10^{-3}=5.050\quad\cdots①$$
$$a+85\times10^{-3}+b=5.500\quad\cdots②$$

②－①より，$b=0.465$〔g〕

よって，465〔mg〕

問4 状態方程式より，

$$1.00\times10^5\times\frac{100}{1000}=\frac{0.465}{M}\times8.31\times10^3\times350$$
$$M=135.2$$

よって，135

11

問1 23%

問2 全圧：37kPa

水蒸気の分圧：15kPa

問3 2.4L　**問4** 60℃

解説

問1 はじめの状況は以下の通り。

(1)はじめ	A エタノール	B 水	
P			
V	3.32	1.66	〔L〕
n	㊎0.040	㊎0.040	〔mol〕
T	327		〔K〕

B中の水が全部気体であると仮定すると，その圧力は，

$P \times 1.66 = 0.040 \times 8.3 \times 10^3 \times 327$

$P = 65.4 \times 10^3$〔Pa〕$= 65.4$〔kPa〕

これは54℃の水の飽和蒸気圧15kPa(図2より)を超えているので，50.4kPa分は凝縮し，実際には15kPa分だけが気体として存在している。

よって，$\dfrac{15}{65.4} \times 100 = 22.9$〔%〕

問2　コックCを開けた後の状況は以下の通り。

(2)コック開	エタノール	水
P		
V	4.98	〔L〕
n	㊎0.040	㊎0.040
T	327	〔K〕

水について，全部気体と仮定した圧力P'を求める。問1の全部気体の値と比べて，n，T一定だから，ボイルの法則が成り立つ。

$PV = P'V' = nRT$（一定）より，

65.4〔kPa〕× 1.66〔L〕＝ P'〔kPa〕× 4.98〔L〕

よって，$P' = 21.8$〔kPa〕

やはり飽和蒸気圧15kPaを上回るので，実際には15kPa分だけ気体になっている。

一方，エタノールも全部気体と仮定すると，水の全部気体の値と比べて，V，n，T共通だから，Pも等しく21.8kPaとわかる。

エタノールの飽和蒸気圧は35kPaなので，21.8kPa分が実際に全部気体になる。したがって全圧は，

全圧：15〔kPa〕＋21.8〔kPa〕＝36.8〔kPa〕
　　　水蒸気　　エタノール

問3　混合後の状況は以下の通り。

(2)コック開	窒素	エーテル	水	合計
P				1.0×10^5〔Pa〕
V	$3.32 + V$			〔L〕
n	0.10	0.060	㊎0.040	
T	343			〔K〕

上記Vを求めればよい。ジエチルエーテルは，34℃以上なら分圧1.0×10^5以上蒸発できるので，全部気体である。水について，全部気体と仮定すると，その分圧Pは分圧比＝mol比より，

$$\frac{P}{0.040} = \frac{1.0 \times 10^5}{0.10 + 0.060 + 0.040}$$

$P = 20 \times 10^3$〔Pa〕$= 20$〔kPa〕

図2より，70℃の水の飽和蒸気圧は31kPaなので，水は実際に全部気体になる。これで気体の全物質量は，$0.10 + 0.060 + 0.040 = 0.20$〔mol〕と確定した。状態方程式から$V$を求めると，

$1.0 \times 10^5 \times (3.32 + V) = 0.20 \times 8.3 \times 10^3 \times 343$

よって，$V = 2.37$〔L〕

問4　全圧一定での冷却をしている。水蒸気のモル分率は凝縮開始点まで一定だから，水蒸気分圧も凝縮開始点まで2.0×10^4Paで一定である。

図2より，飽和蒸気圧が2.0×10^4Paに達する温度を読む。よって，60℃。

12

問1　ア：蒸発　イ：増加　ウ：減少
エ：気液(蒸発)　オ：凝縮
i：7.8×10^4

問2　(a)　ボイルの法則

(b)　$1.0 \times 10^5 \times 10 = n \times 8.3 \times 10^3 \times 300$

$n = 0.401$

よって，0.40mol

問3　(a)　う　理由：液体が存在する間は，気体の圧力は蒸気圧を示すが，全部気体になればボイル・シャルルの法則に従うようになるから。

(b)　$\dfrac{20 - V_B}{0.401} = \dfrac{V_B}{0.401 + 0.20}$　$V_B ≒ 12$

よって，12L

(c)　①変化しない　②減少する　③増加する

(d)　気体の全物質量をn〔mol〕とおくと，エタノールは$0.20n$〔mol〕だから，

$0.401 + 0.20n = n$　$n = 0.50$

$\dfrac{0.20 \times 0.50}{0.20} \times 100 = 50$

よって，50%

問4　・分子自身が体積をもつ。
・分子間力が働く。

解説

状態1～5の状況を整理すると，

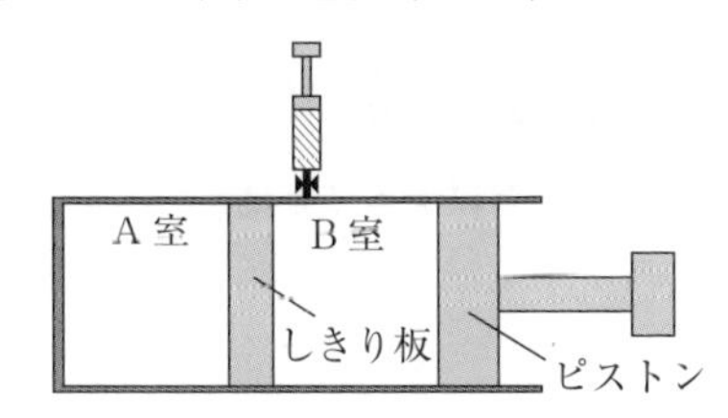

状態1	A室 窒素	B室 窒素	
P	1.0×10^5		〔Pa〕
V	10	10	〔L〕
n	n_{N_2}	n_{N_2}	〔mol〕
T	300	300	〔K〕

状態2	A室 窒素	B室 窒素	B室 エタノール	B室 合計	
P	P_2		飽和	P_2	〔Pa〕
V	― 合計 20L ―				
n	n_{N_2}	n_{N_2}			〔mol〕
T	300	300			〔K〕

エタノールは一部凝縮

状態3	A室 窒素	B室 窒素	B室 エタノール	B室 合計	
P	P_3			P_3	〔Pa〕
V	$20-V_B$	V_B			〔L〕
n	n_{N_2}	n_{N_2}	0.20		〔mol〕
T	345	345			〔K〕

エタノールは全部気体

状態4	A室 窒素	B室 窒素	B室 エタノール	B室 合計	
P	P_4		飽和	P_4	〔Pa〕
V	― 合計 20L よりも小 ―				
n	n_{N_2}	n_{N_2}	0.20		〔mol〕
T	345	345			〔K〕

エタノールの凝縮開始点

状態5	A室 窒素	B室 窒素	B室 エタノール	B室 合計	
P	P_5		飽和	P_5	〔Pa〕
V	― 合計 20L よりさらに小 ―				
n	n_{N_2}	n_{N_2}	$0.2n$	n	〔mol〕
T	345	345			〔K〕

エタノールは一部凝縮

状態2～3はA＋B室計20Lのまま温度を上昇させていく過程であり，状態4～5は温度を345Kに保って圧縮していく過程である。

問1（i）　図2より，345Kにおけるエタノールの飽和蒸気圧は7.8×10^4Paと読める。

問2

(b)　上記のn_{N_2}を求める。状態1の数値を状態方程式に代入すればよい。

$$1.0\times10^5\times10=n_{N_2}\times8.3\times10^3\times300$$

$$n_{N_2}=0.401\,〔\mathrm{mol}〕$$

問3

(a)　温度上昇させていくと，液体エタノールが存在する間は，エタノール分圧は飽和蒸気圧を示す。温度上昇により飽和蒸気圧が増大するため，エタノール分圧も増す。また，このときB室の気体の物質量が増えていくため，ピストンはA室側に移動していく。

　エタノールが全部気体になると，その後はB室の気体の物質量が一定となり，A室とB室の気体の物質量比も一定となるため，体積比も一定となってピストンが動かなくなる。

(b)　状態3について，n_{N_2}は算出されたので，A室とB室で体積比＝mol比の式を立てるだけでV_Bは算出できる。

$$\frac{V}{n}=\frac{V'}{n'}=\frac{RT}{P}=k(\text{一定})\text{より，}$$

$$\frac{20-V_B}{0.401}=\frac{V_B}{0.401+0.20}$$

よって，$V_B\fallingdotseq12$〔L〕

(c)　状態4～5では，一定温度でエタノールの凝縮が進行している。エタノール分圧は飽和蒸気圧で一定だが，凝縮が進行する分，モル分率は減少していく。また，B室の気体の物質量が減少していくため，A室に比してB室の体積は小さくなっていく。したがって，V_A/V_B値は大きくなっていく。

(d)　状態5のB室気体の物質量について，

$$\underset{n_{N_2}}{0.401}+\underset{\text{エタノール}}{0.20n}=\underset{\text{合計}}{n}$$

$$0.20n=0.100\,〔\mathrm{mol}〕$$

したがって，エタノールの気体と全体の物質量比は，

$$\frac{0.100}{0.20}=\frac{x〔\%〕}{100}$$

よって，$x=50$〔%〕

13

問1　$\left(P+\dfrac{a}{V^2}\right)(V-b)=RT$

$$\Leftrightarrow PV-Pb+\frac{a}{V}-\frac{ab}{V^2}=RT$$

$$\Leftrightarrow \frac{PV}{RT}\left(\frac{V-b}{V}\right)+\frac{a}{VRT}\left(\frac{V-b}{V}\right)=1$$

$$\Leftrightarrow \frac{PV}{RT}=\frac{V}{V-b}-\frac{a}{VRT}$$

$\dfrac{PV}{RT}=Z$ より，

$$Z=\frac{V}{V-b}-\frac{a}{VRT}$$

問2　分子間力の補正項 a が小さくなると，

$\dfrac{V}{V-b}\gg\dfrac{a}{VRT}$ となり，

$Z=\dfrac{V}{V-b}$ とみなせるから，

分子自身の体積 b が小さな He の Z 値のほうが 1 に近い。

問3　$V\gg b$ となり，$\dfrac{V}{V-b}\fallingdotseq 1$ とみなせるようになる。一方，$1\gg\dfrac{a}{VRT}$ となり，$1-\dfrac{a}{VRT}\fallingdotseq 1$ とみなせるようになる。よって，

$$Z=\frac{V}{V-b}-\frac{a}{VRT}\fallingdotseq 1$$

とみなせるようになる。

問4　極性のない分子は，分子自身の体積の影響が現れ，$\dfrac{V}{V-b}>1$ となるため Z 値が 1 より大きくなる。

一方，極性分子は分子間で水素結合を行うことにより，むしろ分子間力の影響が大きく現れ，$\dfrac{a}{VRT}$ が増大するために $\dfrac{V}{V-b}-\dfrac{a}{VRT}<1$ となり，Z 値が 1 より小さくなる。

問5　$\dfrac{a}{VRT}$ 値が，絶対温度 T の減少に際し増大するため，$\dfrac{V}{V-b}-\dfrac{a}{VRT}$ 値はより減少し，Z 値の 1 からのずれは大きくなる。

14

問1　④　　問2　⑤　　問3　⑤　　問4　④
問5　⑤

解説

溶解度曲線が氷点下まで描いてあることから混乱したかもしれないが，凝固点降下との複合問題である。グラフの表す意味は以下の通り。

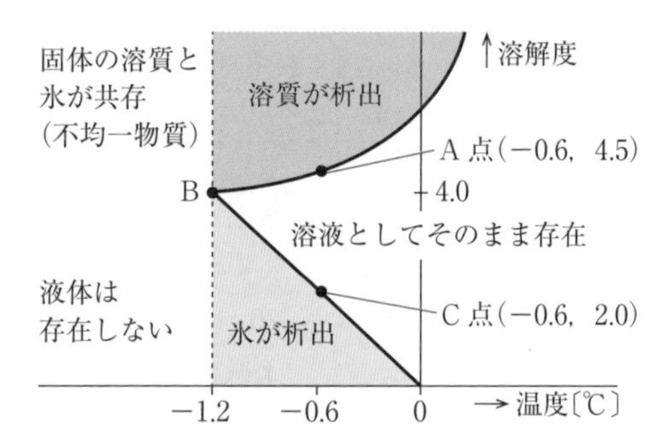

飽和溶液の凝固点は，凝固点降下により −1.2℃まで下がっている。

仮に，水 100 g に A 点以上の量の Na_2SO_4 を加えて −0.6℃に保つと，$Na_2SO_4\cdot 10H_2O$ が析出することによって溶液の濃度は減少し，溶液は最終的に A 点の濃度になる。

一方，水 100 g に C 点以下の量の Na_2SO_4 を溶かして −0.6℃に保つと，氷が析出することによって溶液の濃度は増大し，溶液は最終的に C 点の濃度になる。

仮に，−0.6℃での溶解度を 4.5 とする。水 100 g に Na_2SO_4 を 4.5 g 溶かして冷却していくと，−0.6℃までは何も析出しないが，−0.6℃で飽和溶液となり（A 点），以降は溶質が $Na_2SO_4\cdot 10H_2O$ の形で析出し，−1.2℃では B 点の組成の溶液（Na_2SO_4：水 ＝4.0：100 の質量比）となる。

もしここからさらに冷却すると，$Na_2SO_4\cdot 10H_2O$ とともに氷も析出し，残った溶液の組成は B 点を保つ。全部が固体になるまで温度は −1.2℃に保たれ，すべて固体になったら温度が下がっていく。

一方，もし水100gにNa_2SO_4を2.0g溶かして冷却していくと，−0.6℃までは何も析出しないが，−0.6℃で溶液の凝固点に達し（C点），以降は氷が析出することによって残った溶液の濃度が増大する。−1.2℃まで冷却すれば，残った溶液はB点の組成となる。さらに冷却すれば，上記同様，氷と$Na_2SO_4 \cdot 10H_2O$の双方が別々に析出する。

問1　飽和溶液からの析出で，結晶水なしだから，析出量は溶解度差に比例する。析出量をx〔g〕とおくと，

$$\frac{析出量〔g〕}{溶液〔g〕} = \underbrace{\frac{45-40}{100+45}}_{水100gで飽和溶液をつくって冷却した場合} = \underbrace{\frac{x}{200}}_{飽和溶液200gを冷却した場合}$$

よって，$x = 6.89$〔g〕

問2　飽和溶液の冷却だが，水和物が析出することにより水の量が変化するので，問1のような簡単な解き方はできない。析出量をy〔g〕とおくと，

	冷却前	冷却後
溶質〔g〕	$210 \times \frac{40}{100+40}$	$210 \times \frac{40}{140} - y \times \frac{142}{322}$
溶媒〔g〕	$210 \times \frac{100}{100+40}$	$210 \times \frac{100}{140} - y \times \frac{180}{322}$
溶液〔g〕	210	$210 - y$

溶質と溶媒の比で解くと，

$$\frac{溶質〔g〕}{溶媒〔g〕} = \frac{210 \times \frac{40}{140} - y \times \frac{142}{322}}{210 \times \frac{100}{140} - y \times \frac{180}{322}} = \frac{20}{100}$$

よって，$y = 91.1$〔g〕

【別解】　溶質と溶液の比で解くと，

$$\frac{溶質〔g〕}{溶液〔g〕} = \frac{210 \times \frac{40}{140} - y \times \frac{142}{322}}{210 - y}$$

$$= \frac{20}{100+20}$$

よって，$y = 91.1$〔g〕

固体の溶解度計算では，上記2通りの解法があるので，計算が簡単になる方か，考えやすい方を選択して立式すればよい。

問3　凝固点降下度を求める以下の式を使う。

$$\Delta t_f = K_f \cdot m$$

Δt_f：凝固点降下度
K_f：モル凝固点降下（溶媒によって決まる定数）
m：溶質の質量モル濃度〔mol/kg〕（電離，会合に注意）

水100gのときの値で立式すると，

$$0-(-1.2) = K_f \times \underbrace{\frac{4.0}{142} \times 3〔mol〕}_{イオン全} \times \frac{1000}{100}〔1/kg〕$$

よって，$K_f = 1.42$

問4　前ページのグラフのC点に相当する溶質の質量w〔g〕を求めると，

$$0-(-0.60) = 1.42 \times \frac{w}{142} \times 3 \times \frac{1000}{200}$$

$$w = 4.0〔g〕$$

ここで溶質量は2.84〔g〕だから，−0.60℃では「氷が析出」の領域に入る。飽和ではないが，凝固点を下回った状態である。したがって氷が析出し，C点と同じ組成になる。氷z〔g〕が析出する場合，

$$0-(-0.60) = 1.42 \times \frac{2.84}{142} \times 3 \times \frac{1000}{200-z}$$

よって，$z = 58$〔g〕

問5　前の説明にもある通り，どんな濃度のNa_2SO_4水溶液でも，温度を下げていくと，$Na_2SO_4 \cdot 10H_2O$か氷かのどちらかが析出することによって，−1.2℃でB点の組成となり，さらに冷却すれば$Na_2SO_4 \cdot 10H_2O$と氷の両方が析出して，残る溶液の組成はB点のままである。全部固体になったら温度が−1.2℃よりも低くなっていく。したがって，−10℃では全部固体になっており，$Na_2SO_4 \cdot 10H_2O$と氷とが混ざった不均一な固体の状態である。

15

問1　ア：1.0×10^4　イ：1.0×10^4
ウ：8.0×10^3　エ：4.0×10^3

問2　Ⓒ

問3　オ：1.1×10^5　カ：2.0×10^{-8}
キ：1.3×10^{-7}　ク：5.4×10^4
ケ：1.6×10^5

解説

問1

ア，イ：47℃では5.0Lに0.34gまで水が蒸発できるのだから，5.0Lに0.88g入れた操作1，10Lに0.88g(5Lあたり0.44g)入れた操作2では，いずれも飽和蒸気圧の1.0×10^4Paまで蒸発し，それを超える分は液体になっている(下図)。

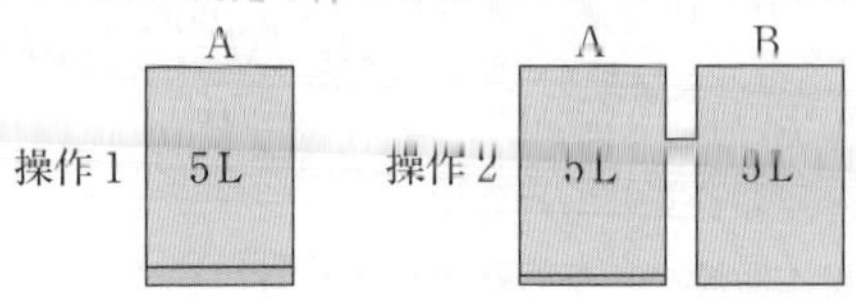

	操作1	操作2 A	操作2 B
水蒸気	0.34g	0.34g	0.34g
液体の水	0.54g	0.20g	

ウ：B側に移った0.34gのみを排気することになるから，残り0.54gが10Lを全部気体で占めることになる。もう飽和状態ではない。圧力をP〔Pa〕とおくと，

$$P\times10=\frac{0.54}{18}\times8.3\times10^3\times320$$

$$P=7.96\times10^3\text{〔Pa〕}$$

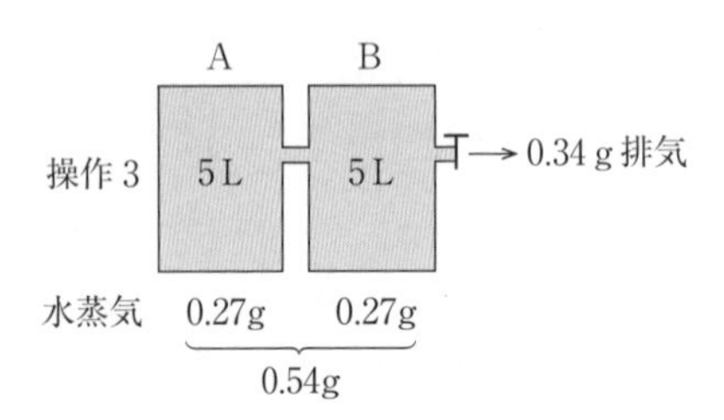

エ：再び操作3の操作を行うと，容器A，Bから外部に，さらに0.27gが排気され，残る水蒸気の量は，T，V一定下で半分の0.27gになる。よって，圧力Pも半分の3.98×10^3Paとなる。

以後，もし操作3の操作を繰り返し行ったとすれば，水蒸気の量，圧力ともに$\frac{1}{2}$ずつに低下していくことになる。

問2　蒸発だろうが沸騰だろうが，蒸発熱を吸収することに変わりはない。外部から熱が供給されない断熱条件で，生じた蒸気を再び凝縮しないよう取り除いていれば，残された液体は蒸発または沸騰を続けながら温度を低下させ続けることになる。

ちなみに，温度一定で沸騰が続くのは，外部から蒸発熱に相当する熱が供給され，かつ圧力を一定に保ったときである。

問3

オ：窒素について，封入直後と昇温後の状況を整理すると，

封入時	N_2
P	1.0×10^5〔Pa〕
V	0.050〔L〕
n	n_{N_2}〔mol〕
T	283〔K〕

昇温後	N_2
P	p_{N_2}〔Pa〕
V	0.050〔L〕
n	n_{N_2}〔mol〕
T	308〔K〕

V，n一定だから，

$\frac{P}{T}=\frac{nR}{V}=k$(一定)より，

$$\frac{P}{T}=\frac{1.0\times10^5}{283}=\frac{p_{N_2}}{308}$$

よって，$p_{N_2}=1.08\times10^5$〔Pa〕

カ，キ：二酸化炭素について，昇温後平衡時の分圧はp〔Pa〕とおくから，

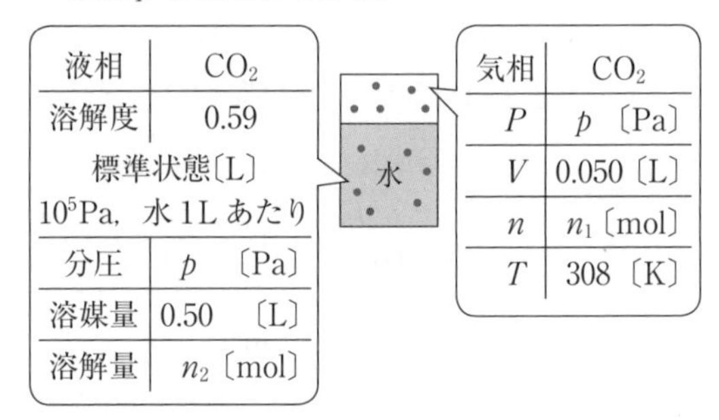

液相 CO2
溶解度 0.59
標準状態〔L〕
10^5Pa，水1Lあたり
分圧 p〔Pa〕
溶媒量 0.50〔L〕
溶解量 n2〔mol〕
水
気相 CO2
P p〔Pa〕
V 0.050〔L〕
n n1〔mol〕
T 308〔K〕

気相CO_2について状態方程式より，

$$n_1=\frac{PV}{RT}=\frac{0.050}{8.3\times10^3\times308}\times p$$

$$=1.95\times10^{-8}p\text{〔mol〕}$$

液相CO_2についてヘンリーの法則より，

$$n_2=\frac{0.59}{22.4}\text{〔mol/(}10^5\text{Pa・L)〕}\times\frac{p}{10^5}\text{〔}10^5\text{Pa〕}\times\frac{0.50}{1}\text{〔L〕}$$

$$=1.31\times10^{-7}p\text{〔mol〕}$$

ク：$n_1+n_2=8.1\times10^{-3}$〔mol〕なので，

$$1.95\times10^{-8}p+1.31\times10^{-7}p=8.1\times10^{-3}$$

$$p=5.38\times10^4\text{〔Pa〕}$$

ケ：全圧＝CO_2分圧＋N_2分圧としてよいから，

$$5.38\times10^4+1.08\times10^5=1.61\times10^5\text{〔Pa〕}$$

16

問1　**溶質分子は気体になれず，蒸発は水表面でしか起こらない。このため溶質濃度の増大に際し蒸発速度が低下し，平衡が凝縮側に移動するため。**

問2

〔×10^5Pa〕　水溶液(m_1)
1.01
蒸気圧
99　100　温度〔℃〕

問3　**沸点とは，蒸気圧が大気圧 1.01×10^5Pa に達する温度である。水の蒸気圧曲線よりも，濃度 m_1 の水溶液の蒸気圧曲線のほうが，同圧において0.25℃高温側にあるので，沸点も0.25℃高くなる。**

問4　(1)　**0.50mol/kg**
　(2)　**100.52℃**

問5　(1)　**$\Delta p=3.5\times10^3\Delta t$**
　(2)　**3.5×10^2Pa**

(いずれも計算過程は解説を参照)

解説

問2，3　不揮発性物質が溶解した溶液の飽和蒸気圧は，同温において降下する。したがって，飽和蒸気圧が大気圧に達する温度＝沸点は上昇する。

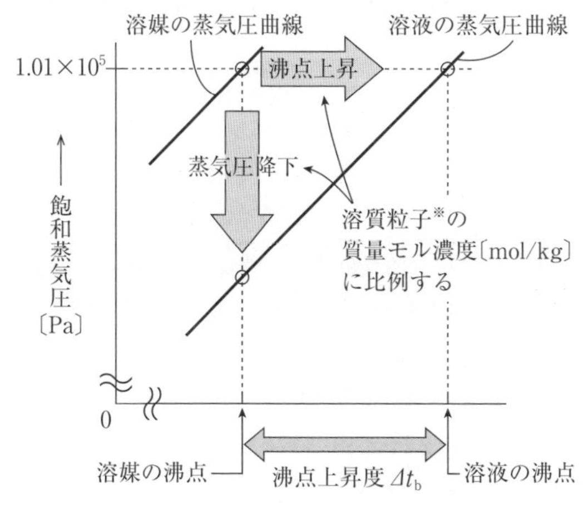

※溶質粒子：電解質ならイオン＋未電離の粒子
　会合性物質なら会合体＋未会合の分子

問4　前図のように，沸点上昇度は溶質粒子の質量モル濃度に比例する。

$$\Delta t_b = K_b \cdot m$$

沸点上昇度　モル沸点上昇　溶質粒子のmol/kg
（K_b：溶媒の種類によって変わる定数）

(1)　$100.26-100.00=0.52\times m$

よって，$m=0.50$〔mol/kg〕

(2)　$t-100.00=0.52\times\underbrace{\dfrac{11.7}{58.5}\times\dfrac{1000}{400}\times2}_{\text{イオンの mol/kg}}$

よって，$t=100.52$〔℃〕

問5

(1)　蒸気圧降下度をΔp〔Pa〕とおくと，題意より，

$\Delta p=1.82\times10^3\times m$

これを上式と組み合わせると，

$$\frac{\Delta p}{1.82\times10^3}=\frac{\Delta t}{0.52}(=m)$$

よって，$\Leftrightarrow$ $\Delta p=3.5\times10^3\Delta t$

(2)　上式より，

$\Delta p=3.5\times10^3\times(100.10-100.00)$
$=3.5\times10^2$〔Pa〕

17

問1　(1)　ア：②　(2)　イ：⑧

問2　ウ：2　エ：5

問3　(1)　Aオ：8　カ：3　キ：3　ク：4
　　Bケ：1　コ：2　サ：5　シ：5
(2)　ス：②　セ：⑥　ソ：⑤
(3)　タ：⑥
(4)　Gチ：4　ツ：3　テ：6　ト：4
　　Xナ：9　ニ：2　ヌ：0　ネ：2

解説

半透膜を挟んで溶媒と溶液を接触させると，溶質が半透膜を通過できないため，溶媒の浸透速度(半透膜を通過する速度)に差が生じる。このため，溶媒は溶液の側へ移動(浸透)する。この浸透をくい止めるために，溶液側に余分にかけなければならない圧力を浸透圧という。浸透をくい止めたとき，溶媒が浸透する圧力と，逆向きにかけた浸透圧(外力)とがつり合っている。なお，溶液に浸透圧を超える圧力をかけると，逆浸透といって，溶液側から溶媒側へと溶媒が移動する。

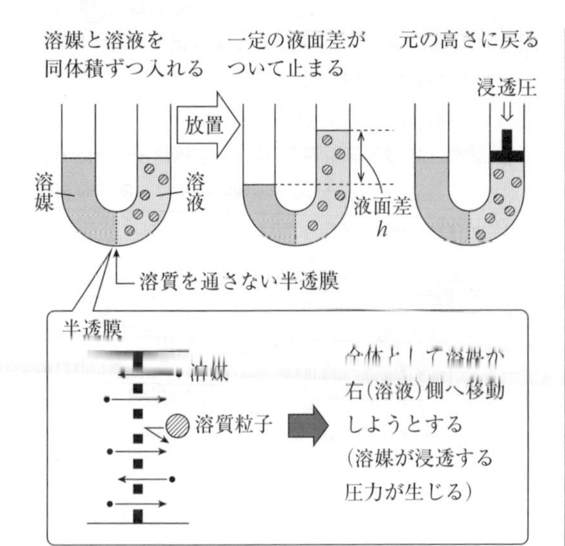

問1　浸透圧は気体の状態方程式で算出される。物質量としては，凝固点降下等と同様に，電離，会合後の溶質粒子数を用いる。

a	$CuSO_4 \rightleftarrows$	Cu^{2+}	$+SO_4^{2-}$	合計
はじめ	C	0	0	C〔mol/L〕
電離後	$C(1-\alpha)$	$C\alpha$	$C\alpha$	$C(1+\alpha)$〔mol/L〕

$$\Pi=\frac{n\text{〔mol〕}}{V\text{〔L〕}}\times RT \text{ より，}$$

$$\Pi=4.0\times10^{-3}\times(1+0.30)\times RT$$
$$=5.2\times10^{-3}RT$$

同様にb～dの浸透圧を算出すると，

b　$\Pi=2.0\times10^{-3}RT$

c　$\Pi=2.0\times10^{-3}\times2RT$

d　$\Pi=2.0\times10^{-3}\times3RT$

$T=300$〔K〕で一定なので，浸透圧Πの大きさは，d＞a＞c＞bである。

問2　液面差が生じなかったので，2つの溶液の溶質粒子濃度は同じである。

	$AB_2 \rightleftarrows$	A^{2+}	$+\ 2B^-$	合計
はじめ	C	0	0	C〔mol/L〕
電離後	$C(1-\alpha)$	$C\alpha$	$2C\alpha$	$C(1+2\alpha)$〔mol/L〕

$$0.15\times2=\frac{2.0}{100}\text{〔mol〕}\times\frac{1000}{100}\text{〔1/L〕}\times(1+2\alpha)$$

生理食塩水中 Na^+，Cl^-濃度〔mol/L〕　AB_2〔mol/L〕　溶質粒子〔mol/L〕

$$\alpha=0.25$$

問3　液面差は20cmなので，溶液側，溶媒側は各々10cmずつ液面が上下する。上部空間は10×3.0＝30〔cm^3〕ずつ減少，増加する。溶媒側の液面の高さで考えると，問題文中の4つの圧力は以下のようにつり合う。

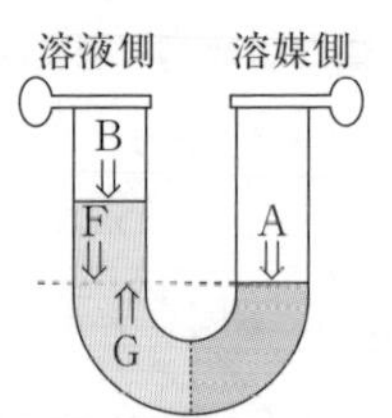

A：溶媒側気相の圧力
B：溶液側気相の圧力
F：液面差の分の液体が下向きに及ぼす圧力
G：溶媒が浸透する圧力

（溶媒が浸透する圧力Gは，半透膜を挟んで，溶媒側から溶液側に向かってかかる圧力。溶液側に，溶媒が流入しようとして生じる）

$$B+F=A+G \iff B+F-A=G$$

(1)　各気相はn，T一定なので，ボイルの法則が成り立つ。

$$PV=1.00\times10^5\times150=A\times(150+30)$$
$$PV=1.00\times10^5\text{〔Pa〕}\times150\text{〔mL〕}$$
$$=B\text{〔Pa〕}\times(150-30)\text{〔mL〕}$$
$$A=8.333\times10^4\text{〔Pa〕}$$
$$B=1.250\times10^5\text{〔Pa〕}$$

(2)　重力による下向きの圧力は，

$$\text{圧力}=\frac{\text{質量}\times\text{重力加速度}}{\text{断面積}}$$

で求められ，重力加速度一定のもとでは断面積あたりの質量に比例する。1cm^2あたりのgであれば，

断面積あたり質量〔g/cm^2〕
＝密度〔g/cm^3〕×液面差〔cm〕

で表されるので，

$$\frac{\text{圧力〔Pa〕}}{\text{密度}\times\text{液面差〔g/cm}^2\text{〕}}=\frac{1.00\times10^5}{13.6\times76.0}=\frac{F}{1.00\times20.0}$$

$$\iff 20.0\times\underset{(C)}{\frac{1.00}{13.6}}\times\overset{(D)}{\underset{(E)}{\frac{1.00\times10^5}{76.0}}}=F$$

(3)　上式より，F＝1.934×10^3〔Pa〕

(4)　B＋F－A＝Gより，

$$1.250\times10^5+1.934\times10^3-8.333\times10^4=G$$
$$G=4.360\times10^4\text{〔Pa〕}$$

問題文中の式より，

$$X=2.11\times10^{-6}\times4.360\times10^4$$
$$=9.199\times10^{-2}\text{〔g〕}$$

18

問1　ニトロベンゼン

問2　$2C_6H_5NO_2 + 3Sn + 14HCl$
$\longrightarrow 2C_6H_5NH_3Cl + 3SnCl_4 + 4H_2O$

問3　$\dfrac{P - P_w}{P_w}$

問4　$\dfrac{P_oM_o}{P_wM_w}$

問5　$\dfrac{3.0}{W_w} = \dfrac{7.0\times10^3\times93}{(1.0\times10^5 - 7.0\times10^3)\times18}$

$W_w = 7.71$

よって，7.7g

問6　化合物Bは極性の大きなアミノ基をもち，分子間で水素結合を行うから。

解説

混じり合わない揮発性物質どうしを混濁させた(かき混ぜた)ときは，蒸気圧降下は起こらず，両成分はそれぞれ純粋なときの飽和蒸気圧を示す。

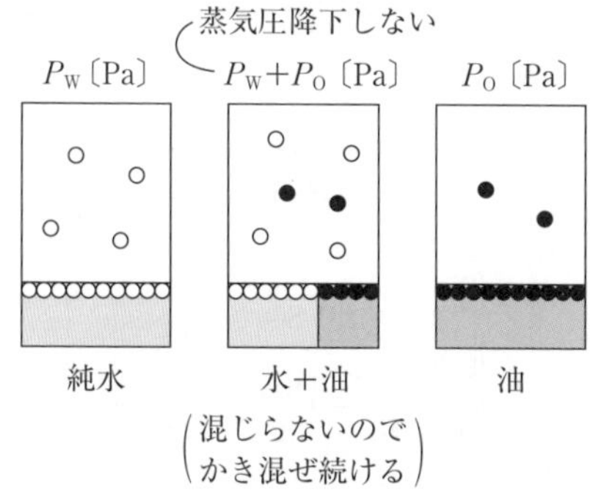

混じらない場合は，水，油ともに濃度変化をしないから，蒸気圧降下も起こらないのである。

たとえば，水とアニリンの混濁液が示す飽和蒸気圧 P は，純水の飽和蒸気圧 P_w と，純アニリンの飽和蒸気圧 P_o の和になる。

$P = P_w + P_o$

なお，液体のときに混じらなかったとしても，その蒸気は必ず混合する。気体分子どうしは相互作用をしないからである。したがって，全圧 P が外圧に等しくなれば，この混濁液は沸騰し，留出液の組成は蒸気の組成に等しく，

アニリン：水　＝　$P_o : P_w$
〔mol〕　　　　〔Pa〕

となる。純アニリンの飽和蒸気圧は，水よりもかなり小さく，沸点は185℃である。しかし，水と混濁させれば100℃以下で沸騰することになる(100℃では，$P_w + P_o >$ 大気圧だから)。

油にわざと水を加えて，100℃以下の低温で蒸留することにより，油を熱分解させることなく取り出す手法を水蒸気蒸留という。

問1

ベンゼン —(HNO_3, H_2SO_4 / ニトロ化)→ C_6H_5-NO_2 (A ニトロベンゼン) —(Sn, HCl / 還元)→ C_6H_5-NH_2 (B アニリン)

の反応が起こっている。

問2　上記の還元反応の反応式を組み立てると，

還元剤　$(Sn \longrightarrow Sn^{4+} + 4e^-)\times3$
＋) 酸化剤　$(C_6H_5\text{-}NO_2 + 7H^+ + 6e^- \longrightarrow C_6H_5\text{-}NH_3^+ + 2H_2O)\times2$

イオン反応式　$2C_6H_5\text{-}NO_2 + 3Sn + 14H^+$
$\longrightarrow 2C_6H_5\text{-}NH_3^+ + 3Sn^{4+} + 4H_2O$
＋) $14HCl \longrightarrow 14H^+ + 14Cl^-$

化学反応式　$2C_6H_5\text{-}NO_2 + 3Sn + 14HCl$
$\longrightarrow 2C_6H_5\text{-}NH_3Cl + 3SnCl_4 + 4H_2O$

問3　分圧比＝mol比を当てはめればよい。

$$\frac{n_o}{n_w} = \frac{P_o}{P_w} = \frac{P - P_w}{P_w}$$

問4　mol比を質量比に直せばよい。

$$\frac{W_o}{W_w} = \frac{n_oM_o}{n_wM_w} = \frac{P_oM_o}{P_wM_w}$$

問5　問4の式に代入して求めればよい。この結果から，モル比では7%にすぎないアニリンも，質量では30%近く留出液に含まれることがわかる。液体に戻れば再び二層に分離するため，油層を取り出し乾燥させれば純粋なアニリンを得ることができる。

第3章　物質の変化

19

問1　ア：静電気（クーロン）　イ：6　ウ：12

エ：ファンデルワールス

問2　$\dfrac{24.5\times10^{21}}{d^3N_A}$ g/cm^3

問3　−14 g

解説

問1　NaCl 型結晶で，Na^+を単位格子の中心におくと，最近接のCl^-は各面上に計6個，最も近い他のNa^+は各稜の中点に計12個それぞれ存在する。

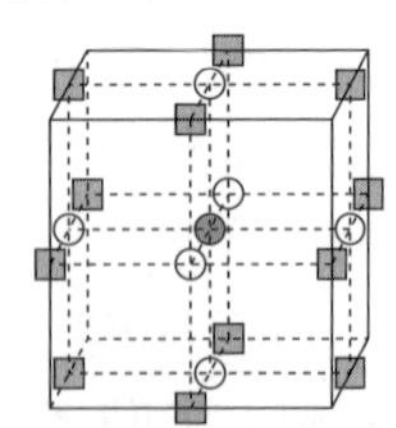

●：中心の Na^+

○：最近接の Cl^-

■：最も近い他の Na^+

NaCl 結晶の単位格子（頂点にもCl^-がある）

問2　体積×密度で算出した単位格子の質量〔g〕＝イオンの個数から算出した単位格子の質量〔g〕より，密度をD〔g/cm^3〕とおくと，単位格子一辺の長さaは，下図の通り$2d$〔nm〕と表せるので，

$$(2d\times10^{-7})^3\,〔\mathrm{cm}^3〕\times D\,〔\mathrm{g/cm}^3〕$$

$$=\frac{2}{N_A}〔\mathrm{mol}〕\times(6.9+59+16\times2)〔\mathrm{g/mol}〕$$

よって，$D=\dfrac{24.47\times10^{21}}{d^3N_A}$〔g/cm^3〕

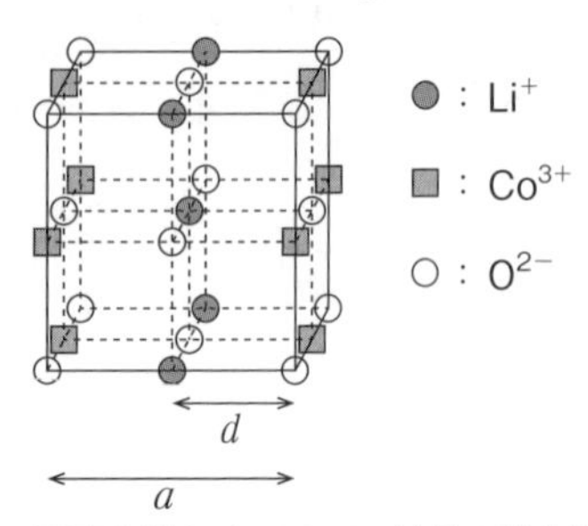

題意を満たす $LiCoO_2$ 結晶の単位格子

問3　放電時は，充電時の逆反応が起こるので，負極の反応式は，

$$Li_xC \longrightarrow C + xLi^+ + xe^-$$

となる。流れたe^-と同 mol のLi^+が負極の黒鉛から抜けるので，その分，負極の質量は軽くなる。

$$\frac{1.93\times10^5}{9.65\times10^4}〔\mathrm{mol}〕\times6.9〔\mathrm{g/mol}〕=13.8〔\mathrm{g}〕減少$$

流れた e^-
＝抜けた Li^+

20

問1　(ア) PbO_2　(イ) SO_4^{2-}　(ウ) $PbSO_4$　(エ) H_2O

(オ) Pb　(カ) Cu^{2+}　(キ) Cu

問2　5.0×10^{-3} mol　　**問3**　2.5×10^{-3} mol

問4　4.8×10^2 C　　**問5**　1.9×10^3 s

問6　2.0

解説

並列接続の場合，電気量は各電解槽に分配される。この場合，

> 鉛蓄電池が流した電気量
> ＝A槽に流れた電気量＋B槽に流れた電気量

となる。電流計は，B槽に流れた電流を測定している。各電解槽で起こる変化を図に示すと以下の通り。

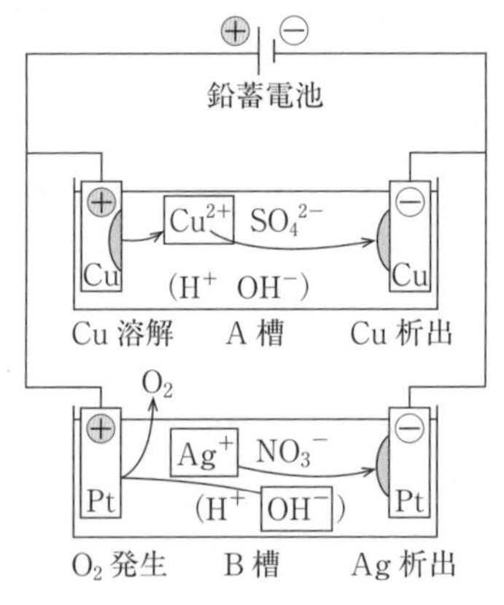

A槽では陽極から生じたCu^{2+}と同量のCuが陰極に析出するため，溶液の量や組成に変化はない。

B槽では，電解液からAg^+とOH^-（H_2Oの電離で生じる）が消費されるため，溶質が$AgNO_3$からHNO_3へと変わっていく。

〈B槽の反応〉

$$\oplus\quad 2H_2O \longrightarrow O_2 + 4H^+ + 4e^-$$

$$+)\ \ominus\quad (Ag^+ + e^- \longrightarrow Ag)\times4$$

$$4Ag^+ + 2H_2O \xrightarrow{4e^-} 4Ag + O_2 + 4H^+$$

さらにAg^+を生じる変化

$$(AgNO_3 \longrightarrow Ag^+ + NO_3^-)\times4$$

を足すと,

$$4AgNO_3 + 2H_2O \xrightarrow{4e^-} 4Ag + O_2 + 4HNO_3$$

問2　鉛蓄電池正極の反応式より，正極表面は，$PbO_2 \longrightarrow PbSO_4$ の変化を行う。PbO_2 が 1mol 反応するごとに，正極質量が 303－239＝64〔g〕増加するから，

$$\frac{\text{質量増加〔g〕}}{\text{反応}PbO_2\text{〔mol〕}} = \frac{64}{1} = \frac{0.320}{x}$$

よって，$x = 5.00 \times 10^{-3}$〔mol〕

PbO_2 と e^- の係数比より，2倍モルの 1.00×10^{-2}mol 電子が流れたとわかる。

問3　陽極は純 Cu なので，陰極の逆反応のみが起こっており，陰極の増加量と同じ 0.159g の Cu が溶解しているから，

$$\frac{0.159}{63.5} = 2.50 \times 10^{-3}\text{〔mol〕}$$

問4　Cu と e^- の係数比より，A槽には $2.50 \times 10^{-3} \times 2 = 5.00 \times 10^{-3}$〔mol〕の電子が流れている。全体で 1.00×10^{-2}mol の電子が流れているから，B槽には残り 5.00×10^{-3}mol の電子が流れたとわかる。

よって，

$$\underset{\text{流れた}e^-}{5.00 \times 10^{-3}\text{〔mol〕}} \times 9.65 \times 10^4\text{〔C/mol〕} = 4.82 \times 10^2\text{〔C〕}$$

問5　B槽を流れた電流は 0.25A だから，電解時間を x〔s〕とおくと，

$$0.25\text{〔A〕} \times x\text{〔s〕} = 4.82 \times 10^2\text{〔C〕}$$

よって，$x = 1.92 \times 10^3$〔s〕

問6　上記のB槽の反応式より，流れた e^- と同モルの H^+ が生成するから，

$$[H^+] = \frac{5.00 \times 10^{-3}\text{〔mol〕}}{0.500\text{〔L〕}} = 1.0 \times 10^{-2}\text{〔mol/L〕}$$

よって，pH＝2.0

21

問1　$E_{af} = E_3 - E_1$

問2　$E_{ar} = E_3 - E_2$

問3　$\dfrac{E_1 - E_2}{2}$

問4　42.9kJ/mol

問5　$\log_{10} K_c = \dfrac{2Q}{2.303RT} + \log_{10} \dfrac{A_f}{A_r}$

問6　3, 8

解説

問1, 2　活性化エネルギーは,「活性錯体 1mol をつくるのに必要なエネルギー」なので，反応物質や生成物質 1mol あたりに直す必要はない。通常，反応の進行度とエネルギーを表すグラフは活性錯体 1mol あたりで描かれるので，普通にエネルギー差を答えればよい。

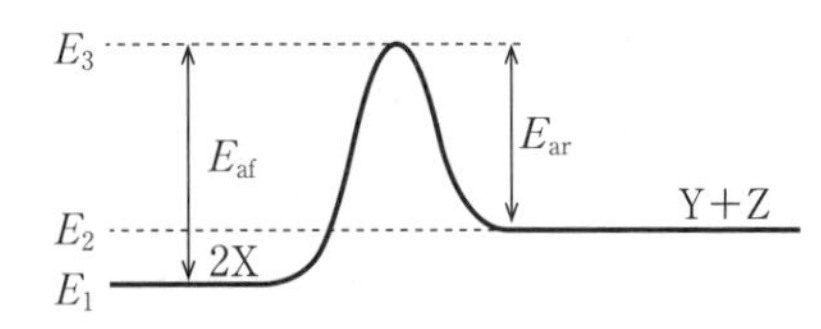

問3　X 1mol あたりの数値に直す必要がある。Q にマイナス符号はついていないので，普通に逆反応の活性化エネルギーから正反応の活性化エネルギーを引く。

$$X = \frac{1}{2}Y + \frac{1}{2}Z + \underbrace{\frac{E_{ar} - E_{af}}{2}}_{Q}$$

問4　280K, 320K における反応速度定数 k_f をそれぞれ k, $10.0k$ とおくと，与式より，

$$\log_{10}10.0k = -\frac{E_{af}}{2.303 \times 8.31 \times 320} + \log_{10}A_f$$

$$-)\ \log_{10}k = -\frac{E_{af}}{2.303 \times 8.31 \times 280} + \log_{10}A_f$$

$$\log_{10}10.0 = \frac{(320 - 280)E_{af}}{2.303 \times 8.31 \times 280 \times 320}$$

よって，$E_{af} = 42.86 \times 10^3$〔J/mol〕

$\fallingdotseq 42.9$〔kJ/mol〕

気体定数の単位が〔J/(mol・K)〕なので，E_{af} の値は〔J/mol〕単位で算出される。log をとった項は無単位となるため，$-\dfrac{E_{af}}{2.303RT}$ の項も無単位となるからである。

問5　$\dfrac{k_f}{k_r}$ という値をつくればよいので，与式を辺々引く。

$$\log_{10} k_f = -\frac{E_{af}}{2.303RT} + \log_{10} A_f$$

$$-)\ \log_{10} k_r = -\frac{E_{ar}}{2.303RT} + \log_{10} A_r$$

$$\log_{10} \frac{k_f}{k_r} = \frac{E_{ar} - E_{af}}{2.303RT} + \log_{10} \frac{A_f}{A_r}$$

$K_c = \dfrac{k_f}{k_r}$, $Q = \dfrac{E_{ar} - E_{af}}{2}$ より，

$$\log_{10} K_c = \frac{2Q}{2.303RT} + \log_{10} \frac{A_f}{A_r}$$

問6　この反応は右方向が吸熱なので，平衡は高温で右に移動する(ルシャトリエの原理)。平衡定数 K_c は温度によって変化する定数であり，温度変化によって右に平衡移動したときは増大する。

温度を上げるとなぜ吸熱側に平衡移動するかというと，同じ温度上昇でも，活性化エネルギーの大きな方向の反応が，より速くなるからである。これは与式から導いた問4の式でわかる。低温側の値を k_L，T_L，高温側の値を k_H，T_H とおくと，

$$\log_{10} k_H = -\frac{E_a}{2.303RT_H} + \log_{10} A$$

$$-)\ \log_{10} k_L = -\frac{E_a}{2.303RT_L} + \log_{10} A$$

$$\log_{10} \frac{k_H}{k_L} = \frac{T_H - T_L}{2.303RT_L T_H} \cdot E_a$$

T_L，T_H が同じなら，E_a が大きいほど速度定数の増加率が大きく，同濃度での反応速度がより大きくなることがわかる。

≪参考≫

この問題で与えられた式は，アレニウスの式と呼ばれ，反応速度定数 k (一定濃度あたりの反応速度を表す)と温度 T，または活性化エネルギー E_a との関係を示す式である。これは問題文に与えられるので，覚える必要はなく，使い方がわかっていればよい。参考までに，どのようにして導かれたのかを確認しておこう。

分子は衝突によって運動エネルギーを交換するため，一定温度でも分子が持つ運動エネルギーにはばらつきがある。この運動エネルギーの平均値は，絶対温度に比例する。温度ごとに分子運動エネルギーの分布を示した，ボルツマン分布のグラフを以下に示す。

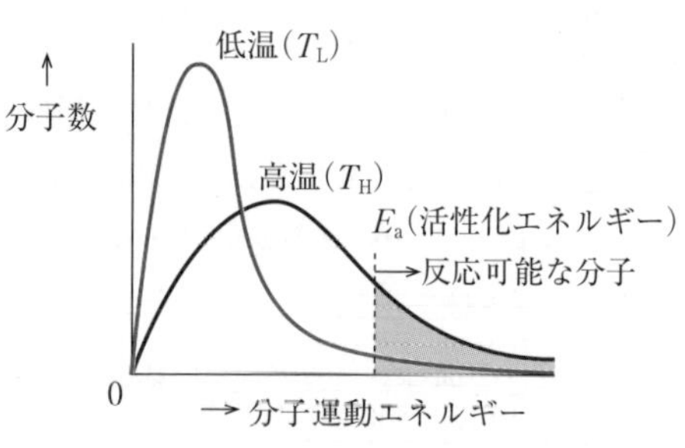

この分布にしたがうとき，あるエネルギー E 以上の運動エネルギーをもつ分子の存在割合 P は，後述する数値を用いて以下の経験式で表すことができる。

$$P = e^{-\frac{E}{RT}}$$

一定濃度あたりの反応速度(一定体積中で一定数の分子が一定時間に起こす反応の回数)を表す反応速度定数 k は，E を活性化エネルギー E_a とおいたときの P に比例するから，この比例定数を A' とおくと，

$$k = A' \cdot e^{-\frac{E_a}{RT}}$$

$$\Leftrightarrow \log_e k = -\frac{E_a}{RT} + \log_e A'$$

$$\Leftrightarrow \log_{10} k = -\frac{E_a}{2.303RT} + \log_{10} A$$

($\log_e 10 = 2.303$ で底を変換)

k：反応速度定数(一定濃度あたりの反応速度)

A'，A：定数

e：自然対数の底

E_a：活性化エネルギー〔J/mol〕

R：気体定数〔J/(K・mol)〕

T：絶対温度〔K〕

となる。

22

〔Ⅰ〕**問1**　塩酸：0.40 mol/L

あ：0.43 mol/L　い：0.37 mol/L

う：0.32 mol/L

問2

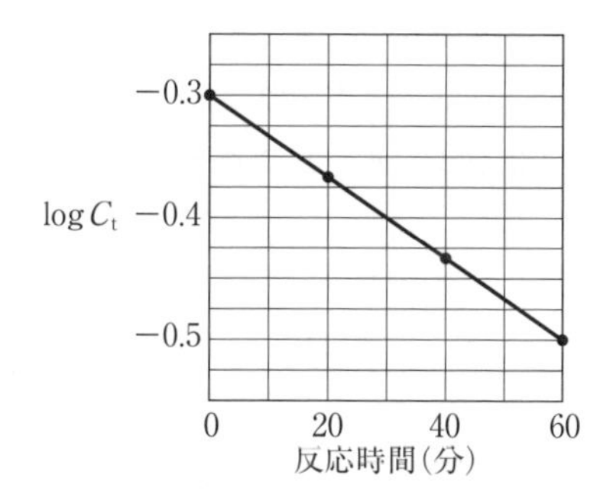

問3　7.6×10^{-3}/min

問4　3.9×10^{2}min

問5　この条件で H_2O は溶媒であり，多量に存在するためにその濃度が一定と近似できるため。

問6　強酸の塩酸が共存するため，弱酸の酢酸の電離は極端に抑えられる。このため酢酸の電離で生じる水素イオンの量は，塩酸のそれに対し無視できるから。

〔Ⅱ〕問7　(3)式より，実験1と2の値から，

$$\frac{0.126}{0.014}=\frac{k_2\times(0.030)^m\times(0.010)^n}{k_2\times(0.010)^m\times(0.010)^n}$$

$\Leftrightarrow$ $9=3^m$

$m=2$

同様に実験1と3の値から，

$$\frac{0.042}{0.014}=\frac{k_2\times(0.010)^m\times(0.030)^n}{k_2\times(0.010)^m\times(0.010)^n}$$

$\Leftrightarrow$ $3=3^n$

$n=1$

よって，反応速度式は，

$v=k_2\,[NO]^2\,[O_2]$

問8　$0.014=k_2\times(0.010)^2\times0.010$

$k_2=1.4\times10^4\,L^2/(mol^2\cdot s)$

〔Ⅲ〕問9　(1)　$[Y]\gg[X]$ より，$k_3\,[Y]=k_4$ とみなせるので，

$v=k_3\,[X]^a[Y]=k_4\,[X]^a$

(2)　一定温度で$[X]$を変えて反応速度を測定し，グラフに $\log v$ と $\log[X]$の値をプロットする。その傾きが a となることから，a の値を求める。

解説

〔Ⅰ〕

問1　塩酸：時間0分のとき酢酸は存在しないので，

$$x\times\frac{5.0}{1000}=0.20\times\frac{10.0}{1000}$$

よって，$x=0.40$〔mol/L〕

(あ)～(う)では，触媒の塩酸の中和にそれぞれ10.0mLの水酸化ナトリウムが消費されるから，生成した酢酸の濃度を x_{20}，x_{40}，x_{60}〔mol/L〕とおくと，

$$x_{20}\times\frac{5.0}{1000}=0.20\times\frac{11.7-10.0}{1000}$$

$x_{20}=0.068$〔mol/L〕

滴定値と酸濃度は比例関係にあるので，

$$\frac{x_{40}}{0.40}=\frac{13.3-10.0}{10.0},\quad x_{40}=0.132\text{〔mol/L〕}$$

$$\frac{x_{60}}{0.40}=\frac{14.5-10.0}{10.0},\quad x_{60}=0.180\text{〔mol/L〕}$$

生成した酢酸のモル濃度は，反応した酢酸エチルのそれに等しいので，

(あ)：$0.50-0.068=0.432$〔mol/L〕

(い)：$0.50-0.132=0.368$〔mol/L〕

(う)：$0.50-0.180=0.320$〔mol/L〕

問3　温度，触媒条件一定なので，k_1 は定数。初濃度 $C_0=0.50$ で一定。t と C_t だけが変数である。したがって(2)式より，$\log C_t$ と t は，$y=ax+b$ の一次関数の関係にある。

$$2.3\times\log C_t=-k_1t+2.3\times\log C_0$$

$$\Leftrightarrow\ \underbrace{\log C_t}_{y}=\underbrace{-\frac{k_1}{2.3}}_{a}\cdot\underbrace{t}_{x}+\underbrace{\log C_0}_{b}$$

グラフの傾きは約 -3.3×10^{-3} と読めるので，

$$-\frac{k_1}{2.3}=-3.3\times10^{-3}$$

よって，$k_1=7.59\times10^{-3}$〔/min〕

ただし，グラフの傾きの読み方によって，数値にはバラつきが生じる。

（log をとった部分は無単位となるので，$-k_1t$ の部分も無単位でなければならない。t の単位が min なので，k_1 の単位は /min である。また，(1)式から単位を導くこともできる。

v〔mol/(L・min)〕$=k$〔/min〕C〔mol/L〕）

問4　(2)式を用いれば，濃度がはじめの$\dfrac{1}{n}$まで減少するまでの反応時間$t_{1/n}$がわかる。

$C_t=\dfrac{1}{n}C_0$より，

$$2.3\log C_t=-k_1t_{1/n}+2.3\log C_0$$

$$k_1t_{1/n}=2.3\log\frac{C_0}{C_t}=2.3\log n$$

$$t_{1/n}=\frac{2.3\log n}{k_1}$$

この設問では，$\dfrac{1}{n}=\dfrac{100-95}{100}=\dfrac{1}{20}$なので，

$$t_{1/20}=\frac{2.3\log 20}{k_1}$$

$$=\frac{2.3\times(1+\log 2)}{7.59\times10^{-3}}$$

$$=3.93\times10^2\text{〔min〕}$$

＜参考＞

(1)式から(2)式を導く過程では，微分方程式を解いている。通常この部分ではなく，得られた式((2)式)を使うところが出題される。(2)式は与えられるので覚える必要はない。参考までに導出過程を示す。

$$v=-\frac{dC}{dt}=k_1C$$

$$\Leftrightarrow\ \frac{1}{C}dC=-k_1dt$$

$$\int\frac{1}{C}dC=-k_1\int dt$$

$\log_eC=-k_1t+A$（積分定数）

$t=0$（反応開始時）のとき$\log_eC=A$となる。

$t=0$のときの濃度（初濃度）をC_0とおくと，

$A=\log_eC_0$なので，

$\log_eC=-kt+\log_eC_0$

$\log_e10=2.3$を用いて常用対数に直すと，

$$\frac{\log_eC}{\log_e10}=\frac{-kt}{\log_e10}+\frac{\log_eC_0}{\log_e10}$$

$$\Leftrightarrow\ \log_{10}C=-\frac{kt}{2.3}+\log_{10}C_0$$

$$\Leftrightarrow\ 2.3\log_{10}C=-kt+2.3\log_{10}C_0\quad\cdots(2)$$

〔Ⅱ〕

問7　表のデータを見比べればわかるが，計算過程を要求されている。ここでは乗数が簡単なので，指数関数のまま処理した。

問8　実験1～4のどのデータを代入してもよい。

〔Ⅲ〕

問9(1)　Y濃度を，反応量よりも十分に高くすることによって［Y］≒一定とし，［X］とvだけが変数になる条件にしている。

(2)　乗数が簡単な数であれば，問7の方法を使ったり，vと［X］をグラフの縦軸，横軸にとってデータをプロットし，その形から決める方法がある。ここでは乗数が複雑な数でも処理できる方法を記した。

23

問1　ア：無　イ：赤褐　ウ：吸

問2　(1)　$P_{N_2O_4}=P\times\dfrac{1-\alpha}{1+\alpha}$　(2)　$K_p=\dfrac{4P\alpha^2}{1-\alpha^2}$ Pa

問3　$\alpha=\dfrac{PV_1}{nRT}-1$

問4　(1)　$\dfrac{\alpha}{\sqrt{2-\alpha^2}}$

(2)　$\dfrac{1}{2(1+\alpha)}\times\left(1+\dfrac{\alpha}{\sqrt{2-\alpha^2}}\right)$

問5　(1)　多くなる

理由：四酸化二窒素と二酸化窒素の分圧の和が減少するので，これを増大させようとして分子数増加側に平衡移動するから。

(2)　$\dfrac{nRT}{2V_3}+P_c$

解説

問2　物質量を整理すると，

	N_2O_4	$\rightleftarrows$ $2NO_2$	合計	
はじめ	n	0	n	〔mol〕
平衡時	$n(1-\alpha)$	$2n\alpha$	$n(1+\alpha)$	〔mol〕

(1)　分圧＝全圧×モル分率より，

$$P_{N_2O_4}=P\times\frac{n(1-\alpha)}{n(1+\alpha)}=P\times\frac{1-\alpha}{1+\alpha}\text{〔Pa〕}$$

(2)　同様にNO_2分圧は，

$$P_{NO_2}=P\times\frac{2n\alpha}{n(1+\alpha)}=P\times\frac{2\alpha}{1+\alpha}\text{〔Pa〕}$$

なので，

$$K_p=\frac{(P_{NO_2})^2}{P_{N_2O_4}}=\frac{\left(P\times\frac{2\alpha}{1+\alpha}\right)^2}{P\times\frac{1-\alpha}{1+\alpha}}=\frac{4P\alpha^2}{1-\alpha^2}$$

問3　全物質量は $n(1+\alpha)$〔mol〕なので，

$$PV_1=n(1+\alpha)RT$$

$$\Leftrightarrow\quad \alpha=\frac{PV_1}{nRT}-1$$

問4(1)　問3の文章と比較すると，α 以外の文字を用いずに表せという題意だとわかる。問3の式などの気体の法則を用いると，どうしても V_1，V_2 など α 以外の数値が入ってしまうので，問2(2)の式を応用する。下線部②での解離度を β とおくと，全圧は $2P$〔Pa〕なので，

$$K_p=\frac{4\times 2P\times\beta^2}{1-\beta^2}$$

温度一定だから，K_p 値は問2(2)の式と同じなので，

$$K_p=\frac{4P\alpha^2}{1-\alpha^2}=\frac{4\times 2P\times\beta^2}{1-\beta^2}$$

$$\Leftrightarrow\quad \beta=\frac{\alpha}{\sqrt{2-\alpha^2}}$$

(2)　ここで気体全体について，下線部①と②の数値を整理すると，

①	気体全体	
P	P	〔Pa〕
V	V_1	〔L〕
n	$n(1+\alpha)$	〔mol〕
T	T	〔K〕

②	気体全体	
P	$2P$	〔Pa〕
V	V_2	〔L〕
n	$n(1+\beta)$	〔mol〕
T	T	〔K〕

①と②では，P，V，n の3つが変化しているから，

$\frac{PV}{n}=\frac{P'V'}{n'}=RT$(一定)より，

$$\frac{P\times V_1}{n(1+\alpha)}=\frac{2P\times V_2}{n(1+\beta)}$$

$$\Leftrightarrow\quad \frac{V_2}{V_1}=\frac{1+\beta}{2(1+\alpha)}$$

(1)の式 $\beta=\frac{\alpha}{\sqrt{2-\alpha^2}}$ より，

$$\frac{V_2}{V_1}=\frac{1}{2(1+\alpha)}\times\left(1+\frac{\alpha}{\sqrt{2-\alpha^2}}\right)$$

問5(1)　全圧一定で反応に無関係な気体を注入した場合，体積が膨張するので，反応に関係ある気体は減圧されたのと同じことになる。したがって，分子数増加側に平衡移動する。

これは，質量作用則を用いると以下のように説明できる。

注入直後の $P_{N_2O_4}$ と P_{NO_2} はいずれも注入前の $\frac{1}{x}$ 倍となり，$\frac{(P_{NO_2})^2}{P_{N_2O_4}}$ の値は $\frac{1}{x}$ 倍になる。$x>1$ なので，いったん $K_p>\frac{(P_{NO_2})^2}{P_{N_2O_4}}$ となる。これを等式にすべく，P_{NO_2} 増大側である右方向に平衡移動する。

(2)　n，P_c，T，V_3，R を用いて答えるのだから，下線部③の状態と比較しなければならない。また，N_2O_4 凝縮開始点(＝N_2O_4 分圧が飽和蒸気圧に達する点)を考えなければならない。したがって，気体全体ではなく成分ごとに値を整理すると，

③	N_2O_4	NO_2	合計	
P	P_s(飽和)	P_{NO_2}	P_c	〔Pa〕
V		V_3		〔L〕
n	$n(1-\gamma)$	$2n\gamma$	$n(1+\gamma)$	〔mol〕
T		T		〔K〕

(このときの N_2O_4 解離度を γ とおいている)

問5(2)	N_2O_4	NO_2	不活性気体	合計	
P	P_s(飽和)	P_{NO_2}'		P	〔Pa〕
V		V			〔L〕
n	$n(1-\gamma')$	$2n\gamma'$	$\frac{n}{2}$	$n\left(\frac{3}{2}+\gamma'\right)$	〔mol〕
T		T			〔K〕

(このときの N_2O_4 解離度を γ' とおいている)

この2つの状態を比較する。温度が一定なので，N_2O_4 飽和蒸気圧 P_s や圧平衡定数 K_p は一定である。K_p と N_2O_4 分圧($P_{N_2O_4}$)が一定ということは，

$$K_p=\frac{(P_{NO_2})^2}{P_{N_2O_4}}$$

より，$P_{NO_2}=P_{NO_2}'$ である。N_2O_4 と NO_2 の分圧比が一定ということは，モル比も一定なのだから，γ と γ' も等しい。

まず③の気体全体について状態方程式より，

$$P_cV_3 = n(1+\gamma)RT$$

$$\Leftrightarrow 1+\gamma = \frac{P_cV_3}{nRT} \quad \cdots(a)$$

次に，2つの条件でN_2O_4分圧をそれぞれ表すと，

$$P_s = P_c \times \frac{n(1-\gamma)}{n(1+\gamma)} = P \times \frac{n(1-\gamma')}{n\left(\frac{3}{2}+\gamma'\right)}$$

$\gamma = \gamma'$より，

$$P = P_c \times \frac{\frac{3}{2}+\gamma}{1+\gamma} = P_c \times \frac{\frac{1}{2}+1+\gamma}{1+\gamma} \quad \cdots(b)$$

(a)，(b)式より，

$$P = P_c \times \frac{\frac{1}{2}+\frac{P_cV_3}{nRT}}{\frac{P_cV_3}{nRT}} = \frac{nRT}{2V_3} + P_c$$

この設問は，発想が浮かばないと解けない難問だが，その発想というのは上記の通り，状況を正しく整理することによって導き出すことができるのである。

24

問1　(エ)　**問2**　$\frac{P}{1+P} \times 10^{-4}$mol

問3　1回目：$\frac{P}{2+P} \times 10^{-4}$mol

2回目：$\frac{2P}{(2+P)^2} \times 10^{-4}$mol

問4　12.5%

問5　回収割合をxとおくと，

$$\frac{2}{1+2} \times 10^{-4}x \leqq \frac{2}{2+2} \times 10^{-4}x + \frac{2}{2+2} \times 10^{-4}x \times \frac{x}{1+x}$$

$$\frac{1}{2} \leqq x$$

よって，50%以上

解説

問1　水とともに用いる抽出溶媒に求められる性質は，

①水と相溶しない

②抽出したい物質をよく溶かす

③副反応を起こさず安定

④沸点が低く，蒸発除去が容易

が挙げられるが，特に①は必須である。エタノールは，水と相溶するため①を満たさない。

問2　有機相と水相に分配されるXの物質量比($n_{有機相}/n_{水相}$)を求めると，各々0.1Lなので，

$$\frac{n_{有機相}}{n_{水相}} = \frac{[X(有機相)] \times 0.10}{[X(水相)] \times 0.10}$$

$$= P \times \frac{0.10}{0.10}$$

$$= \frac{P/(1+P)}{1/(1+P)}$$

X全量のうち$P/(1+P)$が有機層に分配されることがわかるから，

$$\frac{P}{1+P} \times 1.0 \times 10^{-3}\,[\text{mol/L}] \times 0.10\,[\text{L}]$$

$$= \frac{P}{1+P} \times 10^{-4}\,[\text{mol}]$$

問3　問2と同様に，Xの物質量比を求めると，

$$\frac{n_{有機相}}{n_{水相}} = P \times \frac{0.050}{0.10} = \frac{P/(2+P)}{2/(2+P)}$$

mol比　mol/L比　L比

はじめのX全量は，

$1.0 \times 10^{-3} \times 0.10 = 1.0 \times 10^{-4}$[mol]なので，1回目の抽出の様子は以下の通り。

有機相中のX：$\frac{P}{2+P} \times 1.0 \times 10^{-4}$[mol]

1回目

水相中のX：$\frac{2}{2+P} \times 1.0 \times 10^{-4}$[mol]

+)

合計　1.0×10^{-4}[mol]

水相を取り出して2回目の抽出を行ったときの様子は以下の通り。

有機相中のX：$\frac{P}{2+P} \times \left(\frac{2}{2+P} \times 1.0 \times 10^{-4}\right)$[mol]

2回目

水相中のX：$\frac{2}{2+P} \times \left(\frac{2}{2+P} \times 1.0 \times 10^{-4}\right)$[mol]

+)

合計　$\frac{2}{2+P} \times 1.0 \times 10^{-4}$[mol]

問4　P＝2として問2と問3の数値を比べると，

$$\frac{2段階}{1段階}=\frac{\frac{2}{2+2}\times10^{-4}+\frac{2\times2}{(2+2)^2}\times10^{-4}}{\frac{2}{1+2}\times10^{-4}}$$

$$=\frac{9}{8}=\frac{112.5}{100}$$

よって，2段階抽出のほうが $\frac{1}{8}$(12.5%)だけ抽出量が増すことがわかる。

問5　水相，有機相とも，用いた溶媒の x 倍量を取り出すとすると，1段階操作の場合，

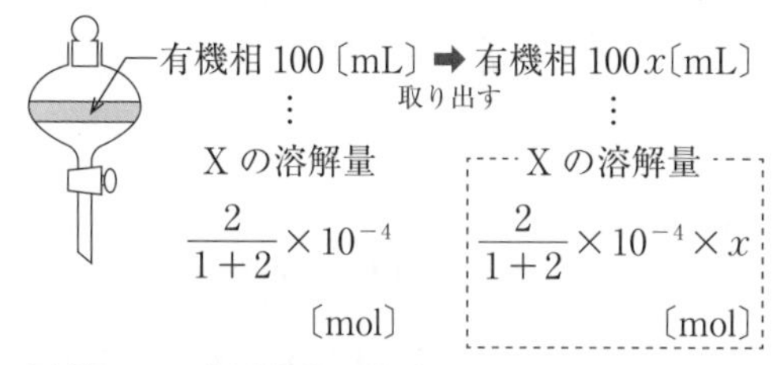

同様に，2段階操作の場合，

1段階目

	取り出される溶液量	X の溶解量
有機相	50x〔mL〕	$\frac{2}{2+2}\times10^{-4}x$〔mol〕
水相	100x〔mL〕	$\frac{2}{2+2}\times10^{-4}x$〔mol〕

水相は100x〔mL〕取り出されている。ここに有機溶媒を新たに50mL加え直して抽出するから，X のモル比は1回目の $\frac{2}{2+2}$ とは違ってくる。モル比を算出し直すと，

$$\underset{\text{mol比}}{\frac{n_{有機相}}{n_{水相}}}=\underset{\text{mol/L比}}{\boxed{2}}\times\underset{\text{L比}}{\frac{0.050}{0.10x}}=\frac{1/(1+x)}{x/(1+x)}$$

有機相には，用いた X のうちの $\frac{1}{1+x}$ が分配される。用いた X の量は，1段階目で取り出した水相に存在する $\frac{2}{2+2}\times10^{-4}x$〔mol〕なので，

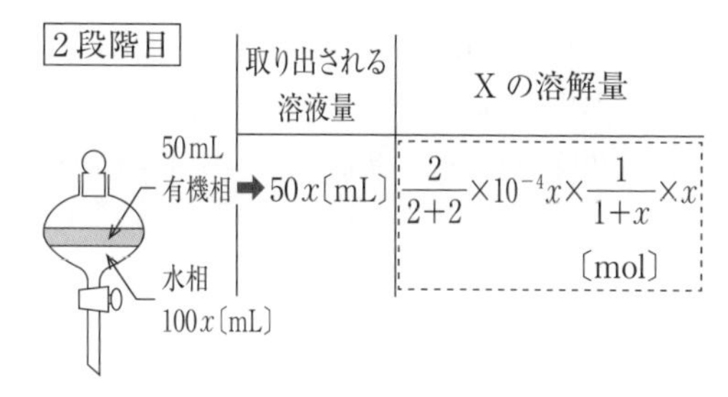

2段階目
取り出される溶液量
X の溶解量
50mL
有機相 ➡ 50x〔mL〕
$\frac{2}{2+2}\times10^{-4}x\times\frac{1}{1+x}\times x$
〔mol〕
水相
100x〔mL〕

2段階操作で取り出される X の合計量は，

$$\frac{2}{2+2}\times10^{-4}x+\frac{2}{2+2}\times10^{-4}x\times\frac{1}{1+x}\times x\text{〔mol〕}$$

これが，1段階操作の $\frac{2}{1+2}\times10^{-4}x$〔mol〕以上となる条件は，

$$\frac{2}{1+2}\times10^{-4}x\leqq\frac{2}{2+2}\times10^{-4}x+\frac{2}{2+2}\times10^{-4}x\times\frac{1}{1+x}\times x$$

よって，$\frac{1}{2}\leqq x$

25

問1　ア：$\frac{[NH_4^+][OH^-]}{[NH_3]}$　イ：$\frac{c\alpha^2}{1-\alpha}$　ウ：$c\alpha^2$

エ：$\sqrt{cK_b}$　オ：$\frac{K_w}{\sqrt{cK_b}}$　カ：NH_3　キ：H_3O^+

問2　弱酸性

問3　ルシャトリエの原理より，増大した$[OH^-]$を減少させようとして，平衡は左に移動する。(42字)

問4　$K_h=\frac{K_w}{K_b}$

問5　8.8(計算過程は解説を参照)

解説

問1　電離定数とは，$[H_2O]$を一定とおいて，平衡定数にかけ合わせたものを指す。うすい水溶液では多量に存在する水の濃度を一定とみなせるからである。

$K=\frac{[NH_4^+][OH^-]}{[NH_3][H_2O]}$，$K[H_2O]=K_b$ とおくと，

$$K_b=\frac{[NH_4^+][OH^-]}{[NH_3]}\text{（ア）}(K_b：電離定数)$$

電離前後の量関係を整理すると，

$$NH_3 + H_2O \rightleftarrows NH_4^+ + OH^-$$

	NH_3	H_2O	NH_4^+	OH^-
はじめ	c	多量	0	0〔mol/L〕
平衡時	$c(1-\alpha)$	多量	$c\alpha$	$c\alpha$〔mol/L〕

$$K_b = \frac{[NH_4^+][OH^-]}{[NH_3]} = \frac{c\alpha \times c\alpha}{c(1-\alpha)}$$

$$= \frac{c\alpha^2}{1-\alpha} \text{（イ）}$$

$\alpha \ll 1$のとき，$1-\alpha \fallingdotseq 1$とみなせるので，

$$K_b \fallingdotseq c\alpha^2 \text{（ウ）} \Longleftrightarrow \alpha \fallingdotseq \sqrt{\frac{K_b}{c}}$$

$$[OH^-] = c\alpha \fallingdotseq c \times \sqrt{\frac{K_b}{c}} = \sqrt{cK_b} \text{（エ）}$$

$K_w = [H^+][OH^-]$より，

$$[H^+] = \frac{K_w}{[OH^-]} = \frac{K_w}{\sqrt{cK_b}} \text{（オ）}$$

加水分解定数も，$[H_2O]$＝一定とおいて，平衡定数にかけ合わせたものである。また，水中では水素イオンは必ずオキソニウムイオンH_3O^+の形で存在しているが，これは通常H^+と略記する。

$$NH_4^+ + H_2O \rightleftarrows NH_3 + H_3O^+$$

$$K = \frac{[NH_3][H_3O^+]}{[NH_4^+][H_2O]}, \ K[H_2O] = K_h \text{とおくと，}$$

$$K_h = \frac{[NH_3][H_3O^+]}{[NH_4^+]} \text{（カ）（キ）}$$

$$\left(= \frac{[NH_3][H^+]}{[NH_4^+]} \right)$$

問2　上記の加水分解反応により，NH_4Cl水溶液は弱酸性を示す。

問4　$K_b = \boxed{\frac{[NH_4^+][OH^-]}{[NH_3]}}$，$K_w = [H^+][OH^-]$

なので，

$$K_h = \frac{[NH_3][H^+]}{[NH_4^+]}$$

$$= \frac{[NH_3][H^+][OH^-]}{[NH_4^+][OH^-]} = \frac{K_w}{K_b}$$

問5　弱塩基(NH_3)とその塩(NH_4Cl)の混合溶液なので，緩衝溶液である。

$$[NH_3] = \frac{0.20 \times 0.10}{0.40} \text{〔mol/L〕}$$

$$[NH_4^+] = \frac{0.20 \times 0.30}{0.40} \text{〔mol/L〕なので，}$$

$$K_b = \frac{[NH_4^+][OH^-]}{[NH_3]} \text{より，}$$

$$1.8 \times 10^{-5} = \frac{\frac{0.20 \times 0.30}{0.40}}{\frac{0.20 \times 0.10}{0.40}} \times \frac{1.0 \times 10^{-14}}{[H^+]}$$

$$[H^+] = \frac{1}{6} \times 10^{-8} \text{〔mol/L〕}$$

よって，$pH = 8 + \log_{10}2 + \log_{10}3 = 8.78$

【別解】

$K_h = \frac{[NH_3][H^+]}{[NH_4^+]} = \frac{K_w}{K_b}$に代入してもよい。

$$\frac{\frac{0.20 \times 0.10}{0.40} \times [H^+]}{\frac{0.20 \times 0.30}{0.40}} = \frac{1.0 \times 10^{-14}}{1.8 \times 10^{-5}}$$

$$[H^+] = \frac{1}{6} \times 10^{-8} \text{〔mol/L〕}$$

NH_3またはNH_4^+を加えた水溶液には，H_2O，NH_3，NH_4^+，H^+，OH^-は必ず存在するので，上記のすべての平衡が成り立っており，どの質量作用則も等式で用いることができる。反応式中の物質が最終的にすべて存在していれば，必ず平衡状態になっているからである。

26

問1　ア：**可逆**　イ：**緩衝**　ウ：**ルシャトリエ**

問2　**2.5×10^{-3}mol**

問3　**1.7×10^{-5}mol/L**

問4　**1.2×10^3L/(mol・s)**

問5　$[AH]$：**に**　$[A^-]$：**い**

問6　正反応：**と**　逆反応：**る**

解説

問2　赤変する条件は$[A^-] = 5.0 \times 10^{-5}$〔mol/L〕に達する点である。加えた$CH_3COONa$の量を$x$〔mol〕とおいて量関係を整理すると，体積は0.1Lなので，

平衡時	CH_3COOH	CH_3COO^-	AH	A^-
物質量〔mol〕	1×10^{-2}	x	計1.5×10^{-5}	
モル濃度〔mol/L〕	1×10^{-1}	$10x$	1×10^{-4}	5×10^{-5}
			計1.5×10^{-4}	

$K=\dfrac{[A^-][H^+]}{[AH]}$ より，

$$3.4\times10^{-5}=\frac{5.0\times10^{-5}}{1.0\times10^{-4}}\times[H^+]\quad\cdots①$$

$K_a=\dfrac{[H^+][CH_3COO^-]}{[CH_3COOH]}$ より，

$$1.7\times10^{-5}=\frac{10x}{1.0\times10^{-1}}\times[H^+]\quad\cdots②$$

①，②より，$x=2.5\times10^{-3}$〔mol〕

なお，HA の量は CH_3COOH や CH_3COONa の量に対して非常に小さいため，AH が H^+ を放出したことによる CH_3COOH，CH_3COO^- の量変化は，CH_3COOH の電離や CH_3COO^- の加水分解と同様に無視できる。

問3　問2とは別条件である。酢酸，酢酸ナトリウムともに 0.010 mol だから，

$\dfrac{[CH_3COO^-]}{[CH_3COOH]}=1$ の緩衝溶液となっている。

$K_a=\dfrac{[H^+][CH_3COO^-]}{[CH_3COOH]}$ より，

$$[H^+]=K_a=1.7\times10^{-5}\text{〔mol/L〕}$$

問4　$AH \rightleftarrows A^-+H^+$ の AH 減少速度 v_1 と，AH 増加速度 v_2 はそれぞれ，

$$v_1=k_1[AH]\quad\cdots③$$
$$v_2=k_2[A^-][H^+]\quad\cdots④$$

平衡時は $v_1=v_2$ だから，

$$k_1[AH]=k_2[A^-][H^+]$$
$$\frac{k_1}{k_2}=\frac{[A^-][H^+]}{[AH]}=K\quad\cdots⑤$$

③式より，反応開始時について，

$$6.0\times10^{-6}=k_1\times1.5\times10^{-4}$$
$$k_1=4.0\times10^{-2}\text{〔/s〕}$$

⑤式より，

$$\frac{4.0\times10^{-2}}{k_2}=3.4\times10^{-5}$$

両式より，$k_2=1.17\times10^3$〔L/(mol・s)〕

問5　やはり加えた AH の量は CH_3COOH，CH_3COO^- の量に対して非常に少ないので，AH 添加後も問3の $[H^+]=1.7\times10^{-5}$〔mol/L〕のままと考えてよい。平衡時の $[A^-]$ と $[AH]$ がわかればグラフを選べる。電離前の AH 濃度は，

$$\frac{1.5\times10^{-5}\text{〔mol〕}}{0.10\text{〔L〕}}=1.5\times10^{-4}\text{〔mol/L〕}$$

なので，

	AH	$\rightleftarrows A^-$ +	H^+	
はじめ	1.5×10^{-4}	0	0	〔mol/L〕
平衡時	$1.5\times10^{-4}-x$	x	x	〔mol/L〕

$K=\dfrac{[A^-][H^+]}{[AH]}$ より，

$$3.4\times10^{-5}=\frac{x}{1.5\times10^{-4}-x}\times1.7\times10^{-5}$$

$x=1.0\times10^{-4}$

$[A^-]=1.0\times10^{-4}$〔mol/L〕(平衡時)

$[AH]=5.0\times10^{-5}$〔mol/L〕(平衡時)

はじめは $[AH]=1.5\times10^{-4}$〔mol/L〕，$[A^-]=0$ なので，グラフは $[AH]$ が(に)，$[A^-]$ が(い)とわかる。

問6　問4の文より，はじめの正反応の速度 v_1 は 6.0×10^{-6}〔mol/(L・s)〕である。③式より平衡時の v_1 は，

$$v_1=4.0\times10^{-2}\times5.0\times10^{-5}$$
$$=2.0\times10^{-6}\text{〔mol/(L・s)〕}$$

よって，正反応のグラフは(と)。

逆反応について，はじめは A^- は入れていないから，$v_2=0$ である。平衡時は，$v_1=v_2$ より，

$$v_2=2.0\times10^{-6}\text{〔mol/(L・s)〕}$$

よって，逆反応のグラフは(る)。

27

問1　①　　**問2**　③　　**問3**　⑦　　**問4**　④

問5　⑥

解説

この問題のように，多数の質量作用則を扱う場合は，平衡定数をすべて式に直して比較しよう。(1)～(5)式の質量作用則と，水のイオン積をそれぞれ書き出すと，

(1)式より，$K_1=\dfrac{[H^+][H_2PO_4^-]}{[H_3PO_4]}=7.6\times10^{-3}$〔mol/L〕

(2)式より，$K_2=\dfrac{[H^+][HPO_4^{2-}]}{[H_2PO_4^-]}=6.3\times10^{-8}$〔mol/L〕

(3)式より，$K_3=\dfrac{[H^+][PO_4^{3-}]}{[HPO_4^{2-}]}=4.5\times10^{-13}$〔mol/L〕

(4)式より，$K_4=\dfrac{[H_3PO_4][OH^-]}{[H_2PO_4^-]}$

(5)式より，$K_5=\dfrac{[H_2PO_4^-][OH^-]}{[HPO_4^{2-}]}$

水のイオン積は，$K_w=[H^+][OH^-]$
$=1.0\times10^{-14}$〔mol²/L²〕

問1　$K_4=\dfrac{[H_3PO_4][OH^-][H^+]}{[H_2PO_4^-][H^+]}=\dfrac{K_w}{K_1}$ より，

$$K_4=\frac{1.0\times10^{-14}}{7.6\times10^{-3}}\fallingdotseq1.3\times10^{-12}\text{〔mol/L〕}$$

【別解】

(4)式は $H_2PO_4^-$ の加水分解反応だが，それは本質的に(1)式 H_3PO_4 の電離の逆反応である。

反応式から考えると，

$$H_2PO_4^-+H^+\rightleftarrows H_3PO_4\cdots\frac{1}{K_1}=\frac{[H_3PO_4]}{[H_2PO_4^-][H^+]}$$

$$+)\quad H_2O\rightleftarrows H^++OH^-\quad\cdots K_w=[H^+][OH^-]$$

$$H_2PO_4^-+H_2O\rightleftarrows H_3PO_4+OH^-$$

$$\cdots K_4=\frac{[H_3PO_4][OH^-]}{[H_2PO_4^-]}$$

反応式の足し算を，モル濃度のかけ算に変えたのが質量作用則だから，K_4 は $\dfrac{K_w}{K_1}$ に一致するであろうとの発想が得られる。

問2　ア：そもそも平衡定数は，平衡が右に片寄るほど大きくなる(右辺の濃度を分子にとるため)。同じ単位であれば，より平衡定数の大きな反応のほうが多く進行する。

$K_2>K_4$ より，

$H_2PO_4^-\rightleftarrows H^++HPO_4^{2-}$ のほうが，

$H_2PO_4^-+H_2O\rightleftarrows H_3PO_4+OH^-$ よりも多く進行するとわかるので，$H_2PO_4^-$ の水溶液(NaH_2PO_4 水溶液)は酸性を示すことがわかる。

イ：同様に，$K_5=\dfrac{K_w}{K_2}$ より，

$$K_5=\frac{1.0\times10^{-14}}{6.3\times10^{-8}}\fallingdotseq1.6\times10^{-7}$$

である。$K_3<K_5$ なので，

$HPO_4^{2-}\rightleftarrows H^++PO_4^{3-}$ よりも

$HPO_4^{2-}+H_2O\rightleftarrows H_2PO_4^-+OH^-$ のほうが多く進行するとわかるので，HPO_4^{2-} の水溶液(Na_2HPO_4 水溶液)は塩基性を示すことがわかる。

ウ：$H_2PO_4^-$ と HPO_4^{2-} が共存するとき，$H_2PO_4^-$ を差し置いて HPO_4^{2-} が H^+ を放出し PO_4^{3-} を生じる確率は極めて小さく無視できる。同様に，HPO_4^{2-} を差し置いて，すでに H^+ を2個もっている $H_2PO_4^-$ が加水分解して H_3PO_4 になる確率も，極めて小さく無視できる。結局，リンを含む化学種は $H_2PO_4^-$ と HPO_4^{2-} の2種だけが存在するものと近似し，(2)式の電離平衡の式で考察すればよい。

$K_2=\dfrac{[H^+][HPO_4^{2-}]}{[H_2PO_4^-]}$ の両辺対数をとると，

$$-\log_{10}K_2=-\log_{10}[H^+]-\log_{10}\frac{[HPO_4^{2-}]}{[H_2PO_4^-]}$$

$$pK_2=pH-\log_{10}\frac{[HPO_4^{2-}]}{[H_2PO_4^-]}$$

$$\Leftrightarrow\ pH=pK_2+\log_{10}\frac{[HPO_4^{2-}]}{[H_2PO_4^-]}$$

問3　$H_3PO_4\rightleftarrows H_2PO_4^-\rightleftarrows HPO_4^{2-}\rightleftarrows PO_4^{3-}$ のように電離していく。

$[H_2PO_4^-]:[HPO_4^{2-}]=1:1$ となる pH と，$[HPO_4^{2-}]:[PO_4^{3-}]=1:1$ となる pH を算出してみると，

・$[H_2PO_4^-]:[HPO_4^{2-}]=1:1$ となる pH

$K_2=\dfrac{[H^+][HPO_4^{2-}]}{[H_2PO_4^-]}$ より，

$[H_2PO_4^-]=[HPO_4^{2-}]$ ならば，

$[H^+]=K_2=6.3\times10^{-8}$〔mol/L〕

pH は7と8の間(約7.2)。

・$[HPO_4^{2-}]:[PO_4^{3-}]=1:1$ となる pH

$K_3=\dfrac{[H^+][PO_4^{3-}]}{[HPO_4^{2-}]}$ より，

$[HPO_4^{2-}]=[PO_4^{3-}]$ ならば，

$[H^+]=K_3=4.5\times10^{-13}$〔mol/L〕

pH は12と13の間(約12.3)。

よって，HPO_4^{2-} がリンを含む化学種の中で50%以上を占めるときの pH は，約7.2から約12.3までの間であるとわかり，そのグラフは⑦であるとわかる。

問4　問2の式で算出する。$[H_2PO_4^-]$と$[HPO_4^{2-}]$を求めると，混合によってうすまり合うので，

$$[H_2PO_4^-]=0.600\times\frac{100}{300}=0.200\text{〔mol/L〕}$$

$$[HPO_4^{2-}]=0.300\times\frac{200}{300}=0.200\text{〔mol/L〕}$$

$\mathrm{pH}=\mathrm{p}K_2+\log_{10}\dfrac{[HPO_4^{2-}]}{[H_2PO_4^-]}$ より，

$$\mathrm{pH}=-\log_{10}(6.3\times10^{-8})+\log_{10}\frac{0.200}{0.200}$$

$$\fallingdotseq 8-\log_{10}2-\log_{10}3$$

$$=7.22$$

なお，この設問に答えるだけであれば，$H_2PO_4^-$とHPO_4^{2-}のモル比が1：1であることから，モル濃度比も1：1なので，

$\log_{10}\dfrac{[HPO_4^{2-}]}{[H_2PO_4^-]}=0$ としてよい。

問5　・緩衝液について

量関係を整理する。溶液は500mL使うから，

	$H_2PO_4^-$	$+\ OH^-\longrightarrow$	$HPO_4^{2-}+H_2O$
はじめ	0.20〔mol/L〕×0.50〔L〕	$\frac{0.80}{40}$〔mol〕	0.20〔mol/L〕×0.50〔L〕
反応後	0.080	0	0.12〔mol〕

$$\log_{10}\frac{[HPO_4^{2-}]}{[H_2PO_4^-]}=\log_{10}\frac{\frac{0.12}{0.50}}{\frac{0.080}{0.50}}$$

$$=\log_{10}3-\log_{10}2$$

$$=0.18$$

問2の式より，pHはNaOH添加前$\left(\log_{10}\dfrac{[HPO_4^{2-}]}{[H_2PO_4^-]}=0\right)$と比べて0.18だけ増大するとわかる。

・水について

加える前のpHは7.00。加えた後は，

$$[OH^-]=\frac{0.80}{40}\text{〔mol〕}\times\frac{1000}{500}\text{〔1/L〕}$$

$$=4.0\times10^{-2}\text{〔mol/L〕}$$

$$[H^+]=\frac{K_w}{[OH^-]}=\frac{1.0\times10^{-14}}{4.0\times10^{-2}}$$

$$=\frac{1}{2^2}\times10^{-12}$$

$$\mathrm{pH}=-\log_{10}\left(\frac{1}{2^2}\times10^{-12}\right)$$

$$=12+2\times0.30=12.60$$

pH変化量は，12.60－7.00＝5.60

よって，両者の差は，5.60－0.18＝5.42

28

問1　拡散　　**問2**　10kPa

問3　5.0mmol　　**問4**　$[Cu(NH_3)_4]^{2+}$

問5　31kPa　　**問6**　70mL　　**問7**　10

解説

問1　半透膜を粒子が通過することは浸透だが，ここでは浸透によって左右同濃度になることをいっているから拡散である。拡散は熱運動によって起こる。

問2　硫酸銅(Ⅱ)は，$CuSO_4\longrightarrow Cu^{2+}+SO_4^{2-}$のように電離して2倍モルのイオンになるから，

$\Pi=cRT$ より，

$$P_1=\frac{\underset{\text{イオン}}{2}\times2\times10^{-3}}{1}\text{〔mol/L〕}\times8.3\times10^3\text{〔Pa·L/(K·mol)〕}\times300\text{〔K〕}$$

$$=9.96\times10^3\text{〔Pa〕}$$

$$\fallingdotseq10\text{〔kPa〕}$$

問3　操作(2)における反応生成量を整理すると，

	$CuSO_4$	$+\ 2NaOH\longrightarrow$	$Cu(OH)_2\downarrow$	$+\ Na_2SO_4$
はじめ	2	x	0	0〔mmol〕
反応後	0	$x-4$	2(沈殿)	2〔mmol〕

反応後の溶存イオンの物質量は，

$$\underbrace{(x-4)\times2}_{\text{NaOH由来イオン}}+\underbrace{2\times3}_{Na_2SO_4\text{由来イオン}}=2x-2\text{〔mmol〕}$$

これが最初($CuSO_4$ 2mmol)の2倍あれば，浸透圧も2倍になるから，

$$\underbrace{2x-2\text{〔mmol〕}}_{\text{操作(2)のA室イオン}}=\underbrace{2\times2}_{\text{操作(1)のA室イオン}}\times2\text{〔mmol〕}$$

よって，$x=5.0$〔mmol〕

このときの状況を図で表すと次ページの通り。

・操作(2)終了後

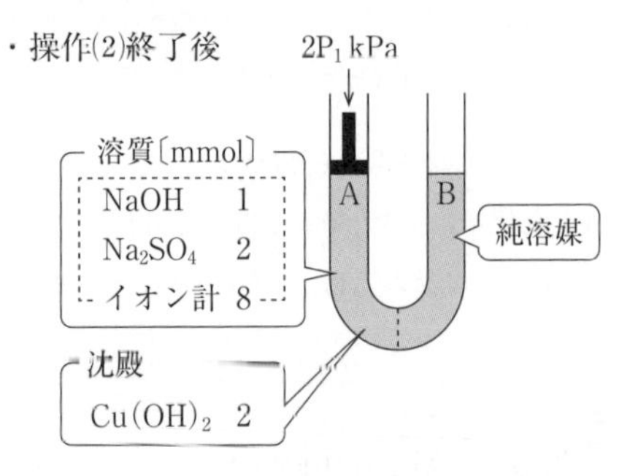

問4　操作(3)について，NH$_3$ 分子は半透膜を通過でき，以下の反応によって Cu(OH)$_2$ の沈殿を溶かす。

$Cu(OH)_2\downarrow + 4NH_3 \longrightarrow [Cu(NH_3)_4]^{2+} + 2OH^-$

問5　NH$_3$ 添加前のA(左室)に含まれる物質は，

NaOH	1mmol
Na$_2$SO$_4$	2mmol
Cu(OH)$_2\downarrow$	2mmol

NH$_3$ 添加後について，いったんすべての NH$_3$ がA側に入ると仮定する。錯イオン形成の平衡定数が十分大きいので，不可逆反応と考えて差しつかえないから，

	$Cu(OH)_2\downarrow$	$+4NH_3$	$\longrightarrow [Cu(NH_3)_4](OH)_2$	
はじめ	2	155	0	〔mmol〕
反応後	0	147	2	〔mmol〕

NH$_3$ 添加後のAに含まれる物質は，

NaOH	1mmol
Na$_2$SO$_4$	2mmol
[Cu(NH$_3$)$_4$](OH)$_2$	2mmol

イオンの物質量は，

$1\times2+2\times3+2\times3=14$〔mmol〕

残った NH$_3$ はA，B室に拡散し，B室〔右室〕ではその一部が電離して平衡状態となる。量関係を整理すると，

	NH_3	$+ H_2O$	$\rightleftarrows NH_4^+$	$+ OH^-$	
はじめ	C	多量	0	0	〔mmol〕
平衡時	$C(1-\alpha)$	多量	$C\alpha$	$C\alpha$	〔mmol〕

最終的には，A，B両室に $C(1-\alpha)$〔mmol〕の未電離 NH$_3$ が存在することになる。$\alpha=0.01$ なので，

$C(1-0.01)\times2+C\times0.01=147$

$C=73.8$〔mmol〕

$\left(近似で \dfrac{147}{2}=73.5 としても問題ない\right)$

NH$_4^+$ と OH$^-$ の物質量は各々 73.8×0.01〔mmol〕だから，B室のイオンの総量は，

$73.8\times0.01\times2=1.47$〔mmol〕

図に表すと以下のようになる。

・操作(3)終了後

P$_2$ kPa

溶質〔mmol〕
NaOH　1
Na$_2$SO$_4$　2
[Cu(NH$_3$)$_4$](OH)$_2$　2
イオン合計　14
NH$_3$　73.8×(1−0.01)

A　B

溶質〔mmol〕
NH$_4$Cl　0.738
イオン合計 1.47
NH$_3$ 73.8×(1−0.01)

A室とB室のイオン量の差は，14 − 1.47〔mmol〕である。この分だけA室溶液はB室溶液よりも大きな浸透圧を示し，それが P$_2$〔kPa〕に相当するから，

$P_2 = (14-1.47)\times10^{-3}$〔mol/L〕$\times8.3\times10^3$〔Pa·L/(K·mol)〕$\times300$〔K〕
（イオン（溶液は 1 L））

$=3.11\times10^4$〔Pa〕$=31.1$〔kPa〕

問6　B室に HCl を加えた後，両室のイオンの量が一致すればよいのだから，

$NH_3 + HCl \longrightarrow NH_4^+ + Cl^-$ より，

14〔mmol〕= 0.10〔mol/L〕× y〔mL〕× 2〔mmol〕
（A室イオン，B室 NH$_4$Cl〔mmol〕，イオン）

よって，$y=70$〔mL〕

問7　問6より，(4)の操作で NH$_3$ は 7mmol 消費され，NH$_4$Cl が 7mmol 生じている。

残っている NH$_3$ は両室合わせて

147 − 7 = 140〔mmol〕だから，B室中の NH$_3$ は $\dfrac{140}{2}=70$〔mmol〕。B室は NH$_3$ 70mmol と NH$_4$Cl 7mmol の混合溶液＝緩衝溶液になっているとわかる。

・操作(4)終了後

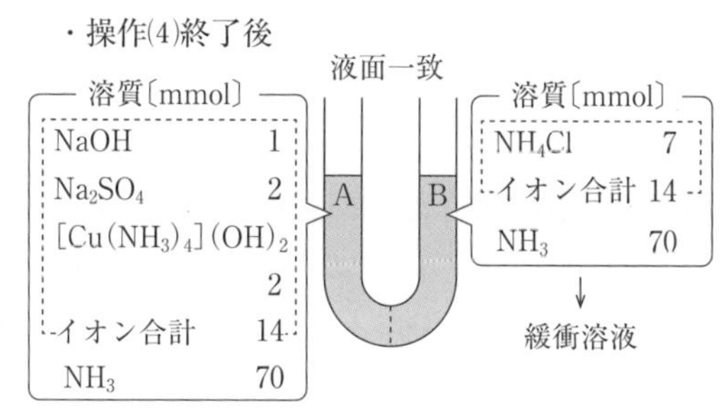

$\dfrac{[NH_4^+]}{[NH_3]}=\dfrac{7}{70}$ なので，

$K_b=\dfrac{[NH_4^+][OH^-]}{[NH_3]}$，$K_w=[H^+][OH^-]$ より，

$$10^{-5}=\frac{7}{70}\times\frac{10^{-14}}{[H^+]}$$

$$[H^+]=10^{-10}$$

よって，pH＝10

29

問１　**中和点では炭酸が生じており，水溶液は弱酸性を示すため。**

問２　**ア：1　イ：2　ウ：2**

問３　$K_2=\dfrac{[CO_3^{2-}][H^+]}{[HCO_3^-]}$ **より，pH＝8 なので，**

$$5.0\times10^{-11}=\frac{[CO_3^{2-}]}{[HCO_3^-]}\times10^{-8}$$

$$\frac{[CO_3^{2-}]}{[HCO_3^-]}=5.0\times10^{-3}$$

よって，5.0×10^{-3}

問４　$[HCO_3^-]\times100=2\times5.00\times10^{-2}\times1.60$

$$[HCO_3^-]=1.6\times10^{-3}\,\text{mol/L}$$

よって，1.6×10^{-3} **mol/L**

問５　$\dfrac{[CO_3^{2-}]}{[HCO_3^-]}=5.0\times10^{-3}$ **より，**

$$\frac{[CO_3^{2-}]}{1.6\times10^{-3}}=5.0\times10^{-3}$$

$$[CO_3^{2-}]=8.0\times10^{-6}\,\text{mol/L}$$

よって，8.0×10^{-6} **mol/L**

問６　$K_{sp}=[Ca^{2+}][CO_3^{2-}]$ **より，**

$$5.0\times10^{-9}=[Ca^{2+}]\times8.0\times10^{-6}$$

$$[Ca^{2+}]=6.25\times10^{-4}\,\text{mol/L}$$

よって，モル濃度：6.3×10^{-4} **mol/L**

$$Ca^{2+}\text{〔mg/L〕}=6.25\times10^{-4}\times40.0\times10^3=25\,\text{mg/L}$$

よって，mg/L：25 mg/L

問７　$\dfrac{K_2}{K_{sp}}=\dfrac{[H^+]}{[Ca^{2+}][HCO_3^-]}$ **より，滴定値は同じなので，**

$$\frac{5.0\times10^{-11}}{5.0\times10^{-9}}=\frac{10^{-7.7}}{[Ca^{2+}]\times1.6\times10^{-3}}$$

$$[Ca^{2+}]=1.25\times10^{-3}\,\text{mol/L}$$

よって，1.3×10^{-3} **mol/L**

解説

問１　ここでの中和滴定の反応は，

$$CO_3^{2-}+2H^+\longrightarrow H_2CO_3$$
$$HCO_3^-+H^+\longrightarrow H_2CO_3$$

である。中和点では炭酸を含む水溶液になっているため，弱酸性を示す。したがって，指示薬は弱酸性に変色域をもつものを用いる。

なお，仮に弱塩基性で変色する指示薬を用いた場合は，

$$CO_3^{2-}+H^+\longrightarrow HCO_3^-$$

が完結した点(HCO_3^-水溶液となったところ)で変色してしまう。題意よりCO_3^{2-}濃度は非常に小さいため，滴定値も誤差範囲内の小さな値となり意味がない。また，HCO_3^-の定量もできない。

問２　問１の反応式より，HCO_3^-は１価，CO_3^{2-}は２価の塩基として働く。H_2SO_4は２価の酸として働く。

問３　pHが指定されたことから，緩衝溶液の要領で解くものと気付きたい。

問４　$[HCO_3^-]\gg[CO_3^{2-}]$といわれているから，式２の左辺を，

(HCO_3^-〔mol/L〕＋２×CO_3^{2-}〔mol/L〕)×体積
≒HCO_3^-〔mol/L〕×体積

と近似する。両辺体積をmLとすれば，

「塩基が受け取るH^+〔mmol〕
＝酸が出すH^+〔mmol〕」

の式になる。

$[HCO_3^-]$〔mol/L〕×100〔mL〕
＝２〔価〕×5.00×10^{-2}〔mol/L〕×1.60〔mL〕

よって，$[HCO_3^-]=1.60\times10^{-3}$〔mol/L〕

問７　滴定値は同じなので，$[HCO_3^-]=1.60\times10^{-3}$である。「$Ca^{2+}$について飽和」とは，式１の

$CaCO_3$ の溶解平衡が成り立っているという意味。pH＝7.7 なので，

$[H^+]=10^{-7.7}=2.0\times10^{-8}$〔mol/L〕，

$[CO_3^{2-}]$を算出する必要はないから，式1と式4を組み合わせて消去すると，

$$\frac{K_2}{K_{sp}}=\frac{[H^+]}{[Ca^{2+}][HCO_3^-]}$$

$$\frac{5.0\times10^{-11}}{5.0\times10^{-9}}=\frac{2.0\times10^{-8}}{[Ca^{2+}]\times1.6\times10^{-3}}$$

よって，$[Ca^{2+}]=1.25\times10^{-3}$〔mol/L〕

30

問1　ア：$[Ag^+]^2[CrO_4^{2-}]$　$n=3$

問2　1.41×10^{-5}mol/L

問3　銀イオン：$+5.9\times10^{-6}$mol/L

　塩化物イオン：-4.1×10^{-6}mol/L

問4　$+1.00\times10^{-5}$mol/L

問5　1.00×10^{-5}mol/L

問6　方法：**加えた銀イオンと塩化物イオンの物質量が一致した時点で，クロム酸銀の沈殿が生じ始めるように，クロム酸イオン濃度を調整する。この場合は，クロム酸イオン濃度を 5.00×10^{-3}mol/L として滴定を行う。**

　濃度の差：**0 になる。**

（注）　問3は，引き算で有効数字が1桁減るため，「5.9」「4.1」の2桁表記とした。

解説

問2　下線部①は，Cl^- と Ag^+ を係数比の物質量（この場合は同モル量）加えた「当量点」である。一方，下線部②は，滴定をやめた「終点」である。終点が当量点からずれると，その差が滴定の誤差となる。

ここでは当量点における$[Ag^+]$を求める。当量点なので，いったん Ag^+ と Cl^- は過不足なく反応して完全に沈殿し，そこからわずかに溶け出すと考えればよい。

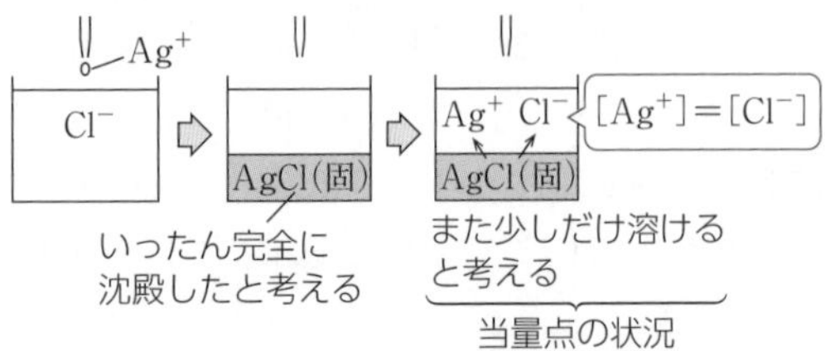

$K_{sp}=[Ag^+][Cl^-]=[Ag^+]^2$ とできるから，

$2.00\times10^{-10}=[Ag^+]^2$

よって，$[Ag^+]=1.41\times10^{-5}$〔mol/L〕

問3　今度は終点における$[Ag^+]$と$[Cl^-]$を求める。終点は Ag_2CrO_4 が沈殿し始める点であり，この点までは $[CrO_4^{2-}]=2.50\times10^{-3}$〔mol/L〕だから，

$K_{sp}=[Ag^+]^2[CrO_4^{2-}]$ より，

$1.00\times10^{-12}=[Ag^+]^2\times2.50\times10^{-3}$

$[Ag^+]=2.00\times10^{-5}$〔mol/L〕

さらに $K_{sp}=[Ag^+][Cl^-]$ より，

$2.00\times10^{-10}=2.00\times10^{-5}\times[Cl^-]$

$[Cl^-]=1.00\times10^{-5}$〔mol/L〕

それぞれ当量点からの変化量は，

銀イオン：$2.00\times10^{-5}-1.41\times10^{-5}$

$=+5.9\times10^{-6}$〔mol/L〕

塩化物イオン：$1.00\times10^{-5}-1.41\times10^{-5}$

$=-4.1\times10^{-6}$〔mol/L〕

問4　$[NO_3^-]$の増加量は，$[Ag^+]$の増加量とは違う。Ag^+ は当量点を過ぎても，加えた分の一部が AgCl の沈殿に変わるため，$[Ag^+]$はそこまで増えない。一方$[NO_3^-]$は，加えた $AgNO_3$ 水溶液の分だけ増える。

沈殿生成に消費された Ag^+ の量は，溶液からなくなった Cl^- の量に等しいから，問3の答えより，4.1×10^{-6}〔mol/L〕。

溶液中の Ag^+ 増加分は，問3の答えより，5.9×10^{-6}〔mol/L〕。

この合計が，当量点から終点までの間に加えられた $AgNO_3$ の分であり，$[NO_3^-]$の増加分である。

よって，$4.1\times10^{-6}+5.9\times10^{-6}$

$=+1.00\times10^{-5}$〔mol/L〕

この間の様子を図に示すと次ページの通り。

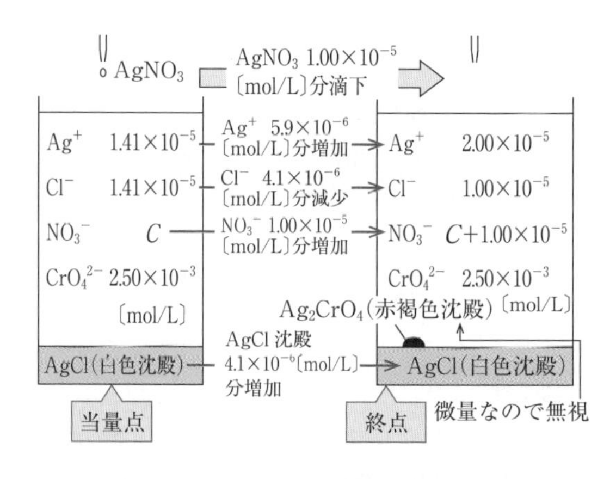

Ag^+，Cl^-，NO_3^-の増減を合計すると，溶液全体で電気的中性を保っていることがわかる。

問5　計算としては，$Ag^+ + Cl^- \longrightarrow AgCl$ より，Cl^-〔mol〕=「終点」までに加えた $AgNO_3$〔mol〕として$[Cl^-]$を算出する。これは終点での$[NO_3^-]$に一致する。「当量点」での$[NO_3^-]$は，実際の(本当の)$[Cl^-]$に一致する。上図の C のことである。終点では$[NO_3^-]$は $C+1.00\times10^{-5}$ になっているので，

下線部②(終点)から求めた$[Cl^-]$ − 実際の(本当の)$[Cl^-]$

$= C + 1.00\times10^{-5} - C$

$= 1.00\times10^{-5}$〔mol/L〕

問6　加えた Ag^+ と Cl^- の物質量が一致する上記の「当量点」で Ag_2CrO_4 が沈殿し始めるようにすればよい。この場合，「当量点」では

$[Ag^+] = 1.41\times10^{-5}$〔mol/L〕なので，

$K_{sp} = [Ag^+]^2[CrO_4^{2-}]$ より，

$1.00\times10^{-12} = (1.41\times10^{-5})^2 \times [CrO_4^{2-}]$

$[CrO_4^{2-}] = 5.00\times10^{-3}$〔mol/L〕

とすればよい。

第4章　無機物質

31

問1　a，b，d

問2　(a)　$4FeS + 7O_2 \longrightarrow 2Fe_2O_3 + 4SO_2$

(b)　$CaF_2 + H_2SO_4 \longrightarrow CaSO_4 + 2HF$

問3　気体：C

反応した物質：SiO_2

問4　イ：b. $(CH_3COO)_2Pb$　ウ：d. $ZnCl_2$

沈殿が生じた理由：pH の上昇により，硫化水素の電離が進行し，多量の硫化物イオンが生じたため。

問5　この条件で溶ける気体の体積を x〔L〕，2.0×10^5Pa における気体の体積を y〔L〕とおくと，

$$\frac{\frac{10}{34}\times8.3\times10^3\times280}{1.0\times10^5} = x + 5.5 \quad \cdots①$$

$$\frac{\frac{10}{34}\times8.3\times10^3\times280}{2.0\times10^5} = x + y \quad \cdots②$$

両式より，$x = 1.33$〔L〕，$y = 2.08$〔L〕

よって，2.1〔L〕

問6　$SO_2 + 2H_2O \longrightarrow SO_4^{2-} + 2e^- + 4H^+$

問7　87℃における気体 C の分子量を M_c，27℃での圧力を P_{27} とおいて 27℃における分子量 M を求めると，V，w 一定なので，

$$\frac{PM}{T} = \frac{P_{27}M}{300} = \frac{2.4P_{27}M_c}{360}$$

$M = 2M_c$

27℃での C の分子量は，87℃のときの 2 倍であり空気の平均分子量を上回る。よって，下方置換で捕集する。

解説

硫黄と鉄の粉末混合物を加熱すると，発熱しながら反応して硫化鉄(Ⅱ)が生じる。

$Fe + S \longrightarrow FeS$

4：7 の質量比はちょうど同モル量だから，過不足なく反応することになる。

生成した硫化鉄(Ⅱ)に塩酸を作用させると，硫化水素の気体(A)が発生する。

$FeS + 2HCl \longrightarrow FeCl_2 + H_2S$
　　　　　　　　　　(A)

FeS を空気中で燃焼させれば，SO_2(B)が発生する。

$$4FeS + 7O_2 \longrightarrow 2Fe_2O_3 + 4\underset{(B)}{SO_2} \quad \cdots(a)$$

ホタル石(CaF_2)と硫酸との反応は，弱酸(HF)発生反応である。弱酸発生のときは，硫酸は2個とも H^+ を放出する。

$$CaF_2 + H_2SO_4 \longrightarrow CaSO_4 + 2\underset{(C)}{HF} \quad \cdots(b)$$

なお，NaCl と H_2SO_4 の反応の場合は，揮発性「強」酸発生反応になるので，H_2SO_4 の H^+ が1個しか外れない。強酸由来の Cl^- は H^+ を受け取りにくいからである。

$$NaCl + H_2SO_4 \longrightarrow NaHSO_4 + HCl$$

両方の反応で熱濃硫酸を作用させているのは，発生気体がいずれも極性溶媒に極めて溶けやすく，これを昇温により気化させるためである。酸化剤として作用させているわけではない。

問1

	a：酸性	b：毒性	c：0℃で気体	d：無色
A：H_2S	○	○	○	○
B：SO_2	○	○	○	○
C：HF	○	○	× (沸点 19.5℃)	○

腐卵臭と表現されるのは H_2S だけであり，他は刺激臭と表現される。

問3　フッ化水素酸(HFaq)がガラスの主成分の SiO_2 と反応することにより，ロウを塗っていない部分のガラスが溶かされて文字が彫られる。

$$SiO_2 + 6HF \longrightarrow H_2SiF_6 + 2H_2O$$

問4

	酸性で H_2S を通す	さらに塩基性にする
a：Cd^{2+}	CdS 黄色沈殿	沈殿したまま
b：Pb^{2+}	PbS 黒色沈殿	沈殿したまま
c：Fe^{3+}	鉄イオンは沈殿せず※	FeS 黒色沈殿
d：Zn^{2+}	沈殿せず	ZnS 白色沈殿
e：Ba^{2+}	沈殿せず	沈殿せず
f：Ca^{2+}	沈殿せず	沈殿せず

※ $2Fe^{3+} + H_2S \longrightarrow 2Fe^{2+} + S + 2H^+$ の反応が起こり，硫黄の白濁が生じて鉄イオンは2価に還元される

問5　温度が一定なら，ヘンリーの法則により「そのときの圧力のもとでの溶解体積は一定」だから，1.0×10^5Pa でも 2.0×10^5Pa でも x〔L〕溶けるとすると，解答に示す解法となる。特に②式は，下図のように考えている。

$$\frac{\frac{10}{34}\times8.3\times10^3\times280}{2.0\times10^5}〔L〕= x + y$$

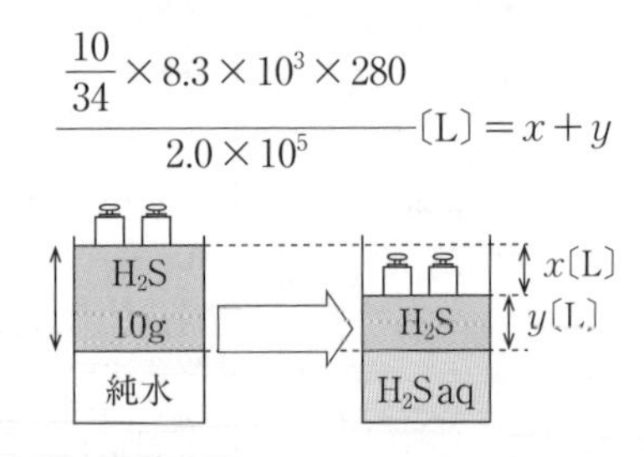

【別解】

体積ではなく物質量で考えるなら以下の通りになる。1.0×10^5Pa，7℃でこの量の水に溶ける H_2S の物質量を a〔mol〕，最終的な気体の体積を y〔L〕とおくと，

$$\underset{全H_2S}{\frac{10}{34}〔mol〕} = \underset{1\times10^5Pa時 気体で残るH_2S}{\frac{1.0\times10^5\times5.5}{8.3\times10^3\times280}〔mol〕} + \underset{溶けるH_2S}{a〔mol〕} \cdots①$$

$$\frac{10}{34}〔mol〕 = \underset{2\times10^5Pa時 気体で残るH_2S}{\frac{2.0\times10^5\times y}{8.3\times10^3\times280}〔mol〕} + \underset{溶けるH_2S}{2a〔mol〕} \cdots②$$

①，②より，$a = 5.74\times10^{-2}$〔mol〕

よって，$y = 2.08$〔L〕

問7　V 一定の容器に一定質量の気体を入れて T を変えている。$PV = \frac{w}{M}RT$ より，

$$\frac{P_1M_1}{T_1} = \frac{P_2M_2}{T_2}\left(= \frac{wR}{v}\ 一定\right)$$

の関係が成り立つ。M も一定ならば，P は T に比例するはずである(ボイル・シャルルの法則)。気体B(SO_2)はそうなっているが，気体C(HF)はそうなっておらず，解答に示した通り，27℃の分子量は87℃の2倍になっている。

これは，87℃の HF 気体は単独の分子で存在するが，27℃の HF 気体は二量体の状態で存在することを意味する。HF の沸点は19.5℃なので，比較的低温の気体では水素結合による分子どうしの結び付きが残っているのである。

32

問1　(ア)：**単体**　(イ)：**フラーレン**

問2　(a)：**4**　(b)：**4**　(c)：**8**　(d)：**3**　(e)：**1**

問3　炭素原子の4個の価電子のうち1個が，シート内を自由に移動できるから。

問4

(1)　$4R=\sqrt{3}\times3.6\times10^{-8}$

$R\fallingdotseq1.6\times10^{-8}$

よって，1.6×10^{-8}cm

(2)　$2.5\times10^{-8}\times\dfrac{\sqrt{3}}{2}\times2.5\times10^{-8}\times6.7\times10^{-8}\times d$

$=\dfrac{4}{6.0\times10^{23}}\times12$

$d\fallingdotseq2.2$

よって，2.2g/cm^3

問5　$92+x+y=100$　…①

$$(M+a)\times\frac{92}{100}+(M+b)\times\frac{x}{100}+(M+c)\times\frac{y}{100}=M\quad\cdots②$$

①，②より M，y を消去すると，

$$x=\frac{92a+8c}{c-b}\%$$

さらに①式より，

$$y=\frac{92a+8b}{b-c}\%$$

問6　この元素の原子価は4と推定されるので，

$215-35.5\times4=73$

よって，73

解説

問4

(1)　ダイヤモンド型は，単位格子の中心を通る対角線(体対角線)が，原子間距離の4倍(原子半径の8倍)の長さになる。

(2)

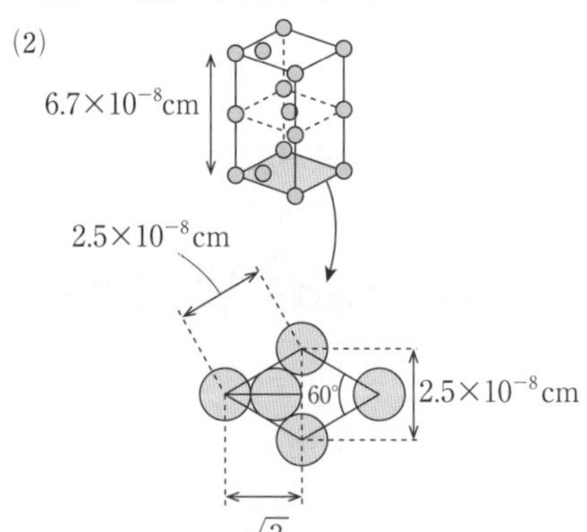

$2.5\times10^{-8}\times\dfrac{\sqrt{3}}{2}$ cm(原子半径の3倍に等しい)

前の図より，黒鉛の単位格子の体積 V は，

$$V=2.5\times10^{-8}\times\frac{\sqrt{3}}{2}\times2.5\times10^{-8}\times6.7\times10^{-8}\text{〔cm}^3\text{〕}$$

と求められる。この単位格子の質量が，炭素原子4個の質量に等しいから，

$$V\text{〔cm}^3\text{〕}\times d\text{〔g/cm}^3\text{〕}=\frac{4}{6.0\times10^{23}}\text{〔mol〕}\times12\text{〔g/mol〕}$$

両式より，$d=2.20$〔g/cm^3〕

なお，黒鉛の単位格子中原子数の算出過程は以下の通り。

頂点：$\dfrac{1}{12}\times4+\dfrac{1}{6}\times4=1$(個)

辺上：$\dfrac{1}{6}\times2+\dfrac{1}{3}\times2=1$(個)

面上：$\dfrac{1}{2}\times2=1$(個)

内部：1(個)

計4(個)

問5　同位体の相対質量を平均して原子量を算出する式を立てるが，$92+x+y=100$ も併用できたかどうかがポイント。

問6　14族なので，C，Si と同じく ACl_4 の塩化物をつくると推定できる。

33

問1　場所：換気のよい場所。

理由：有毒な気体であるアンモニアが発生するから。

問2

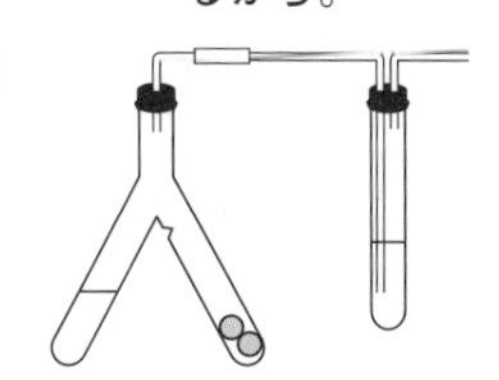

問3　反応式：$NaCl+NH_3+CO_2+H_2O\longrightarrow NaHCO_3+NH_4Cl$

Bの名称：炭酸水素ナトリウム

問4　反応式：$2NaHCO_3\longrightarrow Na_2CO_3+H_2O+CO_2$

Aの名称：炭酸ナトリウム

問5　試験管から発生する気体を硫酸銅(Ⅱ)無水物に吹き当て，青変しないことから確認できる。

問6　$Na_2CO_3 \cdot 10H_2O \longrightarrow Na_2CO_3 \cdot H_2O + 9H_2O$ のように風解し，結晶が粉末状になる。

解説

問2　塩酸と炭酸カルシウム(大理石)の反応は常温で進行するので加熱装置は必要ない。試験管に吹き込む小さなスケールなので，ふたまた試験管で発生させれば十分だろう。なお，下記のようなキップの装置を使ってもよい。

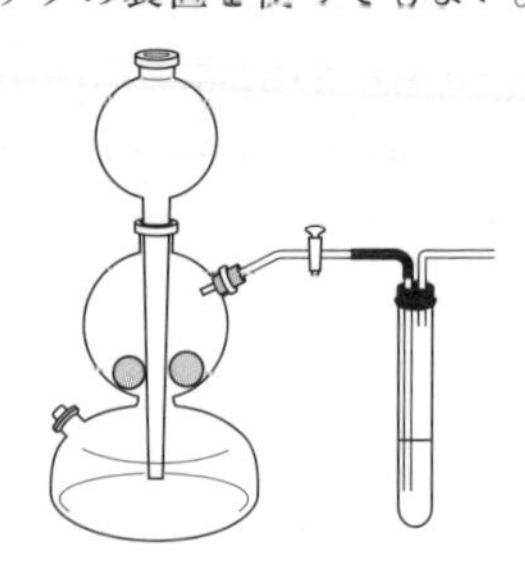

問3，4　アンモニアソーダ法第一，第二段階の反応である。

問5　実は，400℃以上に加熱すると，

$Na_2CO_3 \longrightarrow Na_2O + CO_2$

の反応が起こり始めるので，水蒸気の発生終了を確認するような文とした。恐らく CO_2 の検出(石灰水を白濁しない)と答えても正解とされるだろう。

問6　風解については，$Na_2CO_3 \cdot 10H_2O$ のこの変化を知っておけばよいだろう。ちなみに，潮解を行う物質は，水酸化アルカリ，CaO，$CaCl_2$，P_4O_{10} の4つを覚えておきたい。

34

問1　結合：**配位結合**

結合している分子やイオン：**配位子**

問2　AgCl

問3　$x=6$，$y=4$

問4　1 mol　　**問5　$[M(NH_3)_6]^{3+}$**

問6　6　　**問7　コ**　　**問8　3**

解説

錯イオンの内部で，金属イオンに配位結合している配位子は，水中で電離しない。一方，錯イオンにイオン結合しているイオンは，水中で電離している。たとえば$[MCl_2(NH_3)_4]Cl$ は水中で

$[MCl_2(NH_3)_4]Cl \longrightarrow [MCl_2(NH_3)_4]^+ + Cl^-$

のように電離している。ここに Ag^+ を加えると，電離している Cl^- のみが反応して AgCl の沈殿になる。

$[MCl_2(NH_3)_4]Cl + AgNO_3 \longrightarrow [MCl_2(NH_3)_4]NO_3 + AgCl$

問3～6

表中のA，B，Cは，いずれも AgCl の白色沈殿を生じているから，

$[MCl_2(NH_3)a]Cl$，$[MCl(NH_3)b]Cl_2$，$[M(NH_3)c]Cl_3$

のいずれかであることがわかる。したがって，錯塩1gあたり生じる白色沈殿の量が大きく違い，かつB＞A＞Cであることから，

B：$[M(NH_3)c]Cl_3$　　$c=x$　？

A：$[MCl(NH_3)b]Cl_2$　　$b=5$　？

C：$[MCl_2(NH_3)a]Cl$　　$a=y$　？

ではないのかとの推測が成り立つ。また，同じ金属イオンに配位結合する配位子の数は一定であることが多いので，B，CともAと同じ6配位で，以下の式になるのではないかとの推測もできる。

B：$[M(NH_3)_6]Cl_3$　　$x=6$　？

A：$[MCl(NH_3)_5]Cl_2$　　　？

C：$[MCl_2(NH_3)_4]Cl$　　$y=4$　？

実際は，時間内に解くために，ここまで推測してから表の値と符合するかどうか確認して解答することになるだろう。順を追って考えるのなら以下のようになる。

まずAについて，イオン結合している Cl を z〔個〕とすると，

$$NH_3 : \text{イオン結合 Cl} = \frac{0.34}{17} : \frac{1.16}{143} = 5 : z$$

$$z \fallingdotseq 2$$

⇒ A：$[MCl(NH_3)_5]Cl_2$

Bは明らかに AgCl 生成量がAより多いので，

$$NH_3 : \text{イオン結合 Cl} = \frac{0.41}{17} : \frac{1.72}{143} = x : 3$$

$$x \fallingdotseq 6$$

⇒ B：$[M(NH_3)_6]Cl_3$

Cは明らかに AgCl 生成量がAより少ないので，

$$NH_3 : \text{イオン結合 Cl} = \frac{0.27}{17} : \frac{0.60}{143} = y : 1$$

$$y = 3.78 \fallingdotseq 4$$

$\Rightarrow$ C：$[MCl_2(NH_3)_4]Cl$

yの値が整数から大きくずれるが，この組成だとすれば，錯体全体とイオン結合Clとの個数比は，

$$\text{C：イオン結合Cl} = \frac{0.93}{233} : \frac{0.60}{143}$$
$$= 3.9 \times 10^{-3} : 4.1 \times 10^{-3}$$
$$\fallingdotseq 1 : 1$$

となり矛盾ない。

問7　合計6個の配位子がM^{3+}を取り囲むように配位結合するから，その形は6個の頂点を持つ
オ　正六角形，コ　正八面体，シ　三角柱
の3つに絞られる。6つのうち2つを違う種類の配位子に変える方法は，

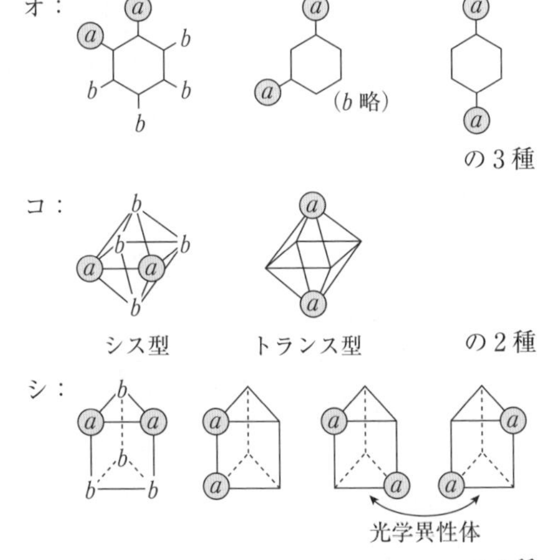

よって，コだけが題意に合うとわかる。

問8　まず2分子のエチレンジアミンの位置関係を考え，そこにCl^-，NH_3を1個ずつ付けると，

上下どちらにClをつけても同じ

①

②　③

同一物　光学異性体

の合計3種類である。

面対称または点対称の物体であれば，鏡像は実像と重なる。したがって，①には光学異性体はない。②(③)は面対称でも点対称でもない構造なので，光学異性体がある。②と，その下の構造が同じであることはわかりにくいが，下図の軸(Cl^-とNH_3が乗る面上にある)を回転すれば同じになる。

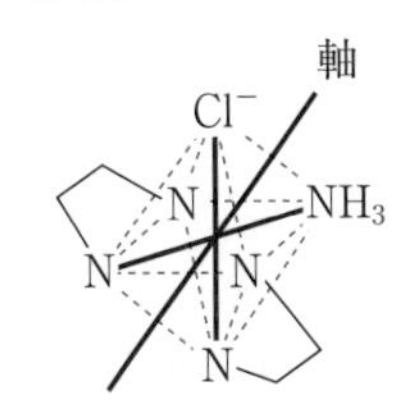

35

問1　①　　**問2**　⑥　　**問3**　②　　**問4**　③
問5　②

解説

操作1～5の内容をまとめると，以下の通り。

化合物	操作1 HCl	操作2 $BaCl_2$	操作3 炎色反応	操作4 KSCN	操作5
A	無色無臭気体発生	白沈	黄		
B	無色有臭気体発生	変化なし	黄		
C	気体発生せず溶液色変化	黄沈	赤紫		混合 赤褐沈
D	気体発生せず白沈	白沈	せず	沈	（C・D混合）
E	変化せず	白沈	せず	色変化	

問1　HClなどの酸化力のない強酸を加えて気体を発生する物質は，弱酸の塩である。炭酸塩，亜硫酸塩，硫化物，炭化カルシウム(水でC_2H_2

発生)が考えられる。

このうち，無臭の発生気体はCO_2，C_2H_2であり，有臭の発生気体はSO_2，H_2Sである。あとは選択肢を参考にし，①のCO_2，H_2Sとわかる。

問2　(c)の色変化は，CにHClを加えたとき起こっている。Cは$BaCl_2$の添加で，黄色沈殿を生じている。黄色沈殿とくれば，$PbCrO_4$，$BaCrO_4$，AgI，AgBr(淡黄)，CdS，(有機物ならCHI_3)を考えたい。今回はこのうちの$BaCrO_4$が生じ，炎色反応でK^+を持つとそれぞれわかったから，CはK_2CrO_4と判断できる。

色の変化は$CrO_4^{2-} \rightleftarrows Cr_2O_7^{2-}$の変化によるものである。

$$2CrO_4^{2-} + 2H^+ \longrightarrow Cr_2O_7^{2-} + H_2O$$
黄色　　　　　赤橙色

一方，(d)の色変化はKSCNを加えてのものなので，Fe^{3+}の検出反応を考えたい。EはHClを加えても変化しないから強酸の塩(硫酸塩，硝酸塩，塩化物，臭化物，ヨウ化物など)と考えられるが，このうち$BaCl_2$で白色沈殿を生じるのは硫酸塩のみである($BaSO_4$↓)。よって，Eは$Fe_2(SO_4)_3$とわかる。

$$Fe^{3+} + nSCN^- \longrightarrow [Fe(SCN)n]^{(3-n)+}$$
黄褐色　　　　　血赤色

問3　A(Na_2CO_3)中の陽イオンNa^+に対して，C(K_2CrO_4)中の陽イオンK^+は，周期表上で同族だが原子番号が大きい(下にある)。したがって，半径は$Na^+ < K^+$である。同族なら，下のものほど外側の電子殻に最外殻があるため，半径が大きくなる。ちなみに，同じ電子配置のイオンであれば，陽子数が増すほど電子を強く引き付け，半径が小さくなる。

一方，海水中の陽イオン濃度は，$Na^+ > K^+$である。地殻中にはNa^+とほぼ同量含まれるK^+だが，地殻に吸着されやすいため海水中の濃度はNa^+に比べかなり小さい。

参考までに，海水，地殻，空気，人体の成分については，多いものから順に3番目までは覚えておこう。

身の回りの混合物の組成

← 質量％大

海水(水以外)
- 陽イオン　$Na^+ > Mg^{2+} > Ca^{2+} > K^+$
- 陰イオン　$Cl^- > SO_4^{2-} > HCO_3^- > Br^-$

(化合物としてまとめると，
$NaCl > MgCl_2 > MgSO_4 > CaSO_4$)

地殻(元素)　$O > Si > Al > Fe$

乾燥空気　$N_2 > O_2 > Ar$

人体(元素，水分を含む)　$O > C > H$

問4　Dは，C(K_2CrO_4)と混合して赤褐色沈殿を生じる。赤褐色沈殿ときたら，$Fe(OH)_3$の他にAg_2CrO_4も思い出したい。Dは強酸の銀塩である。水に可溶だから，$AgNO_3$かAg_2SO_4だろう(Ag^+さえあれば，$BaCl_2$でAgCl白沈を生じる)。これでA～Eの正体はほぼ決まった。$PbCl_2$水溶液($PbCl_2$は，常温では沈殿するが熱湯には溶ける。ここは溶液を加熱しながら混合したと解釈しておこう)を加えたときの沈殿は以下の通り。

	$PbCl_2$を加えたとき
A：Na_2CO_3	$PbCO_3$白沈
B：Na_2S	PbS黒沈
C：K_2CrO_4	$PbCrO_4$黄沈
D：$AgNO_3$またはAg_2SO_4	AgCl白沈(Ag_2SO_4の場合は$PbSO_4$白沈も生成)
E：$Fe_2(SO_4)_3$	$PbSO_4$白沈

有色沈殿はBとCの2つで生じる。

問5　Ag^+とFe^{3+}を分離しなさいという意味である。過剰NH_3aqを加えれば，$[Ag(NH_3)_2]^+$の水溶液と$Fe(OH)_3$沈殿とに分離できる。

ちなみに，①NaOHを加えると，両方ともAg_2O，$Fe(OH)_3$の沈殿，③KCNを加えると，両方とも$[Ag(CN)_2]^-$(無色)，$[Fe(CN)_6]^{3-}$(黄色)となって溶解，④塩基性H_2Sでは両方とも硫化物の黒沈，⑤二酸化炭素吹き込み(アルカリ性にせず)では両方とも変化なしである。

なお，銀の錯イオンはすべて2配位で無色，AgSCNは白色沈殿である。

第5章　有機化合物

36

問1　**鏡像異性体**または**光学異性体**

問2

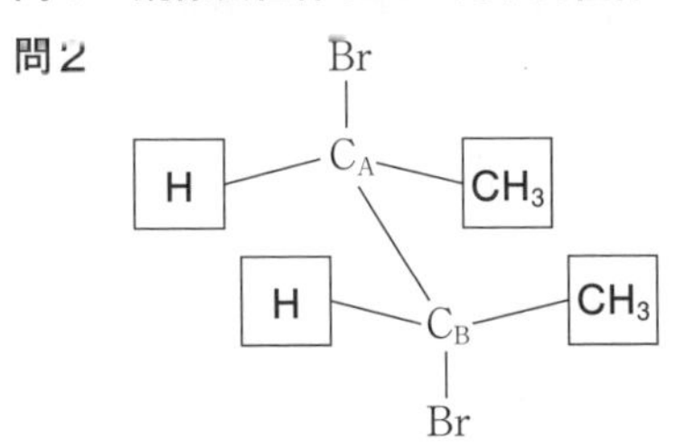

問3

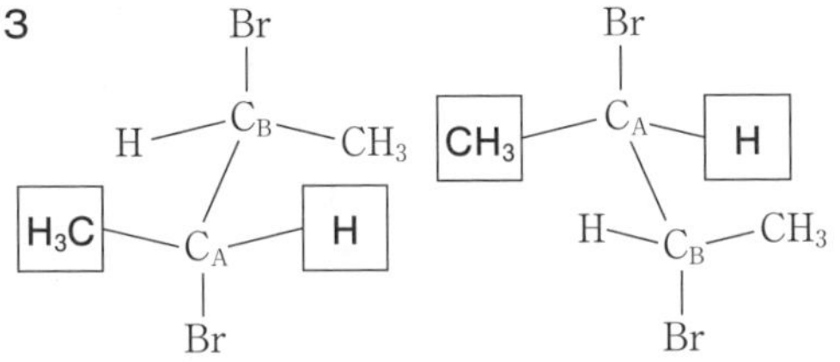

Br
H—C_B—CH_3
H_3C—C_A—H
Br

Br
CH_3—C_A—H
H—C_B—CH_3
Br

解説

問2　アルケンに対するハロゲンの付加の反応機構を取り上げた問題である。このように，ハロゲンの付加はC=Cと周囲の原子からなる平面の，上と下から起こる。

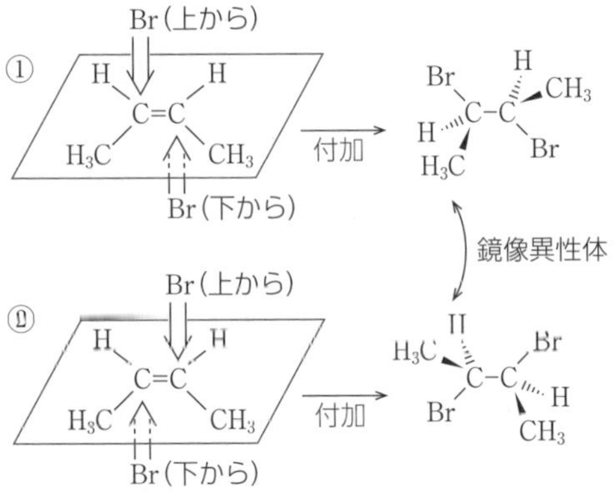

① Br(上から)　H　H　C=C　H_3C　CH_3　Br(下から)　付加

② Br(上から)　H　H　C=C　H_3C　CH_3　Br(下から)　付加

鏡像異性体

上記のように，シス-2-ブテンに対するBr_2の付加では，①と②の反応が同量ずつ起こり，鏡像異性体(光学異性体)が同量ずつ生成する。鏡像異性体の同量混合物をラセミ体という。互いの旋光性が打ち消し合うため，ラセミ体は旋光性を示さない。旋光性は，どちらかの鏡像異性体だけが存在(またはどちらかが過剰に存在)したときに測定される。

問3　トランス-2-ブテンに同様にBr_2が付加する場合も，やはり次の③と④の反応が同量ずつ起こる。

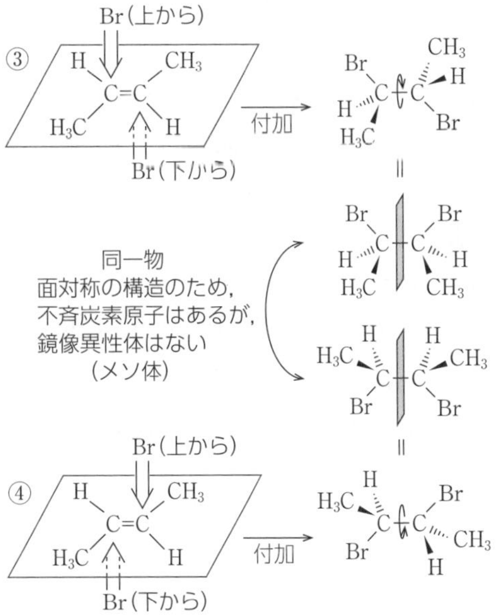

③ Br(上から)　H　CH_3　C=C　H_3C　H　Br(下から)　付加

同一物
面対称の構造のため，
不斉炭素原子はあるが，
鏡像異性体はない
(メソ体)

④ Br(上から)　H　CH_3　C=C　H_3C　H　Br(下から)　付加

メソ体は旋光性を持たない。旋光性は不斉炭素原子によって生じるものではなく，鏡像異性体のあるなしによって生じるからである。

①または②の生成物と，③，④の生成物は，ジアステレオ異性体の関係である。分子内に複数の不斉炭素原子があり，その一部の立体配置だけが異なっている。

鏡像異性体の間で異なる性質は旋光性のみだが(互いに逆)，ジアステレオ異性体の間では，沸点，密度等の物理的性質が異なり，また一部の化学的性質も異なる。

37

問1　**ヨードホルム反応**

問2　$CH_3-\underset{\underset{O}{\|}}{C}-O-\underset{\underset{O}{\|}}{C}-CH_3 + HO-CH_2-CH_3$

$\longrightarrow CH_3-\underset{\underset{O}{\|}}{C}-O-CH_2-CH_3 + CH_3-\underset{\underset{O}{\|}}{C}-OH$

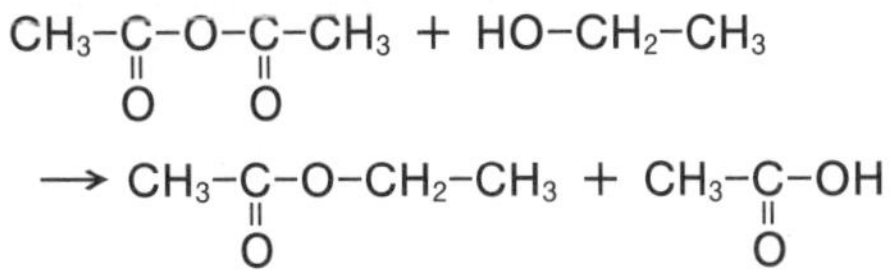

問3　H：$CH_3-CH_2-\underset{\underset{CH_3}{|}}{CH}-CH_3$

I：$CH_3-CH_2-CH_2-CH_2-CH_3$

問4　A：$CH_3-CH_2-CH_2-CH=CH_2$

B：$CH_3-CH_2-\underset{\underset{CH_3}{|}}{C}=CH_2$

C：$CH_3-CH=C(CH_3)-CH_3$

問5

$CH_3-\overset{*}{C}H(Br)-C(Br)(CH_3)-CH_3$

解説

問1　ヨードホルム反応は，有機構造決定で頻出の検出反応である。R-CH(OH)-CH_3 または R-C(=O)-CH_3（ただしRはH原子または炭化水素基 -C…）の構造をもっていれば行う（陽性）。

R-CH(OH)-CH_3 $\xrightarrow[\text{酸化}]{I_2}$ R-C(=O)-CH_3

$\xrightarrow[\text{ヨードホルム反応}]{I_2,\ NaOH}$ R-C(=O)-ONa ＋ CHI_3 ヨードホルム（黄沈）

問2　酢酸エチルを生じることから，以下のように構造が決まるので，Jから酢酸エチルが生じる反応の反応式を書く。

CH_3-C(=O)-OH (F) $\xrightarrow[\text{縮合}]{P_4O_{10}}$ CH_3-C(=O)-O-C(=O)-CH_3 (J)

↓ 縮合 HO-CH_2-CH_3

CH_3-C(=O)-OH (F) ＋ CH_3-C(=O)-O-CH_2-CH_3 酢酸エチル

問3・4　A～Cの構造の候補を書き出すため，C_5H_{10} のアルケンの異性体を探す。C_5 鎖状骨格に二重結合を付ければよい。

②①……二重結合の位置

C-C-C-C-C（C=C位置：①末端，②その隣）

C-C-C(C)-C（⑤④③）　}H，Iの候補

C-C(C)(C)-C

①～⑤に H_2 を付加させると，この構造に戻る

① C-C-C-C=C
② C-C-C=C-C（幾何異性体あり）
③ C-C-C(C)=C
④ C-C=C(C)-C
⑤ C=C-C(C)-C
}A，B，Cの候補

上記①～⑤を題意通り $KMnO_4$ 酸化したら何が生成するか，それぞれ書き出した上で，題意に合うものに絞り込む。

① $\xrightarrow[\text{酸化}]{KMnO_4}$ C-C-C-C(=O)OH ＋ CO_2 ＋ H_2O

② $\xrightarrow[\text{酸化}]{KMnO_4}$ C-C-C(=O)OH ＋ HO(O=)C-C

③ $\xrightarrow[\text{酸化}]{KMnO_4}$ (C-C)(C)C=O ＋ CO_2 ＋ H_2O　ヨードホルム反応

④ $\xrightarrow[\text{酸化}]{KMnO_4}$ C-C(=O)OH ＋ O=C(C)C　ヨードホルム反応

⑤ $\xrightarrow[\text{酸化}]{KMnO_4}$ H_2O ＋ CO_2 ＋ HO(O=)C-C(C)-C

一方，A～Cの反応に関する情報を整理すると，

アルカン　アルケン　カルボン酸，ケトン

（I）$\xleftarrow[\text{付加}]{H_2}$（A）$\xrightarrow[\text{酸化}]{KMnO_4}$（D）＋ CO_2 ＋ H_2O

（H）$\xleftarrow[\text{付加}]{H_2}$（B）$\xrightarrow[\text{酸化}]{KMnO_4}$（E）＋ CO_2 ＋ H_2O　（E）ヨードホルム反応

（H）$\xleftarrow[\text{付加}]{H_2}$（C）$\xrightarrow[\text{酸化}]{KMnO_4}$（F）＋（G）　（G）ヨードホルム反応

上記と突き合わせると，Bが③，Cが④に該当するとわかる。③，④はいずれも，H_2 付加でアルカン C-C-C(C)-C を生じる。これとは別のアルカン C-C-C-C-C を生じるのは①，②だけであり，このうち $KMnO_4$ 酸化で CO_2 を生じる①がAに該当するとわかる。これでA～Iの構造は決定する。

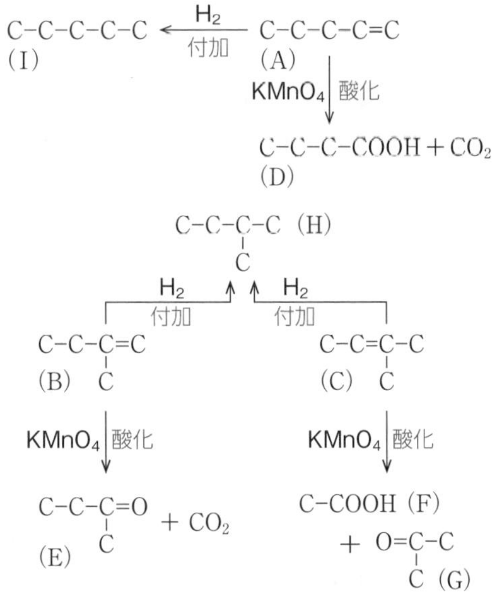

C−C−C−C−C ←(H_2 付加)− C−C−C−C=C
(I)　　　　　　　　　　(A)

(A) −($KMnO_4$ 酸化)→ C−C−C−COOH + CO_2
(D)

C−C−C−C (H)
　　|
　　C

(B) C−C−C=C (C を側鎖にもつ) −(H_2 付加)→ (H)
(C) C−C=C−C (C を側鎖にもつ) −(H_2 付加)→ (H)

(B) −($KMnO_4$ 酸化)→ C−C−C=O (C を側鎖にもつ) (E) + CO_2

(C) −($KMnO_4$ 酸化)→ C−COOH (F) + O=C−C (C を側鎖にもつ) (G)

このように，構造決定問題は，分子式や類がわかった時点で，可能性のある構造をすべて書き出し，題意に合う構造を絞り込むことによって解いていこう。

38

Ⅰ　**問1**　ア：（ヘキサメチルベンゼン：CH_3 を6個もつベンゼン環）

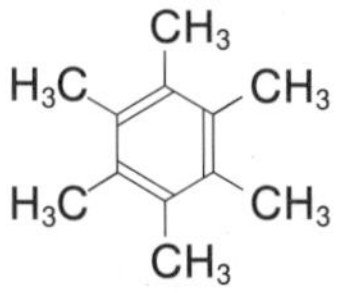

イ，ウ：（1,3,5-トリメチルベンゼン）　（1,2,4-トリメチルベンゼン）

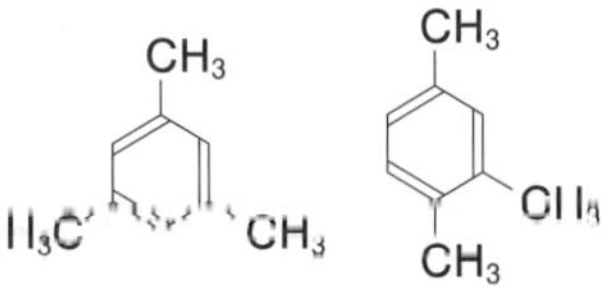

問2　**位置**（または**構造**）

問3

H−C≡C−CH_2−CH_2−CH_2−C≡C−CH_2−CH_2−CH_2−C≡C−CH_3

Ⅱ　**問4**　**H−C≡C−C≡C−H**

問5　$\frac{5.00}{22.4}=\frac{0.400}{154}\times 4+\frac{x}{78}\times 3$

$x=5.533$

よって，**5.53g**

解説

Ⅰ

問1　ア：アセチレンと同様，3分子重合によるベンゼン環形成反応が起こる前提で考えればよい。

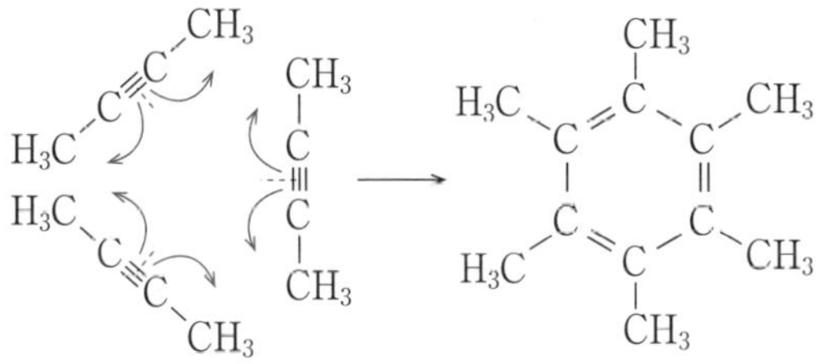

（H_3C−C≡C−CH_3 3分子 → ヘキサメチルベンゼン）

イ，ウ：非対称なアルキンなので，以下の2通りの環化重合が考えられる。

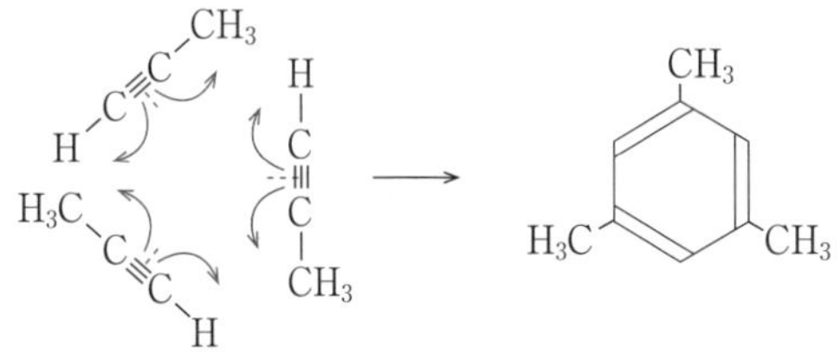

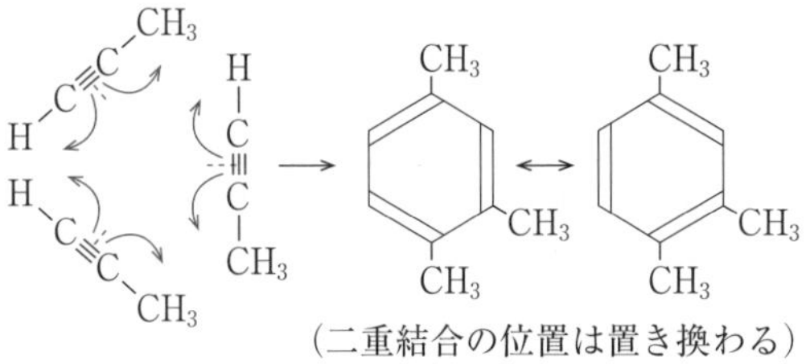

（H−C≡C−CH_3 3分子 → 1,3,5-トリメチルベンゼン）

（H−C≡C−CH_3 3分子 → 1,2,4-トリメチルベンゼン）
（二重結合の位置は置き換わる）

問2　大きなくくりで構造異性体，さらに細かいくくりで位置異性体である。なるべく細かいくくりで答えた方がよい。

異性体
- 構造異性体
  - ・連鎖異性体（C 骨格が違う）
  - ・官能基異性体（官能基が違う）
  - ・位置異性体（原子（団）の付く位置が違う）
- 立体異性体
  - ・シス−トランス異性体（C=C に起因）（幾何異性体）
  - ・鏡像異性体（不斉炭素原子に起因）（光学異性体）

連鎖異性体と官能基異性体は高校では区別しないので，「構造異性体」とすればよい。

立体異性体には，他に高校では習わない（入試では扱われる）ジアステレオ異性体がある。複数の不斉炭素原子を持ち，その一部の立体配置だけが異なるものをいう。

問3　入試の有機化学では，このように生成物の構造から反応物の構造を予測する「逆パターン」の問題が多い。2通りのベンゼン環形成を考えてみる。

①

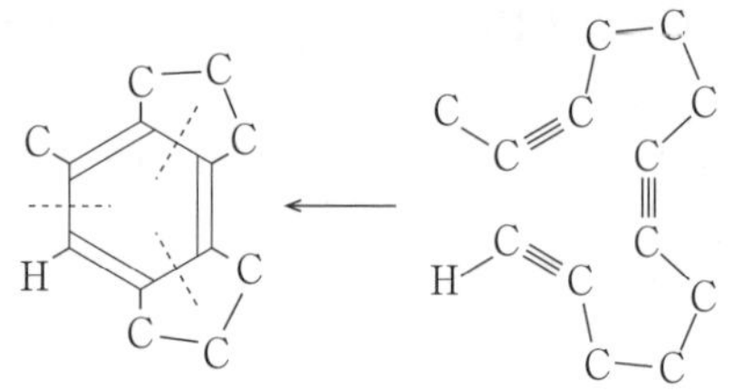

生成物　　反応物

②

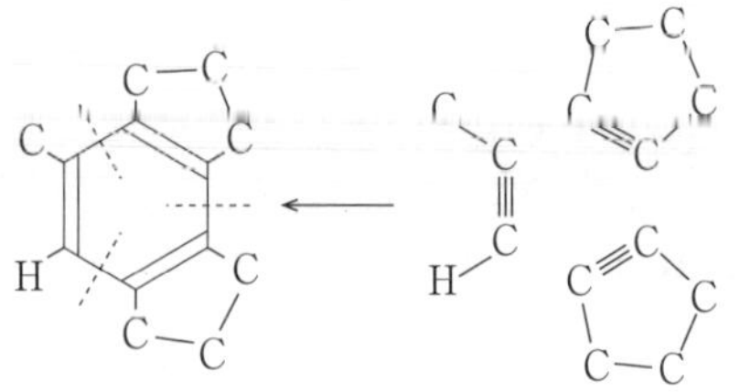

生成物　　反応物

ここでは「3つの三重結合をもつ」反応物でなければならないため，①のパターンだとわかる。

このように，一段階ずつ生成物から反応物の構造をたどる考察力は，難しい有機構造決定問題を解く上で大切である。

Ⅱ

問4　問3と同様に考えてみる。ベンゼン環間の結合は常に単結合なので，C 4原子の化合物とアセチレンとに分割するパターンは下記の1つしかない。

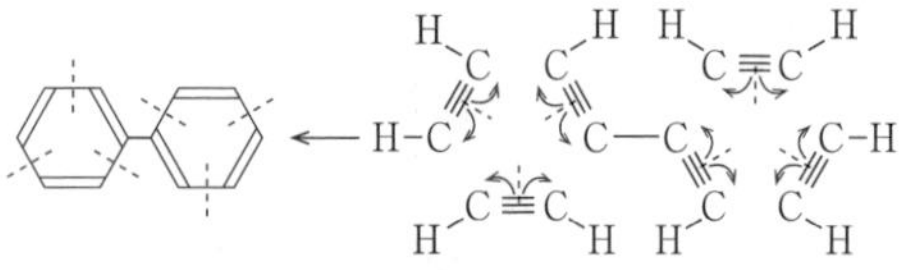

(4H−C≡C−H＋H−C≡C−C≡C−H)

反応例を見ればわかる通り，各三重結合C原子に必ず1個ずつ他のC原子がつながる。したがって，下記のような切断を考えてはいけない。

〈誤りの例〉

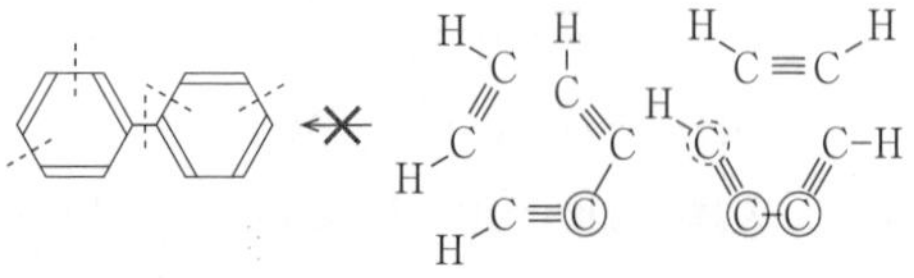

◌のC原子は2個のC原子とつながることになってしまう。

○のC原子はどの原子ともつながらず，結合手が余ってしまい，H原子は足りなくなってしまう。

問5　ベンゼンは3分子のアセチレンから生成し，ビフェニルは4分子のアセチレンと1分子のD：C_4H_2 から生成するので，アセチレンの量について等式を立てると，

$$\frac{5.00}{22.4}〔\mathrm{mol}〕=\frac{0.400}{154}\times 4〔\mathrm{mol}〕+\frac{x}{78.0}\times 3〔\mathrm{mol}〕$$

反応前のアセチレン　ビフェニルの生成に使われたアセチレン　ベンゼンの生成に使われたアセチレン

よって，$x = 5.533$〔g〕

39

問1　ア：**付加**　イ：**置換**　ウ：**還元**
エ：**縮合(脱水縮合)**　オ：**エーテル**
カ：**アルコール**

問2　名称：**アルキン**　一般式：C_nH_{2n-2}

問3　C_6H_5−CH(Br)−CH_2−Br

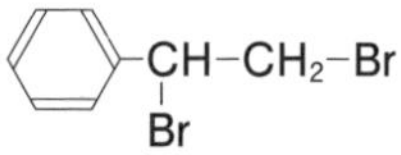

問4　H−C≡C−H ＋ HCl ⟶ H−C(H)=C(Cl)−H

問5　CH_2−CH_2（Oで架橋した三員環）

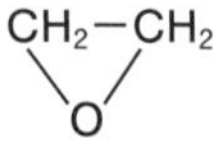

問6　**2−ブタノール**

問7(i)　$CH_3COOH + C_2H_5OH \longrightarrow CH_3COOC_2H_5 + H_2O$

(ii)　**35g**

(iii)　**可逆反応であるため，化学平衡の状態になるから。**(23字)

(iv)　①

(v)　溶解性の違いを利用した分離操作：**抽出**
沸点の差を利用した分離操作：**蒸留**

解説

問5　エチレンに塩化パラジウム(Ⅱ)，塩化銅(Ⅱ)触媒存在下で酸素を作用させると，アセトアルデヒドを生じるが，酸化銀触媒存在下で酸素を作用させると，エチレンオキシドを生じる。

$$CH_2{=}CH_2 \begin{cases} \xrightarrow[\text{PdCl}_2,\ \text{CuCl}_2\ \text{触媒}]{O_2\ \text{酸化}} CH_3{-}C({=}O){-}H \\ \xrightarrow[\text{Ag}_2\text{O}\ \text{触媒}]{O_2\ \text{酸化}} CH_2{-}CH_2\ (\text{-O-}\ \text{環}) \end{cases}$$

問6　$C_4H_{10}O$ アルコールの中でヨードホルム反応を行うのは，$CH_3{-}CH_2{-}CH(OH){-}CH_3$ のみである。

問7(ii)　反応した CH_3COOH と同モルの $CH_3COOC_2H_5$ が生じるから，

$0.40 \times 88 = 35.2$〔g〕

(iv)　水に溶けにくい有機化合物のうち，水より密度が大きく，水に対して下層側に分離するのは，Cl，Br，I といったハロゲンをもつもの（CH_2Cl_2，$CHCl_3$，CCl_4 など）や二硫化炭素 CS_2，ニトロ化合物（$C_6H_5{-}NO_2$ など）だけである。他の有機化合物は水に対して上層となる。

A～Hの構造は以下の通り。

A：$CH_3{-}CH_2{-}O{-}CH_2{-}CH_3$

B：$CH_3{-}CH_2{-}CH_2{-}O{-}CH_3$

C：$CH_3{-}CH(CH_3){-}O{-}CH_3$

D：$CH_3{-}C(CH_3)_2{-}OH$

E：$CH_3{-}CH_2{-}CH(OH){-}CH_3$

F：$CH_3{-}CH(CH_3){-}CH_2{-}OH$

G：$CH_3{-}CH_2{-}CH_2{-}CH_2{-}OH$

H：$CH_3{-}CH_2{-}CH_2{-}C({=}O){-}OH$

構造の決め方を以下に記す。

$C_4H_{10}O$ のエーテルを探す。飽和 C_4 骨格にエーテル結合を挿入すればよい。

(A)(B)：C−C↓C↓C（Aは2番目と3番目のCの間，Bは3番目と4番目のCの間）
(C)：C−C(−C)↓C

各々の位置に −O− を挿入したのが上記A～Cである。Aはエタノールの脱水縮合で生じることから構造が決まり，Bは残る直鎖エーテル，Cは残るエーテルということでそれぞれ構造が決まる。

次に $C_4H_{10}O$ のアルコールを探す。今度はC骨格に1本うでの −OH を取り付ける。

(E)(G)：C−C−C−C（Eは3番目のC，Gは4番目のC）
(D)(F)：C−C(−C)−C（Dは枝分かれのC，Fは末端のC）

各々の位置に −OH を取り付けたのが上記D～Gの構造である。Gは直鎖であることと，酸化によりO原子2個のカルボン酸Hになることから構造が決まる。Eは $C_4H_{10}O$ の化合物で唯一ヨードホルム反応を示す。Dはアルコールの中で最も低沸点であることから，最も分子の表面積が小さい構造と決まる。

A～Gの沸点を見ればわかる通り，まず分子間の水素結合を行わないエーテルA～Cが，最も沸点が低い。これに対し，分子間で水素結合を行うアルコールD～Gは高沸点だが，カルボン酸Hはさらに沸点が高い。これは，アルコールが1ヵ所でしか水素結合できないのに対して，カルボン酸は2ヵ所で水素結合するからである。

アルコールの水素結合：$R{-}\overset{\delta-}{O}(H)\cdots\cdots\overset{\delta+}{H}{-}O{-}R$

カルボン酸の水素結合：$R{-}C({=}\overset{\delta-}{O})\!{-}O{-}\overset{\delta+}{H}\cdots\overset{\delta-}{O}{=}C(R){-}O{-}\overset{\delta+}{H}\cdots$（2ヵ所で水素結合した環状二量体）

分子量と官能基が同じ場合は，分子の表面積で沸点を比べる。直鎖のほうが表面積が大きく，分子間相互作用を行いやすいため沸点が高い傾向にある。対して，枝分かれの多い構造ほど球構造に近付くため表面積が小さく，沸点が低くなる傾向にある。

40

問1　10

問2　

$$CH_3{-}CH_2{-}CH_2{-}\underset{\underset{O}{\|}}{C}{-}OH$$

$$CH_3{-}\underset{\underset{CH_3}{|}}{C}H{-}\underset{\underset{O}{\|}}{C}{-}OH$$

$$CH_3{-}CH_2{-}\underset{\underset{O}{\|}}{C}{-}OH$$

$$CH_3{-}\underset{\underset{O}{\|}}{C}{-}OH$$

$$H{-}\underset{\underset{O}{\|}}{C}{-}OH$$

問3　ギ酸

問4　A：$CH_3{-}\underset{\underset{OH}{|}}{C}H{-}CH_3$

B：$CH_3{-}CH_2{-}\underset{\underset{OH}{|}}{\textcircled{C}}H{-}CH_3$

D：$CH_3{-}\overset{\overset{OH}{|}}{\underset{\underset{CH_3}{|}}{C}}{-}CH_3$

問5　

$$CH_3{-}CH_2{-}CH_2{-}\underset{\underset{O}{\|}}{C}{-}O{-}CH_3$$

$$CH_3{-}\underset{\underset{CH_3}{|}}{C}H{-}\underset{\underset{O}{\|}}{C}{-}O{-}CH_3$$

問6　

$$CH_3{-}CH_2{-}\underset{\underset{O}{\|}}{C}{-}O{-}CH_2{-}CH_3$$

解説

構造決定問題では，酸化分解や加水分解が可能な化合物が出題されやすい。分解生成物についてヒントを与えれば，分解前の複雑な構造も決定できるからである。

問1　$C_5H_{10}O_2$(不飽和度 U＝1)のエステルの異性体を探す。エステルならば $-\underset{\underset{O}{\|}}{C}-O-$ の構造は確定するので，分子式からこれを引き，残りの構造とどう組み合わせればよいかを考える。

$$\begin{array}{lr} C_5(H_{10})O_2 & U=1 \\ -)\ \ -\underset{\underset{O}{\|}}{C}-O- & U=1 \\ \hline C_4 & U=0 \end{array}$$

$-\underset{\underset{O}{\|}}{C}-O-$ の左右に，飽和Cを計4個取り付けてエステルとすればよい。

① $C{-}C{-}C{-}\underset{\underset{O}{\|}}{C}{-}O{-}C$

② $C{-}\underset{\underset{C}{|}}{C}{-}\underset{\underset{O}{\|}}{C}{-}O{-}C$

③ $C{-}C{-}\underset{\underset{O}{\|}}{C}{-}O{-}C{-}C$

④ $C{-}\underset{\underset{O}{\|}}{C}{-}O{-}C{-}C{-}C$

⑤ $C{-}\underset{\underset{O}{\|}}{C}{-}O{-}\underset{\underset{C}{|}}{C}{-}C$

⑥ $H{-}\underset{\underset{O}{\|}}{C}{-}O{-}C{-}C{-}C{-}C$

⑦ $H{-}\underset{\underset{O}{\|}}{C}{-}O{-}\underset{\underset{C}{|}}{C^*}{-}C{-}C$（光学異性体あり）

⑧ $H{-}\underset{\underset{O}{\|}}{C}{-}O{-}C{-}\underset{\underset{C}{|}}{C}{-}C$

⑨ $H{-}\underset{\underset{O}{\|}}{C}{-}O{-}\overset{\overset{C}{|}}{\underset{\underset{C}{|}}{C}}{-}C$

⑦には2種の光学異性体があるので，これを区別すれば，この分子式のエステルは9＋1＝10種類ということになる。

問2　①～⑨の加水分解生成物をそれぞれ示す。

① $\xrightarrow{加水分解}$ $\boxed{C{-}C{-}C{-}\underset{\underset{O}{\|}}{C}{-}OH}$ ＋ HO−C

② $\xrightarrow{加水分解}$ $\boxed{C{-}\underset{\underset{C}{|}}{C}{-}\underset{\underset{O}{\|}}{C}{-}OH}$ ＋ HO−C

③ $\xrightarrow{加水分解}$ $\boxed{C{-}C{-}\underset{\underset{O}{\|}}{C}{-}OH}$ ＋ HO−C−C
ヨードホルム反応陽性

④ $\xrightarrow{加水分解}$ $\boxed{C{-}\underset{\underset{O}{\|}}{C}{-}OH}$ ＋ HO−C−C−C

⑤ $\xrightarrow{加水分解}$ $C{-}\underset{\underset{O}{\|}}{C}{-}OH$ ＋ $HO{-}\underset{\underset{C}{|}}{C}{-}C$
第二級アルコール
ヨードホルム反応陽性

⑥ $\xrightarrow{加水分解}$ $\boxed{H{-}\underset{\underset{O}{\|}}{C}{-}OH}$ ＋ HO−C−C−C−C

⑦ $\xrightarrow{\text{加水分解}}$ H–C(=O)–OH ＋ HO–C*(–C)–C–C

第二級アルコール
ヨードホルム反応陽性

⑧ $\xrightarrow{\text{加水分解}}$ H–C(=O)–OH ＋ HO–C–C(–C)–C

⑨ $\xrightarrow{\text{加水分解}}$ H–C(=O)–OH ＋ HO–C(–C)(–C)–C

第三級アルコール

カルボン酸は□の5種考えられる。

問3　上記より，ギ酸 H–C(=O)–OH のエステルが5種(光学異性体を区別)と最も多い。

問4　アルコールAは，酢酸 C–C(=O)–OH とともに生じることから，上記より HO–C–C–C(第一級アルコール)と HO–C(–C)–C(第二級アルコール)に絞られる。酸化生成物が，酸性を示すカルボン酸や，銀鏡反応を示すアルデヒドではないことから，第二級アルコールの HO–C(–C)–C(2–プロパノール)に決まる。

A：C–C(–OH)–C $\xrightarrow{\text{酸化}}$ C–C(=O)–C

第二級アルコール　　ケトン(中性，還元性なし)

アルコールBについて，ヨードホルム反応を示すアルコールとしては，A以外に，

エタノール CH_3–CH(–OH)–H と

2–ブタノール CH_3–CH_2–C*H(–OH)–CH_3 がある。

一方，カルボン酸Cは，濃硫酸との加熱により H_2O と CO を生じるから，H–C(=O)–OH(ギ酸)であるとわかる。よって，元のエステルは上記⑦，Bは2–ブタノールと決まる。

アルコールDは，酸化を受けなかったことから，唯一の第三級アルコールである CH_3–C(–OH)(CH_3)–CH_3 と決まる。

問5　生じるカルボン酸は一価なので，分子量を M とおくと，

$$\frac{528}{M}〔\text{mmol}〕= 0.1 \times 60〔\text{mmol}〕$$

カルボン酸が出す H^+　　NaOH が出す OH^-

$M = 88$

分子量より，このカルボン酸の分子式は $C_4H_8O_2$ と決まる。そのエステルは上記の①，②である。

問6　$2R\text{–}OH + 2Na \longrightarrow 2R\text{–}ONa + H_2$ より，このアルコールの分子量を M' とおくと，

$$\frac{230}{M'}〔\text{mmol}〕:\frac{56}{22.4}〔\text{mmol}〕= 2:1$$

アルコール　　H_2　　係数比

$M' = 46$

このアルコールの分子式は C_2H_6O であり，エタノールと決まる。そのエステルは上記の③のみである。

41

問1　構造式：HO–CH_2–CH_2–Ⓒ(–OH)H–CH_2–OH

名称：1，2，4–ブタントリオール
または1，2，4–トリヒドロキシブタン

問2　A：$C_{12}H_{25}$–O–C(=O)–CH_2–CH(–O–C(=O)–CH_3)–C(=O)–O–C_2H_5

G：HO–C(=O)–CH_2–CH(–OH)–C(=O)–OH

H：(H)C=C(H) の両端が O=C–O–C=O で環状に結合した構造(無水マレイン酸)

問3　ドデシル硫酸ナトリウム

解説

ここでは，トリエステルAを2種類の方法で分解している。$LiAlH_4$ による還元的分解では，–COOH が –CH_2OH に変化する。通常の加水分解も行っているので，生成物が一致するものは元々アルコール，一致しないものはカルボン酸由来の構造部分だとわ

かる。分解生成物を整理してみよう。

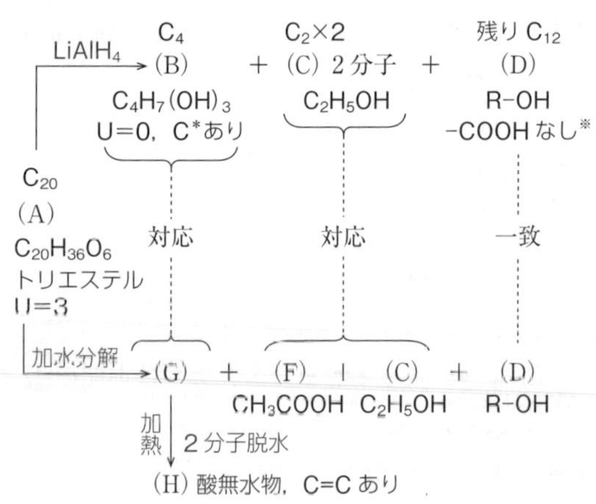

※濃硫酸と縮合させ NaOH で中和すると中性になったことから，-COOH はないとわかる。なお，オキソ酸どうしの分子間での縮合は，少なくとも濃硫酸脱水の条件では起こらない

問1　B について，$C_4H_7(OH)_3$ の構造異性体は，以下の4つしかない。ここで，どの C 原子に -OH を「付けないか」と考えるのがポイント。なお，同じ C 原子に -OH が2個付いた構造 $\left(>C<{}^{OH}_{OH}\right)$ は不安定で，直ちに脱水され $>C=O$ に変わってしまうから，考えなくてよい。

```
①  C－C－C*－C          ②  C－C*－C*－C
    |      |   |              |   |    |
    OH     OH  OH             OH  OH   OH

        OH
        |
③  C－C－C－OH          ④  HO－C－C－C－OH
        |                          |
        C－OH                      C－OH
```

Bは不斉炭素をもつから③，④は棄却される。

一方，A を通常の加水分解で処理したとき生成する G は，上図の通り B に対応するもので，B の $-CH_2OH$(第一級アルコール部分)がいくつか -COOH に置き換わったものである。この G が加熱により酸無水物になったのだから，G に複数の -COOH があり，これより B には複数の $-CH_2OH$ があるとわかる。よって，B の構造は，上記の①と決まる。

```
B：CH2－CH2－CH－CH2
   |         |    |
   OH        OH   OH
```

IUPAC 名とは，高校教科書の末尾に記載されている方法で命名したものである。直鎖炭化水素の H 原子を置換基に置き換えたものとして命名し，置換基の位置は元の C 骨格に付けた C 原子の位置番号で示す。この位置番号は，置換基の位置番号が小さく表せる側の端から付ける。アルコールであれば，炭化水素名の語尾を「オール」に変える。置換基が複数ある場合は，その総数をギリシャ語(モノ，ジ，トリ)で表す。

```
④  ③  ②  ①
C－C－C－C
|      |   |
OH     OH  OH
```

1,2,4-ブタントリオール
(1,2,4-トリヒドロキシブタンも可)

問2　G は，B の2つの $-CH_2OH$ を -COOH に置き換えたものである。

```
G：HO－C－CH2－CH－C－OH
       ||      |   ||
       O       OH  O
          ↓ 2分子脱水
     H       H
      ＼   ／
       C=C
H：   /   \
   O=C     C=O
      \   /
        O
```

H は Br_2 が付加する(C=C をもつ)酸無水物であることから，上記に決まる。G はリンゴ酸，H は無水マレイン酸である。

この G に対して，F：CH_3COOH，C：C_2H_5OH および D を縮合させれば A の構造になる。D については，A から G，F，C の C 数と不飽和度を引くことによって，C_{12} の飽和一価アルコールとわかるが，炭素骨格(直鎖か枝分かれか)はわからない。構造式の例に $-C_2H_5$ という表記があるので，$C_{12}H_{25}-OH$ でよいとわかる。

```
                O              O
                ||             ||
C12H25OH   HO－C－CH2－CH－C－OH   HO－C2H5
  (D)              (G) |              (C)
                       OH
                       HO－C－CH3 (F)
                           ||
                           O
                 ↓
        O              O
        ||             ||
C12H25－O－C－CH2－CH－C－O－C2H5
                   |
             (A)   O－C－CH3
                      ||
                      O
```

問3　DからEを合成する過程は以下の通り。

$$C_{12}H_{25}-OH + HO-SO_2-OH \xrightarrow{\text{縮合}} C_{12}H_{25}OSO_3H + H_2O$$

$$C_{12}H_{25}OSO_3H + NaOH \xrightarrow{\text{中和}} C_{12}H_{25}OSO_3Na + H_2O$$

ドデシル硫酸ナトリウム(E)

$C_{12}H_{26}$：ドデカン，$C_{12}H_{25}-$：ドデシル基。なお，ドデシル硫酸ナトリウムは，スルホン酸ではなく硫酸エステルの塩である。CとS原子が直結するか，間にO原子が入るかで類が異なってくるのがポイント。

$C-SO_3H$ スルホン酸	$C-O-SO_3H$ 硫酸エステル
$C-NO_2$ ニトロ化合物	$C-O-NO_2$ 硝酸エステル

スルホン酸，ニトロ化合物と，エステルとの違い

42

問1　けん化　　**問2**　522

問3　(1)　5.50×10^{-3}mol　(2)　3.75×10^{-3}mol

(3)　100　(4)　$C_5H_8O_2$

問4　E：$CH_3-CH(OH)-CH_2-CH_2-C(=O)-OH$

F：$HO-CH_2-CH_2-CH_2-CH_2-C(=O)-OH$

G：$HO-CH_2-CH(CH_3)-CH_2-C(=O)-OH$

H：$CH_3-C(OH)(CH_3)-CH_2-C(=O)-OH$

問5

CH_3-CH-CH_2 を含む環状酸無水物（O=C-O-C=O の五員環）

問6

(1)

$CH_2-O-C(=O)-CH_2-CH_2-CH=CH_2$
$CH-O-C(=O)-CH_2-CH_2-CH=CH_2$
$CH_2-O-C(=O)-CH_2-C(CH_3)=CH_2$

$CH_2-O-C(=O)-CH_2-CH_2-CH=CH_2$
$CH-O-C(=O)-CH_2-C(CH_3)=CH_2$
$CH_2-O-C(=O)-CH_2-C(CH_3)=CH_2$

(2)　7種類

(3)　以下の①～⑦の7種の組合せのうち，1つを答えればよい。

	①	②	③		④		⑤		⑥		⑦	
ア	D	D	D	B	D	C	D	B	D	C	B	C
イ	B	C	B	B	B	B	C	C	C	C	D	D
ウ	D	D	B	D	C	D	B	D	C	D	C	B

同一物(以下同様)

解説

問2　混合物Aは以下のようにKOHと反応する。

$$\begin{matrix} CH_2-O-CO-R^1 \\ CH-O-CO-R^2 \\ CH_2-O-CO-R^3 \end{matrix} + 3KOH \longrightarrow \begin{matrix} CH_2-OH \\ CH-OH \\ CH_2-OH \end{matrix} + \begin{matrix} R^1-COOK \\ R^2-COOK \\ R^3-COOK \end{matrix}$$

(A)

$$A : KOH = \frac{0.957}{M_A} : 0.100 \times \frac{55.0}{1000} = 1 : 3$$

mol比　　係数比

M_A=522

問3(1)　上記反応式より，最終的に得られる脂肪酸R^1-COOH，R^2-COOH，R^3-COOHの物質量の総和は，反応したKOHの物質量に等しい。

$$0.100 \times \frac{55.0}{1000} = 5.50 \times 10^{-3} \text{〔mol〕}$$

(2)　Aは混合物だから，B，C，Dの物質量比は1：1：1ではない。Dは$C_{18}H_{36}O_2$（分子量284）とわかっているから，B，Cの物質量の和をx〔mol〕とおくと，

$$x+\frac{0.497}{284}=5.50\times10^{-3}$$

$$x=3.75\times10^{-3}\text{〔mol〕}$$

(3)(4)　脂肪酸Bの組成式を求める。13.50mg中の各元素の質量は，

$$\text{C}:29.70\times\frac{12}{44}=8.10\text{〔mg〕}$$

$$\text{H}:9.72\times\frac{2.0}{18}=1.08\text{〔mg〕}$$

$$\text{O}:13.50-8.10-1.08=4.32\text{〔mg〕}$$

物質量比に直すと，

$$\text{C}:\text{H}:\text{O}=\frac{8.10}{12}:\frac{1.08}{1.0}:\frac{4.32}{16}=5:8:2$$

「脂肪酸」とは，一価の鎖状カルボン酸であり，カルボキシ基と炭化水素基のみからなる。よって，分子式におけるO原子数は2と決まるから，分子式が確定する。

Bの分子式：$C_5H_8O_2$，分子量：100

これにより，Cの分子量 M_C も確定する。

$$\frac{0.130}{100}+\frac{0.245}{M_C}=3.75\times10^{-3}$$

$$M_C=100$$

Cも脂肪酸なので，分子式はBと同じ $C_5H_8O_2$ と決まる。

問4・5　実験2の反応を整理すると，

```
 B             ──H2O 付加──→   E    +    F
C*，幾何異性なし                C*あり   C*なし
C5H8O2 脂肪酸                  └─ ヒドロキシ酸 ─┘
(不飽和度U＝2)
```

Bの構造について，C_5 脂肪酸のC骨格に二重結合を取り付けたものだから，その骨格と取付け位置を示すと，

```
 ①  ②  ③   二重結合の位置
 ↓  ↓  ↓
C─C─C─C─C─OH
          ‖
          O

 ④  ⑤                 ⑥  ⑦
 ↓  ↓                  ↓  ↓
C─C─C─C─OH            C─C─C─C─OH
  |     ‖               ⑧→|  ‖
  C     O                 C  O

    C
    |
C─C─C─OH
    |  ‖
    C  O
```

②，③，⑦は幾何異性体あり，⑥は不斉炭素ありなので棄却される。①，④，⑤，⑧のみ構造を書き，H_2O 付加生成物とともに記すと，

```
① C=C-C-C-C-OH
            ‖
  (B)       O

 H2O   ┌→ HO-C-C-C-C-C-OH
 付加 ─┤   (F)          ‖
       │                O
       └→ C-C*-C-C-C-OH
               |        ‖
              OH        O
          (E)ヨードホルム反応陽性

④ C=C C-C-OH
     |    ‖
     C    O

 H2O   ┌→ HO-C-C*-C-C-OH
 付加 ─┤          |    ‖
       │          C    O
       │        OH
       │        |
       └→ C-C-C-C-OH
                |  ‖
                C  O

⑤ C-C=C-C-OH
     |    ‖
     C    O

 H2O   ┌→     OH
 付加 ─┤       |
       │   C-C-C-C-OH
       │       |   ‖
       │       C   O
       └→ C-C-C*-C-OH
               |  |  ‖
               C OH  O

⑧ C-C-C-C-OH
        ‖  ‖
        C  O

 H2O   ┌→      OH
 付加 ─┤        |
       │   C-C-C*-C-OH
       │        |  ‖
       │        C  O
       └→ C-C-C*-C-OH
                |  ‖
             HO-C  O
```

①のみが実験2，4の条件を満たすので，B，E，Fの構造が決まる。

次にG，Hについて，実験3の反応を整理すると，

```
 C             ──H2O 付加──→   G    +    H
C*，幾何異性なし                C*あり   C*なし
C5H8O2 脂肪酸                  └─ ヒドロキシ酸 ─┘
(不飽和度U＝2)
```

これを満たすのは上記の④，⑤。そこで，それぞれのGの候補に実験5の反応を当てはめると，

④ ⟶ HO-C-C*-C-C-OH
　　　　　|　　　‖
　　　　　C　　　O　　(G)

$\xrightarrow{\text{酸化}}$ HO-C-C-C-C-OH
　　　　‖　|　　‖
　　　　O　C　　O　　(I)

分子量18減 ↓ 脱水

```
        O
      /   \
  O=C       C=O
      \   /
       C-C
       |
       C        (J)
```

⑤ ⟶ C-C-C*-C-OH
　　　|　|　‖
　　　C　OH　O

$\xrightarrow{\text{酸化}}$ C-C-C-C-OH
　　　|　‖　‖
　　　C　O　O　分子内脱水不可

第一級アルコール部分をもつ④の生成物が，酸化によりジカルボン酸となり題意を満たすとわかる。これでHとJの構造も決まる。

問6(1)　B：CH_2=CH-CH_2-CH_2-C-OH（C=O）

C：CH_2=C(CH_3)-CH_2-C-OH（C=O）

なので，どちらかを2分子グリセリンに縮合させ，非対称な構造とすれば，グリセリンの中央のC原子が不斉炭素になる。

(2)　脂肪酸Dは不斉炭素を1つもつから，Dが2分子縮合した対称構造のエステルか，Dが1分子縮合した非対称構造のエステルなら題意を満たす。

構造異性体

CH_2-OCO-R^D
CH-OCO-R ⟵ R^B または R^C　… 2種
CH_2-OCO-R^D

CH_2-OCO-R^D
CH-OCO-R ⟵ R^B または R^C　… 4種
CH_2-OCO-R ⟵

CH_2-OCO-R^B
CH-OCO-R^D　… 1種
CH_2-OCO-R^C

⇓

計7種

43

Ⅰ

問1　エチレン，ベンゼン，エタン

問2　⌬ + HNO_3 ⟶ ⌬-NO_2 + H_2O

問3　触媒として働き反応速度を増大させ，かつ脱水剤として働き平衡を生成物側に傾ける。

Ⅱ

問4　B：（ベンゼン環に OH，O_2N，NO_2，NO_2）　C：（ベンゼン環に NO_2，NO_2）

問5　ア：**(c)**　イ：**(c)**

問6　ウ：**フェノール**　エ：**ベンゼン**

オ：**ニトロベンゼン**

解説

問2・3　式〈1〉～〈3〉を全部足し合わせると以下の式になる。

$$⌬ + HNO_3 + H_2SO_4 \longrightarrow ⌬\text{-}NO_2 + H_3O^+ + HSO_4^-$$

式〈1〉左辺の2分子の H_2SO_4 のうち，1分子は全体で消えるので，触媒として働いていたとわかる。もう1分子の H_2SO_4 は，生じた H_2O に作用して電離しているだけである。したがって上式は，以下の2つの式に分割できる。

$$\begin{cases} ⌬ + HNO_3 \longrightarrow ⌬\text{-}NO_2 + H_2O & \cdots\langle 4\rangle \\ H_2SO_4 + H_2O \longrightarrow H_3O^+ + HSO_4^- \end{cases}$$

通常，ニトロ化反応の反応式としては式〈4〉を書く。問2は式〈4〉でよい。ではなぜ H_2SO_4 の電離まで含めた式で表したかと考えると，問3において，H_2O を奪い平衡を右に傾けることも述べよと誘導しているようにとれる。

問4　-OHのように，⌬から見て，陰性⟶陽性の順で原子が結合している。もしくは，-Clのように非共有電子対をもつ原子が⌬に直結している場合，その原子(団)から見てオルト位とパラ位に置換反応が起こりやすくなるため，全体としても置換反応しやすくなる。このような置換基を「オルトパラ配向性の置換基」という。

> 代表的なオルトパラ配向性の置換基
> $-CH_3$，$-OH$，$-NH_2$，$-Cl$，
> $-O-CH_3$，$-NHCOCH_3$

一方，$-NO_2$のように，⌬から見て，陽性⟶陰性の順で原子が結合している置換基を「メタ配向性の置換基」という。問題文に説明がある通り，オルト位とパラ位に置換反応が起こりにくくなるために，全体としても置換反応しにくくなる。温度を上げるなど反応を促進させたときだけ，消去法的にメタ位に置換反応が起こる。

> 代表的なメタ配向性の置換基
> $-NO_2$，$-COOH$，$-SO_3H$，$-COCH_3$

44

問1　A：HO−⌬−C(=O)−OH　B：⌬−C(=O)−OH

C：HO−⌬−CH_3　D：⌬−CH_2OH

問2

H, H, H, H, H, H, H, H, $C-O-CH_3$

H, H, H, H, H, H, H, H, $C-O-CH_3$

問3　オ，イ，ウ，ア，エ

解説

(あ)より，化合物Aの分子式は$C_7H_xO_3$と表されることがわかり，化合物Dの分子式は以下のように決まる。

$$C:H:O = \frac{78}{12}:\frac{7.4}{1}:\frac{14.6}{16} \fallingdotseq 7:8:1$$
〔mol〕

よって，C_7H_8O

(い)はフェノール性$-OH$の検出，(う)は$-OH$の検出，(え)では$-COOH$をもつものがNa塩となって水層に溶ける。(あ)〜(く)の条件を整理すると次のようになる。

化合物	フェノール性 $-OH$	$-OH$	$-COOH$	分子式
A	○	○	○	$C_7H_xO_3$
B	×	×	○	
C	○	○	×	C_7H_yO
D	×	○	×	C_7H_8O
E	×	×	×	C_7H_zO，不斉C1個

（C→A，D→B：酸化）

C　$\xrightarrow{\text{混酸(モノニトロ化)}}$　生成物2種可能

E　(C^*1個)　$\xrightarrow{\text{等モル} H_2}$　生成物C^*なし

A〜Eはアルデヒドではない(銀鏡反応陰性)

問1　化合物AとCについて，Aは⌬−OH骨格に$-COOH$を合わせもち，分子式$C_7H_xO_3$だから，

OH, C−OH, O　　OH, C−OH, O　　HO−⌬−C(=O)−OH

のうちの1つとわかる。一方Cは，酸化によってAに変わるフェノール類で，O原子を1個だけもつから，Aに対応して以下の3つの構造が考えられる。

OH, CH_3　　OH, CH_3　　HO−⌬−CH_3

オルト体とメタ体は，それぞれ混酸でニトロ化されたときの生成物が4種類考えられる。

❶ ❷ ❸ ❹ OH CH_3　　1 2 3 4 OH CH_3

ニトロ化反応を行う場所
(全部違う生成物になる)

パラ体は，ニトロ化生成物が2種類しか考えられないので，Cはパラ体と決まり，Aもパラ体に決まる。

2 1 HO CH_3

上下対称構造なので，
ニトロ化を行う場所
は2種類
⇒生成物2種可能

よって，

A：HO−C_6H_4−C(=O)−OH　　C：HO−C_6H_4−CH_3

次に，化合物Dの構造について考える。分子式から確定構造を引くと，

C_7H_8O　不飽和度4
−）−OH　不飽和度0
C_7　不飽和度4 ⇒ C_6H_5−C

六員環をもち不飽和度4を満たすには，ベンゼン環をもつ必要があるとわかる(C=C−OH構造は不安定，C=C=C構造は直線形で，六員環を構成する部分構造としては不適)。

また，フェノール性ではない−OHをもつことから，以下の構造に決まる。

D：C_6H_5−CH_2−OH

これより，酸化生成物Bの構造も以下のように決まる。

B：C_6H_5−C(=O)−OH

問2　化合物Eの構造について，

六員環(C6)−　＋C1個＋O1個

の骨格をもち，−OHをもたないことから，以下の骨格をもつとわかる。

六員環(C6)−O−C

H_2が等モル付加するので，二重結合を1個だけもつ構造を考えると，

六員環−O−C　③②①　二重結合をつける位置

① シクロヘキセン(1位に二重結合)−O−C　H_2
② シクロヘキセン*−O−C　H_2 → シクロヘキサン−O−C
③ シクロヘキセン*−O−C　H_2

不斉C原子がH_2付加で消失するという題意を満たすのは，②と③である。

問3　化合物A：HO−C_6H_4−COOHとB：C_6H_5−COOHの混合物からAを取り出すためには，Aのみがフェノール性−OHをもつことを利用する。ところが，フェノール性−OHを塩にする条件では，−COOHも塩を形成するので，このままNaOH水溶液を加えたのでは両方とも水層に溶けてしまう。

そこで，まず−COOHを保護する(反応しないようにする)必要がある。両者ともメタノールと反応させてメチルエステルにしてしまえば，フェノール性のAのみがNaOH水溶液に溶けるようになる。

A：HO−C_6H_4−COOH　　B：C_6H_5−COOH

(オ) CH_3OH，濃硫酸でエステル化 ↓

HO−C_6H_4−$COOCH_3$　　C_6H_5−$COOCH_3$

(イ) NaOH水溶液とエーテルを加える ↓

NaO−C_6H_4−$COOCH_3$　〈水層〉　　C_6H_5−$COOCH_3$　〈エーテル層〉

(ウ) 水層を取り出し加熱する
(NaOHが残っているのでけん化が起こる) ↓

NaO−C_6H_4−COONa ＋ CH_3OH

(ア) HCl水溶液とエーテルを加える ↓

HO−C_6H_4−COOH　〈エーテル層〉　＋ CH_3OH　〈水層〉

(エ) エーテル層を取り出しエーテルを蒸発除去 ↓

A：HO−C_6H_4−COOH

45

問1　A：C_6H_5−CH(OH)−CH_3

B：C_6H_4(CH_2−OH)(CH_3)（オルト位）

問2　$CH_3-CH_2-C_6H_4-OH$（p-）

$C_6H_4(OH)-CH_2-CH_3$（m-）　$C_6H_4(OH)-CH_2-CH_3$（o-）

問3　$C_6H_5-O-CH_2-CH_3$　$C_6H_5-CH_2-O-CH_3$

$CH_3-C_6H_4-O-CH_3$（p-）　$C_6H_4(O-CH_3)-CH_3$（m-）

$C_6H_4(O-CH_3)-CH_3$（o-）

問4　化合物Fの組成式は，元素分析値より $C_9H_{10}O_2$ であり，化合物AとEの分子量より，分子式も $C_9H_{10}O_2$ に決まる。化合物Eは，分子式 $C_8H_{10}O$ のアルコールAと縮合して化合物Fを生じることから，分子式 CH_2O_2 のカルボン酸とわかる。これはギ酸である。

構造式：H−C(=O)−OH

問5　$C_6H_5-CH(CH_3)-C(=O)-OH$

解説

分子式 $C_8H_{10}O$ のベンゼン環をもつ化合物について考える。

	$C_8(H_{10})O$	U＝4
−）	C_6	U＝4　…（ベンゼン環）
	C_2O	U＝0

この分子は，（ベンゼン環）に飽和C２個を取り付け，さらにO原子を１個取り付けたものとわかる。不飽和度を増すことなくO原子を取り付ける方法は，ヒドロキシ基 −OH にするか，エーテル結合 −O− にするかのどちらかである。ちなみに，ヒドロキシ基を（ベンゼン環）に直結させたときはフェノール類になる。

異性体を類ごとにすべて書き出すと次の通り。なお，ここで（ベンゼン環に C が付いた）−C−OH という表現は，ベンゼン環に対する位置異性体をまとめた表現であり，正式な書き方ではない。解答欄に書くときは，オルト，メタ，パラをしっかり区別して書くこと。

(1)　アルコールを探す

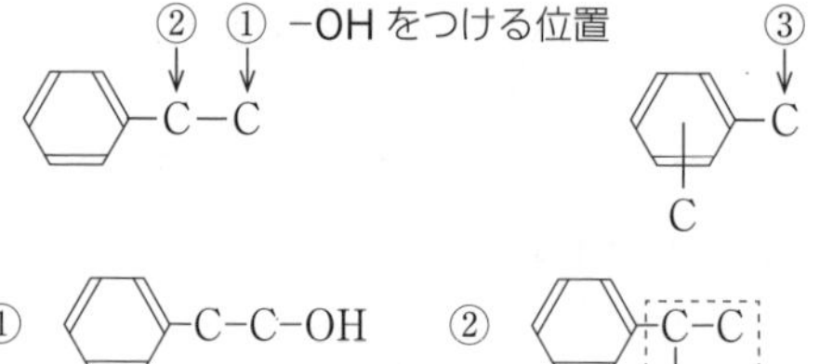

①　C_6H_5−C−C−OH　　②　C_6H_5−C(OH)−C　ヨードホルム反応

③　C_6H_4(C)−C−OH　*o*−，*m*−，*p*− の３種

(2)　エーテルを探す

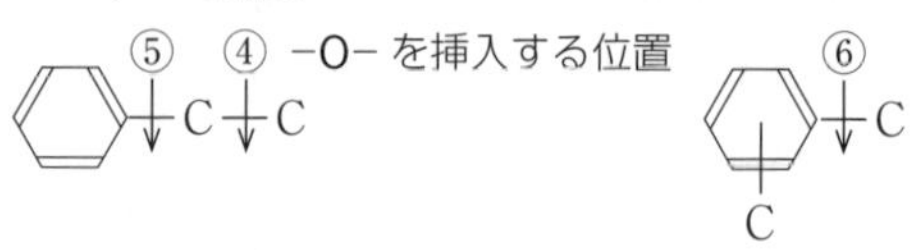

④　C_6H_5−C−O−C　　⑤　C_6H_5−O−C−C

⑥　C_6H_4(C)−O−C　*o*−，*m*−，*p*− の３種

(3)　フェノール類を探す

⑦ −OH をつける位置（C_6H_5−C−C の環上）　⑧（C_6H_4(C)−C の環上）

⑦　C_6H_4(OH)−C−C　*o*−，*m*−，*p*− の３種

⑧　HO−C_6H_3(C)−C　６種

問1　表１より，化合物Aはヨードホルム反応を行うから，アルコールの②に決まる。化合物BもNaと反応し，NaOHとは反応しないので中性のアルコールである。$KMnO_4$ 酸化によってフタル酸に変換されるのは，③のオルト体である。

C_6H_4(C−OH)(C)（B）　—$KMnO_4$ 酸化→　C_6H_4(COOH)(COOH) フタル酸

問2　化合物CはNaOHと中和反応を行い，塩になるからフェノール類である。このうちエチル基をもつものは⑦のオルト，メタ，パラ体。

問3　化合物DはNaと反応しないのでエーテルである。よって，④，⑤および⑥のオルト，メタ，パラ体を答えればよい。

問４　化合物Ｆの組成式を求めると，

$$\underset{\text{〔mol〕}}{C:H:O}=\frac{72.0}{12}:\frac{6.67}{1.0}:\frac{21.3}{16}\fallingdotseq 9:10:2$$

よって，$C_9H_{10}O_2$

Ｆの分子式について，もし組成式の２倍の $C_{18}H_{20}O_4$ だとすると，Ｅの分子式は $C_{10}H_{12}O_4$（分子量 196）となり，150 を超えてしまう。よって，Ｆの分子式は $C_9H_{10}O_2$ と決まる。ここからＥの分子式を導き出すと，

	$C_9H_{10}O_2$	…F
＋	H_2O	…加水分解
－	$C_8H_{10}O$	…A
	CH_2O_2	…E

となり，アルコールであるＡと縮合していたＥは，カルボン酸のギ酸 HCOOH であると決まる。

問５　化合物Ｇの分子式は，Ｆと同じ $C_9H_{10}O_2$ となり，$NaHCO_3$ と反応して水に溶けるので，カルボン酸である。またベンゼン環と不斉炭素原子ももつ。確定した構造を分子式から引くと，

	$C_9(H_{10})O_2$	U＝5	
－	C_6	U＝4	… 
－	–C(=O)–OH	U＝1	
	C_2	U＝0	

となり，に飽和Ｃ２個を取り付け，さらに –COOH を付けたものとわかる。これは上記のアルコール①，②，③とフェノール類⑦，⑧の –OH を –COOH に置き換えたものにあたる。

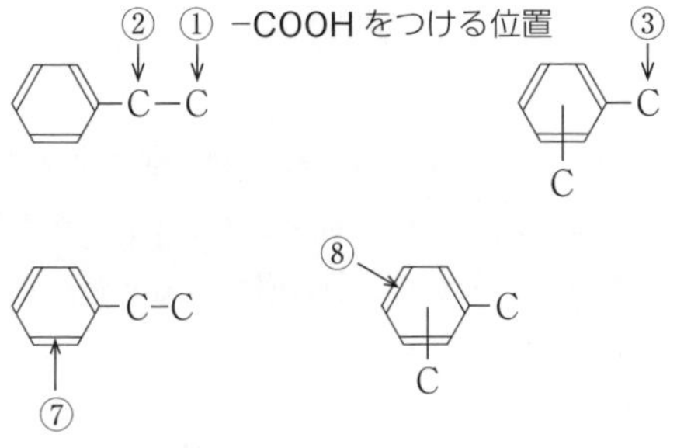

このうち不斉炭素原子をもつものは②のみである。よって，

G：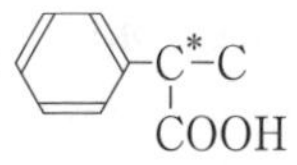

46

問１　操作：**ろ過を行い，沈殿はろ紙上に，水溶液はろ液として分離する。**

器具：

問２

A：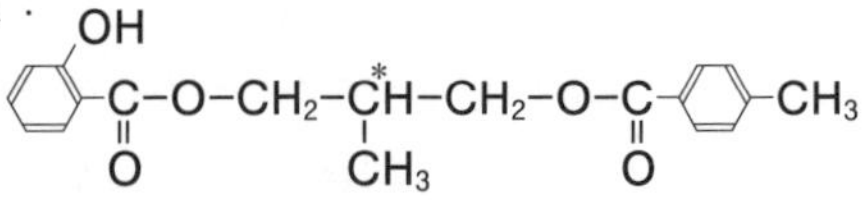

または 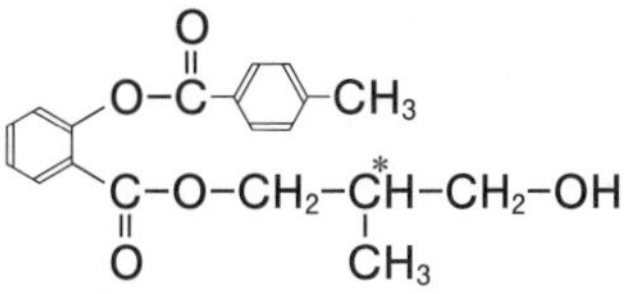

B：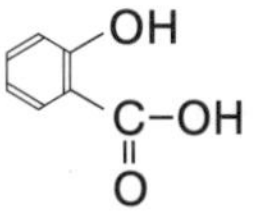

C：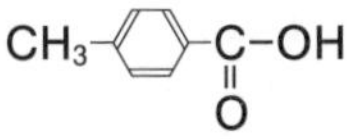

D：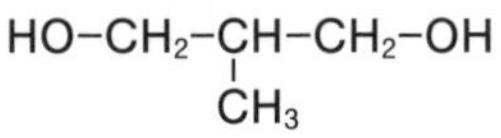

E：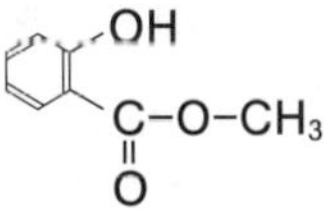

F：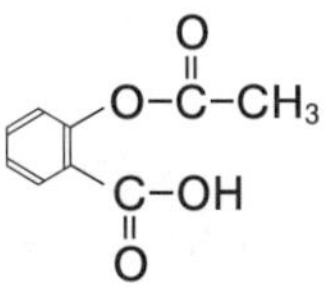

G：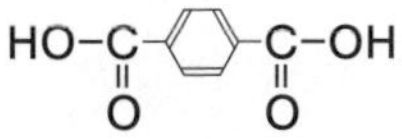

問３　$\frac{10.0}{138}\times\frac{60}{100}=\frac{x}{152}$，$x=6.60$

よって，**6.6g**

問４　**化合物Ｂは炭酸より酸性が強いカルボキシ基をもつので，混合物に炭酸水素ナトリウム水溶液とジエチルエーテルを加えて振り混ぜるこ**

とによりBのみを塩にして水層に移行させ，エーテル層からエーテルを蒸発させることにより純粋な化合物Eを得る。

問5 E：**消炎鎮痛剤** F：**解熱鎮痛剤**

問6 $\left[-O-CH_2-CH_2-O-\underset{\|}{\overset{}{C}}(=O)-C_6H_4-C(=O)- \right]_n$

解説

問2 化合物Bの分子式を求めると，

$$
\begin{array}{lll}
 & C_{19}H_{20}O_5 & \cdots A \\
+ & 2H_2O & \\
- & C_8H_8O_2 & \cdots C \\
- & C_4H_{10}O_2 & \cdots D \\
\hline
 & C_7H_6O_3 & \cdots B
\end{array}
$$

なお，AにO原子が5つしかないので，B，C，Dが3つのエステル結合で縮合していたとは考えられない。

Bについては，メタノールとも無水酢酸とも反応することから，$-COOH$ と $-OH$ を両方もつとわかる。オルト二置換ベンゼンだから，分子式から確定構造を引くと，

$$
\begin{array}{lll}
 & C_7(H_6)O_3 & U=5 \cdots B \\
- & C_6 & U=4 \cdots \text{(benzene)} \\
- & -C(=O)-OH & U=1 \\
- & -OH & U=0 \\
\hline
 & \text{なし} &
\end{array}
$$

Bは（ベンゼン環）に $-C(=O)-OH$ と $-OH$ をオルト置換で取り付けたものだから，サリチル酸（ベンゼン環にOHとCOOHがオルト位）とわかる。

次に，Cについて考える。Dが二価アルコール，Bがヒドロキシ酸だから，エステル結合を2つつくるために，Cはカルボキシ基をもつとわかる。

$$
\begin{array}{lll}
 & C_8(H_8)O_2 & U=5 \cdots C \\
- & C_6 & U=4 \cdots \text{(benzene)} \\
- & -C(=O)-OH & U=1 \\
\hline
 & C_1 & U=0
\end{array}
$$

Cは（ベンゼン環）のパラ位に $-COOH$ と $-CH_3$ を取り付けた $CH_3-C_6H_4-COOH$ とわかる。

Dについては，$C_4H_{10}O_2(U=0)$ の二価アルコールを探してみる。$C_4H_{10}O$ 一価アルコールに，もう1個 $-OH$ を付ければよいから，

❸ ❷ ❶ $-OH$ をつける位置
C−C−C−C−OH

❷ ❹ ❶
C−C−C(OH)−C

❻ ❺
C−C(C)−C−OH

❺
C−C(OH)(C)−C

❶ C−C−C*−［C−OH］（C*にOH）

❷ C−C*(OH)−C−［C−OH］

❸ ［HO−C］−C−C−［C−OH］

❹ C−C*(OH)−C*(OH)−C

❺ C−C(OH)(C)−［C−OH］

❻ ［HO−C］−C(C)−［C−OH］

［ ］：第一級アルコール部分

不斉炭素原子をもつ❶，❷，❹は棄却される。ここで，B，Cを縮合させたAが不斉炭素原子をもつことから，Dは❻であるとわかる。

47

問1 A：$CH_3-C(=O)-C_6H_4-C(=O)-N(H)-C^*H(CH_3)-C(=O)-N(H)-C_6H_5$

B：$C_6H_5-NH_2$

C：$CH_3-\underset{\underset{O}{\|}}{C}-C_6H_4-\underset{\underset{O}{\|}}{C}-OH$

D：$H_2N-\overset{\overset{CH_3}{|}}{C^*H}-\underset{\underset{O}{\|}}{C}-OH$

E：$C_6H_5-\underset{\underset{H}{|}}{N}-\underset{\underset{O}{\|}}{C}-CH_3$

F：$[C_6H_5-N\equiv N]^+Cl^-$

G：$C_6H_5-N=N-C_6H_4-OH$

H：$H-\overset{\overset{I}{|}}{\underset{\underset{I}{|}}{C}}-I$

I：$HO-\underset{\underset{O}{\|}}{C}-C_6H_4-\underset{\underset{O}{\|}}{C}-OH$

J：$\left[\underset{\underset{O}{\|}}{C}-C_6H_4-\underset{\underset{O}{\|}}{C}-O-CH_2-CH_2-O\right]_n$

問2　化合物B，Cを含むジエチルエーテル溶液

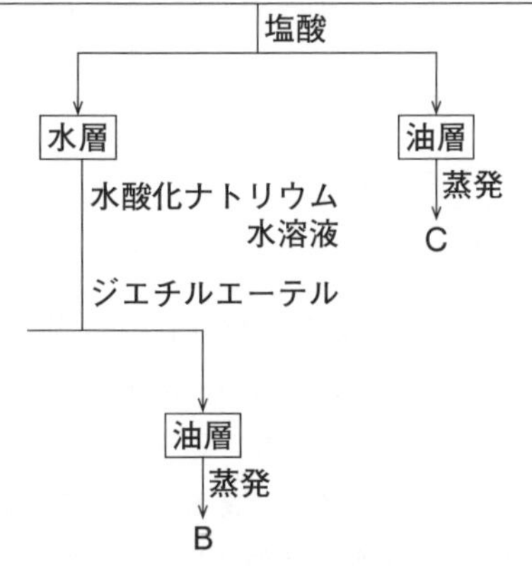

説明：混合溶液を塩酸とともに振り混ぜ，油層を取りエーテルを蒸発させればCが得られる。また，水層に水酸化ナトリウム水溶液とエーテルを加えて振り混ぜ，油層を取り，エーテルを蒸発させればBが得られる。

※はじめに水酸化ナトリウムを加えてCを水層に分離させる方法でも可。

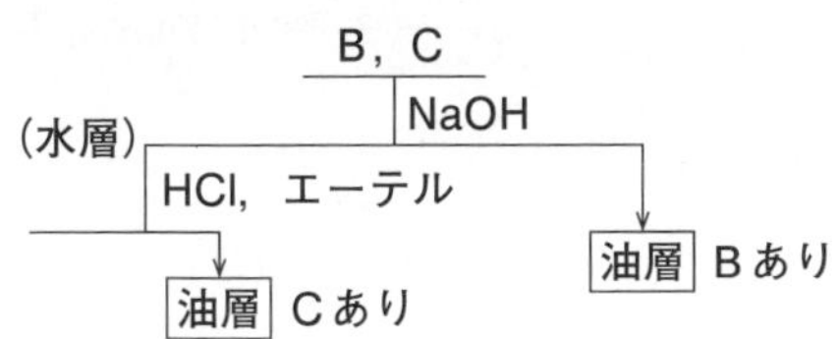

問3　$\frac{15}{93}\times\frac{75}{100}=\frac{x}{135}$，$x=16.3$

よって，16g(または16.3g)

問4　E：解熱鎮痛剤

G：染料

問5　ヨードホルム反応

解説

化合物それぞれの反応を整理すると以下の通り。

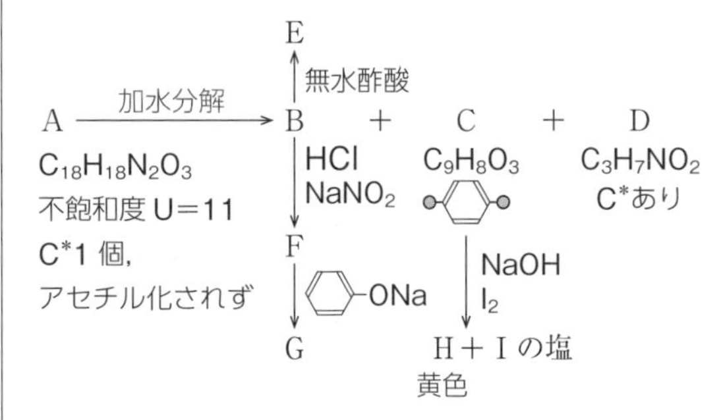

Bについて，分子式を求めると，

$$\begin{array}{rll} & C_{18}H_{18}N_2O_3 & \cdots A \\ + & 2H_2O & \cdots 加水分解 \\ - & C_9H_8O_3 & \cdots C \\ - & C_3H_7NO_2 & \cdots D \\ \hline & C_6H_7N & \cdots B \end{array}$$

ジアゾ化，続くカップリング反応を行っていることから，Bは芳香族アミン(ベンゼン環に $-\underset{|}{N}-$ が直結)とわかる。脂肪族アミンは，ジアゾニウム塩が低温でも不安定なため，アゾ染料を生成しない。

$$\begin{array}{rll} & C_6(H_7)N & U=4 \cdots B \\ - & C_6(C_6H_5) & U=4 \\ \hline & N & U=0 \end{array}$$

よって，Bはベンゼン環に $-\underset{|}{N}-$ を取り付けた

$C_6H_5-\underset{\underset{H}{|}}{N}-H$ (アニリン)と確定する。これより，E，F，Gの構造が決まる。

Cはヨードホルム反応を行い，アミド結合を形成するための $-COOH$ ももつはずだから，

$$\begin{array}{rll} & C_9(H_8)O_3 & U=6 \cdots C \\ - & C_6(\text{●}-C_6H_4-\text{●}) & U=4 \cdots パラ二置換ベンゼン \\ - & -\underset{\underset{O}{\|}}{C}-OH & U=1 \\ \hline & C_2O & U=1 \Rightarrow -\underset{\underset{O}{\|}}{C}-CH_3 \end{array}$$

ヨードホルム反応

よってCは，$CH_3-\underset{\underset{O}{\|}}{C}-C_6H_4-\underset{\underset{O}{\|}}{C}-OH$

Aがアセチル化されないことからも，Cは $-\underset{OH}{\underset{|}{CH}}-CH_3$ ではなく $-\underset{O}{\underset{||}{C}}-CH_3$ をもつとわかる。

Dは，B$(-NH_2)$，C$(-COOH)$とアミド結合する分子なので，アミノ酸と決まる。

$$\begin{array}{lll} & C_3(H_7)NO_2 & U=1 \quad \cdots D \\ - & -\underset{O}{\underset{||}{C}}-OH & U=1 \\ -) & -NH_2 & U=0 \\ \hline & C_2 & U=0 \end{array}$$

よってDは，$H_2N-\overset{C}{\overset{|}{C^*}}-\underset{O}{\underset{||}{C}}-OH$

ヨードホルム反応では，

$$R-\underset{O}{\underset{||}{C}}-CH_3 \xrightarrow{I_2,\ NaOH} R-\underset{O}{\underset{||}{C}}-ONa + CHI_3$$

のように変化するので，

Iは $HO-\underset{O}{\underset{||}{C}}-C_6H_4-\underset{O}{\underset{||}{C}}-OH$ と決まる。

問4　E（アセトアニリド）は，かつて解熱鎮痛剤として用いられたが，副作用があることがわかったので，その後は*p*-アセトアミドフェノール$\left(HO-C_6H_4-\underset{H}{\underset{|}{N}}-\underset{O}{\underset{||}{C}}-CH_3\right)$に置き換わっている。

48

問1　ア：**熱可塑**　イ：**1**　ウ：**水素**　エ：**還元**

問2　**37.9g**

問3　（CH_3, CH_3 がメタ位のベンゼン環）　（CH_3, CH_3 がパラ位のベンゼン環）　（CH_2-CH_3 が置換したベンゼン環）

問4(1)　$CH_3-CH_2-OH \longrightarrow CH_2=CH_2 + H_2O$

(2)　**アセトアルデヒド**

(3)　$H-\underset{O}{\underset{||}{C}}-CH_3 + 3I_2 + 4NaOH$

$\longrightarrow H-\underset{O}{\underset{||}{C}}-ONa + 3NaI + CHI_3 + 3H_2O$

(4)　**還元性**

(5)　$CH_2=\underset{OH}{\underset{|}{CH}}$

問5　$CH_3(H)C=C(H)-\underset{O}{\underset{||}{C}}-H$　$H(CH_3)C=C(H)-\underset{O}{\underset{||}{C}}-H$

問6　F：$CH_3CH_2CH_2CH_2\overset{CH_2CH_3}{\overset{|}{C^*}}HCHO$

G：$CH_3CH_2CH_2CH_2\overset{CH_2CH_3}{\overset{|}{C^*}}HCH_2OH$

解説

ここではアルドール縮合を扱っているが，この反応がわからなくても解けるようにできている。

問1イ　2-エチルヘキサノールを$HO-C_8H_{17}$と表すと，反応式は，

$$C_6H_4(CO)_2O + HO-C_8H_{17} \rightarrow C_6H_4(CO-O-C_8H_{17})(CO-OH) \quad \cdots ①$$

$$C_6H_4(CO-O-C_8H_{17})(CO-OH) + HO-C_8H_{17} \rightarrow C_6H_4(CO-O-C_8H_{17})_2 + H_2O \quad \cdots ②$$

$$+)\ \overline{C_6H_4(CO)_2O + 2\ HO-C_8H_{17} \rightarrow C_6H_4(CO-O-C_8H_{17})_2 + H_2O \quad \cdots ③}$$

③式より，題意通りの縮合で1分子のH_2Oが取れるとわかる。なお，酸無水物とアルコールやアミンとの反応は，通常の条件ならば①の反応が進行するだけである。ここでは温度を上げるなどの特別な条件としたのだろう。

問4・6　2-エチルヘキサノール(G)の構造は，図1より，

$CH_3CH_2CH_2CH_2-\overset{CH_2-CH_3}{\overset{|}{CH}}-CH_2-OH$ であるとわかる。あとは間の物質を埋めていけばよい。

$$\underset{(A)}{C-C-OH} \xrightarrow{酸化} \underset{(B)(問4)}{C-\underset{O}{\underset{||}{C}}-H} \xrightarrow{縮合} \underset{(C)}{C-C=C-\underset{O}{\underset{||}{C}}-H}$$

$$\xrightarrow[付加]{ウ:H_2} \underset{(D)}{C-C-C-\underset{O}{\underset{||}{C}}-H}$$

$$\xrightarrow{縮合} \underset{(E)}{C-C-C-C=\overset{C-C}{\overset{|}{C}}-\underset{O}{\underset{||}{C}}-H}$$

$\xrightarrow[\text{付加}]{\text{ウ：}H_2}$ C−C−C−C−C(−C−C)−C(=O)−H（問6）
(F)

$\xrightarrow[]{\text{エ：還元}}$ C−C−C−C−C(−C−C)−C−OH（問6）
(G) 2-エチルヘキサノール

問2　同モルの無水フタル酸が必要だから，

$$\frac{100}{390}\text{〔mol〕}=\frac{x}{148}\text{〔mol〕}$$

フタル酸ビス（2-エチルヘキシル）　　無水フタル酸

$x=37.94$〔g〕

問4　Bは，エタノールの酸化で得られることと，ヨードホルム反応が陽性であることから，アセトアルデヒド CH_3−C(=O)−H とわかる。

問6　図1よりGの構造は推定できる。これとEを見比べれば，C=C への H_2 付加の後，−CHO の還元を行ったと推定できる。なお，C=C とともにアルデヒド，ケトンの C=O も触媒存在下で H_2 が付加する。このため，Eから一段階でGを生じさせることも可能なはずである。しかし，C→Dと同様の反応を行った後，別の反応を行っていることから，C=C への H_2 付加を行った後 −CHO を還元していると推定する。

《参考》

B→CとD→Eの反応は，高校では習わないアルドール縮合というもので，必ずしも覚える必要はない。下記は「新奇の反応を説明文から理解する練習」として読んでおこう。

C=O の隣の C 原子に付く H 原子は反応しやすい。下式の b がこの位置で C−H 結合を切断した上で，a の C=O に付加する。

H_3C−C(H)($\delta+$)=O($\delta-$) ＋ ⊖CH_2(⊕H)−C(=O)−H
(a)　　　　　　　(b)

$\xrightarrow{\text{付加}}$ H_3C−C(H)(OH)−CH_2−C(=O)−H

同じ理由で，残っている C=O の隣の C 原子に付く H が，OH とともに取れて分子内脱水する。

H_3C−C(H)(OH)−C(H)(H)−C(=O)−H（OH と H：脱水） $\xrightarrow{\text{脱離}}$ H_3C−CH=CH−C(=O)−H
(C)

2つの反応式を合わせてから一般化すると，

R_1−C(H)(H)−C(H)=O ＋ H−C(R_1)(H)−C(H)=O

⟶ R_1−C(H)(H)−CH=C(R_1)−C(=O)−H ＋ H_2O

全体として，H_2O が抜けて2つの有機化合物が合体する反応になるので，アルドール「縮合」と呼んでいる。Dのアルドール縮合では，R_1 ＝ −CH_2−CH_3 なので，生成物(E)の構造は

CH_3−CH_2−C(H)(H)−CH=C(CH_2−CH_3)−C(=O)−H　であるとわかる。

ちなみに，「C=O の隣の C 原子に付く H 原子は反応しやすい」を唯一高校で扱っているのが，「ヨードホルム反応」である。

R−C(=O)−C(H)(H)(H)

$\xrightarrow[\text{ヨードホルム反応}]{I_2,\ \text{NaOH}}$ R−C(=O)−ONa ＋ H−C(I)(I)(I)

第6章　高分子化合物

49

問1　銀鏡を生じる

問2　構造式：

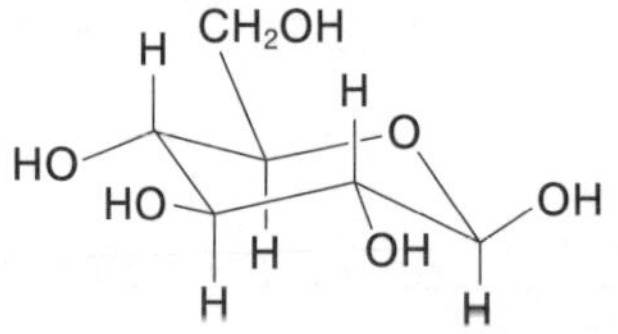

H　CH_2OH　H　HO　HO　H　O　OH　OH　H　H

理由：**β-グルコースは，かさ高い官能基どうしが最も離れ合って存在するため，分子の混み合いが小さく，原子間の反発が最も小さい安定な状態にあるから。**(69字)

問3

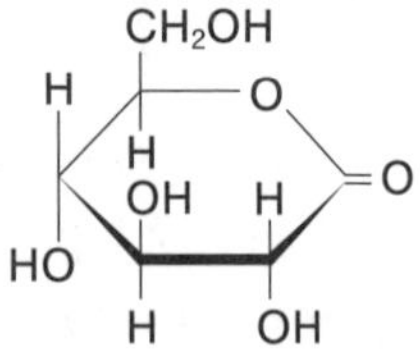

CH_2OH　H　O　H　OH　H　=O　HO　H　OH

問4　$C_6H_{12}O_6 \longrightarrow 2C_2H_5OH + 2CO_2$ より，

$$\frac{360}{180} \times \frac{20}{100} : \frac{x}{46} = 1 : 2$$

$x = 36.8$

よって，**37g**

問5　α-グルコースとβ-フルクトースが還元性を示す部分どうしで縮合しており，鎖状構造をとれなくなっているから。(53字)

問6　80%

解説

問1　フルクトースはケトン基をもつケトースだが，アルデヒド基をもつアルドースと同様に還元性を示す。その理由は，塩基性条件で以下に示すエノール-ケト転位反応が起こり，アルデヒド構造に変わるからである。

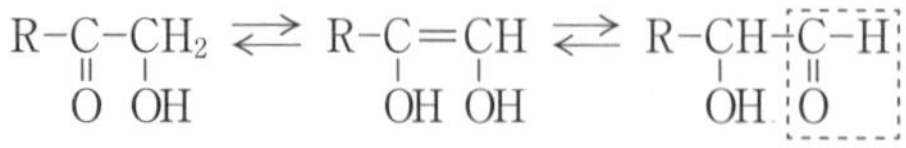

R-C(=O)-CH_2(OH) ⇄ R-C(OH)=CH(OH) ⇄ R-CH(OH)-C(=O)-H

フルクトースの一部分　中間体　還元性

このため，フルクトースのみならず，R-C(=O)-CH_2OH の構造をもつ物質は，銀鏡反応やフェーリング液の還元を行う。

問2　シクロヘキサン環などの単結合からなる六員環は平面ではなく歪んでおり，不安定な舟形を介して2つのイス形構造が平衡状態にある。

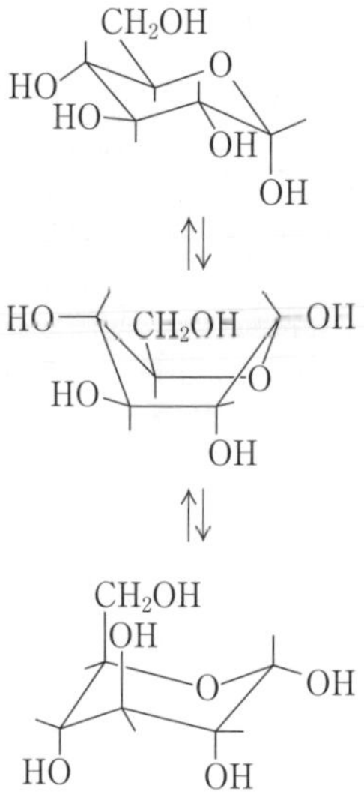

CH_2OH　HO　O　HO　OH　OH　安定なイス形

⇅

HO　CH_2OH　OH　O　HO　OH　舟形(中間体)

⇅

CH_2OH　OH　O　OH　HO　OH　不安定なイス形

大きな原子(団)どうしが接近すると，その表面の電子どうしが反発して不安定な構造になる。したがって単糖類では，-OH，-CH_2OH といった「かさ高い(＝体積が大きい)」原子団どうしが離れ合うほうのイス形構造をとっている。

問3　反応の推移は以下の通り。

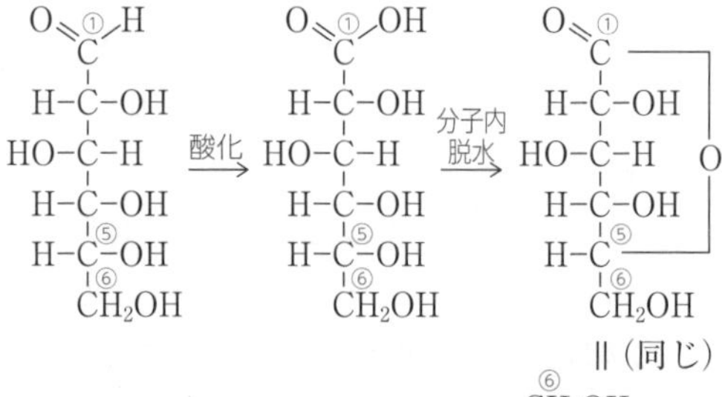

O=C①-H / H-C-OH / HO-C-H / H-C-OH / H-C⑤-OH / ⑥CH_2OH —酸化→ O=C①-OH / H-C-OH / HO-C-H / H-C-OH / H-C⑤-OH / ⑥CH_2OH —分子内脱水→ O=C① / H-C-OH / HO-C-H / H-C-OH / H-C⑤ / ⑥CH_2OH （①と⑤がOで結合）

‖(同じ)

⑥CH_2OH　H　⑤　O　H　①　OH　H　=O　HO　H　OH

①と⑥が縮合しないのは，六員環のほうが安定な環構造だからである。

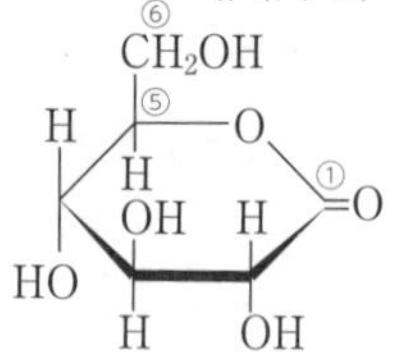

「デルタ」ラクトンとは，C=Oの炭素から数えて4つ目のC原子(δ位)に付く-OHと縮合した環状エステル(ラクトン)という意味である。

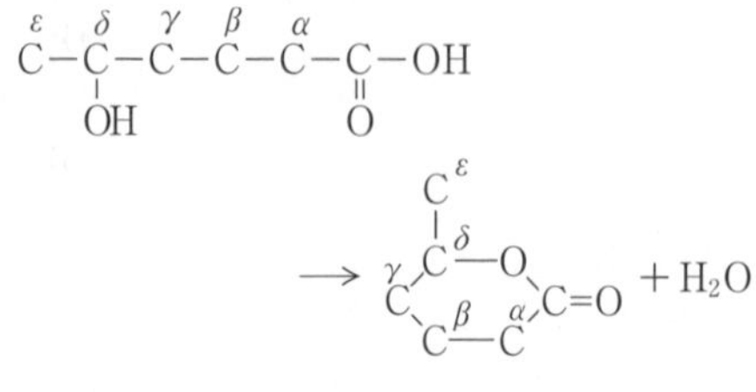

$C^{\varepsilon}-C^{\delta}(OH)-C^{\gamma}-C^{\beta}-C^{\alpha}-C(=O)-OH$

$\longrightarrow$ C^{ε}-C^{δ}(環: C^{δ}-O-C(=O)-C^{α}-C^{β}-C^{γ}) $+ H_2O$

問6　加水分解前後の量関係を整理する。加水分解された割合を α とおくと，

	スクロース $C_{12}H_{22}O_{11}$	$+\ H_2O$	$\rightarrow$ グルコース $C_6H_{12}O_6$	$+$ フルクトース $C_6H_{12}O_6$	
はじめ	C	多量	0	0	〔mol〕
一部分解	$C(1-\alpha)$	多量	$C\alpha$	$C\alpha$	〔mol〕

題意より，各物質量と甘さの数値の積を合計して加水分解前後で比較すると，

$$\frac{\text{加水分解後}}{\text{加水分解前}}=\frac{C(1-\alpha)\times100+C\alpha\times40+C\alpha\times90}{C\times100}=\frac{124}{100}$$

$\alpha=0.80$

よって，80%

50

問1　ア：**単量体(モノマー)**　イ：**付加**　ウ：**縮合**　エ：**水(水分子)**

問2　**グリコシド結合**　　**問3**　**重合度**

問4　**フルクトース**　　**問5**　$\mathrm{H-C(OH)(H)-C(=O)-H}$（上段 OH，O；C—C—H；下段 H）

問6　試薬：**フェーリング液**

組成式：$\mathbf{Cu_2O}$

問7　**83.7%**

解説

問2　糖類どうしの縮合は，アルコール性 -OH どうしでは起こらない。少なくとも一方がヘミアセタールの -OH である必要がある。グルコースどうしが縮合するときは，以下に示した5通りの組み合わせのみ可能である。

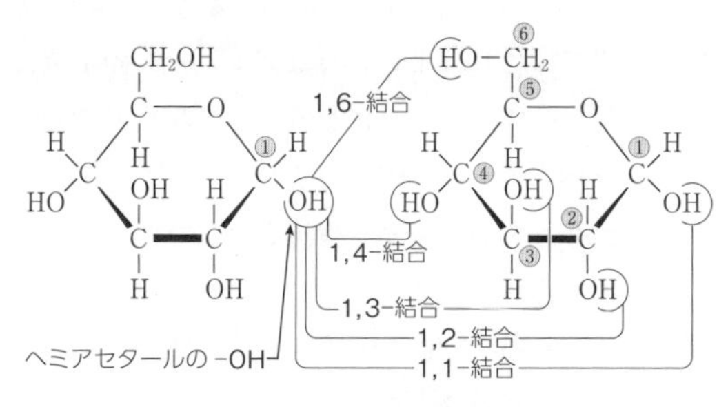

グルコースどうしの縮合可能な位置

ヘミアセタールの -OH は，根元の C 原子が2つの O 原子と結合していることから区別できる($-\underline{O}-\overset{|}{\underset{|}{C}}-OH$)。

このように，ヘミアセタールの -OH と他の -OH とから脱水してできる結合($-O-\overset{|}{\underset{|}{C}}-O-$)は，一般にはアセタール結合というが，糖類が行うときは特にグリコシド結合という。

問5　糖類に限らず，塩基性条件では，$\mathrm{R-C(=O)-CH_2(OH)}$ の構造は不安定なエンジオール $\mathrm{R-C(OH)=CH(OH)}$ を経て，アルデヒドの $\mathrm{R-CH(OH)-C(=O)-H}$ に変換される。このため，$\mathrm{R-C(=O)-CH_2(OH)}$ 構造をもつケトンであれば，アルデヒド同様に銀鏡反応やフェーリング液の還元反応を行う。

問7　生成物の単糖類のみがフェーリング液と以下のように反応する。

還元剤　$RCHO+H_2O\rightarrow RCOO^-+3H^++2e^-$

酸化剤　$2Cu^{2+}+2e^-+H_2O\rightarrow Cu_2O\downarrow+2H^+$

$+)$　　$5H^++5OH^-\longrightarrow 5H_2O$　(∵塩基性)

イオン反応式　$RCHO+2Cu^{2+}+5OH^-\longrightarrow RCOO^-+Cu_2O+3H_2O$

結局，単糖類(-CHO)と同モルの Cu_2O が生成する。スクロースの加水分解された割合を α とおくと，

	スクロース $C_{12}H_{22}O_{11}$	$+\ H_2O$	$\rightarrow$ 単糖類(グルコース＋フルクトース) $2C_6H_{12}O_6$	
はじめ	C	多量	0	〔mol〕
一部分解	$C(1-\alpha)$	多量	$2C\alpha$	〔mol〕

$C=\dfrac{100}{342}$〔mol〕なので，

$$\underset{\text{単糖}}{2\times\frac{100}{342}\times\alpha\text{〔mol〕}}=\underset{Cu_2O}{\frac{70.0}{143}\text{〔mol〕}}$$

$\alpha=0.8370$

よって，83.7%

51

問1　4

問2(1)　$\mathrm{C_6H_5-C(=O)-N(CH_2-CH_3)-CH_2-CH_3}$

(2) $CH_3-C_6H_4-C(=O)-O-CH_3$（パラ位）

CH_3（メタ位）$-C_6H_4-C(=O)-O-CH_3$

CH_3（オルト位）$-C_6H_4-C(=O)-O-CH_3$

問3(1)　ア：OH　イ：CH_3

(2)　ウ：OH　エ：CHO　オ：OH　カ：H

(3)　Cu_2O

(4)　C1：$O-C_6H_4-CH_2-O-CH_3$　　C2：OCH_3

C3：OCH_3　C4：OCH_3　C5：OH

問4　A1：$O-C_6H_4-CH_2-OH$　A2：OH　A3：OH

A4：OH　A5：$O-C(=O)-C_6H_5$

B1：$O-C_6H_4-CH_2-O-CH_3$　B2：OH　B3：OH

B4：OH　B5：$O-C(=O)-C_6H_5$

問5(1)　I1：$O-C_6H_4-CH_2-OH$　I2：OH

I3：OH　I4：OH　I5：OH

(2)　**Aの縮合に関与しない −OH を酢酸エステルとしたものがHであり，これらは塩基性での加水分解により −OH に戻ってしまうから。**(60字)

解説

問1　−OH 1個を $-OCH_3$ に変えるごとに，分子量は14だけ増加するから，化合物Aに n 個の −OH があるとすると，化合物Bの分子量は $390+14n$ と表される。BはAと同モル生じるから，

$$\underset{\text{化合物A}}{\frac{780}{390}\text{〔mmol〕}}=\underset{\text{化合物B}}{\frac{892}{390+14n}\text{〔mmol〕}}$$

$n=4$

問2(1)

$$C_6H_5-C(=O)-OH + H-N(CH_2-CH_3)-CH_2-CH_3 \longrightarrow C_6H_5-C(=O)-N(CH_2-CH_3)-CH_2-CH_3 + H_2O$$

(2)　$NaHCO_3$ と反応しない⇒ −COOH をもたない⇒ $-COOCH_3$ になっている⇒残り1個の $-CH_3$ を《ベンゼン環》のどこかのHと置き換えればよいと考える。

問3(1)　図2より，化合物Dは $C_6H_5-CH_2-O-$ という部分構造をもつ。さらに，$FeCl_3$ で呈色するフェノール類であることから，$HO-C_6H_4-CH_2-O-$（オルト位）構造をもつとわかる。

$C_8(H_{10})O_2$	$U=4$	…D
− $HO-C_6H_4-CH_2-O-$	$U=4$	…確定構造
C_1	$U=0$	…残り

残りは飽和C1個なので，これを確定構造とつなぐことにより，Dの構造が決まる。

よってDは，$HO-C_6H_4-CH_2-O-CH_3$（オルト位）

(2)　グルコースの平衡混合物の応用である。環状構造の1位が，縮合をしていない −OH の状態でありさえすれば，他の2，3，4，6位がメチルエーテルになっていようとエステルになっていようと，水中で α−型，鎖状，β−型の構造をとることができる。

(3)　(2)で記した通り，鎖状構造をとれるのだから，フェーリング液を還元して酸化銅(Ⅰ)の赤色沈殿を生じる。

(4)　C2～C5部分は，図3の構造をそのまま当てはめればよい。Dはグルコースの1位に縮合していたことになる。Cの時点で還元性を示さなかったのは，1位の −OH が縮合に使われていて，鎖状構造をとれなかったためである。

問4　C5がメチル化されていないのは，A，Bの時点で安息香酸と縮合していたからである。

問5(1)　エステル結合：$R-\underset{\underset{O}{\|}}{C}-O-R'$ は，酸の水溶液中でも，塩基の水溶液中でも，加熱すれば加水分解される。

グリコシド結合：$R-O-\overset{|}{\underset{|}{C}}-O-R'$ は，酸の水溶液中で加熱すれば加水分解されるが，塩基では加水分解されない。

エーテル結合：R−O−R′ は，酸，塩基いずれと加熱しても加水分解されない。

Aの縮合に関与しない −OH をすべて $-O-CH_3$(メチルエーテル)に置き換えたのがBであり，塩基水溶液中で加熱しても加水分解されないから，C中にそのまま残る。安息香酸は，Cで唯一メチル化されなかった6位に縮合していたとわかる。

一方，Aの縮合に関与していない −OH をすべて酢酸エステル $-O-\underset{\underset{O}{\|}}{C}-CH_3$ に置き換えたのがHだが，せっかく置き換えた $-O-\underset{\underset{O}{\|}}{C}-CH_3$ は，続く塩基水溶液との加熱で加水分解され，また −OH に戻ってしまう。したがって，加水分解生成物 I の構造が決定できても，安息香酸の縮合位置は決定できない。

(化合物 A)

↓アセチル化

$CH_2-OCO-C_6H_5$, H, H, CH_3COO, $OCOCH_3$, H, H, $O-C_6H_4-O-COCH_3$, H, $OCOCH_3$

(化合物 H)

↓塩基性水溶液，加熱

グリコシド結合なので，塩基では加水分解されない

CH_2-OH, H, H, HO, OH, H, H, $O-C_6H_4-OH$, H, OH

(化合物 I)

(2)　Hの構造は，Aの −OH をエステルに置き換えたものであることをいい，これは塩基性で加水分解されてしまうことをいう。その結果，Aの時点でエステルだったところと同様に，−OH に戻ってしまうことをいう。

52

問1　ア：**β**　イ：**縮合重合**　ウ：**5**　エ：**2**

オ：**多糖類または多糖**

カ：**シュバイツァー試薬**

キ：**コロイド**　ク：**銅アンモニアレーヨン**

ケ：**濃硝酸**

問2　**ヒドロキシ基どうしの水素結合により，高分子どうしが強く結び付いているから。**

問3　**セルロースを化学変化させることなく溶液とし，繊維状に析出させる。**

問4　$[C_6H_7O_2(OCOCH_3)_3]_n$

問5　$\dfrac{200}{162}=\dfrac{x}{180}$，$x=2.222\times10^2$

よって，**2.22×10^2g**

問6　$\dfrac{200}{162}:\dfrac{y}{102}=1:3$，$y=3.777\times10^2$

よって，**3.78×10^2g**

問7　エステル化された割合を z とおくと，

$$\frac{200}{162}=\frac{300}{162+45\times3z},\quad z=0.6000$$

よって，**60.0%**

解説

問2　デンプンはらせん構造をとるため，主に分子内で水素結合する。このため分子間の結び付きは弱く，熱水に溶ける。一方，セルロースは直線構造をとり，分子間で水素結合を行うため，高分子どうしが強く結び付いている。このため結晶内部まで水分子が入り込むことができず，水や熱水に溶けない。

問3　再生繊維は，セルロースを化学変化させることなく繊維状に加工したものである。いったん特殊な溶媒に溶かし，再生液に細孔から押し出して，繊維状に析出させる。再生繊維には銅アンモニアレーヨンの他に，セルロースをアルカリ処理してから二硫化炭素に溶かし，希硫酸で再生するビスコースレーヨンもある。

問5・6　$(C_6H_{10}O_5)_n \xrightarrow{加水分解} nC_6H_{12}O_6$ より，セルロースの $C_6H_{10}O_5$ 単位と同モルの $C_6H_{12}O_6$

が生成するから，

$$\frac{200}{162}〔mol〕=\frac{x}{180}〔mol〕$$

セルロース中 $C_6H_{10}O_5$ 単位　　グルコース

$x=2.222\times10^2$〔g〕

$[C_6H_7O_2(OH)_3]_n + 3n(CH_3CO)_2O$
セルロース(示性式)　　無水酢酸

$\longrightarrow [C_6H_7O_2(OCOCH_3)_3]_n + 3nCH_3COOH$
トリアセチルセルロース

より，セルロースの $C_6H_{10}O_5$ 単位と無水酢酸は1：3のモル比で反応するから，

$$\frac{200}{162}〔mol〕:\frac{y}{102}〔mol〕=1:3$$

$C_6H_{10}O_5$ 単位　　無水酢酸

$y=3.777\times10^2$〔g〕

問7　$-OH$ のうちエステル化された割合を z とおくと，

$[C_6H_7O_2(OH)_3]_n + 3znHNO_3$

$\longrightarrow [C_6H_7O_2(OH)_{3(1-z)}(ONO_2)_{3z}]_n + 3znH_2O$
ニトロセルロース

のように，$C_6H_{10}O_5$ 単位1個につき $3z$ ヵ所だけエステル化される。1ヵ所エステル化されるごとにモル質量が $46-1=45$（NO_2 と H の差）だけ増すから，

$$\frac{200}{162}〔mol〕:\frac{300-200}{45}〔mol〕=1:3z$$

$C_6H_{10}O_5$ 単位　エステル化された部分

$z=0.6000$

百分率に直して，60.0%

【別解1】　繰り返し単位〔mol〕が反応前後で不変であることに着目して，

$$\frac{200}{162}〔mol〕=\frac{300}{162+45\times3z}〔mol〕$$

$C_6H_{10}O_5$ 単位　　$C_6H_7O_2(OH)_{3(1-z)}(ONO_2)_{3z}$ 単位

$z=0.6000$

【別解2】　繰り返し単位1molが反応したとすると，その質量は162gから $162+45\times3z$〔g〕になる。この比は一定なので，

$$\frac{反応後}{反応前}=\frac{162+45\times3z}{162}=\frac{300}{200}$$

$z=0.6000$

いずれの計算法を行うにしても，重合度 n が不明または考慮不要な高分子化合物の計算問題においては，繰り返し単位に着目して「係数比＝mol比」の感覚で立式する。

53

問1　A：$H-N(H)-CH_2-C(=O)-OH$

B：$HOOC-CH_2-C^{*}H(NH_2)-COOH$（$H-N(H)-C^{*}H(CH_2-C(=O)-OH)-C(=O)-OH$）

Aの過程：Aの分子式を $C_aH_bN_cO_d$ とおくと，

$$C_aH_bN_cO_d \xrightarrow{燃焼分解} aCO_2+\frac{b}{2}H_2O+\frac{c}{2}N_2$$

$$1:a=\frac{151}{75}:\frac{178}{44},\ a\fallingdotseq2$$

$$1:\frac{b}{2}=\frac{151}{75}:\frac{89}{18},\ b\fallingdotseq5$$

$$1:\frac{c}{2}=\frac{151}{75}:\frac{28}{28},\ c\fallingdotseq1$$

$$12\times2+5+14+16d=75$$

$$d=2$$

以上より，Aの分子式は $C_2H_5NO_2$ となる。この分子式を満たす α-アミノ酸は，上記の構造に限られる。

Bの過程：Aと同様に，

$$1:a=\frac{397}{133}:\frac{528}{44},\ a\fallingdotseq4$$

$$1:\frac{b}{2}=\frac{397}{133}:\frac{183}{18},\ b\fallingdotseq7$$

$$1:\frac{c}{2}=\frac{397}{133}:\frac{41}{28},\ c\fallingdotseq1$$

$$12\times4+7+14+16d=133$$

$$d=4$$

以上より，Bの分子式は $C_4H_7NO_4$ となる。この分子式を満たす天然由来の α-アミノ酸で酸性アミノ酸のものは，上記の構造に限られる。

問2　①：b，$H_3N^+-CH_2-C(=O)-O^-$

②：c，$H_2N-CH_2-C(=O)-O^-$

問3　①：f，

$$\begin{array}{c} CH_2-\overset{O}{\overset{\|}{C}}-O^- \\ | \\ H_3N^+-CH-\underset{\underset{O}{\|}}{C}-O^- \end{array}$$

②：g，

$$\begin{array}{c} CH_2-\overset{O}{\overset{\|}{C}}-O^- \\ | \\ H_2N-CH-\underset{\underset{O}{\|}}{C}-O^- \end{array}$$

問4　濃度比 a ： b ＝**1.0：4.0**

過程：$K_{a1}=\dfrac{[b][H^+]}{[a]}$ より，

$$10^{-2.34}=\frac{[b]}{[a]}\times 10^{-2.94} \Longleftrightarrow 2^2=\frac{[b]}{[a]}$$

※なお，NaOH によって 74％の a が中和されて b になり，さらに a の $10^{-2.94}$mol/L 分が電離して b になるとし，近似計算で求める方法もある。

解説

アミノ酸A：グリシン，アミノ酸B：アスパラギン酸の，各 pH における構造は以下の通り。

A：グリシン

$H_3N^+-CH_2-COOH$ …a：酸性側(陽イオン)

$H^+ \uparrow\downarrow OH^-$

$H_3N^+-CH_2-COO^-$ …b：pH＝5.97〈等電点〉(双性イオン)

$H^+ \uparrow\downarrow OH^-$

$H_2N-CH_2-COO^-$ …c：塩基性側(陰イオン)

B：アスパラギン酸

$$\begin{array}{l} \quad\;\; CH_2-COOH \\ \quad\;\; | \\ H_3N^+-CH-COOH \end{array}$$ …d：強酸性(陽イオン)

$H^+ \uparrow\downarrow OH^-$

$$\begin{array}{l} \quad\;\; CH_2-COOH \\ \quad\;\; | \\ H_3N^+-CH-COO^- \end{array}$$ …e：pH＝2.77〈等電点〉(双性イオン)

$H^+ \uparrow\downarrow OH^-$

$$\begin{array}{l} \quad\;\; CH_2-COO^- \\ \quad\;\; | \\ H_3N^+-CH-COO^- \end{array}$$ …f：pH≒7(陰イオン)

$H^+ \uparrow\downarrow OH^-$

$$\begin{array}{l} \quad\; CH_2-COO^- \\ \quad\; | \\ H_2N-CH-COO^- \end{array}$$ …g：塩基性側(陰イオン)

《参考》等電点の求め方

Aの場合，等電点では［a］＝［c］だから，

$$K_{a1}\cdot K_{a2}=\frac{[b][H^+]}{[a]}\cdot\frac{[c][H^+]}{[b]}=[H^+]^2$$

$$[H^+]=\sqrt{K_{a1}\cdot K_{a2}}$$

$$pH=-\frac{1}{2}(\log_{10}K_{a1}+\log_{10}K_{a2})$$

Bの場合，K_{a5} の値から，酸性側では［f］≫［g］と考えて g の存在を無視し，Aと同様に算出する。

実際に pH＝2.77 では $K_{a5}=\dfrac{[g][H^+]}{[f]}$ より，

$$10^{-9.60}=\frac{[g]\times 10^{-2.77}}{[f]}$$

$$[g]=[f]\times 10^{-6.83}$$

となり，近似が妥当であることが確認できる。

54

問1　ア：**水酸化ナトリウム**　イ：**硫酸銅(Ⅱ)**

問2　**9.8g**

問3　$H_3N^+-CH_2-COO^-$

問4　**E－Y－K－A－Y－C－G**

解説

問1　ビウレット反応や硫黄反応では，最初にアルカリ処理(NaOH 水溶液の添加)を行う。

問2　ペプチドXは，結果4よりチロシンを2分子含むとわかる。その分子量は 832，C 原子数は 37 なので，

$$X：CO_2=\frac{5.0}{832}：\frac{x}{44}=1：37$$

よって，$x=9.78$〔g〕

問4　結果2より，Xのアミノ基末端(N 末端)はグルタミン酸E，カルボキシ基末端(C 末端)はグリシンGとわかる。また酵素A，Bによる加水分解で生成したP1～P5について，結果5～7をまとめると，

ペプチド	結果5 キサントプロテイン反応	結果6 S原子検出	結果7 ビウレット反応	
P1	○	×	○	分子量 438
P2	○	○	○	
P3	○	×	×	⇒ジペプチド
P4	○	×	○	
P5	×	○	×	⇒ジペプチド

となる。P5はキサントプロテイン反応陰性なので，⬡を含まない。

したがって，XのC末端側から生じたとわかる。ビウレット反応を行わないジペプチドで，S原子の検出は陽性なことから，XとP5について以下のことが決まる。

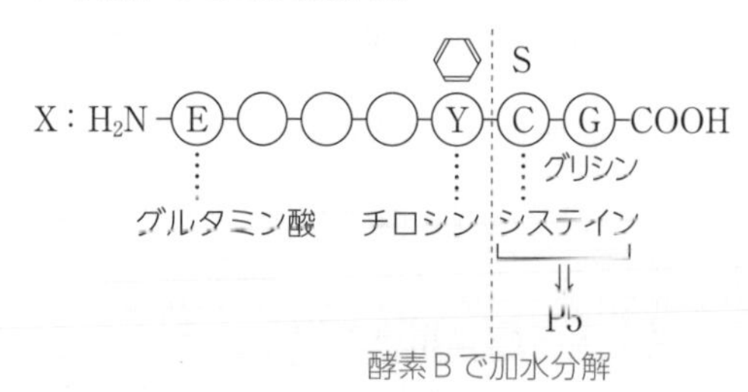

次にP1，P2について考えると，S原子を含むP2のほうがC末端側とわかる。双方ともビウレット反応陽性(トリペプチド以上)であることから，酵素Aでの加水分解の位置は，以下の2通りに絞られる。

-NH₂
① H₂N-E-○-○-K-Y-C-G-COOH
A, Y
酵素Aで加水分解
P1 分子量509⇒矛盾　P2

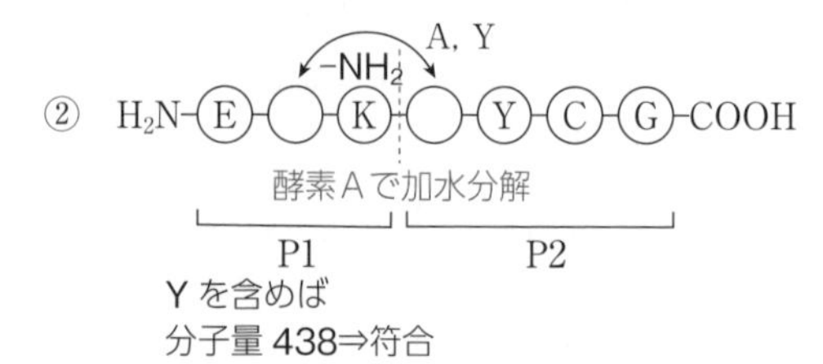

①では，P1の分子量が結果3と合わない。一方②で，P2内にチロシンYを含めば，分子量は結果3と符合する。酵素Bでの加水分解でジペプチド2つ，トリペプチド1つを生じるので，条件に合う。

したがって，Xの構造やP1～P5の由来は以下のように決まる。

P1　P2
酵素Aで加水分解
-NH₂
X：H₂N-E-Y-K-A-Y-C-G-COOH
酵素Bで加水分解
P3　P4　P5

55

問1　ア：**5**　イ：**デオキシリボース**

ウ：**リボース**　エ：**水素**

オ：**二重らせん**　カ：**ペプチド**

キ，ク：**アミノ基，カルボキシ基**

ケ：**ジスルフィド**　コ：**三**

問2 a)

アデニン−チミン：

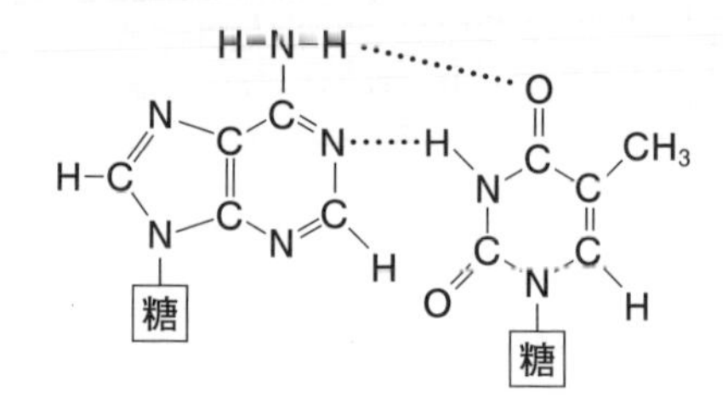

グアニン−シトシン：

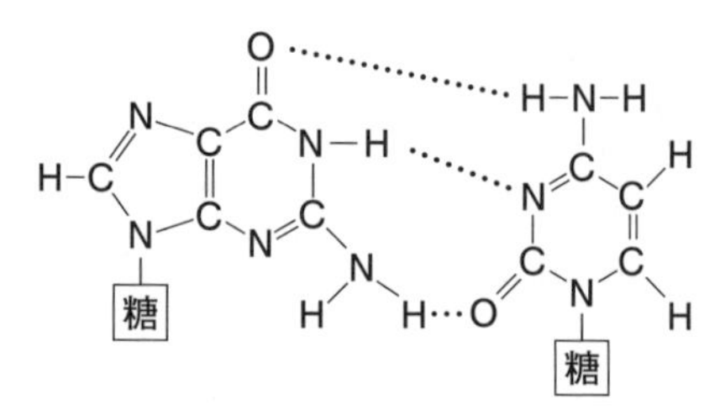

b)　グアニン：**31%**　シトシン：**31%**

チミン：**19%**

問3　$\dfrac{3.0\times10^5}{57\times0.50+71\times0.33+87\times0.17}=4.49\times10^3$

よって，$\mathbf{4.5\times10^3}$

問4　**タンパク質の水溶液は親水コロイド溶液である。硫酸ナトリウムを加えた場合は，タンパク質に水和していた水分子が取り除かれてタンパク質が析出する塩析が起こる。この場合，立体構造は維持される。**

一方，タンパク質に塩酸を加えた場合は，pHの変化によりタンパク質が変性し，析出する。この場合は立体構造が破壊される。

問5 a)　**酵素**

b)　**アミラーゼ，トリプシン，カタラーゼ**(など)

解説

問1　デオキシリボースとリボースの違いは，2位にヒドロキシ基があるかないかである。

デオキシリボース：

(構造式：HO−CH₂ ⑤，O，OH，C ①，C ④，H，C ③，C ②，OH，(H))

リボースは，ここが −OH

リボースやデオキシリボースの①位に核酸塩基，⑤位にリン酸が縮合すると，核酸の単量体であるヌクレオチドができる。

ヌクレオチドの例：

(構造式：HO−P(OH)(=O)−O−CH₂，NH₂，N，OH，OH)

上記は，リボースにアデニンとリン酸が縮合したヌクレオチドで，アデニル酸またはアデノシン一リン酸(AMP)という。核酸とは別に，生体内でエネルギーの媒体となるアデノシン三リン酸(ATP)とは，上記 AMP に，さらにリン酸が2分子縮合したもので，リン酸どうしの縮合部分を高エネルギーリン酸結合といっている。

また RNA はポリヌクレオチド1本鎖だが，DNA は，2つのポリヌクレオチド鎖が塩基部分どうしで水素結合を行い，二重らせん構造をとっている。

DNA は遺伝情報を保持し，RNA はタンパク質合成のために働く。m−RNA(伝令 RNA)が DNA から遺伝情報を読み取って，タンパク質合成の場であるリボソームに移動する。リボソームでは r−RNA(リボソーム RNA)によって α−アミノ酸の縮合が行われ，ポリペプチド(タンパク質)が合成される。このとき，t−RNA(運搬 RNA)が α−アミノ酸を運び込む。

タンパク質のアミノ酸配列(結合順序)を一次構造という。水素結合による α−ヘリックス構造や β−シート構造といった基本的な立体構造を二次構造といい，側鎖どうしが行う相互作用(共有結合，イオン結合，ファンデルワールス力)によって発現するさらに複雑な立体構造を三次構造という。ここで，共有結合とは，システイン側鎖の −SH(メルカプト基またはチオール基)どうしが酸化されて結ばれる −S−S−(ジスルフィド結合)のことをいう。

イオン結合とは，側鎖の $-NH_3^+$ と $-COO^-$ の結び付きのことをいう。

問2 a）核酸塩基で水素結合を行う部分は，

$>C=O^{\delta-}$，$\gg N^{\delta-}$，$>N-H^{\delta+}$ の3種しかない。塩基の構造は与えられるはずなので，これら3種の帯電を確認し，アデニン(A)とチミン(T)またはウラシル(U)は2本の水素結合で，グアニン(G)とシトシン(C)は3本の水素結合でそれぞれ結べばよい。

b）DNA であれば，塩基対をつくるアデニン(A)とチミン(T)は同数存在し，グアニン(G)とシトシン(C)も同数である。したがって，アデニンのモル百分率を a〔%〕とおくと，

アデニン	a〔%〕
チミン	a〔%〕
グアニン	$100-a$〔%〕
シトシン	$100-a$〔%〕
計	100%

問3 脱水縮合したアミノ酸単位(残基という)の式量は，それぞれグリシン：57，アラニン：71，セリン：87である。存在率を考慮して平均の式量を表すと，

$$\overline{M}=57\times\frac{50}{100}+71\times\frac{33}{100}+87\times\frac{17}{100}\quad\cdots①$$

タンパク質1分子中に n 個のアミノ酸があるとすると，

$$3.0\times10^5 = n\overline{M} + 18$$

3.0×10^5	=	$n\overline{M}$	+	18
タンパク質の分子量		アミノ酸残基の平均式量		両端の −H と −OH

18は無視できる。

よって，$n=4.49\times10^3$

56

問1 ア：**単量体(モノマー)**　イ：**重合**

ウ：**付加重合**　エ：**縮合重合**　オ：**2**

カ：**熱可塑性**　キ：**熱硬化性**　ク：**架橋**

ケ：**加硫**

問2　Xの名称：**スチレンブタジエンゴム**

Cの構造式：$CH_2=CH-C_6H_5$

Dの構造式：$CH_2=CH-CH=CH_2$

問3　$C:D=\dfrac{640-54\times\dfrac{16}{2.0}}{104}:\dfrac{16}{2.0}=1:x$

$x=4.0$

よって，**4**

解説

問3　共重合体の場合は，複数の単量体がランダムに重合するため，その量比が未知数となる。このため入試の応用問題として出題されやすい。

ここでは繰り返し単位に着目して解くのだが，質量保存則を使う解法と，繰り返し単位の平均モル質量を使う解法がある。

【質量保存則を使う解法】

スチレンCとブタジエンDの質量を，それぞれc〔g〕，d〔g〕とおくと，

$$c+d=640 \quad\cdots①$$

$$\frac{c}{104}:\frac{d}{54}=1:x \quad\cdots②$$

H_2は重合後のブタジエンD由来の繰り返し単位(下図)に等モル付加するから，

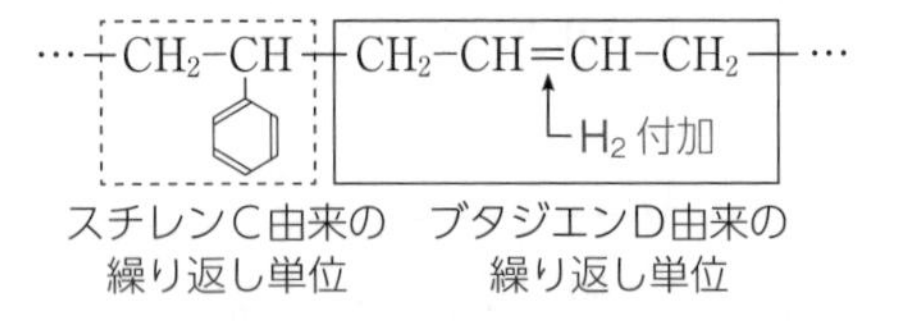

――スチレンブタジエンゴム――

$$\frac{d}{54}〔\mathrm{mol}〕=\frac{16}{2.0}〔\mathrm{mol}〕 \quad\cdots③$$

ブタジエン単位　H_2

①～③より，$x=4.0$ ($c=208$，$d=432$)

質量で考える場合は，①式の質量保存則が使えるという利点がある。

【繰り返し単位の平均モル質量を使う解法】

スチレンCとブタジエンD由来の繰り返し単位について，モル質量(式量)の平均値$\overline{M}$を求めると，

$$\overline{M}=104\times\frac{1}{1+x}+54\times\frac{x}{1+x} \quad\cdots①$$

スチレン単位のモル分率　ブタジエン単位のモル分率

高分子640g中に含まれるブタジエン単位の物質量と，付加するH_2の物質量が等しいから，

$$\frac{640}{\overline{M}}\times\frac{x}{1+x}=\frac{16}{2.0} \quad\cdots②$$

①，②より，$x=4.0$

②式は，空気の質量から，その中のO_2の物質量を算出する計算と同じ考え方である。$1+x$が消えるので，煩雑な計算ではないが，この問題の場合は前者の解法の方がすばやく解けるだろう。

57

問1　ア：**熱可塑性樹脂**　イ：**熱硬化性樹脂**

ウ：**ノボラック**

問2　(A)　$CHF=CF_2$（H, F / C=C / F, F）

(B)　$H_2N-C(=O)-NH_2$，　$H-C(=O)-H$

問3(1)　**低い**　(2)　**高密度ポリエチレン**

問4　**(c)，(e)**

問5　**単量体が三次元網目状に共有結合で結び付いた構造。**

問6(1)　**H_2O**　(2)　**118g**

問7　**(C)，(D)**

解説

問1　ウ：フェノール樹脂は，酸触媒のときと塩基触媒のときとで中間にできる物質が違う。

フェノール + ホルムアルデヒド

塩基触媒 → レゾール

酸触媒 → ノボラック

レゾール —加熱→ フェノール樹脂

ノボラック —硬化剤 加熱→ フェノール樹脂

いずれの反応でも，ホルムアルデヒドは以下のように反応する。

付加

縮合 → + H_2O

高分子化するときの反応様式は「付加縮合」である。

問3(1)　ポリエチレンには，低密度ポリエチレンと高密度ポリエチレンがある。

低密度ポリエチレンは，エチレンを高圧下で付加重合させたものであり，副反応が起こることによって枝分れ状の高分子になる。不規則に枝分れした高分子は，密に積み重なりにくいため結晶部分の割合が小さく，低密度，低強度の無色透明な重合体になる。

高密度ポリエチレンは，エチレンを触媒によって低圧下で付加重合させたものであり，副反応が起こらないため直鎖状高分子である。分子が密に積み重なるため結晶部分の割合が大きく，高密度，高強度の半透明な重合体になる。

低密度ポリエチレンはレジ袋などに，高密度ポリエチレンは容器などにそれぞれ利用される。

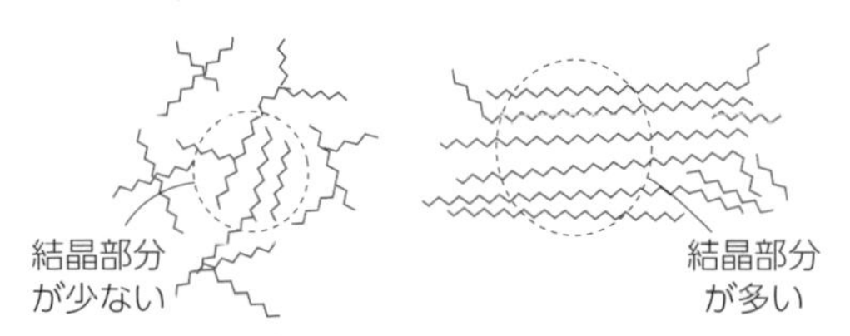

低密度ポリエチレン　　高密度ポリエチレン

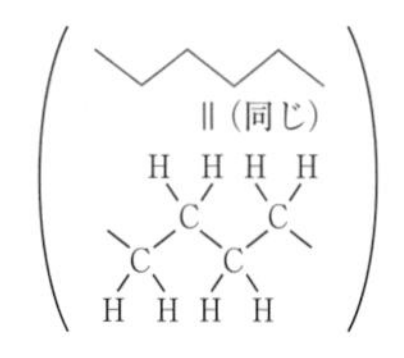

問4　$-OH$ はオルト，パラ配向性の置換基なので，フェノールは，$-OH$ から見てオルト位とパラ位のH原子が他の原子(団)に置き換わりやすい。

問6(2)　上記の付加縮合反応により，ホルムアルデヒドが縮合段階まで反応すれば，同モルの H_2O が外れるとわかる。100gのフェノールが提供できる反応点は，

$$\frac{100}{94}\times 3\,[\text{mol}]$$

一方，45gのホルムアルデヒドがフェノールに対し反応できる点は，

$$\frac{45}{30}\times 2\,[\text{mol}]$$

$\frac{100}{94}\times 3>\frac{45}{30}\times 2$ なので，ホルムアルデヒドは全部反応し，フェノールのオルト，パラ位は一部反応せずに残る。よって H_2O が外れた後の質量は，

$$100+45-\underbrace{\frac{45}{30}\times 18\,[\text{g}]}_{\text{外れる}H_2O}=118\,[\text{g}]$$

仮にホルムアルデヒド側の反応点が多かったときは，過剰分については H_2O が外れないということになる。

Memo

Memo

Memo

Memo